没有极限的增长

人类在地球上究竟是怎样的处境

〔美〕朱利安·L.西蒙 / 著

王长江　李 园 / 译

重庆出版集团 重庆出版社

The Ultimate Resource 2
Copyright©1996 by Princeton University Press
Published by Princeton University Press, 41 William Street, Princeton, New Jersey 08540
In the United Kingdom: Princeton University Press, Chichester, West Sussex
All rights reserved. No part of this book may be reproduced or transmitted in any form or by any means, electronic or mechanical, including photocopying, recording or by any information storage and retrieval system, without permission in writing from the Publisher.
版贸核渝字（2020）第200号

图书在版编目（CIP）数据

没有极限的增长：全译本 /（美）朱利安·L.西蒙著；王长江，李园译.—重庆：重庆出版社，2021.5
书名原文：The Ultimate Resource 2
ISBN 978-7-229-14744-0

Ⅰ.①没… Ⅱ.①朱… ②王… ③李… Ⅲ.①未来学 Ⅳ.①G303

中国版本图书馆CIP数据核字（2021）第078057号

没有极限的增长
MEIYOU JIXIAN DE ZENGZHANG
〔美〕朱利安·L.西蒙 著　王长江 李 园 译

策 划 人：刘太亨
责任编辑：吴向阳　苏 丰
特约编辑：何 滟
责任校对：何建云
封面设计：日日新
版式设计：曲 丹

重庆出版集团
重庆出版社　出版
重庆市南岸区南滨路162号1幢　邮编：400061　http://www.cqph.com
重庆市国丰印务有限责任公司印刷
重庆出版集团图书发行有限公司发行
全国新华书店经销

开本：720mm×1000mm　1/16　印张：40.25　字数：670千
2022年2月第1版　2022年2月第1版第1次印刷
ISBN 978-7-229-14744-0

定价：98.00元

如有印装质量问题，请向本集团图书发行有限公司调换：023-61520678

版权所有，侵权必究

译者语

自古以来，大哲先贤对人类社会将往何处去的思考从未停止过，一部分人愁容满面，时刻担心人类会自我毁灭，另一些人则仰望星空，踌躇满志。因为他们对自然资源的基本看法相去甚远，基本形成了资源短缺的悲观主义派和资源无限增长的乐观主义派。这两派分庭抗礼，各自发展出完备的理论体系，诞生了大量的相关作品，对各国公共政策和社会心理的影响非常深远。《没有极限的增长》（*The Ultimate Resource* 2）这本书可以被认为是乐观主义派对悲观主义派的一次大反攻、大辨析、大勘误。

悲观主义派以马尔萨斯（Thomas Malthus）、加勒特·哈丁（Garret Hardin）和保罗·埃利希（Paul Ehrlich）为代表，他们大声疾呼短缺时代的前兆已经到来；乐观主义派则认为自然资源的增长没有极限，其阵营也不孤单，哈耶克（Friedrich Hayek）、阿瑟·杨格（Arthur Young）、西奥多·舒尔茨（Theodore Schultez）的相关论述皆为本书作者朱利安·L.西蒙（Julian L.Simon）壮声威。两派针锋相对，各不相让。这种观点鲜明的争论正是普罗大众所乐见的，也具备打赌定输赢的条件，因此，在20世纪的学术界和舆论场上特别具有话题性的一场赌局就诞生了：朱利安·西蒙与保罗·埃利希就"资源是否有限"这一命题公开对赌。

这场赌局因其影响力以及持续时间之久，又被称为"世纪之赌"。这里我们先简单介绍一下赌局双方的身份背景以及赌约的内容。

赌局的一方是西蒙，芝加哥大学博士，马里兰大学的经济学家，专门研究人口增长、经济发展和资源方面的问题。他以独特的视角，超乎寻常的洞察力提出了资源无限增长学说，指出能满足人类需求的自然资源是无限的，而人类的创造力和聪明才智才是开发自然、探索能够满足人类需求的自然资源的最威力无穷的武器，因此作为资源载体的人，才是最宝贵的财富。他的主要观点如下：

1. 自然资源永不枯竭，人类利用资源的前景十分光明。

2. 环境和生态将逐步好转，恶化只是发展过程中的暂时现象，且将推动人类创造力的发展。

3. 人是一切的基础，人口增长有益无害，社会的发展需要更多人口。

赌局的另一方是斯坦福大学的生态学家保罗·埃利希。在设立赌局的1980年，44岁的他已经出版了13本专著，最著名的当属1968年出版的《人口大爆炸》（*The Population Bomb*）。他的观点如下：

1. 自然资源是有限的，总有一天将被消耗尽。

2. 环境污染越来越严重，生态环境正在逐步恶化。

3. 人类是消耗资源、污染环境的罪魁祸首，人口增长正威胁着地球以及人类自身。

保罗·埃利希不但无数次向公众表达他的这些观点，与此同时还绘声绘色地描绘了人类未来的悲惨图景：

"到2000年，英国将成为一个贫困的岛屿，七千万贫病交加的人将在岛上苟延残喘。"

"到1980年，印度将无法养活2亿人。"

"为全人类提供食物的时代终将结束……数亿人将被饿死……没有什么能够阻止世界人口死亡率的大幅上升。"

赌局双方都认同供需关系可以影响资源的市场价格这一基本经济学原理。他们选择了五种金属：铜、铬、镍、锡和钨作为资源的代表。双方在每种金属上下注200美元，约定赌约以十年为期。十年之后，如果这五种金属的市场价格上升，那么西蒙赌输，将支付给埃利希价差；如果市场价格下降，那么埃利希失败，将支付给西蒙价差。

这个赌约的胜负结局我们现在都已经知道了。在兑现的时间节点1990年9月，不但这五种金属的总价下降了，而且每一种金属的单价也都下降了。

这个赌约在设立之初就万众瞩目，其影响甚至已经远远超出学术界。二人所打赌的话题不仅仅关乎双方的学术观点，更关乎人类这个整体的未来，它将昭示人类的前途究竟是像保罗·埃利希所描绘的那样将陷入绝望之境，还是像朱利安·西蒙所深信的那样将走向美好未来。

到了1990年9月，双方并没有在媒体上公开宣布结果，而媒体也没有进行大规模的追踪报道。输掉这场赌局的埃利希教授也只是邮寄了一张500美元的支票给西蒙，两人至死没有再见面。

这个赌局的后续也很有意思："我（西蒙）顺理成章地提出再赌一次，并加大了赌注，但埃利希方并没有接受这个邀约。"

在本书中，西蒙针对以保罗·埃利希为代表的悲观主义者关于资源短缺、环境恶化、人口爆炸等观点，结合自己多年的研究，并佐以大量详细的报告、图表和数据，对其进行一一反驳。

首先，西蒙通过廓清"资源"的定义以及"有限"的概念，重点讨论了资源预测的理论基础，从而解释了悲观主义者所犯错误的根源。

从"世纪之赌"双方参与者的学术背景中，我们也能探究到他们使用不同预测方法的偏好。

西蒙是一位经济学家，他在本书中采用的预测方法就是经济学方法。我们知道，经济学是一门社会科学，它与其他科学一样，由理论与事实构成。理论部分可以帮助人们理解真实世界，并对真实世界作出正确的预测，而事实部分可能支持理论，也可能推翻理论。在经济学中，市场的关键特征就是价格，价格反映了供需矛盾的均衡水平及商品的获取成本，又反过来决定了商品和资源的配置。西蒙在本书中使用的经济学方法就是考察过去历史上各种资源的价格水平以及由此形成的价格趋势，然后观察这种趋势与理论是否一致（在各种原材料的供应历史上，其价格与理论是一致的，即价格趋势一直在降低，资源的获取成本也一直在降低）。为了支撑自己的这一观点，西蒙搜集了大量的历史资料，不厌其烦地罗列出各种资源的历史价格趋势，并配合简明图表，在技术层面详细展示了不同的价格衡量方法，比如相对于工资水平的价格衡量法、相对于消费者价格指数的衡量法、成本比例法，等等。不仅如此，西蒙还考虑到过去的趋势能否在未来继续保持这一预测的最根本逻辑基础。"现在的问题是，如何能够断定历史趋势是进行预测的有力依据……也就是说，能够预期过去所具备的条件会持续到将来，只有在这种情况下，根据过去的情况进行的预测才是令人信服的。"西蒙以矿产资源为例进行了分析：在价格趋势中，最重要的因素是：（1）从富矿变为贫矿的速度，也就是说枯竭的速度；（2）技术的发展速度是否足以弥补富矿枯竭的速度并有余量。

西蒙使用经济预测法的逻辑是：无论是从经验上还是理论上来看，一方面新技术的发展速度在不断加快；另一方面矿产资源从富矿变为贫矿的速度也是有一个过程的，所以要考虑的是新技术发展的速度与满足人类需求的各种资源枯竭速度合成后的总体趋势。这种趋势可以用开采成本或者获取成本（包括开采、提炼、运输等成本）来衡量。而获取成本也将被包含在市场价格中，所以只要考察价格趋势，就能窥探到预测未来的各项基础因素的趋势是否发生了变化。

生态学家保罗·埃利希则采用的是技术预测法。该预测法的逻辑是：地球的物理体积是一定的，那么蕴含其间的某种矿藏的总量也是一定的，现在使用了多少资源，留待将来使用的矿藏就会少多少。这就相当于把自然资源看作仓库里的货物，运走一点就会少一点，这种逻辑显然没有考虑到资源的特殊性，但在大众眼里却十分具有说服力。

西蒙对技术预测法的不合理之处进行了驳斥，并指出其最大的不合理之处就是，要想测量某种资源在地球上的储量是根本不可能完成的任务，即使是在大体上预估也不可能。因为储量不过是目前可被利用的资源中的一小部分，而当前可利用的资源又是整个自然界中未来可被利用资源这个动态体系中的极小一部分，随着科技的发展，这个动态体系将会无限延伸。为此，西蒙逐项分析了原材料、粮食、耕地、水、森林、湿地、石油以及能源等资源，证明它们在任何意义上都不是有限或稀缺的，同时指出，以历史趋势进行严格外推的经济学方法才是科学的预测方法。他提出，人类的科技进步与创新是无限的，可满足人类需求的自然资源也是无限的。

其次，西蒙又对悲观主义者所谓的末日论观点进行了驳斥。

加勒特·哈丁和保罗·埃利希等人认为，随着现代经济的发展，人类的生存环境远不如几十年前乃至几百年前适宜，环境污染日益加剧，生态遭到严重破坏，长此以往，全球生态环境将被完全摧毁。这一观点正通过美国学校教育系统发挥着巨大的影响力。埃利希甚至还指出，污染和生态退化的罪魁祸首就是人类的经济活动，以及人类自身。

关于环境污染问题，西蒙首先将污染物分成影响人类健康的污染物和与美学相关的污染物两类，并集中讨论了前者在历史上的变化趋势。为了进一步科学合理地评估与人类健康相关的污染物的整体趋势，西蒙提出了平均预期寿命这一科学的指标。他在详细搜集了相关的历史数据后发现，平均预期寿命的历史数据给出的证据并不支持污染增加的观点，而是支持相反的观点。

在用科学指标和历史数据进行总体衡量后，西蒙又分别详述了污染的趋势和生态的变化趋势，并得出结论：在历史上的某些时间段，环境污染确实严重，但其长期的总体趋势是逐步好转的。

关于生态环境，西蒙指出，近年来不断见诸报端的是，某种已经被认为灭绝的物种因为环境生态改善又重新回到人们的视野；关于臭氧空洞的具体影响，各方还在争论不休，并没有找到支持某一方观点的坚实证据；而关于全球变暖则更像是一个冷幽默。

他不否认问题的存在，但他认为这些问题只是人类历史发展过程中的正常现象，现有的历史数据都表明，环境问题正在持续改善，污染水平在降低，生态也在逐步好转。他反对狭隘地认为污染和恶化是环境变化的长远趋势、人类未来一片灰暗的观点，更反对借此认为人类是污染的根源，否认人类的福利是考虑环境问题或生态问题的根本出发点和最终归宿这一最重要的前提。他认为清洁的环境、安全的生态被证明可视为一种特殊的商品，其供给若要长期增长，也就是环境若要更清洁，生态若要更健康，其背后的原理与本书前几章讨论过的矿物、农田、森林等资源背后的原理相同。环境污染和生态问题也可通过经济学的方法加以解决，比如污染的排放权交易（这个观点现在已经被很多国家采用为公共政策），等等。欧洲国家的发展历史也证实了这一理论：大力发展经济和增加收入会减少污染；经济发达和城市化水平提高会降低全球大部分地区的人口密度，使人类对生态的影响大幅降低，社会也更有能力去清理以前产生的污染。发展过程中出现的问题，要以发展的眼光去看待，更要在发展中寻求解决办法。正如他在书中所说："我们必须牢记，创造一种没有任何风险的文明是不可能的，我们所能做的最好办法就是保持警惕和谨慎，夸张的警告可能会适得其反，并且很危险。"

再次，西蒙对悲观主义者所持的"人类是万恶之源"的观点表示强烈反对。

著名的英国人口学家和经济学家马尔萨斯在他颇负盛名的《人口论》（*An Essay on the Principle of Population*）第一版中指出，世界人口以几何级数增加，而生活资料却只能以算术级数增加，人口增长总是呈现出超过生活资料承载能力的倾向，这种倾向只能依靠战争、饥荒和疾病来控制。保罗·埃利希预测："人口炸弹终会爆炸，并且很可能出现在如今大多数人的有生之年。" 他甚至和志同道合者一起高呼"治愈地球",声称人类是一切污染的源头,是一切破坏的根源,只有限制人口增长,甚至进一步努力减少地球上的人口数量,地球才能被治愈。这些悲观主义者俨然已经进化成了自恨者,视人类自身为万恶之源。

西蒙通过长期的统计以及大量的数据收集,直击马尔萨斯人口理论的支柱:历史数据表明的事实与马尔萨斯的预测相反,持续的几何级数增长并非人口增长的历史特征。他指出,人类的生育行为自始都是一种综合了人口死亡率(婴儿死亡率和平均预期寿命)以及家庭收入模型的理性选择,同时也受当时当地的政治经济和文化力量的影响。他进一步辩论道,当今社会的人口并不是太多,历史上每一次人口的大爆发都是人类能力增长的证明,是人类文明摆脱自然束缚的一次阶段性胜利。人类的发展呼唤更多的人口(这些观点在提出之时可能被大众嗤之以鼻,但是直至今日已经不断应验了)。

在人口与资源的关系上,悲观主义者的看法是一脉相承的:资源既然是有限的,而人类又将以几何级数增长,那么人越多,每个人占有的资源就会越少,按照这个逻辑推论下去,贫穷将是不可避免的,社会动乱、文明崩溃也是顺理成章之事。对此,西蒙通过分析人一生不同阶段所需的成本以及能产生的收益,驳斥了人类是单纯的资源消耗者的观点,并通过探讨人口规模与经济发展之间的关系,驳斥了人口增长导致贫穷等社会问题的错误理论。他还通过讨论人口规模与科技和生产力的关系,驳斥了人类将耗尽资源、污染环境、破坏生态的谬论。最后,他得出结论:人口规模越大,资本利用率越高,基础设施(交通、通讯等)成本越低、使用效率越高,经济越发达,越能促进科技发明和知识创造。一个经济发达、社会富裕、科技兴盛的社会,更有能力去解决发展过程中产生的污染,保护生态环境,去寻找更多满足人类需求的资源。而这些问题被解决之后,相比问题没有出现之前,人类的整体福利将出现质的飞跃。

为什么人口大幅度地增加,整个地球却变得更加宜居而非陷入全面的资源枯竭?对此,西蒙借鉴了哈耶克提出的一种分析方法,创造性地提出了两大理论——进化理论和诱导创新理论:

进化理论指的是人类的文化和社会行为模式使得人类已经进化为创造者和问题的解决者;诱导创新理论指的是人类在新问题刚出现时,境况会出现暂时下降,但在人类火力全开、集中聪明才智努力创新并解决问题之后,人类的物质和精神境界都将比问题没有出现之前得到大幅提升，人类文明呈现出螺旋上升的轨迹。简而言之，就是问题诱导创新，从而推动社会发展。人生来就是解决问题的，提升世界发展速度的主要动力是人类的知识储备，而最大的障碍则是想象力的缺乏。全人类所拥有的最大最重要的资源就是人类本身——他们用智慧、知识和技能使自己受益，并惠及全人类。

当然，我们把西蒙的这本巨著完整地呈现给读者的同时，也提醒读者朋友辩证地看待资源增长问题。虽然在乐观主义者与悲观主义者的长期论战中，以西蒙为代表的乐观主义者往往占了上风，但是西蒙在本书中的一些观点，仍有待商榷。比如：

一、在生育问题上，片面地将个人和家庭的理性与社会的理性相混淆；二、在人口控制问题上，极端地认为，控制人口增长、保护动物就是重动物轻人类；三、过分夸大人类的创新能力而忽视了人类自身的消耗，因而认定人越多越好更是有失偏颇；四、用人口密度大的好处来论证人口数量多的好处并非科学；五、高估了人类通过开发资源来解决人口压力的能力，等等。

总之，在面对资源增长问题时，兼听则明，偏信则暗，我们应正视问题的存在，用发展的眼光来解决问题。乐观主义者的观点固然鼓舞人心，但悲观主义者提出的问题也值得深思，唯有辩证地看待不同的观点，才能审时度势，未雨绸缪。

李园

2019年8月于西安

推荐语

朱利安·L.西蒙的英年早逝，使我们失去了一位在廓清环境谬论方面最权威的专家。不幸的是，这本书将是他思想的最后一次闪光。

这是怎样一次的闪光！朱利安对经济分析的掌握，对深入理解他所讨论的这些现象的奉献，以及他在发掘这些现象背后的证据方面惊人的毅力……终促成了这本书。这本书是一个激动人心的宣言，是关于资源、人口、经济增长，以及环境等所有人类重大问题的通识性分析。

我第一次意识到朱利安不同寻常的才能，是在20年前的书信中，当时他提出了解决航空公司机票超售问题的建议。以下是该信件的部分摘录。

1976年12月23日，朱利安·L.西蒙写给米尔顿·弗里德曼（Milton Friedman）：

民航局正在考虑应对航空机票超售问题的多种方案，并在最后有了一个令乘客满意，也令航空公司盈利加倍的方案。这就是超售竞拍计划。

该方案如下：

如果持票乘客多于飞机座位数，则每名乘客填写一个密封竞价——如果乘客愿意乘坐指定的下一航班，他（她）能接受的最低补偿金额。出价较低的竞拍者可以乘坐下一航班，并得到金钱的补偿，得到满意结果；其他乘客如期出发，得到满意结果；航空公司将比现在超售更多的机票却无须担心被投诉，得到满意结果。

我之所以写信给你和其他八个人（也许是十个人），是希望美国经济学会（AEA）的两位前主席（以私人身份）向美国民航局（CAB）表示，这个方案代表着值得尊敬的经济学观点，而不是一个怪人的空想。

1977年1月18日，米尔顿·弗里德曼写给朱利安·L.西蒙：

你的计划对我来说意义非凡，我相信这对每一位经济学家来说都是如此。但是，我并不愿意因此而给民航局主席写信。因为我并不是航空领域的专家，也没有就机票超售问题做过严谨的调查。

如果这个方案真如你我想象的那样完美，那么为什么不止一家航空公司不愿意进行试验呢？这令人困惑。我想一定是我们遗漏了什么。

我知道你已经竭尽所能地测试过这套方案，我没有理由去质疑你的结果；但我无法理解的是，可以大幅提升利润的机会，为什么被完全不合理的理由拒之门外。

1977年1月25日，朱利安·L.西蒙写给米尔顿·弗里德曼：

也许你是对的，我可能真的遗漏了什么。但是航空公司在回信中根本没有提及。他们只谈论了共谋与管理上的可操作性。

在这封信和下封信之间，发生了不同寻常的转机。在此期间，经济学家阿尔弗雷德·E.卡恩（Alfred E. Kahn）被任命为民航局主席，他很快意识到朱利安方案的优势，并着手进行测试。无需多言，这个方案至今盛行。

1979年7月31日，朱利安·L.西蒙写给米尔顿·弗里德曼：

我作为你的一位忠实粉丝，并非那种喜欢对诸如"我早就告诉过你会这样"较真的人。不过，你可能会发现，将你在1977年1月18日的信中所述的第二段和第三段话，与美国航空公司在附信和备忘录中所描述的经验相比较，是非常有趣的。"我们对自愿不登机的结果非常满意。"如果官方的迟钝是非理性使然，那么显而易见，在这里，非理性确实是创新的唯一障碍。

1979年9月26日，米尔顿·弗里德曼写给朱利安·L.西蒙：

非常感谢你的"我早就告诉过你会这样"，你有权这样做。

你将自己的想法付诸行动的效率非常高，你确实做到了。荣誉加身于你，你当之无愧。

米尔顿·弗里德曼
加利福尼亚州　斯坦福大学
1998年3月31日

前 言

本书的创作源于我对人口经济学的兴趣。大约在1969年，当我的研究显示，人口增长并不会阻碍经济发展或降低生活水平时，批评家断言，地球上日益增长的人口将引发自然资源稀缺和环境恶化。因此，我不得不强迫自己作更深入的探究。这就是本书第一版产生的过程。

颇具讽刺性的是，当我开始致力于人口研究时，就假定当时人们所接受的观点是合理的。我的目标是帮助世界遏制"爆炸性"的人口——我曾经以为它是威胁人类的两大主要因素之一（另一因素是战争）。但是阅读和研究使我陷入疑惑。虽然当时标准的人口经济学理论（自马尔萨斯之后，几乎没有改变）断言，更快的人口增长暗示着更低的生活水平，但是现有的经验数据并不支持我1977年的技术著作，也就是本书上一版的理论。我本打算在该版本中调和这种矛盾，却得出人口增长虽然在短期内需要各种成本，但从长期来看却有着积极的经济效应的结论。

我在这段个人经历中最重要的收获是：它改变了我对传统人口增长理念的认知。然而，并不是某些宽泛的、既定存在的理念促使我挖掘现在这本著作的要点。事实和我本人对人口经济学的新结论使我拥有了更开放的理念，而不是相反的情况。

关于本书作者和他的理念

大约在1969年的春天，为了讨论一个旨在降低发展中国家生育率的项目，我访问了华盛顿特区郊区的美国援助办公室。因为提前到达了，我便在外面温暖的阳光下散步。在该建筑物的广场下方，我注意到一个路标，上面写着"硫磺岛纪念馆"。这让我想起曾经读到的一位犹太牧师在硫磺岛战场上为死去士兵发表的悼词，大意是这样的：在这些埋葬的人中，有多少人会成为莫扎特、米开朗基罗或者爱因斯坦呢？于是我想：我疯了吗？我一直致力于减少出生人口，可是在这些人中，每个都有可能是莫扎特、米开朗基罗或者爱因斯坦，或者是一个能给家庭和社区带来欢乐的人，又或者是一个懂得享受生活的人。我到底在做些什么啊？

我依然相信，帮助人们实现他们渴望的子女个数是有意义的人类服务。但是，违背他们的意愿，说服或强制他们少生子女，却是完全与之背离的。

研究人口文献资料的时间越长，我就越会因为一个观点的遗漏而变得疑惑和痛苦：把一个潜在的生命带到世界并使之享受生活是件好事，就像保护一个活着的生命远离窒息是件好事一样。如果说，一个人的死亡和一个被避免出生的生命是不一样的，那么在很大程度上，是因为人们对这两者的看法不同。然而，在人口相对较少的遥远国家，对饥饿感到恐慌的人（显然比在同一遥远国家因政治谋杀死亡或意外事故死亡而更恐惧），与对许多生命可能存在却永远得不到存在而感到一百万或一千万倍高兴的人之间，我并没有在其中找到任何隐含的逻辑。

单单靠经济学无法解释这种态度，因为尽管死亡的经济效应不同于无生命的经济效应，但是在解释这种态度上的差异时，两者并没有太大的不同。那么，它是什么呢？为什么金斯利·戴维斯（Kingsley Daris，世界上有名的人口统计学家之一）在20世纪60年代回应美国人口增长时说："从来没有人回答我，为什么我们需要这'额外的'2300万人呢？"而为什么保罗·埃利希说："我想不出任何美国需要拥有超过1.5亿人口的原因，没有人告诉我答案。"到1991年，他和安妮·埃利希（Anna Ehrlich）甚至降低了这个数字的上限："超过1.35亿人的出生都是不合理的。"

关于为什么要更多的孩子和接收更多的移民，我可以给戴维斯和埃利希不止一个理由。最次要的原因在于，更多的人口很大可能意味着它将为我们的孙辈和曾孙辈提供更高的生活水平。（我1977年和1992年的两本技术著作以及本书的许多章节都可以证明这一主张。）还有一个更有趣的原因是，我们需要另外一个人的原因，与我们需要戴维斯和埃利希的原因是完全一样的。也就是说，如同戴维斯和埃利希对世人的价值那样，普通人也拥有同样的价值。

但是，拥有更多"额外的"人的最有意思的原因是：如果戴维斯和埃利希声称自己的生命对自身有价值，如果我们尊重这一声明，并指出我们的生命也对我们自身有价值，那么，同理，"额外的"人的生命对他们自身来说也是有价值的。为什么我们不尊重他们的生命呢？

如果戴维斯或者埃利希要问出生在1960至1970年的两三百万美国人，他们对于自己的出生是不是感到很幸运，那么他们中的一些人可能会想出一两个好的理由，但也可能会不友善地补充道："是的，你们两位先生确实不需要我们任何人为你们谋福利。但是，你认为我们更需要你们吗？"

最令人震惊的是，这些简单的想法，是从那些不会读也不会写的人的脑海中一下子跳出来的，却是戴维斯和埃利希这些著名的科学家从未想到的。埃利希在重申自己1991年的主张时明确表示，他不认为我早些时候提出的意见是理智的。

人类生命基本价值的缺失，也是埃利希著名的"帕斯卡的赌注"[1]重述的根基："如果我是正确的，那么将因控制人口增加而拯救世界；如果我是错误的，人们依旧会因我们的成果而丰衣足食，开心快乐。"（所有的证据都表明他是错误的。）如果事后证明我们能够支持比现在更多的人口，那么我们会不会失去些什么？

请注意，"帕斯卡的赌注"的不同之处在于：假设有上帝存在而生活，因为即便上帝不存在，你也不会有任何损失。"帕斯卡的赌注"完全只适用于个人。不管这个赌注是对是错，其他人都不会有损失。但埃利希所认为的赌注是经济收益——我们和我们的后代可能坐享本该属于未出生者的收益。如果赌注是他本人的生命，而不是别人的生命，他是否会做出类似的赌注呢？（第39章有更多关于拿别人的生命做赌注的道德问题的内容。）

我并不是说社会不应该为了动物甚至是无生命的东西而牺牲人类自己的生命。事实上，当一位消防员因保护建筑物、森林或者动物园而丧失生命的时候，很显然，我和任何人都不会说不应该这样做。我原则上并不反对社区向成员征收用于公园、荒野，或者保护野生动物的费用（尽管私人安排可能更好），我至多反对征收用来扶贫的税收。因为，根据我的价值理念，我们应该：（1）对自己要

---

[1]"帕斯卡的赌注"是帕斯卡在他的《沉思录》中提出的观点：即我不知道上帝是否存在，如果他不存在，作为无神论者没有任何好处，但是如果他存在，作为无神论者我将有很大的坏处。所以，我宁愿相信上帝存在。——编者注

做出的交易有一个清晰的量化概念，而不是根据一些非量化原则，例如"失去单一一个人的生命（或者单一非人类的物种或动物）是可憎的"，这意味着不应该节约那个实际存在物的成本；（2）意识到经济学并没有表明，更多的人口就意味着经济发展缓慢或者生活水平长期较低；（3）理解前述的"额外的"出生人口意味着高昂的代价，是根据其他人的价值体系来衡量的。

自第一版以来学术环境的变化

以上内容大部分出现在第一版的前言中。然而，过去十年对待环境的普遍态度促使我追加以下个人意见。

自称为环保主义者的人有时会对像我这样的人说："你不懂得欣赏大自然。"他们通常在对对方一无所知的情况下作出这种评论。鉴于这类人具有攻击性，针对他们的代表人物，我至少应该回敬几句。

我敢说，我比任何一个环境机构的职员（他们的工作并非只在户外）在户外所待的时间都要长。我一年大约在户外待140天（只要对我来说天气不是太冷），每天大约9个小时。通常来说，一年只有一个（酷热的）下午我不在户外；光着膀子，穿着短裤，吹着风扇，头顶上放着看起来滑稽的浸湿的餐巾纸，只要温度低于95华氏度，或者甚至100华氏度，我在户外待着都没有问题。难道这还不能够显示出一丁点儿我对户外的热爱吗？

为了观看鸟类，两副双筒望远镜随时放在我的手边。我热衷于查看在十种鸟类之中，今年有哪几种会到我们房子后边的那颗桑树上啄食，同时我会不厌其烦地观察喂食器上的蜂鸟。通过把自己的观鸟时间与环保人士的观鸟时间做对比，我敢肯定，我今年春天所观察到的鸟类比大部分的环保主义朋友都要多。另外，我可以告诉你，杰里米·里夫金（Jerey Rifkin）所写的在今天的美国东北部出生的小孩听不到鸟鸣声，是大错特错的说法。与四十年前我第一次观鸟之时相比，现在（这里）能看到更多不同种类的鸟类。（当然，桑树是一大吸引因素。）

至于我对其他物种的看法：我不喜欢杀生，哪怕是蜘蛛和蟑螂，就连苍蝇，我也只会把它们赶出屋外，而不是拍死它们。但是，如果是在迫不得已的情况下，即便心怀歉疚，我也不会悔恨把它们杀死。

在我的海军生涯中，最美好的部分是看海上的日落和日出、热带水域的飞鱼，还有倾盆大雨和大浪，即使为此不能坐在餐桌旁吃饭。我乘坐着的一艘小船曾经靠近过致命台风眼（请注意，它与十年前十三艘美国舰只在台风中沉没和消失的地点相同），这是我生命中最美好的经历之一。没有比这些令人信服的证据更能证明大自然的强大力量了。

当我是一名童子军的时候，我非常高兴在自然学习中获得荣誉徽章。当时我很喜欢只用葡萄藤和树枝做成跨越小溪的桥梁，同时也为自己的技能自豪——用打火石和钢铁碰撞生火，或者用印第安式的方法，用弓钻和引火物生火。

真正的问题不是一个人在不在乎自然，而是这个人在不在乎人类。对环境的同情不存在争议；因为，与大街上其他人的利益相比，一个人把自己孩子的利益放在前面，这并不意味着他憎恨他人，或者对他们不感兴趣。这里争议的中心问题是真理和自由，而不是把自己的审美和道德品位强加于人。

第二版有什么新内容？

第二版有什么新内容？新数据是最重要和最好的补充。它可以增强我们量化分析现象的说服力，之前这些现象只能用定性，或者少量数据来描述。比如，在第一版中，我只能报告说，与几年前相比，人们现在在伦敦能看得更远；而现在，则有了关于冬季阳光时长和空气中烟雾量的优质数据。最后，我在示例中列出的数据构成与灾难预言者的示例数据构成有很大的差别，正如1966年我同意他们的说法，然而数据完全改变了我的想法。所以请接受我在第二版中列出了大量的图表和数字，这一切会使这些示例比第一版的示例更有力。

这个版本中已经有了其他人和我开发的用以解释这些主题的新方法。还有一种新型赌注方式，它可以用比以前更加完整和可测试的方式来应对灾难的预测。一些自第一版以来出现的新问题也在本版中得到了解决，尽管早些时候专家已经讨论过，例如酸雨、物种灭绝、生活垃圾处理以及各种化学物质，所有这些问题都需要注意，但其中没有一个与第一版中讨论的其他问题具有不同的性质。

我建议最好把这本著作和我1995年编辑的著作《人类的状态》（*The State of Humanity*）结合起来阅读。《人类的状态》附带大量的追加数据以及有思想的作家对这些趋势的讨论。

电脑和文字处理器使第二版的创作受益匪浅。但是这个过程又产生了一个新问题：第一版是通过电子扫描来生成我的工作文件。一般情况下，扫描不会重现引号。就算不是全部，我认为我也已经正确识别并标记了大部分的引号。但现在可能出现一个或多个引用没有引号，严格说来这就是明显的抄袭。我很担心这个问题。我希望如果发生了这种情况，判读人员能够平心静气，把这看成是诚实的错误，而不是故意的盗用。扫描也并不总能够捕捉到引用中出现的省略号。这比检查引号更困难。我希望，在省略号被遗漏且没有被检查到的地方，这些句子的意思不会改变。

一些章节是从我其他的书中直接拿过来用的，没有使用引号和脚注。因为关于这些主题的创作，是这几年来有机发展的综合性主体，而不是一系列单独的专题。我希望读者不会被这些重复且无法对应的表述困扰（有些句子自1968年以来一直保持不变）。

你或许注意到本书中某些观点重复出现，甚至会多次出现。你还可能发现，即使我已经在前面定义过某种事物，随后我会重复该定义。这是因为，和那些像我这样的人一样，我们的通病是很快忘掉某些事情，而且不喜欢（或者经常出于懒惰）往前翻，去查看该定义是否之前曾在哪里提到过。不过，比起从头到尾地阅读，重复可以帮助随意浏览该书的读者理解本书的基本思想。

在过去的大约十年间，公众对这些事情的看法的变化给我带来了希望和失望。一方面，公众似乎认为我提到的任何资料都对"人口爆炸"和"掠夺地球"有绝对的参考意义。而且记者把这些看法视为自然而然和不用核查的事情——这使得这些看法更加深植于公众的思维深处，使得成功地挑战这些看法变得更加困难。另一方面，越来越多的人开始意识到马尔萨斯理论的不健全本质，因为他们看到历史的明确事实和当前的生活状况与这些思想相矛盾。

这本书（《*The Ultimate Resource 2*》）不是修订版本，因为它在原有的基础上添加了大量的内容。（比如，很抱歉地说，这本书中的引用是上一版的两倍多。）但是，有一个不同（本书中有做标记），第一版的每一个观点在本书中保持不变。这跟马尔萨斯在他的著作中的做法是相反的，马尔萨斯理论的第二版及其后的版本在结论部分与原版本是完全不同的，但他并没有指出其中的重大变更。

我已经删除了人口控制运动的政治和筹资内容的有关章节，以节省篇幅，因为更新这些内容是一项浩大的工程。但是这些章节的结论在现有的介绍中已经做了结论。

这本书对环境很友好。它关注穷人福祉。我所写的任何东西都不支持或反对直接从富人到穷人的税收转移，而这种方法却是一大部分民主社会人士所认为合适的社会资源分配方式。任何一个就环境和穷人问题对我的观点和经验进行人身攻击的评论家，最好去仔细了解一下我的出身和生活经历，也许会对他们有所帮助。

很遗憾不得不以这种方式开启本书。但是，大多数意见领袖和公众机构的成员都秉承这样一种不良风气：他们对与自己意见不合的人进行无情地指控，这是对受难者的冷眼旁观，对穷人的缺乏同情心，对自然的漠不关心。这种伎俩很成功，正如事实所证明的，我被迫以这种防御性言论来开始这本书的第二版。这种伎俩最令人难过之处在于，它损害了大众的利益以及它本来想要惠及的人群和事业。穷人，以及高社会价值的财产诸如自然栖息地和珍贵物种等，一定会从公众对本书所包含的事实和观念的觉醒中获益，同时，作为本书开出的核心"处方"，即在良法的规范之下，有关自由和企业的政策也会对此颇多助益。

大众普遍认定资源日益稀缺、环境状况日趋恶化、穷人遭受经济自由之苦，对穷人和环境来说是最严重的危险。政府的许多基于虚假断言的干预可构成欺诈行为，因为这些只对富裕阶层和既得利益者有利，许多限制性法规保护这些人群不受竞争约束而获得低价优质的住房和消费品，以及轻松获得原生环境保护区和社会地位上升的机会。

给子孙后代的信

在20世纪60年代开始人口研究时，我正处于情绪低落的非常时期（引起情绪低落的原因与人口增长或世界困境毫无关系）。在我研究人口经济学的同时，我也在研究自己现在持有的观点：人口增长以及人类生命的延长是道德和物质的胜利，我对自我、家庭以及人类未来的前景变得越来越乐观。终于，我可以把自己从抑郁的泥潭之中解救出来，并再未复发过。这只是故事的一部分，但是这两组精神事件之间至少有一些关联，令人振奋的人口研究结果使我豁然开朗。因为在第一版中，我的这种说法被某些人误解，尽管只有那些诋毁这本书的人才会误解，但我希望大家能清晰地理解这种说法：我的精神状况并不影响我的研究；相反，我的研究却影响了我的精神状况。而且我相信，如果其他人能够完全认识到迄今为止持续存在的非常积极的趋势，并且可以合理地预想这种趋势将持续到未来，那么它也可能使他们对前景的预期更加光明。

来看看这则趣闻：

我去年授课的印第安纳小镇的一家报刊杂志举办了面向学生的比赛，要求学生根据任一话题创作出一幅卡通画。

获奖的参赛学生都有一个共同的主题。

一个二年级的小女孩画的是满脸忧伤的地球，图片标题是：我很疲倦。我累了。请不要浪费我！

一个三年级的小女孩画的是许多流泪的动物，面对它们的是在建的房屋，背景是一些烟囱，图片标题是：我们想要回家！！！

通常，在我教授的大学一年级课堂上年轻人占很大比例，他们深信对以上现象没有可行的解决方案，因此尝试是没有用的。

我对这些年轻人（他们是很多其他年轻人的代表）想说的话是，正如第14章的民意调查所显示的那样——当然，这并非自鸣得意，我同意灾难预言者的部分观点：世界需要所有人类的最大努力以提高我们的获胜概率。但是对于灾难预言者的另一部分观点，我与他们分道扬镳：他们预计，即便我们做出最大努力也不会有好结果；而我则希望人类可以从一个胜利走向另一个胜利。我相信他们的讯息是自洽的，因为如果预计自己的努力无法改变自然限制，那么很大可能你会听天由命进而彻底放弃。但是，如果你意识到其中的可能性（实际可成功的概率），便能利用自身潜在的超强能量和热情去达到目的。

把更多的人放到任一社会团体中都会引发难题，但是人生来就是解决问题的。提升世界发展速度的主要动力是我们的知识储备，而障碍则是想象力的缺乏。终极资源是人——有技能、生机勃勃和充满希望的人，他们为了自己的利益，发挥信念、社会关怀的精神以及决心和想象力。必然地，他们不仅使自己受益，同时也使穷人和其他人受益。

最后是一些私人话语。因为前言和其他章节词锋犀利，我可能会被认为是在争强好胜，甚至是过于强硬的，以使自己在这一辩论中胜出。但是，我本人并不特别好强。自1969年以来，我一直尝试给人们讲解这些看法，但大多没有成功。尽管时代有所改变，但是，支持这一不受欢迎的观点确实给我带来了很多麻烦，最近他们又几乎封杀我，要让我闭嘴。如果没有一些像桑福德·撒切尔（Sandy Thatcher，当时任职于普林斯顿大学出版社）那样的编辑，那么诸位根本不可能读到我的著作。也有一些人的观点与我的观点类似，但是我们很少能相互提供支持和安慰。因此，这本书也是对爱、印刷商的墨水和研究资助的请求。感谢所有的理解与接受。

第一版的致谢

多亏了桑福德·撒切尔的专业性和个人素养，这本书才得以以这样的形式出版。桑迪（桑福德·撒切尔的昵称）提出了目前的主题顺序，我认为这样的主题顺序比以前好很多，即使它对读者的要求更多；他还明智地提出了如何对冗长而无法出版或可读性较低的草稿进行删节。他确保在编辑评估过程中，该书至少会得到足够的重视。基于上一本书出版过程中我们之间建立的信任，以及我对他毫不怀疑，即使在他没有任何承诺，而我有理由怀疑除此再无任何人会出版这种有争议的内容的情况下，我还是尽心尽力地修改早期的草稿。

我很高兴这本书从两位经验丰富的文字编辑的帮助中受益。理查德·帕尔默（Richard Palmer）对文档和语法进行了审校，并在这个过程中尽可能地提高了可读性；他还增补了许多有趣的旁白，我采用了其中一部分。威廉·海夫利（Willam Hively）和我逐字逐句地对这本书进行了检查。他去繁就简，精炼语言，润色修辞，审阅错误——一些拼写错误；他还以他丰富的常识性知识提供了许多有建设性的想法。他用谨慎和努力，使本书在印刷过程中保持在远离危险的正轨之上。在一个有着更好就业市场的学术领域中，这两位天才的学者可能会致力于他们自己的著作而不是我的作品；作为受益人，能在这种情况下有机会了解他们，我不胜感激。

哈佛大学出版社的迈克尔·阿伦森（Michael Aronson）和剑桥大学出版社的科林·戴（Colin Day）均为本书的整体设计进行了专业调整。哈罗德·巴奈特（Harold J. Barnett）、艾伦·蔡斯（Allen Chase）和托马斯·梅耶（Thoms Mayer）慷慨地花费了时间阅读了大部分文本，并添加了丰富且有用的注释；对于我没有采纳他们建议的部分内容，我希望可以得到他们的原谅。匿名受委托人也帮助改善了修订内容。斯坦利·特劳利普（Stanley Trollip）帮助我拟定了书名。詹姆斯·L.史密斯（James L.smith）阅读了能源章节并对其作出了重要修正。艾尔文·温伯格（Alvin Weinberg）也很友善地阅读了若干章节，并对相关内容进行了评论。

道格拉斯·洛夫（Douglas Love）协助了大部分的数据收集和计算机工作；他才华横溢又尽忠职守。詹姆斯·比尔（James Bier）制作了严谨的图表。打字员菲莉丝·斯托特（Phyllis Stout）和苏珊·沃克（Susan Walker）娴熟的技能及勤奋务实的工作态度对本书的成型功不可没。

这本著作的根源可以追溯到威廉·配第（William Petty）、亚当·斯密（Adam Smith）和弗里德里希·恩格斯（Friedrich Engels）；儒勒·凡尔纳（Jules Verne）和H.G.威尔斯（H.G.Wells）；还有其他一些在经济和社会的预测中，已经充分考虑到人类想象力、解决人力问题和资源问题的富有创造力的人。但正是在西蒙·库兹涅茨（Simon Kuznets）、哈罗德·J.巴奈特与钱德勒·莫尔斯（Chandler Morse）、A.V.亚诺夫（A.V.Chayanov）和埃斯特·博塞鲁普（Ester Boserup）的近期作品中，我灵光乍现，从这些伟大作品中受到了启发。

我的妻子丽塔支持我的观点，我的孩子大卫、朱迪思和丹尼尔也让我变得更加充满信心，因为他们认为我对本书主题的论述是有意义的，即便他们不知道论述的细节，也不知道我的观点是完全站在报纸和电视的对立面。

最后，尽管我不习惯与组织机构打交道——可能出于他们颇有个性，但我很高兴地认识到，普林斯顿大学出版社以每个作者都希望被对待（但是现实中这种方式很少出现）的方式来对待我和我的书。一本书的出版经历，往往让我觉得像是在雷区以蜗牛的速度爬行；如果我能带着要害器官爬过去，那么我宁愿失去一些主要附件的连接部分，另外还可以再附加上一大堆神经末梢——至于其他那些看起来无关紧要的东西，就让地雷随便炸吧。相反，在本书的出版过程中，我感觉自己像是团队中的一员，所有合作伙伴朝着共同目标而努力，这真的让人无比喜悦。

感谢你们的帮助。

伊利诺伊州乌尔班纳
1980年9月5日

第二版的致谢

第二版受到了很多人的帮助。伊丽莎白·索博（Elizabeth Sobo）勇敢地抵抗了官僚主义者，并运用《信息自由法案》（*Freedom of Information Act*）挖掘了有价值的政府运作信息。卡尔·戈斯林（Carl Gosline）利用志愿剪报服务发送了许多有用的新闻报道。唐纳德·毕晓普（Donald Bishop）把我的注意力引导到关于林肯的诗上——本书以这首诗结束。

普林斯顿大学出版社的编辑杰克·雷普切克（Jack Repcheck）赞助了这个版本，并且在对待本书时一直高效而慷慨。威尔·海维里（Will Hively）再次编辑了本书，这次他的角色扩大到分解冗长的章节，调整素材位置，并组织编辑和打字的后勤工作。凯伦·韦尔迪（Karen Verde）作为文字编辑，在上一版书的工作中做得很是出色，所以我再次邀请了她，而且她在本书中的表现更加优秀。贝丝·杰法格纳（Beth Gianfagna）则是一位开朗、高效，颇具号召力的制作编辑。凯西·罗谢尔（Kathy Rochelle）在处理单词（以及段落和注解）方面做得非常好，帮助纠正了大量难以辨认和令人困惑的手稿。海伦·德马雷斯（Helen Demarest）无疑是世界上最好的秘书，我还有什么可说的？当丽贝卡·博格斯（Rebecca Boggs）以夏季实习生的身份来到卡托研究所时，这些图表是极其混乱的，她以极大的努力和超强的理解力在几天内为我完成了大量的工作，消除了我的焦虑。冈特·温洛奇（Guenter Weinrauch）帮助我准备了许多数据，并且和我所见过的研究助理一样，能够胜任所有工作；如果他不知道某件事情该怎么处理，他会表明自己将学习如何去做，而且也这样做了，这是我长久以来最为钦佩的工作态度。

我要感谢卡托研究所（Cato Institute）对我的研究以及本书的支持。该所的艾德·凯恩（Ed Crane）和大卫·波阿斯（David Boaz）对自由和真理的追求非常坚定；实现这些目标是他们唯一的议程，他们非常高效地完成工作。我感谢他们在这些充满乐趣的战斗中的帮助，以及他们的友谊。

感谢肯尼思·艾辛格（Kenneth Elzinga）对第19章中莎士比亚十四行诗的

注释，他提供了大量的评论和宝贵的编辑建议。我还要感谢吉姆·库克（Jim Cook）、斯蒂芬·路易斯·戈德曼（Stephen Louis Goldman）、斯蒂芬·米勒（Stephen Miller）和杰克·斯蒂林戈（Jack Stillinger）的有用解读。卡尔·贝斯纳（Cal Beisner）在人才的比喻上给了我启发。

在写第一版的时候，很少有其他作品批判性地讨论关于资源、环境和人口的无根据的末日预言，当时这方面的著作主要来自巴奈特和莫尔斯（本书的其中一个支柱就是其经典著作）、贝克尔曼（Wilfred Beckerman）、克拉克（Colin Clark，他几乎连续多年独自一人扛着人口增长真相的旗帜）、卡恩（Herman Kahn）及其同事马多克斯（John Maddox）、韦伯（James Weber）以及很久以前的马瑟（Kirtley F. Mather）。除此，也有之前我并不知道的著作，直至其作者看了我1977年的作品联系我时（我才知道），因为我的这本书为他坚持了半个世纪却由于与所谓的数据背道而驰而从未发表的观点，提供了有力证据，它就是哈耶克的《自由秩序原理》（*The Coustitutian of Liberty*，1960）。该书的资源章节以惊人的广度和深度分析了这些问题，在他对现代社会和经济进步更广阔的视角下，我发现这本书比我曾经读过的任何一本书都要更加合理和重要，而且我几乎认同每一个细节。当然，博塞鲁普、库兹涅茨和舒尔茨以及其他一些伟大前辈的研究结果也已经成书，但他们并没有积极地正面对抗马尔萨斯式的末日派。

自第一版以来，特别是在环境、污染和保护方面，可用数据和分析的数量急剧增加，但我不无遗憾地说，可用理论的数量并非同步增加。根据一个顽固的末日派的推断，如果按照这种趋势发展下去，我们很快就会因地球太过拥挤而灭绝。对此我并不担心，但我确实希望人们能同时注意到人口增长的两面性，我已将这一点添至第二版。

关于这些主题的书大量涌现，构成了本书末尾的参考文献中用星号标出的大量内容。所有这些书的存在，使我可能随时提及这些作者对诸如核废料、二氧化碳排放和臭氧层等主题的详细论述。因此，就我自身而言，可以相应减少对这些主题的论述。

与马尔萨斯出版他的第二版关于人口学的著作不同，我不需要修改《没有极限的增长》第一版的结论，而且其中的所有内容都可以保持原样。本版主要引用了新数据，并对旧数据序列进行了更新（尽管这也使得这些序列的长度接近于第一版的两倍）。

现在可以更好地记录第一版中的许多陈述。但是它需要呈现足量的材料来取信于读者——我已经完成了必要的调查，这个难度更大。如果还有其他版本，那么可能需要对体量范围进行削减以增加辅助性资料。第一版能够作为类似综合型手册充分全面地使用。第二版在某种程度上仍有可能继续充当这个角色。但是在将来，没有一位作者能胜任这项工作。

具有讽刺意味的是，有关人口增长影响方面的文献数量并没有增长太多。人口增长的直接经济影响过去是，现在依然是我的主要兴趣，我写这本书的唯一原因是因为这个行业忽视了我的技术文章和我在1977年发表的关于这一主题的技术书籍；我希望利用本书引发公众的兴趣，进而直接触及公众，间接触及这个行业。我写环境、保护、污染与相关主题的唯一原因在于，当我谈论直接经济影响时，人们会说："是的，也许这是真的，但是对污染的影响呢？对荒野的影响呢？而且犯罪和战争怎么解释？"他们将继续沿着可能存在的负面影响之梯往下走，走向越来越不重要的方面，同时不断改变反对的意见——诡辩——而且每个都必须加以解决。现在，如果我们专门为他们设定空间来衡量话题的话，那就成了摇尾巴狗。

我不敢声称自己在处理这一大堆材料方面时做得足够好，但我一直在竭尽所能地工作。我与此同时编辑的另外一本著作《人类的状态》，一直在提醒我过去几年的发展。《人类的状态》应该成为本书不可替代的手册。我认为现在引用哈耶克（1960）的话是合适的，内容如下：

对任务越有野心，表现就会越不充分，这也许是不可避免的。就类似本书一样全面的主题来说，只要一个人的机能还在延续，那么完善自己的任务就永远不会停止……我只能说，我会一直完善本书，直到我不知道如何才能以更简洁的形式充分展示主要论点为止。

目录 CONTENTS

译者语 / 1
推荐语 / 9

前言 / 11
第一版的致谢 / 20
第二版的致谢 / 22

导读　人口和资源的真正问题是什么?

本书概要 / 3
数字、作家和可信度 / 7
政治经济学所承担的角色 / 9
论战的状态 / 9

一个基于历史的附注 / 15

第一部分　走向资源的美好未来

1　关于原材料短缺的惊人理论 / 20

生铜与牙医学 ········· 21
我们所说的"稀缺性"到底是指什么? ········· 22
预测稀缺性和成本的最佳方法是什么? ········· 24
未来会与过去割裂吗? ········· 27
一项让世界末日论者用金钱证明自己观点的挑战 ········· 31
总结 ········· 34

附注1　自然资源的"真实"成本（价格）……………… 35
　　　附注2　终极短缺 ……………… 37

2　**为什么资源的技术预测法经常出错？/ 38**
　　技术预测的本质：解释悖论 ……………… 38
　　技术预测的难点 ……………… 41
　　技术预测之间的巨大差异 ……………… 45
　　总结 ……………… 48
　　　附注　对投资者说的话 ……………… 50

3　**自然资源的供应，尤其是能源——真的是无限的吗？是的！/ 51**
　　自然资源稀缺性理论 ……………… 54
　　资源即服务 ……………… 58
　　自然资源是有限的吗？ ……………… 59
　　总结 ……………… 64
　　　附注1　关于"有限"的对话 ……………… 65
　　　附注2　收益递减"规律" ……………… 67

4　**大理论 / 69**
　　熵与有限性：毫不相干的悲观理论 ……………… 73
　　结论 ……………… 78

5　**饥荒：1995年？2025年？还是1975年？/ 79**
　　饥荒 ……………… 85
　　结论 ……………… 91

6　**粮食生产的限制是什么？/ 92**
　　短期前景 ……………… 92
　　长期前景 ……………… 95
　　鱼类产品 ……………… 99
　　为什么食物的前景看起来如此黯淡？ ……………… 99
　　结论 ……………… 100

后记　单一作物制 …………………………………… 102

7　目前全球粮食形势：短缺危机、过剩危机，以及政府政策 / 104
　　政府干预 ……………………………………………… 104
　　粮食过剩和短缺循环 ………………………………… 107
　　粮食储备 ……………………………………………… 109
　　接下来呢？ …………………………………………… 111
　　1976—1977年的美国旱灾 …………………………… 113
　　其他国家的粮食形势 ………………………………… 114
　　非洲和可可生产国 …………………………………… 118
　　农业的最佳外援是什么？ …………………………… 118
　　结论 …………………………………………………… 119

8　我们正在丧失耕地吗？ / 121
　　耕地趋势：越来越少？ ……………………………… 124
　　哪里的耕地面积在减少？ …………………………… 125
　　土地与其他资源不同吗？ …………………………… 128
　　结论 …………………………………………………… 131

9　两大难题："城市扩张"与土壤侵蚀 / 133
　　土壤侵蚀 ……………………………………………… 140
　　后记　环保组织是如何设下骗局的？ ……………… 143

10　水、森林、湿地，下一个呢？ / 145
　　问题的实质 …………………………………………… 145
　　水资源的消耗问题 …………………………………… 146
　　木材 …………………………………………………… 148
　　湿地 …………………………………………………… 154
　　结论 …………………………………………………… 155

11　石油资源会枯竭吗？永远不会！ / 156
　　能源，资源之母 ……………………………………… 156

英国煤炭恐慌 ······ 159
石油枯竭危机将长期存在 ······ 159
能源供应的漫长历史 ······ 161
从埃菲尔铁塔跳下 ······ 163
关于未来能源供应的理论 ······ 164
"收益递减"的奇怪现象又发生了 ······ 165
预测未来能源可用性的最佳方法和最糟方法 ······ 165
更好的技术预测方法 ······ 168
从长远来看呢？ ······ 171
无限的石油 ······ 172
结论 ······ 174

12 当今的能源问题 / 176

首先是一些事实 ······ 178
20世纪70年代的能源危机 ······ 185
政策与当前的能源危机 ······ 187
走向健全的美国能源政策 ······ 190
结论 ······ 192

附注1　能源使用的外部性 ······ 193
附注2　能源会计 ······ 195

13 核能：未来最大的能源机遇 / 198

核能风险以及规避 ······ 199
核废料处理 ······ 203
结论 ······ 206

14 垂死的地球？媒体是如何恐吓公众的 / 207

总结 ······ 216

15 污染的奇特理论 / 217

污染的经济学理论 ······ 219
结论 ······ 223

　　　　附注　生态学家对经济学的批评 ············· 224

16　**污染该何去何从？/ 228**
　　　　污染与历史 ····························· 228
　　　　预期寿命与污染 ························· 230
　　　　总结 ································· 235

17　**当前的污染：特定的趋势和问题 / 236**
　　　　水污染 ································· 244
　　　　东欧国家 ······························· 246
　　　　论环境对政治的影响 ····················· 249
　　　　结论 ································· 250

18　**糟糕的环境及资源恐慌 / 253**
　　　　已知杀手 ······························· 253
　　　　存在潜在危险的威胁 ····················· 254
　　　　可疑的问题 ····························· 254
　　　　被完全否定了的威胁 ····················· 255
　　　　20世纪90年代的主要环境恐慌 ············· 261
　　　　总结 ································· 268

　　　　附注　治愈地球 ························· 269

19　**生活废物会淹没我们吗？/ 270**
　　　　废物的规模 ····························· 272
　　　　废物与价值的理论：扔出来吧，我们需要它 ··· 274
　　　　总结 ································· 277

20　**我们应该为他人节约资源吗？哪些资源需要节约？/ 278**
　　　　可替代资源的节约 ······················· 281
　　　　保护动物还是保护人类？ ················· 287
　　　　资源与子孙后代 ························· 288
　　　　资源与"国际掠夺" ······················· 290

目 录

    总结 …………………………………………………… 290

21 强制性回收、强制性节约和自由市场替代品 / 292
    人们为何如此担忧废物？…………………………… 293
    废物处置政策的利弊 ………………………………… 295
    价格与价值 …………………………………………… 297
    资源保护和政府制度 ………………………………… 299
    结论 …………………………………………………… 301

第二部分　人口增长对资源和生活水平的影响

22 只有立足之地？人口统计学的事实 / 304
    人口增长率 …………………………………………… 305
    战胜过早死亡的胜利即将来临 ……………………… 310
    总结 …………………………………………………… 318

23 未来的人口增长将会怎样？ / 319
    巫术预测 ……………………………………………… 319
    当前的趋势需要强制政策吗？……………………… 324
    谁抚养谁？依赖性负担 ……………………………… 328
    未来的人口密度会不断下降吗？…………………… 331
    结论 …………………………………………………… 333

24 人类会像苍蝇一样繁殖吗？还是像挪威大鼠那样？ / 334
    总结 …………………………………………………… 347

25 人口增长与资本存量 / 349
    简单的理论与数据 …………………………………… 349
    交通运输 ……………………………………………… 351
    人口对交通系统的影响 ……………………………… 353
    总结 …………………………………………………… 356
    后记　人口增长的比喻——手球和壁球 …………… 357

26　人口对科技与生产率的影响 / 359
　　结论与思考 ⋯⋯⋯⋯⋯⋯⋯⋯⋯⋯⋯⋯⋯⋯⋯⋯⋯⋯⋯　374
　　　后记　知识创造的重要性及起源 ⋯⋯⋯⋯⋯⋯⋯⋯⋯⋯　376

27　范围经济与教育 / 381
　　理论 ⋯⋯⋯⋯⋯⋯⋯⋯⋯⋯⋯⋯⋯⋯⋯⋯⋯⋯⋯⋯⋯　381
　　统计证据 ⋯⋯⋯⋯⋯⋯⋯⋯⋯⋯⋯⋯⋯⋯⋯⋯⋯⋯⋯　383
　　教育的数量和质量 ⋯⋯⋯⋯⋯⋯⋯⋯⋯⋯⋯⋯⋯⋯⋯　386
　　总结 ⋯⋯⋯⋯⋯⋯⋯⋯⋯⋯⋯⋯⋯⋯⋯⋯⋯⋯⋯⋯⋯　387

28　人口增长、自然资源与子孙后代 / 389
　　家庭类比法 ⋯⋯⋯⋯⋯⋯⋯⋯⋯⋯⋯⋯⋯⋯⋯⋯⋯⋯　389
　　自然资源增长模式 ⋯⋯⋯⋯⋯⋯⋯⋯⋯⋯⋯⋯⋯⋯⋯　391
　　"能源危机"与人口政策 ⋯⋯⋯⋯⋯⋯⋯⋯⋯⋯⋯⋯⋯　392
　　我们是在对后代展开庞氏骗局吗? ⋯⋯⋯⋯⋯⋯⋯⋯⋯　393
　　自然资源与耗尽风险 ⋯⋯⋯⋯⋯⋯⋯⋯⋯⋯⋯⋯⋯⋯　394
　　我们是否确定技术一定会进步? ⋯⋯⋯⋯⋯⋯⋯⋯⋯⋯　395
　　总结:终极资源——自由社会中的人类想象力 ⋯⋯⋯⋯　396
　　　后记　从海滩开始 ⋯⋯⋯⋯⋯⋯⋯⋯⋯⋯⋯⋯⋯⋯　398
　　　后记　克尔姆经济学 ⋯⋯⋯⋯⋯⋯⋯⋯⋯⋯⋯⋯⋯　399

29　人口增长与土地 / 402
　　历史范例 ⋯⋯⋯⋯⋯⋯⋯⋯⋯⋯⋯⋯⋯⋯⋯⋯⋯⋯⋯　407
　　人口增长对土地的休闲和娱乐利用的影响 ⋯⋯⋯⋯⋯⋯　411
　　"损害"的未来优势 ⋯⋯⋯⋯⋯⋯⋯⋯⋯⋯⋯⋯⋯⋯⋯　413
　　结论 ⋯⋯⋯⋯⋯⋯⋯⋯⋯⋯⋯⋯⋯⋯⋯⋯⋯⋯⋯⋯⋯　414
　　　后记　人口、土地和战争 ⋯⋯⋯⋯⋯⋯⋯⋯⋯⋯⋯　415

30　人类是环境污染吗? / 418
　　收入、增长、人口和污染 ⋯⋯⋯⋯⋯⋯⋯⋯⋯⋯⋯⋯　419
　　美学、污染和人口增长 ⋯⋯⋯⋯⋯⋯⋯⋯⋯⋯⋯⋯⋯　421

污染、人口和灾难风险 …………………………… 422
总结 ……………………………………………… 425

31 人类是否会造成物种灭绝？/ 426
物种损失估计 …………………………………… 428
物种损失的风险 ………………………………… 434
了解未知 ………………………………………… 436
与环保主义者讨论事宜 ………………………… 437
结论 ……………………………………………… 441
后记　论物种哲学 ……………………………… 442

32 人口过多不会损害人的健康、心理和社会福利 / 445
人口密度与身体健康 …………………………… 445
疟疾的案例 ……………………………………… 447
其他一些关于健康的例子 ……………………… 449
拥挤的心理和社会学效应 ……………………… 450
人口增长与智力 ………………………………… 452
人口密度与战争 ………………………………… 454
那么，什么决定健康呢？ ……………………… 456
结论 ……………………………………………… 456

33 宏观经济图景一：较发达国家的人口增长和生活水平 / 457
人口与收入理论 ………………………………… 457
与马尔萨斯理论相对立的证据 ………………… 460
一个更现实的较发达国家模型 ………………… 463
以牺牲较贫穷国家的利益为代价？ …………… 468
总结 ……………………………………………… 469
后记1　威廉·莎士比亚、生育与发展经济学 … 471
后记2　移民如何影响我们的生活水平 ……… 476

34 宏观经济图景二：欠发达国家 / 477
传统的理论模型 ………………………………… 478

数据再次与流行模型相矛盾 …………………………………… 479
　　　政治经济体制的作用 …………………………………………… 480
　　　一个协调欠发达国家理论和证据的模型 ……………………… 483
　　　某些反对意见 …………………………………………………… 487
　　　总结 ……………………………………………………………… 489
　　　后记　《增长的极限》《全球2000年报告》及其他 …… 491

第三部分　超越数据

35　不同的选择如何影响人们的认知 / 497
　　　在旧金山慢跑时的几点思考 …………………………………… 501

36　人口控制的修辞术：目的是否正当？ / 503
　　　煽动性术语和修饰性游说 ……………………………………… 504
　　　粗鲁或微妙的虚假论点 ………………………………………… 505
　　　攫取美德，抹杀罪恶 …………………………………………… 507
　　　为什么人口修辞具有如此大的吸引力？ ……………………… 507
　　　夸大说辞的影响力 ……………………………………………… 510
　　　最后，吹笛手 …………………………………………………… 512
　　　后记1　一个修辞类比 …………………………………………… 514
　　　后记2　计划生育的修辞术 …………………………………… 515

37　修辞背后的推理 / 519
　　　修辞和理由 ……………………………………………………… 520
　　　结论 ……………………………………………………………… 528

38　最后——你的价值观是什么？ / 529
　　　与人口政策相关的一些价值观念 ……………………………… 531
　　　结论 ……………………………………………………………… 538

39 核心价值观 / 539

穷人的生命价值 ······ 540
已生者与未生者 ······ 541
将失去什么？ ······ 543
人均收入的短期价值 ······ 544
节约价值与创造价值 ······ 546
关于合理判断的问题 ······ 547
人类是破坏者还是创造者 ······ 549
什么时候强制才是正当的？ ······ 549
真理的价值 ······ 553
与其他价值观相关的人口观念 ······ 557
总结 ······ 558

结论 最后的资源 / 559

我们的时代不同于过去的时代？ ······ 565
未来将何去何从？ ······ 566
后记1 "生而不幸" ······ 570
后记2 受缚的普罗米修斯 ······ 572

结语 我与我的批评者 / 573

实质性问题 ······ 575
政治化批评 ······ 587
对人身攻击的回应 ······ 589
"批评"的影响 ······ 592
来自哈耶克的两封信（节选） ······ 594

插图列表 / 597
表格列表 / 608

导读　人口和资源的真正问题是什么？

现在存在自然资源方面的问题吗？当然有，一直都有。这个问题就是自然资源是稀缺的，虽然我们更愿意免费得到它们，但是我们仍然需要花费劳动力和资金来获取。

我们现在正"陷入危机"并"进入稀缺时代"吗？你可以在水晶球上看到任何你想看到的东西。但几乎没有例外，相关数据（长期经济趋势）恰恰表明了相反的情况。适当的稀缺性衡量方法（自然资源的劳动力成本，以及相对于工资和其他商品的价格）都表明，从长远来看，直到现在，自然资源已经变得不再那么稀缺了。

那污染呢？这难道不是一个问题吗？污染当然是一个问题。人们总是不得不处理他们的废弃物，以便享受一个愉快和健康的生活空间。但是与前几个世纪相比，我们现在生活在一个更健康、更整洁的环境中。

至于人口，有人口问题吗？当然也有，和以往一样。当一对夫妇即将生育孩子的时候，他们必须为孩子准备一个可以安睡的地方。然后在孩子出生后，他们必须喂养他（她），给他（她）穿衣服，保护和教育他（她）。所有这些都需要付出努力，并得到资源支持，而这些不仅仅来自于父母。当婴儿出生或移民到某个社区时，社区必须增加其市政服务——教育、消防和警察保护以及垃圾收集。这些没有一样是免费的。

在一个人生命的头几十年里，一个"额外的"孩子不仅是父母的负担，对于他人来说也是负担。兄弟姐妹之间除了陪伴增多以外，其他的资源都变少了。纳税人必须为教育和其他公共服务付出额外的资金，邻居将听到更多的噪声。在幼年时期，儿童不生产任何物质财富，他们所在的家庭和社区的收入与未出生婴儿的家庭和社区相比，被分摊得更少了。当孩子成人后第一次去工作时，工作岗位确实被挤占了一些，工作人员的平均产出和工资也有所下降。对其他人来说，所有这一切显然是经济上的损失。

不过，同样肯定的是，人口的增加也有好处。孩子成人或移民之后将会纳税，为社会贡献能量和资源，为其他人的消费生产商品和提供服务，并为美化和净化环境做出努力。对于更加发达的国家来说，也许最重要的是普通人通过提出新点子来为提高生产效率做出贡献。

那么，真正的人口问题并不是人太多，也不是有太多的婴儿出生。问题的关键在于，在这个人可以为他人的幸福做出回报之前，他人必须为其提供支持。

哪一个更重要呢，负担还是利益？这取决于经济条件和制度，我们将以一定篇幅来讨论这个问题。但同时，令人吃惊的是，一个孩子或移民的整体效应是正面还是负面的，取决于做出判断之人的价值观——你是宁愿选择现在就把一美元花掉，还是等待二三十年之后得到超过价值20美元的什么东西；你是选择更多或更少的野生动物活着或是相反，是选择更多或更少的人类活着或是相反，等等。人口增长是一个问题，但不仅仅是一个难题；这是一种红利，但又不仅仅是一种福利。所以你的价值观对于判断人口增长的净效应是非常重要的，并据此确定人口是否太多或太少。

从经济的角度来看，增加一个孩子就像多了一只产蛋的鸡、一棵可可树、一家电脑工厂，或者一个新房子。婴儿是一种"耐用品"，在长大成人到能获得投资回报之前必须花很长时间进行大量投资。但是，"现在旅行，以后付钱"这种模式天生具有吸引力，因为快乐是即时的，而费用则随后支付；"现在就付钱，以后再从孩子那里得到好处"的固有问题在于，牺牲为先。

你可能会回应说，额外增加的孩子永远不会产生净收益，因为他们消耗的是不可替代的资源。我们可以看到，从长远来说，额外增加的人口的产出超过了他们的消费，自然资源也不例外。但是我们仍然承认存在人口方面的问题，就像所有好的投资也同样存在问题一样。在能够获得收益之前的较长时期内，我们必须先将资金占用，否则就会被用于即时消费。

请注意，我已经将讨论的范围限制在儿童投资的经济效益方面，也就是对儿童物质生活水平的影响。如果我们再考虑到孩子的非物质方面——他们对于父母的意义，以及对那些享受人性之美的人的意义——那么将孩子带到世界上的理由就更加合理了。如果我们能够谨记，孩子幼年时期的绝大多数成本都由父母承担而不是由社区承担，而孩子长大后的大部分好处却是由社区（尤其在发达国家）享受，孩子与其他投资之间的本质区别在于，投资孩子是倾向于改善而不是降低孩子的社会经济（地位）。

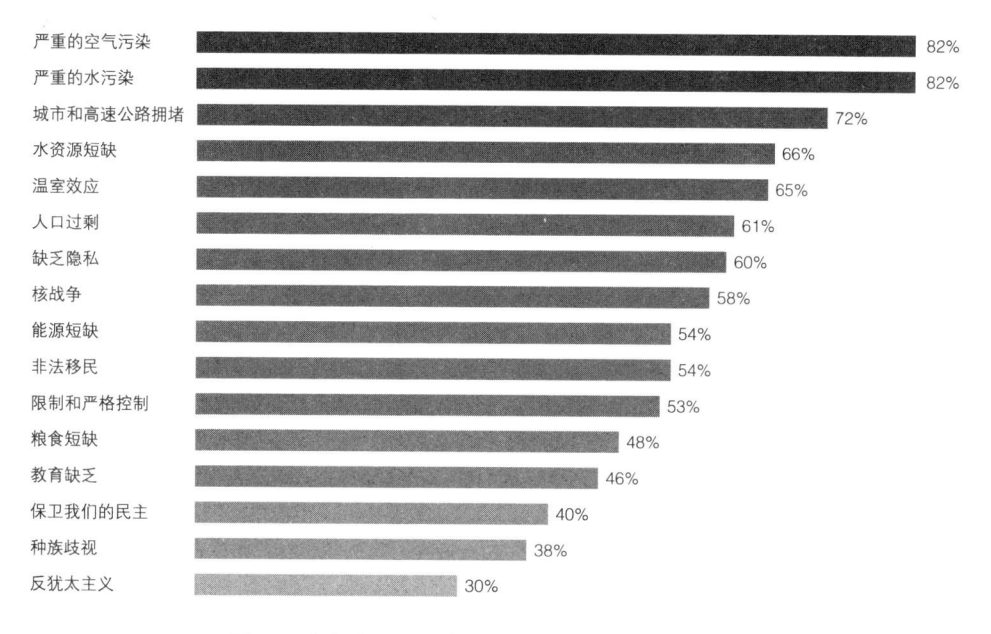

严重的空气污染	82%
严重的水污染	82%
城市和高速公路拥堵	72%
水资源短缺	66%
温室效应	65%
人口过剩	61%
缺乏隐私	60%
核战争	58%
能源短缺	54%
非法移民	54%
限制和严格控制	53%
粮食短缺	48%
教育缺乏	46%
保卫我们的民主	40%
种族歧视	38%
反犹太主义	30%

图1-0 公众对"25～50年后可能出现的严重问题"的看法

无论是否有理由认为，人口、资源和环境"问题"比过去更糟，公众都默认其的确更糟。在准备这本书第二版时，我惊讶地发现，在这里讨论的一系列问题，诚然成为了当今社会所面临的最紧迫的问题（见图1-0）。

本书概要

以下是这本书的一些主要结论。对大多数读者来说，第一版中的这些结论似乎是牵强的，但仍使他们感到震惊。然而，此后发生的事毫无例外地证实了这一趋势及分析中隐含的预测。

食物。与人们的普遍印象相反，自"二战"以来的半个世纪里，人均粮食产量一直在增长，这是我们唯一获得相关数据的几十年。我们还知道，至少在上个世纪，饥荒就已经逐渐减少了。最近几个世纪，发达国家的国民平均身高增加了，这表明人们生活水平更高了。我们有充分的理由相信，即使人口持续增长，人类的营养状况仍将持续改善。

土地。农业用地不是固定资源。相反，农业用地的数量一直在大幅增加，而且很有可能在需要的地方继续增加。而矛盾在于，在那些食物供应最好的国家，比如美国，耕地数量一直在减少，因为在更少的土地上产出更大的产量要比增加耕地的总面积划算。由于这个原因，美国的林地、休闲用地和野生动物栖息地的数量一直在迅速增加——这是令人难以置信但又确定无疑的。

自然资源。拿好你的帽子（别被吓掉了）——在任何经济意义上，我们的自然资源供应都不是有限的。过去的经验也并未给出让我们相信自然资源将变得更加稀缺的理由。相反，如果历史可以借鉴的话，自然资源将会逐渐变得不那么昂贵，因此也就不那么稀缺了，而且在未来的几年里，将只占我们开支的较小一部分。人口增长很可能对自然资源状况产生长期的有利影响。

能源。请再次拿好你的帽子——能源供应的前景至少和其他自然资源的前景一样光明，尽管政府干预可以暂时推高价格。其有限性在这里也不是问题。额外增加的人口的长期影响在于，可能会加快开发那些从某种意义上来说取之不尽、用之不竭的廉价能源。

污染。这一系列问题和你想要解决的问题一样复杂。但即使是大多数的生态学家，以及经济学家，也认同人口增长并不是产生或增加污染的罪魁祸首。而关键的趋势是，随着世界人口的增长，预期寿命（即反映污染水平的最佳总体指标）已显著改善。这反映出在过去的几个世纪里，最严重的污染，即由空气和水所传播的疾病在大幅减少。

生活水平。从短期来看，额外增加的孩子意味着额外的成本，尽管除了孩子的父母以外，其他人所承担的成本相对较小。然而，从长远来看，无论是发达国家还是发展中国家，人口处于增长的国家比人口未增长的国家在人均收入上更高。你是否愿意为了未来的收益而在当下投入成本，取决于你如何衡量未来与现在的关系，这是一个价值判断。

人类的生育能力。穷人和未受过教育的人会无节制地生育后代的观点显然是错误的，即使对象是最贫穷和最"原始"的社会也是如此。那些认为穷人不掂量生育更多孩子的后果的富人，要么出于傲慢要么出于无知，或者两者兼而有之。

未来的人口增长。人口预测的公布是大张旗鼓且满怀信心的。然而，即使是由美国政府机构和联合国作出的官方预测记录，也比那些最天真的预测好不了多少（如果有的话）。

例如，19世纪30年代，专家预测美国人口将会减少，在世纪之交之前可能会少至1亿人。1989年，美国人口普查局预测，美国人口在2038年将达到3.02亿的峰值，然后开始下降。仅仅三年后，美国人口普查局（USCB）又预测，在2050年人口将达到3.83亿，而且此数据并未达到峰值。显然，人口统计预测的科学还没有达到完美。

目前的趋势表明，即使世界人口总数在增加，但世界大部分地区的人口密度将会下降。这种情况已经且正在发达国家发生。尽管发达国家的总人口从1950年至1990年都在增长，但城市化的速度非常之快，以至于他们大部分国土面积（比如美国国土面积的97%）上的人口密度一直在下降。随着贫穷国家变得更加富有，它们肯定也会经历同样的趋势，世界大部分地区的人口将变得越来越少，尽管这个结果有些令人感到意外。

移民。从贫穷国家到富裕国家的人口迁移是最接近于每个人都能获益的政府政策。因此，北美和西欧的国家几乎实现了所有的国家目标——更高的生产率、更好的生活水平，以及减轻由老龄人口比例日益增长所造成的沉重的社会负担。当然，移民也从中受益。即使是移民输出国也能从移民寄回的汇款，以及与移民接收国之间得到改善的关系中获益。令人惊讶的是，即使是在低收入群体中，移民也并未显著增加本国的失业率。这个话题在第一版中已粗略论述，现在已单独集结成书。

人口密度的病理效应。许多人担心人口稠密地区的心理健康状况会更糟。动物种群的研究加强了这一观点。但是关于人口增长的这一假设性缺陷已经被人类的心理学研究证明是错误的。

类似的"常识"说服了包括中央情报局（CIA）的高层领导在内的许多人——人口的增长增加了战争的可能性。但数据显示并非如此。

世界人口政策。第一版记载了数以千万计的美国纳税人的钱，被用来说服其他国家的政府和人民——他们应该减少生育。

多年来，美国国务院国际开发署（AID）人口司的长期负责人，也是美国最重要的人口官员公开表示，为了国家的经济利益，美国应该采取行动以降低全球范围内的出生率。1974年，国家安全委员会（NSC）下达了一项秘密政策评估，这份评估最终在1989年被解密了，但是有很多重要事件仍然没有公布——美国政府的代理人在许多不同国家，特别是在非洲进行过有针对性的人口控制活动，其中包括以各种方式扭曲外国政府的政策以确保"合作"。但经济数据和经济分析并不能证明这一政策的正当性。更进一步来说，这种行为难道不是对其他国家内政的无端（和令人憎恨的）干涉吗？

国内人口活动。第一版同样记载了另外数百万的公共资金流向了人口游说团体的私人组织，这些组织的董事认为，出于环境和其他相关的理由，美国出生的人口应该更少。他们通过这些基金对普通人进行宣传洗脑，使人们在思想上和行为上与诸如人口危机委员会（Population Crisis Committee）、人口资料局（Population Reference Bureau）、世界观察研究所（World Watch Institute）和自愿绝育协会（Association for Voluntary Sterilization）等组织的观点保持一致。

另外还有数千万美元的税收用作减少美国穷人的生育率。这项政策的明确理由［由计划生育协会（Planned Parenthood）的艾伦·古特马赫研究所（Alan Guttmacher Institute）负责人给出］是，它将使更多的穷人摆脱福利救济。就算它已经被证明是正确的了——况且据我所知到目前还并没有——它符合美国精神或者美国传统吗？此外，有统计证据表明，在更贫穷的南方州，首次大量开设的公共生育控制诊所的定位是减少黑人的生育率。

非自愿绝育。在第一版中也有提及：税款会在没有医疗方面因素的情况下，被用来对穷人（通常是黑人）进行非自愿的绝育。作为优生学运动的结果，非自愿绝育与人口控制运动交织了几十年，有三十个州（我最终能查到）在法律上规定对有智力缺陷的人进行非自愿绝育。这些法律导致许多具有正常生育能力的贫穷妇女，在被告知她们所进行的是其他类型的小手术后，毫不知情地被绝育。

在接下来的章节中，你将找到记载了以上这些以及许多其他关于资源、人口、环境和它们之间相互关系的令人惊讶的陈述证据。你会发现一个经济理论的基础，它能解释那些令人惊讶的事实。你还会发现一个要约，即用我自己的现金为我们打赌的预测作赌注——不仅是自然资源、健康和清洁环境，还包括所有其他的人类福利衡量方法。

如果你相信在未来污染会变少（或变多），你就可以利用我的提议赚点钱。（我获胜的话，奖金将用于对上文的主题和其他主题的研究。）

你可能想知道，有鉴于大多数畅销著作的基调都是非常之消极，为什么这本书能如此的积极？最重要的解释是，我认为在于所作对比的本质。这本书大部分对比的是现在和较早时期。其他人所作的比较通常是在组与组之间，或者"我们是什么样的"与"我们认为应该怎样或者我们想要怎样"之间进行，这种情况足以保证源源不断的令人沮丧的坏消息。

当你思考这本书所讨论的末日论者的观点时，你可能会发现一个奇怪的矛盾：一方面，末日论者说我们人类人口太多了；另一方面，他们警告说，我们大多数人都有被消灭的危险。通常情况下，一个物种的个体数量越多，其能抵抗被消灭风险的能力就越大。因此，他们的观点存在显而易见的矛盾。

对此，末日论者回应说，这是因为有更多的人正在消耗我们生存的基础，并且由于人口的"过度"繁衍而更可能导致"崩溃"；也就是说，在他们看来，现在的我们或大部分人是不可持续的。但是，灾难的早期信号并未出现。人类寿命不断增长，健康状况越来越好，食物和其他自然资源的供应越来越丰富，环境中的污染物越来越少。

作为回应，末日论者指出了环境被破坏的模糊信号。我必须承认，除了那些与地球"承载能力"无关的指标之外，我没有看到一个他们指出的信号——我看到的是社会和文明发生了深刻的变化，其中大部分可以被解释为"好"或"不好"，并且完全在我们自己的控制之内。但是，秉持客观地讨论这些问题的原则，我们将请读者自己决定那些末日论者的说法能否让你信服。这些在书中都有所讨论。

数字、作家和可信度

正文中有许多数字和图表。请不妨耐心一些，因为本文的观点都建立在它们之上。如果我的结论没有翔实确凿的数据作为证据，那么一些观点就会被无情地嘲笑，因为它们与一般常识是相矛盾的；而另一些观点则会被即刻否定，因为它们与主流的有关人口和资源的著作截然不同。

你可能会对一些数据持怀疑态度，比如统计数据显示，世界粮食生产和人均消费在逐年上升，即使在贫困国家依然如此。

你可能会问："但是那些支持世人皆'知'的事实的证据在哪里？比如世界正走向饥饿和饥荒？"根本没有其他数据。来自联合国和美国政府的食品数据是唯一的数据来源。如果联合国和美国官员经常发表与这些数据不一致的声明，那是因为他们没有检查证据，或者故意无视它。其他一些数据更容易引发争论。我试图给你最真实的数据，但你本人必须是公平公正的。

如果你读了这本书之后，仍然怀疑情况正在逐步变好这个总的主题，我希望你能回答这样一个问题：你将引用什么样的数据来反驳生活中的物质条件正在改善这一主张？如果你不能引用任何数据，那就问问自己——什么样的数据可以让我信服？你将发现，大部分相关的数据都包含在这本书或者我即将出版的《人类的状态》中。（如果你还能找到其他相关资料，请写信给我。）但是，如果没有一套令人信服的数据能支持你的相反观点，那就没有科学的方法来解决你的保留问题了。如果没有任何数据能够证明你的信念，那么你的立场就是一个形而上学的信仰问题，是站在神学而非科学的层面上。

若你研究的主张是人类的处境变得更糟，那么我邀请你去往最近的图书馆，查找两个参考书目：美国人口普查局《美国统计摘要》（*Statistical Abstract of the United States*）和《美国历史统计》（*Historical Statistics of the United States*），然后找到"污染：空气"和"污染：水"下的索引，并查看不同年份的数据。接下来对"世界人均粮食产量"进行同样的操作，然后按照各种资源的价格来衡量全球自然资源的可利用率。当你做完这些之后，再逐年查看居民家中的人均居住面积，以及电话和室内厕所等便利设施的拥有情况。最重要的一点，查看预期寿命和死亡率。你将发现，几乎每一个与生活质量有关的指标都得到了改善，而不是像末日论者所宣称的那样发生了恶化。即使是在1980年代，无论穷人还是富人的生活都变得更好了。

但是，即便基于你自己感觉的第一手证据——比如改善了的健康状况，以及与过去相比自己所熟识的人的死亡年龄的增长；我们现在拥有的物质产品；信息、娱乐和我们自己在世界各地自由活动等方面——在我看来，只有当一个人在表面上是个聋哑人，才会无法察觉到人类现在比以往任何时候都处于一个更好的状态。

在我们大多数人的家庭里，都能看到生活改善的趋势。我将用一则轶事来形象地说明这件事：我有轻微的哮喘。有一次我在一个有狗的人家里过夜，半夜醒来时我咳嗽得很厉害，同时因为狗毛过敏而呼吸急促。于是我拿出我价值12美元、可以吸300次的便携式吸入器吸了一口。不到十分钟，我的肺就平复下来——一个小小的奇迹。如果在几十年前，我将整晚都处于失眠和痛苦之中，由此我还不得不放弃我非常喜欢的壁球，因为在没有吸入器的情况下，运动将导致我的哮喘严重发作。还有糖尿病——如果你的孩子在一百年前得了糖尿病，你不得不眼睁睁地看着他失明继而夭折。而今，注射，或者吃药，都能让这个孩子过上和其他孩子一样健康长寿的生活。还有眼镜——几个世纪以前，当你到四五十岁视力变得模糊不清时，你便不得不放弃阅读。当眼镜最初发明的时候，只有富人才买得起。而现在，任何人都可以在药店买到售价9美元的塑料放大镜。你还可以戴隐形眼镜来解决眼部问题，以保持你的虚荣心完好无损。还有就是，在你的家族之中是否存在一些情形，即在早些时候它可能成为一种挥之不去的痛苦或悲剧，而现在，随着我们的知识日益增长，这些情况已经变得不再难以忍受了？

去贫穷国家旅游时，远离其首都，深入到农村地区，向农民询问现在和过去他们的生活水平如何。你会发现，方方面面都得到了改善提高——包括拖拉机、通往市场的道路、摩托车、抽水机以及新建的学校，还有在城里上大学的孩子。

政治经济学所承担的角色

在这里，我们必须解决资源和人口经济中一个至关重要却比较敏感的要素——政治—社会—经济体系在政府强制下为个人提供了多大程度的自由。对于有技能的人，需要一个框架来激励他们努力工作、承担风险，使他们的才能开花结果。这个框架的关键要素是经济自由、尊重产权、公平合理的市场规则，这些规则应对所有人一视同仁。

在这一版中，关于政府扮演角色的讨论要比第一版多很多，而且讨论通常都是围绕对政府干预的批评来展开。这种重点的转变，一部分是由于通过进一步研究，对问题有了更深入的理解，（尤其是哈耶克）的研究工作，他反过来利用这本书和我之前出版的技术书籍的实证研究成果来支持他自己对人口增长的长期影响研究；一部分是由于其他人对政府的人口和环境活动的经济后果进行了更多研究；一部分是因为其他国家的信息越来越多，还有一部分原因在于政府活动的增加。

论战的状态

这本书的论点结论如下：从短期来看，所有的资源都是有限的。这种资源有限性的一个例子就是，你将倾注于我所写文章上注意力的多寡。然而从长期来看，事情将会变得有所不同。自有记录以来，人类的生活水平就是随着世界人口规模的增长而上升的。同时并没有令人信服的经济原因能够说明，这种生活改善的趋势不应该一直持续下去。

许多人发现自己很难接受这个经济论点。不断减少的资源，日益严重的污染，饥饿和贫困——这些似乎都是不可避免的，除非我们能控制人口增长或者减少自然资源的消耗。托马斯·马尔萨斯在大约两个世纪前的著作《人口论》中得出了这一结论，现在，主流的观点被他的这种悲观理论所支配（马尔萨斯在世之时，他的观点并没有被广泛接受）。

这个与当前证据一致的新理论是本书的核心思想，它的具体内容如下：人口和收入增长导致的消费增加会加剧资源短缺，并导致价格上涨。更高的价格代表着更多的赚钱机会，这将引导发明家和商业人士寻找新的方法来弥补短缺。一些人失败了，以牺牲自己为代价。少数人成功了，最终的结果是我们的境况比原来的短缺问题未出现时更好。也就是说，我们需要问题，尽管这并不意味着我们应该故意为自己制造额外的问题。

人口规模和增长最重要的好处是增长本身带来了有用知识的储备。大脑在经济上与手和嘴一样重要，某种程度上来说甚至更加重要。发展进步在很大程度上受到了训练有素的工人数量多寡的限制。

从长远来看，影响人类状态和进步的基本力量是：（a）活跃消费，同时也有更多可以生产商品和知识的人口数量；以及（b）财富水平。这些都是控制文明进步的巨大变量。

财富不仅仅是房屋和汽车等资产。财富的本质是控制自然力量的能力，财富的多寡取决于技术水平和创新知识的能力。一个富裕的国家将比贫穷的国家更快地研发出治疗新疾病的方法，因为富裕的国家拥有知识储备和技术人才。这就是为什么较富裕的群体寿命更长、健康状况更好，并且意外死亡更少。富裕国家的一个关键特征在于，拥有一套完善的法律规则。财富既创造这些规则，反过来又依赖于它们创造出发展进步所需的自由和安全的条件。这个主题没有在本书中展开，我希望我能尽快找到针对它，连同人口规模和增长情况的合理处理方法。

* * *

这是物质的科学。这是第一版所能做到的最好程度了。但是现在有了一个重要的新要素。这些学科的学者们的共识是站在我刚刚提出的观点一边。这与单一的声音完全相反。

前面提到的关于农业和资源的好消息，代表了经济学家在这些领域的长期共识。每一位农业经济学家都知道，自第二次世界大战以来，世界人口的饮食水平比之前好了很多。每一位资源经济学家都知道，所有的自然资源都变得越来越充裕，而不是越来越稀缺，就像它们在这几十年和几个世纪里不断下降的价格所呈现出的那样。每个人口统计学家都知道，世界各地的死亡率都在下降，在过去的两个世纪里，富裕国家的预期寿命几乎增加了两倍，而在过去的四十年里，贫穷国家的预期寿命几乎翻了一番。所有这些都是真实的。现在，就连（美国）环境保护署（EPA）也承认，在过去的几十年里，我们的空气和水是变得越来越干净，而不是越来越脏。

最大的新闻是，现在人口经济学家的共识也与本书所表达的观点相差无几。在1986年，美国国家研究委员会（NRS）和美国国家科学院（NAS），出版了一部由一个著名的学术团体编写的关于人口增长和经济发展的专著。这份"官方"报告几乎完全推翻了美国国家科学院1971年报告中那令人恐惧的结论。"不可再生资源的稀缺充其量只是经济增长的一个轻微约束"，报告里如是说。研究发现，额外增加的人口在消耗成本的同时也会产生收益。

就连世界银行（The World Bank）也在1984年的报告中指出，世界自然资源的状况没有任何理由限制人口增长。而世界银行是多年来对人口增长持悲观看法的主要机构之一。

自1980年代中期以来，杰出的经济人口统计学家们撰写了大量的评论文章，证实了这种"修正主义"观点。

修正主义——一个我不喜欢的标签，确实与科学的证据相一致，即使只有一部分人口经济学家和我一样，强调人口增长的长期积极效应。目前的共识更多倾向于"中立"的判断：人口增长对于经济增长既没有助力也没有阻碍。但这与先前的共识——人口增长是有害的——相比，是一个巨大的改变。现如今，任何敢断言人口增长会损害经济的人，都必定对科学证据和相关科学界视而不见。

你将首先相信人口增长和人口密度会拖累经济发展和恶化环境这一观点，这是意料之中的事。这既是因为马尔萨斯的理论具有很好的常识，还因为你一生都在阅读和聆听这个观点。事实上，几乎所有最初信奉经典马尔萨斯理论的学者最终都会发现，人口增长影响的主要部分并不是负面的。在本书的第30章，你将看到一位早期的现代经济学家[理查德·伊斯特林（Richard Easterlin）]在该领域的发现描述了另一位"我们许多试图研究关于'人口问题'的论点和证据的人当中的代表[艾伦·凯利（Allen Kelley）]"的聪明转变。在第34章，你将读到记者——人类学家理查德·克里奇菲尔德（Richard Critchfield）开始是如何"报道在1960年代早期发生在印度和中国的看似无望的人口危机和粮食短缺危机"，但是仅仅是在重新访问了世界各地那些他早些时候研究过的村落，并看到他们的生活是如何随着人口增长而进步的情形后，他随即放弃了自己的悲观看法。这是一个比我十年前开始动笔写本书时预计的更欢乐的结局。

20世纪60年代后期，当我开始致力于这一领域的研究时，也认为快速的人口增长是世界经济发展的主要威胁，就像全面战争一样是对人类种族和文明的两种可怕威胁之一。因此，我加入了抗击这一威胁的队伍。然而到了1970年，阅读使我陷入了困惑。最新的实证研究与标准理论并不一致。我因理论与事实之间赤裸裸的矛盾而开始动摇。因此，我也请你保持开放的心态，愿意相信基于统计数据的可靠的科学证据，而不是被戏剧性的电视图片和报纸上的轶闻所吸引，因为这些趣闻实际上并不能代表事实总体。

我无法为你详述一个电视记者转变观念的故事：她/他开始是以传统的恐惧思维来制作关于人口增长的纪录片，但后来在收集研究素材的过程中，她/他改变了自己的观点。在某种程度上，尽管纪录片中"平衡"了"对立双方"，但这个纪录片给她/他留下的印象和本书没有什么两样。

然而，这位记者非常害怕被人认为她/他是在拥护这个观点。我发誓不去指认她/他。

人们考虑人口对环境影响的思想状况，与在一二十年前考虑人口对生活水平的影响上所达到的知识水平是相同的。由于现在有了证据，公正的学者们开始改变他们对环境变化的看法。鉴于此，第17章记述了威廉·鲍曼（William Baumol）和华莱士·奥茨（Wallace Oates）是如何在开始时深信环境恶化这一"事实"的，但是在经过详细而长期的统计研究后，他们不得不怀疑自己的初始观点。

重复一遍，悲观论者的每一项预言都被证实是完全错误的。几个世纪以来，金属、食物和其他自然资源变得越来越充裕，而不是越来越稀缺。在《大饥荒1975！》（*The Famine* 1975!）这本书中，帕多克兄弟（William Paddock、Panl Paddock）预测我们将在电视上看到美国上演大规模的饥饿死亡之后，紧接着就是农产品市场的过剩。在保罗·埃利希发出最初的尖叫——"汽油泵抽干后我们该做什么?"之后,汽油比20世纪30年代更便宜了。五大湖没有死;相反,它们催生出比以前更好的捕鱼运动。主要的污染物,特别是那些多年来持续导致人们死亡的雾霾微粒,在我们的城市中已经减少了。

尽管证据完全支持本书的论点,但是在过去的几十年中,公众舆论几乎没有什么变化。

是的,很多书都包含了与本书观点一致的,关于人口、资源和环境的数据和论点;一些最好的东西在后面的参考书目中有注释。是的,一些"智库"已经把他们部分或全部的注意力投入到反驳关于环境的错误主张上,并为环境问题提供市场解决方案(比如污染权利的销售已经成为当今的公共政策)。是的,现在有一些富有同情心且知识渊博的记者。是的,我们甚至看到过1986年的国家科学院人口报告。但是,报纸和电视上每天报道这些问题的内容几乎还是保持着一边倒的悲观论调,还是像二十年前一样迫切呼吁政府的干预。

悲观论者在媒体上的信誉度,或者他们对联邦政府资金资源的控制都没有减少。那些在19世纪60年代和70年代持完全错误(观点)的人,以及那些本应因为他们完全失败的预测而名誉扫地的人,仍然一如既往地具有同样的信誉和声望。我想这就是生活吧。

反人口增长的环保主义者今天的处境,与马尔萨斯及其追随者的处境十分相似。

正如任何预测都可能错误一样,马尔萨斯在1798年的第一版预测是错误的。经济思想史上伟大的历史学家熊彼特(Joseph A.Schumpeter)通过讨论理论和预测的基础解释了马尔萨斯关于"悲观主义"的错误:"观察到最有趣的地方就在于那种视角的完全缺乏想象力。那些作者生活在有史以来最波澜壮阔的经济发展篇章的开端。在他们的眼皮底下,巨大的可能性变成了现实。尽管如此,除了困难的经济局面和每天为自己艰难的生计奋斗外,他们什么都看不到。"

我们也正处于世界正在创造新资源,并以不断增长的速度清理环境的时刻。我们为越来越多的人口提供使生活更美好的能力,正在前所未有地提升。然而,传统的观点却指向完全相反的方向——也许这是由于缺乏想象力。

当悲观论者听说石油可以从各种农作物中获取时，他们说，"是的，但是它比化石燃料贵得多"。他们无法想象成本在未来会不可避免地降低，也没有预见到能源总成本将在我们经济中只占很小的一部分，并且其比重在将来会变得更小。当听说发达国家每十年就会变得更清洁，污染变得更少时，他们会说："但是贫穷国家呢？"他们不认为当贫穷的国家变得富裕时，也会最终变得更清洁而不是更脏乱，就像现在富裕的国家曾经所经历的那样。他们完全无法想象个人和社区为创造更多资源、发明更好的技术和克服环境问题而作出的调整。

现在，让我们看看我提出的事实和论点，是否能够说服你们相信我提出的主张。

一个基于历史的附注

因此,通过本书和我即将出版的《人类的状态》一书中所讨论的所有方法来看,世界和美国处于历史上前所未有的良好状态,尤其是冷战已经结束,核毁灭的威胁也已经消退(的背景下)。然而,很多人持相反的观点,他们渴望过去的美好时光。让我们换个角度来看待这个问题。

以下出自几千年前的亚述碑文:

我们的社会日趋堕落;贿赂和腐败司空见惯;孩子们不再听从他们的父母;人人都想写一本书,世界末日显然即将来临。

以下来自古罗马:

你经常问我,贾斯特·法比尤斯,曾有那么多杰出的演说家的天才和名望为往日荣光添彩,可为什么我们的时代是如此孤独,缺乏雄辩的荣耀,以至于很少留下演说家的名字。

富兰克林·皮尔斯·亚当斯(Franklin Pierce Adams)说得好:"没有什么能比糟糕的记忆更能为过去的美好负责了。"

大约在英国开始繁荣兴盛的时候,世界上没有任何一个国家能像英国一样在经济和政治上都占据着主导地位,威廉·配第注意到公众大量的哀叹和悲观论调。他的回应如下:

尽管如此,伦敦的建筑仍旧高大辉煌;美国种植园雇佣了四百艘帆船;东印度公司的原始本金几乎翻番;那些能够提供良好担保的人,根据法令可以获利;建筑材料(甚至是橡树木)也不贵,用于伦敦重建的材料更便宜;交易所看起来和以前一样挤满了商人；与以往不同的是，街上再也没有乞丐，也没有小偷行窃；马车的数目和装备的华丽超过从前；公共剧场非常壮观；国王拥有比灾难前更强大的海军和护卫；神职人员充足，大教堂也在修复之中；许多土地都得到了改良，食物的价格也很合理，人们甚至拒绝接受来自爱尔兰的低价牛肉。有些人比别人穷，过去是这样，将来也会是这样：许多人天生爱发牢骚，爱嫉妒，这是一种与世界一样古老的罪恶。

这些一般性的观察，以及吃饭、喝酒、玩笑的习惯，都鼓励我去尝试，如果我也能安慰别人，同时使自己感到满足，那就说明英国的利益和事务并没有处于可悲的状态。

谈到乔治·华盛顿（George Washington）第七次向国会发表年度演讲的情况，他的传记作者告诉我们，人们总是怀着"受虐"的心情等着他，因为许多人认为一切都出了问题。华盛顿说：

我以前从来没有在任何时候与你们会晤过，当前的公共事务为我们相互祝贺提供了一个正当理由；感谢我们所享受的无数非凡的祝福。我要说的是，我们的国家正呈现出前所未有的幸福景象……

但正如华盛顿所说，"人不安的心灵无法平静"。因此，不要把他们1796年的情况与十五年前的情况相比较——比如十五年前国家为争取独立而进行的绝望斗争，不是听从华盛顿的"凝聚我们的努力，以保护、延长和改善我们的巨大优势"的号召，人们关注存在的问题，寻找新的问题——在我看来——今天也是这样。下面这则关于亚当·斯密的轶事既有趣又有启发性：

有一天，辛克莱给斯密带来了1777年10月伯戈因在萨拉托加向美军投降的消息，并深切地担忧这个国家（英国）完蛋了。"一个国家会完蛋很多次。"斯密平静地回答。

大卫·休谟（David Hume）认为，寻找危机迹象的倾向有一个基因解释，它根植于"人性"。

长期以来，农业专家和其他人对当前和未来生产率的评估过于悲观。1774年之前，英国的农业历史学家阿瑟·杨格曾游历了整个英国，他发现农业生产率一直在快速增长。他的好消息遭到了质疑和嘲笑。以下是他在其著作前言中的回应：

我很清楚，通过这些计算我已经站在了不受欢迎的一边。我清楚地知道，要说服整个国家对目前的状况感到满意，或者说服他们相信自己完全有理由感到满足和愉快将是很难的（除非有非凡的能力）：这样一项任务没有什么能迎合大众的——因为你与公众的偏见相悖，你所期望的所有回报就是少数智者的认可。

亚当·斯密注意到这个坏消息综合征：

英国的土地和劳动力的年产值……肯定比查理二世复辟后的一个多世纪以前要大得多。虽然，目前我认为很少有人怀疑这一点，但在此期间，一些书或小册子相继出版，它们凭借夸大其辞的能力在公众面前获得权威，并虚假论证国家的财富正在迅速下降，人口减少，农业被忽视，制造业衰败，贸易凋敝。这些出版物也并不都是政党的宣传册，是谎言和腐败的卑劣产物，它们中的许多是由非常坦率和聪明的人写的，但他们只写自己相信的东西。

阿瑟·杨格也开始认为，有必要为自己的证据提供一个坚实的理论基础：

我游历全国时所作的观察，确定了我对人口的看法——关于人口、土地的圈闭和划分、土地产品的价格等问题。我发现事实的语言是如此清晰，以至于我不得不倾听和深信不疑，我把我的观点所依据的事实摆在世人面前：为了反对这些事实，专家们在理性上提出了理由，在论证上提出了论据，并对只需要事实的问题作了详尽的论述。这使我在这篇论文中展示了我以前所提出的事实是如何与最初的原则相一致的，甚至它是自然而然产生的。

和阿瑟·杨格一样，在这个版本中，我比以前更加重视解释基本事实的理论和制度框架。

第一部分
走向资源的美好未来

Part One　Toward Our Beautiful Resource Future

需求是发明之母。

理查德·弗兰克（Richard Frank），

《北方回忆录》（*Northern Memoirs*），1694年

1 关于原材料短缺的惊人理论

巨大的玩具短缺

算了吧,维吉尼亚。今年圣诞老人不会把一个"星球大战"的R2-D2玩偶放在树底下了——我承诺在2月到6月的某个时间送给你的。不要指望米戈·米洛诺特的人形玩偶来帮你组装机器人,也别指望得到一只"乳白色的神奇奶牛"——尾巴被抽起来时会喝水,哀怨时会哞哞叫,可以从一个可拆卸的粉色乳房中喷出少量白色的"牛奶"……

自从圣诞怪杰格林奇偷走圣诞节后,还从来没有发生过如此反常的缺货事件。

《新闻周刊》(*Newsweek*),1977年

理查德·费曼曾引用尼尔斯·玻尔的话:一个人不被理论震惊那就是没有理解它。

理查德·费曼(Richard Feynman)《六个简单的片段》[费曼的物理学著作(*Six Easy Pieces*)],1999年

痛苦是心理上的,它存在于你的自说自话"但怎么会是这样的呢?"所造成的永久的折磨中。这是一种不受控制但完全徒劳的欲望的反映。

理查德·费曼《物理之美》(*The Character of Physical Law*),1994年

1977年的"玩具大短缺"显然是一个反常事件。人们不担心呼啦圈、铅笔、牙科保健制品、收音机或新的音乐作品将持续短缺;也不担心人口的增长会减少这些商品的供应——制造商将会制造出更多商品。人们真正担心的是即将到来的铜、铁、铝、石油、食品和其他自然资源的短缺。

根据当代最著名的末日预言家保罗·埃利希的经典说法,"在上世纪70年代初,短缺时代的前缘已经到来。随之我们能展望一个更清晰的未来,揭示出未来黑暗时代的更多本质"。我们正在进入一个短缺的时代,在这个时代里,我们有限的自然资源正在耗尽,环境污染越来越严重,人口增长威胁着我们的文明和生命——这个主张不断重复,再没有更多比"每个人都知道"更真实的证据了。

自然资源的开发与呼啦圈或牙科保健制品之间是否存在根本的经济差异？为什么人们认为小麦的供应量会下降，而玩具和药品的供应量却会增加？这些都是本章要探讨的问题。本章从金属原材料中提取例子，这些原材料相对不受政府法规或国际卡特尔[1]的影响，它们既不像石油那样可以燃烧，也不像农产品那样能重新生长。能源、食品和土地将在以后的章节中进行特别讨论。

生铜与牙医学

对于如何获得呼啦圈和铜，有一个非常直观的区别。铜来自地球，而呼啦圈似乎不是"自然的"资源。铜矿商首先寻找蕴藏最丰富、最易开采的矿脉。因此他们所挖掘的矿石品级会越来越低。在其他条件相同的情况下，这一趋势则意味着从地下开采铜的成本将持续上升，因为可供开采的矿质资源越来越贫乏，也越来越难以获得。

呼啦圈、牙科保健制品和收音机似乎与铜不一样，因为它们成本的大部分来自人类的劳动和技能，只有一小部分来自原材料——塑料圈里的石油或牙齿填充物中的银。我们有充分的理由相信，人类的劳动和技能不是日益稀缺的资源。

但是，所有这些矿物将日益稀缺的理论，都与一个非常奇特的事实截然相反：从整个历史进程来看，到目前为止，铜与其他矿物的稀缺一直在降低，而不是像耗竭理论所暗示的那样在增加。在这方面，铜的历史趋势与收音机、内衣以及其他消费品一样（见图1-1）。正是这一事实，迫使我们超越简单的理论，更加深入地思考这个问题。

在这种理论与事实的对抗结束之际，我们将被迫摒弃简单的马尔萨斯耗竭理论，并提出一种全新的理论。修正后的理论表明，自然资源在任何有意义的经济手段中都不是有限的，尽管这种说法可能令人难以置信。它们的储藏量不是固定的，而是可以通过人类的聪明才智得到扩展。没有确凿的理由使人相信，从长远来看，这些采掘类资源将会比现在更短缺。相反，我们可以满怀信心地期待铜与其他矿物

---

[1]卡特尔：资本主义国家里的一种垄断组织形式，由生产同类产品的企业联合而成。——编者注

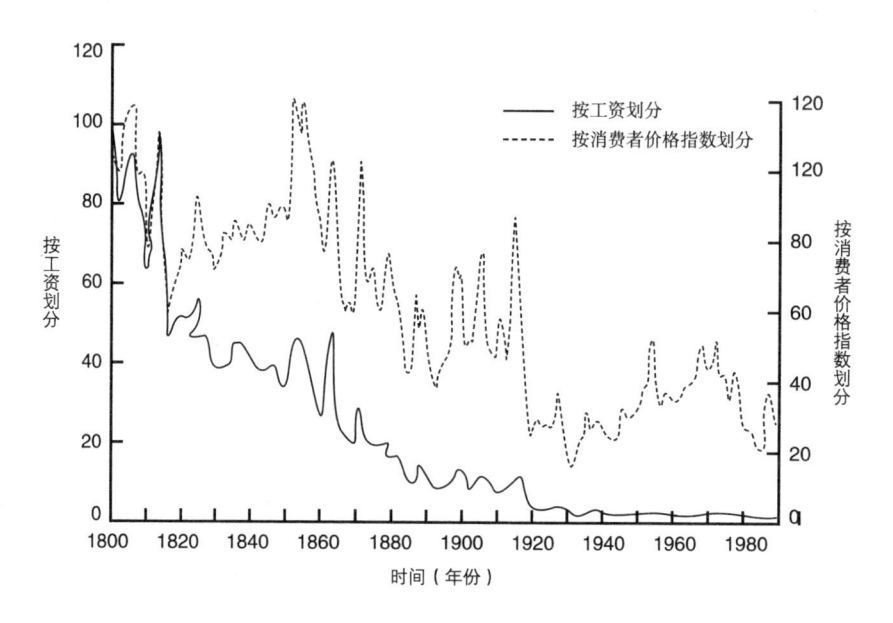

图1-1 以相对于工资和消费者价格指数的价格来衡量铜的稀缺性

逐渐变得充裕。

我们所说的"稀缺性"到底是指什么？

在此，我们必须暂停下来，讨论一个令人乏味但至关重要的问题——为"稀缺性"定义。问问你自己：如果今天的铜、油或其他商品比实际更稀缺，那么这种稀缺性的证据是什么？也就是说，原材料供应短缺的标志或标准是什么？

经过思考，也许没有人会希望把物质的耗尽作为其稀缺性的标志。我们不会伸手到货架上之后，才猛然发现它空空如也。任何原材料的稀缺性都是日益增加的。早在货架被清空之前的很长一段时间，个人和企业——后者纯粹是出于赚取利润的驱动——将会储备库存以供未来出售，避免货架被彻底腾空。当然，囤积的原材料价格会很高，但在特定价格下仍然会有一定数量的库存，就像在最严重的饥荒时期，仍会有少量的食品出售。

前面的观察指出了我们通常所说的日益稀缺的一个重要标志：价格持续上涨。更普遍的是，成本和价格将成为我们衡量稀缺性的基本标准——无论我们所说的"价格"是什么，很快我们就会发现，这个术语经常受到质疑。

然而，在某些情况下，价格会误导我们。政府可能会阻止一种稀缺材料的价格上涨到超出市场出清价格[1]——也就是限制大部分买家，以使供给和需求保持平衡，因为它们最终将进入自由市场。如果这样，可能会有排队或限量配给的情况发生，这些也可以被视为稀缺性的标志。但是，尽管排队和配给可能是在短期内分配原材料的合理方式，但从长远来看，它们是如此浪费，以至于社会各方的力量都倾向于通过提高价格来达到市场出清的目的。

因此，原材料的日益稀缺意味着价格上涨。但反过来不一定是正确的，即使稀缺性并没有"真正"增加，价格也可能上涨。例如，一个强大的卡特尔可以在一段时间内成功地提高价格，就像欧佩克[2]在1973年对石油所做的那样，虽然石油生产的成本始终保持不变。这表明，除了市场价格，我们有时也应该把生产成本看作稀缺性的一个指标。

还有其他原因导致价格不能如实反映稀缺性和我们的福利。如果一种产品能够以低廉的价格随时获得，那它仍然可能导致问题。例如，人们每天服用的维生素X可能非常便宜，但如果供应量不能满足人们的需求，它就会出现问题。此外，鱼子酱今年的价格可能不同寻常地高，并且很稀缺，但很少有人认为这是一个社会问题。同样地，谷物等主食的价格可能会比去年的价格高，但这并不能说明稀缺的问题——因为有可能是收入增加导致价格上涨，或肉类的生产导致了粮食消耗。所以，虽然食物与社会福利经常联系在一起，但它们并不完全相同。

一个更个人的，但与稀缺性普遍相关的测试是：你、我以及其他人是否有能力购买这些材料？也就是说，价格和收入之间的关系很重要。如果食品价格保持不变而收入急剧下降，那么我们就会觉得食物更稀缺了。反之，如果我们的工资上涨而石油价格不变，我们充实的钱包会让我们觉得石油变充裕了。

与此相关的另一个测试是，原材料在你的预算排位中的重要性。例如，即使盐的价格翻倍，但是由于它只占据你的开支中微不足道的一小部分，你也不太可能

---

[1] 出清价格：即均衡价格，指市场中为实现供给与需求相平衡时的价格。——编者注
[2] 欧佩克（OPEC）即石油输出国组织。这里指的事件是：1973年，第一次全球石油危机爆发，OPEC成员国为了声援埃及和叙利亚，打击以色列及支持以色列的西方国家（以美国为首），实行石油禁运，暂停出口，使石油价格暴涨。——编者注

说它变得稀缺。

因此，价格、生产成本和占据收入的份额等相关衡量方法，都可能对任何时期的稀缺性进行实际测试。对消费者来说，最重要的是需要支付多少费用才能获得那些提供特定服务的商品，而"自然储备"中到底有多少铁或石油并不重要。因此，要理解自然资源的经济学意义，至关重要的一点，就是要理解最适当的稀缺性经济指标是自然资源相对于某些相关基准的价格。

未来的稀缺性是我们的利益所在。我们的任务是预测原材料的未来价格。

预测稀缺性和成本的最佳方法是什么？

对于任何种类的成本预测，有两种完全不同的通用方法：经济学方法和技术工程方法（这一节借鉴了西蒙1975年作品中的部分内容）。

技术工程方法常用于原材料讨论，但我认为，通过这种方法推导出的关于成本的结论通常是错误的，因而它并非合适的方法。

通过技术工程方法，您可以预测自然资源的以下状况：（1）目前已知资源的物理储量，如地球上可开采的铜；（2）从目前的使用率推测未来的使用率；（3）从（1）的物理储量中减去（2）中对连续使用情况的估计数。（第2章将详细讨论技术预测。）

与技术工程方法相反，经济学方法是将过去的成本趋势外推至未来。我对经济学方法的看法如下：（1）询问是否有令人信服的理由认为，你所预测的时间段与过去不一样，尽可能地追溯到数据允许的范围内；（2）如果没有充分的理由拒绝将过去的趋势作为未来趋势的代表，询问对已观察到的趋势是否有合理的解释；（3）如果没有理由认为未来将与过去不同，而且你对趋势有一个可靠的解释——即使你缺乏可靠的理论，但这些数据却是压倒性的，能预测未来的趋势。

鉴于技术工程方法与经济学方法之间的巨大差异，我们应该考虑每个可能有效的条件。预测情况类似于一个商人想要估算部分建筑或生产的成本。作出合理的成本估算是商人们的生计，事关盈利还是破产。选择经济学方法还是工程方法，在很大程度上取决于企业对自己想要评估的项目类型有多少经验。有较多经验的例子是：（1）一家有丰富经验的建筑公司正在准备一个小型停车场的投标；（2）连锁加盟企业估算新增一家汉堡店的成本。在这种情况下，公司当然将直接从自己的记

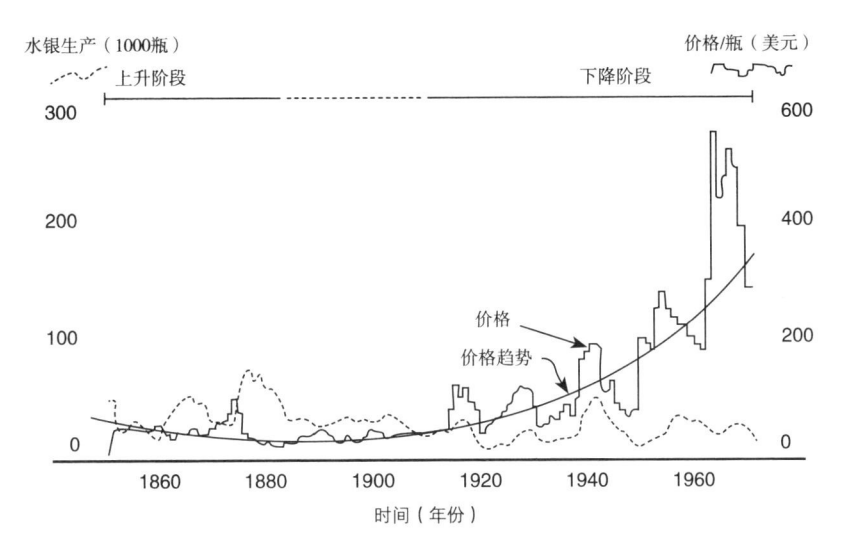

图1-2 水银的工程预测

录中估算成本。在新增汉堡店的项目上，这一估算可能仅仅是该公司已经计算出的最近新开的汉堡店的平均总成本。在停车场项目上，建筑公司可能会精确估算主要构成部分，如劳动力、机器时间的数量以及它们当前的价格。

只有当该公司没有与项目类型直接相关的经验时，它才必须对项目进行工程分析，并对工作中每个要素的需求状况进行预估。但是，商业人士和自然资源的分析学者也只有在缺乏可靠过往数据的情况下，才应该求助于工程成本估算，因为出于各种原因，工程估算很难做出精确预测。打个比方可能会有所帮助。例如，在预测一匹3岁左右的赛马的速度时，你是更依赖于兽医对马的骨头和器官的解剖检查，还是它过去的比赛成绩？

汞价格的历史就是一个例子，它说明了一个非历史性的工程预测是如何出错的。图1-2显示了自然科学家厄尔·库克（Earl Cook）在1976年作出的预测。他将当时汞价格的上涨与地球表面储量有限的概念结合起来，用二次多项式呈现出来。图1-3a和图1-3b显示，他的预测几乎随即就被证明是错误的，价格将继续长期下行（图1-3还显示，多年来汞的储量不但没有减少，反而有所增加，这与天真的悲观主义"极限论者"的想法正好相反）。

所幸我们不必依靠这种武断的猜测。有大量数据显示，在一两个世纪或更长的时间内，原材料价格的趋势是可以预见的，正如本书的各个章节所讨论的那样。

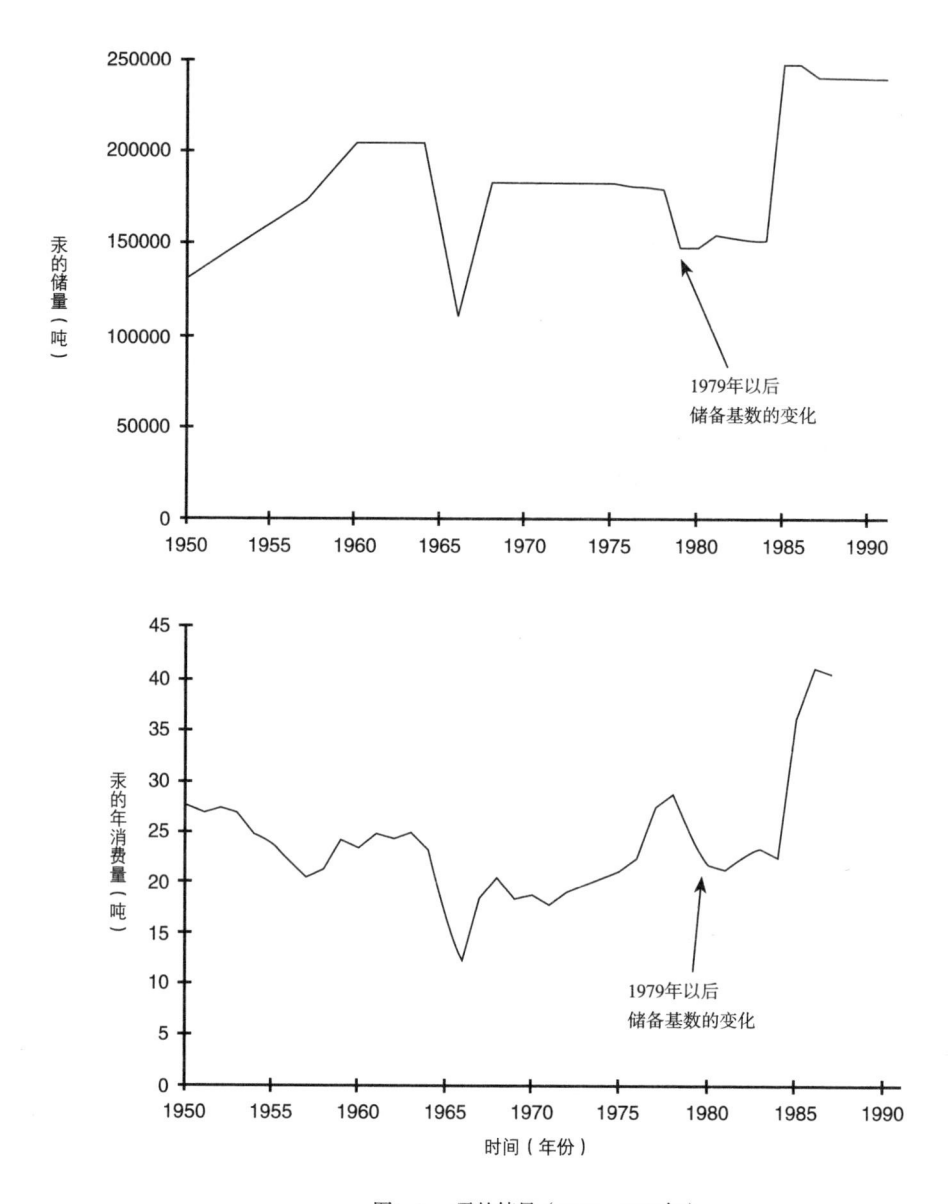

图1-3a 汞的储量（1950—1990年）

在有记录的历史价格进程中，发掘原材料的成本明显下降。经济学家们的第一次近似预测是，除非有理由相信条件已经改变，否则在可预见的未来，这种稀缺的减少趋势将会一直持续——也就是说，除非作为外推基础的数据出现错误。

简而言之，经济学家和商业人士预测价格趋势的方法依靠的是相关经验。正

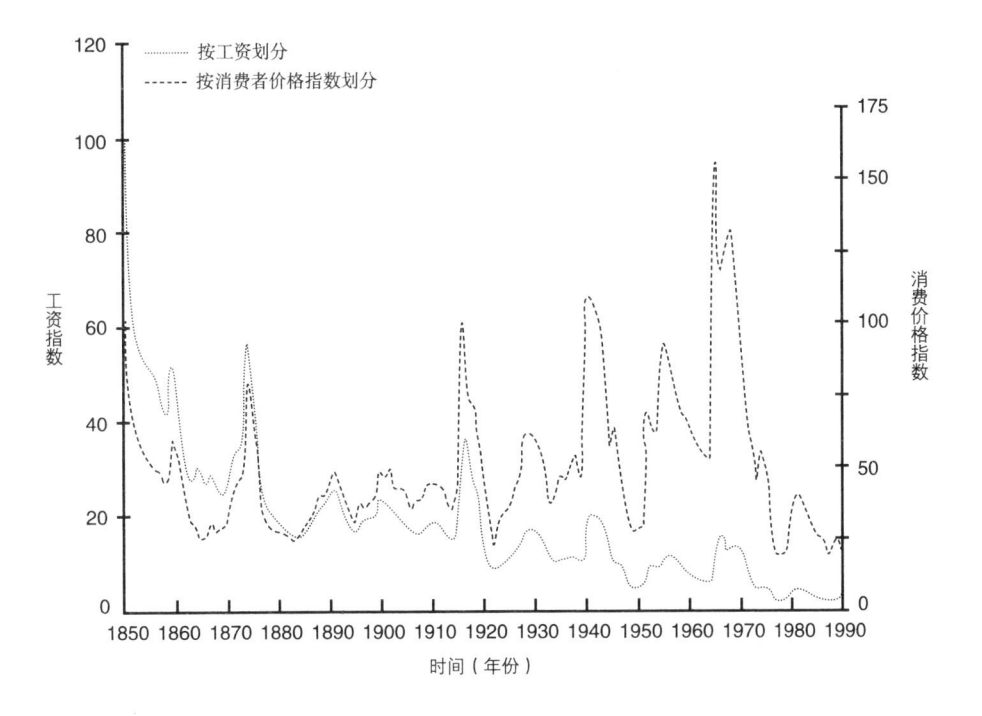

图1-3b　汞的价格指数（1850—1990年）

如鲍尔（P.T.Bauer）所说，"我们只有通过过去才能洞察人类社会的发展规律，从而预测未来"。

未来会与过去割裂吗？

有人认为，我们正处于一个长期的转折点，而过去并不能指引未来。为此，我们要问："如何判断一个历史趋势能否作为预测的合理基础？"也就是说，我们如何判断那些显示过去几十年来原材料成本下降的数据，能否作为预测的合理基础？

这个问题是科学概括的问题。一个可靠的原则是，如果你能合理地把数据看作是你希望得出的结论在经验领域的公平样本，那么你就可以从这些数据中归纳出结论来。但预测是一种特殊的概括，它是从过去概括出未来。预测是信念的飞跃；没有科学能够证明太阳将在明天升起。如果"过去发生的事情将来也会发生"这一假设是正确的，那么它必然取决于你对目标所持有的知识和明智的判断。

如果假设过去和未来属于同一个统计全域是正确的，也就是说，如果你能预计过去的情况在未来保持不变的话，那么基于过去数据的预测则是合理的。因此，我们必须要问："近年来情况是否发生了变化，以至于过去几十年里产生的自然资源数据不再相关？"

原材料价格趋势中，最重要的因素是：（1）从富矿地点向贫矿地点的移动速度，即"枯竭"速度；（2）技术的持续发展速度是否已经超过了枯竭速度。

新技术的发展速度放慢了吗？相反，新技术的发展速度似乎正在加快。因此，如果说过去与未来不同，这种偏差很可能是低估了技术发展的速度，并因此低估了成本下降的速度。

自然资源成本的下降，在几十年或者几个世纪之后，应该可以让我们摆脱稀缺性势必增加的观念。请注意，目前的价格并没有误导我们作出关于未来稀缺性的判断。如果有理由认为，未来获得某一资源的成本将比现在更高，那么投机者将囤积这种资源，以便在未来获得更高的价格，从而抬高目前的价格。

因此，目前的价格是我们衡量当前和未来稀缺性的最好办法（关于这一点稍后将深入讨论）。

图1-1和书中的其他图表展示了自然资源的基本经济事实。至少从1800年以来，大多数自然资源的成本和价格一直在下降而不是上升。但是正如前面提到的，成本和价格也许并非可靠的指标，因此需要在本章的附注中进行技术讨论。关于这个问题，我有话要说。

铜成本的基本衡量方法，是铜的价格与另一种产品的价格之间的比值。其中衡量贸易条件最重要的一项方法，就是将铜的价格与工资的价格进行比较，如图1-1所示，这个价格已经急剧下降了。这意味着，在美国工作一小时产生的价值，可以购买越来越多的铜；从1800年至今，人们的购买力已经增长了大约50倍！几乎可以确定，同样的趋势在铜和其他原材料的历史上发生过。

看看一种完全不同的成本衡量方法：铜相对于非采掘产品价格的下降。这意味着，当前与一吨铜等值的理发服务或者内衣数量，比一个世纪以前要少得多。铜和其他产品之间的相对价格，就好比生活成本调整后的价格。我们必须记住，其他非采掘产品的生产成本也在过去的几年里逐渐降低了。然而，矿产价格下降的速度要比这些产品快得多。

另一种衡量自然资源成本的方法是：购买这些资源所产生的支出占据我们总

收入的比例。通过这一方法同样显示出成本的逐步下降。自然资源开采的绝对物理量一直在上升，几十年以后，甚至几个世纪以后，人类所用资源的种类数量也将增加。但资源支出在总支出中所占的比例一直在下降。"从1870年至今，包括农业、石油和煤炭在内的开采业产出值在国民生产总值中所占的比例大幅下降。"1890年，开采业的份额接近50%。到20世纪初，这一比例下降至32%，到1919年，下降至23%。1957年，这个数字为13%，且仍然呈下降趋势；1988年，这个数字一直下降到3.7%。1988年，矿物加上能源（不含食品）只占美国国民生产总值[1]（GNP）的1.6%，矿物仅占总开采价值的比例不到0.5%，或仅为国民生产总值惊人的0.0002（GNP的5‰）。这一趋势清楚地表明，即使矿物的成本飙升，我们没有理由去预计矿物的生产成本飙升，它几乎与我们的生活水平无关。因此，矿物稀缺性的上升并不是和平时期人们生活水平的一大威胁。

自然资源角色变化的一个生动例子，就是计算机软驱磁盘：里面装上一个标准的文字处理程序，售价为450美元。然而，它的成本是一分钱的石油和沙子。

这是原材料成本改变中最接近家庭消费的一个标志。所有的方法都使我们得出了同样的结论，但这些对原材料支出占家庭总预算比例的计算最能说明这一点。原材料已经变得越来越充裕——相对于生命中最重要的元素——人的时间来说，它的稀缺性越来越低。

另一项证据证实了价格数据。图1-4显示了世界铜的"已知储量"及其与总产量的比值。这些数据显示，储量不仅没有下降反而在上升——当你期待储藏室里的"储备量"上升时，它便如你所愿地增加了。在第2章中，可以找到对这一反常趋势的解释。

综上所述，各种数据都反映了一个反直觉的结论，即虽然我们在持续不断地使用煤、石油、铁等自然资源，但它们却变得越来越充裕了。然而，这确实是看待形势的最正确的经济方式。（为了进一步探索这些价格和稀缺性的衡量方法，请参见本章附注1。）

在前面部分的讲座中，我通常会让听众举手示意，即他们是否认为自然资源

---

[1]国民生产总值：一定时期内一国居民所拥有的生产要素在国内和国外所生产的全部最终产品和劳务的市场价值总和。——编者注

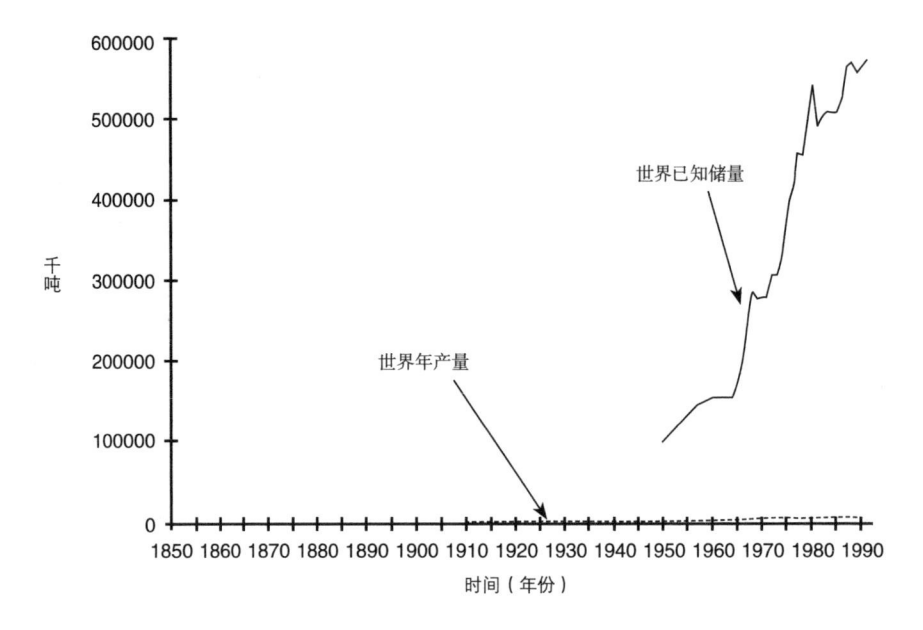

图1-4a 铜的世界年产量和世界已知储量（1880—1991年）

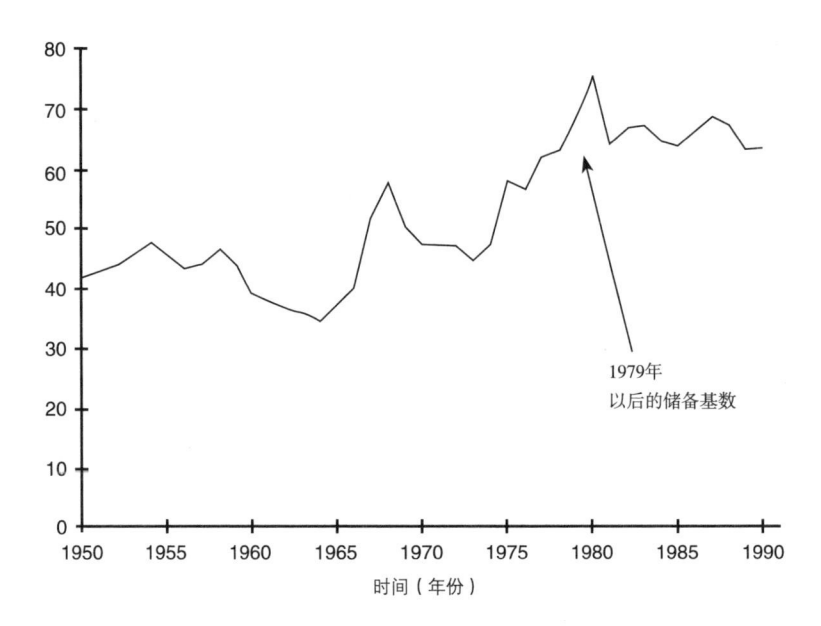

图1-4b 铜的世界储量/世界年产量

30　没有极限的增长

变得越来越稀缺。然后我再展示价格数据。一位女士声称，我将他们的注意力从物质消耗方面转移开去，是在欺骗他们。但是，真正"欺骗"了这位女士以及许多著名的末日论者的，正是不正确的自然科学概念。就像库克所预言的汞的稀缺一样，他们被极具诱惑性但并不健全的"自然"物质极限理论误导，这使得他们的注意力远离在历史上不断下跌的原材料价格。

一项让世界末日论者用金钱证明自己观点的挑战

有人说，这些价格数据都太老了，根本不能反映去年或者上个星期发生的事情，长期趋势不再成立。无法最终证明他们是错误的。但与以往的长期趋势相左的漫长而悲伤的历史表明，这种警告出错的频率远远超出了对长期趋势进行简单推断的出错频率。坦率地说，发表观点很容易，尤其是恐慌性话题，极易得到报纸的关注和基金会的资助。在我的家乡，当我们觉得有人在说些不负责任的话时，我们会说，"用行动来证明你的话"。

我准备用我的钱来支持我的判断。如果我对未来的自然资源的判断是错误的，你们可以赢取我的赌注。

如果像铜这样的矿产资源在未来会更加稀缺——也就是说，如果真实价格（排除通货膨胀）上涨——你可以通过现在购买矿石来抬高未来的出售价格。这正是深信商品价格会上涨的投机商们会做出的举动（尽管为了方便起见，他们实际上是购买商品合同，或者叫作期货合约，而不是实物库存）。

请注意，即使预期的供求变化在10年或20年内不会出现，你也不必等到10年或20年后才获得利润。一旦有关稀缺的信息传出并被广泛接受，人们就会开始购买这种商品；他们就会抬高当前的市场价格，直至该价格能反映预期的未来稀缺性。因此，当前的市场价格反映了那些终其一生都在研究大宗商品的专业人士的最佳预测，他们的财富和收入都押注在对未来的正确判断上。

一个发人深省的例子是，1973年，OPEC石油禁运和由此导致的油价普遍上涨之后，日本对未来短缺的恐惧令举国上下陷入了巨大的恐慌中。

1974年，原材料短缺随处可见，日本人，尤其是日本官员，完全陷入了歇斯底里中。他们不停地购买（铜、铁矿石、纸浆、硫黄以及焦炭）。而今，他们正想方设法摆脱提货承诺,并将原材料进口量削减了将近一半。即便如此,其工业库存仍因高价原材料而激增。[1]

日本开始为这个错误付出沉重代价。[2]

拉丁美洲也遭受了资源枯竭的虚假,这导致了对资源价格上涨的预测。从19世纪70年代初开始,墨西哥和委内瑞拉大举借债为开发石油产业提供资金,而其他南美国家则因预测其农产品出口价格将走高而主动负债。但拉丁美洲的出口价格指数从1974年的约110点,急剧下降到80年代末的约75点,大大加剧了80年代的债务危机。正如达拉斯联邦储备银行在提到其中的两个问题国家时所说:"墨西哥和委内瑞拉无法以他们期望的高价出售石油。"

虚假的恐慌并非成本更低且无害,事实远非如此。

所以现在是时候"用实际行动来证明我自己"了。那些声称矿物和其他原材料会变得更加稀缺的末日论者也会这么做吗?

本书第一版包含了以下声明:这是一个赌注为一万美元的公开要约,每笔交易额为1000美元或100美元。我相信,在调整了通货膨胀之后,未来几年矿产资源(或

---

[1]皮特·德鲁克,《陷入困境的日本巨兽》(*A Troubled Japanese Juggernaut*),《华尔街日报》(*Wall Street Journal*),1977年11月22日。——原注

[2]从1993年美国国防后勤局(DLA)的大量钻石交易中,可以看到滥用安全合理库存的现象。"美国国防后勤局计划在开放市场提供大约100万克拉接近宝石质量的钻石原石[《华盛顿邮报》(*Washington Post*)头版,1993年4月11日]。"当人造钻石能够替近天然钻石的任一工业用途时,再加上盗窃和其他欺诈行为可能带来的潜在损失,对于公众来说,持有这些钻石原石将直接遭受巨大的损失。

90种其他类型的材料和钻石一起被储备,其中包括像奎宁(金鸡纳碱)这种已经被更好的产品品种所取代的材料。美国国防物资储备局局长在报纸上宣称,90种材料储备项目的总成本约为120亿美元。但这只是支出的简单计算总额,有些支出的发生时间可以远远追溯到1946年。当把年复一年为此目的所产生的支出按照一项计算资金成本的投资进行测算时,考虑到资金的时间价值,我发现平均资本成本为6%(从1950年到1990年的几十年间,这对政府来说是可以理解的),资产储备支出的价值在1993年约为720亿美元。局长称,过去的销售收入为100亿美元,这比1993年的销售收入高出很多,其余存货的市场价值为60亿美元。

从现有的信息无法计算出确切的损失,但很明显,如果政府没有购买这些材料,他们就不会以普通政府债券的形式向公众借入资金,那么,1993年的国家债务将减少几十亿美元。

因此,战略物资储备计划无疑证明了一个事实即公众不相信市场作用,只在资源被掌控时他们才会感到舒适,特别是当其他人为此买单的时候。这种倾向的结果是,公众为这种愚蠢行为支付了一大笔钱。——原注

者食品，或者其他商品）的价格不会上涨。你可以选择任何不受政府管制的矿物或其他原材料（包括谷物和化石燃料），并且设定赌注兑现的日期。[1]

向下注者兑现赌注是对失意者最后的安慰。当你确信自己已经掌握了一个重要的想法而无法让对方倾听时，与对方打赌是最后的选择。如果对方拒绝打赌，那就等于变相地承认他们并不像自己声称的那样有把握。

在1980年与埃利希的一次意见交换中，我提出采取这一赌注，或者，更直接一点，打赌（像上面一样）自然资源会变得更便宜而不是更贵。埃利希和他的两位同事表示，他们将"在其他贪婪的人加入进来之前，接受西蒙的惊人提议"。他说："一夜暴富的诱惑是不可抗拒的。"他们选择了五种金属——铜、铬、镍、锡和钨——以十年为期限。

事实是，在兑现时间，也就是1990年9月，不光是这些金属的总价格，甚至每一种金属的单价都下降了。但这并不奇怪。获胜对他们来说非常困难，因为在我看来，在整个人类的历史进程中，金属的价格一直在下跌，与他们打赌就像是在桶里射鱼一样稳操胜券。我顺理成章地提出再赌一次，并加大了赌注，但埃利希方并没有接受这个要约。

在第9章，你将看到我提出的另一个赌局的结果。

评论家们的普遍反应是："我们一直都知道。"[2]但随后他们改变了观点，声称："你忽略了一个重要的问题。"纽约动物协会的总干事威廉·康威（William Conway）在《纽约时报》上向我发出了挑战："我押注生活栖息地衰减，或物种灭绝加剧。"

---

[1] 两点说明：（1）在市场价格中，通货膨胀和储存成本是自动允许的，因此，这些来源对我来说不存在任何隐性的好处。（2）人们不能通过操作生产原材料的公司的普通股来作出同样的赌注，因为技术变化影响它们的生产能力，从而影响这些公司的股票价格。这与固定市场品位中铜的基调形成对比，年年如此。——原注

[2] 例如，拥有"事后诸葛亮"之称的专栏作家杰西卡·马修斯（Jessica Mathews）在《华盛顿邮报》上发表言论称："埃利希不需要成为一名经济学家，就能预见胜算的概率有多低。"［杰西卡·马修斯是环保机构世界资源研究所（World Resources Institute）的副主席］。但不久之后，她转变了自己的立场，并否定了书中给出的立论基础，宣称"地球资源无限论纯属无稽之谈"。总之，她不会打赌所谓的"有限"资源将变得更加稀缺。"如果他有兴趣在比价格更有意义的衡量方法上打赌，那么我有可能考虑一下。"马修斯写道。——原注

好吧，我接受挑战。这是第二版新扩展后的要约：我敢打赌，与人类基本的物质福利相关的任何环境和经济形势（至少是第二版的人群与前一版的人群相比），从长期来看都将得到改善。末日论者会用实际行动来证明他们的观点吗？（不要屏住呼吸，在他们那样做之前。自1990年以来，我已经在多个期刊上发表了这一要约，但是除了一位人口统计学家之外，无人接受。而且由于宗教戒律，这位统计学家并不会真正地拿钱下注。）和过去一样，我的奖金将用来支持基础研究。

这份要约将本书中所做的所有明确或隐含的预测拿来作对赌——关于物种灭绝的速度，地球森林面积的增减，臭氧层消耗、温室效应、婴儿死亡率以及其他诸多现象可能带来的不良影响。[1]

截至写作本书时，东欧人的预期寿命一直在下降。我们当然有能力在错误的政治决策中做自己——事实一次又一次地表明，我们正是这样做的。但我认为，这种糟糕的结果在未来继续存在的可能性很大——而我只是打赌下注；我不保证所有的方面都非常确定地拥有玫瑰般美好的未来。

总结

在有记录的历史时期以来，无论选择哪种合理的成本核算方法，原材料的成本都是急剧下降的。这些历史趋势也是预测未来成本趋势的最佳证据。然而矛盾的是，人类消耗了越来越多的材料，但材料的成本和稀缺性却在降低。

在接下来的两章里，我们将着眼于有助于解释这个谜团的几个关键性理论问题，以期消除这一矛盾：首先是资源的定义——应该按照物质能提供的服务而不是其储存量来定义；其次是对有限性概念的分析。

---

[1] 此要约并不是指特定物理条件的发展变化，比如臭氧层，因为我不是大气科学家，而且总有一些物理特性会在一定的时间内朝着人们担心的方向变化。但我敢打赌，人类福利的方方面面都与这些物理变化有关，例如皮肤癌死亡率的上升趋势，或臭氧减少所导致的其他健康问题；在全球变暖方面也是如此。我打赌，气候对我们的影响主要是通过影响农业生产过程来实现的。我甚至敢打赌，在未来10年左右的时间里，现在艾滋病流行最严重国家的总体预期寿命将持续上升。——原注

附注1 自然资源的"真实"成本(价格)

本章讨论了给定资源成本(或价格)上升或下降的原因。但是我们已经略过了一个问题,即商品价格的含义以及如何最科学地评估其成本。现在让我们来解决这些问题。

我们可以根据工人的必要生产时间来计算一吨铜的成本,不过这并非易事。资本设备可以替代劳动,节省工人的生产用时,在这种方法中没有为设备的成本作任何补偿。有些工人的时间比其他人更昂贵,比如一个受过大学教育的技术工人,在单位时间内的价值比拿铲子的工人更高。

有一种更好的方法,是将一吨铜的市场价格与其他一些商品的看似不变的市场价格相比较,比如粮食的价格。但是,由于种子、肥料、技术等方面的变化,粮食生产成本(以及其他大多数情况)也在逐年变化。因此,如果粮食价格一直在下降,那么即使两种价格之间的关系——贸易条件——在过去几年保持不变,铜的成本也会下降。

另有一种更好的方法,是将铜的价格与长期以来很少有技术变化的商品的价格进行比较——比如理发。然而,从理发师的工资逐年上涨这一事实中可以发现,美国理发师现在的生活水平比100年前提高了很多。这是因为,由于技术进步和教育普及,其他职业的工资也在上涨。因此,这种比较并没有给我们一个"真实"或"绝对"的衡量铜价格变化的方法。

还有一种方法,就是调查原材料来源的价格趋势,例如调查农田价格而不是粮食价格,调查铜矿价格而不是铜的价格以及其他相关商品的价格。但是,如果生产方法得到改进,即使产品仍然稀缺,原材料来源的价格也会上涨。当作物产量上升或引进新机器时,美国优质农田的价格便会上涨(但是贫瘠农田的价格会下降,因为耕作此类土地已不再有利可图;当矿脉耗尽时,矿山的价格也会下降)。

到目前为止,我们还没有提到通货膨胀。但是物价总水平的变化以及商品价格的变动,终究引发了一系列的难题。

怎么办？我们必须接受不可避免的事实，即不可能有"真正的"或"绝对的"衡量成本或价格的方法。相反地，各种衡量成本的方法提供了用于不同目的的各种类型的信息。但可以肯定地说，多年来，所有消费品的平均成本，即消费者价格指数，已经在更发达的国家中持续下降，这是以非熟练工人的购买力来衡量的，同时也可以通过生活水平的长期提高来证明。因此，如果与商品的平均价格相比，原材料的价格没有上涨，那么它的"实际"成本就是在下降。事实上，矿产资源的价格甚至比其他商品的平均价格下降得更厉害。此外，从长远来看，所有用其他方法来衡量的矿产成本都呈下降趋势。因此，我们可以相当肯定地说，不管用任何一种合理的方法测算，矿产资源的成本都是大幅下降的。

附注2　终极短缺

有一种资源显示出其越来越短缺的趋势，而不是越来越充裕，它就是所有资源中最重要的资源——人类。是的，现在地球上的人口数量比以往任何时候都多。但是如果我们用与衡量其他经济商品稀缺性一样的方法来衡量人类的稀缺性——为获得服务必须支付的费用——我们就会发现，世界各地的工资和薪金都已经上涨，无论是在贫穷国家还是发达国家，过去几十年乃至几百年来一直如此。同美国的司机、厨师或经济学家的工资上涨一样，印度人支付给司机或厨师的服务费也已经上涨。人工服务价格的上涨清楚地表明，虽然现在我们的人口更多，但人口在整体上仍然持续短缺。

的确，我们可以在商业人士的抱怨中找到此类短缺的原始证据——"我们现在无法找到帮手。"这其实意味着，他们难以用从前的工资雇佣到工人。

"我们现在缺乏人手。"《巴尔的摩太阳报》（*Baltimore Sun*）的商业编辑写道，"工人短缺正在点燃通货膨胀。"《华尔街日报》的头条标题同样吸引眼球："熟练工人的短缺和进入劳动力市场的年轻人的减少，正在诸多领域威胁和压缩企业利润。"不可怀疑，工人工时价格的上涨会一直持续下去。

稀缺的一个相关概念是，每产出单位原材料所需的人工成本。尽管工资（单位劳动力成本）显著上涨，产出每单位铜和其他金属所需的人工成本（以不变美元计价）却仍然大幅下降。当我们计算每小时劳动投入下的铜和其他金属的产出时就会发现，自然资源的成本在数年里出现了惊人的下降。

2 为什么资源的技术预测法经常出错？

对自然资源的长期短缺所进行的最广为人知的预测中，自然科学家和工程师所进行的技术预测，与本书给出的经济预测大相径庭。而技术预测通常是完全错误的。本章将解释这个一贯的错误。

合理的技术（或"工程"）预测是否可以只建立在物理原理之上？经济预测和技术预测的结果是否必然相互矛盾？两者的答案都是否定的。

对于第1章中所讨论的乐观的经济预测，许多资深的技术预测者都十分赞同，并反对悲观的技术预测。也就是说，技术预测内部之间的差异就像技术预测和经济预测之间的差异一样大，尽管悲观的技术预测总是比乐观的技术预测得到更多的关注。

本章深入探讨了原材料稀缺性预测之间的一致和分歧的基础。下一章则将解释为什么导致稀缺性长期降低的力量可能会一直持续下去，这与技术预测相反。（在第11—13章中，将讨论能源的具体情况。）

技术预测的本质：解释悖论

在第1、5、8、10和11章中的历史证据表明，用所有合理的成本概念来衡量，自然资源成本已经下降，这与收益递减必然提高成本并增加稀缺程度的观点截然相反。这亟须得到解释。然而，这种解释与直觉背道而驰。首先，它违背了"常识"。

建立在物理原理之上的技术分析方法如下：他们估计地球资源的数量和"质量"，评估目前的开采利用方法，并预测未来的开采利用方法。通过这些估算，他们再以不同的开采成本（在比较可靠的预测中）或仅以目前的成本（在不太精准的预测中）计算出未来几年可用的资源数量。

这种自然资源的技术预测，是基于假定地球上"持续存在"着一定数量的特定矿物，而且至少有人在原则上可以回答这个问题：地球上（大约）有多少铜（比方说）？[1]

对于地球上的"资源"，如果我们指的是一个物理量，（那么）我们没有仪器来测量地球上的铜、铁或石油的数量。而且即使我们测量成功了，也有可能在资源范围这一问题上无法达成一致，例如，溶解于海中的铜化合物是否应该纳入铜的总量中。

在对"铜""油"以及其他资源的定义上，有着几乎不可逾越的困难，因为在很多难以开采的地域里，每种资源都有不同的品级，而且低品级资源（如海底和海水中的金属含量）的数量，与我们普遍认定的数量（已探明储量）相差甚巨，如表2-1所示。另外，在那些曾经认为不可能发现资源的地方，我们不断开发出新的资源。[例如，美国地质调查局（USGS）以及其他组织都曾认为加利福尼亚州或得克萨斯州没有石油。]通常情况下，资源的新供应地来自于我们固有的认识系统边界之外的地方。在过去的几个世纪，欧洲的资源都是来自于其他大陆，那么未来的资源则可能来自海洋或其他星球。当一种资源从其他材料中提取出来，就会产生新的供应，这就如同谷物种植、核燃料提取一样。（在这里，我们必须避免把"自然"与"资源"绑在一起。）

起初，大部分人难以接受这种观点。对此，科学与哲学可能会有所帮助。想想"潜在石油供应"这个被许多人使用过的概念：如果有人对地球上所有的物质进行了详尽的调查，那么石油数量一定会被记录在案。显然，这个数量是固定不变的。但是这样的定义方法显然是不可操作的，因为这种调查是不可能施行的。可用的石油在今天是已知的，或者在将来是可能预测的，或者是我们预计在不同的需求条件下将会找到的。但是后两个量显然不是固定不变的，它们与政策决定息息相关。（下一章将更深入地探讨相反的观点，即供应并非"有限的"。）

但是除了勘探之外，还有其他方式可以增加我们的原材料供应。我们必须不断地与每一次错觉作斗争。

---

[1] 但是，当问出"有多少资源是'真正'存在于地球上"这个问题时，就像在问："如果周围没有人，森林里会有声音吗？"这个问题就像是打开了一个语义混乱的潘多拉魔盒。——原注

表2-1 各种金属的开采潜力年限

	已知储量÷年消耗量（截至1990年，除特别注明外）	美国地质调查局对"终极可再生资源"的预估=（地壳1000米深度物质的1%÷年消耗量）	地壳中的预估含量÷年消耗量（单位：百万吨/年）
铜	91	340	242
铁	958	2657	1815
磷	384	1601	870
钼	65（截至1970）	630	422
铅	14	162	85
锌	59	618	409
硫	30（截至1970）	6897	—
铀	50（截至1970）	8455	1855
铝	63	68066	38500

来源：诺德豪斯（William D. Nordhaus），1974年；西蒙、魏里奇（Guenter Weinrauch）、摩尔（Stephen Moore），1994年。

我们从地下开采出一磅铜，未来可用的铜就会少一磅。我们常常把自然资源的整体看作是一个铜矿：矿石挖一点就会少一点。我们必须时刻谨记，人们勘探发现新矿，不断补充铜的储藏量。新形态的资源和旧形态的资源不同（例如，从垃圾处理场回收利用的金属），但是，新矿源可能更好，而不是更糟，所以质量不是一个值得担心的因素。与我们制造回形针或呼啦圈的方式完全相同，我们开发了新的铜供应。也就是说，我们只要花费时间、资本和原材料就能获得新的铜供应。更重要的是，我们找到了新的方法来提供昂贵的产品（或资源）服务，我们将很快看到这一点。

从这个角度看，美国人使用X（某种自然资源）的数量是亚洲人或非洲人的90倍这一普遍的道德观点是不科学的。美国人人均创造的"自然资源X"比非洲人或亚洲人要多得多，其使用自然资源的比例则与亚洲人和非洲人相同，或更大。[1]

我意识到，这种方法可能仍然是反常理，令人难以置信的，但是请继续读下去。正如许多其他重要的复杂问题一样，这个问题只有在开始时才会被认为是完全愚蠢的。当然，这需要一场斗争，需要人们愿意对矛盾命题进行彻底的反思。然

---

[1] 作者这一观点值得商榷。——编者注

而，真正的理解往往需要付出这样的代价。

技术预测的难点

最常见的预测是将已知储量除以当前的使用速度，得出"剩余可开采时间（年限）"。在稍后的石油和能源部分，将更加详细地讨论这个过程，但是这里有一些词汇和数据将会有用。

已知储量（或"探明储量"）的概念，对于企业就寻找新矿是否有利可图的决策方面，有一定的指导作用，它就如同零售商店的库存清单告诉经理何时需要重新订货一样。但是，已知储量在预测未来可用资源方面是一种彻底的误导；在表2-1中，我们将世界已知储量与另外两种衡量可用资源的指标进行了比较。在图1-3中，我们看到了汞的已知储量是如何增加的。图2-1则显示了铜和其他原材料的全球已知储量。自1950年以来，随着原材料需求的增加，几乎所有材料的已知储量都在增加——如同商店的库存随着销量的增加而增加一样。表2-1显示了储备量与总开采量之间的比值。很多学者用来预测资源枯竭的方法：假如我们以目前的开采速度估算出某资源只有15年的"储备量"（比方说），那么这就预示着，15年后资源库里面肯定会是空的。但图表显示的储备量不仅没有下降，反而上升了——不但总量如此，连开采速度也是如此。在第3章中可以找到对这一反常趋势的解释。即使是对那些持怀疑态度的读者来说，这也应该是强有力的证据。因此，使用已知储量概念的预测（包括大多数预测，尤其是末日类型的预测）是如此具有误导性，甚至比无知还要糟糕。

美国石油的储备量与产量之间的比值也普遍上升。厄尔·库克引用了1934年和1974年的金属数据，分别为：铜，40年和57年；铁矿石，18年和24年；铅，15~20年和87年；锌，15~20年和61年。但是这些美国数据与上面所显示的世界储备数据相比，相关性很小，因为这些原材料在世界市场上是自由交易的。

要理解已知储量的概念，就必须探讨其他物理储量的概念，包括总地壳丰度[1]和终极可采储量，以及按照当前的开采速度计算的可采年数。事实证明，

---

[1]地壳丰度：又称为克拉克值，是一种表示地壳中化学元素平均含量的数值。——编者注

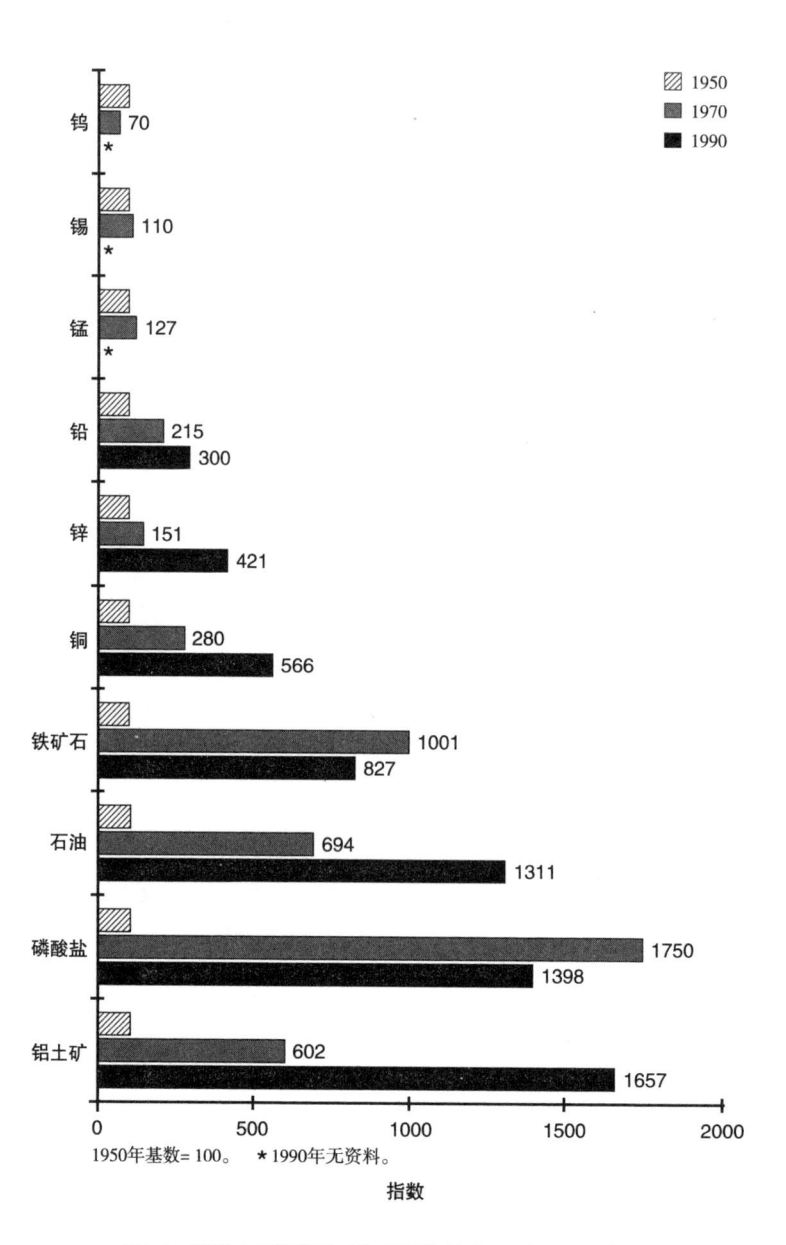

图2-1 部分自然资源的已知世界储量（1950年、1970年、1990年）

图中数据：
- 钨：1970年 70，*1990年无资料
- 锡：1970年 110，*1990年无资料
- 锰：1970年 127，*1990年无资料
- 铅：1970年 215，1990年 300
- 锌：1970年 151，1990年 421
- 铜：1970年 280，1990年 566
- 铁矿石：1970年 1001，1990年 827
- 石油：1970年 694，1990年 1311
- 磷酸盐：1970年 1750，1990年 1398
- 铝土矿：1970年 602，1990年 1657

1950年基数=100。 *1990年无资料。 指数

已探知储量是预测的一个荒谬而悲观的下限，而另一方面，则是在地壳中存在的物质总量——一个可笑而乐观的上限。最经济的相关衡量方法是"终极可采资源量"，美国地质勘探局目前假定的是距地球表面深度一公里范围内物质总量的0.0001个百分点，即表2-1中的中间一列数字与其他列中已知储量和地壳总丰度的

比较。

即使是对这个"终极可采资源量"的估计,在未来采矿技术有所改进或矿产价格上涨时,它也肯定会增加。

技术预测的第二个困难来自于自然资源开采的一个重要特性,即一种矿产价格的微小变动,通常会使潜在的供应产生巨大的差异。而这种潜在的供应是经济可行的,即有利可图的。

然而,许多基于物理原理的预测仅限于以目前的技术价格提供可用资源。考虑到品级高、易开采的矿脉总是最先被开采,这种方法不可避免地直观反映出储备量的快速枯竭——尽管它的长期趋势是在寻找新矿脉以及发明更先进的采矿技术的激励下降低稀缺性。

技术预测的第三个困难在于,超越"已知储量"概念的方法必然依赖更具推测性的假设。技术预测必须对未知矿脉的勘探和有待开发的技术做出非常具体的假设。做出保守的假设(或者"缺乏想象力的假设"),即未来的技术仍和现在的技术一样,就像根据18世纪的锄头和铁铲技术预测20世纪的矿产量一样(事实上,我们必须警惕某一特定领域的专家倾向于低估未来技术变革的范围及其对经济的影响)。正如西蒙·库兹涅茨所说:"专家通常对传统观点非常熟悉,因此必然受其束缚——正是由于太过熟悉,所以很可能因此而变得谨慎且过于保守。"与之相反,经济方法只需要设定一个假设,即成本下降的长期趋势将持续下去。

第四个困难在于,目前关于地球"蕴含量"的技术清单还非常不完整,因为这个问题并不值得不辞劳烦去做详细调查。当自家后院就有石头可以充当镇尺时,为什么还要去蒙大拿州找石头呢?

我们不知道地球上究竟有多少资源,也不知道在未来的两年或十年内能开采出多少。其中的原因很简单,甚至不需要对技术奇迹进行详尽的论述。我们之所以不知道,是因为至今尚未有人发现我们有必要知道,并因此去做精确盘点。

地质学家熟知在预测资源可用性方面的所有困难,尽管他们置身于公众的讨论之外。例如,图2-2显示了已知储量在整个资源体系中的位置。

如果可能的话,最理想的技术预测是什么? 我相信,所有人会想知道,在未来每一个可能的市场价格下,每年能生产多少原材料。对未来199×年或者20××年的估计，必须依赖于199×年或20××年之前所使用的资源数量。因此，一方面，如果在前几年开采了更多的资源，剩余可采的高品级资源就会更少，这往往会提高199×年或20××年的价格。

但另一方面，资源在前几年的大量使用将引发更多的勘探和先进技术的发展，这反过来又会降低价格。总的来说，我认为，如果资源在199×年或20××年之前使用得更多，则199×年或20××年的价格会更低而不是更高。

	替代品			
	总资源量			
	已探明	未勘探的		
经济的	已探明储量	假定资源和理论资源 在经济临界值的分界线	不可知资源	经济可行性的增加程度
不太经济的	资源			
不经济的材料		矿物学临界值的分界线 在可预见的未来，该资源不太可能是经济的		
		地壳丰度边界线 以目前的技术无法获得的地球资源		
← 地质学保障度提高				

图2-2　原材料供应的概念——由麦凯维盒子扩展而来

这个理想化的方案为回答一个最棘手的问题铺平了道路：在众多的技术预测中，哪一种最科学？然而，在我们讨论这个问题时，请记住我的一般性建议：相比任何一样技术预测，请尽可能地选择经济趋势预测（如有）。

在技术预测者中，最可信的是那些最接近价格依赖型供应计划的人，这种供应计划明智地考虑了之前用量的供给表。但这立刻使大多数预测者丧失了资格，因为他们不会根据各种价格进行预测。更具体地说，这一标准推翻了所有基于已知储量概念的预测。在那些以价格条件进行估算的预测中，你必须判断一个预测者对于陆地、海底以及海洋资源的未来技术发展的看法。对于任何一个外行来说，这都是比较困难的。

技术预测之间的巨大差异

尽管对技术预测持保留意见，我仍将简要地介绍一些技术预测家的成果（主要是用技术预测者自己的话来述说），我的目的是想表明，尽管对未来开采发展的猜测相对保守，但许多最优秀的预测者都作出了可用资源量十分巨大的预测，这与每天占据报纸新闻的那些耸人听闻的故事形成了鲜明对比。问题的关键是：你会选择相信哪一位专家？ 如果你愿意，你当然可以找到一些完全具备学术资格的人，他们能带给你恐怖电影般的惊吓。例如，地质学家普雷斯顿·克罗德曾写道，"食物和原材料最终限制着人口规模……这种极限在30到100年之内就会到来"。就在不久前，帕多克兄弟还合著出版了畅销书《大饥荒1975！》，其标题说明了一切。

我们从赫尔曼·卡恩和他的同事对原材料状况的评估说起。他们考察了占世界和美国金属消耗量99.9%的12种主要金属，并以此为据将它们分为两类："显然取之不尽的"和"可能取之不尽的"，发现在任何与当代决策相关的可预见未来，任何一种金属都不可能被消尽。他们得出的结论是：占世界需求量95%的金属集中在5种不会被耗尽的金属上。

几十年前，伟大的地质学家柯特利·马瑟作出了相似的预言：

总体而言，对于几乎所有重要的不可再生资源来说，已知的世界储量或可行的预期储量是世界年消费量的数千倍。对于像石油资源这样数量相对较少的资源来说，已知的替代品或替代品的潜在来源足以满足我们目前的需求数千年之久。就全世界来看，任何真正重要的原材料都没有即将耗尽的迹象。地球母亲仓库里储存的货物远比我们想象的要丰富得多。

哈里森·布朗（Harrison Brown）是一位著名的地球化学家，任何了解他工作的人，都不会认为他是个天生的乐观主义者。但是在1963年进行的针对未来100年的自然和技术资源的全面调查中，他仍然期待自然资源变得无比丰富，期待"矿产资源不再在世界经济和政治中扮演主要角色"的时代到来。（我认为这个时代已经来临了。）

在《美国经济评论》（*American Economic Review*）杂志上一篇备受赞誉的物理学论文中，戈勒（H. E. Goeller）和温伯格（A. M. Weinberg）探讨了在使用对我们的文明至关重要的原材料时，可能出现的替代品的影响，其结果如下：

我们现在阐述了"无限"替代性的原则：除了三个显著例外——磷、农用微量元素以及产生能源的化石燃料（CH_2），社会可以依靠无限或者近乎无限的矿产资源运转，而生活水平几乎不会下降，这些矿产资源将以玻璃、塑料、木材、水泥、铁、铝和镁为主。

通过对"无限"可替代性的分析，他们得出了一个乐观的结论：

我们的技术信息是明确的：总体来说，除了碳和氢的减少之外，其他矿产资源的减少不可能导致马尔萨斯式灾难。在可替代性的时代，能源才是终极原材料。几乎可以肯定，人类的生活水平将主要取决于主要能源的成本。

这种情形还会远吗？应该不会。时任美国地质调查局局长的文森特·麦凯维（Vicent McKelvey）在美国矿产资源的官方结论中说："我相信，在未来的几千年里，我们可以继续开采矿产资源，以维持我们目前享有的高质量生活水平，同时提高我国和世界贫困人口的生活水平。"

你可能会震惊于这些评估与你在每天的报纸上所看到的相差巨大。过去几十年里，最著名的末日预测就是《增长的极限》（*The Limits to Growth*）。它经由29种语言翻译出版，并拥有900万册的惊人销量。但是这本书已经受到彻底而广泛的批判，它被认为是既不合理也不科学的，不值得人们花时间或精力去驳斥其中的任何一个细节。更糟糕的是，在这本书出版四年后，其赞助商——罗马俱乐部（Club of Rome）竟否认赞助了该书。罗马俱乐部表示，这本书的结论是不正确的，作者故意误导公众，是为了引起公众的关注。

在矿产资源方面，丹尼斯·梅多斯（Dennis Meadows，《增长的极限》一书的作者）通过使用"已知储量"的概念使预测走向错误。例如，他估计全球铝供应量最多将在49年内耗尽。但铝是地壳中含量最丰富的金属，其供应成为一个经济问题的可能性为零。（丹尼斯·梅多斯还犯了只计算高品级铝土矿的错误，事实上，较低品级的矿藏发掘量更多。）图2-3中铝的价格历史表明，自19世纪以来，铝变得更充裕而不是更稀缺。《增长的极限》面世至今已二十多年，铝的价格还在继续下跌，这是稀缺性呈降低趋势的一个确定信号。

尽管《增长的极限》中的预言已经彻底失败，尽管它的支持者已经不再支持

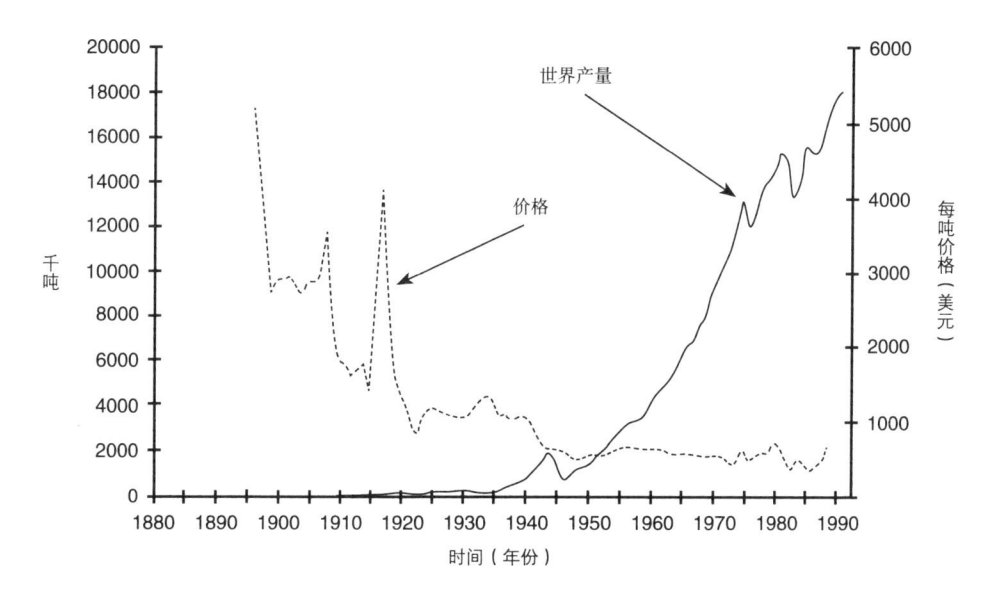

图2-3a 铝的价格和世界产量（1880—1990年）

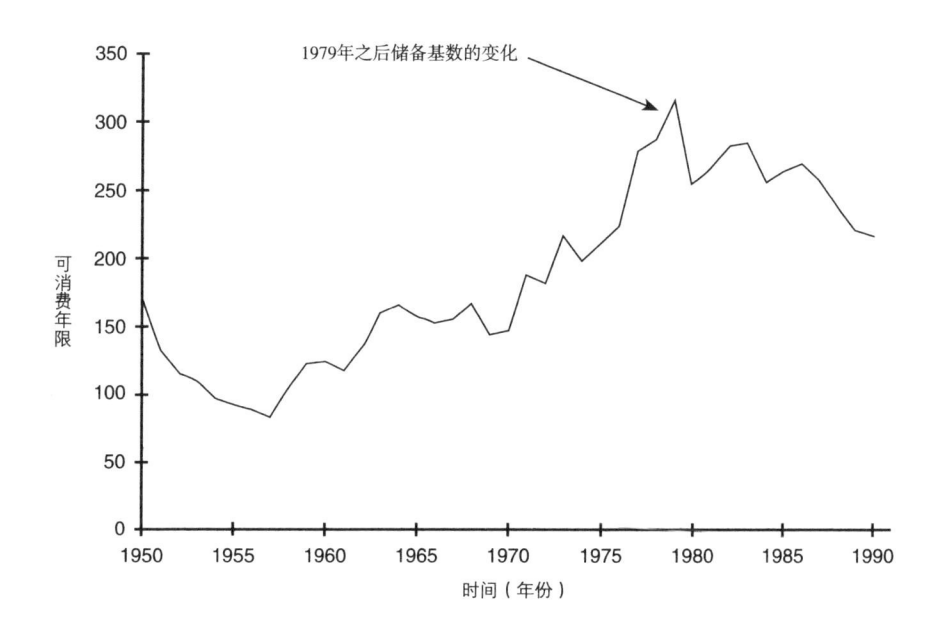

图2-3b 铝土矿的储量与产量的对比

它，但做出错误预言的人却并未改变他们的思想。甚至在1990年，梅多斯仍在宣扬："我敢肯定，现在出生的这一代人，身体发育将会停止……问题的根本没有丝毫改变：在一个有限的世界里，维持身体的持续生长是不可能的。"（我们在下一章将讨论为什么"有限性"是一个没有科学依据的、极具破坏性的"怪物"。）1992年，《超越极限》（*Beyond the Limits*，《增长的极限》之原作者所著）横空出世，作者声称，在一本书中，自己只是在日期上预测错误，过去的三个结论仍然有效，但需要再加补充。（请参阅第34章的补充说明，以便讨论这两个"极限"版本。）

政府机构的预测引起了人们的广泛关注，许多天真者也对其产生了特殊信任。但政府机构无法预测资源趋势，这种"官方"的糟糕预测的负面影响如果不那么悲剧的话，将会很好玩。来看一个有趣的案例：木材价格在20世纪70年代末大幅上涨之后，在1983年下跌了约四分之三，这给那些签订高价合同砍伐政府木材的公司造成了极大的损失。于是木材行业贸易组织认为，政府欠行业一个帮助，因为正是政府预测的失误才导致了竞标灾难。20世纪70年代末，"一位行业发言人"称，政府经济学家预测木材短缺并帮助推动了竞购。

就连经济学家也会受到物理因素的影响，将注意力集中在过于短期的价格序列上，从而作出错误的预测。例如，在1982年，玛格丽特·斯莱德（Margaret Slade）发表了一篇极有影响力的关于大宗商品价格趋势的分析，该分析基于一种包括矿石品级的理论模型。她的价格序列是从1870年或稍晚年份至1978年。她将数据拟合成开口向上的二次函数曲线，并得出结论："如果以相对价格来衡量稀缺性，那么证据表明，不可再生的自然资源商品正在变得稀缺。"如果她对晚至1993年的数据进行同样的分析，再结合1870年之前的可用数据，那么她将得出完全相反的结论。

总结

基于任何一种关于重要矿物在地球上丰富程度的假设，这些矿物的潜在供应足够满足无数代人的需求。这种技术预测法与所有原材料价格相对于工资下降的历史经济证据完全一致，正如第1、5、8、10和11章所讨论的那样，资源正呈现出一种充裕度上升和稀缺性降低的趋势。

对资源耗尽的技术预测常常出现错误，原因有二：（1）无论如何定义，一种资源在地球上的物理数量在任何时候都是未知的，因为资源只有在被需要的时候才会被寻找和发现，如表2-1和图2-1中，诸如铜类资源的已知供应量的增加就是一个例子；（2）即使特定自然资源的物理数量是已知的，对它的预测量也没有经济意义，因为我们有能力通过其他方法来满足我们的需求。例如，我们可以通过使用光纤替代铜线；通过发展新技术来利用曾被认为不可用的低品级铜矿；通过开发新的能源，如核能来帮助生产铜，说不定还可以从海水中提取铜。因此，现有的自然资源储量具有操作上的误导性；物理测量法并不能预测我们将来能够使用什么资源。

正如一位睿智的地质学家所说：

储量只是一种特定大宗商品总资源量的一小部分。储量和资源量是一个动态系统的组成部分，它们不能像杂货店货架上的西红柿酱盒子那样进行盘点。新的科学发现，以及新技术、新的商业需求或新的商业限制不断影响着储量和资源量。在商业需求对市场上的某种材料赋予价值之前，储量和资源的概念是不存在的。

附注　对投资者说的话

当我说原材料价格"从长期来看"将会下跌时，那些对证券投资感兴趣的人有时会失去耐心。那么，为了使你明白这本书的主题是非常实用的，这里有一个热心的提示：像躲避瘟疫一样，避开对共同基金进行任何大宗商品投资，从长远来看，他们注定是失败者。以下是我就这个问题给一家报纸写的信：

尊敬的编辑：

高盛商品指数基金刚刚宣布（《华尔街日报》，1991年7月22日）——这是布鲁克林大桥交易中最糟糕的投资。在过去的几十年甚至几个世纪里，原材料相对于消费品的价格一直在下降。也就是说，从整个历史进程来看，自然资源正在变得充裕，而不是更加稀缺。由巴奈特和摩尔斯合著的经典著作《稀缺与增长》（*Scarcity and Growth*）记录了从1870年到1957年的这一趋势，而我的工作也同样记录了上至1800年，下至现在这一时期的趋势（1800年是能找到的最早的数据年份）。安德斯（G. Anders）、格拉姆（W. P. Gramm，目前为参议员）、莫里斯（S. C. Maurice）和史密森（C. W. Smithson）对1900—1975年间的商品投资记录进行了评估，结果显示，投资者购买和持有大宗商品会损失惨重；AAA债券的回报率比持有资源高出733%。

高盛公司或许能够证明，在某些特定的短时间内，大宗商品表现得更好。但这种证明要么出于科学上的无知——依赖于短期内的不合格样本而不着眼于长期记录；要么是明目张胆的欺诈行为。此外不会再有别的可能性。

是的，我将很高兴持有这场投资的对手头寸[1]，卖出他们要买的东西。

这一不幸事件表明了着眼于长期历史视角的重要性，而不是在一个时间序列中被短期利益所诱惑。

真诚的
朱利安·L. 西蒙

---

[1] 头寸：指个人或实体所持有或拥有的特定商品、证券、货币等的数量。——编者注

3　自然资源的供应，尤其是能源——真的是无限的吗？是的！

在有关能源的讲座上，一位教授宣称，世界将在70亿年后灭亡，因为那时太阳将会熄灭。其中一位听众变得非常焦虑，请教授重复一遍后才放下心来，自我安慰道："呦！我还以为他说的是七百万年！"

索维（Alfred Sauvey）1976年

我的经济分析方法是基于一些不常见的原则，而这些原则对于一些通俗的主题来说，似乎过于精炼和微妙。如果是假的，就让它们被摒弃吧。但是，不能仅仅因为这些原则与其他人的不一样就对它们产生偏见。

大卫·休谟，《随笔》（*Essays*），1777年（1987年）

科学的存在是必要的，因为理智不允许自然界必须满足某些预先设想的条件。

理查德·费曼，《物理之美》，1994年

没有什么能比那些感觉正确却不能被证明的论点更危险的了。

史蒂芬·乔伊·古尔德（Stephen Jay Gould），《人类的不可测量》（*The Mismeasure of Man*），1981年

第2章表明，自然资源可以被合理定义，但是无法被测量。这里我得出了一个合乎逻辑的结论：自然资源不是有限的。是的，你没看错。本章将表明，从任何经济意义上来说，自然资源的供应都不是有限的，这也是它的成本能够持续下降的原因之一。

从表面上看，甚至询问自然资源是否有限都是多此一举，或者是胡言乱语。每个人都"知道"资源是有限的。这一信念使许多人对世界经济和文明的未来，得出了毫无根据但影响深远的结论。突出的例子是"增长极限"派，他们在1974年出版的书中序言里写道：

绝大多数人承认地球是有限的……政策制定者普遍认为，未来的增长将为他们提供应对当前问题所需的资源。然而，近来对人口增长、环境污染加剧和矿物燃料耗竭的后果的关注，使人们对持续增长是可能的或有效的产生了怀疑。

（请注意在引文的第一句中嵌入"承认"一词的修辞手法。这表明该声明是一个事实，任何不"承认"它的人只是拒绝去接受或认可它。）对于许多这方面的专家来说，自然资源必然耗竭是不可置疑的。一位政治学家在讨论资源与国家安全的关系时指出，"许多重要资源不可再生是一个无可争议的事实"。一位政府高级能源官员说："'世界石油储量……能够充分满足世界的需要'这一观点是愚昧的。"

资源供应有限的观点具有如此广泛而深远的影响力，以至于总统的1972年《人口增长与美国未来》（Population growth and America's Future）正是基于这种假设所做出的政策建议。他在报告的开始就提出了一个问题：

这个国家依靠的是什么？它将走向何方？ 在未来的某个时刻，有限的地球将无法容纳更多的人，美国也不例外……充分参与全球对美好生活的追求，包括稳定人类的数量，便是我们的最大利益之所在。

由于他们的结论与有限性假设自成一体，因此这种假设无疑误导了许多科学预测者。再次回到"增长极限"派，这次是关于食物的："世界模式是基于一个基本假设，即世界农业系统每年可生产的食物总量是有一个上限的。"

自然资源有限论甚至把伯特兰·罗素（Bertrand Russell）这样的智者引向了误区。这里我们并非是在分析一个随意的观点；每个人必定都持有一些荒唐可笑的观念，只是因为人生苦短，我们无法面面俱到，深入思考。但罗素在一本具有讽刺性标题的书——《科学对社会的影响》（The Impact of Science on Society）中，用大量章节来讨论这个主题。他担心资源耗竭将会引起社会动荡。

从长期来看，原材料呈现出来的问题和农业问题一样严重。康沃尔从腓尼基时代至今一直在生产锡，但是现在，那里的锡矿已经枯竭……迟早有一天，所有容易开采的锡都将被用光，大多数原材料也是如此。眼下最紧迫的问题是石油……

这个世界一直靠资本驱动，只要它还在工业化，就必须如此。在科学社会中，这或许是一个较为遥远但不可避免的动荡之源。

并非只有非经济学家才会犯这种错误（尽管经济学家会更少陷于错误之中，因为他们习惯于寄望经济调节来应对短缺）。凯恩斯（John Maynard Keynes）被公认为同时代最聪明的人。但是在自然资源以及人口增长的问题上，我们稍后将会看到，他不仅违背了事实，还有着愚蠢的（对于一个众所周知的聪明人，我尚未用过这一形容词）教条主义逻辑。凯恩斯在他第一次世界大战后发表的著作《和平的经济后果》（The Economic Consequences of the Peace）中写道：欧洲无法自给自足，并将很快走投无路。

1914年，美国国内对小麦的需求正在接近他们的产量，很显然，只有在收成特别好的年份，才会有可供出口的盈余。

欧洲对新世界资源的要求变得不确定；收益递减法则终于重新焕发生机，要想获得同样数量的面包，欧洲必须逐年提供更多的其他商品……如果法国和意大利要从德国进口煤炭来弥补不足，那么北欧、瑞士和奥地利等国的供应就会不足。

所有这些关于稀缺性的断言都被证明是大错特错的。凯恩斯虽为20世纪20年代最杰出的经济学家之一，但是美国数百万普通农民对农业现状的把握都比他好得多。这表明，一个人需要了解历史和技术事实，而不仅仅是做一个聪明的推理者。

就像处在凯恩斯的时代一样，这种有限性问题与当代的任何考虑无关，正如本章开头的笑话所暗示的那样。然而，我们必须讨论这个问题，因为它在当代世界末日思想中占据着中心地位。

本章的论点是非常违背直觉的，正如本书中的大部分观点一样。事实上，科学在违背直觉时最有用。但是当科学观点与"常识"相去甚远时，人们就会怀疑它并不科学，他们会倾向于其他的解释，就像下面的寓言一样：

假如你是一位原始部落的首领，正和我讨论为什么水会逐渐从一个开放的容器中消失的问题。我的解释是，水是由许多肉眼看不见的微小物质组成，它以极快的速度运动，也正因为此，这些微小物质从水面逃逸并飞向空中。但是它们太小了，肉眼根本无法看见。由于这些现象持续不断地进行，到最后，所有微小的、不可见的碎片飞向空中，水便消失于无形。现在我问你："这是合理的科学解释吗？"毫无疑问，你会说"是的"。然而对于一个原始酋长来说，这是不可信的。

在他看来，鬼魂喝了它才是可信的。

虽然本章的观点是违背直觉的，但并不意味着没有充分的理论基础来支持它们。

自然资源稀缺性理论

人们对于原材料价格呈持续下跌趋势的反应，往往与以下情形相似：我们在水池里标出水位。我们断定池子里的水是有限的。紧接着，我们看到有人从水池里舀了一些水到水桶里带走。可当我们重新检查水池时，瞧——水位比以前更高了（这就好比价格的降低）。我们相信没有人往水池里加水（就像相信没有人会往油井里添加石油一样），所以我们怀疑其中发生了一些不同寻常的意外——不太可能再度发生的意外。因为我们每次返回时，水池里的水位都比以前的高（这就好比，水的价格像石油一样不断降低）。然而，我们的头脑中不断重复着这样的信念：水量必须是有限的，不能继续增加，这就是它的全部。

在经过长时间的水位上升之后，谨慎的人难道不会得出结论：这样的情形可能将持续不断，因此寻求合理的解释才是当务之急？一个明智的人难道不会检查一下水池里有没有进水管道？或者是否有人已经开发出了制水工艺？又或者，人们的用水量变少？人们是否将水循环注入水池？它使得寻找该"神奇事件"的原因变得有意义，而不是执着于一个简单的固定资源理论，并断言它不可持续。

让我们从一个简单的例子开始，看看有哪些不同的可能性。（这种简化抽象是经济学家和数学家最喜欢玩的把戏。）假设在一座岛上，只有阿尔法·克鲁索和一座铜矿。如果阿尔法今年制造了大量的铜罐和青铜工具，那么第二年就很难获得铜原料，因为寻找和挖掘铜原料的难度将大大增加。如果他继续开采他的铜矿，那么他的儿子贝塔·克鲁索将比他更难获得铜，因为后者必须更深入地挖掘。

循环利用可以改变这个结果。如果阿尔法决定在第二年更新他上一年的旧工具，那么他可以轻易利用旧铜并只需开采少量的新铜。此外，如果阿尔法新增的铜罐和青铜工具逐年减少，那么廉价地回收铜的比例就会逐年上升。仅此一点，便意味着铜的成本将逐年下降，即使铜制品的存量在罐子和工具中不断增加。

姑且让我们把回收利用的可能性放在一边，考虑另一种情形：

如果岛上一下子变成了两个人：阿尔法·克鲁索和伽玛·笛福，那么相比阿尔法一人居于岛上时，铜将变得更加稀缺。除非二人通过合作，发明出一套更复杂但更高效的采矿作业——比如说，一个人在地面工作，另一个人在矿井里工作。（是的，这只是一个玩笑。）又或者，如果今年有两名同伴而不是一名，并且如果铜变得更难获得，那么阿尔法和伽玛可能会花相当长的时间来寻找新的铜矿石。

阿尔法和伽玛还可能采取其他的行动。也许他们会发明出更好的方法从特定矿脉开采铜，比如制造出更好的挖掘工具，或者开发出新的材料来替代铜，如铁。

这些新发现的原因，或者应用早期发现的想法的原因，是铜的"短缺"，即获取铜的成本上升。也就是说，稀缺性的增加促进了对自身补救措施的发展。这是历史上自然资源供应的关键过程（这一过程将在第11章有关能源的部分作深入的讨论）。即使在这种特殊情况下，也没有理由认为能源的供应是有限的，哪怕是石油。

有趣的是，低价格的压力也会导致创新，正如下面这个故事：

在1984至1986年期间，铜的生产价格徘徊在每磅65美分左右。以定值美元计算，这是自20世纪30年代大萧条以来的最低价格……一些公司……分析了假如铜的价格维持在最低，需要怎样做才能赢利。

主要的铜矿公司已经找到了降低成本的方法。菲尔普斯道奇公司将利用计算机监控和安装一个井内破碎机来提高矿石的传输效率……通过采用X射线荧光光谱仪等分析仪器，提高了铜浓缩工艺过程的效率。最有效率的方法……安装能够从废料和尾矿的沥出液中提炼廉价纯铜的设备……

提高铜的使用效率不仅减少了目前的资源用量，而且有效地增加了未使用资源的整体储量。例如，知识的进步使得我们制造电源插座所需的铜量减少了1%，这与未开采的铜的总储量的增加大致相同。如果我们每年都能使所有用途的铜的利用率提高一个百分点，那么即使铜的需求量在未来每年都增加百分之一，即使没有任何其他有利的进步，铜的价格也不会上涨。[1]

---

[1]鲍曼通过比较生产率和人口的合理预期增长，计算出资源储量将比需求增长更快，表明资源将无限期可用（1986年）。——原注

一种改进的采矿方法或者替代物（比如铁）的发现，不同于新矿脉的发现，它影响的是未来几代人。即使在发现了新的矿脉之后，总的来说，获得铜的成本仍会更高，也就是说，未使用铜的成本更高，这足以导致"短缺"。但是，采矿方法的改进和替代产品的发现却使人们日常用铜的成本降低。

请注意阿尔法或伽玛对替代流程或产品的发现是如何造福未来无数代人的。阿尔法和伽玛几乎完全得益于铁的发现。（你和我仍然受益于几千年前我们祖先所发现的铁的使用和加工方法。）这种对后世的好处，就是被经济学家称为阿尔法和伽玛活动的外部性[1]的一个例子，也就是说，他们的发现影响的不光是他们自己。

对于阿尔法和伽玛来说，如果获取铜的成本没有增加，他们很可能不会去探索工艺、去改进采矿方法和寻找铜的替代品。反之，他们就可能会激励自己去探索发现。他们的发现也许不会立即大幅度地降低他们自身获取铜的成本，他们也可能不会像成本从未上升之前那样富足。但是随后几代人的境况可能会变好，因为他们的祖先阿尔法和伽玛已经替他们承受成本增加和资源"稀缺"。

这一系列事件解释了为什么人们几千年来一直用铜锅烹饪，以及将这种金属用于许多其他的目的。但是无论用何种方法测量，现在的铜锅的成本比千百年前便宜得多。

现在我要重申这条将会一再出现的理论思路：人口增加、收入增加将导致资源在短期内变得更加稀缺。日益严重的稀缺导致价格的上涨。高价提供了机会，促使发明家和企业家寻求解决方案。很多人在探索中失败，付出了代价。但是在一个自由的社会里，人们最终会找到解决方案。从长期来看，新的发展给我们带来了比没有出现问题之前更好的生活。也就是说，价格可能会比日益稀缺之前有所下降。

最为关键的是，我们要认识到改进方法和替代产品的发现不仅仅是运气。它们是为了应对日益的稀缺——成本上升而发生的。即使在新方法或者替代品出现之后，由于成本上升，它们在被需要之前仍有可能无法投入运行。有一点很重要：稀缺性和技术进步并非两个不相干的对手；相反，它们相互影响。

因为我们现在有几十年的数据来检验对它的预测，我们可以从1952年美国政

---

[1] "外部性"为一个经济学术语，其总的概念是：个人的行为对他人福利的无补偿的影响。——编者注

府对原材料的调查开始。当时，总统物资政策委员会（President's Materials Policy Commission）就是为了应对人们对"二战"期间及结束后原料短缺的担忧而成立的。该委员会的报告有一部分合乎逻辑，但预测是完全错误的。

在我们的历史长河中，没有一种完全令人满意的方法来测量材料的实际成本。显然，从1900年至1940年，单位产量所需的工时大大减少，这尤其应归功于生产技术的改进和能源及人均资本设备的大量使用。实际成本的长期下降是由各种材料价格相对于一般价格水平的下降反映出来的。

（但是自1940年以来，这一趋势一直是）需求飙升，资源萎缩，（面临）实际成本上涨的压力，战时短缺的风险，人们所珍惜和希冀的生活水平无法达到或有所下降的可能性很大。

紧接着，该委员会预测，原材料的成本将在下一个二十五年继续上涨。然而现实情况中出售价格是下跌而不是上涨。

该委员会作出错误预测的原因有两个。首先，它从有限性这个概念出发展开推理，并采用了第2章所讨论的静态技术分析方法。

一百年前，资源似乎是无限的，而从贫苦的生活条件中奋斗向上的过程，就是发明创造这些材料的使用方法和应用途径的过程。这场奋斗，从目前来看我们大获全胜。这个问题的本质也许可以被成功地过度简化，因为几乎所有材料的消耗量都在以复合增长率增长，资源的压力越来越大，也就是说，无论人们做了怎样的努力，资源数量似乎都没有得到相应的扩充。

该委员会出错的第二个原因在于，它关注了错误的事实。它的报告过于强调1940年至1950年这一时期的短期成本趋势，而这个时间段包括第二次世界大战，因此成本上升几乎是不可避免的。该委员会没有选择从1900年到1940年的较长时期进行推理，因为他们知道这个时间段内"单位产出所需工时大大减少"。

我们不应当重复总统物资政策委员会的错误。我们必须尽可能地关注长时期的趋势，而不是把注意力集中在历史上昙花一现的波动上；欧佩克引导所有资源价格在1973年以后上涨，这对我们来说，就如同1940—1950年期间一样，都只是暂时逆转。我们应该忽视它们并尝试关注长期趋势，后者清楚地表明，随着收入增加和技术发展，资源的生产成本和稀缺性持续下降。

资源即服务

作为经济学家或消费者，我们感兴趣的不是资源本身，而是资源所提供的特定服务。这类服务包括导电的性能、承重的性能、燃油汽车或发电机使用的能源，以及食物卡路里。

服务的提供将取决于：（a）哪些原材料可以用现有技术提供这种服务；（b）这些材料在不同质量下的可用性；（c）提取和处理这些材料的成本；（d）目前提供我们所需服务的技术水平；（e）以前获取的材料在多大程度上可以循环使用；（f）回收利用的成本；（g）原材料和服务的运输成本；（h）社会和体制安排的力量。与我们紧密相关的不是我们能否在现有的铅矿中找到铅，而是我们能否以合理的价格获得铅电池的服务；至于这些是通过铅的回收利用来实现，还是通过使电池永续可用来实现，或是通过用另一种装置替换铅电池来实现，对于我们来说并不重要。同样地，我们渴望使用洲际电话和电视通信服务，只要我们能够得以使用，我们不在乎它是需要10万吨铜来制造电缆，还是需要一堆沙子来制造光纤，或是利用外太空中仅0.25吨重的通信卫星实现——而卫星几乎不耗费材料。我们希望家里的水管可以输送水；如果PVC塑料已经取代了以前用来承担这项任务的铜——那么，当然很好。

这种服务的概念增进了我们对自然资源和经济的理解。现在我们回到锅的问题上，我们感兴趣的是可以放在火上烹饪的器皿。在铁和铝发现之后，可以用它们制成令人满意的烹饪锅——也许比铜锅更经久耐用。我们关心的是提供烹饪效用的成本，而不是铜的成本。如果假设铜只能用于制作锅，而（比如）不锈钢在大多数情况下能达到同样令人满意的目的，那么只要我们有便宜的铁，铜的成本再怎么上涨就不重要了。（但是正如我们所看到的那样，无论是矿产本身的价格，还是它们所提供的服务的价格，多年来都在下降。）[1]

---

[1] 这里有一个新发展的例子，即从定量的矿石中增加可以获得的服务量。最近，科学家们在古代大马士革刀中重新发现了其使用的"超塑性"钢。这一发现使加工部件中的杂质残留量大幅减少，从而使金属加工过程中所需要的材料和能源的数量也大量减少。[《化学生态学》（*Chemecology*），1992年3月]——原注

以下是我们如何开发新资源的例子。

有人警告说，用于生产桌球的象牙将在19世纪晚期用完。结果在针对发明替代材料的奖励机制下，赛璐珞发明出来了。而这一发明直接为我们提供了大量价格低廉的塑料产品（包括桌球），这是不可思议的。我们将在第11章的能源部分更详细地讨论这个过程。

自然资源是有限的吗？

乍一看似乎令人难以置信，"有限"这个词不仅不恰当，而且从实践和哲学两个角度来看，用于自然资源时，它完全是误导性的。与许多重要的论点一样，有限性问题"仅仅是语义上的"。然而，资源稀缺的语义混淆了公众讨论，导致了错误的政策决定。

在字典里，"有限的"的一般同义词是"可计算的""限定的"或"有界限的"，这是我们开始思考这个问题的合适的切入点。切记，"有限"一词在特定语境下的恰当性取决于我们要形容的事物。另外还须记住，我们关心的是材料能带来的好处，而不是其抽象的数学实体本身。（数学有它自己的"有限的"定义，这个定义与我们这里所讲的常见定义完全不同。）[1]

---

[1] "有限"这个词在数学中经常用到。然而，本书中使用的"有限"的定义不适用于数学实体，而只适用于物理实体。因此，在这里，关于数学实体和"有限"的数学定义都不重要，尽管"无限"的概念可能最初起源于数学。

我在第一版中说过，"有限"这个词即使在数学中也可能令人困惑。［我很感激埃尔文·罗斯（Alvin Roth）就此与我进行的讨论。］比如，"一英寸线段"是否应该被认为是有限的？就线段的两端而言，一英寸在长度上是有限的。然而，两个端点内的线包含了无限多的没有定义尺寸大小的点，这是不可计数的。因此，一英寸线段内的点的数量并非有限的。正如我所表达的观点："有限"一词的适当性取决于我们要形容的事物。但是这段话招致了许多批评，再加上对于论点来说它也不是必要的，因此在本版中我将它排除在外。

在第一版中列举关于线段的有限性的案例时，我并未打算把铜的供应归入"有限"中，因为它可以被分得更精细；不过，我的注解引起了一些困惑。我的意思是说，如果我们不能说明如何计算未来可用资源的总量，就不应该断定它是有限的。但在一个重要的意义上，细分的概念是相关的。随着时间的推移和技术知识的积累，我们学会了从更少的资源中获得大量的服务。现在，传递给定量的信息所需要的铜币，比一百年前要少很多。与过去相比，现在做给定量的工作所需的能量也少得多；最早的蒸汽机能量转换效率约为2%，而现在的效率是那时的无数倍。这种效率的提高与上文讨论的鲍莫尔的思路是一致的，即生产率的提升不仅减少了当前的资源消耗量，而且增加了整个资源储量未来能提供的服务。——原注我们不能直接断定，从铜中获得的可用服务量是有限的，因为没有任何方法（从原则上来说）能进行相应的计算。由于"铜"的经济定义是多方面的，它包括有效地利用铜的可能性、从其他材料中创造铜或其经济等价物的可能性、循环利用铜的可能性，甚至从地球以外的来源获得铜的可能性等方面，因此，对"铜"的来源缺乏界定。也就是说，我们无法就目前从铜获得的全部服务构建一个有效定义，但人类终有一天会获得。

现在比以往任何时候都容易看到，经过几个世纪的缓慢发展和大部分常见材料（如石头、木材和铁）的使用，科学催生出无法想象的能力——创造新材料。它包括已知化合物和"自然界中不存在的物质"的合成。科学家并没有停留在对现有材料的改变上，而是正在学习将原子和分子系统地组装进新材料中，这些新材料的性能正是那些对现有资源过于苛刻的设计所需要的。第一个由硅和碳水泵密封环制成的汽车发动机部件，现在正安装在大众汽车上，而且发动机也很快就可以用碳化硅制造，它除了取代金属外，还可以减少重量和排放。汽车尾气排放系统中的铂可以用钯取代。有机塑料也可以和玻璃混合在一起，生产出一种像混凝土一样柔韧轻便却又坚固的材料。此外，科学家们还找到了一条使用氯化镓制造耐热塑料的可行之路。陶瓷工程在新知识的催化下诞生，终结了过去几代人对金属耗竭的担忧。

在此之前，塑料只能由化石燃料或植物油料制成，但研究人员最近发现了一种方法，即通过将特殊的塑料制造基因插入到土豆和玉米等农产品的基因之中，将其转化为直接的塑料来源。

从数千年前人类通过学习如何加工铁而发现了一种将其转化为资源的方法以来，这种探索一直在继续。鉴于这些令人惊叹的进步，对于材料比如铜的耗竭的担忧，似乎越来越不明智。

来看看一个能源预测者关于石油和天然气潜在储量的言论："这就好比不知道罐子的大小却妄图猜测里面豆子的数量。"到目前为止还没什么错。但他接着又说："只有上帝知道——也许连他也不确定。"当然，这话他说得很轻。但是，"有人可能知道罐子的'实际大小'"的想法是有误导性的，因为它意味着豆子有固定的数量和标准的大小。

我们可能获得的自然资源的数量——更重要的是我们最终可以通过这种自然资源获得的服务数量，从原则上来说是不可知的，就像从原则上来说，我们也无法计算出一英寸长的线段上有多少个点一样。就算"罐子"的大小是固定的，那它也可能装下更多的豆子。因此，从任何意义上来说资源都不是有限的。

关于铜、能源和生活空间等资源的无限性的整体概念，可能会令一些读者感到迷惘，甚至难以置信，以至于对本书的后半部分敬而远之。如果你也是如此，那么请注意，人们可以从当前的数据和经济理论中得出相同的实际结论，而不用对无限资源作出更强有力的论证，只要人们承认现在担心能源将在（比方说）70亿年后耗竭的观点的任何暗示都是愚蠢的。如果有限的概念对你来说是无关紧要的，那么请跳过对这个主题的其他讨论。但我不能省略关于这个问题的讨论，因为对另一些人来说，这是他们思想的基础。

好心人建议我"承认"资源受地球容量的限制，认为这会使我免于"丧失可信度"。每当我不听从他们的建议时，在他们看来，我似乎显得特别执拗。但这就是我为什么继续论证资源数量不是有限的：这种论证的困难在于，一旦有人"承认"能源只有（比如说）70亿年的储量，一些末日论者就开始反推并指出，太阳能量输出的规模和速度的可测性意味着次年的能源供应是有限的。但那是物理上的估计——它不是"能源"的经济定义，不超过地壳中铜原子的含量才是"铜"的有用的经济定义。

那些反对"无限性"概念的人，往往有着数学背景。然而，即使是数学本身，也有足够的理由支持我的观点，统计学家巴罗（John D. Barrow）和物理学家弗兰克·蒂普勒（Frank J. Tipler）也都肯定了这一点。正如后者所说，"物理学定律不能阻止无限期的经济增长"[1]。

我将继续坚持"无限性"的论证基础，即使它看起来有点奇怪。因为我发现如果离开这个基础，将会引来更多不好的争论。我怀疑我在这里写下的东西，将影响很多人的判断。因此，我不会为了迎合别人而违背自己的观点——去"承认"一些自己不相信的事情。

但如果我错了呢？当然，宇宙可能具有可数的质量（能量）。我们应该如何继续这个思路呢？

我们已经看到，即使能量是制造新型"原材料"的相关制约因素，我们至少

---

[1] 来自于大约是1994年6月8日的电话交谈。蒂普勒更进一步地说道，物理学定律规定了长期持续的增长的定义，但这远远超出了这里所讨论的任何东西——就像本书中经济学领域内的变化一样，物理方面的规律对其几乎没有任何意义。——原注

也需要考虑太阳系中所有的质量（能量）。这个数量相对于我们的能源使用量来说是如此巨大，甚至是现在的人口数量和目前个人使用率的许多倍，以至于太阳系在70亿年后或任何时候结束，都不会受到我们现有能源使用状况的影响。这应该是一个让人们足以忽略有限性问题的理由。

即使人口剧增，能源和材料的消耗率大幅上升到足以反驳前一段话的情形，人类也可能利用宇宙其他部分——相对于太阳系来说是如此巨大——的资源，使任何可以想象的增长率计算都变得无关紧要。如果是这样的话，进一步的讨论将是无意义的。

物理学家弗里曼·戴森（Freeman Dyson）在他的《全方位的无限》（*Infinite in All Directions*）一书中，进一步阐释了这种思维模式，他还断定，即使世界变得越来越冷，人类也可能以这样的方式提前适应。最后他写道："总之，我的结论就是：生命无限，以及由此而来的人类命运也是无限的。"弗兰克·蒂普勒认为，在现代物理学知识的基础上，最终的约束条件将不是能源，而是信息。因为我们可以无限制地增加信息的存量，所以不需要考虑我们生存的有限性。[1]当然，这些争论非常抽象，且远非当代所关注的问题。我引用这些观点，并不是为了证明人类的未来不是有限的，而是为了证明末日论者关于"人类的存在并不是有限的"这一观点与物理学家们的推论并不一致。

重申一点：对于自然资源数量或我们能从其中得到的服务数量的一个令人满意的实际定义（这是预估的），是唯一对决策有用的估计。这个估计必须告诉我们，在特定的价格以及那些我们有理由知道的事实条件下，某特定年份能获得的某

---

[1]在任何意义上，知识的数量都不是有限的。因为知识存量规模的增长速度比能源存量规模的下降速度变化得更快，这种增长还能适应和缓冲人口增长。（我没有进行详细计算，因为这纯属浪费时间。）为了证明我们应该将有限性问题纳入考虑，我们必须首先证明"占据最终支配地位的是知识而不是能源"的观点是错误的；接着证明宇宙非有限的概率以及太阳系之外的宇宙在未来开发的概率是非常低的；然后对"耗竭事件超过（比方说）一千年或更久，直到70亿年发生，将影响我们现在的经济选择"这一逻辑给出合理解释；接着证明我们现在对质量（能量）之间的关系的理解是正确的；最后证明用越来越少的能量满足我们的需求是可能的。

如果没有对这条链条上的每一个环节进行合理论证，那么关于"人类能获得的能量是有限的"这种讨论的顺序就是颠倒的。——原注

种资源（或其特定服务）的数量。

我们没有理由相信，以当前价格计算的任何一种自然资源或其服务的可用数量，在未来的某个时刻将比现在少得多，至于耗竭就更不存在了。只有那些独一无二、不可替代的"资源"，比如阿瑟·鲁宾斯坦（Arthur Rubinstein）的音乐会或迈克尔·乔丹（Michael Jordan）的篮球比赛将在未来消失，因此其数量是有限的。

当"有限"一词用于修饰资源时是毫无意义的，因为我们不能用任何实际的证据来指出相关资源系统的边界，或者边界的存在。对阿尔法来说，他的边界就是他所在岛屿的海岸，对于早期人类来说也是如此。但后来，阿尔法发现了其他岛屿。人类为了寻找资源走得更远，最终到达大陆的边界，后来又到达其他大陆。美洲的发现，不管是对欧洲人还是亚洲人来说，世界一下子变大了。各个时代都在发生资源系统边界的变化。关于"极限"和"资源有限"的旧观念，全都被证明是毫无依据的。现在我们已经开始探索海洋，海洋中含有的大量金属资源和能源，使我们所知道的陆地矿藏相形见绌。现在我们已经开始探索月球。为什么我们获取资源的界限不能像之前那样继续扩展呢？这是资源并非"有限"的另一个原因。

为什么我们会被"有限"一词迷惑？这是心理学、教育学和哲学中一个有趣的问题。第一，"有限"这个词在任何语境中似乎都有一个精确且不含糊的含义，尽管实际上它并没有。第二，我们在初等数学中学习了这个词，它在里面的所有命题都属于同义反复定义，因此可以在逻辑上证明或证伪。但是，就像20世纪的哲学家们一直在极力强调的那样，科学学科是实证主义而不是理论定义。从一般意义上来说，数学不是一门科学，因为它不涉及数学本身以外的事实，因此，"有限"一类的术语在数学领域之外没有相同的含义。第三，我们日常生活中需要做的大部分决定，比如我们的工资总额、满箱汽油的数量、后院的宽度、去年寄出的贺卡数量或明年将要寄出的贺卡数量等，都是有限的。那为什么未来世界的工资总额，或者未来油箱里的汽油数量、你应该送出的卡片数量，都不能是有限的呢？虽然这个类比很吸引人，但听起来并不合理。正是在做出这种错误扩展的时候，我们错误地使用了"有限"这个词。

我想我们可以就此打住了。除非你真的担心70亿年后会发生的事，否则我很抱歉占用了你的时间。

总结

概念量本身既不是有限的，也不是无限的。相反，它是按照你的定义来确定是有限还是无限的。如果你能恰当而充分地定义讨论的主题，使之能够被计算出来，那么它就是有限的——比如，你钱包里的钱或者你最上层抽屉里的袜子。但是如果不能充分地定义，这个主题就是无限的——比如你脑海中的想法，你想去土耳其的愿望，你的狗狗对你的感情，一英寸线段上的点的数量。当然，你可以制定定义，使这些数量是有限的，这表明"有限性"本质上是存在于你和你的定义之中，而不是存在于金钱、爱情，或一英寸线段这些事物本身。无论是在逻辑上还是历史趋势中，都没有必要宣称任何特定资源的供应是"有限的"，这样做只会导致错误。

有人创造了"丰饶论者"这个标签，用来形容那些相信自然资源无限丰富的人，它与"末日论者"形成了鲜明的对比。但我在本书中所代表的思想潮流并不是丰饶的。我并不认为大自然是无限丰富的。相反，我认为世界的可能性足够大，以目前的知识状态——即使以人类的想象力和进取心无法在未来获得额外知识的帮助，我们及我们的后代也可以用相对于其他商品和我们收入总额更低的价格获得所有的原材料。简而言之，丰饶的是人类的头脑和精神，而不是圣诞老人般"慷慨"的自然环境，历史上一直如此，未来也很可能如此。

附注1　关于"有限"的对话

对于整本书来说,"非有限自然资源"的概念非常重要,也很难完全理解,因此值得花时间虚构一场稻草人皮尔斯(PS)与乐天派作家(HW)之间的对话。

PS:每一种自然资源的数量都是有限的,因此当任何一种资源的消耗量增长时,其稀缺性也相应增长。

HW:这里的"有限"到底是什么意思?

PS:"有限"的意思是"可计数的"或"限定的"。

HW:那比如铜的极限是多少? 未来可获得的数量有多少?

PS:我不知道。

HW:那么你怎么确定它的数量是有限的呢?

PS:至少我知道它一定小于地球的总质量。

HW:如果它只是略小于地球的总质量,或者说是地球总质量的百分之一,那我们有理由去担忧吗?

PS:你已经偏离话题了。我们讨论的是它的数量在理论上是否有限制,而不是这种限制是否具有现实意义。

HW:好吧。如果我们能百分之百地回收利用铜,你还会认为铜的数量是有限的吗?

PS:我明白你的意思。即使它的数量是有限的,但如果材料可以百分之百或者接近百分之百地回收利用,那有限性对我们来说就无关紧要了。的确如此。但请记住,我们讨论的是其数量是否是有限。别跑题了。

HW:好的。如果铜的所有作用都可以被其他无限量的材料代替,那铜的数量会是有限的吗?

PS:那么铜的数量就不重要了。但你又跑题了。

HW:我们难道不是在讨论未来的稀缺性吗?那么,重要的不是现在有多少铜(无论"有"的意思是什么),而是未来几年里铜的数量。你觉得呢?

PS：是的。

HW：那么，如果我们可以从其他材料中生产铜，或者用其他材料来替代铜，那么在未来，铜还会是有限的吗？

PS：地球的大小仍然有一个极限。

HW：如果我们可以利用来自地球以外的能量——比如说太阳——就像利用太阳的能量来种植作物那样生产铜呢？

PS：但是这现实吗？

HW：现在是你在讨论现实主义。但事实上，它在物理上是可能的，也有可能在未来是可行的。那么，你现在是否同意，铜的数量至少在原则上不受地球总质量的限制？

PS：别逼我回答这个问题。我们不如来谈谈现实主义。铜之类的资源正在变得更加稀缺难道是不现实的吗？

HW：我们是否可以将稀缺性定义为获取铜的成本？

（这里有一段延伸的对话，阐述了第1章中关于稀缺和价格的争论。最后，皮尔斯同意将稀缺性定义为成本。）

HW：未来的稀缺性将取决于回收利用率、替代品的开发，以及生产铜的新技术等。在过去，铜的稀缺性逐渐降低，就像我们刚刚达成的一致，无论你怎样认识"有限"与"极限"，都没有理由认为这种趋势会改变。你是真的对铜感兴趣，还是只关心铜对你的影响？

PS：当然是铜能为我们带来什么更重要，而不是铜本身。（现在你知道他的名字为什么叫稻草人了。）

HW：好。那么我们是否能达成一致意见，即铜的使用价值的前景比铜本身的前景更好？

PS：当然，但这一切都不可能是真的。这是不科学的。怎么可能我们对某样东西消耗得越多，它的稀缺性反而会降低呢？

HW：嗯，这是一件不符合常识的事情。那是因为常识性观点仅适用于资源被任意限制时，例如你对地窖中铜线的限制。但是只要你不去五金店再买一些回来，那这个数量就是固定的。对吧？

PS：也许我是个稻草人，但我的耐心也是有限的。

所以我们结束了这次谈话。

附注2　收益递减"规律"

有人说:"收益递减终有一天会出现。"这意味着,矿产资源的成本最终必然会上升。

所幸没有迫使成本最终上升的"规律"。收益递减的概念适用于某种元素在数量上是固定的情况——比如一个特定的铜矿——并且技术也不再发展。但从长远来看,这一概念并不适用于矿物开采,因为新矿脉不断被发现,新的低成本开采技术不断被发明。因此,从长期来看,成本的上升或下降取决于新技术的发展和新矿脉的勘探进展——如果没有新的进展,那成本则趋于上升。从历史经验来看,正如我们所看到的,成本一直在下降而不是上升,并且没有理由认为"这一历史趋势在可预见的未来会发生转变"。因此,这里并不存在收益递减规律。

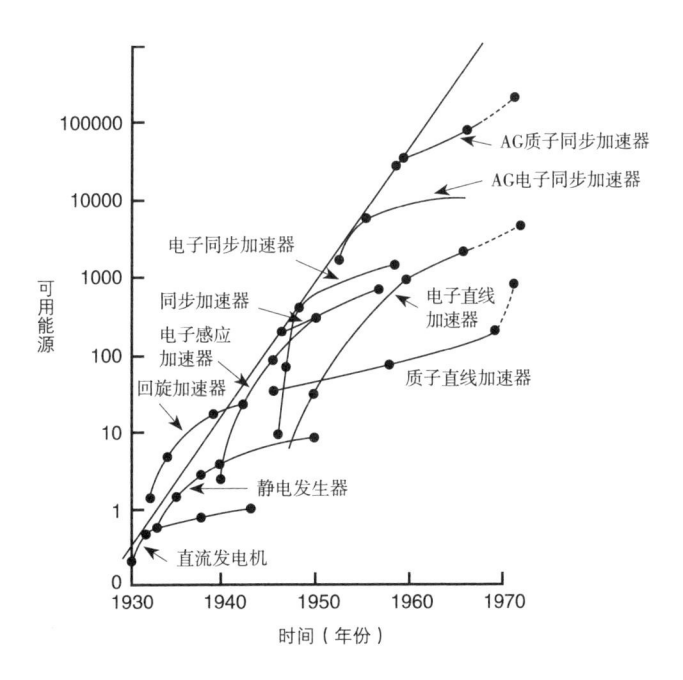

图3-1a　从一种技术过渡到另一种技术的"包络曲线"(能源机器)

我冒险地概括如下：在经济生活中，往往存在小规模的收益递减，而收益递增却是大规模的。例如，连续不断地从一口油井中开采石油，将使该油井的生产成本逐渐上升。但是，从所有油井中开采石油，将使整个能源成本降低。究其原因，一部分是因为石油推动经济发展，而经济的增长有利于发展廉价的能源；另一部分则是因为，当总供应严重不足时，人们将在鼓励之下去发现（任何）新的能源资源。最终，新的资源比旧的资源更加便宜。

在从一种技术向另一种技术过渡的"包络曲线"（两种技术能"提供相同服务"）中我们看到了这种概括的证据，图3-1就为我们提供了一个例子。这种现象也解释了库兹涅茨及其他人所指出的（见第2章），专家们往往倾向于对各自领域的进展持悲观态度；他们的思考是建立在自己所知道的特定技术上的——这就是为什么他们能被称作专家，而不是简单的技术人员。

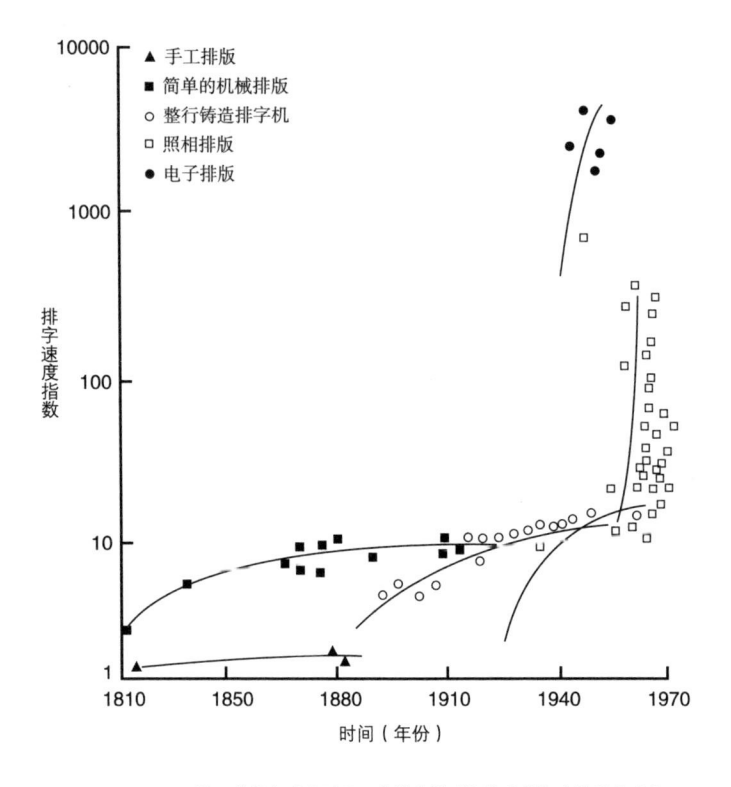

图3-1b 从一种技术过渡到另一种技术的"包络曲线"（排版技术）

4　大理论

前三章给出了一个令人难以置信的资源愿景：资源消耗得越多，我们就越富裕并且对改善我们的生活永远没有实际限制（或者说至少70亿年内）。事实上，纵观历史，新工具和新知识使资源的发现和获得都变得更加容易了。我们不断增长创造新资源的能力，已经超过了由于当地的资源枯竭、环境污染、人口增长等造成的暂时挫折。出现这种情况的根本原因是什么？在我调查了末日论者声称的，由于稀缺性上升和人口增长而变得越来越糟的诸多现象之后，发现情况刚好相反，一切已经变得越来越好——正如你们将在接下来的章节中看到的那样。这看起来似乎不是一个偶然现象。我甚至想当机立断地指出，情况是在改善而不是在恶化，尽管我知道我必须核验每一种情况。我开始担心，如果把纯属巧合当作普遍规律，那可能会导致错误。所以我怀疑，是否有一个深层的联系，一个包含所有这些现象的普遍理论。我相信一定有的。

让我们首先超越特定资源的趋势。一个最大和最重要的趋势就是，这个星球变得更加适合人类居住，而这些特定资源的趋势是大趋势中的一部分。这些迹象表明，人类的预期寿命变得更长，关于自然的知识更加丰富，人类保护自己免受不利因素损害的能力更强，生活得更加安全和舒适。

但是，尽管这种较大的趋势支持了特定的资源趋势，但它仍然没有为我们试图了解的现象提供因果解释。然而，进化论思想，以及哈耶克提出的一种分析方法（在经济学中解释得更详细），为这一长期趋势提供了解释。哈耶克（休谟的追随者）指出，人类已经进化出了一系列与生存和发展相一致，而不是与衰退和灭绝相一致的生活规则和模式，这是过去的社会在进化中选择出的一个方向。他假设特定的规则和生活模式与生存机会有关。例如，他认为这种模式导致人类拥有更高的生育能力和更健康的后代，而高产导致了种群的自然增长，生存繁衍，因此，我们继承的模式构成了一种持续生存和发展的机制，这种机制下的条件与过去没有太大的区别。（这与人类进化的基因指向生存的生物学观点是一致的。但哈耶克并没有预设这样的基因进化,部分原因是由于文化规则演变的时间跨度太大,以至于我们无法理解它。然而,如果将人类的生物特性看作是从最简单的动植物开始,日益复杂,应对环境问题的能力不断增强的漫长进化链的一部分,可能更具有启发性。)

让我们将哈耶克的一般分析方法应用到自然资源上。从一开始,各种各样的资源就成为了人类历史的一部分。如果人类没有进化出增加而不是减少我们可用资源数量的行为模式,我们就不会在这里了。如果随着人口数量的增加(甚至人口数量几乎不变),我们的行为模式导致了动植物供应的减少,制造工具的燧石不足,以及用于生火及建筑的木材缺乏,那么我就不可能在这里写下这么多页文章,你也就不会在这里阅读它们了。

维持并增加我们人口数量的关键模式是什么? 当然,文化模式的进化包括,个人之间的自主交流,以及人类为了提供资源而逐步形成的市场数量的增加;一些机构和体系,比如传授知识的学校;存储知识的图书馆、传奇故事作家;以及生产知识的修道院、实验室和研发部门。生物模式的进化包括,食物缺乏时我们得到的饥饿信号,我们关注到自然界中显著的规律,如一年四季的交替循环。但是对这些文化和生物模式的无知,对我们来说并不是毁灭性的。由于这些模式充满复杂性和多面性——每个人都会看到诸多困难,所以这种无知也不应令人惊讶。正如我所说,人类进化的历史是为了成为创造者而不是毁灭者,有证据表明,这种进化是在大多数人类群体中自发进行的,这是自然生活条件的结果。人们建造庇护所,以免受毒日、大雨和暴雪的侵袭。作为一种解决人与人之间能力差异的方式,交换机制从世界各地发展进化而来,以提高我们生产和创造新产品以及分配现有产品的能力。工作团队的领导以某种方式承担起自己的角色,使建设性任务得以有效执行。社会共同体以各种方式奖励组织资源的创造者而不是破坏者。母亲们可能会为孩子堆积的沙子城堡竭力欢呼,可当孩子踢倒其他孩子的沙堡时,母亲则会严厉训斥。尽管我没有证据,也没有必要去咨询人类学家,但我敢打赌,早期的部落对那些在干旱时去寻找水源的人比对那些污染水源的人更加尊敬,同样地,对那些能有效寻找食物的人比对那些能够消耗大量食物的人更加尊敬。

我们迄今为止的整个进化过程表明,人类群体自发性地进化出行为模式以及为此而进行的训练人的模式,这种模式倾向于平衡地引导人们去创造而不是破坏。总的来说,人类是建设者而不是破坏者。这个证据是确凿的:祖先留给我们的文化中包含了更多的创造性工作。

简而言之，人类已经进化为创造者和问题的解决者。从我们日益增长的寿命和消费的丰富性来看，我们的建设行为已经远远超过了消耗和破坏行为。

这种将普通人看作建设者的观点，与把普通人看作破坏者的观点相冲突，后者正是许多末日论者的思想基础。从后者的观点可以得出这样的结论：美国拥有5%的世界人口，却消耗了全球40%的资源。这句话并没有提及同样的美国人口所创造出的资源。（这里也涉及一种看待资源的观点，即它是等待开采的固定物理数量，而不是人类从知识与物质条件的组合中得到的服务。）[1] 如果一个人只注意到人类的消耗和破坏活动，而不了解能够让我们生存至今的这种建设性的行为模式一定是个人和社会本质的主要部分，那么他得出资源在未来会变得更加稀缺的结论就不足为奇了。

矛盾的是，导致人口增长（而非不变或下降）的规则和习俗，从长远来看，可能是我们所继承的可以成功处理资源问题的能力的一部分，尽管在短期看来，人口的增长可能会使问题加剧。这些规则和习俗在以下几个方面引导社会走向长期的成功。第一，在其他条件不变的情况下，高生育率使群体生存的机会增加[2]；由于限制性的婚姻和生育模式，印度的帕西人[3]注定要在将来的某一天消失，尽管他们在经济上非常成功。第二，高生育率导致了资源问题，从而促使人们想办法解决问题，而这些问题解决后，通常比问题未出现之前更能够使人类的生活长期受益。第三，在更直接的事件链中，导致高生育率的规则和习俗，与人口增长对生产力的积极影响相吻合，这种积极影响即来自对商品的需求，也来自对聪明才智的需求，我在最近的几本书中详细讨论过。

然而，就算人们承认人类已经进化为创造者，那么他们想知道条件是否已经发生变化，或社会行为模式是否发生了一个或多个"结构性变化"，都是合理的。

---

〔1〕许多专家都评论过这样一个事实：诸如铜、石油、土地等自然物，在人类发现其用途以及如何开采加工，从而使它们变得有用之前，都不能被称之为资源。因此，从最具意义的角度来说，只要人类获取资源的知识的增长速度快于人类对资源的消耗速度，资源的可用性就会持续增加。这是所有自然资源的历史。——原注

〔2〕这个核心思想来自哈耶克。——原注

〔3〕帕西人：指的是一群从波斯国远渡重洋，来到印度定居，却又不愿意改信伊斯兰教的祆教（拜火教）徒。他们最终发展成为印度一个重要的少数民族。——编者注

这些变化可能指向积极趋势的改变，就像恐龙的情况可能是由于发生了环境的变化，或者在某些已经消失的人类群落里发生的结构性变化。

自然条件的改变有时会影响文明的进程。但是，社会或经济中可能存在的"内部矛盾"与当前的情况更为相关。这个概念代表直观的概念：从我们的人口规模和人口增长率，以及生产商品和组织社会的方式来看，我们的文明是笨拙的，因此它必然崩溃，例如，通过核毁灭，或某一种重要农作物的歉收。

对现代文明进程的结果持悲观态度者认为，污染的外部性是一种将把我们置于死地的"内部矛盾"。已经有一些政治组织和设备专门处理这个问题，所以我们看到，现在有公共机构或私人来清理和收集各种垃圾，并有法律来规范污染行为。但是随时可能发生变化的污染类别，以及监管活动尚处于开始阶段，必定会使人们怀疑——我们是否已经形成了可靠的污染问题处理模式。

资源的代际关系是另一个经常提到的"内部矛盾"，即一代人开发利用的资源越多，留给下一代的资源就会越少。然而，自由买卖资源的期货市场和买卖资源供应公司股票的期货市场都已经发展起来，进化到能够有效防范这种潜在危险的程度。凭借足够的历史经验，我们相信这种进化机制是可靠的，并能令人满意。

综上所述，我认为人类在文化上（或许还有基因上）的进化是这样的：我们的行为模式（社会规则和习俗是这些模式的重要组成部分）使我们能够成功应对资源稀缺的问题。这种对人类历史的看法，与观察到的资源可用性提高的长期趋势相一致，也与创造力在我们的探索中的积极优势（还在逐渐增长）相一致。这一观点为观察到的良好资源趋势提供了一个因果基础。它反对我们正处在资源历史的转折点上的观点，从而支持简单地从过去趋势中推断出资源的可用性是增加而不是减少的预测。也就是说，几个世纪以来，我们进化出来的模式使我们控制资源的能力变得更强而不是更弱。当然，市场体系是这种进化的一部分，但并不是全部。《鲁滨逊漂流记》（这个故事已经被经济学家严重扭曲，使一个关于开拓创新及运用自身知识改变处境的故事，变成了一个关于分配的故事）也说明了这一点，例如，当我们已经形成了知识体系和整套模式，即使我们不断地消耗资源，且没有交换机制，我们也能够改善自己的资源状况而不是使它变得更加糟糕。

因此，在我看来，随着时间的推移，不管是可耕地、石油，还是其他任何资源，正如我们在以往所观察到的趋势，其可用性比过去更大。如果我是对的，那么我们现在有系统依据证明：我们并不是处在资源历史的转折点，人类倾向于创造而不是破坏。

让我们先回到图1-2，看看厄尔·库克在预测汞价格时是如何走向错误的。库克完全按照我的建议做了——他查看了尽可能长的数据系列。但这并没有使他避免错误。相反，为什么我对金属价格的预测会成功呢？部分解释是他将注意力集中在短期逆转上。除此，数据还可以帮助你形成一个总体观点——一个理论。我的总体观点如上所述，即总体来说创造的比消耗的多。库克的总体观点是马尔萨斯主义式的，即资源是有限的，并将最终耗尽，这一观点给《增长的极限》一书提供了灵感。库克的观点、《增长的极限》的观点，以及我自己的成功预测，这三者之间截然不同的记录，为判断哪一种总体愿景更有帮助提供了一些依据。

熵[1]与有限性：毫不相干的悲观理论

物理学的概念经常被那些偶然接触或一知半解的人误用。在爱因斯坦发现了狭义相对论原理之后，大学二年级学生和时髦的传教士将这一原理引用为"万物都是相对的"的"证据"。在海森堡发现了不确定性原理之后，社会科学家、人道主义者和神学家利用它来"证明"某些人类知识是不可能的。

熵的概念以及与之相关的热力学第二定律有漫长的滥用史——甚至来自于那些理应更清楚这些概念的物理学家。依傍于热力学第二定律的荒谬观点，包括在第12章的附注里讨论的"能源会计"概念，在今天仍然大行其道，甚至比以往任何时候更加泛滥。一本名为《熵》（Entropy）的平装书封面上写道："熵是大自然的最高法则，它支配着我们做每一件事。熵告诉我们，为什么我们现有的世界正走向衰落。"能源会计师宣称，那些认为人口增长和人类进步没有终极限制的人（比如我）是错误的，因为他们对这些物理定律一无所知。

热力学第二定律认为，在一个封闭的系统（请注意这个关键词）中，随着时间的推移，带电能量粒子的随机无序状态必然会增加。粒子运动越快，其运动和碰撞所消耗的能量就越多，从有序到无序的变化就越快。例如，从某种分子模式入手，

---

[1] 熵的概念最早起源于物理学，被用作度量一个热力学系统的无序（混乱）程度。热力学第二定律，又称"熵增定律"，它表明在自然过程中，一个独立系统的无序程度（即"熵"）不会减小。——编者注

假定一个盒子的两端是两种气体，那么它们将逐步混合并均匀地扩散至整个盒子。

末日论者用这个简单的例子推断，人类现在使用的燃料越多，则人类种族就会因为缺乏能量去维持生存而越快地结束。（毋庸置疑，他们想象的是最终灭亡。）热力学第二定律的概念隐含着人类状况的远景图，即从长远来看，它将不可避免地滑向更加黑暗的深渊。他们认为，我们所处的宇宙是一个封闭的系统，在这样一个封闭的系统中，熵是必然增加的。没有什么能阻止有序性降低、无序性上升并最终归于混沌的趋势——也就是《创世纪》第一句话所描述的那种无形虚空。

在环境与人口控制运动的文献中，"有限"一词的频繁出现强调了这一观点。这一观点由著名的数学家诺伯特·维纳（Norbert Weiner）提出，不过他至少是以惠特曼式的高贵态度而非恐慌的态度来看待严峻的未来。

我们是身在一个注定要毁灭的星球上的失事乘客。然而就算是在一场海难中，人类的尊严和价值观也不一定消失，我们必须充分利用它们。即使我们将要沉没，也要以一种值得尊重的方式结束。

这一观点体现在尼古拉斯·乔治斯-罗根（Nicholas Georgescu Roegen）为我们的日常生活提出的政策建议中，这些建议得到了保罗·萨缪尔森和赫尔曼·戴利（Herman Daly）的认可。赫尔曼·戴利敦促我们对能源和其他资源进行预算，以期在数千年的时间里实行最佳分配，直到宇宙毁灭。

随之而来的政治议程意味着更大规模的中央计划和政府管控。目前尚不清楚是加强控制权的欲望引领人们相信热力学第二定律是人类活动的最佳模式，抑或末日论者往往是最害怕失序的人，因此他们参与到构建控制我们社会生活各个方面的体系中，以对抗这种失序。无论是哪一种类型，同一个人无外乎会持这两种观点。

对宇宙结束时间的一般估计为从现在起的70亿年左右。末日论者据此认为，我们现在应该采取措施来推迟这个可怕的结局。（是的，你没看错。我发誓，他们是认真的。）

相对于一个封闭的容器，熵的概念无疑是有效和相关的，同时它对于任何可以被视为封闭系统的更大的实体也可能是相关的。但目前还不十分清楚能量的边界在哪里，或者是否有边界。"关于封闭系统中（比如地球）物质稀缺性的问题，在我看来最终可能比能量问题更加严峻。"这句话显然是错误的。地球并不是一个封闭的系统，因为能量（来自太阳）和物质（宇宙尘埃、小行星以及许多行星碎片）不断降落在地球上。也许太阳系在未来的某个时刻将被证明是一个独立的系统，由此可想而知人类种族的总寿命。即便如此，它也将持续大约70亿年。在这段时间里，人类将与其他太阳系接触，或者想方设法将其他星球上的物质转化为我们所需的更长时间的能量。因此，就能量而言，对我们来说不存在任何实际的边界。既然没有边界，宏观上的熵的概念与我们完全无关。[1]

在宇宙的概念层面上（在当前讨论的语境里，没有理由讨论任何较小的实体），尚不明确熵增加的概念是否与之相关。对此，史蒂芬·霍金（Stephen Hawking）就像一个勤奋的学生，在熵最终是增加还是减少的问题上反复不定。他的判断依据建立在"宇宙是有限的，或者是有界的"这个基础之上。他目前的观点是，时空是有限的，但"宇宙的边界条件是没有边界"。他强调了我们知识的不确定性，他写道："我想强调的是，空间和时间应该是无边界的，有限性的想法只是一种提法。"无论如何，他结论说，"我们对时间方向的主观感觉……使热力学第二定律几乎变得微不足道"。这些考虑，以及他认为由于正负能量对冲平衡而使"宇宙总能量为零"的观点，再加上在他对物理学思想状态的描述中，所有这些宇宙学问题都十分不确定（因为难以知道宇宙的数量，所以这个问题可能永远不确定），似乎有足够的理由使我们相信，"我们现在要节约能源，以延缓70亿年后可能出现的文明消失"这样的想法很荒谬。

当其他物理学家在期刊上争论生命是否可能永远延续下去时，另一位英国著名的物理学家罗杰·彭罗斯（Roger Penrose）指出："我们不知道整个宇宙是有限还是无限的——无论是在空间还是时间上。然而这样的不确定性似乎对人类物理学没有任何影响。"

霍金和彭罗斯的这些评论，应该能让许多希望政府根据他们相信的物理定律来规范我们日常行为的人清醒。反复声称我们的资源一定是有限的，这与目前的事

---

[1] 我有一种古怪（或堂吉诃德式）的倾向，就是想让你更难相信本书的观点。怀着同样的心情，第一位美国诺贝尔经济学奖得主保罗·萨缪尔森在为乔治斯-罗根1966年出版的书作序时，称赞他是"经济学家中的经济学家"，并称该书是一本"值得收藏和反复品味"的书。在我看来，这恰恰说明，只有当谬论框定在数理经济学的"困难艺术"（萨缪尔森语）中时，伟人才会言之凿凿地胡言乱语。——原注

实并不一致：我们目前在物理领域的科学知识是非常不完整的（可能总是如此）。人们必须紧紧戴上眼罩，以免因读到新闻媒体的报道而羞愧，比如最新的天文学发现"几乎完全戳穿了有关第一颗恒星和第一个星系是如何诞生的主要理论"。根据美国天文学会（AAS）发言人史蒂芬·马兰（Stephen Maran）的说法，"该领域一片混乱"。所有的主导理论都是错误的。然而，经济学家和神学家却认为自己足够理解宇宙，因此他们建议政府给我们施压，要求我们现在骑自行车，为未来70亿年节省能源。这真是令人匪夷所思。

虽然早些时候，我曾引用霍金的话为我的论点服务，但我还是想指出我与他在思想上的不一致，这会使我的论点更加有力。他坚信"（科学）真正的考验在于它是否做出了与观察一致的预测"。但是，热力学第二定律指向秩序递减，从人类的角度来看，我们所有观察都记录着失序在持续减少而不是增加。当然，整个地质时期生物复杂性的增加，以及贯穿整个历史的人类社会复杂性的增加都是最重要的例子。从生物学的角度来看，正如"进化"一词所暗示的那样，地球已经从只有少量简单物种发展成拥有大量复杂有序生物的星球。从地质学的角度来看，人类活动导致特殊材料的大量堆积，例如诺克斯堡的黄金和首饰中的黄金比溪流中的黄金多，以及建筑物和垃圾堆中的钢铁比地底下的钢铁和矿石多。

人类体系的历史表现出更加复杂的组织模式、更广泛的法律体系、更丰富的语言、更多元的知识素材，以及整个宇宙中更加广阔的人类活动范围。所有这些都表明，随着时间的推移，人类环境的有序是在增加而不是在减少，因此也与"熵增定律"相矛盾。有限论者认为，这种经验证据并没有相关性，因为它只描述了一个暂时的"局部"增强，涵盖于他们所认定的秩序必将长期下降的趋势之中，而这一观点的基础，则是热力学第二定律的运用。但是，所有的经验证据都显示出有序的增加——这与地球不是封闭系统的观点相一致。因此，霍金对科学的定义蕴含着这样的结论：在人类环境中，即地球以及其他任何我们可能选择居住的行星中，只要目前运行的物理定律持续有效，那么熵将继续减少而不是增加。

这种情况，就像丛林里的几只蚂蚁正犹豫着吃下一片树叶是否会导致森林的加速消失一样。其中一只蚂蚁说："我们只是两只微小的蚂蚁，森林是如此广博。"另一只则回答说："是的，但是如果所有的蚂蚁都这么想呢？"于是它就带着这种想法饿了一整天。事实上，蚂蚁对森林生命周期的真正了解，可能并不比人类对当前可能存在的宇宙（当然包括我们所生存的这个宇宙）的生命周期的了解少。

熵守恒论者认为，那些与他们意见相左的人，要么仅仅出于对物理学和热力学第二定律的无知，要么就是故意无视，毫不诚实。对他们来说，任何其他的可能性都是不可想象的。正如加勒特·哈丁在写给我的信中所说："我为你忽略、误解甚至否定热力学第二定律、守恒定律以及与极限相关的想法感到震惊。"保罗·埃利希也写道："有人想知道，西蒙是否找不到哪怕是一个初中理科生帮助他检查文章。"也许问题恰巧在于，这些生物学家的科学方法是建立在"初级中学"的物理知识——几十年前的，被去除了所有精妙复杂的科技状态——的基础之上。

熵的概念与人类福利并没有关系。地球这个秩序之岛可以在混沌之海中无限增长。生命甚至可以从地球蔓延到其他的行星和星系上，将越来越多的宇宙物质和能量纳入其中。时间的尽头是什么？大家的猜想是，宇宙可能有也可能没有边界。谁在乎呢？这远远超出了太阳的寿命。从逻辑上讲，我们更应该担心太阳的熄灭，而不是熵和物理"定律"所假定的极限。

我主张理智行事。就算热力学第二定律是正确的——它的时间也只有一个世纪左右——而留给人类的时间大约是其存在的5000万倍，在太阳熄灭之前，我们有足够的时间去发现新的原理。但正如霍金所说，宇宙学家甚至为宇宙究竟是封闭还是开放而争论不休，这似乎意味着，那些熵守恒者在"节约能源以避免宇宙毁灭"的问题上缺乏一致意见。如果人类的思想观念永远保持不变，是否理智呢？

在此，熵学家们应该牢记伟大的英国物理学家凯尔文勋爵的著名错误〔凯氏温标的发明人，说不定凯尔文（氏）冷藏箱也是以他的名字命名〕：他在世纪之交声称，几乎所有重要的物理学原理都已经被发现了，剩下的只是物理常数的细化测量，在新的世纪（比如现在），不确定会有什么伟大的新发现。但是，在过去一个世纪有许多重大发现，并不代表下一个世纪（或接下来的7000万年）的重大发现的"库存"就会相应变少。科学发现就像资源一样，很可能是无限的：我们现在发现得越多，那我们未来能够发现的也就越多。

重力的例子便类似于熵。只要受过一点教育的人，都可以预测实验室中真空容器内物体的扩散过程。这个实验已经有几百年的历史，我们可以在相关知识的基础上安全地行动。然而，即便是最有经验的物理学家，在预测太空中三个物体的运行轨迹，或者黑洞中任何事物的命运时，仍然会感到迷惘，基于这些存有争议的评估而做出任何重大的政策决定都是愚蠢的。

（那些认为某些知识体系不可动摇的人，应该知道历史上的某些科学观点已经发生了有趣或无趣的转变。比如：关于地球形状的理论，关于水蛭吸血法的医学理论，一种金属不能转化为另一种金属的元素不可变理论，对医学微生物理论的嘲笑，以及短短几年之内，牙医的刷牙建议从使用硬毛牙刷上下运动变成了使用软毛牙刷水平运动。)

事实上，只要随意翻阅一本普通的科学杂志就会发现，在宇宙问题上，物理学家不断地提出一些矛盾重重的新理论。下面是几个零散的片断："十多年来，粒子天体物理学这个新兴领域已经变成了一座荒芜的花园"；"天文学家登上了长城：这个巨大结构的发现可能会破坏'冷暗物质'星系形成理论，但是替代理论又是什么呢？"物理学家戴维·莱泽（David Layzer）认为"事物的秩序存在不确定性"，他提出了所谓的"强宇宙论原理"来反对对热力学第二定律的刻板解释，他认为即使在宇宙起源时，不确定性也发挥着至关重要的作用……进化就成了一个开放而非封闭的系统，它总是提供自由和惊喜的可能性。莱泽的结论是乐观的："新的科学世界观使我们相信，我们以及我们的子孙后代所希望实现的和想要成为的，都没有限制。"

结论

进化理论而非熵理论，是人类发展的合理理论。第一部分的以下章节将主要介绍特定资源，记录一般规则的大量案例。

5　饥荒：1995年？2025年？还是1975年？

兰斯洛特（对杰西卡说，关于她成为基督徒并与洛伦佐结婚的事）：我们以前是基督徒，也希望尽可能多的人成为基督徒。但这样会使猪肉的价格提高；如果所有人都吃猪肉，那我们很快就会变得只能吃煤了。[1]

杰西卡（对洛伦佐说）：他（兰斯洛特）说你不是一个好人，因为你将犹太人变成了基督徒，使猪肉价格猛涨。

《威尼斯商人》（*The Merchant of Venice*），威廉·莎士比亚

在我们享受美好之时，

欺诈、奢侈和骄傲必定共存；

无疑，饥饿是一种骇人的瘟疫，

然而，是谁在承受谁在助长？

《蜜蜂的寓言》（*Fable of the Bees*），伯纳德·曼德维尔（Bernard Mandeville）

前言中已经指出，在过去的十年中，经济学家在人口增长效应的共识上发生了重大转变，但是本章的主题没有发生任何变化——粮食生产的潜力。相反，数十年来，那些备受尊敬的农业经济学家取得的压倒性共识是非常乐观的。

然而，在这一问题上，公众从大众媒体获得的印象却完全不一样。一小部分末日论者与自愿的媒体密切协作，设法抢占了大量的关注，颠覆和模糊了乐观的主流科学观点。即使媒体罕见地报道粮食生产前景颇为乐观，也会同时强调此种情况实属意外——完全无视农业经济学家的严正抗议。例如：

---

[1]这里是说，杰西卡从犹太人的女儿变成基督徒以后，就可以吃猪肉了（犹太教最先主张不能吃猪肉）。基督徒的人数越多，吃猪肉的人就越多，猪肉的价格就会上涨。——编者注

世界粮食产量已经超出了以往任何时候的预期。那些十年前被认为没有能力养活自己的国家，现在已经完全能够养活自己。整个农业世界正处于史无前例的生产大爆炸边缘。

人们沮丧地发现，诸如《纽约时报》（The New York Times）和《华盛顿邮报》等受人追捧的出版物，也不时发表一些大错特错的反对主流科学观点的文章。

当我住在伊利诺伊州香槟郡乌尔班纳市时，我在当地新闻报刊公司网站的头版上，读到了《纽约时报》发表的一篇关于人口过剩、粮食耗尽的文章。然后又在其农业板块读到粮食价格下跌、农民担心世界粮食过剩的文章——典型的新闻精神分裂症。

对于任何一本关于资源和人口的书，粮食都是备受关注的核心问题。至少从马尔萨斯开始就这样了。就连那些从不担心经济或人口增长对其他资源产生影响的人，也会担心粮食问题。事实上，这种担心是缺乏常识性的，就像兰斯洛特担心杰西卡皈依基督教以后，人们将面临猪肉短缺一样（虽然是在开玩笑）。然而，这种担心是非常错误的，甚至可能具有危害性。

无论粮食形式如何变化，无论对粮食信息了解多少，也无论对粮食生产的知识了解程度如何，大众对粮食前景的看法普遍相同。关于未来粮食的供应，官方及非官方不断给出骇人的预测。20世纪70年代，联合国亚洲及太平洋经济社会委员会（UNESCAP）曾预测，"1980年至2025年间，亚洲将有5亿人死于饥饿"。联合国粮食及农业组织（FAO）的负责人表示，"发展中国家粮食生产短缺的长期趋势令人担忧"。

《纽约时报》的工作人员进行了一项报告有一本书那么厚的调查，得出如下结论：

从饱受旱灾困扰的非洲到紧张不安的芝加哥谷物市场，从华盛顿焦虑的政府办公室到人满为患的印度的露底粮仓，预言已久的世界粮食危机正在形成，并成为当今世界在和平时期面临的最严重的问题之一。

虽然一直都有饥荒以及饥荒预警，但粮食专家一致认为，现在的情况与以往相比已大不相同。这个问题变得如此严重，以至于每个国家、机构和个人最终都将受到影响。

人口/环境平衡基金［现已改称环境保护基金（The Environmental Fund）］在主要报纸上刊登了整版付费广告，由作家艾萨克·阿西莫夫（Isaac Asimov）、总统顾问兹比格涅夫·布热津斯基（Zbigniew Brzezinski）、作家马尔科姆·考利（Malcolm Cowley）、生态学家保罗·埃利希、编辑克利夫顿·法迪曼（Clifton Fadiman）、石油大亨保罗·盖蒂（J. Paul Getty）、时代公司董事亨利·卢斯三世（Henry Luce Ⅲ）、诗人阿奇博尔德·麦柯勒斯（Archibald MacLeish）、诺贝尔奖得主阿尔伯特·斯特–吉格伊（Albert Szent-Gyorgyi）、《读者文摘》创始人德威特·华莱士（DeWitt Wallace）、汽车工人联合会主席伦纳德·伍德科克（Leonard Woodcock）等知名人士共同签字，其主要内容为：

我们生存的这个世界很可能在公元2000年之前毁灭，原因来自于两个我们大家无法理解的事实：
1. 世界粮食生产的增长速度跟不上人口增长的步伐。
2. "计划生育"政策在可预见的未来无法遏制这种失控式的人口增长。

查尔斯·珀西·斯诺（C. P. Snow）运用其小说家的艺术手法，将这件事情戏剧化："也许十年之内，贫困国家数以百万计的人民将会在我们面前饿死。我们将在电视上看到它的发生。"鉴于"世界范围内的饥饿"，普林斯顿大学公共事务学院开设了一门关于"世界饥饿问题"的课程。

类似这种广为宣传的惊人预测层出不穷。其中最具影响力的当属保罗·埃利希于1968年出版的畅销书《人口大爆炸》："养活全人类的时代已经一去不复返了。20世纪70年代，世界将遭受饥荒——数以亿计的人将被饿死。"

就连小学生们也"知道"粮食状况在持续恶化，世界面临着迫在眉睫的危机。如果你对此表示怀疑，不妨问几个你认识的孩子。一本儿童读物这样写道：

农耕时代之初，地球上的人口不足500万。而后，人类花了一百多万年的时间才达到这个数字。但人口数量是呈几何级数增长的，也就是说，它们总是翻了一番（2、4、8、16、32……）。与之相反，食物供给却是以算术级数增长的，这种增长过程（比前者）慢得多（2、4、6、8、10、12……）。

如果人口继续呈爆炸式增长，许多人将会挨饿。当今世界，大约有一半的人口正在挨饿，还有一大部分人正处在饥饿的边缘。

许多专家认为这种状况非常危险，于是他们呼吁采取强有力的措施限制人口增长。"如果自愿的方法不行，就采取强制措施。"埃利希说。

一些有影响力的人士甚至敦促推进"分级诊疗"：放弃体弱的，保留强壮的。1967年，由威廉·帕多克和保罗·帕多克合著的书（《大饥荒1975！》）将产生于第一次世界大战中的医学概念应用到粮食援助中，从而有了下面的分类：

海地	不可救
埃及	不可救
冈比亚	救治可行走伤员
突尼斯	援助粮食
利比亚	救治可行走伤员
印度	不可救
巴基斯坦	援助粮食

以下是埃利希在1972年的评估：

农业专家指出，如果要在未来30年左右，使2000年可能活着的六七十亿人口得到足够的粮食，世界粮食供应必须翻两番。理论上这种增长是可能的，但越来越明显的是，在实践中这是完全不可能的。

这个片段足以证明，令人恐慌的粮食预测已经占据了大众媒体的主导地位。

幸好这些可怕的事件没有发生。相反，在这个预测之后，人们的饮食越来越好，寿命也越来越长。

粮食生产的记录与可怕的预测完全背道而驰。近几十年的世界趋势清楚表明了人均粮食产量的增加，如图5-1所示。

当然，粮食生产的进展并不稳定。我于1977年出版的技术图书的初稿，写于1971年和1972年，当时的粮食生产正经历近几十年来最糟糕的时期。出于政治和战争因素，一些国家的表现往往与总体趋势截然不同。（稍后会有更多此类特殊案

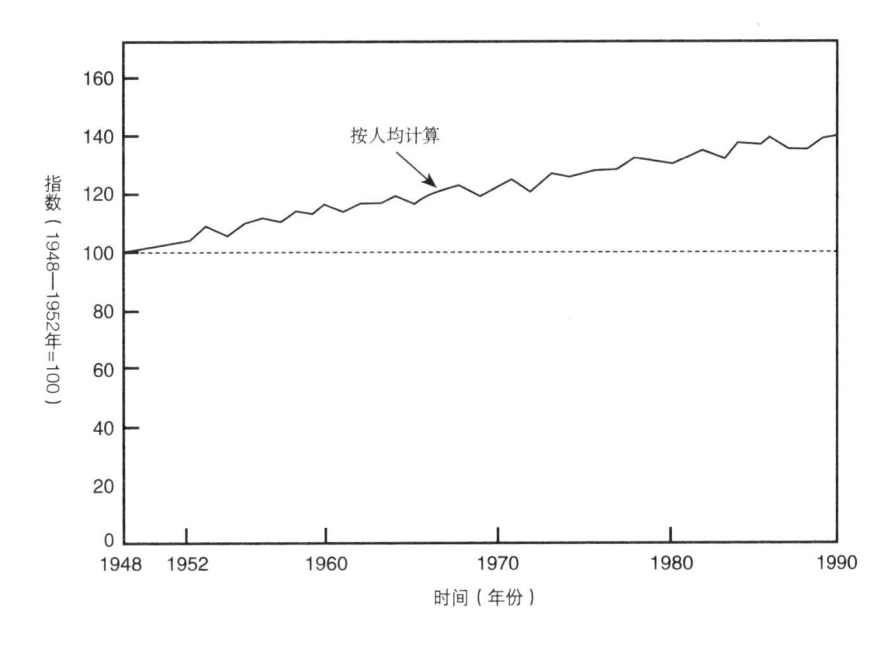

图5-1 世界人均粮食产量

例。）然而，没有哪一年或哪几年的情况如此糟糕地处于长期衰退的状态。

有人看了图5-1后问我："其他数据呢？"当我问他什么数据，他可能会回答："其他人所引用的支持悲观预测的数据。"

根本没有其他数据。这里显示的起始日期是资源库中的最早记录，是他们选择的而不是我选择的；可以向您保证，起始日期并不是任意选择的（然而，在论述中不乏这种操作性，正如我们将在第7章中看到的那样）。图5-1所示的数据是由联合国从各个国家收集而来，由美国农业部（USDA）和联合国共同发布。当然，数据远没有人们想象的那么可靠；经济数据更是如此。但这是唯一的官方数据。标准数据显示，近几十年来根本不存在所谓的"趋势恶化"。如果你对此存疑，不妨写信给那些作出可怕预测的专家，写信给联合国，或者美国农业部。或者更好的方法是，前往你所在地的图书馆，翻阅一些基本资料，如《美国统计摘要》和联合国粮农组织《生产年鉴》（*Production Yearbook*）等，以此作为参考。

事实上，图5-1并未充分显示出世界粮食供应的改善程度。因为它显示的粮食生产，没有考虑到由于运输和储存条件的改善，而粮食的损失在逐年减少，以致实际到达消费者手中的粮食有所增加。还应该记住的是，如果美国停止向农民支付土

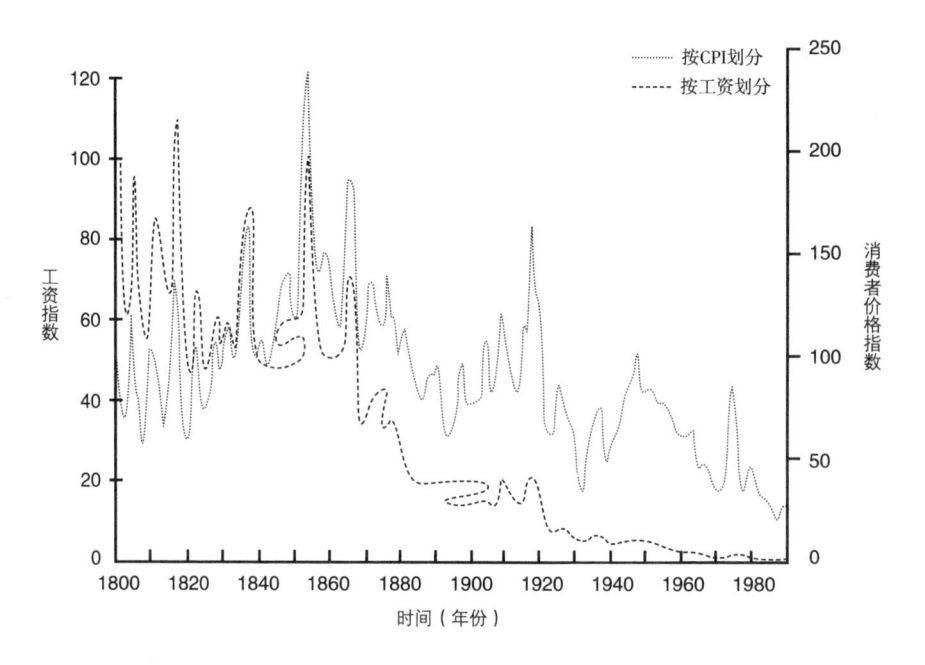

图5-2 美国小麦价格相对于消费者价格指数和工资的比值

地闲置而不是种植作物的费用，那么生产将会立即扩大。

让我们来看看粮食的长期价格趋势，就像我们在第1章中研究铜那样。图5-2显示，尽管由于世界人口的增长和收入的增加，需求大幅增长，但是长期以来，小麦的实际价格（调整了通货膨胀因素后的市场价格）却一直在下降。粮食产量的增长是如此之快，以至于尽管需求大幅增长，粮食的价格却不断下跌。更惊人的是，图5-2显示出另一种衡量方法——相对于美国的工资，小麦的价格是如何下跌的。

总产出，以及每个工人和每英亩土地的生产力，何以增长如此之快？粮食供应的增加是由于需求的增加所导致的对农业知识的研究和发展，以及农民利用更好的运输系统将其产品推向销售市场的能力的提高。（这些句子是对那些需要很多书籍才能很好记录下来的各种力量的快速结论。）

这种粮食价格降低的重要历史趋势，也许可以追溯至农业活动的开端，这意味着粮食的实际价格将持续下降——这令美国农民感到沮丧，并促使他们开着拖拉机进军华盛顿游行示威。

尽管大众媒体一致认为我们的农业正走向危机，尽管（正如我们在第3章中看到的）就连早期著名的经济学家凯恩斯也被"收益递减"的概念误导而完全误解了农业的长期经济状况，然而，几十年来，农业经济学家的主流观点是，世界主要国家的粮食供应呈现出改善的趋势。例如，大卫·盖尔·约翰逊（D. Gale Johnson）敢于在权威评论中说（甚至是在1974年）：

在过去的四十年里，粮食供应的增长至少与发展中国家人口的增长相匹配。这是发展中国家人口增长迅速的一个时期……因此，近期发展中国家在扩大粮食供应方面取得的成就意义非凡。在过去的两个世纪里，人均粮食消费得到了长期的逐步提高。

在1975年的一份"概要"中，农业经济学家几乎众口一词："历史记录支持更为乐观的观点。"

20世纪70年代早期，即使是在粮食歉收和粮食危机最严重的时候，农业经济预测的共识也用冷静的评估驳斥了流行的世界末日言论。（从那以后，情况有了更明显的改善。）

世界粮食供应状况一直在改善，这是一个不争的事实。但人们全然忽略了这一线希望，反而更加努力地寻找阴云。我们不妨看看科技文章中的陈述："在过去的25年里，世界粮食产量的平均增长率持续衰退……从20世纪50年代的3.1%下降到20世纪60年代的2.8%，再到20世纪70年代上半叶的2.2%。"这些明显的变化可能没有统计意义，我们暂且不谈。"衰退"一词表明世界粮食形势正在变得更加严峻。但数据告诉我们，20世纪50年代取得的收益比后来更大。这与形势变得更糟是完全不同的。

请看图5-3——摘自《商业周刊》（Businessweek）。表面上看，人口增长速度似乎快于粮食增长速度。这意味着人均粮食产量下降，是一个不好的迹象。但是仔细观察，我们发现人均粮食占有量是增加的，这却是一个好迹象。将总数（人口）与人均量（人均粮食占有量）放在一起完全是误导人的。为什么要这么做？当事人显然想要告诉人们，世界粮食形势正在恶化，尽管实际上它正在好转（记者能从坏消息中得到更多好处）。

饥荒

以下是一份关于1317年的饥荒报告：

（具有误导性）人口与粮食的比例失调

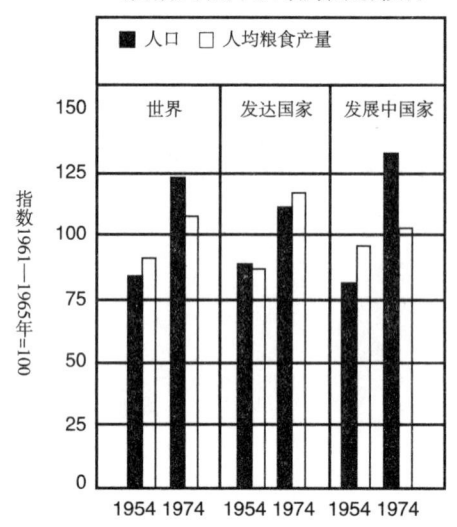

图5-3a　关于粮食供应的典型误导性图表

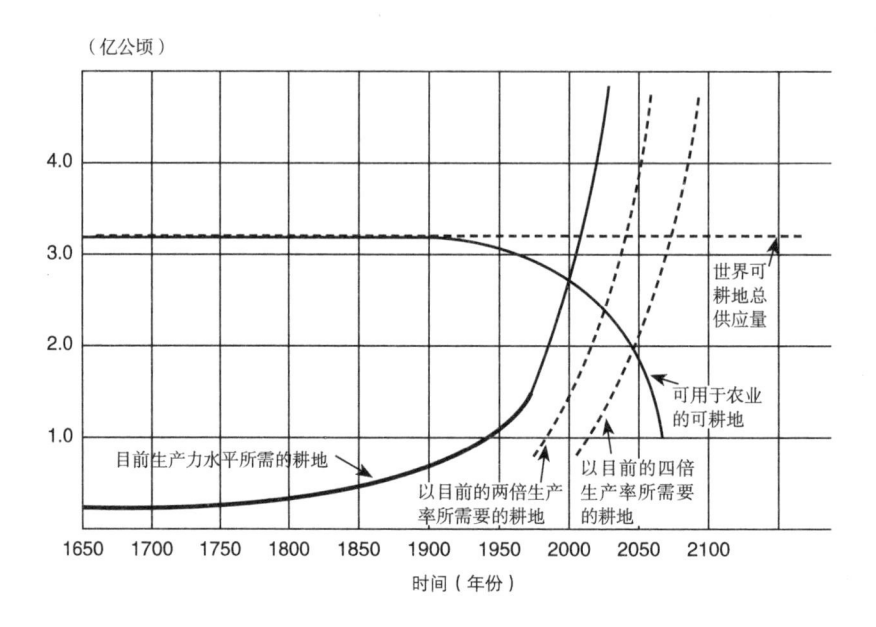

图5-3b　关于粮食供应的典型误导性图表

田野里只有野草，城里的粮食也被吃光了，许多人病倒了，饿死了。他们倒毙在街道上，周围都是死去的人。在埃尔福特，马车停了下来，装上尸体并送到施密斯特德，在那里，已经准备好了各式坟墓，幸存者们将把他们埋葬。

那种马尔萨斯式的饥荒早已远去。然而，人们对饥荒的恐惧仍然存在——从农业发端就如此。

饥荒的历史趋势是另一个衡量世界粮食供应状况的重要指标。然而，饥荒很难定义和衡量，因为营养不良时，许多人死于疾病，而非直接死于饥饿。传统上，饥荒的历史研究往往简单地把饥荒看作生活在特殊时期的人们称之为"饥荒"的事件。虽然只是微不足道的证据，但我们没有理由认为，这样的说法受到了能歪曲长期记录的偏见的影响。因此，历史学家对饥荒发生的研究似乎对我们的目的有相当大的帮助。

以下为约翰逊总结的20世纪70年代早期的饥荒发生率。

近几十年来，世界上受饥荒折磨的人口比例和绝对数字，比起历史上那些我们对因饥荒而死亡有可靠估计的较早时期来说，都是相对较小的。

在过去的一个世纪里，饥荒的发生率大大降低。在19世纪的最后25年里，大约有2000万至2500万人死于饥荒。从整个20世纪至今，大约有1200万至1500万人死于饥荒（虽然现在的人口要多得多）——就算不是大多数，至少也有相当多的人，是由于政府制定的政策、官方管理不善，或战争——而不是严重的作物歉收导致的饥饿而死……

在20世纪的第三个25年里，尽管也有一些饥荒造成的死亡，但其死亡人数不及75年前那段时期的十分之一。

在过去的四分之一个世纪里，没有发生大饥荒，但仍有一些小规模的饥荒，比如1965—1966年的印度饥荒，以及目前状况悲惨的非洲——二者都不应该因为涉及的人口相对较少而被忽视。但在过去的25年里，对穷人来说，粮食供应比过去两三个世纪的任何其他时期都要安全得多。

关于中苏的粮食生产，我们将在第7章中进行讨论。

一些历史上悲惨的饥荒，都加强了这种普遍的结论：在和平时期，人类再也不必遭受因自然条件引起的饥荒。

你是否想知道，这些乐观的趋势如何与你在国家级杂志上看到的饥饿儿童的照片，以及长期存在的"全世界至少有三分之二的人生活在营养不良和饥饿之中"联系起来？联合国粮农组织秘书长于1950年，即第二次世界大战结束后及该组织成立不足一年时，在没有任何数据的基础之下，发表了这一被多次引用的声明。（这句话很快成为了儿童读物的陈词滥调，"现在世界上大约有一半的人口正在挨饿，许多人正在饥饿的边缘挣扎"。）在经过相关的研究之后，联合国将"实际饥饿人口"的估计值降低到世界总人口的10%~15%。但这样的估计仍然太高。此外，"营养不良"一词的含义太过模糊，它可以包含我们每个人的日常饮食。

尽管联合国粮农组织最初的推测是随意的，却需要大量的研究才能将其扫进科学的坟墓中。然而，时至今日，在当前的讨论中，这个原始声明仍然一再出现。

但是，"一个人被饿死是一种无法形容的人类悲剧"这一普遍说法意味着，即使粮食供应正在改善，最好的办法还是减少世界人口，这样就不会有人因饥饿而死。支撑这一观点的价值基础判断将在第38章和第39章中进行讨论分析。在这里，我们注意到，如果因饥饿而死是一种"无法形容的人类悲剧"，那么由车祸或火灾导致的死亡也是同样的悲剧。但是，这对社会行动意味着什么呢？避免所有此类死亡的唯一办法就是这个世界没有任何人。当然，这是不可能的。因此，虽然这句话很可能发自内心，但实际上并没有告诉我们应该怎么做。

矛盾的是，更大的人口密度显然导致更少的饥荒。集中的人口可以建设更好的道路和交通，而更好的交通是防止饥饿的关键因素。来看一位记者对20世纪70年代西非萨赫勒地区的饥荒的描述。

英国红十字会联络官乔治·博尔顿（George Bolton）说："是的，食物正在源源不断地大量涌来，但是我们要怎样才能把它送到需要的人手里呢？在朱巴方圆1000英里以内，连一条柏油路都没有。"博尔顿并没有夸大其词。我在朱巴时，曾目睹5000加仑食用油从附近的卢旺达转运过来。由于这艘摇摇欲坠的旧轮渡不够结实，无法将食用油运过白尼罗河，分发到内陆的穷人手里，这些油料最终被迅速卸在河堤上，储存在了朱巴。

这不是一个孤立的事件。我看到朱巴的仓库里堆满了小米、鱼干、厨具、农具和医疗用品——所有这些都毫无用处，因为没有办法把它们送到需要的人手里。

萨赫勒地区是一个食物、人口和公共关系研究的典型案例。《新闻周刊》于1977年9月19日声称，由于旱灾，1968年至1973年间"超过10万的西非人死于饥饿"。经询问，编辑彼得·格温（Peter Gwynne）告诉我，这一估计值来源于联合国秘书长库尔特·瓦尔德海姆（Kurt Waldheim）的演讲。于是我写信给瓦尔德海姆，向他索要该估计值的来源。联合国公共调查小组反馈给我一份包含三份文件的数据包：（1）瓦尔德海姆传递的信息是："谁能忘记由于一场生态灾难，牧场和农田变成荒芜的沙漠，数以百万计的男人、女人和孩子忍饥挨饿，死亡人数超过10万的惨状？"（2）联合国萨赫勒办事处在1974年11月8日的一份备忘录中摘录了两页，上面写道："还无法计算出这场悲剧对当前和未来人口的冲击……虽然无法得到确切的数字……可以肯定的是，有大量的生命悲惨逝去。"（3）1975年3月，受人尊敬的澳大利亚籍非洲人口问题专家、伊巴丹大学访问学者海伦·韦尔（Helen Ware）应联合国的要求撰写了一页备忘录。韦尔计算了萨赫勒地区的正常死亡率，以及旱灾期间"任一游牧民族中的最高死亡率"。她得出的数字使另外两份文件变得毫无意义。她认为，"在绝对的、最不可能的情况下，饥荒导致的死亡人数也不会达到10万人……即使是最大值（估计值），也代表着一个不真实的极限"。

韦尔的数据是在联合国召开荒漠化会议和瓦尔德海姆发表那条言论之前，就存在于专门为联合国撰写并由联合国发出的好几份文件中的某一页上，它断然驳斥了联合国秘书长广为宣传的评估结果。显然，这是联合国唯一计算过的地方，但它俨然被忽视了。后来，联合国的新闻稿改回到较为温和但仍然无法证实的断言——将死亡人数改为"数万人"。韦尔评论道："萨赫勒地区死亡问题的证据恰恰少得可怜，只有那张死牛的照片保存在每一个报纸的插图故事中。"

当本书的第一版出版时（1980年7月10日），美联社对联合国所宣称的"即将到来的永久性粮食危机将比1972—1974年的旱灾更严重，后者当时致使埃塞俄比亚和撒哈拉以南的萨赫勒地区30多万人死亡"深信不疑。从那以后，更多夸大其词的数字开始涌现。

[1980年，当我第一次在《科学》（Science）杂志上报道这一事件时，有人批评我对伟人库尔特·瓦尔德海姆不敬。读者没有理由不相信来自如此可靠信源的声明。之后，瓦尔德海姆被证明不仅是纳粹党的狂热成员，还是一名被卷入战争罪行的军官，以及个人履历造假的说谎者。他的伟大和可信就此终结。]

当人们读到当前有关非洲的饥荒报道时，脑海中可能会涌现出萨赫勒—瓦尔德海姆事件。幸运的是，新闻界最后终于得到了真相——而整个农业经济学领域已经知道了好几十年。就像1991年《科学》杂志报道这个故事时所称，"饥荒应归咎于政策，而非自然"。世界上最具影响力的科学杂志曾发出过令人深思的问题："世界上只有一个地区仍然在遭受大范围的饥荒，那就是非洲。这是为什么呢？"答案随之揭晓："传统观点认为，是干旱、滥伐森林以及战争等诸多因素综合所致。"但是"一项长达4年的新研究"得出的结论是："将贫困人口推向饥饿深渊的责任，在很大程度上应归咎于社会和政治因素。"

下面这则（新闻）有我们这个时代非洲饥荒的典型特征：

当他们饥饿而死

援助官员和西方外交官表示，由于埃塞俄比亚政府严重限制了该国北部的紧急救援行动，致使200多万人无法得到任何已知的粮食援助。

这些官员说，由于这些限制，成千上万吨的捐赠食品在港口堆积如山，可能永远也无法到达需要的地方。农作物种子也无法分发出去。这意味着必须尽快播种的农民毫无办法，而这又可能会导致来年的粮食问题更加严重。

舆论界仍然没有抓住问题的核心。上面引用的科学故事后面继续推荐"农村公共工程项目""改良种子、肥料和农业推广服务"等。这些服务项目固然好，但关键点要简单得多：经济自由。没有这些，良种和肥料最终会被浪费掉。

结论

　　这一章并非暗示粮食供应可以完全满足，也不是说饥饿不再是个问题。仍然有人在挨饿。而且，虽然没有挨饿，但大多数人仍然希望能够购买比现在更贵的食物（尽管更贵的食物可能并不那么健康）。但正如我们所看到的，从长期来看，无论是相对于劳动力价格还是消费品价格，食物价格往往会在几十年后变得更便宜。

6 粮食生产的限制是什么？

如第5章所见，近几十年来食物的成本持续下跌，这意味着，尽管可怕的预测广为人知，但世界粮食供应的增长速度还是超过了人口增长速度。那么，未来粮食供应走势如何呢？

短期前景

讨论任何自然资源包括粮食的供应是否有限，都是没有必要且无用的（如第3章所讨论的）。我们相信，即使采用传统技术，世界粮食生产也会比现在多得多，尤其是在印度和孟加拉国这样的低收入国家。如果印度是以日本的生产力生产，或者孟加拉国是以荷兰（具有相似的洪水问题和更短的生长季节）的生产力生产，那么印度和孟加拉国的粮食产量将显著增加（见图6-1）。

更通俗地说，以目前的技术，如果粮食产量不朝试验条件下的更高水平方向发展，世界就无法满足任何可预见的人口增长。有许多已经充分验证的技术可以立即提高产量，包括更好的储存设施——每年能减少15%～25%因虫害和腐烂造成的损失；改进的生产设备，如真空吸尘机能把虫子吸掉而不是用杀虫剂杀死；以及农业杂志月刊上的小创新。这些设备和创新的广泛应用，促进了粮食产量的稳定增长和收益的持续增加。图6-2显示了生产力长期增长的一个例子。

当然，消费的增加会在短期内使成本增加。但从长远来看，人口压力既降低了成本，又改善粮食供应。我将再次重申：更多的人口，以及收入的增加将在短期内造成资源短缺的加剧，进而导致价格上涨。价格的上涨促使发明家和企业家寻找解决办法。当然，许多人会失败，并付出代价。但在一个自由社会中，最终会找到解决方案。从长远来看，新的进展让我们的状况比没有出现这些问题前更好。也就是说，粮食价格最终会比发生短缺之前更低，这就是粮食供应的长期历史。

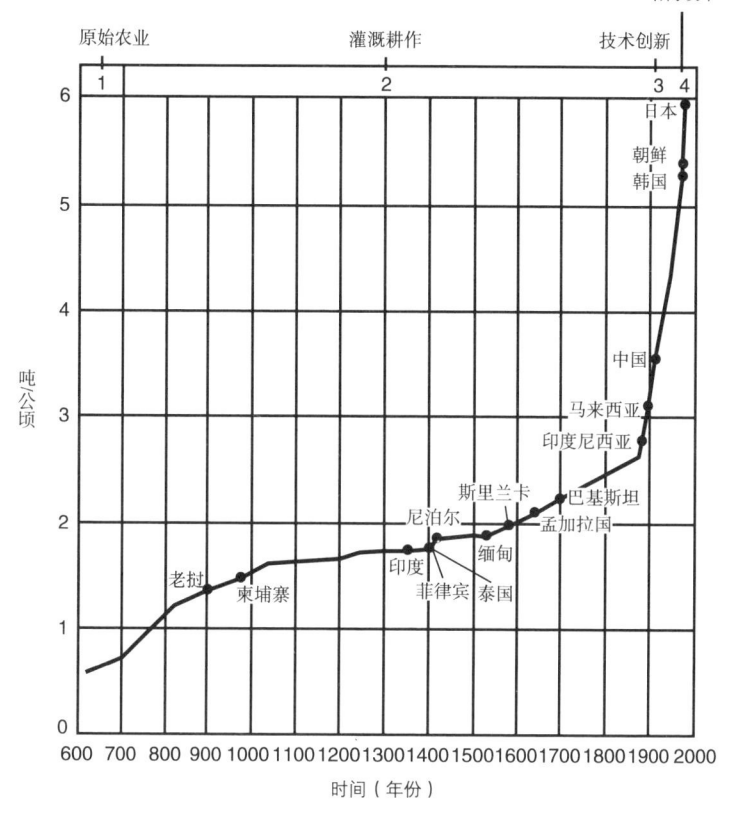

图6-1 一些亚洲国家目前的水稻产量（以日本历史上的水稻产量为参照）

有人想知道，我们能否确定粮食产量会增长，以及在实现粮食增长前限制人口增长是否更"安全"。但是，粮食产量增长的前提是为了满足需求；在需求得到肯定之前——从维持家庭生计和市场价格两方面考虑，农民不会种植更多的粮食。此外，通过观察今年创纪录的收益率，人们可以非常有信心地预测几年后像美国这样国家的平均产量；从历史上看，粮食平均产量仅在几年之后就能达到创纪录的水平。

农业生产国取得这种进步的关键来自两方面：（1）受过教育的人们对新知识的利用；（2）经济自由。世界在有盈利机会的情况下提高产量的能力令人惊叹。

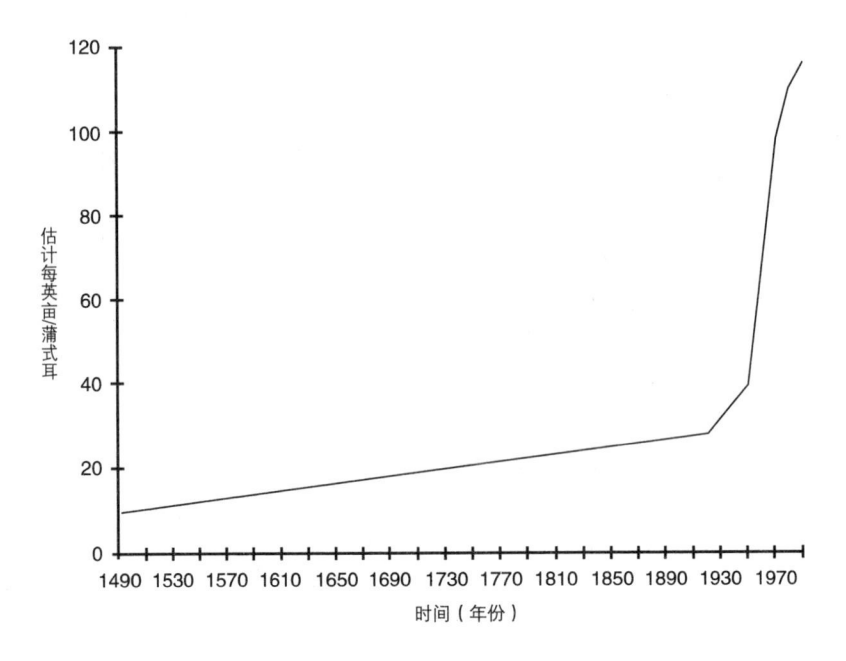

图6-2a 北美谷物产量（1490—1990年）

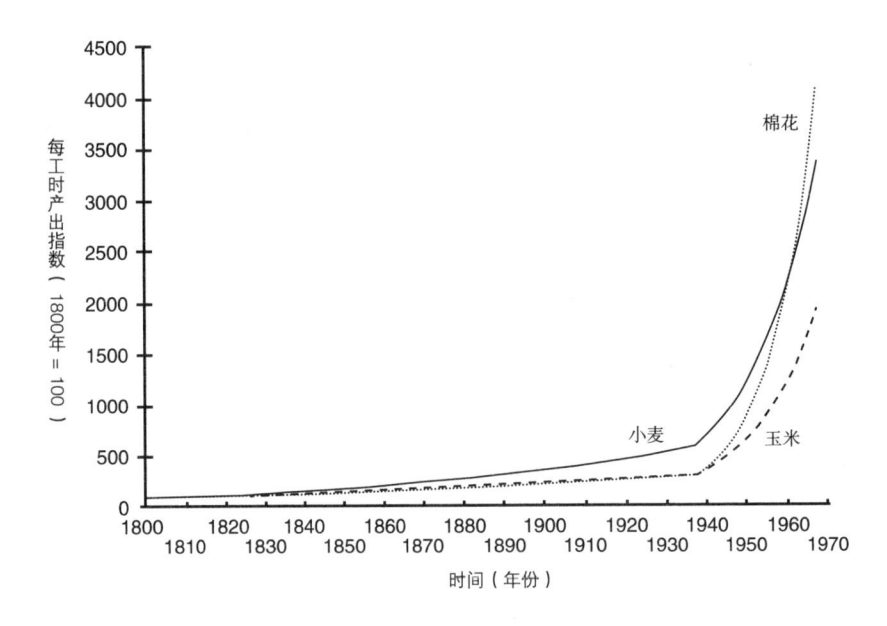

图6-2b 美国玉米、小麦和棉花的农业劳动生产率（1800—1967年）

长期前景

除了已经得到验证的提高产量的方法外,研究中还有许多颇有前景的科学发现。在十年前本书的第一版中,这些方法包括以下创新:(a)环绕轨道运行的巨型镜,将阳光反射到地球的夜晚一侧,从而延长作物的生长时间和收获时间,并防止作物遭受冻害;(b)用大豆制成的肉类替代品,可以投入较少的资源,获得肉类的营养;(c)水产养殖,下文将对其进行描述。这些想法看起来就像不切实际的科幻小说。但我们必须记住,当今大有用处的拖拉机和轮式灌溉管道,在一百年或五十年前也看似不切实际。此外,现在我们有能力比过去更准确地估计新发展成功的可能性。当科学家预言某一工艺将在一定时间内取得商业成功时,它的可能性相当大。

从长远来看,一些根本性的改进已经经过了充分的测试,而不仅仅是孤注一掷的最后手段。在华盛顿特区周边,也就是我现在住的地方,有十几个采用水培种植蔬菜的小农场,因为这些蔬菜品质优良,得以在超市以高价出售。这在商业上是可行的,而不需要政府或大型企业其他部门的补贴。需要强调的是,这并非未来主义的东西,而是当下的技术,你可以在当地超市的产品上看到公司的名字。事实上,水培法是可行的,至少有一家以上的超市在仓库内修建了一个一万平方英尺的菜园,竭力为其顾客提供最新鲜的蔬菜。如果以耕地价格来衡量的农田的稀缺性大幅增加,那么水培种植产业的生产潜能将是巨大的。

在本书第一版面世后不久,食品工厂的生产力扩大到快要令人难以置信的程度。在约36平方米的空间,即一块边长6米(或18英尺)的"土地"里,使用人工光源就能生产出供一个人每天摄入热量的粮食。(一个不那么保守的估计是,一块10平方英尺见方的土地就足够了。换句话说,在美国普通住房一间400平方英尺的大卧室里,就有足够的面积养活一家四口。)

你可能会觉得,虽然这在实验室里是可行的,但离未来实际的发展还很遥远,或者永远不会实现——就像人们现在对核聚变的看法一样。但是,以这种土地效率水平的农业已经开始商业化运作。在伊利诺伊州的笛卡尔布,诺埃尔·戴维斯(Noel Davis)的植物农场主要生产莴苣和其他园艺蔬菜。该农场面积为200英尺×250英尺,即5万平方英尺,占地一英亩,即0.4公顷、1/640平方英里——按照每天生产一吨粮食的速度,足以养活500或1000人。这并不低于上述实验室的生产速度。而且植物农场现在没有政府补贴。

对厨师而言,植物农场的产品比其他农产品更好。它没有被碰伤,看起来不错,味道也很好,并且比地里种植的作物长得更匀称,尤其是在农作物需要从远方运来的月份里。

人工光能是美国最先进水培技术中的关键原材料。即使是在目前的电力成本下,植物农场也是有利可图的,并且它的食品价格是美国普通收入人群所能承受得起的。随着核裂变或核聚变发电量的增加,未来食品成本必将下降。

让我们进一步探讨这个问题。由于人工光源对作物的微量促进作用,可能光源提供的1/4能量可以被植物使用,所以新泽西的温室番茄相当有利可图,只需约1/50英亩的土地就足以养活一个人。这大致相当于植物农场1/10或1/20的效率,但它仍然可以通过现有可耕地的1/100面积的生产来满足整个美国人口的粮食需求,而这部分耕地仅占美国土地总面积的一小部分。如果种植的是谷物而不是利润更高的莴苣和西红柿,那提供必须营养素所需的空间就小得多。

一些生物学家断言,我们的食物供应受到光合作用的限制。但是上面的例子证明,二者是毫不相干的。他们声称,40%的净初级生产力[1]的使用是"人类活动的直接结果",如伐木、耕作或在城市铺路等。这些计算似乎表明人类已经处于生存的边缘,因为我们必须与其他数百万物种分享剩下的60%的由阳光产生的"净初级生产力"。但正如我们所看到的,如果需要的话,人类不仅能在很少的农业空间中生存,而且阳光也不是终极限制因素,因为人类还可以利用核能甚至非核能制造光源。目前,绿色植物只吸收了地球表面不到1%的太阳能。如果我们真的"共同选择"了那1%中的40%,我们就可以把它们全部给予植物,并且人类仍然可以通过太阳能、电池、风能、洋流和水库,从未经开发的99%的太阳能中汲取大量的"自然"能源。

夸大一点来说(不用担心算法是否精确,因为这不重要),我们可以这样想:以植物农场现在的生产效率,目前全世界的总人口只需从约140平方英里的土地上就

---

〔1〕净初级生产力:指净第一生产力中减去异养呼吸所消耗的光合产物。它常用于测定植物群落在所处环境中的生长状况和对干扰的反应,可表示为单位面积单位时间内初级生产者的重量、体积或能量。——编者注

能获得足够的食物——大约是马萨诸塞州和佛蒙特州面积的总和，不及得克萨斯州的十分之一。这只相当于目前农业所需土地的千分之一左右（只是为了说明问题，不需要更精确）。如果出于某些原因导致土地使用空间看起来过大，你可以随时将土地面积减少90%：只需要建造十层楼的食品工厂，这应该不会比十层办公楼带来更多问题。你还可以节省更多空间，比如修建一座一百层的大楼，就像帝国大厦或西亚士大厦那样。那么，它所需的土地面积就不会超过得克萨斯州奥斯汀的企业界限。

植物农场技术可以为目前世界人口的100倍的人类（估约5000亿人口）提供粮食——在当前可耕地的1%的基础上，建造100层高的工厂建筑物。换句话说，如果把你的床抬高到三层床的高度，你就可以在床和地面之间的两个层面上种植足够的食物来满足你的营养需求。

这让你感到诧异吧？虽然这不是什么头条新闻，但是近几十年来，依靠越来越少的土地养活人类的能力一直在迅速发展。1967年，科林·克拉克估计，养活一个人所需的最小空间是27平方米，这在当时是个乐观的数字，但并没有付诸商业实践，甚至没有在大规模实验中得到验证。四分之一个世纪后的今天，商业性示范土地仅需上述数字的五分之一或十分之一。此改善进程还将持续。

仅仅在200年前，索克人和麦斯奎基美洲原住民的一半食物都来自狩猎，"养活一个人需要7000英亩的土地"。与美洲原住民相比，植物农场的一英亩土地就能养活500甚至1000人，这意味着，每英亩土地的生产力增加了100万倍（见图6-3）。

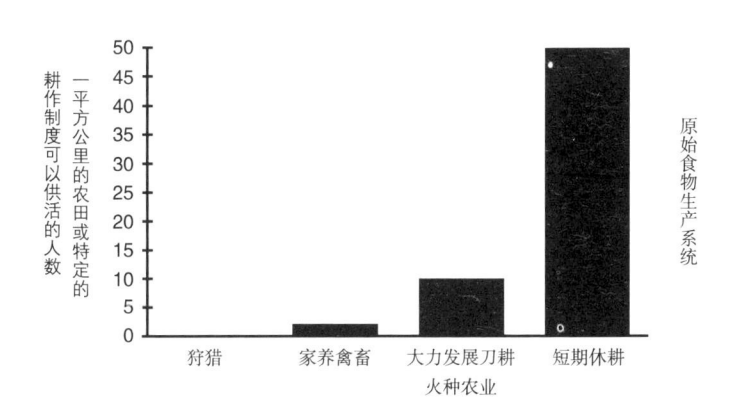

图6-3a　在原始的食物生产体系下，每平方公里土地养活的人数

不同食物生产体系每平方公里土地供活的人数

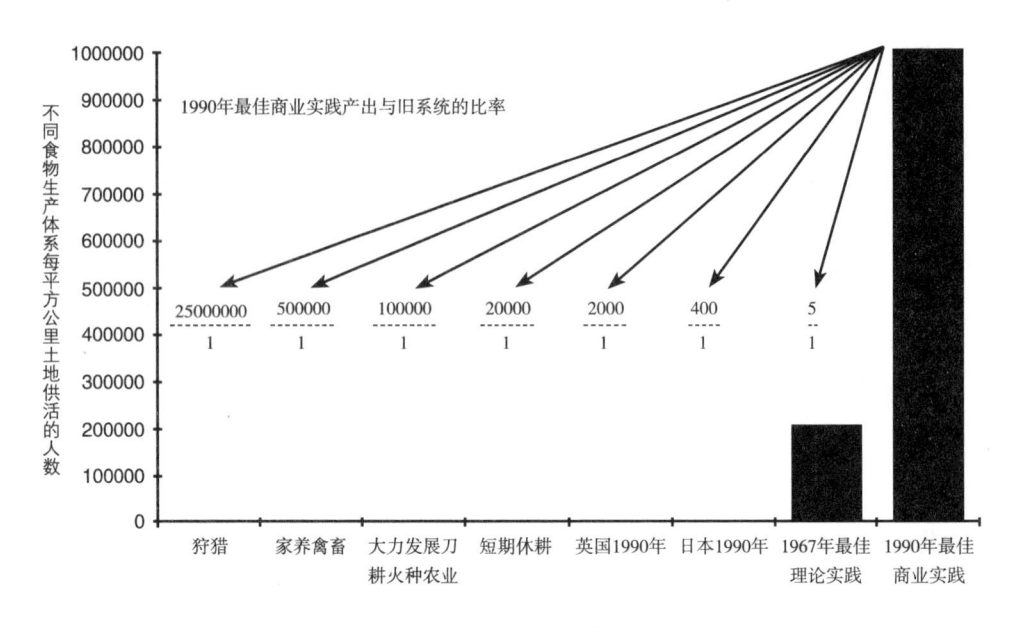

食物生产体系	比率
狩猎	25000000 : 1
家养禽畜	500000 : 1
大力发展刀耕火种农业	100000 : 1
短期休耕	20000 : 1
英国1990年	2000 : 1
日本1990年	400 : 1
1967年最佳理论实践	5 : 1
1990年最佳商业实践	—

图6-3b 多种食物生产体系下每平方公里土地供活的人数

这也不是"终极"限制。相反，这只是过去几十年研究的结果，我们有理由相信，下个世纪或未来70亿年内的研究能够大大提高生产率。在世界人口达到5000亿甚至是100亿之前，每英亩的最大产量将远远超过植物农场现在的水平。迄今为止的讨论还没有考虑到牛生长激素等现有技术，经验证，该类技术对人类没有明显副作用，却大大提高了奶制品的产量。上述评估也没有反映转基因植物技术的创新，这些创新必将在下个世纪创造巨大的商业收益。例如，通过基因工程已经将油菜产量提高了15%～30%。

已经证明可行方法的可能性是惊人的。例如，我们可以在马铃薯中插入蛾类基因，从而影响马铃薯的颜色。其他基因可能使马铃薯中的蛋白质包含人类需要的所有氨基酸——仅通过食用马铃薯就能获得肉类和马铃薯的益处。请记住，这项技术是在经过几十年的专题研究之后才发展起来的，也是在人类首次掌握了遗传学的科学知识后的一个多世纪中才发展起来的。在未来几十年乃至几个世纪内，潜在进展也是非常可观的。如果考虑这些可能性，有关人口增长将超过粮食供应的末日预言必然是证据不足的。

鱼类产品

鱼类产品与农田作物没有本质区别。以近几年的数据为依据，《全球2000年报告》（*The Global 2000 Report*）发表了一项颇具影响力的预测，即世界捕鱼量已达到极限，"在20世纪70年代趋于稳定，每年7000万吨左右"。但是到1988年，世界捕鱼量已达到年产9800万吨，而且这一数字仍在迅速上升。

正如我们所看到的，野生海鲜的收获没有限制。然而，养鱼场已经开始以具有竞争性的价格或接近竞争性的价格进行生产。20世纪90年代，华盛顿特区的一家报纸公布，来自北大西洋的鲈鱼片售价2.99美元，而人工养殖的罗非鱼、鲇鱼售价分别为3.99美元和4.99美元。显然，人工养殖产品在这样的价格下卖得很不错。我们完全有理由相信，凭借其他经验，人工水产养殖的成本和价格将随之下降。事实上，阻碍人工养殖迅速增长的主要原因是野生鱼类的价格太低，无法与之竞争。人工养殖的鲇鱼价格已经大幅下跌。农场养殖的鲑鱼非常成功，以致"供应过剩，导致一磅去骨鱼的批发价从7美元跌到了4美元"。至1992年，养鱼户得到的价格仅为每磅60美分。

水产养殖的能力几乎可以无限扩大。土地是一个很小的限制因素，以密西西比州的鲇鱼养殖为例，以目前的养殖技术每英亩可生产大约3000磅鱼，其经济回报远远高于种植农田作物（得克萨斯鲇鱼养殖大幅增加的最大障碍是联邦对稻农的补贴，补贴促使他们继续生产水稻，而不是转移到鱼类养殖上）。现在，人们正在开发一种生产系统，即通过管道输送必要的营养物质和废物来集中养鱼，类似于水培种植。这一过程全年都在室内的可控温度条件下进行，并且鱼在捕捞后数小时内就可以提供给餐馆和商店。

新技术还可以通过生产人造替代品来扩大海产品的供应。比如仿制龙虾——由阿拉斯加鳕鱼加上人造龙虾香料制成，与真品几乎没有区别，每磅售价4美元，远远低于真正的龙虾价格。人造蟹也是如此。

为什么食物的前景看起来如此黯淡？

我们听到并相信太多关于资源、环境和人口的坏消息，其中的原因如此繁杂，大概需要一本书来单独讨论（我希望很快就会有）。但是在此有必要对食物发表一些特别的见解。

令人费解的是，那些资深的生物学家在预测食物状况时为何会犯如此错误？他们对我大加指摘，认为我并非生物学家，没有资格写这种文章。但为什么会这样呢？是什么使他们知道（或不知道）并相信，他们比我们这些外行更了解情况，而我们的计算结果是不正确的吗？

另一件让人感到奇怪的事情是，就连那些最了解粮食生产的美好前景的人，也往往看不到更大的图景。典型的例子是，来自植物农场的诺埃尔·戴维斯评论说："美国每年失去的耕地比罗德岛州还要大。"第8章证明了这是个谬论。当然，这样一个令人震惊的论断完全可以作为某人投资自己新技术的理由。但是这个例子仍然反映了对一些传统智慧的信仰，但戴维斯自己的工作证伪了这些传统智慧。

人们普遍认为食物是一个迫在眉睫的问题的另一个原因是，新闻媒体倾向于把好消息扭曲成坏消息。20世纪80年代，美国的鲇鱼养殖非常成功，大量的产出使得价格迅速下降。这对消费者来说是一大福音，是鱼类养殖具有长期潜力的又一力证。但是价格下跌自然会损害效率最低的生产商的利益。因此，新闻头条是《养鱼场深受过度捕捞之害》（*Fish Farms Fall Prey to Excess*），而整篇报道并没有暗示鱼类养殖的整体影响对美国公民和全人类是有益的。

结论

"由于人口增长和马尔萨斯式的土地短缺，我们正面临长期的食物短缺。"——这一观念由于没有科学依据而遭到质疑。在未来几十年或几百年后，每英亩土地生产更多粮食的高科技方法变得不再有用。只有当人口成倍增长之后，才有足够的动力超越发达国家当前采用的田间耕作制度。但毫无疑问的是，现在的科学技术是通过更少的耕地面积来养活数倍于全世界的人口——也就是说，我们无须把土地扩展到地球之外。

马尔萨斯可能会改变措辞：无论人口是否呈指数增长，生活水平都会以更快的指数增长（在很大程度上但不完全是因为人口增长）。人们提高生活水平其他方面的能力——除了维持生存之外，之所以增长迅速，主要得益于知识的增长。

过去没有生产出更多食物主要是因为需求不足。随着需求的增加，农民越发努力地生产农作物，改良土地，并投入更多研究来提高生产力。这些额外的工作和投资需要时间成本。但正如我们在第5章所见，从长远来看，食物往往在数十年后变得更便宜。这就是人均生产和消费在不断增长的原因。

"人口大爆炸"会扭转这些趋势吗？相反，人口增长促进了食物需求，这在短期内需要更多的劳动力和投资来满足需求。（在粮食供应对额外需求作出响应之前，总会有一些滞后，价格也多少会受到一些影响。）但在可预见的长时间内，额外消费不会让粮食变得更加稀缺和昂贵。相反，从长远来看，新增人口实际上会降低粮食的稀缺性和价格。

再次重申：本书所述的基本过程适用于粮食——新增人口暂时加剧了食物的短缺。较高的价格促使农业研究人员和农民进行发明创造。最终探索的解决方案使人们比以前更容易获得食物。（人口主题将在第二部分阐述。）

这一结论的前提是建立一个令人满意的、不会阻碍经济发展的社会经济制度。下一章我们将讨论哪些社会经济条件将促进食物供应的快速增长。

后记　单一作物制

在过去一万年的农业历史中,人类仅对食用过的诸多野生植物的少数后代进行了集中耕作。截至20世纪70年代,主要作物年产量(单位:百万吨)为:小麦,360;水稻,320;玉米(即美国的"谷物"),300;马铃薯,300。大麦、甘薯和木薯的产量低于200吨,其他作物不超过60吨。杰克·哈兰(Jack Harlan)等人根据这个数据推断,粮食形势比历史早期更加严峻,更容易因单一作物遭到灾难性灾害而大受影响。这种担忧成了20世纪70年代的陈词滥调之一,被用来抨击那些声称世界营养状况一直在改善的人。

更少的农作物种类意味着粮食供应更加脆弱,这一观念与人类数百年的经验大相径庭——数据显示,饥荒导致的死亡率正在下降而不是上升。我们在分析这个问题时发现,它似乎毫无依据。首先,我们注意到,尽管在几个世纪内世界粮食越来越集中于较少的品种,但这并不意味着当地的消费也是如此。印度村民现在的饮食肯定比过去更加多样化(当一种当地种植的作物占个人饮食的绝大部分时),因为村民现在可以从村外获得食物,可以用收入购买食物。事实上,我们只需考虑每个人每天的摄入量就能知道,由于运输和冷藏等储存技术的改善,世界各地的食物来源比过去的几个世纪更丰富。关于食品杂货店的规模及其产品数量的数据,则与"超市和快餐服务已经严重制约了美国人的饮食"的论断完全相反。

由于每个人获得广泛食物来源的渠道更加丰富,所以即使四种主要农作物中的两种在整整一年中彻底绝收,人类营养受到的影响也比过去一个世纪里仅有的某个单一作物彻底绝收所受到的影响更低,因为我们只需把用于喂养动物的一大部分谷物重新供人类食用就行了。农业多样性降低似乎只是一种虚假的恐慌,这可能是因为人们不敢相信,在我们没有为自己得到的福利向大自然赎罪之前,会有这样的好事发生。

在一项引人关注的观察中,提出以上引用数据却又担心农业多样性下降的优秀学者指出,"杂草是在人造栖息地中长势最好的物种或种族""在人工栖息地中，哪些物种比人类更繁荣？我们人类才是最像杂草的"等。尽管（或因为）时代变迁，世界上的物种数量不断减少，人类野草般的生存能力却是一代比一代增强，而不是减弱。

7 目前全球粮食形势：短缺危机、过剩危机，以及政府政策

> 如果我们接受首都华盛顿指示：什么时候播种，什么时候收割，那么我们很快就会为面包发愁。
>
> 托马斯·杰斐逊（Thomas Jefferson），《托马斯·杰斐逊文集》（*The Works of Thomson Jefferson*），1904年

第6章从长远角度对全人类在数十年乃至数百年内的粮食生产进行了分析，发现就目前而言，粮食局势将得到持续性改善。但是为什么我们仍不时读到有关特定国家或地区的粮食短缺的警报呢？如果长期趋势显示粮食局势持续改善，那又是什么造成了这些明显的实际问题？

在本章，我们首先来看农业面临的最大问题——不是自然灾害，而是政治问题。接下来，在讨论了全球粮食供应下降，特别是库存下降的情况之后，我们将研究20世纪70年代的美国"危机"，最后讨论其他一些重要国家。

政府干预

哪一种政治经济体制下的粮食供应增长最快？第一版曾提道："几乎所有的经济学家都认为，在一个政治稳定的自由市场内，农民个体拥有土地且不受价格管制的体制，比其他任何组织方式都能生产更多的粮食。"但我要补充一点："这一点几乎无法确定。"到1993年，已有足够的证据表明：我们现在可以肯定，早期的评估是完全正确的。任何一个向农民提供自由的粮食和劳动力市场，保护土地产权，并确保未来这些自由的政治制度的国家，很快就会拥有充足的粮食产量，同时用于粮食生产的劳动力比例也会越来越小。比如美国，目前从事农业的人口从一个半世纪前的50%下降到不足3%（见图7-1）。

然而，政府干预有着非常古老的历史。每个时代的官员都试图巧妙地操纵农业。统治者总是打着帮助公众的幌子，企图通过中央计划来增加产量。但是这些自大的计划无疑会伤害民众，尤其是穷人——哈耶克称之为"致命的自负"。例如，

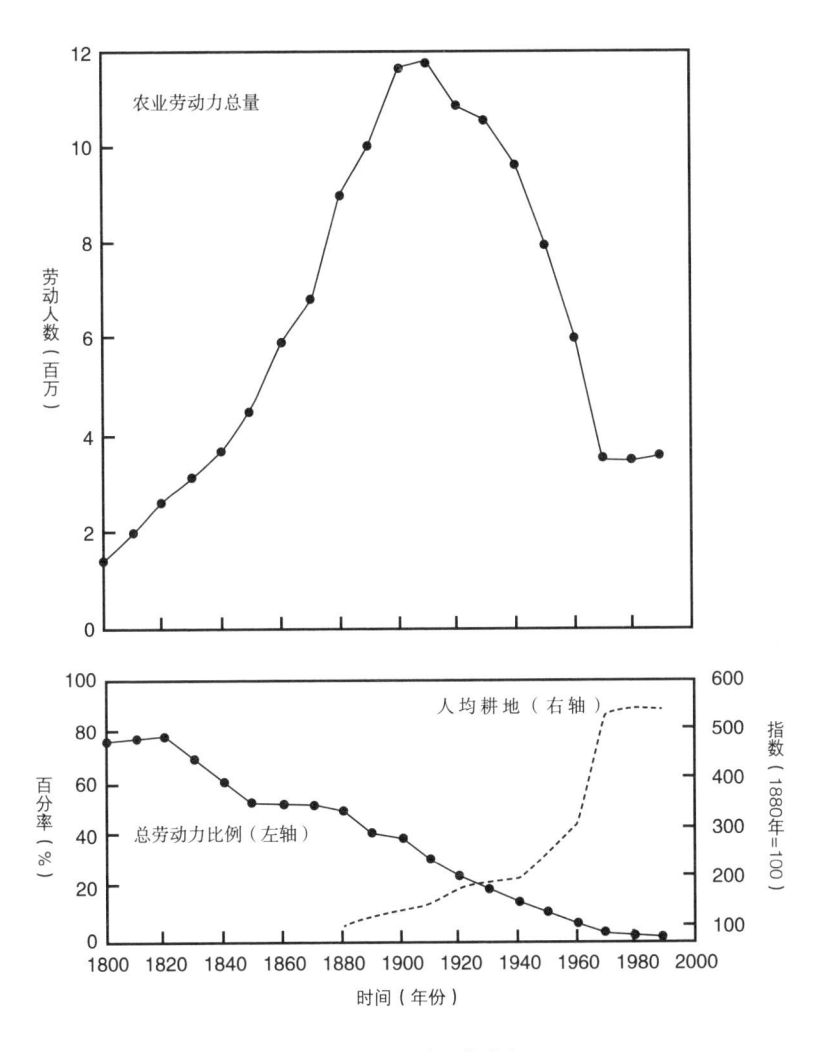

图7-1 美国的农业劳动力

罗马皇帝朱利安为了穷人而强制推行谷物限价,这使富人通过廉价购买可用物资变得更加富有,而穷人的粮食比以前更少。

集体农场——另一个古老的想法——曾经在美国普利茅斯市殖民地进行过尝试。其后果就是:

> 在这段时期(推行集体种植谷物期间)里,人们没有得到任何有关粮食供应的消息,也不知道什么时候会有供应。于是他们开始想办法提高谷物产量,以期获

得比以前更好的收成来消除对粮食短缺的隐忧。经过多次讨论，州长（征得首领的意见）最终作出让步，同意让人们以个体的形式种植谷物，同时赋予他们完全的信任；至于其他事务，则一如既往地继续发展。随后，政府根据家庭人口比例进行分配，分给每个家庭一块土地，但土地仅用作当前使用（不按继承分配），并将全部的男孩和青年分散在一些家庭之下。这样的做法非常成功，因为所有人都变得非常勤劳，从而种植了更多的谷物——比以往州长或其他人采取的任何方法获得的收获都要大，这也给州长省了不少麻烦。妇女们现在都自愿走进田野，带上她们的小孩去种谷物，而在此之前，她们总是声称自己为弱者，把强迫她们劳动的人称为暴君或压迫者。

在集体农场这种共同发展的条件下，虔诚而清醒的人们努力探索的经历，也许证明了柏拉图和其他受后人追捧的古人自负的虚荣心——他们主张剥夺个人财产，只有将人们纳入集体才会使其幸福繁荣，就好像他们比上帝还要聪明。但这无疑是人的堕落，并且对发展进程本身毫无意义……我要说的是，看到人们这般堕落，上帝便以其智慧为人类选择了另一条合适的路。

另一个美国早期的例子是弗吉尼亚殖民地的烟草生产。当烟草价格上涨时，这里的移民增多；更多的家庭会来此修建新的农场，种植更多的烟草，这在短期内提高了烟草产量，使其价格暂时下降。为此，早在1629—1630年，当局就提出了控制方案，限制每个家庭最多只能种植两千株烟草。

然而，结果不尽如人意。烟农因为不能按照自己的意愿种植烟草，便把更多的精力花在了种植大型植物上。他们在小溪附近开辟了新的土地。但这些地块儿离他们的家园很远，遭受印第安人侵袭的风险也更大。这就必须要有三分之一的人负责站岗，因此产生了昂贵的额外成本，降低了种植利润。而烟农与附近印第安人的关系更是变得越来越紧张。

与此同时，烟草价格还是下跌了。在低价格和高成本的双重制约下，一直到1639年，烟农都在赔本。为此，当局试图采取破坏农作物的计划，但这引起了新的问题。类似的情况贯穿了整个人类历史。

粮食过剩和短缺循环

第1章论述了价格（包括生产成本，长远来看接近售价）是与自然资源稀缺性最密切相关的指标。如此说来，1972至1973年粮食价格的急剧上涨表明粮食短缺日益加剧。图7-2显示了末日论者莱斯特·布朗（Lester Brown）对当时粮食形势的看法。价格暴涨的确被许多消费者看作一个糟糕的迹象，认为那是巨大危机来临的先兆。

要想更好地了解20世纪70年代初期粮食价格大幅上涨的原因和意义，可以在图5-2中找到更长远的历史角度。当时的价格上涨只是又一次波动。在理解自然资源与人口增长和人类进步之间的关系时，人们比较容易犯的错误就是把注意力集中在一个非常短的时期，这种做法符合人们的先入之见，但它往往与长期趋势相矛盾。

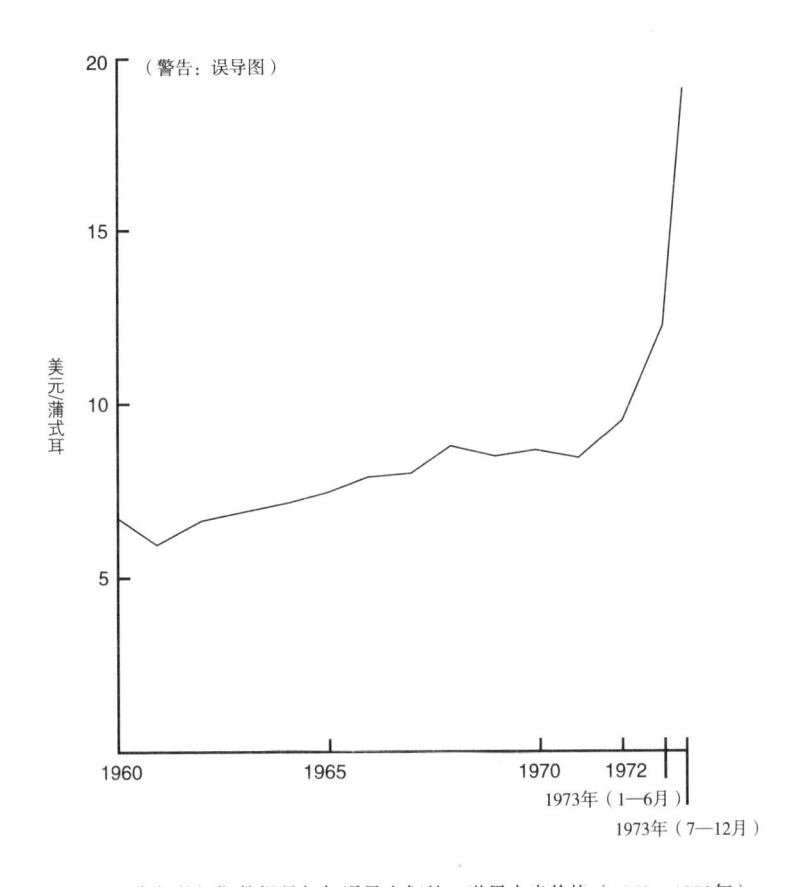

图7-2a　布朗的短期数据是如何误导人们的：世界大米价格（1960—1973年）

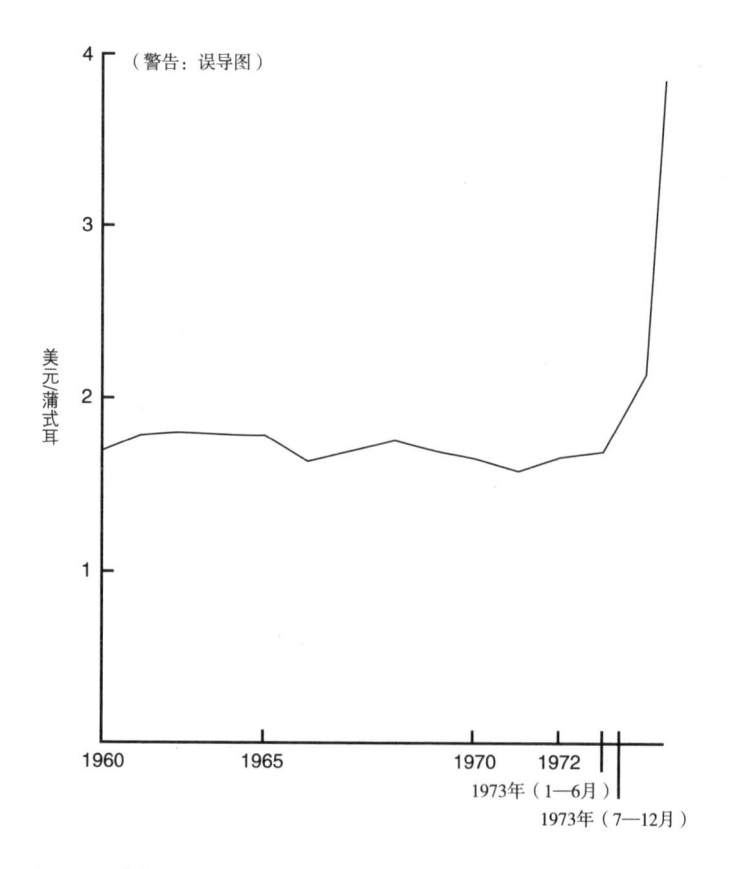

图7-2b 布朗的短期数据是如何误导人们的：世界小麦价格（1960—1973年）

小麦的实际价格——经过通货膨胀调整后的市场价格——显然从长远来看已经下跌了。价格下跌使许多人感到意外，特别是在过去几十年乃至几百年里，由于在世界人口增长以及世界收入增加而引起需求大幅增加的情况下。然而，粮食产量的增幅如此之大，以至于尽管需求大幅增长，粮食价格却变得更加便宜。正如5-2所示，相对于美国的工资水平，小麦价格的下降是惊人的。

（粮食供应量由总产量和每人每英亩的生产力来衡量；总产量的快速增长，源于在需求量的增加所引发的研究和开发中所获得的农业知识，以及农民通过改良运输系统，将产品推向市场的能力的增强。这是对第5章的一个快速结论，也是需要综合许多书籍才能证明的结论。）

粮食价格虽然具有长期趋势，但不可避免会出现波动。虽然价格的波动很小，或与未来长期趋势根本没有太大关系，但我们仍有必要对它进行简单分析，因为它往往会引起大部分人的恐慌。

20世纪70年代初的价格暴涨由几大因素偶然组合造成：苏联为了发展畜牧业而增加粮食收购；美国降低"过剩"政策以及政府放弃对农业的操控；一些糟糕的世界收成；以及美国一些大型企业使用欺骗手段。

尽管高昂的粮食价格给公众敲醒了警钟，但农业经济学家（除莱斯特·布朗等外）仍持乐观态度，而且还在1974年召开的联合国世界粮食大会上，对"粮食危机"作出了相当惊人的积极预测。但这仍然没有办法减轻公众的担忧。当我在课堂上作出"高价将很快导致供应增加"的预测时，学生们问我："你确定吗？"当然，我和其他任何人都不能确定。但我们可以依靠所有的农业历史和经济理论进行乐观的预测。

当然，农业历史和经济理论的证据经证明是正确的。美国和其他国家的农民用破纪录的粮食收成对这个积极预测做出了回应。

粮食储备

1974年之后，当我向人们展示新闻上粮食价格下跌——这是供应增加的一项明确指标——的报道时，人们说："是的，但是粮食储备这么低不是很危险吗？"确实，当时的粮食储备低于一段时间的平均水平。图7-3展示了过去几十年来的粮食储备史，它还包括莱斯特·布朗在近期数据令人不安时发表的误导性截尾分布表。但事实上，粮食储量并没有降到非常危险的地步。相反，粮仓——也就是由美国和加拿大政府控制的粮仓，最初被当作"一种保持市场外粮食盈余而维持农产品价格的手段"——被这些政府认为太大了；这才是储备量下降的主要原因。

在农业政策制定者看来，大量的粮食储备，即"粮食过剩"，是在20世纪50年代至60年代初积累起来的，它大幅压低了粮食价格。因此，在1957至1962年间，美国政府大量削减粮食种植面积，导致粮食储备量下降。随后，新的自由市场政策在美国和印度施行，储备量又不可避免地再次上涨——这对美国农民来说只是苦乐参半的收成。由于小麦的创纪录收成及其导致的"过剩"，美国农业部部长再次变得"悲观"起来。价格太低，以至于农民都不愿意出售，新闻报道称，"随着中西部农场的扩大，庞大的粮食收成引发了对储仓的需求"。储仓制造者称，"储仓的销售激增，需求量增加了40%~50%"。

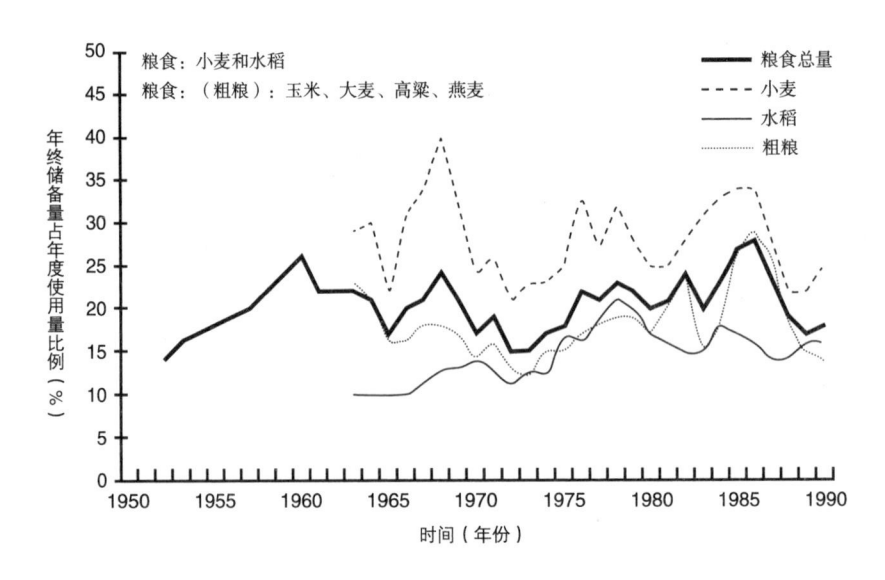

图7-3 世界粮食储备量（1952—1990年）

就像投资骗局一样，世世代代的人被老套的骗局欺骗着，粮食储备骗局又卷土重来了。1988年，《新闻周刊》的标题为"全球面临粮食流失的危机"，引述的是莱斯特·布朗的话。莱斯特·布朗还警告说："用于养活全世界人口的粮食储备量将从1989年初的101天降至54天。" 1989年末，《华盛顿邮报》的标题为："世界粮食储备处于危险的低位"，这里同样借鉴了布朗的话——"危险的临界值"和60天统计数据。1991年，麻省理工学院的《科技评论》（Technology Review）上发表的一篇文章称："1989年，世界粮食消费量连续第三年高于生产量。1986年，粮食储备足以养活世界人口101天……现在只能维持30天。"

请参见图7-3。无论以何种方式衡量，上述最后引用的储备量与史上最高水平相比都明显过高，这就是政府补贴的结果。以任何历史标准来看，1987—1989年间的储备量都不算低。

此外，随着交通运输的改善，为了抵御饥荒而储备粮食的必要性降低。过去，每个独立的家庭和村庄都必须维持自己的粮食储备来应付短缺。如今，粮食可以迅速从产量丰富的地区运送到短缺的地区。轮船、火车、卡车（紧急情况下甚至使用飞机）大大减少了总库存。［布鲁斯·加德纳（Bruce

Gardner）在1993年7月23日的信函中说，与农作物保险和灾害赔付一样，对冲买卖和远期合同的市场改善对减少农场库存十分重要。］库存减少是效率的标志，正如日本工厂的小库存量是其工业效率的一个标志（这就是所谓的"零库存"供应系统）。如果世界粮食储备出错，那么几乎可以肯定是由政府持有库存量过大造成的。[1]

接下来呢？

接下来会发生什么呢？最可能的威胁不是由于农民生产力不足造成的"短缺"。更确切地说，可能的威胁来自政府鼓励不生产的措施——比如给予农民补贴以阻止其进行土地生产，使价格随着产量的下降而提高，从而促进对价格的控制（这进一步阻碍了生产）。自20世纪30年代以来，这种政策在美国已经以各种形式实施，可以预见类似的政策还会出现。这种减少产量的举措，很可能为20世纪70年代初的另一轮世界危机埋下隐患，因为美国在弥补储存设施的努力无法保证下一年在某些地区的意外短缺方面发挥至关重要的作用。结果可能造成比上次更大的悲剧——不是因为粮食生产的物理限制，而是因为经济和政府政策的限制。

事实上，美国农业与政府的关系日益密切。过去几十年的一个迹象是，在农业期刊上，有关政府项目的文章越来越多，而关于农业改良的文章越来越少。农民要从这些项目中获益，就必须遵守规章制度。譬如，农民如果想得到农作物保险资格，就必须向当地水土保护办公室提交土壤保护计划、市

---

[1] 布鲁斯·加德纳（在1979年的作品中）考虑到避免短缺的社会效益，周密分析出粮食的最佳储存水平——正常产量的10%左右。但由于缺少一体化的国际市场和储存协议，美国有必要考虑单独的计划。加德纳提出谷物产量上限为4亿蒲式耳，得到政府补贴的私人所有者可能持有2亿蒲式耳；其余部分产自没有得到补贴的个人。这个建议水平远远低于过去的库存量，例如，在加德纳作品出版的前一年，即1978年，粮食储备量大约是建议水平的3倍（120万吨）。——原注

场计划、实地调查和作物轮作报告；如果（农业部）水土保持局（SCS）不批准该计划（可能涉及个人政治问题），它可以提出另一项计划，或取消农民的福利待遇。1991年事件就是一个例子："内布拉斯加州农民被禁止在一片15亩的被高度侵蚀的秸秆场上放牧。当地的农业稳定与保护局官员解释称，这里曾被350头公牛当作冬季运动场，大量的农作物残留使之被高度侵蚀。"显而易见，联邦政府正在教农民如何管理他们的农场——否则最终的收益只是谷物1.80美元/蒲式耳的售价，而不是政府3.00美元/蒲式耳的补贴。

从表面上看，农民似乎因为补贴而从政府的整体计划中受益。但仔细分析发现，大部分补贴最终并未到达耕种者手中，而是在土地所有者——银行和在外的地主手中，后者以得到补贴后的高价出售土地，从而获得收益。

政府计划的另一受益者是政府官员。每一位农民都有一位与之相对应的农业部职员。这些职员不但能够得到足够好的补偿，还有足够的其他支出，"该部门去年（1988年）年度预算为510亿美元——超过美国农民的净收入总额"。这些官员存在的目的和职责，就是告诉农民怎么做——他们和环保主义者联盟，指挥农民以环保主义者所认为的对世界有利的方式耕作（这暗示着农民愚蠢到不知道如何照料和打理自己的土地），这不但束缚了农民的耕作自由，还掌控着他们的福利。

不仅农民从补贴计划中获益甚微，就连美国农业本身也因在国际市场上缺乏竞争力而蒙受损失，导致农产品的海外销售额降低，比如大豆市场。而土地休耕计划则降低了总产量，打开了粮食供应短缺的大门，尤其在气候不好的年份。骗局无处不在。

政府和农民之间为操控生产和价格而建立的联结关系是永无止境的。为了限制他国水果进口和国内水果销售，政府禁止出售低于一般规格的水果。1992年，由于加利福尼亚的水果大丰收，桃、油桃、李子等水果的法定规格相应增大，最终导致数亿磅水果腐烂被倾倒；据农业部估计，每年倾倒的水果达1600万至4000万吨。从长远来看，这些政策对所有人来说都是不利的，甚至对农民也是如此。

这个话题已被诸多专家详细探讨，我就不再赘述令人沮丧的细节了。

1976—1977年的美国旱灾

1976—1977年的旱灾是研究现代粮食供应的一个有趣案例，这种事件经常上演。

1976—1977年间，美国各地乃至世界范围内的旱灾新闻层出不穷。事实上，干旱并不是什么新鲜事。"1956年，伊利诺伊州农民遭遇了相似的干旱，地下湿度为零，井水干涸，天气预报令人沮丧。"——1977年2月的干旱和1956年一样。然而，1977年和1956年的粮食收成达到或接近于历史最高水平。怎么会这样？

在干旱年份里收成仍然不错的一大原因是，人们克服不利自然条件的能力变强了。我们以最著名的干旱地之一——加利福尼亚南部的干旱为例。

对于20世纪30年代从中西部尘暴区逃离的数千名俄克拉荷马州人来说，加利福利亚的圣华金山谷无疑是富庶之地。借助于灌溉系统，他们在这个山谷中生产了从葡萄到杏仁的一切东西。而今，这里号称美国最具生产力的农田却因干旱而变得赤野千里，这片土地上的农民——那些大多来自沙尘暴地区的移民或他们的孩子，正面临着再度失去土地的危险。

就在加利福尼亚南部的干旱尚未结束那年的8月，新闻头条报道称："尽管长期干旱，加利福尼亚的农作物产量却好得惊人。"其原因是，"加利福尼亚农民拥有全国最强的生产力，他们成功找到了更多的水源，并合理利用他们所拥有的一切条件。尽管干旱，加利福尼亚的农作物产量还是奇高。预计全州的棉花和葡萄作物有望创下新高，许多水果、坚果和蔬菜作物产量甚至比上一年有所增长……"加利福尼亚农民挖了新井，用喷灌系统或滴灌系统取代了大水漫灌。

显然，加利福尼亚农民能安然度过1976—1977年的旱灾凭借的不仅是运气，还有难能可贵的知识和技能，这些都是之前无数次自然危机和人口需求的产物。

　　在这一件事中，干旱几乎没有引起什么不良影响的另一个原因在于，其干旱程度并不像通常报道的那样严重。富有戏剧性的是，一个国家或一个州的干旱很容易变成新闻，而一个国家或一个州的良好的生长条件却报道得很少。"美国农场的地理面积如此之大（世界农业地理的情况更是如此），以至于它能够在遭受大量损失的同时，获得非常不错的收成。"此外，人们常常断言，没有雨水就会发生干旱，并为此担忧。1977年伊利诺斯州的情况就是如此。但后来，"8月份的平均降水量弥补了先前的水分亏缺……尽管经历了长达一年的干旱和随之而来的暴雨，采收推迟，但是在整个1977年，伊利诺斯农民仍然创造了收获大豆3.27亿蒲式耳的记录，领先全国的大豆和谷物生产量"。在"干旱"年结束的时候，由于雨水太多，加利福尼亚"陷入困境的萨克拉门托州官员建立了紧急救援，并迅速将抗旱信息中心改名为防洪信息中心"。

　　现代运输能力与现代技术能力结合在一起，使农民能运用他们的聪明才智，在有机会赚钱时大大降低粮食供应发生重大混乱的可能性。无论是从短期还是长期来看，全球范围的干旱和全球范围的饥荒一样，正在消退而不是临近危险。

其他国家的粮食形势

　　有时候，全球的总体形势掩盖了一些局势截然不同的重要地区。因此，让我们简单讨论几个典型的国家。

印度

　　保罗·埃利希在《人口大爆炸》中写道："但凡熟悉印度情况的人，都不会认为这个国家在1971年之前能够粮食自足。"接着他还引用了路易斯·H. 比恩（Louis H.Bean）的话："以我对印度过去十八年粮食生产趋势的考察来看，该国在1967—1968年间的年产量为历史最高水平。"然而，至少自1950—1951年以来，印度的人均"粮食净供应量（以公斤计）"一直在上升。到1977年9月，"印度粮食储备累积约2200万吨，而美国对印度的粮食出口有所减少"。因此，印度面临的问题是库存猛涨，"仓库积压，导致储存成本增加"，只有储存在仓库里，多余的粮食才不会被雨水冲毁或被其他动物吃掉。事实上，许多专家（显然是埃利希从没有见过的人）指出，印度有巨大的潜力增加粮食产量。尽管该国的气候条件有些艰苦，但营养和粮食生产——不只是足以混淆上面提到的埃利希和比恩的声明的总产量，还包括人均产量，在整个20世纪80年代持续改善（联合国粮农组织《生产年鉴》）。

印度粮食局势改善的原因很简单。这不是一个农业奇迹，而是一个可以预见的经济事件：在20世纪70年代中期，政府取消了食品价格管制，取而代之的是价格支持。印度农民有了更大的生产动力，而且他们也做到了。例如：

在新德里以北100英里的一个村庄边缘，农民哈里·莫汉·巴瓦（Hari Mohan Bawa）今年的收入增加了300美元。"我可以把女儿嫁出去了。"他一边数着印度食品公司支付给他的钱一边说道，这是一家政府机构，购买了他所有的水稻作物。"或许还能偿还一部分债务，再买两头健壮的公牛。"

从去年开始，食品公司制定了最低收购价以保证农民的利润。银行和政府机构拿出贷款让农民买化肥和种子。巴瓦打了一眼机井，从此摆脱了对季风降雨的依赖。

增加对印度农民的经济鼓励，这个解释是不是太简单了？简单，但也不太简单。印度政府很早就取消了价格管制，这还是不太简单。

印度农民主要通过延长劳作时间、种植更多的作物、增加土地面积，以及改良土地来提高产量。

你可能想知道，居住在这样一个人口密度极高的国家，印度农民是如何找到更多耕地的。与普遍的看法相反，与日本、中国等国家相比，印度（以及巴基斯坦）的人口密度并不算高。但印度的水稻亩产量（如图6-1所示）比这些国家更低。最终，土地短缺永远不会成为问题，正如我们在第6章看到的那样。

中国

现在，游客在中国城市发现，那里到处都是食物——便宜的餐馆里有丰盛的美食；男男女女踏着自行车，满载着肉和蔬菜到市场上售卖；繁忙的户外（户内）蔬菜市场和遍布街头的小吃摊。

苏联

苏联当时的粮食前景，是本书第1章里的一个隐含的预测，但这个预测出了差错。我当时并没有意识到苏维埃体制抵抗变革的能力会如此之差，整个体系很快分崩离析。（我在1987年参观苏联集体农庄时发现，这里十分抗拒农业市场的变革。当我向集体农庄主任介绍中国人的经验时，他显得十分抵触。）事实就是，苏联的粮食产量下降了。（的确，在苏联解体之前，即使是一个富有的游客，在那里也吃不到一餐像样的饭菜。）这再次证明——具有毁灭性的证据——为所有人提供足够食物的唯一障碍，就是不健全的政治经济体制。

孟加拉国

1971年，当孟加拉国经过毁灭性的战争获得独立时，美国国务卿亨利·基辛格（Henry Kissinger）称其为"一个国际烂摊子"。在接下来的几年里，其食物供应的状况有时非常糟糕，以至于一些专家主张："就让孟加拉国自生自灭吧！"不管这句傲慢的言辞意味着什么，其他人还是组织了紧急救援行动。

然而，早在1976年12月，孟加拉国的状况就变得乐观，因为其粮食供应得到了改善，"收成连续两年创纪录，仓库爆满，粮食进口减少"。

此后，孟加拉人在营养和预期寿命方面都取得了进展，这与人们的普遍印象相反。实际的长期结果就是：孟加拉人的预期寿命从1960年的37.3岁，上升至1980年的47.4岁，再到1984年的55岁。我们不妨将它与莱斯特·布朗的《第二十九天》（*The Twenty Ninth Day*）1978年一书中的悲观预测作比较。布朗在该书的"死亡率的悲剧性上升"一节中，用列数据的方式，显示出孟加拉国的某一地区在1973—1974年及1974—1975年间，以及印度的某三个地区在1971—1972年间的死亡率都有所上升。在这两个为期一年的长期趋势逆转的基础上，布朗作出了这两个国家"预期寿命缩短"的预测。我们难以想象，竟有如此不严谨的科学程序和毫无根据的预测。然而，这一结果并没有使布朗及其同事的声誉受损，他们无疑是美国食品供应方面被引用（预测）最多的"专家"。[1]

孟加拉国的另一个重要的长期趋势是农业劳动力比例降低，即从1960年的87%降至1980年的74%，再到1990年的68.5%。在如此短的时间内，这种下降确实惊人。

孟加拉国的未来会如何？"这片土地本身就是一个天然温室，2200万亩的耕地有一半适合复种，有的甚至一年可以种植三种作物。"但亩产量很低。其中的一个原因是，"在干燥的冬季，种植一种以上作物需要灌溉，但是只有120万亩的土地能得到灌溉。"（《华尔街日报》，1976年12月20日）

为什么得到灌溉的土地如此之少？为什么产量如此之低？"大多数农民似乎都不愿意种植多于自己需要的大米……主要是因为，运行灌溉泵需要价格高昂的汽油，再加上大米的价格低廉。而大米价格之所以低廉，主

---

[1] 达卡的马哈布卜·阿拉姆（Mahbubul Alam）在信中对我说："在19世纪60年代，不付工资而仅提供两餐就可以雇佣到一名日工。现在则需要包两餐并支付25～100塔卡（40塔卡＝1美元）的工资才能雇佣到一名日工。"他还指出，佣人的价格也大幅上涨。这说明，自19世纪60年代以来，不仅富裕阶层，连最贫穷阶层的生活状况都有所改善（阿拉姆致函，1992年7月25日）。——原注

要是因为最近的大丰收和政府成功阻止了人们向印度大规模走私大米。"记者的分析有一定的经济道理。一直都是这样：政府对市场的干预，导致农民增加作物产量的动力降低，从而使生产受限。如果孟加拉国的农民不受束缚，能够抓住市场机遇，那么该国的农业经济就会像中国那样突飞猛进。

孟加拉国和荷兰的海拔都非常低，但是孟加拉国的气候更适合农业。如果荷兰人在孟加拉国生活25年，并将其技能应用于农业和海洋保护，或者孟加拉人拥有与荷兰人相同的机构和教育水平，那么孟加拉国就能像荷兰那样快速致富。

非洲和可可生产国

我们可以借助可可生产国的数据来了解非洲的情况。在过去的几十年里，大多数国家都对农业实行了严格的政府控制，特别是以市场营销委员会的形式，它对农民的粮食设定了远低于市场的价格，人为地抬高肥料价格，并强制推行集体化农业。截至1982年，在实行自由市场的多哥和科特迪瓦，"（可可）价格是（受控的）加纳政府采购价的两到三倍"。如果加纳农民住在边境附近，那么他们可以将可可偷运过边界，或干脆放弃种植可可。这在经济上是无可厚非的。

农业的最佳外援是什么？

我们西方人自鸣得意，以慈悲之姿宣称，希望能帮助贫穷的国家，尤其是他们的农业。然而，我们那点滴的帮助就是，一方面为其提供粮食和技术援助，一方面补贴自己国家的农民来降低贫穷国家的农民的生产积极性。北美洲和欧洲的这些国内政策，人为地提高了粮食产量，降低了国际价格，导致"黄油堆积如山""橄榄油汇成了湖"，最后再以破坏市场的价格向穷国倾销多余的产品。因此，贫穷国家的农民几乎没有生产更多粮食的动力。

我们对本国农民的补贴与非洲政府的政策齐头并进，后者通过强迫农接受低于市场的价格来攫取农民的利益。这些制约对穷国的农业造成了巨大的损害。如果我们真心想帮助穷国，就应该：（a）削减国内补贴，（b）商讨取消"市场营销委员会"，并将取消其他控制穷国粮食价格的政策作为援助的交换条件。这些政策可能会促使产量大幅增加，解决20世纪70年代的印度的营养不良问题。[1]

结论

你看，又来了。粮食过剩。农民，尤其是美国农民，一如既往地要求政府增加补贴，以减少粮食产量，而美国政府在20世纪80年代就已经扩大了补贴。我们是否正处在另一个自我引发的循环的顶端，而在短短几年后，循环的底端就是真实的（或想象的）粮食危机？如果危机真的发生了，那么罪魁祸首就不是人口增长或自然极限，而是人类制度。

在哪种政治经济条件下粮食供应增长最快？我在第一版中说过，"很少有人确切地认识到这一点"，但"几乎所有的经济学家都认为，在一个政治稳定的自由市场内，拥有土地且不受价格管制的农民个体进行经营活动的制度，比其他任何组织方式都能生产出更多的粮食"。到1993年，已有足够的证据表明：我们现在可以肯定这个判断是完全正确的。

有些教训似乎永远不会使人警醒。四千年来，各国政府一直试图通过实施价格管制来增加穷人的粮食供应，结果反而降低了粮食的流通量。近几百年，"社会工程师"一直梦想通过所谓的规模经济，使粮食生产"合理化"，从而增加粮食产量，其结果在20世纪80年代的苏联和非洲可见一斑。

---

[1] 有的人认为，穷人营养不良是因为他们缺乏购买力，而不是世界粮食产量不足。这点无可非议。但一些人因此而推断，"解决办法"就是减少贫困人口数量。不可否认，在短期内通过减少人口数量来消除贫困是可行的。但从长远来看，这种想法毫无逻辑，缺乏经验基础，纯属无稽之谈。消除由饥荒引起的贫穷的唯一途径是实现经济增长，把财富以较少的成本重新分配给穷人，使他们获得足够的收入来购买食物；当今世界的发达国家都是通过经济自由来致富的。——原注

苏联和最近非洲的例子,要多久才能淡出人们的记忆,就像普利茅斯殖民地的历史那样?而当聪明的知识分子再次获得控制某些国家农业的权力时,会不会导致比以往更大规模的灾难?

8　我们正在丧失耕地吗?

关于世界农业用地最重要的事实是,几十年后,我们对农业用地的需求将越来越少。这个想法完全不合常理。显然,不断增长的人口必然需要更多的农田。但1951年,唯一一位获得诺贝尔经济学奖的农业经济学家西奥多·舒尔茨发表了一篇富有远见卓识的文章,标题道出了这样一个事实:"土地的经济重要性正在下降。"

接下来,请猜一猜下面哪些是发达国家(地区),哪些是贫穷国家:(1)内陆、山区。几乎没有石油、金属或其他可采掘的资源;没有平坦的农田;人口密度高。(2)地势平坦低洼,一直处于被海洋淹没的危险之中(历史上已经发生过多次这样的危险);人口密度高;自然资源匮乏。(3)过去的半个世纪以来,人口增长率全球最高;移民人口数最多;人口密度极大;没有自然资源(甚至没有淡水)。(4)人口密度低;自然资源丰富;土地肥沃。

前三个国家(地区)按顺序分别为:瑞士、荷兰和中国香港。第四个国家可以是非洲或南美洲的大多数国家之一。前三个国家(地区)跻身于世界最富有和最具经济活力的经济体之列,而第四组中的许多人非常贫穷。

土地的经济重要性的降低表现为,各国农田在有形资产总额中所占的比例长期下降(见图8-1)。

近几十年来,每单位土地的粮食生产率的增长速度远远快于世界人口的增长速度(见第5章),而且有充分的理由预期这种趋势会持续下去,这意味着人们越发不用担心土地供应。尽管如此,我们还是得解决假定的土地短缺问题。

本章的标题取自埃里克·P. 埃克霍尔姆(Erik P. Eckholm)于1976年出版的《失去土地》(*Losing Ground*)一书。这本书是在联合国环境规划署(UNEP)的支持与合作下撰写的,其中包括联合国环境规划署执行主任莫里斯·埃斯特朗(Maurice F. Strong)的推荐词。我提请注意埃克霍尔姆的这本书的赞助方,因为它代表着世界环境与人口组织共同体的"官方"地位。

埃克霍尔姆这本书的主题是世界农田正在退化。斯特朗在该书的前言中说

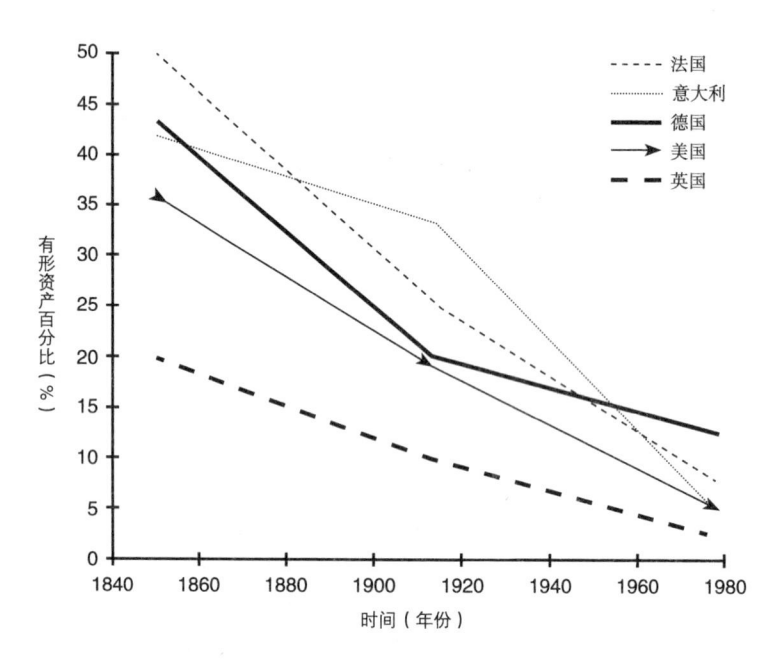

图8-1 农业用地占有形资产的百分比（1850—1978年）

道："由于乱砍滥伐、过度放牧、水土流失、土地沙漠化，以及灌溉系统设施的建立等原因，我们微妙平衡的食物系统遭受了生态破坏。"正如《纽约时报》在关于这本书的头版头条中所说，"尽管有援助，贫困国家的肥沃土地面积仍然在减少"。而且，配合埃克霍尔姆这本书的面世，联合国召开了一次关于"荒漠化"的会议。《纽约时报》的头条新闻报道称："沙漠正以每年1400万英亩的速度向全球蔓延。"《新闻周刊》整页报道的标题是"沙漠的致命蔓延"。儿童书籍用简单的语言讲述了这个故事："我们的土地变得荒废。" 这些骇人听闻的言论的明确含义是，世界可耕种土地正在减少。

这些说法都是不正确的。正如本章所述，世界并非是在净基础上"失去土地"。当然，由于一些地方的耕地被侵蚀或受其他破坏性力量的影响而无法耕种，以及一些地方由于生产力的不断提高或不再需要土地（譬如威斯康星州和美国东南部各州），某些地区的土地正在消失。但是从总体来看，世界耕地数量正在逐年增加，与上述言论的明确含义大相径庭。事实上，埃克霍尔姆现在称——很高兴听到这个消息——"我在书中并没有断言整个世界的耕地都在以净值流失，我也无意作此暗示。"不过正如上面的引文所示，记者和环保人士（包括我）确实在埃克霍尔姆的书中读到了明显的净损失信息。

对土壤侵蚀的恐慌可以追溯到很久以前的西班牙——征服者通过引入导致破坏性侵蚀的耕作方式来摧毁本土文化。研究表明，在哥伦布发现新大陆前后的三千五百年里，土壤侵蚀的情况同样非常严重；事实上，在西班牙人之后，由于疾病造成人口数量减少，土地侵蚀的情况可能有所减轻（新信息以惊人的速度更新着，我可能永远也写不完这本书，它的累积速度要比我记录的速度快得多）。

农业用地为何变得不那么重要了？让我们先回过头来具体说明那些亟待解决的问题。要把这些问题阐述清楚并不容易。我们首先应该问：现在的耕地供应趋势是怎样的？接下来我们要问：日益富裕对农业用地的供应会有什么影响？最后一个问题：人口增长对农业用地和休闲用地的供给有什么影响？本章将回答前两个问题；第三个问题将在第29章回答。

关于"适合耕种"和"适合作物生长"的含义：再次强调，经济学是不能脱离语义学的。有一段时间，欧洲大部分地区都无法进行种植，因为土壤太"黏重"了。在发明了能耕种黏重土壤的犁之后，欧洲居民突然发现大部分土壤又变得"适于耕种"了。过去，爱尔兰和新英格兰的大部分地区都是丘陵和荒石乱岗，但随着石头被清除，土地也变得"适于作物生长"了。在20世纪，那些妨碍土地耕作的树桩已经可以用推土机和炸药来拔除。而未来，便宜的水上运输和海水淡化将把当前的大面积沙漠变成"适合耕种"的土地（就像加利福尼亚州的大部分地区那样）。这些定义随技术发展和土地需求的变化而变化。因此，对"适合耕种"土地的任何评估，都应当视为粗略的和临时的，即暂时可能有用，但并非永久有效。

"你甚至可以在珠穆朗玛峰上开垦农田，但需要付出极大的代价。"对那些担心土地将要耗尽的人来说，这是一种普遍乐观的回答。但在世界的许多地方，现在可以购买和开发新土地，其价格远远低于购买那些已经开发得比较成熟的土地。此外，现在购买和开发土地的成本比过去低得多，因为以前砍伐树木、挖掘树桩、灌渠沟渠都必须依靠人力或畜力完成。新的地区会逐渐适合农业活动和有空调的城市活动。[1]

---

[1] 有了空调之后，整个美国南部地区变得更宜居。1920年，在密西西比河以西建立起了第一座有空调的商业大厦——达拉斯联邦储备银行。有了空调之后，美国可用的陆地面积大大增加。——原注

耕地趋势：越来越少？

正如我们在第6章看到的，耕地数量不是关键问题。事实上，一些非洲官员认为非洲的土地过多。与此同时，美国国务院的援助计划正在紧张进行中——在非洲推行旨在降低人口/土地比例的政策。

在类似于植物农场的人造光水培工厂中，如果利用商业技术来培植作物（见第6章），仅需马萨诸塞州加佛蒙特州的土地面积，或荷兰加牙买加的土地面积，就能养活全世界所有的人口。在十层或百层楼的建筑物中生产粮食，所需面积可减至十分之一或百分之一。尽管如此，末日论者仍在向公众传播恐慌信息，即我们现有的土地正在减少。因此，我们需要经检测的数据来消除人们的疑虑。

埃克霍尔姆等人提供了一些关于全球土地流失的恐慌事件：沙漠化、灰尘、过度放牧、乱砍滥伐，以及因灌溉引起的盐碱化——这些事件往往来自于旅行者的印象以及其他偶然的证据。但他们没有给出统计数据。"在理想情况下，一本关于粮食生产系统生态破坏的书，应当包含详细的国家统计数据。遗憾的是，找不到这种详细的数据。"埃克霍尔姆说。然而事实就是，详细的数据完全可以获得，只不过它和那些事件所描绘的图景相矛盾。

乔京德尔·库马尔（Joginder Kumar）不辞辛劳地收集并标准化了全球第一套关于土地供应和使用的数据。他发现，在能找到数据的87个国家中，1960年的耕地总面积比1950年增加了9%，这些国家的土地面积占世界陆地总面积的73%。而更多关于每年近1%增长的细节，可以在表8-1的顶部面板中找到。一些耕地面积有所增加的地区可能会令你大吃一惊，例如，印度的耕地面积从1951年的126.1万平方公里，增加至1960年的137.9万平方公里。

库马尔所发现的1950—1960年的趋势仍将继续。联合国粮农组织目前已搜集到追溯至20世纪60年代的数据，全球"永久可耕种土地"占土地总面积的比例从1961—1965年的10.41%上升到1989年的11.03%，这意味在大约25年的时间里，耕地面积增加了0.6%（见表8-1）；如表8-1最后一栏所示，农业数据（耕地和牧场）也形成对比。此外，发展中国家所取得的成绩更加鼓舞人心，意义非凡。

表8-1 世界耕地和农业用地面积变化（1961—1965年和1989年）

耕地占土地总面积的百分比（%）		
地区	1961—1965年	1989年
非洲	6.28	6.17
中东	6.25	6.83
远东	18.50	18.77
美国和加拿大	11.50	12.19
苏联（现在的独联体）	10.24	10.29
拉丁美洲	5.64	8.77
西欧	27.21	24.38
所有地区	10.41	11.03
农业用地（耕地和牧地）占土地总面积的百分比（%）		
地区	1961—1965年	1989年
非洲	32.88	35.56
中东	数据可能不太可靠	数据可能不太可靠
远东	37.41	42.34
美国和加拿大	26.10	26.38
苏联（现在的独联体）	26.83	26.86
拉丁美洲	29.56	36.71
西欧	46.35	42.34
所有地区	33.13	35.71

（资料来源：1961—1965年的数据来自联合国粮农组织1976年《生产年鉴》。1989年的数据来自联合国粮农组织1990年《生产年鉴》，西欧的数据除外。西欧的统计数据来自联合国粮农组织1986年《生产年鉴》，代表1989年的数据。）

因此，我们首先应该注意到这样一个事实：世界耕地面积并不像大众媒体所报道的那样正在减少，而是正在增加——尤其是在贫穷和饥饿的国家。我们也不必担心贫瘠的土地因频繁耕作而导致长期收益递减，因为每英亩的平均产量正在增加。

哪里的耕地面积在减少？

一些地区的耕地面积必定有所减少。但这种减少不一定就是坏征兆。如图8-2

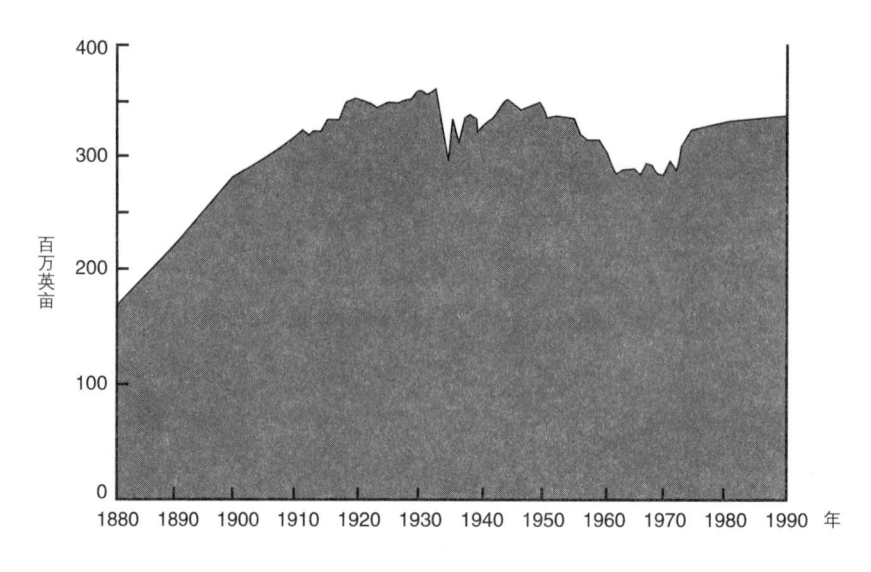

图8-2 美国的耕地面积（48个州）

所示，美国耕地面积就呈减少趋势。这是因为，美国的农业总产出和亩产量都大幅提高了。这种提高在很大程度上借助于大型农业机器而获得，而农业机器需要平坦的土地来提高效率。随着土地亩产量的增长，以及适应于平地生产设备使用率的增加，以前的一些耕地变得不再具有优势，从而被弃耕。例如1860年至1950年间，新罕布什尔州的耕地面积从236.7万英亩减少至45.1万英亩。

还有一些地区的耕地受消极因素（通常是战争或有关土地所有权的斗争）的影响，不再耕种。20世纪70年代的墨西哥就是一个典型的例子。由于土地改革步伐缓慢，墨西哥农民开始抢占土地。那些大房地产商担心会有更多的财产被没收，便削减了投资。"在经济危机时期，土地动荡中断了农业生产和投资。索诺拉省的农民种植了全国一半以上的小麦，他们抱怨道，因为土地动荡，他们1977年的粮食将减产近15%，相当于22万吨。"

甚至那些担心土地流失的人也承认，如果我们愿意为之努力，就能凭自己的力量拥有更多土地。埃克霍尔姆写道："今天，人类从过去的经验中汲取教训，掌握了分析和技术能力，阻止了土地的破坏性趋势，并利用适宜耕作的土地为全球提供足够的粮食。"

面对这些汇总数据，担心土地流失的人们提到了"沙漠化"，尤其是在撒哈拉地区。在此之前，这个提法似乎很难被证伪。但是，随着科学证据的集中，"沙漠化"假说被无情地戳穿：

尽管人们普遍认为，撒哈拉沙漠正无情地扩张，掩埋了村庄，使非洲陷入饥荒，但一项对卫星图像的新分析显示，地球上最大的沙漠已经停止扩散，其范围正逐渐缩小。

多年来，研究人员和机构都认为撒哈拉沙漠的扩张难以缓和，但是对过去4500张卫星图像有过研究的科学家们表明，撒哈拉沙漠在1984年就基本上扭转了这种扩张状态，沙漠面积自此急剧缩小。

于是人们紧接着引用了康普顿·J. 塔克（Compton J. Tucker）和哈罗德·德雷涅（Harold Dregne）的话说，之前对撒哈拉沙漠扩张的认识只是"简单的假设"，扩张和缩小都是自然而然的。试图"阻断自然进程"可能是徒劳的。

在某些情况下，沙漠化肯定会发生。比如最近的卫星图像显示，在美国西部，由于牛群放牧，"数亿亩土地正在退化"。但是，这种退化发生在公共土地上，个人在维护公共土地资产价值方面没有利害关系，甚至由于他们为放牧权支付的过低价格而导致过度放牧。对于私有土地，卫星图像并未显示出退化的迹象。因此，荒漠化不是人口增长的结果，而是经济安排错误的结果。然而遗憾的是，许多生物学家和环境保护主义者只专注于物理系统而非社会系统，甚至作出诸如"全球变暖可能会加剧未来的土地破坏，并导致全球生物地球化学循环发生重大变化"的预测。

事实上，即使在萨赫勒地区，土地私有也能使土地改善而非退化。

"可持续性"问题也并非人们所认为的那样可怕。土地可以无限期使用，即使密集种植，也不会失去肥力。这可以在美国伊利诺伊大学的莫罗地块，即美国历史最悠久的农业实验站（我在任教的几年里，最喜欢带访客去的地方）看到。从1876年开始，每年只种植玉米且不使用任何肥料的地块，产量明显下降。而每年轮种玉米和其他作物，且同样不使用任何肥料的地块，却能保持良好的肥力，而且其玉米产量远高于那些不轮种的地块。使用商业肥、有机肥的作物，与轮作作物一样长势良好。同时轮作和施肥的土地作物产量最高。

现在我们继续第二个问题。在第29章我们将讨论第三个问题，即关于人口增长对作物产量的影响。

土地与其他资源不同吗?

许多人认为,土地是一种特殊的资源。但正如第1—3章所述,土地和其他自然资源一样,都是人类创造历程的产物。虽然可用土地的存量似乎是固定的,但实际上它却在不断增加——甚至以较快的速度增加——大多通过开发新土地或开垦荒地的方式增加。耕作收益也不断增长,办法就是通过增加单位土地面积每年种植的作物数量,以及运用更先进的耕作方式和更多化肥来提高作物的产量。

最后,在没有土地的情况下,人们就会开发出新的土地。例如,荷兰的大部分区域是海洋而不是陆地。根据严格的地理决定论,这里除了病菌肆虐的三角洲和潟湖以外,什么也找不到,而三角洲和潟湖无疑是海鸟和候鸟的栖息地。然而,我们在此看到的却是一个人口稠密的繁荣国家,实际上也是欧洲人口密度最高的国家——它通过筑堤排水开发出新土地。"这实质上是人类意志的胜利,它是文明留在自然景观上的一道烙印。"一百年前有人评论荷兰道:"这可不是土壤,而是人的血肉和汗水!"

现代日本正在借鉴荷兰的经验。在东京周围的土地变得稀缺且极其昂贵之时,日本人在东京湾建造了一座人工岛屿,并计划建造大型漂浮建筑,其中包括一座机场。而中国香港也正计划在一座岛屿附近的填海造地上兴建新机场。

荷兰由人力打造而成。但随着新能源、知识与机器的发展,开发新土地的潜力也在不断增加。未来,开发新的、更好的土地的潜力将会更大。我们将移水造山,学习改良土壤性质的新技术,提高向干旱地区输送淡水的能力。

现在,人们已将这种技术从荷兰的二维平面扩展至三维立体空间,即利用人造光在多层结构中种植作物(请参见第6章中对植物农场的讨论)。这意味着,有效的农业用地的供应可以无限扩张,也就是说土地没有极限。这不是白日梦,而是一个以目前的成本来衡量也相当经济的现实。

马尔萨斯清楚地认识到土地建设在人口历史中的作用,他指出,罗马时代的德国人:

当饥荒再次来临,他们意识到原本就不足的资源已经严重匮乏,于是开始指责这个贫瘠的国家没有供养众多国民。然而,他们并没有清理森林、清除沼泽、改良土地以适于种植来养活自己;相反,他们发现,去寻求和掠夺食物,或移居到其他国家,才更符合他们好战的习性和急躁的脾气。

史前时代的土地建设、灌溉、人口增长和繁荣之间的协同互利关系，也为古代中东的历史学家所熟知。

在尼罗河的大冲击河谷，人们在底格里斯河—幼发拉底河与印度河系统的共同作用下创建了人工环境。从沼泽和沙漠中开垦的土地经过系统地开发，收获了极度丰富的玉米、鱼类和其他食物。

但是，土地一旦开发，很容易因为疏忽大意或人口的减少而流失，就像底格里斯河—幼发拉底河流域的情况一样。"这些地区在一千年或更长的时间里无人定居或耕种，最后被经年累月的猛烈风沙彻底地冲蚀。"在沙漠上空飞行时，人们可以隐约看到沙子下废弃的灌溉系统。

当今世界，土地投资的重要性丝毫不亚于古代世界。其关键在于，人类对土地的开发，如同人类投入于农业生产中的其他要素一样。"农场的生产力是我们过去对土地持续投入的结果。农业发展越进步，生产力对自然禀赋的依赖就越小。"

此外，土地的退化或改善，取决于农民对待土地的方式。之于公共土地，人们因为没有产权而不会去维护它，所以这类土地趋于退化；相反，农场主则会改良自己的土地，因为这样能使他们的投资升值。在这方面，我们可以看看关于世界各国水土流失加剧的报道。

从需要的程度来看，自给自足型农业用地的改良程度会非常高。大多数农业投资都来自农民在农闲季节的额外劳动力的投入。例如，在新英格兰的原始农业地区，"适龄男性每年将其总劳动力的四分之一投资于形成新的农业资产，如种植可可树和椰子树。这是一项长期的农业投资"。

伊利诺伊州尚佩恩–乌尔班纳市——我的家人们居住了二十年的地方，被世界上最富饶的玉米和大豆田所环绕。当地人惊讶地发现，在拓荒者用劳动和汗水（以及生命）开发出这片土地之前，这里曾是一片疟疾肆虐的沼泽地。虽然地势平坦，但这里的土地严重浸水，根本无法种植作物。"在白人移民放干沼泽里的水之前，尚佩恩县就是一片大沼泽。早期移民发现，这里的印第安人在树上搭建高台来躲避蚊虫。"用小学生的想象力来看，这里是一片辽阔无垠、未经开发的草原，如果白人足够勇敢地对抗印第安人的话，只需在地里撒下种子就能获得丰收。这只是一个神话。即使是在伊利诺伊州，土地建设也没有成为历史。哈罗德·施伦斯克

（Harold Schlensker）是尚佩恩县的退休农民，他的儿子们接管了他那可能价值百万美元的农场。其农场的增值大部分得益于排水工程。"施伦斯克指向后面的窗户，那里有一条排水沟，这是他尝试改良曾经的沼泽地的几项措施之一。他说，我在那儿挖了一条水沟，然后用砖块砌起来，把这片沼泽地改造成适合耕种的良田。"

美国各地利用灌溉、沼泽排水及其他技术，以每年125万（一说为170万）英亩的速度开发新的农田。新增农田的面积比每年变成城市和高速公路的土地要多得多，我们将在下一章进行论述。与之相比，可怕的增长极限观点认为，土地面积是固定的，农业的生产能力正"流失"给城市和高速公路。

在美国，由于得天独厚的土地资源和水资源，灌溉一直没有用武之地。时至今日，随着粮食需求的增加和新技术的进步，灌溉成为了开发新土地的重要手段。加利福尼亚州的圣华金河谷证明了一个奇迹："一个世纪以前，这里还只是一片沙漠，但如今，在干旱的圣华金河谷，一块面积与罗德岛差不多大的土地，即著名的韦斯特兰兹水区[1]，拥有世界上最肥沃的农田。这些农田主要得益于联邦政府数十亿美元的复垦项目，该项目调用政府水库里的水灌溉干涸的山谷。"

中轴灌溉法是一项前景可观的土地建设创新，前景可观，值得特别关注。（就是当你从俄亥俄州向西飞往西海岸时，看到地面上的那些巨大圆圈。）

在自然状态下，华盛顿州和俄勒冈州东部的哥伦比亚河沿岸的土地是一片遍布流沙、鼠尾草和俄罗斯蓟的不毛之地，只有最顽强的农民或牧场主才会试图在这里生存。这个地区荒凉至极，海军甚至把部分土地用作轰炸靶场。即便如此，哥伦比亚中部地区仍然是世界最繁荣的新兴农业区之一。由于一种非凡的新灌溉系统，沿河的沙漠正在开花……通过中轴灌溉系统，河水被泵灌入直径半英里的圆形农田中。一根直径6英寸、长0.25英里的管道像时钟的指针一样，以农田中心为原点做圆周运动，每12小时转一圈。由于大部分土地几乎都是纯沙子，所以必须不断施肥，这里的洒水系统也被用来将适用的营养物质注入水中。[2]

---

[1] 韦斯特兰兹水区位于加利福尼亚州中部，为1952年成立的地方政府实体，持有中央山谷项目和加利福尼亚州水利工程供水的长期合同。——原注

[2]《新闻周刊》，1974年11月20日，第83页。——原注

到20世纪70年代，连伊利诺伊州尚佩恩县这样肥沃的地区也开始出现灌溉，要知道，就算没有灌溉系统，这些地区的玉米和大豆产量也能像世界上其他地区一样多。而在水资源极其匮乏或盐碱地无法进行普通灌溉、劳动力稀缺的地区，使用布拉斯滴灌系统（又称"微灌系统"）就能实现产量翻番。

当能源、海水淡化以及灌溉技术成本变得更便宜时，地球上大量的荒芜地区就有可能变成良田。乘坐飞机飞越埃及尼罗河上空是一种令人振奋的体验。一条美丽的翠绿色带子环绕着这条河。但距离河流几千米以外的其他地区全为棕色。这条狭长的绿带养活了5600万埃及人（1990年数据）。灌溉技术和海水淡化可以使该国其他地区也变成绿色。

接下来就是外太空和其他星球了。你以为这是科幻小说？但是现在许多受人尊敬的科学家已经看到了这方面的潜力。

许多顶尖的科学家制订了大胆得令人难以置信的计划，呼吁立即采取措施开始太空殖民。他们的目标是将浩瀚的宇宙变成人类的自然栖息地，将地球母亲变成"旧世界"。在美国科学促进会最近的一次会议上，科学家们研究了他们的水晶球后得出结论：太空殖民是必然的，而且会比我们想象中来得更早。

与其他资源一样，当发现新物质能代替农产品时，土地的需求量自然就会减少。例如，"1897年，印度近200万英亩土地被用作种植蓼蓝"。但是随着德国化学工业的兴起，当一种比天然产品更便宜的靛蓝染料合成成功后，人们也就不再需要耗费200万英亩的土地来种植蓼蓝了。

在高科技农业中，知识取代了土地。第6章描述了水培农业是如何在一英亩土地上实现与传统农业在一百英亩甚至一千英亩土地上一样多的产量。当然，高层建筑也大大节省了生活用地的面积。

结论

我并非鼓吹对土地供应怀抱自满情绪。我并不建议停止关心我们的农田，不管是在世界范围还是地区范围内。正如房主必须打理草坪以避免其荒废一样，农民必须不断地保护和更新土地，才能增加和改善他们的良田。

这些土地数据所传达的信息是，当传闻无法用更全面精确的指标来衡量时，恐慌是站不住脚的。这些数据中没有反对经济和人口持续增长的证据。（这种增长对于土地方面的影响，将在第29章进行讨论。）

关于"城市扩张"和因土壤侵蚀而使美国农田遭受损失的谣言（如今已过时且没有新鲜感了）将在下一章予以揭露，同时还将讨论有关湿地流失的最新忧虑。

9 两大难题:"城市扩张"与土壤侵蚀

这一章详细讲述了近年来已被确定的几次环境政治欺诈事件。

自20世纪70年代以来,许多善意者担心人口增长会造成城市扩张,以及高速公路将覆盖良田和休闲用地。这种恐惧已经被证明是毫无根据的。之所以在这里给出这么多的细节,是因为这个案例可以作为许多类似问题的典型,关于这些问题的整体情况还没有揭晓,并且没有相关的官方机构承认最初的恐慌是完全错误的。

问题的核心在于,许多人打着防止粮食短缺的幌子,以"环境保护主义"的名义,企图阻止人们在耕地上修建屋舍。他们不断地调动政府力量来达到其私人目的。换句话说,防止饥荒的主张可能只是那些想要欣赏田园风光的业主所释放的烟幕弹。但无论动机如何,这种虚假恐慌活动只会窃取纳税人的钱财,并使年轻夫妇无法得到他们想要的住房。

以下是20世纪90年代的三个案例:

1991年3月6日,《华盛顿邮报》的一篇社论对于在马里兰州议会上通过的一项法案表示赞许,该法案以"保护耕地"之名阻止"城市扩张"。

1991年3月28日,宾夕法尼亚州布鲁姆斯堡新闻出版社首页横幅标题为:"耕地保护:一亿美元的错误?"其背景是宾夕法尼亚州政府花费一亿美元购买基本耕地发展权,试图保护耕地免受开发。

1992年9月10日,《华盛顿邮报》(第1—7页)称:"国家保护计划使耕地免于开发侵占……地役权方案的制定……不仅为了遏制侵占……也是为了使国家在粮食生产方面实现部分自给……农业损失……也意味着必须从国外进口更多的粮食,这将促使粮食价格上涨。"本书的读者朋友应该意识到,这些支持土地保护计划的论点是最糟糕的经济谬论。

这些地区和其他十七个州的类似计划都建立在如下假设之上:美国正以前所未有的速度失去耕地,而未来需要这些耕地来消除饥荒。这个假设现在已经被彻底

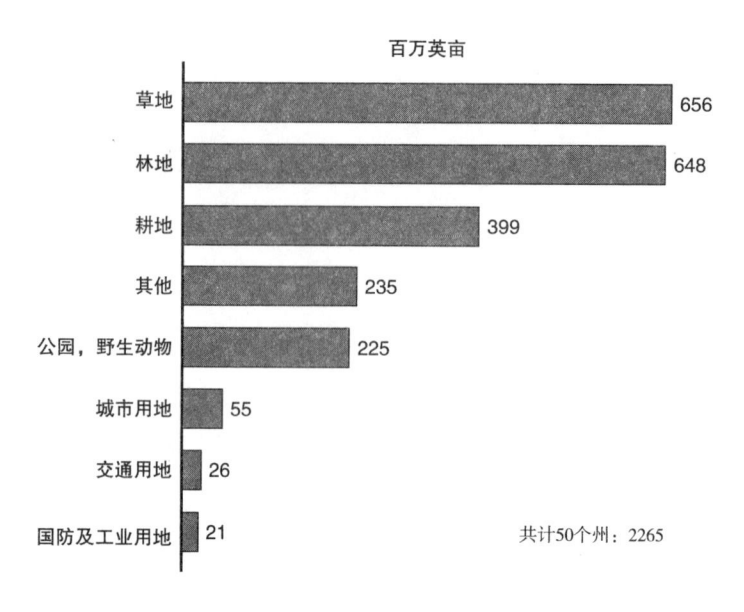

类别	百万英亩
草地	656
林地	648
耕地	399
其他	235
公园，野生动物	225
城市用地	55
交通用地	26
国防及工业用地	21

共计50个州：2265

图9-1 美国土地的主要用途

推翻了，美国农业部也承认了这一点，并且一开始就对这种说法发出了警告。也就是说，就连"耕地消失危机"这一虚假事实的最初提供者也认为，这种被广泛报道的恐慌是没有依据的。

相关数据如下：

图9-1显示，截至1987年，在美国的23亿英亩土地中，城市、高速公路、非农用道路、铁路和机场占用的土地总面积为820万英亩，仅占土地总面积的3.6%。显然，农业用地与城市及公路用地之间的竞争非常小。

趋势方面：1920—1987年，美国城市和交通用地面积从2900万英亩增加到8200万英亩，增加部分相当于美国土地总面积的2.3%。在这57年间，美国人口数量从1.06亿增至2.43亿。即便这种趋势持续下去（人口增长速度日趋缓慢），其对美国农业的影响也是微乎其微的，就像过去的几十年一样（见图9-2）。

关于美国正在被"铺满道路"这一说法，截至1974年，美国农业部的官方观点是：并不存在耕地将要耗尽的危机。但随后发生了一起离奇事件，在这一事件中，新闻和电视的失职是不可否认也不可原谅的。就连捏造事实的当事人现在也承认，广泛报道的恐慌毫无依据。

1980年左右，报纸上开始出现相似的标题："耕地消失的危机"（《纽约

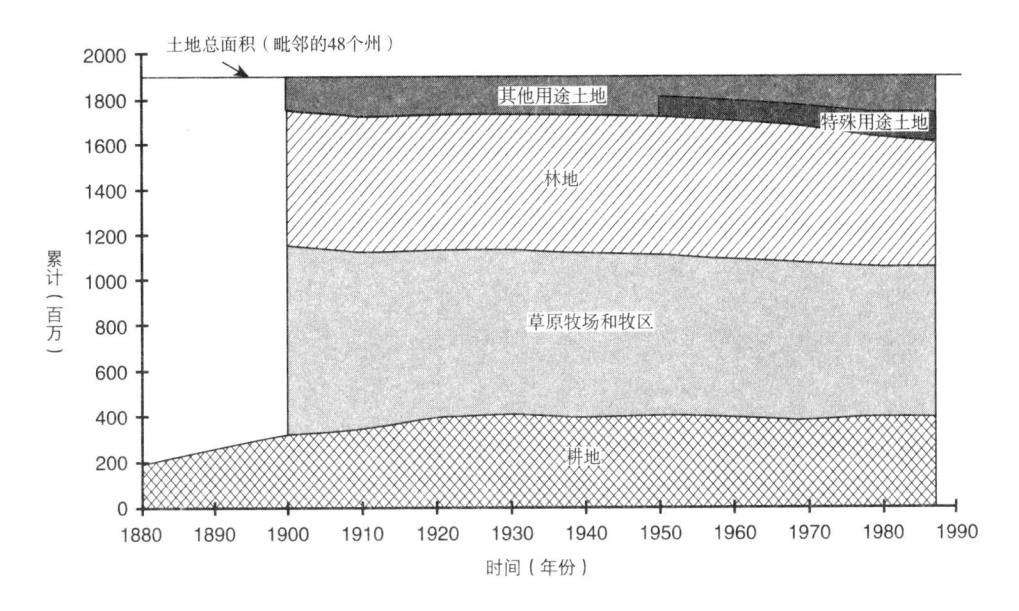

图9-2 美国土地的使用趋势

时报》），"耕地流失将终结美国的粮食出口历史"〔《芝加哥论坛报》（Chicago Tribune）〕，"消失的耕地：土地售罄"（《星期六评论》），"世界亟需粮食，美国却不断地把土地转让给开发商"（《华尔街日报》）。这些报纸断言，从20世纪60年代至70年代，耕地城市化的速度上升了3倍，从每年不到100万英亩上升为每年300万英亩。然而，正如我们即将看到的，这种说法完全不符合事实。

一些学者——包括菲谢尔（William A. Fischel）、勒特雷尔（Clifford B. Luttrell）、哈特（John Fraser Hart）和我发现，根据从其他来源的数据判断，报纸上所说的每年300万英亩的增长率是极不合理的。但报纸上的这些数据出自国家农业土地研究所（NALS），它是由美国农业部联合其他现有政府机构建立的组织。不过我们得到了地理学家托马斯·H. 弗雷（Thomas H. Frey）的帮助，他多年来一直担任美国农业部经济研究局城市化及其他土地使用数据的管理者。大家一致认为，1967年美国城市和建成区总面积（不包括公路、铁路和机场）为3100万至3500万英亩。其中有人认为，20世纪60年代的城市化速度比50年代更慢。但农业土地研究所表示，从1967年到1977年的10年间，城市和已建成土地增加了2900万英亩。也就是说，在人口增长至约2亿的这两个多世纪里，美国城镇建成面积为3100万至3500万英亩。农业土地研究所断言，在接下来的10年里，人口仅将增加1800万，城市和建成区面积将增加2900万英亩（几乎不包含交通运输占地），差不多翻了一番。

换言之，1970年之前的几十年长期趋势是新增耕地城市化总面积约每年100万英亩，并且持续减缓。水土保持局和农业土地研究所一致声明，从1967年到1975年（或1977年，以所读的具体版本为准），这个速度跃升为每年200万至300万英亩。

已公布的每年300万英亩数据有两个支撑：（1）由水土保持局对1967年的部分耕地存量进行小样本复查。（1958年也做了类似的存量调查。）（2）1977年的存量样本。若其中一个遭受批判，农业土地研究所就转向另一个。研究设计专家西摩·萨德曼（Seymour Sudman）和我一起作了技术分析，结果显示，1975年的复查和1977年的调查中均存在许多漏洞，因此这两次的调查结果完全不可靠。这些疏漏中包括一个令人难以置信的错误，那就是把正确的数据放在了佛罗里达州的数个错误数列中。

各个政府机构被动员起来反驳我们的批评。美国农业部声称耕地数量正在减少，以支持耕地正在城市化的观点。但是我们证明耕地面积实际上在增加。

国家农业土地研究所随后让人口普查局对全美国作了类似的调整。调整结果发表在《水土保持期刊》（The Journal of Soil and Water Conservation）上："最新数据显示，从1969年到1978年间，全国农田面积减少了8800万英亩，平均每年减少980万英亩。"

对这一调整的分析显示，它就像瑞士奶酪一样漏洞百出。最后，（美国）农业普查给出了经过适当调整的详细数据，这一数据显示，正如我们所说，1974年到1978年间，伊利诺伊州的农场和耕地面积实际上在增加。

这些结果公布后，恐慌似乎有所缓和，但在1980年国家农业土地研究所前雇员组建美国耕地信托基金（AFT）之前，这种恐慌并没有真正平息。这一组织每年都要耗费数百万美元来"保护"美国的耕地以防其"流失"。

1984年，水土保持局发布了苏珊·李（Susan Lee）的一篇文章，彻底推翻了以往的恐慌数据，并证实了我们的估计。随附的新闻明确表示，早期的估计数据正在撤回。"1982年的城市和建成区面积为4660万英亩，而1977年报道的面积为6470万英亩。"请再仔细看看。这意味着，1977年，水土保持局宣布有6470万英亩农田"流向"了建成区，而仅在五年后，它又承认实际总面积为4660万英亩。也就是说，1977年的估计值整整高出了50%，对于像美国的城市化面积这样容易被证实的东西来说，真是错得匪夷所思。

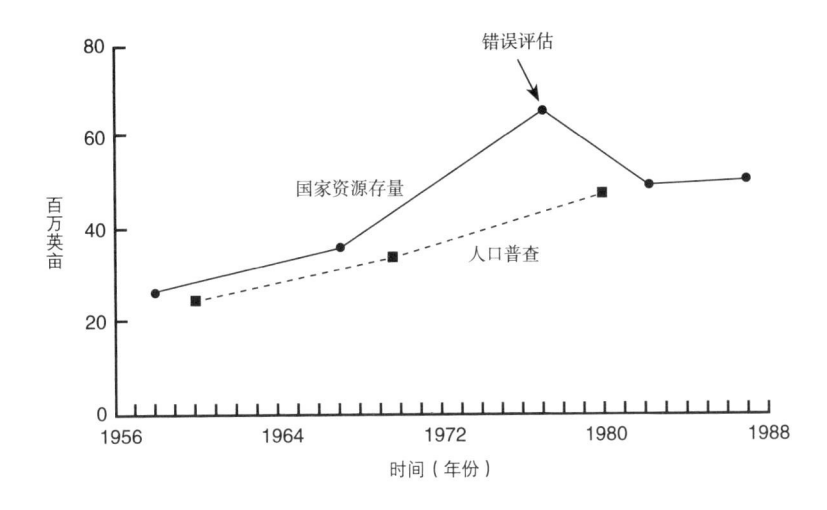

图9-3 城市面积的官方评估（1958—1987年）

美国农业部的新闻稿以异乎寻常的坦率补充道："经确认，与1980年美国人口普查数据密切相关的1982年数据（在提出上述论点时，人口普查结果尚未公布，但后来完全证实了弗雷以往的数据估计）是准确的，因为我们有了更好的地图、更充分的采集数据的时间、更多的采样点和更好的质量控制等各种有利因素的支持。"新闻发布会继续补充道："1977年的预测似乎被明显夸大了。"

美国国会研究服务处的一份报告给出了这一结果："国家农业土地研究所指出，在1967年至1975年间，每年有近300万英亩的农业用地转化为相对不可逆转的非农业用地……然而，随后的分析和近期的大量实验证据并不支持这些结果……总之，最新的可靠信息表明，农业用地转化为城市和交通用土地的速率是农业土地研究所报道的一半……农业土地研究所给出的每年300万英亩的假定数据已被后续分析和近期的实验证据所否定。"这份报告完全证实了我和其他人对农业土地研究所的报道的批评。图9-3展示了官方近期发表的一份图表；1977年国家资源存量估计的虚假性立即显现出来。

农业土地研究所对耕地损失的估计，以及耕地城市化不是一个社会问题的结论，皆不被环境保护主义者和该领域"专家"所认同。1988年，菲谢尔在参加了一次相关会议之后写道：

这不是一个可以通过理论来解决的问题……

与会者在会议上指出，农业土地研究所的数据仅被视为对耕地转化率的"高估计"，真实数据应该介于其间。这是不可接受的。当人们发现某些研究采用了无效的方法时，他们就不能对不同科学研究的结果进行平均。

可以肯定，新闻界没有采取任何措施来揭露这一骗局。新闻稿的反转和"自白"并没有引起报道，然而，最初引起恐慌的事件却成了《芝加哥论坛报》的头条新闻和新闻杂志的封面故事。

自此，"耕地危机"并没有因为缺乏事实依据而消失。假消息仍在游走。

假的坏消息要紧吗？在农业土地研究所公布这一消息之后，国会在1980年向那些对自己的土地附带"保护地役权"的农场主提供减税优惠，该权利将使土地永远用于农业生产而不会用于城市化发展。为了减轻农场主的负担，一些州计划就土地当前的市场价值和行使地役权后的市场价值间的差额补偿农场主。也就是说，像以往一样，公共资金正在被用来促进特殊利益集团的目的。1981年，国会通过了《农田保护政策法案》（*The Farmland Protection Policy Act*），并通过了数百条限制农田转化的州法和地方法。1985年，美国耕地信托基金在年度报告中吹嘘，"国会通过了……由我基金构思和倡导的……土地保护法，作为1985年农田法案的一部分"。1994年6月，实施1981年《农田保护政策法案》的最后条例在《联邦公报》（*Fedral Register*）上发表（《华盛顿邮报》，1994年7月5日，第A13页），因此，这个法案将管理美国的农业。这些立法所依据的信息基础都是错误的，没有为国家做贡献的合理前景，却极有可能对个人和国家带来危害。美国的发展也确实如此。

假的坏消息还在以另一种方式继续产生影响。截至1994年，一些拥有百万美元住宅的富裕农场主已经向联邦农民住房管理局（FmHA）申请了高达1500万美元的贷款。然而政府并没有对滥用贷款施压，因为政府官员说："大多数拖欠贷款的债务人都是20世纪80年代中期农作物价格降低、农场收入下降和耕地贬值的受害者（请注意这个词）。"当土地价格泡沫破灭时，农田就贬值了——正是政府关于耕地消失的虚假宣张，促成了土地价格泡沫。

整场"危机"都是噱头。这不是对现实问题的一种令人遗憾但仍可理解的夸大，而是农业部和一些国会议员以关心饥饿地区的粮食生产为幌子制造的非现实问题。这场危机的发生是为了以下人群的利益：（a）环境保护主义者；（b）那些在可能被开发区域附近有自己的住房，其住房前景和环境将会因此受到影响的人。

正如第6章所讨论的，日益高效的生产方法是美国能够"确保国内粮食供应和纤维需求"并使用更少土地的主要因素——不是因为土地已经被用于其他目的，而是因为现在能够比过去更高效地在较少的土地上种植生产更多的粮食。

那么，人类居住和交通所占用的土地肥力又如何呢？新增城市人口所用土地总面积虽然不大，但新增城市土地可能具有特殊的农业性质。人们经常听到这样的指控，就像1977年我家乡的市议会选举时所发生的那样。当时，市长"反对城市扩张，因为它占用了主要的农业用地"。

正如我们看到的，新的耕地被开发出来，一些旧的耕地就被淘汰了。根据美国农业部的判断，1967年到1975年间的总体影响是，"耕地质量通过土地使用转化得到了改善……更优质的土地在余下耕地中占据了更高的比例"。[1]

城市吞噬"优质土地"的观点是未能掌握经济原理的一个特别明显的例子。我们以伊利诺斯州尚佩恩-乌尔班纳市郊区一个新建的购物中心的具体情况为例。其核心的经济理念是，土地作为购物中心比作为农场的经济价值更高，虽然伊利诺斯州的这片土地用来种玉米和大豆时的收成也很不错。这就是为什么购物中心投资者可以支付农民足够的钱，让他（她）愿意出售自己的土地。

相反，如果种植玉米和大豆的农民没有把土地卖给购物中心，而是卖给种植新型外来品种并能够将产品高价卖到国外的人，所有人都会认为这是一件好事。相比玉米，种植外来品种的收益明显更高，这体现在种植外来品种的人获得的更高利润以及他们愿意为购买土地所支付的金额上。

购物中心类似于种植外来品种的农场。两者看起来似乎有所差异——仅仅只是因为购物中心不是将土地用于发展农业而已。然而从经济方面来看，购物中心和种植外来品种的农场并无真正意义上的区别。

反对购物中心的人会说："为什么不把它建在不能种植玉米和大豆的劣质土地上呢？"购物中心的投资者也愿意这样做，只要能同样方便于购物者。但是，在城镇附近并没有这样的荒地。远离尚佩恩-乌尔班纳市的"荒原"似乎就是这样的土地，但由于地势偏远，它无法为购物者（或外来品种，或玉米）带来良好的"收

---

〔1〕"美国农业部表示，耕地质量正在提高。"（《尚佩恩-乌尔班新闻公报》（*Champaign-Urbana News Gazette*），1978年3月5日）——原注

成"。同样的道理解释了我们为什么在屋前种植草坪,而不是把草坪移到几公里外的"劣质"土地上,然后在家门口种植玉米。

当然,购物中心的投资者和农民之间的交易并没有顾及居住在附近且讨厌购物中心景观的那些人的"外部负效应"。另一方面,也没有考虑那些喜欢逛购物中心的消费者所增加的"外部效应"。其中,外部效应体现在一些财产价值的变化上:一些人因此受损,另一些人因此受益。然而,市场体系和其他任何体系都不能保证每笔交易使每个人受益。此外,这一考虑与我们最初对主要农业用地流失的担忧相去甚远。

愚昧和无知对传统的耕地观念影响深远。例如,我们经常听到的"一旦被铺成道路,良田就永远不会回来了"。然而事实并非如此。想想德国曾发生的情形:由于规模巨大的露天采矿作业,整个城镇被迫搬离。采矿完成后,矿坑被修整成耕地,并且复垦后的表层土壤特别肥沃,以至于"重新开发的耕地比原来的耕地卖价更高"。此外,无论从哪个方面来看,该地区都比以前更具吸引力,也更环保。

土壤侵蚀

土壤侵蚀是一个与城市扩张相关且并行存在的问题。耕地遭受风蚀水流侵袭的恐慌,是对公众的一种欺骗,类似于土地城市化。

20世纪80年代初期,有关耕地被毁的可怕危机引起了巨大反响。1983年1月11日,美国总统在美国农场局联合会(AFBF)发表演讲时称:"我想我们都应该意识到,是时候对土壤侵蚀采取措施了。"1984年6月4日,《新闻周刊》发表了一篇题为《轮到我了》(My Turn)的文章,其新闻提要描述了这个问题是如何呈现的:"距离沙尘暴区仅一步之遥。"(可能是巧合,可能不是——就在"耕地铺成道路"的恐慌因为批评而逐渐平息之时,土壤侵蚀再次引起了恐慌。)最近,我们的副总统小阿尔伯特·戈尔(Albert Gore, Jr.)发表讲话称:"每小时有8英亩优质表层土壤飘过孟菲斯[1]。""爱荷华曾拥有平均16英寸厚的世界上最好的表层土壤,现已降至8英寸。"

---

[1]美国田纳西州最大的城市。——编者注

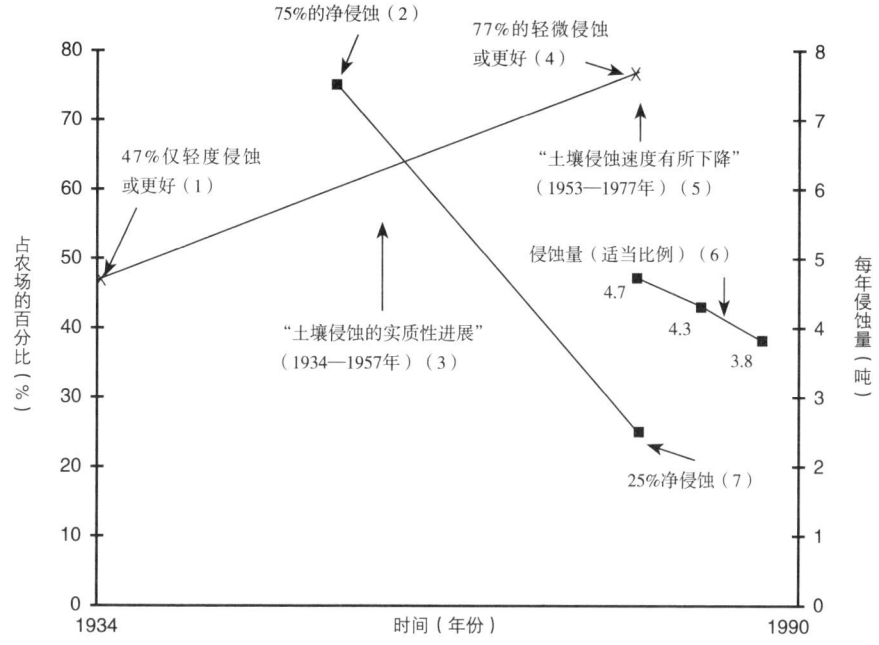

图9-4 美国土壤侵蚀趋势（1934—1990年）

（1）舒尔茨，1984年 （2）斯旺森（Earl R. Swanson）和海迪（Earl O. Heady），1984年 （3）赫尔德（R. Bumell Held）及克劳森（Marion Clawson），由斯旺森和海迪引用，第204页 （4）舒尔茨，1984年 （5）斯旺森和海迪，1984年 （6）海姆利希（Ralph E. Heimlich），1991年 （7）比尔斯（Nelson L. Bills）和海姆利希，1984年

把这些孤立的主张置于背景之下很重要。一小部分耕地（3%）侵蚀得如此严重，任何管理措施都于事无补。77%的耕地以每年每英亩低于5吨的速度被侵蚀，这个速度与土地表层下的新土壤生成速度相平衡，即"无净损失"速率。美国仅15%的耕地"中度侵蚀，侵蚀量在5吨左右"。这片土地上的侵蚀可以通过改进管理措施来减少"，当然，这并非意味着土地面临危险或管理不善。

总之，有关耕地状况和侵蚀速度的汇总数据，并不支持对土壤侵蚀的担忧。更重要的是，数据显示，耕地状况一直在改善而不是恶化。西奥多·W. 舒尔茨和利奥·V. 梅耶（Leo V. Mayer）都坚称危险警报是虚假的。舒尔茨不仅引用了研究成果，还引用了他毕生的回忆，从20世纪30年代他还是达科他州的一个农场男孩开始。图9-4展示了土壤调查数据，这些数据显示，自20世纪30年代以来，土壤侵蚀得到了缓和而非加重。但即便是诺贝尔奖获得者（舒尔茨）的努力，也无法与公关巨头抗衡，后者成功地收买了新闻媒体，为美国公众洗脑。

1984年4月10日，美国农业部发布的新闻稿安静地投下了第二枚炸弹："耕地土壤的年平均侵蚀量从每英亩5.1吨降至每英亩4.8吨。"也就是说，土壤侵蚀度正在降低而不是加剧，这与农业土地研究所的说法完全相反。但是新闻报纸和电视媒体并没有注意到或者根本就不相信这些批评。虽然美国农业部承认，新的数据清楚地表明，危险并不像声称的那样严重，但据我所知，并没有任何印刷刊物发声，让公众意识到危险并不存在或者公众是如何被误导的。（问问你的一些熟人，他们对耕地城市化和耕地侵蚀的印象如何。）

土壤侵蚀带来的主要的负面效应，并非是对农田的破坏，而是对排水系统的堵塞，这就需要昂贵的维护费用；后者的成本是前者的许多倍。

后记　环保组织是如何设下骗局的？

在现实面前，那些散播"耕地的消失危机"者采取了一贯的逃避策略。也许这个例子将有助于揭露环保组织是如何行骗的，同时也使此类骗局在未来更难得逞。

在我为《华盛顿新闻评论》（*Washington Journalism Review*）撰写的一篇文章中，曾写到"耕地的消失危机"是令人遗憾的欺诈行为。我的基本断言是，300万英亩的数据比实际高出至少两倍。美国耕地信托基金的负责人，同时也是全国法官协会的前任负责人罗伯特·格雷（Robert Gray）对此进行了正面抨击。我的答复如下：

罗伯特·格雷在回信中明确指出，"每年有300万英亩的农村土地用于非农业用途"，即用于城市化、道路等方面。这一回复给了我们很大的帮助。基于此，我提出以下建议：我认为，100万英亩比他所说的300万英亩更贴近实际，为此，我愿意和他赌一万美元。如果我输了，我会毫不犹豫地从口袋里掏出这笔钱；如果我赢了，这一万美元将捐给马里兰大学基金会用于科研。

这一场赌局可以由美国统计协会（ASA）和美国农业经济学协会（AAEA）的5位前任主席，或由这些协会选定的专家委员会来评判，由《华盛顿新闻评论》作为中间人持有赌注。当然，如果格雷先生不接受这次打赌，那么包括记者在内的任何人，都可以和我进行这次赌局。

格雷先生是否接受赌注，如他所说，应该是对我所写内容是否"虚假"的一个公平验证。如果他不接受这一赌局，他的成员和捐赠者可能会猜测，全国法官协会和美国耕地信托基金所颁布的300万英亩是否是一个骗局，正如我所说的那样。

当然，这次打赌就像在桶里捕鱼一样易如反掌，因为连美国农业部也撤回了每年征用300万英亩农地的信息。格雷先生之所以重复这个数字，无非是想让读者无论如何都要相信他。

我准备就自己过去几十年所著的书和文章里提到的所有关于资源、环境和人口增长的其他数百项内容也来一次现金打赌。

无论从事实还是理论的角度来看，不当之处总是会存在。所幸，因为没有什么大错，我也有了些信心。那么，当有人说资源变得更易获得而不是更加稀缺，我们呼吸的美国空气和饮用水并未变得更脏、更危险，而是污染更少，更加安全时，那些大声疾呼"谎言、该死的谎言、虚假的数据"者，你们敢拿出实际行动来吗？

请原谅我提出的打赌一事。尽管它使人不舒服，却是让那些末日论者记下自己言论的最后一招。

当然，格雷并不愿意打赌，他只是含糊其辞地提出辩论。所以我的回复是：

致格雷先生：我愿意在下述条件下与您"辩论"：（1）由科学领域的知名人士和相关学科的专家组成评判小组，例如美国统计协会或美国农业经济协会的五名前任主席，或这些协会指定的人员。（2）你和我以书面形式提交代表我们各自立场的全部科学文件。

这和我之前的要约相同，而且我不坚持打赌。打赌只是为了让你要么行动起来，要么闭嘴。遗憾的是，两者你都没有选择。

也许你还有另一条路可走：我曾在信里向你指出，这是一个骗局，你的组织参与此事，应为此担负责任。如果你认为我在这方面说了假话，可以向法院起诉我。

嘿，读者们：格雷这个家伙真的可以通过"琐碎""滑稽"和"不专业"等粗俗之语来逃避问题吗？当他和新闻界人士交谈时，没有人会像你们所说的那样给他施加压力。

大多数记者对于政府机构和环保组织故意歪曲事实的报道仍然不感兴趣，这真令人沮丧！编辑也只收到两封回信，都是谴责我的。我只接到一位记者——《福布斯》（*Forbes*）的霍华德·班克斯（Howard Banks）的电话，他觉得这件事有新闻价值，希望能继续跟进。当我在书中记载的事件使环境运动和媒体看起来很糟糕的时候，他们是如何公正地寻求真相的呢？

10　水、森林、湿地，下一个呢？

公众对资源、环境和人口增长的关注不断变换其目标。当土地日益稀缺的证据不足时，那些担心耕地流失的人便说："那水呢？如果我们把水用完了，有再多土地也没有用。"担忧森林的"丧失"是另一个引起普遍关注的老问题。尽管目前木材的供应比以前更充足，但在20世纪初，人们仍然担心由于对木材的需求过度而导致森林面积减少。（另一个关于森林的问题是它们作为休闲用地和野生动物栖息地的问题，这将在第29章中有所讨论。）现在，连湿地（以前被称为沼泽地）也成为了环保主义者关注的焦点。

让我们先简要地讨论一下水资源短缺日益严重的问题。在第一版中，我认为这个问题是没有必要讨论的。本书第20章则讨论了十分可笑的，诸如餐馆的餐桌上不提供水、如厕后不冲水等一系列"节约用水"措施。

问题的实质

水不会像燃烧的化石燃料那样，变成其他东西。雨水和海水最终以我们最初使用它时的形态回到我们体内，不会变成（比如说）青铜。水也永远不会像废铁一样，在垃圾堆里受到侵蚀。此外，无论以什么标准衡量，海洋都蕴含着巨大的水量。那么，水出现问题的唯一可能性是：（a）在某一特定时刻，某地的水供不应求，导致水价过高；（b）可用水不清洁。

可用水和其他资源一样，是人类劳动和创造力的产物。人们"创造"可用水，并且有大量机会去发现和利用新的资源。水的一些其他来源已为大众所知，并且部分已投入使用：船舶将水从一个国家运往另一个国家；深井采水；污水净化；将冰山拖曳到需要的地方；海水淡化，等等。但也有一些全新的可能性，其中一些已有初步方向，另一些还在探索之中。

一个关于发现新水源的重要例子是，底层岩石中存在大断层的地区有含水层。过去，地质学家认为在这些大分水岭中，水不容易从一个地方流到另一个地方，尤其是不能垂直流动。但是潜水员已经绘制出这些含水层中的水流运动图，并证实它可以垂直流动。苏丹东部的红海省、佛罗里达州及其他地区便以这种方式发现了大量的地下水。

这一新方法还表明，大量流域受地下水污染的威胁比以前所认为的还要大。因此，它将方向指向了污染防治。

水资源的消耗问题

至于现代消费者对水资源问题的看法，可以看看20世纪90年代南非的一个典型的贫困地区——这也是当今发达国家一个多世纪以前的情形，一般家庭每天大约花费三个小时从水源地运水至家中，才能满足基本的用水需求。相比之下，南非典型的中产阶级家庭只需一两分钟的工作就能支付一天的水费。在南非贫困地区，送水商送水到家的价格大约为南非现代中产阶级水价的25至30倍。如同所有其他自然资源一样，水资源将长期处于丰裕状态，而不是日益稀缺。这也是本书的基本观点：我们的境况最终会因问题的出现而变得更好。第37章讨论了相反的观点——"我们正在预支未来，大自然的报复将不可避免地摧毁人类文明"。

当我们发现家庭用水本身绝不会成为一个长期困扰我们的问题时，我们可以立即简化我们的问题。因为即使采用成本最高的生产手段——海水淡化来生产水，家庭用水的成本也只占家庭预算的一小部分。

我们以加州圣巴巴拉县为例，假设淡化1亩呎[1]即325851加仑的海水，按1992年的美元价格计算，成本为700美元或1900美元（取决于你如何计算）。在这个富裕地区，每个普通家庭平均每月消耗7500加仑水（相当于华盛顿特区的消耗量）或至多90000加仑水（价值500美元）。

即使华盛顿特区的水价从水源地的每亩呎0美元上涨到1900美元，每个家庭每年的水价只会上涨约500美元。当然，这并非一个小金额，但它代表了可能出现的最大增幅；淡化水将永远以最高的价格供应，因此，人口可以无限增长，却不会推

---

〔1〕1亩呎约等于1233立方米。——编者注

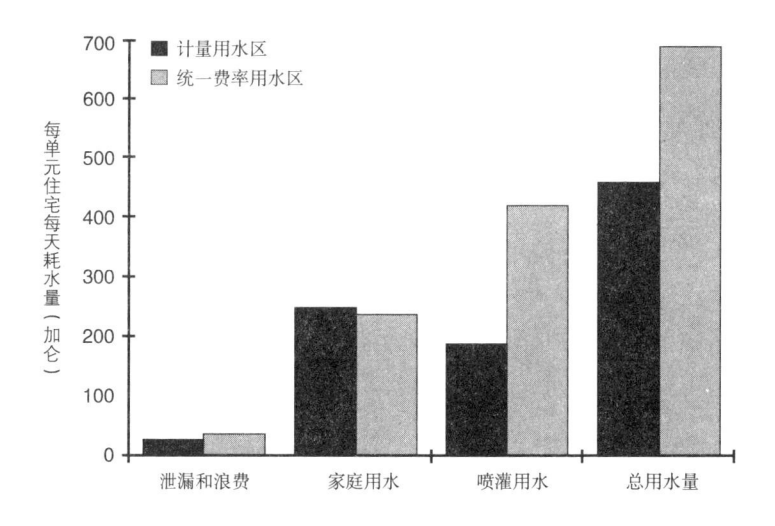

图10-1a 计量用水与定额用水的比较

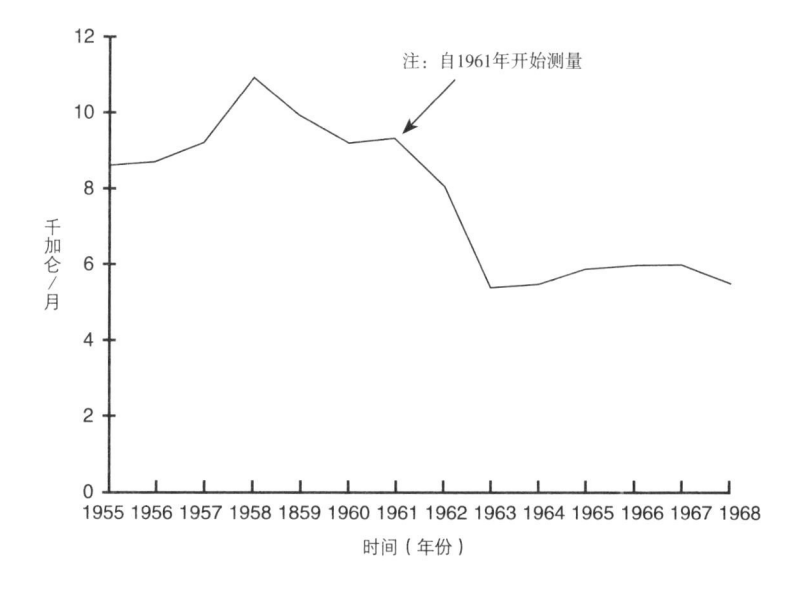

图10-1b 计量法对科罗拉多州博尔德每户居民用水总量的影响（1955—1968年）

高水价。

随着技术的提高和能源价格的下降，海水淡化的成本可能会低很多。例如，一个海水淡化厂利用现有的发电厂余热生产水，其所需成本仅为上述例子中的一半左右。（水源地现行水价也并非0美元；在南加利福尼亚，水的批发价约为每亩呎500

美元。）此外，随着水价上涨，家庭用水量也会减少。在那些用水表计量的地区，即使水价不高，每个家庭的用水量也仅为按月统一费率购水地区的一半左右。图10-1a和10-1b显示了用水量与价格的关系。

对于消费用水来说，最重要的事实是大部分水用于农业。例如，灌溉用水占犹他州用水总量的80%，新墨西哥州的90%。农业用水量对价格也非常敏感。绝对短缺和定量配给之所以存在，是因为价格不能随市场的变化而变化。相反，在许多农业地区，水价是以非常低的补贴价来稳定的。例如，加州弗雷斯诺附近农民的购水价格为每英亩17美元，而据美国审计总局称，其成本为42美元。在加州一些地区，农民的购水价格为每英亩5美元，而洛杉矶水务局必须为每英亩水支付500美元。这种补贴政策鼓励农民种植需水量较大的作物，结果就是将城区的水资源引走。

另一个困难是，农业和市政的河流用水权涉及复杂的法律结构，往往不符合现代需求。水资源经济学家一致认为，政府如果停止补贴农民用水，允许自由买卖水权，水资源短缺现象将不再出现。

一部分人拥有超出其自身需求的水量，但官僚政府的禁令使其无法将自己的水权售卖给愿意购买的人。政府千方百计对抗自由市场，保护自己的权利，结果导致水资源利用率低，甚至出现真正的匮乏，最终不得不实行配给。

政府的过度控制、不当控制和价格操纵的非理性典型做法就是配置加州"干旱警察"或"水警"，他们专门负责对加州城区的非法浇灌草坪等活动处以罚单。

有关更多信息，请参阅特里·安德森（Terry Anderson）的文章（1995年）。关于我们饮用水的清洁度和纯净度，详见第17章。

木材

木材是一种农产品，因此它更适合于关于水和土地的使用这一章，而不是关于能源的一章节，尽管它在过去一直是大部分地区的主要燃料来源。[1]

---

〔1〕1850年，木材占美国能源供应的90%，1885年则为50%。（参考资料丢失。）——原注

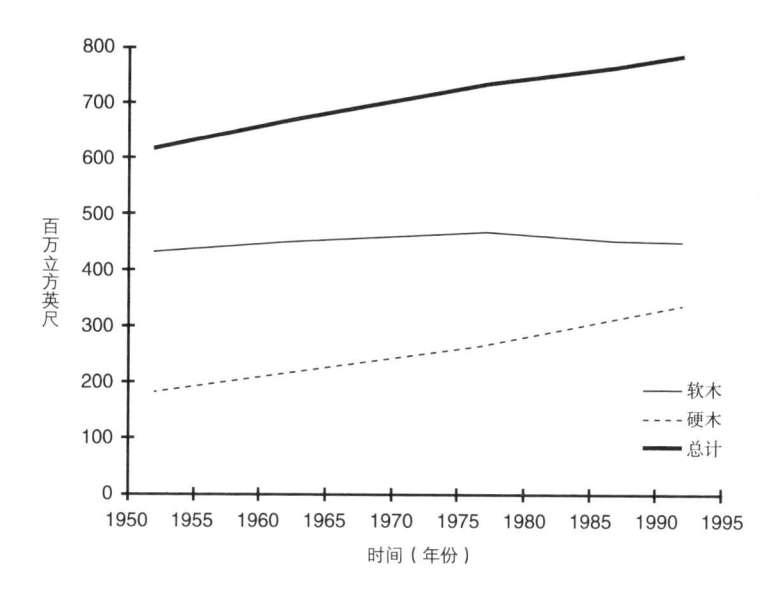

图10-2　按木材类型划分的美国森林木材量（1952—1992年）

美国人一直担心木材短缺。1905年，美国总统罗斯福说："木材短缺危机不可避免。"这一声明早在1860年就曾引起了全国民众的担忧。人们对山核桃等树木尤其关注。在"树木屠杀"这样的标题下，一位具有代表性的评论员哀叹道："树桩断裂和土地荒芜的噩梦。"由于太过强调典型，他忽视了事实，甚至谈论国家森林如何成为"现存最大的高质量软木材存储库"。而事实上，私有森林才是绝大部分锯木木材的重要来源，并且每年都在剧增，如图10-2所示。

在第一版中，我曾指出，尽管自泰迪·罗斯福[1]（Teddy Roosevelt）时代以来，木材被大量投入使用，但是20世纪70年代与当时的情形大不相同。我引用的一份报告称："低等级工厂木材过剩，加上市场机遇的缺乏，继续对各州和国家森林的改善造成了严重制约……"（1951年）山胡桃树占满了东部的阔叶林。虽然大量的木材被用于生产纸浆和纸张，但（1971年）我们每年的木材产量可能比1910年更多。

正如（美国）环境质量委员会（CEQ）解释的那样："木材年净增量（年总增长

---

[1] 这里指的是西奥多·罗斯福（Theodore Roosevelt，俗称老罗斯福）。——编者注

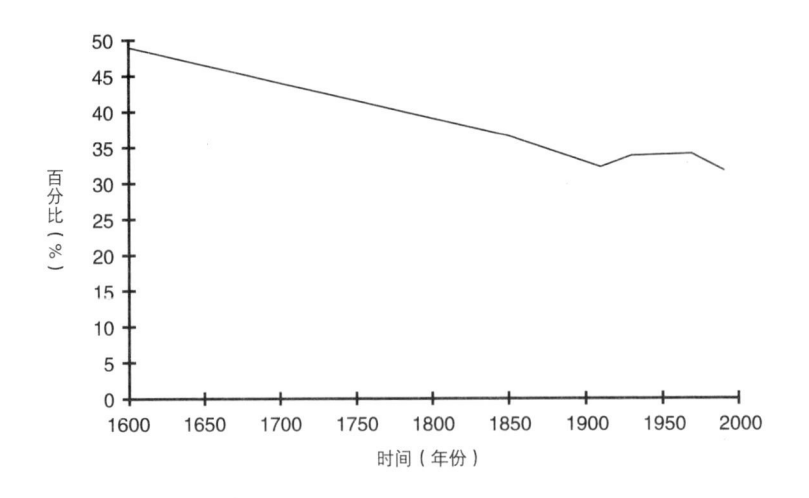

图10-3 美国森林覆盖率

量减去使用量)表明,1952年至1962年期间,软木和硬木的年净增长率增长了18%,1962年至1970年期间增长了14%。这是由森林火灾控制、植树造林和其他林业拓展项目实施的结果。从那时起,木材的产量一直在增长(见图10-2)。

关于不同大小的硬木和软木的树木数量趋势的数据表明,环保主义者的担忧和森林工业的信心都有其依据。1960年至1980年期间,太平洋西北部最大和最古老的树木——道格拉斯冷杉及其他软木的砍伐速度令人咋舌。(监管带来的负效应之一就是,出于对即将出台法规的畏惧,人们砍伐树木的速度可能会急剧上升。)但除此之外,几乎所有其他种类的树木数量都在迅速增加,而太平洋西北部地区的老树移除速度已经放缓。

图10-4显示了重新造林的数据。其中86%是私人造林,只有14%是政府造林。这再次证明了鼓励私人造林在创造财富和营造自然环境方面的积极作用。人们种植树木,大部分是为了砍伐使用,尤其是用于造纸。事实上,"美国87%的纸张来自于造纸行业专为造纸所种植的树木"。因此,为砍树造纸而惋惜,就好比哀叹玉米被收割一样。

图10-5显示了野火造成的损失减少的数据,这对于树木爱好者来说不啻为一个好消息。

尽管情况有所改善,但截至第一版,数据却没有显示木材价格的长期下跌——

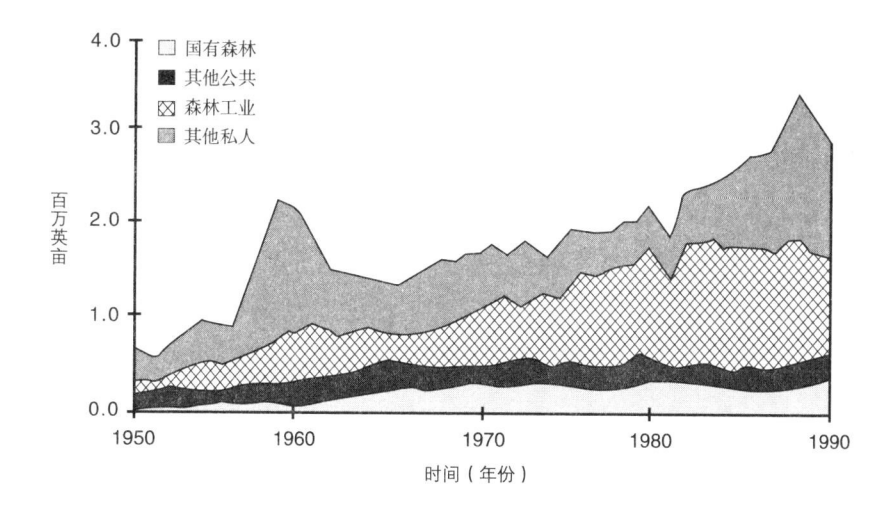

图10-4 美国植树量（1950—1990年）

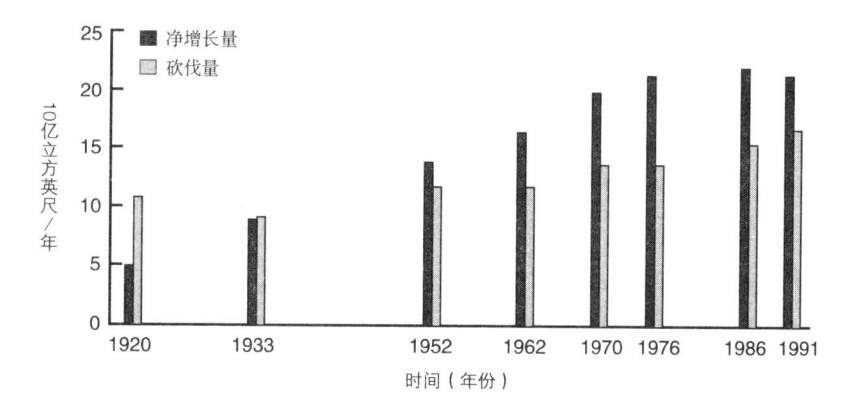

图10-5 木材种植量和砍伐量（1920—1991年）

与其他自然资源不同。[1]直到1992年，木材价格数据呈现的下降模式变得与其他自然资源一样。木材行业的一份出版物标题反映了目前的形势："坏消息：木材

---

[1]第一版曾提及木材在世纪之交得到"大量使用"，这是个错误。约翰逊（Ronald Johnson）和李贝卡（Gary Libecap）1980年的研究表明，木材的投资回报率与铁路债券的投资回报率大致相同，木材价格在整个19世纪和20世纪30年代的增长速度基本相同。这表明，在世纪之交的一段时间内，木材并没有变得更加稀缺。如果真的发生了类似的"木材短缺"，当时的价格和投资回报率就会异常升高。——原注

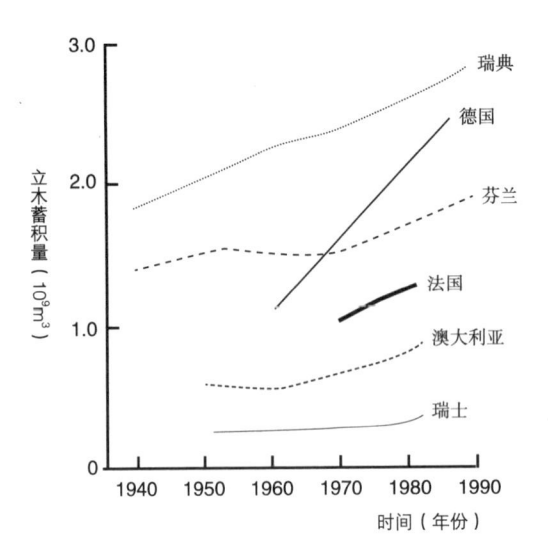

图10-6a 欧洲森林蓄积量（1940—1990年）

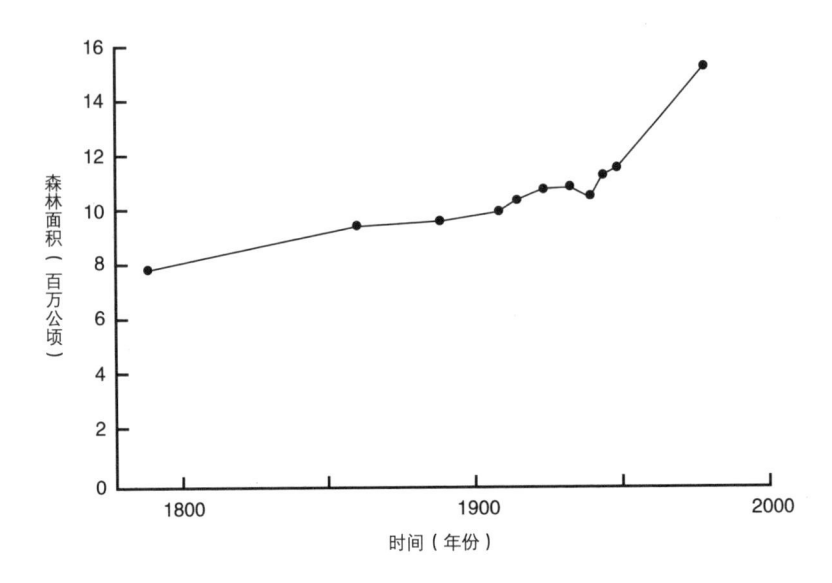

图10-6b 法国的森林面积（从18世纪晚期开始）

价格没有像通货膨胀那样快速上涨。"在整个美国南部，八种锯材和纸浆（包括硬木）的价格都在下降。

　　欧洲的情况大同小异。由森林资源调查提供的相当可靠的数据表明，近几十年来，奥地利、芬兰、法国、德国、瑞典和瑞士"森林资源普遍增加"（见图10-6）。根据不太精确的方法对欧洲其他国家的估计表明，"1950年至1980年期间，这些国家的木材储存量都在增加"。

这些数据与欧洲树木受到空气污染的不利影响的断言并不一致。因此，林业专家在《科学》杂志上发表报道称："污染物的施肥效应至少在目前抵消了其负面影响。"事实上，近年来欧洲树木的生长速度比20世纪初更快。当然，也有一些因污染而导致森林覆盖率减少的案例，比如俄罗斯西北部科拉一家冶炼厂周围5公里的森林。在苏联，受灾的林区总面积约为2000平方公里，而在欧洲，受灾面积最多为8000平方公里，不到森林总面积的0.5%。

为什么公众认为欧洲的森林面积在不断减少而实际上它却在增加呢？部分原因是，研究人员无法有效地从部分生物数据推断出普遍效应。例如，在早期的《科学》杂志上发表的一篇题为《云杉林的空气污染和森林退化》（*Air pollution and Forest Decline in a Spruce Forest*）的文章中，作者推断出云杉林总体减少的结论。事实上，他观察到的是"欧洲云杉林衰退的现象，从针叶变黄、叶子脱落，到最后枯萎死亡的过程"，他还补充了各种气体污染物影响的理论。符合逻辑吗？也许。正确吗？不。这种情况在环境恐慌中屡屡发生。

即使把世界当成一个整体——包括那些仍处于森林砍伐阶段的贫穷国家（当他们变得更加富裕时，他们将重新造林），森林总量并没有减少的迹象，如图10-7所示。

预测的混乱，以及从明显即将到来的"木材短缺"到实际供过于求的转变，都并非偶然，而是人们对感知到的需求做出的反应。一种反应是有目的地种植更多的树木；另一种是提高生产率，使越来越多的树木在更少的土地面积上生长。也许最重要的一点是由于价格上涨而做出的养护工作，以及对木材和木材替代品的研究。我们从日常生活中看到了努力的成果：塑料袋取代了纸袋；新闻印刷用纸变得和海外报纸航空版一样薄一样结实。也许木材在将来甚至不会用于造纸。

红麻和其他植物有望成为新闻纸的替代来源。红麻在5个月之内就可以长到12至15英尺，"每英亩干红麻的产量约12吨……大约是木材亩产量的9倍"。它也有许多缺点，比如运输成本高昂，工厂必须建在种植园附近。但用它制成的纸的质量比用木材的好。它已经在远东投入使用了。讽刺的是，更多地使用红麻会减少对树木的需求，这可能会令户外人士感到遗憾。

注：数据很少，但似乎是能够找到的几十年来最好的数据。

时间（年份）

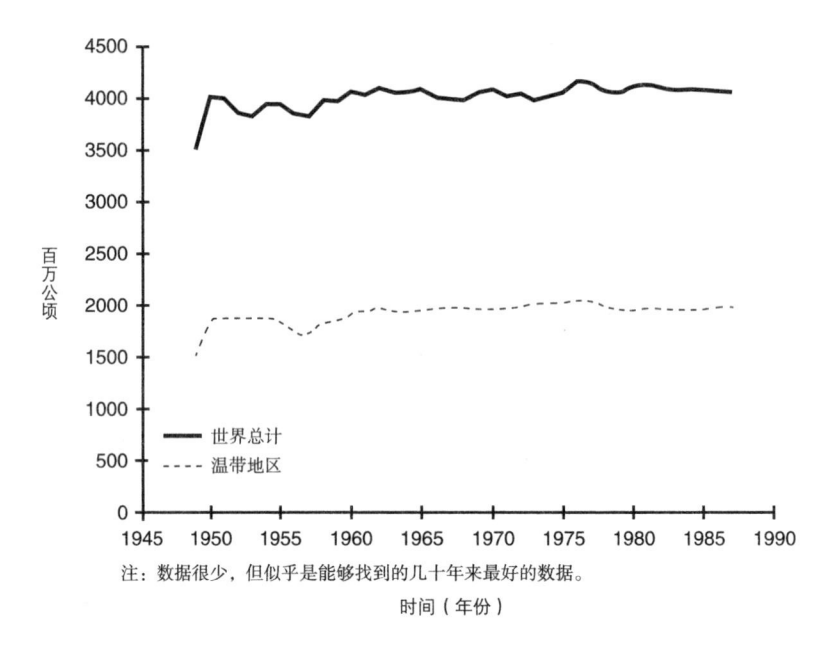

图10-7 世界森林面积（1949—1988年）

就像对食物一样，人们对木材短缺的担忧并未变成现实。而且也没有理由认为前几十年的趋势会突然逆转。（当然，我们重视森林的原因比重视木材多。第29章将讨论美国及至世界的森林不仅为人类提供便利设施，它也是其他物种赖以生存的环境。）

湿地

近几十年来，保护"湿地"（即"沼泽地"）明显是一种与粮食生产无关的活动。防止城市化被（错误地）认为是为未来的粮食生产节约土地，但湿地保护者们明确表示，保存土地用于农业不是他们的理由。

路易斯安那州的主要栖息地生物学家说："如果大豆的价格可观，农民没有理由不卖掉湿地或将它转变成种植农作物的耕地。"其目的是使这些土地停止生产。（事实上，保护主义者不必担心农业带来的侵蚀，因为未来几年大豆的价格可能会下降而不是上升，就像所有其他食物一样；见第5章。）

如果我们的国家认为，为了环境或动物，值得保留一些湿地，或防止湿地沙漠化、城市化，那么经济学家就无法对这一政策作出明智的判断。正如我所居住的马里兰州蒙哥马利县的县长所说："大部分人会认为这样（保留湿地）很吸引人。自然环境很好……"这是一个公共的选择。又或者像荒野协会的一名官员所说："保护湿地不仅仅是为了野生动物和人类休闲，而是为了拥有它。"

当然，如果我们想要公园，甚至是无人使用或造访的土地，我们应该做好为其付费的准备。我们也可以要求人们基于充分的事实和分析再作判断。自由主义公民可以提出合理的问题，即这些土地的私人所有者是否应该在没有补偿的情况下被剥夺其财产权。

结论

关于水资源，经济学家们一致认为，要确保发达国家的农业和家庭有充分的水供应，就必须有结构合理的水法和市场定价。问题不在于人口数量的多寡，而在于法律的缺陷和官僚的干预；如果放开水资源市场，几乎所有的水资源问题都将永远消除。

从长远来看，能源价格的下降在很大程度上降低了海水淡化和水的运输成本，这就反而缓解了未来的水资源供应状况。在经济落后的缺水国家，造成水供应和许多其他问题的原因是没有足够的资金建立有效的供水系统。随着这些国家变得富裕，不管人口如何增长，水资源问题都不会那么棘手，而会更像如今一些发达国家的水问题。

11　石油资源会枯竭吗？永远不会！

如果我说它们像粒子一样运动，这会令人误解；同样，如果我说它们像波浪一样运动，也会如此。它们有自己独一无二的运动方式，从技术角度来看，可以称之为量子力学方式。您从未见过这种运动方式。您对以前见过的事物的体验是不完整的。

理查德·费曼，《物理之美》，1994年

所谓的爱因斯坦理论，只不过是受自由、民主的诳语所污染的思想，是德国科学界完全不能接受的。

沃尔特·格罗斯博士，纳粹德国"北欧科学"的官方倡导者，瑟夫和纳瓦斯基出版作品，1984年

法西斯分子仇视宇宙相对论。他们认为这是一个垂死的、反革命的意识形态的反叛宣传。

瑟夫和纳瓦斯基出版作品，《苏联天文杂志》(Astronomical Journal of the Soviet Union)，1984年

当水泵干涸时我们该怎么办？

保罗·埃利希，《富裕的终结》(The End of Affluence)

能源，资源之母

能源是最主要的资源，因为它能使我们将一种物质转换成另一种物质。随着自然科学家对能源将物质从一种形式转变为另一种形式的研究和发现，能源将变得越来越重要。因此，如果可用能源的成本足够低，那么所有其他重要资源都可以变得充裕，就如戈勒和温伯格所展示的那样。

例如，低成本能源使人们有能力开发大量有用的土地。如今，因成本过于高昂，海水淡化尚不能广泛使用，降低能源成本将使海水淡化成为可能；与此同时，灌溉农业也将在今天的许多沙漠化地区展开。如果能源价格大幅度降低，人们便可以将淡水从富余地区输送到遥远的干旱地区。此外，如果能源成本足够低，人们可以从海里开采各种原材料。

另一方面，如果能源绝对短缺——也就是说，如果储油罐里没有石油，管道里没有天然气，铁路车厢里没有煤——那么整个经济就会陷入停滞。或者，如果能源可用但价格高昂，我们生产的大多数消费品与能够提供的服务就会更少。

摆在我们面前的问题主要是：能源短缺及其价格的发展前景如何？以下是结论——在这一章的开头，而不是结尾，为你进入关于能源的知识丛林提供指导。

1. 能源是最重要的自然资源，因为：

（a）提炼其他自然资源需要能源；

（b）有了足够的能源，所有其他资源都可以被"创造"出来。

2. 预测能源成本和未来短缺的最可靠方法是：根据第1章和第2章所述的理由，推断能源成本的历史趋势。

3. 能源经济学的历史表明，每个时代的人们都担忧当时的重要能源会消耗殆尽。但是能源价格的长期下降表明，能源一直在逐渐增加而不是日益短缺。

4. 提炼工艺的改进，以及新的资源和新型能源的发现，都促使其供应日益增长。

5. 这些改进并非偶然，它主要是由于人口增长引起需求增加所致。

6. 长期以来，世界上存在着一种毫无意义的"资源有限论"，这在无形中使能源甚至石油变得短缺，且价格昂贵。从理论上说，在很长时间内，能源成本可能上升也可能下降，但总趋势指向下降。

7. 基于技术分析的预测不如推断成本的历史趋势有说服力。此外，对于未来能源供应的各种技术之间也有千差万别。

8. 预测未来能源供应量较为稳妥的方法，是根据目前的石油、煤炭和其他化石燃料的"已知储量"来进行预测的。

9. 恰当的技术预测将建立在对不同价格水平下可生产的额外能源量的工程估算，以及对各种能源价格产生的新发现和技术改进预测的基础之上。

10. 一些技术预测人士认为，即使能源价格高得多，我们的供应量也只会小幅增加，而且是以极为缓慢的速度增加。其他人士则认为，只要价格略高，就会有大量的额外供应涌现，且速度惊人。

11. 技术预测者们意见不一的原因来自于几个方面：

（a）科学数据的引用；

（b）政治力量的评估；

（c）意识形态；

（d）是否将资源"有限"作为影响预测的一种因素；

（e）生动的科学想象。

12. 技术预测者之间的分歧使得降低历史成本的经济推断更加引人注目。

现在，我们具体谈谈这个话题。

由于能源起着至关重要的作用，所以我们认为最重要的是必须清楚地说明能源的发现和使用方式。对此，常见的观点为：

银行里的钱，地底下的油。

消费容易，获取难。

消费越快，耗尽越快。

这就是能源危机的意义所在。[1]

但这个用金钱说明能源的比喻漏掉了能完全改变结果的关键力量。我们会看到，与分析其他原材料一样，对能源进行更全面的分析和对其进行简单的马尔萨斯投射理论的分析所得到的结果完全不同。

第1—3章在分析矿物资源供应时，指出了四个重要因素：（1）如果其他条件保持不变，开采资源的成本将随着资源使用量的增加而增加；（2）为了应对资源价格的上涨，工程师倾向于优化资源开采技术；（3）科学家和商人则倾向于寻找资源的替代品，比如用太阳能替代煤炭，或用核能替代石油，以满足日益增长的需求；（4）回收材料的使用量增加。

除了上述的因素（4）以外，能源供应和其他采掘类原材料的供应类似。如铁和铝等金属，可以回收利用；而煤和石油因为要被燃烧掉，所以不能回收利用。当然，这种区别并不十分明显。开采后的大理石一旦被切割，就不能像铜那样可以再被熔合。但是，被切割的大理石可以不断使用，而能源却不行。

由于铁可以从使用过的废料，比如废旧汽车的零件中提取，所以铁的重复使

---

[1] 斯坦·本杰明（Stan Benjamin）："能源的消费等同于家庭财富的花费。"（《尚佩恩-乌尔班新闻公报》，1977年5月4日）——原注

用不会明显影响铁矿石的价格。尽管如此,"用完了"的实际含义不等于可回收利用。如此看来,能源的未来也许不那么光明。但在我们着手进行分析之前,不妨先看看几个世纪以来,能源"短缺"是如何使那些最明智的分析师望而生畏的。你一定会从中受到启发。

英国煤炭恐慌

1865年,19世纪最伟大的社会学家之一斯坦利·杰文斯(W. Stanley Jevons)写了一本颇为详细全面的书,预言英国工业的发展很快就会因为煤炭的枯竭而停止。他写道:"看来,我们没有理由指望能够补救工业主要动力的不足。""我们也不可能长期保持目前的发展速度。然而,在日益发达的今天,过度的人口危机必定成为我们将要面临的第一重考验。"图11-1再现了杰文斯书中的卷首插图,它显示出"长期的持续进步是无法实现的"。杰文斯还通过调查证明自己的观点:石油不可能最终解决英国的问题。

后来怎样了? 因为预感到未来人们对煤炭的需求以及满足这种需求可获得的潜在利润,勘探者们发现了新的煤炭矿藏,发明家研究出了更好的采煤技术,交通工程师研发出了成本低廉的煤炭运输方式。

美国出现了相同的情况。目前,即使以远高于现在的水平消费,美国已探明煤炭储量也足以满足数百年甚至上千年的消费。在一些国家,煤炭的使用甚至必须给予补贴,因为尽管每单位煤炭产出所需的劳动力成本一直在下降,但是其他燃料的成本下降得更多。这表明,人类过去没有开采出足够的煤炭,而不是过去开采了过多的煤炭因而预支了未来的煤炭。至于杰文斯时代那贫穷的古老英格兰,它当今的能源现状是:"尽管凭借北海石油和天然气的巨大储量,英国不仅有望在今年年底或明年年初实现能源的自给自足,而且足够持续开采到下个世纪,但这个国家仍在推进一项雄心勃勃的计划,以期开发更多的煤炭储量。"

石油枯竭危机将长期存在

和煤炭的情况一样,石油枯竭危机长期以来一直是一场噩梦,正如下面这段简短的历史所示:

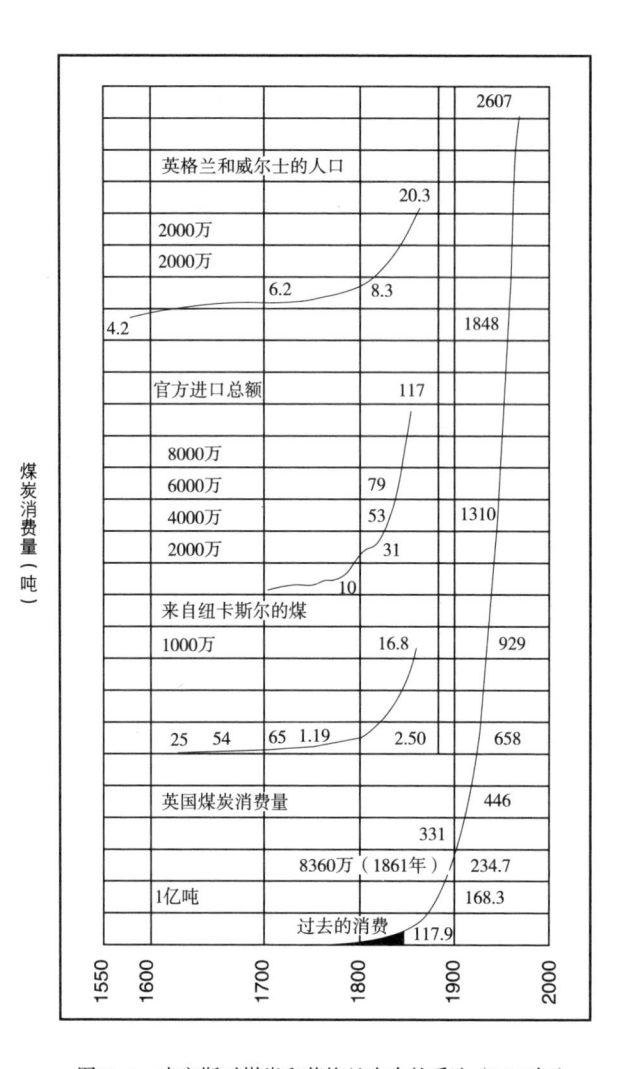

图11-1 杰文斯对煤炭和英格兰未来的看法（1865年）

1885年，美国地质调查局：加利福尼亚几乎没有石油。

1891年，美国地质调查局：对堪萨斯州和得克萨斯州的预测与1885年对加利福尼亚的预测相同。

1914年，美国矿业局：未来总生产限额为57亿桶，或许可供应10年。

1939年，美国内政部：目前的石油储量只能维持13年。

1951年，美国内政部、石油和天然气公司：目前的石油和天然气储量可供使用13年。

虽然官方对于石油的未来总是作出悲观的预测，且预测经常被证明是错误的，但这并不表示所有关于石油的悲观预测都是错误的。另一方面。预测也有可能过于乐观。但以上的历史片断表明，专家的预测确实过于悲观。因此，我们在评价这些预测时，不能仅仅流于表面。

能源供应的漫长历史

能源供应的统计历史表明，能源供应的总趋势是能源不断丰富，而非短缺。正如第1章所述，能源预测恰当与否的标志，应是用时间和金钱衡量的能源生产成本，以及对于消费者的能源价格，恰当的数据应是历史性的。图11-2、图11-3和图11-4显示了煤炭、石油和电力的历史数据。由于第1章已经讨论了这种成本和价格与能源短缺和可用性之间的关系，这里便不再赘述。我认为，对这些数据的合理解释是：它们显示了降低成本和提高能源可用性之间的明确趋势。[1]

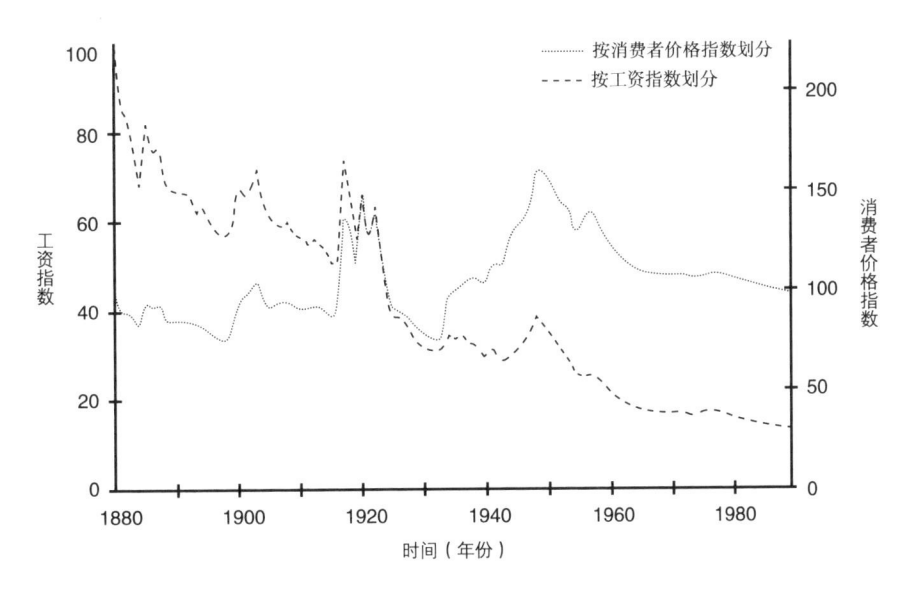

图11-2 美国煤炭价格相对于消费者价格指数和工资指数的关系图

---

[1]比较有趣的是，埃利希等人声称，在1970年以前，发展趋势就已经发生了变化，然而他们的判断是基于一个单一的观察，而事后证明这个观察结果只是一个印刷错误。这件事在本书结尾部分简单提及了一下，西蒙的早期作品中有更详细的描述。——原注

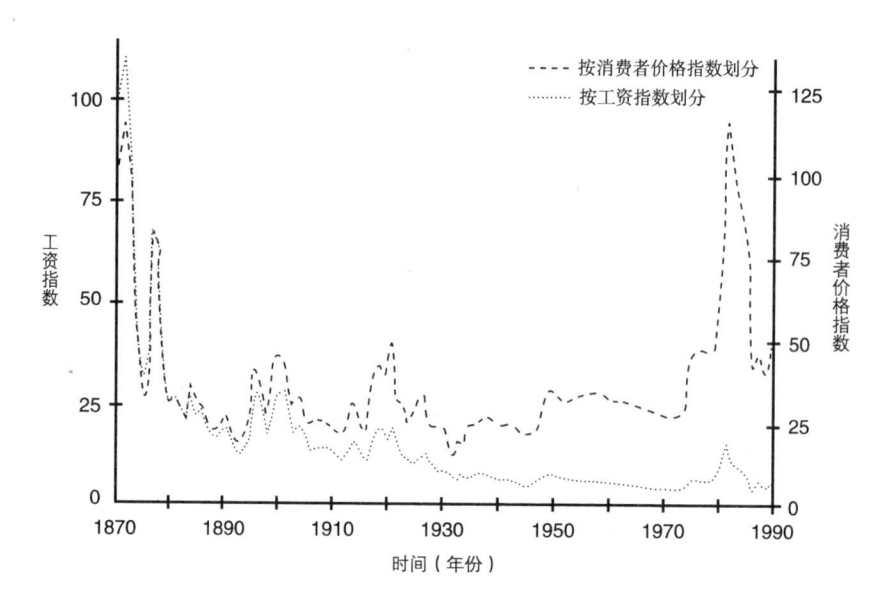

图11-3 美国石油价格相对于消费者价格指数和工资指数的关系图

当然，石油价格下跌是技术进步使然。1859年，宾夕法尼亚出现了新型钻探技术。1862年，每桶油（42加仑）从4美元降到35美分。约翰·洛克菲勒（John D. Rockefeller）在石油提炼和运输方面做了许多改进，1865至1870年期间，一加仑煤油的价格从58美分降到了26美分。这意味着中产阶级在夜晚可以用油灯照明，而在那之前，只有有钱人才买得起鲸鱼油和蜡烛，其他人都无法享受。

电力价格的历史尤其具有启发性，因为它更加清楚地表明了居民消费和工业消费的不同价格。也就是说，电力价格更接近于我们从能源中所获得服务的价格，而不是作为原材料的煤炭和石油的价格。正如第3章所讨论，服务成本比原材料本身的成本更重要。

电力价格与制造业平均工资的比值（图11-4）表明，每小时工资购买的电量正在稳步增加。因为人们每小时购买的电力变得更多而不是更少，这一指标表明，在有记录的时期内，无论以当前美元计算的能源价格是多少，如今的能源给经济带来的麻烦已经越来越少。

总而言之，在有数据记录的整个时期里，能源成本和稀缺的趋势一直在下降。这些趋势通常成为对其预测的最可靠基础。从这些数据中，我们完全有理由推知：与过去相比，未来能源将更易获得，成本将更低。

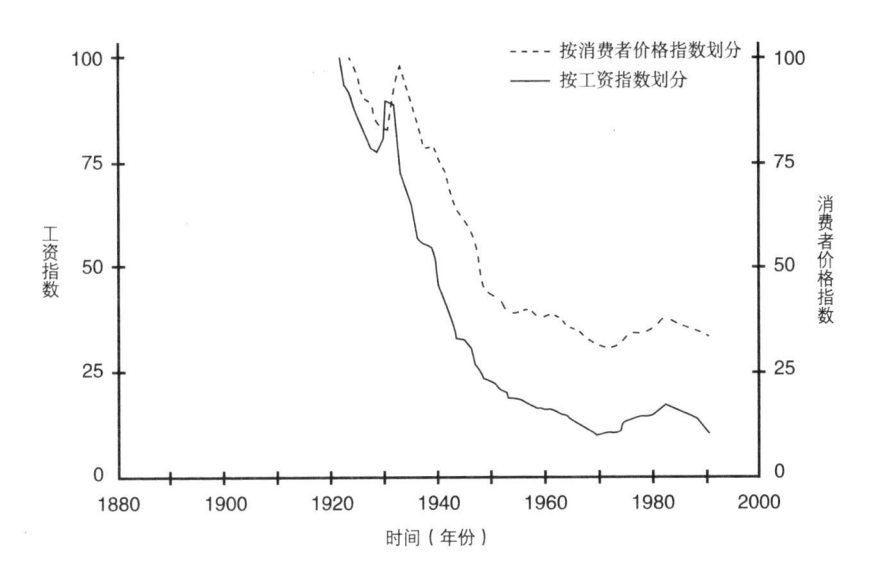

图11-4 美国电价相对于消费者价格指数和工资指数的关系图

从长远来看，能源成本下降是因为下列因素：（1）人口和收入的增加促使能源需求量增加，引发能源价格上涨，从而为使企业家和发明家解决该问题提供了机会；（2）为了满足能源需求而寻求新方法；（3）最终发现的新方法使我们比问题没有出现之前生活得更好。

这一过程的早期例子：公元前300年，因为大量木材被用于金属冶炼，罗马元老院下令限制矿产开采。（使用政府强制力而不是市场的创造力，是一个非常古老的观念。）大约两千年后，在英格兰，由于铸铁需要使用木炭，导致木材严重短缺——影响了海军船只的建造。于是在1580年，议会通过了一项禁止将木材用于炼铁的法案，并于1588年禁止新建铸造工厂。虽然人们已经知道用煤代替木炭，但由于仍然存在技术上的难题，铁的质量受到影响。这一次，木材短缺形成的压力促使煤炭行业进一步发展，鼓风机在冶铁过程中得以应用，为即将到来的工业革命奠定了基石。

从埃菲尔铁塔跳下

你可能会反对用过去能源越来越富足的趋势推测能源的未来，就像你并未从埃菲尔铁塔顶端跳下，却要推断跳塔及着地时的心情一样。但是请注意，我们事先就知道，从塔上跳至地面的那一瞬间，下降会突然停止。但是对于能源和自然资源来说，却没有证据表明会有这种终结。相反，证据指向了积极的方向：（还会有）核聚变、太阳能，以及我们根本无法想象的能源被发现。历史进一步告诉我们，这种对"终结"的担忧，通常会引发巨大的经济压力，从而开辟新的领域。因此，没有充分的理由认为，当能源如同人从埃菲尔铁塔跳下，在着地的时候一切停止，而更可能出现的情形是，我们即将搭乘地面的一枚火箭一飞冲天——此前它一直在预热。

另一个笑话比埃菲尔铁塔的比喻更能说明问题：山姆从他工作的大楼里摔了下来，万幸的是，他手里攥着一根安全绳。然而令人不解的是，他突然放开绳子，"砰"地一声撞在地面上。当他醒来时，人们问他："你为什么松手？""啊，"他说，"反正绳子都会断的。"这就好比我们现在松开所有支持文明进步的绳索，例如拒绝最佳潜在能源——从能源末日论者和保护主义者那里获得的建议。

关于未来能源供应的理论

现在从趋势转向理论，我们将从两种理论角度考虑我们的能源前景：（1）收入和人口基本保持目前的水平。（2）收入的增长速度与现在不同。（第28章将讨论不同于现在的人口增长速度的情况。）把美国与世界区分讨论是最好的选择。但为了方便起见，我们会在这两个话题之间进行切换。（时间越长，讨论的话题就越涉及全世界，而不仅仅局限于美国或工业化国家。）

能源分析类似于自然资源和食品分析，但能源历史有其特殊性，需要单独讨论。除了以下这两个例外，前面所提及的关于自然资源的所有内容都适用于能源：（1）消极方面是，能源很难回收利用。（但也不如人们通常认为的那么绝对。）例如，由于军舰上燃料供应非常有限，锅炉散发的热量通过水管进入烟囱，以便从中获取额外的热量。（2）积极方面是，太阳一直是除了核能以外的所有能源的最终来源。因此，虽然我们无法像回收利用其他矿产资源那样利用能源，但我们的能源供应显然不受地球现有资源的限制。也就是说，无论从哪个角度来看，能源都是"无限"的。

此外，人类在找到煤炭之前使用了数千年的木材作为燃料，在开发石油之前使用了大约三百年的煤作为燃料，在发明核裂变之前使用了大约七十年的石油作为燃料。那么，如果假设在未来七十年或七百年，甚至七十亿年中，人类无法找到一种更廉价、更清洁、更环保的能源来替代核裂变产生的能源,这合理吗?

但是,让我们转向对未来五年、二十五年、一百年或者两百年的社会决策的思考,让我们思考一些实际的问题,比如相对于其他商品,能源成本及其与我们总产出比例会发生什么变化?

"收益递减"的奇怪现象又发生了

让我们首先驳斥关于能源方面的"收益递减规律"。以下是巴里·康芒纳(Barry Commoner)的主要观点:

> 收益递减是美国转向于国外寻求大部分石油的主要原因。因为每从地里抽取一桶石油之后,抽取第二桶就会变得很难。由此带来的经济后果是获取石油的成本不断增加。

另一位环保主义者对"递减法则"的看法则是:

> 我们现在必须从日益减少且更难获得的矿藏中提取原材料。这意味着我们势必聚集社会更多的投资资本在这方面,而用于带动消费和经济增长的资本会相对变少。五十年前,要想获得石油只需在地上插一根管子就行了。现在,我们必须投资数十亿美元来开发阿拉斯加油田才能获得同样多的产量。经济学家如果能像物理学家一样通晓其中的道理,便可以称其为资本生产率的下降(收益递减规律)。

我要指出,这些观点明显是错误的。如今,从主要资源中获取石油的成本比五十年前更低(第3章的后记2中解释了为什么一般不存在"收益递减规律",并说明了这一思路为什么是错误的)。

简而言之,没有什么令人信服的理由说明能源最终会枯竭,能源在未来会比现在更稀缺、成本更高。

预测未来能源可用性的最佳方法和最糟方法

如果有数据依据,同时也没有理由相信未来将与过去大不相同,那么预测价格趋势的最佳方法就是研究过去的价格趋势（支持这一观点的理由在第2章中已详细阐述）。

对于能源，我们有许多过去的价格数据可供参考，比如图11-2、图11-3和图11-4。没有令人信服的理由让我们相信未来会完全不同于过去。因此，只要我们假设过去的价格和成本接近，并且未来仍将继续如此的话，那么推断这些数据趋势就是预测未来能源供应和能源成本的最合理的方法。这种经济预测法预测能源成本逐步降低，能源短缺也会逐步减少。

然而，地质学家和工程师在预测能源供应时，往往依赖于技术而不是反映价格趋势的数据。由于他们的预测对公共事务影响很大，所以我们必须分析他们预测的方法和意义。

首先，我们必须摆脱一种被普遍接受的谬论：能源发展趋势可以借助"已知储量"来预测。这一观念是使用误导数据的一个例子，因为它们是唯一可用的数据。我们在第2章简单地分析了这种"储量"概念的可用性。现在让我们就石油问题进行讨论。

"已知储量"是指已探明地区的石油总量，也是经过地质学家确认的总量。在开采油井前的很长时间里，个人、公司或政府通过搜寻有开采前景的可钻井区来预测石油的已知储量——用提前足够长的时间来作准备，但不能提前太久，以防止勘探成本的投资不能获得满意的回报。这里的关键论点是，已知储量的建立需要花钱，并且我们可以从任何时期的已知储量中获得更多关于油井预期盈利的信息，而不是埋在地里的储量。同时，勘探成本越高，它所获得的已知储量就越少。

"已知储量"很像我们放在家中储物柜里的食物。我们会为今后数周或数天储备足够的食物，但不会多得让我们浪费很多金钱，塞满整个储物柜，到最后我们却不需要；也不会少得因一次意外，比如家里来了客人或遭遇坏天气就很快用光。

这就解释了为什么已知储量就像一个奇迹，总是巧合地只领先于需求一步，如图11-5所示。一位上了年纪的老人在1970年代告诉我，如果根据报纸上关于已知储量的新闻报道来看，"当我还是个孩子时，石油就已经用光了"。然而，不管是外行，还是受人尊敬的记者，对石油和能源的讨论大多仍集中在已知储量方面。图11-6截取自《新闻周刊》，是一个非常典型的例子。该图清楚地表明，世界已知储量一直在下降，关于"石油枯竭"威胁论也甚嚣尘上……"石油用完了？……究竟还剩多少可以开采？"

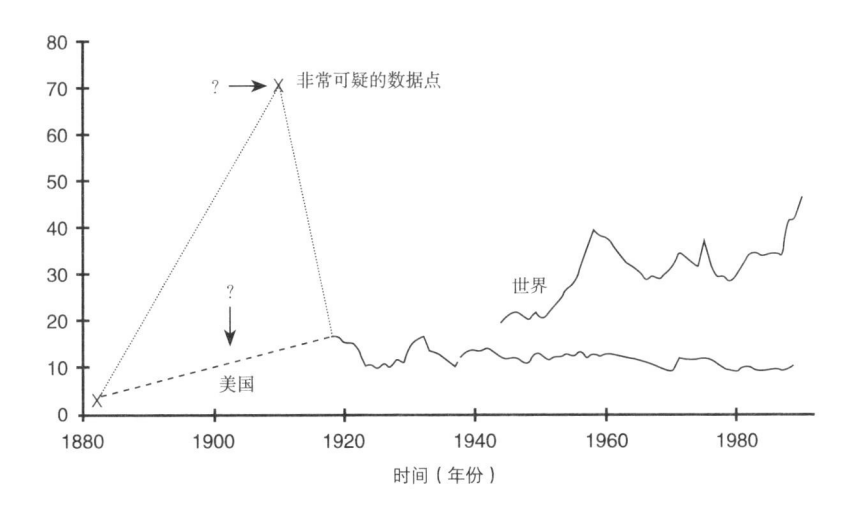

图11-5 美国和世界原油的已知储量/年产量

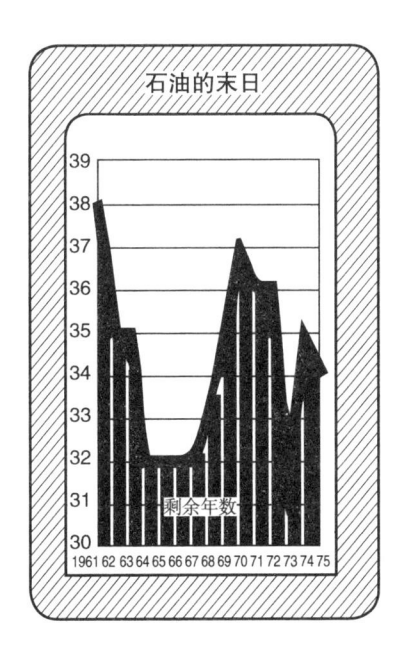

图11-6 "已探明储量"概念的混乱

15年来，这些新的发现已经超过了世界范围内的使用。因此，以每年的消费速度计算，世界储量可以维持35年左右。那么石油还剩下多少？

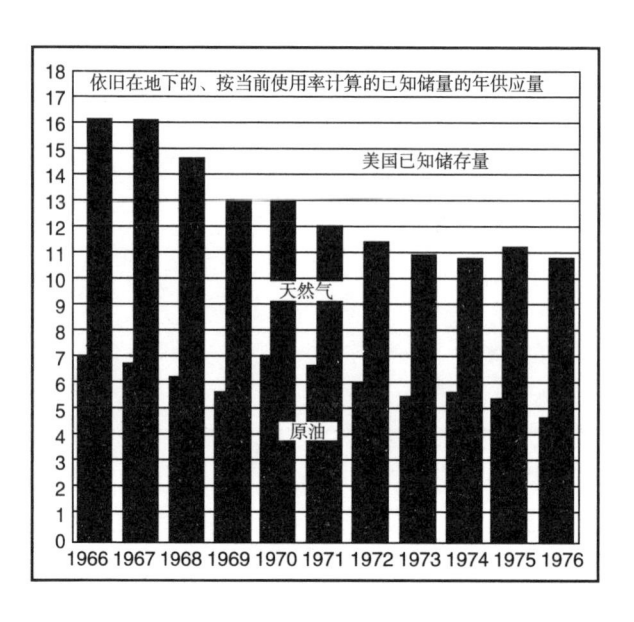

图11-7 更多混乱

美国已探明的石油和天然气储量正在下降，但地质学家估计，总共可能有1.6万亿桶石油和潜在的天文数字数量的天然气有待发现。问题是：开采它们将花费多少钱？

更具有误导性的是美国已知储量的图表，如图11-7所示。当美国因进口石油比国内石油便宜而采取石油进口措施时，其石油已知储量势必会减少。如果绘制一幅美国的铝或黄金的已知储量图，这些已知储量同样会很少，所以呢？

一种更加"复杂"，甚至更具误导性的方法是，假设价格保持不变，预测当前的需求增长，然后将预测所得与已知储量相比，从而得出结论：需求将很快远远大于供应。这种方法可以从图11-8中看到。即使假定目前预测的需求增长十分合理（不得不说，合理预测很难做到），这样的计算结果所表明的是，价格必须上涨才能使需求减少、供应增加，直至达到供需平衡为止。然而，从图11-8中根本没有观察到这种基本的经济供需分析方法。同样具有误导性的是，图中所依据的假设是，石油生产或其他能源的发展不会使未来的能源成本低于目前的技术知识水平。

更好的技术预测方法

如果有人坚持用技术预测法对能源供给情况进行预测，即使这种预测法很可能不如经济预测法，那么，要怎么才能取得最佳效果呢？ 也就是说，如何从技术层面对短期内比如未来十年或二十年的石油和能源进行合理预测呢？（第2章中已经对有关技术层面的资源供给预测作了粗略讨论。）

在未来十年或二十年内，假设美国和全世界的收入和人口有所增长是已知的。那么，它们可以作为数据来考虑，而不是作为可预测的变量。此外，对近期能源生产的预测还涉及其他两方面信息：（1）计算每种能源所需的工程投入量，并在此基础上利用现有技术，从页岩油和风能等目前尚未开发的能源中提取燃料，最后从工程角度预测其成本；（2）根据过去有关能源生产企业对市场价格变化作出响应的程度的数据，以高于和低于当前能源价格的各种价格新开发的传统油井、煤矿和核反应堆进行经济预测。

由于缺乏这些能源的开采经验，它们的处理技术及成本都存在很大的不确定性。因此，在预测核能、页岩油、太阳能、风能和其他能源的地理位置时，工程估算方法必然发挥主导作用。但是，在当前能源得到充分利用，能够产生大量关于开采过程和生产者行为的数据——就像化石燃料那样，那么在供应对价格的反应预测中，实证经济预测法应该发挥主导作用。因此，预测能源整体趋势的最佳方法将融合经济预测法和工程预测法。

然而，在关于开发页岩油和核能等能源的成本方面，工程师和科学家的估算大相径庭。技术专家对各种过程中存在的生命威胁也做出了完全不同的预测。至于能源行业对不同价格的反应，经济学家的预测同样存在极大的差异。例如，1977年，

早晚的事

假设阿拉伯石油产量保持在目前的水平，那么到1981年就会出现短缺。加强产量限制会推迟危机的发生，但即使如此，危机早晚会来。

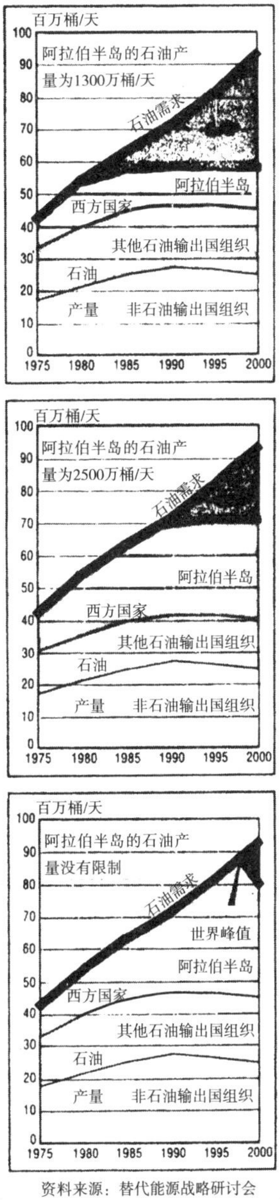

资料来源：替代能源战略研讨会

图11-8　另一种形式的混淆

天然气供应成了非常有争议性的政治问题。以下是由此产生的一些供应预测结果：（1）能源研究与发展管理局（ERDA），也就是（美国）能源部（DOE）的前身，曾在三个月内作了三次生产预测，其估值相差三倍！卡特总统给出的估值比这三个估值中的最低值还要低。他的预测为："按照1974年的技术和价格来判断，能源供给只能维持10年。"（2）美国天然气协会（AGA）表示，按照目前的消耗量，天然气足够维持"1000~2500年"。报纸中报道："能源研究与发展管理局的专家也一直在试图告诉白宫（这一点）。" 一方预计只能供应10年，另一方预计可以供应1000~2500年，差距之巨，令人困惑不已。（3）同年，时任美国地质调查局局长的文森特·E.麦凯维博士在国会关于能源问题的辩论中，作出了一项后来的"官方"预测："在墨西哥湾沿岸地区的地下压力区，天然气差不多是美国今年消耗量的3000~4000倍。"但这一预测与白宫的说法正好相反。不到两个月，麦凯维被解雇了——他担任局长6年，在地质调查局工作了37年，并被提名为美国国家科学院院长。正如《华尔街日报》所说，"麦凯维博士不知道该适时闭嘴"。这种巨大的差异可能只是政治家们玩弄数字游戏的结果。

近来，国际天然气供应与需求委员会估算，至2000年，世界天然气储量的静态开采寿命将达到112年。当然，这不包括未来探测到的天然气。

对于页岩油和人工煤气等尚未开发的资源，预测的差别更大。

为什么对能源供应量相对于价格变化作出的反应程度的预测会有如此大的差别？有许多原因，比如：（a）既得利益，例如，石油公司与支付给天然气供应商的（较低的）天然气价格有利害关系，天然气价格降低，钻井将减少，石油的销量就会上涨，如此一来，石油公司自然希望天然气供应的价格弹性预测偏低。相比之下，天然气公司则与较高的价格（不受监管）有利害关系，自然期望天然气供应的价格弹性预测偏高。（b）关于潜在的供应"有限性"的基本信念，以及关于人类想象力对于新发展的需求作出反应的可能性；（c）作出预测的工程师和地质学家在科学想象力方面的差异；（d）工程师和经济学家之间因技术方法差异带来的专业性差异。

似乎每个月，我们都能阅读到关于获得更多能量的新方法。比如：三维地震勘探方法以非常低的成本勘探出大量石油；在尼日利亚和阿曼，壳牌石油"已经发现新的石油，每桶成本不到10美分"；海底的水合物可能构成"一种潜在的燃料储备，使陆地上所有的化石燃料储量相形见绌"。

在我看来，这些数据和理论仍能支撑赫尔曼·卡恩及其同事数年前的预测。"整体看来，能源成本很可能延续无限期下降的历史趋势……除运气不佳或管理不善造成的暂时波动外，人们真的不必担心未来全球能源短缺或能源成本的问题。"

从长远来看呢？

第3章提到了过去几十年、几个世纪以来能源使用率的提高。文中提到了一篇威廉·鲍曼所做的分析，其中表明效率的提高会产生巨大的影响。其核心观点是：生产力的提高不仅降低了现有资源的使用量，更重要的是还会增加整个未使用资源存量的未来服务。仅这一点，就意味着未来能源供应永远不会枯竭。

这一过程从图11-9中可以看出——截至1890年，一吨货物海运所需的煤炭量降至1830年的十分之一左右，比这期间人口增长的速度更快。向石油的过渡，意味着经济效率的提高（否则这种现象就不会发生）；而且因为船舶表面越来越平滑等有利因素，这个过程应该会无限期地持续下去。当然，核能可以完全取代煤和石油，极大地提高效率。但我无法用一张只有物理因素的图表来描述整个过程。

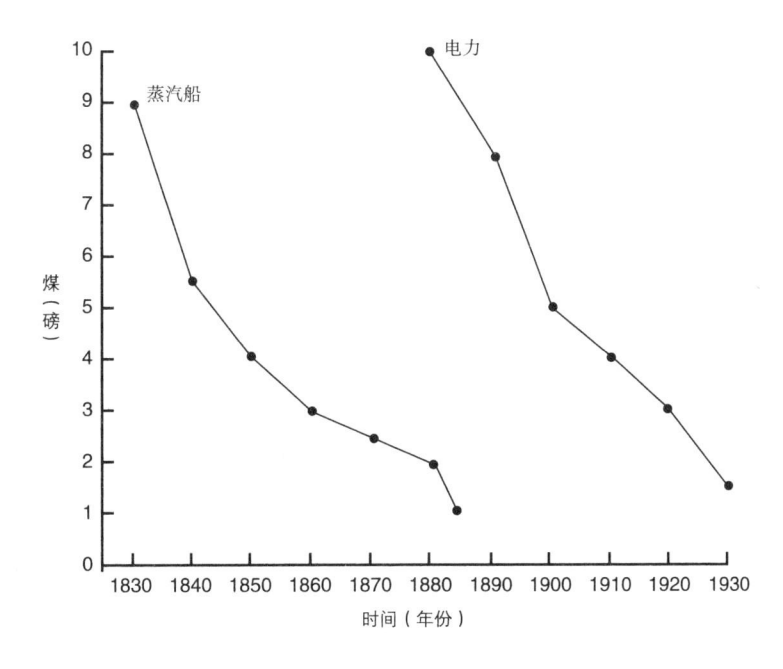

图11-9 能源长期利用情况（1830—1930年）

图11-9中的电力情况大致相同。发电机将燃料的热能或水的势能转化为电能。人们从发电机获得的能量不会超出输入的能量。但是，除了发电效率提高外，诸如冰箱、加热器和家用电器等终端产品也在提高自身的能效比。

就人类能量的输入而言（不管如何衡量它们），这一过程甚至更加不同寻常。现在，只需少数人便可仅凭一艘船穿越海洋运送数十万吨货物，平均每吨货物需要的人数比几个世纪前少了很多。如果以每天航行的海里数和运输量来看，效率甚至更高。

无限的石油

你可能想知道，石油、煤炭和天然气等"不可再生"能源是否与可循环利用的矿物资源不同，前几章谈到的资源无限性是否并不适用于前者？你可能在想，我们最终会将这些促进社会发展进步的煤和石油用光。但我们的能源供应并不是有限的，石油就是一个重要的例子。这不是印刷错误。我曾在第3章提到，如果要使"资源是有限的"具有实际意义，就必须说明如何计量资源总量。那么，现在让我们考虑一下计算石油总量将遇到的一系列困难（如下）吧。与其他资源一样，只要仔细思考就会发现，石油的潜在存量——甚至更多的是我们现在从石油中获得的服务量——并不是有限的。

1. 某一口油井的潜在油量是可以测量的，因而它是有限的（尽管有趣且相关的是，对于开采难以获得的石油，当我们开发出新方法时，该油井的经济能力也会增加）。但是，最终将生产石油的油井数量和产油量目前尚不清楚或无法测量，而且可能永远也没有答案。所以，资源有限性的说法也就失去了意义。

2. 即使我们不切实际地假设，地球上可能探测到的潜在油井都会被勘探到，并且我们可以对现有技术（甚至是未来一百年内出现的技术）可能获得的石油量作出合理的估计，我们仍须考虑页岩油和沥青砂的未来可能性——这真是一项艰巨的任务！

3. 但是，让我们先来假设我们可以估算页岩和沥青砂的产油潜力。那时我们将不得不考虑将煤转化为石油。这也是可以做到的。但随着测量标准越来越松散，能源数量的"有限性"和"限制性"将越来越少。

4. 我们可能会从新作物（棕榈、大豆等）而不是化石燃料中提炼油料。显然，除了太阳能量（土地和水不是限制，参见第6章和第10章）以外，这种来源没有任何实质性的限制。同时，随着我们不断地深入研究，资源"有限"的概念也变得越来越没有意义。

5. 如果我们允许用核能和太阳能替代石油——这么做也是有道理的，因为我们真正想要的不是石油本身，而是石油提供的服务。所以，这种有限论可能会更加没有意义。

6. 当然，太阳最终会成为"落日"。但即使我们的太阳不再像曾经那么能量充沛，在别的什么地方也可能存在着另一个"太阳"。

第3章开头的玩笑道出了关键点——是否存在所有这一切的"终极"结束？也就是说，在太阳和所有其他星球的能量全部耗尽之后，能源供给是否真的"有限"？这个问题极具猜想性，以至于可以比肩于其他一些形而上学的"娱乐活动"，例如计算一个针头上可以容纳多少个天使站立[1]。只要我们仍从太阳那里获取能量，关于能量是否"最终有限"的任何结论都不会对当前的政策决定产生影响。

关于来自太阳的能量：我们的资源最终是否有限，似乎与能源最为相关。但实际上，与其他资源相比，有限论对能源的误导性更大。当人们说矿产资源"有限"时，他们往往将地球看作一个有界的系统——"宇宙飞船"，我们显然被限制在其中，就像宇航员被限制在宇宙飞船里一样。但即使是现在，我们能量的主要来源还是太阳，无论你如何看待这件事。这远远超出了太阳是我们使用的石油和煤炭的先验能源这一事实。太阳也是食物中能量的来源，以及有诸多用途的树木的能量来源。

未来，世界许多地方可能会用太阳能为家庭供热，并用来加热冷水。（截至1965年，以色列大部分热水多年来一直是靠太阳能设备加热，即使油价以前低很多。不过请记住，用这种水淋浴至多不冷不热，除非你使用备用电气系统来提高温度。）考虑到当

---

[1] 这是西欧中世纪时一个很常见的宗教和哲学话题。由于天使可大可小，因此此类问题既可以回答又不用回答。现在，它被引申指代纠缠于研究细小、奇怪而没有什么实际意义的事情。——编者注

前技术，能源价格不太可能上涨。尽管如此，如果常规能源的供给价格比现在高很多，那么太阳能将会满足我们更多的需求。即使在未来某个时间，地球核反应的资源耗尽——这种假设遥远得不值一谈——其他星球上也有能源。因此，由于地球的化石燃料甚或核燃料数量有限便认为能源供应有限的观点，纯属无稽之谈。这个观点忽略了那些尚未发现的能源。

结论

能源不同于其他资源，因为它是"用完"的，基本上无法回收。能源明显趋向于越用越少。这样看来，似乎不可能继续使用能源而使之不被耗尽，也就是说，永远不会达到日益充沛的时候。但是，能源价格的长期趋势，加上诱导创新的解释性理论，有望持续降低能源的稀缺性及其成本——正好与当前的普遍观点相左。抛开政治障碍不谈，最坏的情况是，核电提供的成本上限保证了电力成本不能远高于目前的能源成本。

马尔萨斯的常识性理论表明，能源使用得越多，剩下的就越少，因此能源呈现出日益短缺的趋势。但历史事实与之完全相反。几个世纪以来，正如其他所有的自然资源一样，相对于劳动力成本甚至消费品价格，煤炭、石油和电力等能源的价格一直在下降而不是上升。目前，核能的成本与煤和石油差不多。随着技术的进步，核能以不断下降的成本保证了取之不尽，用之不竭的供应。

从经济角度来看，这意味着早在我们掌握数据的情况下，能源就越来越多，而不是越来越稀缺。这意味着：资源储量增长的速度，或资源使用率随着时间的推移而不断提高的速度，或这二者的组合，都已经超过了资源的枯竭速度。

我们可以从另一个角度来看待这个问题：就其占国民生产总值的比例来看，能源变得越来越不重要，这与所有其他自然资源的情况相同。

在技术改进的前提下，即使消耗量增多，能源和其他自然资源的价格仍然在下降。然而，就像土地和铜矿一样，还有其他力量起作用，我们有机会获得更多（*我们需要的*）服务，即使我们对这些资源的需求有所增加。

利用能源的优势之一是改进了其使用技术。以蒸汽机为例，它刚发明时的运转效率只有1%。如今的引擎工作效率是最初的30倍，也就是说，它现在完成同样的工作量只需消耗以前三十分之一的能量。微波炉的发明也直接表明，煮一顿饭所消耗的能量只需以前的百分之十。当人们发现了提高资源使用率的方法时，该方法不仅可以提高我们今年的能源使用率，还会增加已知或尚未发现的资源的有效储量。这一过程可能会持续很长时间，也许是无限期的。

能源供应的增加同样重要。我们学习如何挖得更深，泵得更快。除了煤炭、页岩、石油、沥青砂等能源，我们还开发了新的能源来源。只要有阳光，我们便可以种植石油的植物替代物。（请参阅第6章关于使用淡水进行水培农业的相关内容。随着盐水种植的油料种子作物的生产，沙漠灌溉农业成为可能。沙特阿拉伯农业正进入商业发展阶段。）同时，核裂变能源持续稳定，而且其使用成本也会长期保持不变或呈下降趋势。

在我们的太阳能耗尽之后，可能会有核聚变或者其他一些类似太阳的能源满足我们的需求。这些理论问题虽然是物理学发展了几个世纪才提出来的，但我们有70亿年的时间来解决它们。对能源供应将永远持续下去且稀缺性将持续减少的期望是合理的。

12 当今的能源问题

在这一点上,给社会廉价而充足的能源就无异于给一个傻孩子一把机枪。

保罗·埃利希

一些美国专家认为,油价太低并不好。

《纽约时报》,1991年3月12日引自查尔斯·克劳萨默(Charles Krauthammer),《华盛顿邮报》,1991年3月15日

汽油太便宜了。尽管人人都知道,却没人敢说。

杰西卡·马修斯,《华盛顿邮报》,1992年5月19日

凯恩斯的名句"从长远来看,我们都会死去"非常愚蠢。一个善意的猜测是:凯恩斯对巧妙台词的热爱掩盖了他更好的判断能力(尽管在第3章中,我们看到他对原材料未来趋势的判断也是完全错误的)。无论如何,这句话表达了他对现在和不久将来的关注和思考。现在让我们谈谈当前的能源问题吧。

一般来说,能源尤其是石油能影响大众的情绪。图12-1显示,认为能源是国家面临"最重要问题"的公众比例,从1973年9月的3%跃升到1974年1月的34%,紧接着迅速回落至4%。然后到了1977年,这一比例先后经历了急剧上升和下降的过程;1979年夏天,随着欧佩克的油价上升,这一比例也随之上升,然后再次下跌。1979年,认为美国的能源形势"非常紧急"或"相当紧急"的民众比例高达82%,但另一份民意调查却显示,80年代,为能源担忧的民众比例在迅速下降(见图12-1)。公众思想的迅速变化,恰好反映了民众对石油和能源认知的波动性。除了因为汽油价格的变化之外,公众没有能源供应的直接体验(从长远来看,汽油价格的波动并未加剧能源的稀缺),这些民意调查结果也表明,公众的担忧主要源于新闻和电视上对能源形势的描述。

真实的能源状况可以从煤炭、石油价格的数据中看出,如图11-2、图11-3和图11-4所示。这些数据的时间跨度很大,它们可能会掩盖近期的一些重要变化。因

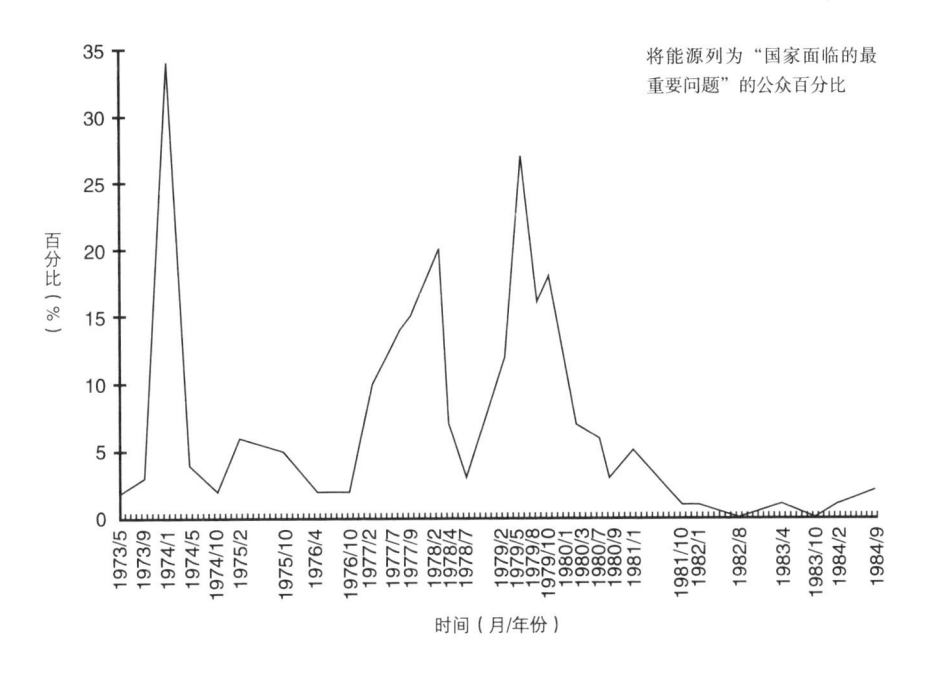

图12-1 能源成了"最重要的问题"

此，让我们分析一下近期能源成本的变化——重点分析石油问题的近因。本章也将涉及"替代"能源问题。（第13章分析了核能的特殊问题。）

短期内的关键问题是政府在能源方面的政策。最担心近期能源供应的人往往会呼吁政府采取各种干预措施。相反，那些认为能源供应并不值得担忧的人（包括我）却认为，政府每次针对能源市场所采取的干预措施，都将给公众带来昂贵的代价，也损害了能源供应。

环保人士呼吁的项目包括，支持风能和太阳能等"替代"能源；对化石燃料征税以减少它们的使用；以及对核能的使用设置所有可能的障碍。这些举措将带来以下影响：（1）增加死亡人数，因为核能的生产比煤和石油安全，轻型汽车不如重型汽车安全；（2）提高企业的能源成本，打击能源生产者的积极性，进而限制生活水平的提高和就业机会的增加；（3）提高消费者的消费成本，降低其购买力；（4）将经济纳入监管体制，消耗企业家的精力。

能源积极分子想要实施这些项目的原因很复杂。消费者福利当然不是唯一甚至也不是最重要的原因，正如埃利希傲慢的言论，"拥有充足能源的人是危险的"，马修斯则认为"汽油太便宜了"（在最初的文本中没有任何解释）。一个动机是能源积极分子认为经济增长本身是坏的,这在上文引用的埃利希和赫尔曼·戴利的话里能够看到。这一动机不利于所有能源(包括核能、石油和煤炭)得到合理高效的利用。世界资源研究所的一位官员称:"煤炭燃烧是对地球上生命的根本威胁。人类最终会与每一个燃煤电厂作斗争。"如果你担心能源供应是否能满足日益增长的公众需求,那么就很难反对这些观点。

首先是一些事实

一般来说,能源,尤其是石油,是最难达成一致意见的话题。但是让我们看看我们能在多大程度上达成共识。首先,我们来简要指出学者们达成的共识和存在的争议,以及能源是如何与相互冲突的利益、政治和意识形态纠缠在一起的。

关于石油的共识:(a)几十年来,中东地区以每桶约50美分(1992年币值)的价格生产足够的石油,与每桶20美元的市场价格形成对比;(b)石油从中东到美国和世界其他地方的运费为每桶2~4美元。

显然,大多数投机者都不认为未来油价会急剧且持续上涨。如果有人真的相信这一点,那么即使不惜支付存储成本也要购买和储存石油,以应对日后长期的油价上升。但没有人这样做(尽管有传闻称,南非因其特殊的政治军事处境,储备有可供消耗长达七年之久的石油)。

世界上大部分地区都没有进行过系统的石油勘探。1975年以前世界各地的钻井数量和1989年的产油井数量就可以体现出这一点,具体数值分别如下:美国,2425095和603365;苏联,530000和145000;拉丁美洲,100000和17500;加拿大,100000和38794;澳大利亚和新西兰,2500和1024;西欧,25000和6856;日本,5500和368;非洲和马达加斯加,15000和5381;南亚和东南亚,11000和9900;中国,9000和1944;中东,10000和6827。美国开展的勘探和钻探活动比其他地方多得多,这并非因为美国拥有更大的石油生产潜力,而是它对石油的需求更高,再加上其拥有先进的生产技术、多年的石油进口贸易保护政策和政治稳定等优势条件。

原油储量的估算对原油的定义高度敏感。美国地质调查局对原油的定义仅仅是指在大气压力下将会到达地表的石油。如果将大气压力下可能到达地表的石油、页岩油和沥青砂里的天然非液态油,以及其他来源的油都包括进去,那么石油的储

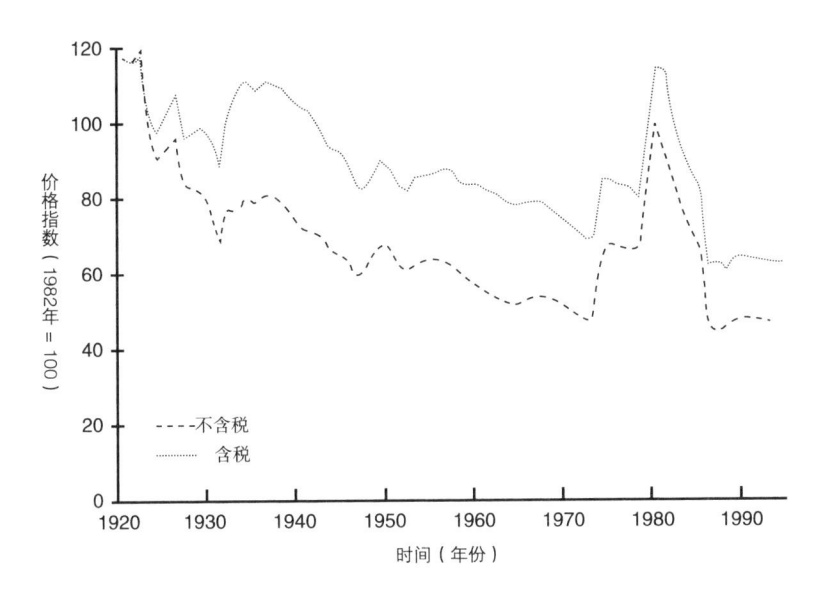

图12-2　实际汽油价格（1920—1994年）

量估值将高出许多。

关于石油最重要的长期事实是：自石油发现以来，原油价格持续下跌。最重要的短期事实是：汽油（石油的主要产品）价格持续下跌。因此，尽管欧佩克采取了一些行动（见图12-2），目前的价格仍是历史最低。

关于煤炭的共识：（a）在美国和世界其他地方，煤炭的已知储量多于石油的已知储量；（b）煤炭运输成本高昂；（c）以20世纪90年代的能源市场价格为标准，煤炭价格低于石油和天然气价格；（d）煤炭的使用污染了空气，其社会总成本比石油高；（e）最重要的是，考虑到采矿风险和空气污染，煤炭对健康的损害甚至比核能还要严重（核能曾被预测将带来最严重的后果），将超过核能可能带来的任何损害。

关于石油替代品的共识：除了页岩油、油砂、煤和来自煤层的甲烷，石油替代品也可以从各种农作物中提炼。除了甲烷（即使在目前也可能在商业上可行），目前这些替代品的生产价格都没有化石石油的价格具有竞争力（以1992年币值计算，每桶为15~20美元）。但如果化石石油的价格大幅上涨，那么人们对研究降低汽油替代品的成本会更有动力。某些替代品——可能性最大的是从焦油砂和煤炭中提取的液体燃料，无疑将会大幅降价。

目前，从蔗糖、玉米等生物质[1]（如硬木）或城市固体垃圾中提取燃料的成本约为从石油中提取汽油成本的3倍。大幅度降低这一成本需要农业生产率的大幅提高，即使在农业飞速发展的今天，这可能至少需要几十年的时间才能实现。许多人可能被用本土出产物替代化石燃料的想法吸引，但被迫依赖这些燃料可能会导致自食其果的灾难。例如，巴西政府对从蔗糖中提取的乙醇进行大额补贴（这一措施也得到了世界银行的巨额补贴支持），致使许多汽车转而使用这种燃料。然而，当世界糖价上涨时，巴西无法购买提取乙醇的原材料，车主也因此而无法获得燃料。

在某些地区，风能、地热资源（如喷泉）和太阳能也许可以充当替代能源。但是如果没有政府的大量补贴，几乎没有一种能源能在市场上占领较大份额。

然而，即使在目前替代品成本高昂的情况下，如果美国、欧洲或日本这样的现代化国家（地区）不得不转向这种替代品，也不会受到太大影响。因为石油占总支出的比例很小，因此石油成本的增加对总成本或最终消费的影响并不大。

石油的市场价格会影响其他燃料的市场价格。比如1973年，随着欧佩克提高了石油价格，煤炭和铀的价格也急剧增长。之所以出现这种情况，显然是因为这些商品的拥有者认为它们有更大的市场需求。另一方面，由于卡特尔的解体，石油价格极可能下跌，煤炭和核能也因此面临投资风险，人们对这些能源的投资有可能演变成一场金融灾难。

关于核能的共识：核燃料的供应规模极其可观，在任何人口规模上都是取之不尽，用之不竭的。

如果政府监管的负担不会大大延长发电厂的建造周期，也不会使设计和建造复杂化，那么铀矿发电的价格大概是1992年石油价格的一半或三分之二。法国和美国过去几十年的经验证明了这一点。

如果核能比石油便宜，那么它就比其他非化石燃料能源便宜得多。也许最发人深省的是支持太阳能和风能的世界观察研究所的汇编。他们估计，在美国，每年每千兆瓦时的能源生产行业的就业人数分别为：核能，100；地热能，112；煤炭，116；太阳能，248；风能，542。他们认为这些数据对太阳能和风能有利，因为它

---

[1] 生物质是指在光合作用下形成的各种有机体，包括所有的动植物和微生物。生物质能则是太阳能以化学能形式储存在生物质中的能量，长期以来，它是人类赖以生存的重要能源之一。——编者注

们"创造了更多的就业机会"。显然,他们没有认识到社会对劳动力的需求量是衡量一件商品的社会成本的最根本指标。用铲子"创造"的就业机会比用推土机创造的更多,但如果仅用铲子,我们注定只能勉强维持生计。(显然,这就是"可持续经济"所代表的含义。)这与玻璃瓶吹制器协会成员对世界的看法一致。该协会成员"多年来一直遵循一条不成文的规定——工会成员喝完一瓶啤酒后,有责任打碎瓶子,为吹瓶工制造就业机会"。

核裂变产生放射性废料,将增加许多的储存和处理问题。(这一点将在第13章进一步讨论。)

转用核能将大大减少化石燃料燃烧的所有重要副产品的排放,包括二氧化碳(与全球变暖相关的潜在因素)和尘埃微粒(最有害的污染物)。图12-3的数据表明,伴随着核能的增加和化石燃料的减少,二氧化硫和氮氧化物的混合物排放也在减少。

其他国家已经把核能发电作为电力的主要来源,其比重远高于美国(见图12-4)。

与核裂变不同,核聚变废料的放射性相对较低。但是作为一种能源资源,核聚变目前还是不可控的。

以下事项存在争议:

未来还剩多少石油供应量。一些地质学家声称,以目前的价格和消费速度计算,石油产量很快就会达到峰值,随之下降。另一些地质学家则信心满满地预言,只要勘探仍在进行,新的石油来源将大量涌现。在这个问题上,代表不同利益的各

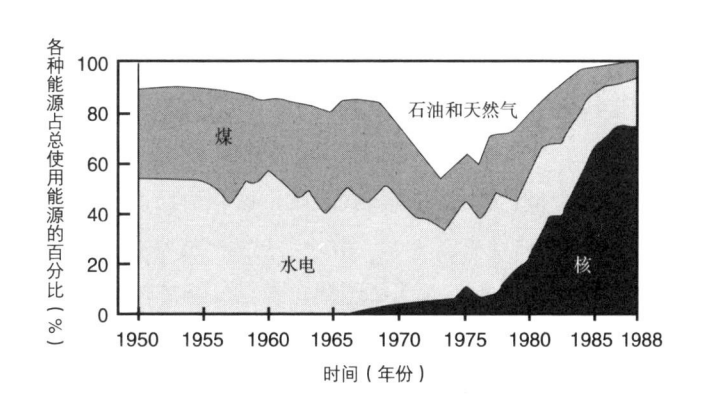

图12-3a 法国发电来源

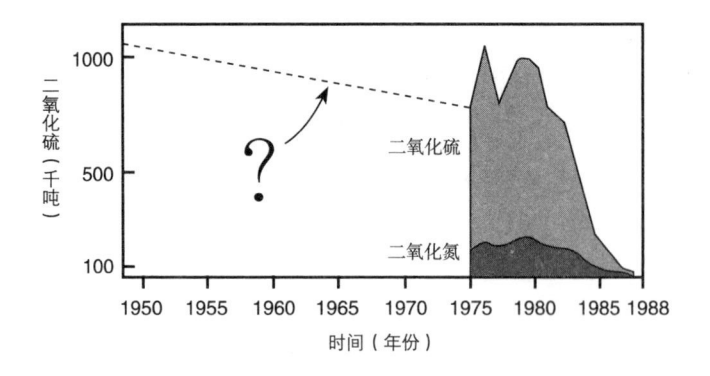

图12-3b 从法国电力集团排放的二氧化硫

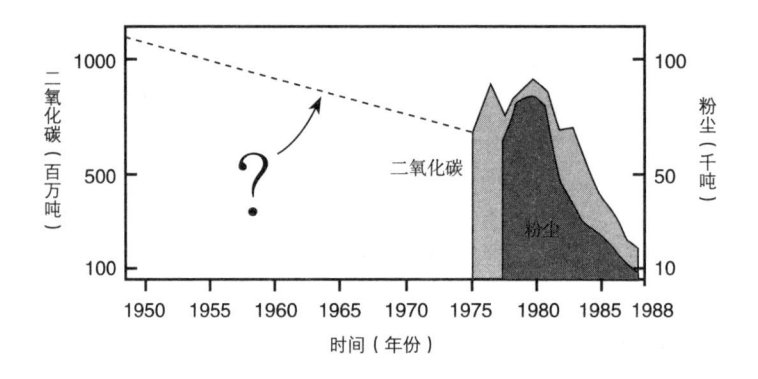

图12-3c 从法国电力集团排放的二氧化碳和粉尘

个组织的官方发言人发表了不同意见。

石油和其他化石燃料的安全燃烧量也存在争议。人们将燃烧量控制在多少以内才能避免造成大气中二氧化碳含量过高，即所谓的"温室效应"？人们普遍认为，20世纪80年代有关全球变暖导致海平面上升数英寸甚至数英尺的预测毫无依据。

未来的天然气供应量：20世纪70年代，政治家和专家们对未来天然气的预测出现了极度的混乱和矛盾（见第11章）。由此引起的恐慌在1978年底消失。当时美国政府的官方观点发生了大的改变，能源部长宣布，"能源部正在鼓励当前使用石油的企业和公共事业单位改用天然气，不用煤炭"。一次能源恐慌就此结束。

问题是"替代"能源是否切实可行。在不久的将来，如果石油价格保持当前水平，无论潮汐能、海洋热能、地热能、风能、燃料电池、常规太阳能，或是加压

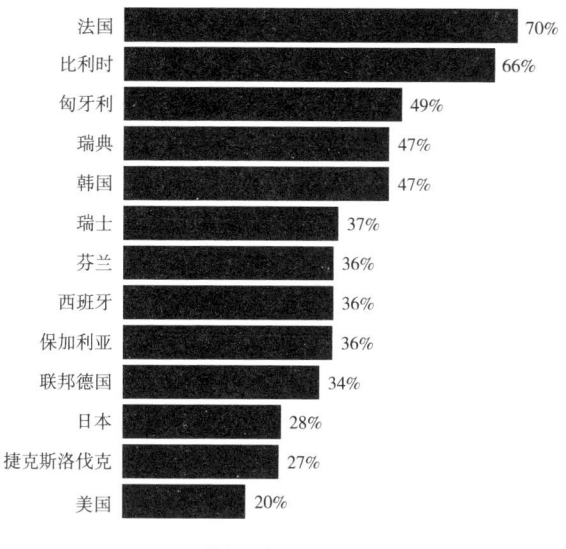

国家	百分比
法国	70%
比利时	66%
匈牙利	49%
瑞典	47%
韩国	47%
瑞士	37%
芬兰	36%
西班牙	36%
保加利亚	36%
联邦德国	34%
日本	28%
捷克斯洛伐克	27%
美国	20%

核能发电量百分比

图12-4　部分国家核能使用情况（1993年）

甲烷和乙醇，都可能与石油竞争。另一方面，即使目前的能源价格呈现双倍、三倍或四倍的增长，这些替代型能源也可能并不重要。潮汐发电可能是最好的选择，尤其是在英国，各种将海洋挤压或撞击的动能转化为电能的设备早已进入试验阶段。在目前的能源价格下，即使进行了大量的研究和开发，在美国和其他地方大量开采的页岩油是否有利可图，仍存在相当大的争议。

另一个悬而未决的问题是，如果将太阳能的各种新的和激进的使用方法开发出一部分，将会大大降低能源成本。其中一项计划是发射大型轨道卫星，将太阳光转换成电能，然后通过微波传输到地球。另一项计划是在太空中建造镜子，将农业地区的夜晚变成白天，从而提高粮食产量和促进太阳能加热系统的工作效率。第三种方案是太阳能电池的创新。这些替代方案和其他方案都有坚实的科学依据，证明它们在原理上是可行的，并且在可预见的未来可以通过大量的工程支持来实现。

太阳能发电的根本——也是无法改变——的困难在于，能量如此稀薄。也就是说，落在任何一平方米地面上的阳光量只有大约1300瓦。

现在看来，在今后几十年内，化石燃料和核能以外的任何能源，都不太可能以足够低的价格在广泛的地理区域内满足总需求的很大一部分。（需要很多章节来提供必要的细节,才能恰当地支持这一说法。)如果这一预测被一些伟大的新科学发现所歪曲——尽管自20世纪60年代以来,乐观的预测频繁出现,但在不久的将来这种可能性不大——那将是不可思议的。

对于那些喜欢驾驶两马力的太阳能动力汽车穿越澳大利亚,或乘坐踏板动力飞机飞越英吉利海峡来测试自己智慧和臂力的人,我祝他们好运;即使这些努力没有带来经济效益,它们也总会产生有用的新知识和乐趣。但它们最不可能改变能源的前景。[1]

节约石油措施的作用。一些消息灵通人士认为,这有可能大大提高能源的使用效率,减少浪费。另一些消息灵通人士则怀疑这样做是否具有较大的潜力或效益。当然,将汽油等燃料的价格上涨到较高水平,可能对消费产生很大的影响,但正如第20章所讨论的那样,这是否具有经济意义同样存在争议。

人们经常听到这样的观点:"节约能源比创造能源成本更低。""要想减少对石油的依赖,成本最低的方法就是节约。"这些观点在逻辑上没有错误,却是真正的谬论,无异于"要节省食物,成本最低的方法就是停止进食"的歪理。

如果一个人为了节省燃料,选择让房子在冬天保持寒冷,在夏天保持酷热,然后将多余的钱用在艺术品或度假上——这让人无话可说。但这种行为和社会政策无关。如果政府强迫某人减少用油量,那就完全是另外一回事了,而且从逻辑上讲,这确实"便宜"。

核能的危险:国家科学院核能和替代能源系统委员会在一份报告中表明了自己的科学立场,内容如下:"如果要考虑所有影响健康的因素(包括采矿、运输事故以及可能发生的核事故),煤炭的生产和使用对健康的影响似乎比核能循环的影响大得多。"

至于废料处理,主流科学界达成的共识是:"如果采取合理行动找到适合长期进行废物处置的场所和方法,放射性废料处理的风险比核能循环的其他部分要小。"一个标准观点是:"放射性废料的处置并不像许多人认为的那样困难或不可靠。"美国物理学会(APS)核燃料循环和废物管理研究小组的地球科学家阐述了

---

[1] 作者的预测出现错误,一系列新技术的发明使得大规模利用太阳能、风能、氢能等新能源的前景非常光明。——编者注

大致相同的观点："这些问题（包括大部分已经形成的危害物和已经实施的废物处理措施）并没有大众所想的那般严重。"另一方面，核能的反对者，也就是那些与塞拉俱乐部[1]有关的人，声称这些关于废料处理风险的论断"并不属实"，只是传言。第13章将对这些问题作简要讨论。

20世纪70年代的能源危机

像往常一样，政府再次成为了问题制造者而非解决者。比如，"能源部昨日表示，放弃20世纪80年代的放任自由政策，将开展一项雄心勃勃的运动，以促进能源节约和可再生燃料的使用"。政府经常打着"省钱"的幌子，强令消费者使用比自由选择时更昂贵也更不方便的燃料。正如第21章所解释的那样，这种干预措施会带来灾难性后果——也许有着美好的初衷，但由于对经济理论和能源供应史极度无知而存在致命缺陷。

20世纪70年代，原油价格急剧上涨，为政府干预能源市场提供了机会。在本书第一版出版之前，油价已上涨了两倍，达到每桶30甚至35美元。所有传统"专家"都预测价格将持续上涨，到1990年，油价将达到每加仑3美元。本书的分析给出了完全不同的结论，即从长远来看，"能源将更容易获得，成本也将更低"。当然，后来的几年证实了本书的观点（就像第一版中几乎所有的其他预测一样）。因此，从这里开始的讨论，要么与第一版相同，要么对它进行了略微的改动。

1979年的油价上涨显然是由于欧佩克签订的"卡特尔协议"，这就表明，高油价显然是政治力量的结果而非开采成本上升的结果。当然，消费者只对石油的市场价格感兴趣而非生产成本。但是，如果人们对现在或将来是否会出现经济意义上的石油短缺感兴趣，或者人们想知道全世界的产油能力，那么合适的参考指标便是生产和运输成本——对石油来说，这一成本仅只占国际市场价格的一小部分。

在"能源危机"期间，石油的生产成本根本没有上升，而是一直保持在远低于原油售价的1%。与1980年每桶30美元左右的售价相比，这期间每桶石油的成本

---

[1] 塞拉俱乐部，又译作山岳协会、山峦俱乐部和山脉社等，是美国的一个环境组织。——编者注

可能在5~15美分。从长远来看，我们应该记住，能源价格对消费者的影响一直在下降，就像图11-2至图11-4所体现的那样。在欧佩克的卡特尔协议生效之前，伊朗的油价从1947年的每桶2.17美元下降到1959年的1.79美元；1969年，鹿特丹的油价处于最低点；受通货膨胀的影响，油价的降幅甚至更大。在1973年之前的几十年，用电成本，尤其是居民用电成本也在迅速降低，并继续降低（见图11-4）。1950—1973年，能源价格总指数（以其价值为权重，以消费者价格指数为平减值）稳步下降，具体如下：1950年，107.2；1955年，103.9；1960年，100.0；1965年，93.5；1970年，85.4；1973年6月，80.7。在此期间，该指数一直不断下降。

卡特尔的历史与基本经济理论相辅相成。像欧佩克这样的卡特尔组织，其成员有着不同的利益诉求，这种压力使得它们难以维持整个卡特尔的利润最大化。但是对单个国家来说，超额售卖石油极具诱惑力。此外，就像20世纪70年代初欧佩克提价时所发生的那样，价格的急剧上涨促使需求下降，最后导致石油供应过剩，生产设施利用不足。这是真正的石油"过剩"，这正是真实发生的事情。甚至早在1974年，新闻界就曾报道：

面对全球石油过剩，在本月中，沙特阿拉伯和其他几个欧佩克国家削减了10%的石油产量，以支撑油价。业内人士将减产决定归因于由沙特阿拉伯、埃克森美孚公司、德士古公司、美孚石油公司和加州标准石油公司共同拥有的沙特阿美石油公司。然而，该公司的领导组织却将减产归因于"天气状况"。

截至1975年3月，报告称，"石油供应过剩日益严重……西方国家对石油需求的下降迫使欧佩克成员通过大幅减产来维持目前的高油价。到1976年，燃油和汽油的实际价格明显下降（经通货膨胀调整）。欧佩克成员国之间就是否提价展开了激烈争论。1978年初，欧佩克决定不提价，尽管通货膨胀意味着油价相对下跌。报纸头条再次提到了'石油过剩'。国际能源署（IEA）执行董事虽然选择不谈石油过剩，但他预计欧佩克和各石油生产国"将面临轻微的产能过剩问题，且这种情况将一直持续到1981—1982年……（原因）是多年来对欧佩克石油的需求不足"。随后的1979年，其价格出现了巨幅上涨。然而本书第一版断言，"即使当前的石油价格上涨得更高，一般情况下，石油和能源的成本也不可能高到破坏西方国家的经济。但从长远来看，我们可以合理假设，经济力量将把石油的市场价格拉低，直至接近生产成本。这意味着全球的油价将会走低"。

果不其然，经过通货膨胀调整后，1996年石油价格接近历史最低点。即使在1991年的海湾战争期间，油价也只上涨了极短的时间。本书第一版所作的分析已被完全证实。而且我们比以往任何时候都更有理由推断出价格下跌和供应增加的趋势。

奇怪的是，20世纪70年代的石油形势产生了耶路撒冷希伯来大学"文盲"教学的景象。1974或1975年，一项针对以色列公众的民意调查提出诸如总理名字、受访者是否了解世界"能源危机"之类的问题。那些回答"错误"的人被贴上了"文盲"的标签。我宣称自己对"能源危机"并不了解，因为事实上根本就没有能源危机，它只是媒体的虚构。因此，尽管我是教授，仍被视为"文盲"。

关于政府干预能源市场的另一个惨痛教训（尽管不幸的是，很少有人从中吸取教训），发生在20世纪70年代末卡特政府掌权时期，当时的人们十分担忧天然气会枯竭。作为回应，人们通过法案禁止发电厂使用天然气，并限制工业使用天然气。天然气的供应没有增加，价格上涨了。然后在20世纪80年代，天然气价格控制取消，发电厂也被允许使用天然气。结果供应大幅增加，价格急剧下跌。

另一个由虚假的能源恐慌造成的经济资源的浪费，是将150亿美元白白浪费在合成燃料的开发研究上。

其实预测未来能源的发展并没有秘诀。简单预测一下，能源和所有其他原材料一样，未来的趋势将与过去的长期趋势相似——趋向更低的价格。我们只需避免受到马尔萨斯"有限"资源理论以及需求指数增长论的迷惑。就像在第1章讨论过的那样，在此我要重申我的要约，即对这一预测下注。

政策与当前的能源危机

20世纪70年代的能源恐慌导致了美国政府的一系列干预措施（如经济学家预测的那样），但它使情势更加恶化。不同的政策与观点是如此的错综复杂，这将需要一整本书才能对其分门别类。能源监管体系也十分复杂，即使是专业的经济学家，在没有进行大量研究的情况下也无法完全理解。

以原油市场为例，石油生产商的被允许收取的油价取决于油井开采的时间；这么做：（a）防止"老"油井因1973年以来世界油价上涨而获得暴利，但同时

（b）诱使生产商继续钻探新油井。为了平衡市场价格，"新油"和"旧油"必须缴纳不同的税款。然后炼油商们便拥有了购买旧的或新的石油的特权，以便生产不同"年龄"的其他石油产品；这些"特权"可以买卖。这个系统就像一床东填西补的棉被，掩盖了石油供应的真实情况。

乔治·斯蒂格勒（George Stigler）曾说，商业公司是一组克服利润阻碍的设备。能源市场很好地诠释了这一观点。例如，州际交易的天然气价格被管控至远远低于等量热能的石油价格，但是州内交易的天然气价格并没有受到管控。能源公司的监管体系便是一个存在这种利润障碍的雷区。然而，每一个障碍都为一些公司提供了机会，就像它阻止了其他一些公司的机会一样。这是一个欺骗的邀请。果然，到本书第一版时，这个骗局不仅开始了，而且已经被发现了，这是一个巨大的丑闻。

如果腐败没有对商业道德和能源生产造成如此大的损害，政府引发的能源欺诈则会显得非常有趣。此外，政府的价格监管体系也有支持欧佩克价格垄断的作用和补贴成员国运转的效果。雪上加霜的是，消费者不得不在加油站排起长队。美国可能是唯一会在加油站排长队的国家，因为它是唯一一个愚蠢到想要控制汽油价格的国家。

恰逢本书第一版出版时，一些有关政府制造的违反国家法律和能源供应经济规律的犯罪新闻浮出水面，下面援引几则：

1978年7月21日：大陆石油公司因涉嫌反联邦石油定价规定而受到刑事调查。据政府消息称，作为美国第九大石油公司，大陆石油公司是美国能源和司法部门在1973年阿拉伯石油禁运之后的几年里打击不正当石油定价行为的行动中，首家可能面临刑事指控的大型石油公司……

在得克萨斯州的另外几个案例中，联邦调查人员正计划尽快对几家从大型生产商那里转售石油的小公司提起诉讼。这些公司被怀疑参与了一项以适用于"新油"的较高的价格售卖价格较低的"旧油"的犯罪计划。

1978年8月14日：佛罗里达案涉及1973年末和1974年间的所谓"雏菊链"计划。美国政府声称，在向买主佛罗里达电力公司出售燃油之前，五家石油公司曾来回出售燃油，以提高账面成本，最终达到联邦法规许可的价格。（政府律师承认）他们正在尝试申请的石油定价规则可能太过混乱和模糊。

1978年12月11日："在石油定价案件的调查中，能源部门可能因存在不当行为而受到指控。"美国国会的一份报告称，近年来，华盛顿能源部官员未能迅速采取行动打击涉嫌大规模石油定价欺诈的行为，可能犯下了严重的甚至是刑事的罪行。

1979年2月9日："科麦奇石油公司为解决"美国石油价格索赔案"，将退还从1973至1978年超额收取的4600万元款项。"

1979年7月28日："天纳克公司承认向联邦监管官员隐瞒天然气运输。"

1979年11月9日："美国9家大型石油公司被指控超额收取消费者9亿美元。"

1980年2月15日："美孚石油公司被要求对涉及天然气销售的刑事诉讼支付500000美元罚金"，以及"印第安纳州标准石油公司以1亿美元解决了价格收购案"。

1980年2月25日：对于上周能源部门提出的定价过高的指控，国内主要的炼油企业同意支付总额10亿美元的款项。美国能源部宣布一起迄今为止最昂贵的单项和解协议：与印第安纳州标准石油公司签署了价值7.16亿美元的一系列协议。

1980年8月13日：（美国能源部）提起了200多起诉讼，指控15家石油巨头自1973年以来违规收费超过100亿美元，并要求赔偿。

谁是政府干预能源市场的获益者？政客和官僚们吹嘘每一项政策改革都是为消费者谋福利。但即便是那些意欲将资金直接从企业转给消费者的政策，比如20世纪70年代对石油和天然气的价格控制，仍造成了短期的短缺和长期的供应减少，使消费者的利益遭受损害。还有无数其他实际和潜在的干预举措，比如要求货物只能由美国船只运输，以及征收石油进口税，都使行业的某些部门成为了最大的获益者。

本书第一版通过想象每一个群体的思维过程，让读者深入了解了各行各业的利益在政府政策制定过程中的交织博弈——"旧井"和"新井"的所有者、国际石油公司、核电站建设公司、商船海员工会，等等。当你在每一个政治经济角色中时，你会发现自己在编造各种理由：为什么你的能源不应该进行价格控制而其他人的则应该进行控制；为什么政府应该资助研究你的能源类型，而不是其他人的能源类型。当然，你发现了一个很好的通用原因：其他类型的能源"供应"很快就会耗尽，这使你的能源类型值得支持，它是人类最大的希望。你把你的论点与预期的经济和人口增长联系在一起，这将使其他燃料消耗得更快，同时使你的能源需求变得更大。

那么，关于能源的言论如此慷慨激昂又难以理清，难道不奇怪吗？我们还应该清楚，为什么各方都把人口增长作为对我们的能源构成直接威胁的理由，并将其作为在任何特定行业受到特殊处理的理由，引入讨论之中。

这种情况不仅滋生了数不清的激烈争吵和骇人预测，而且（如我们之前所见）还滋生了大规模的骗局。再举一个例子：在1973年之前，西屋公司签约向核电站出售大量铀，计划以市场价从生产商手中采购铀。当欧佩克在1973年提高石油价格时，铀价在三年内从每吨8美元跃升至53美元。这意味着西屋公司可能会损失大约20亿美元。在此过程中，海湾石油公司（一个铀生产商）与加拿大政府以及其他铀生产商一起，将铀的价格保持在高位水平，这在美国属于非法的价格操纵。这样一来，海湾石油和其他公司便将从所有消费者身上获利，顺带也从西屋公司获利。快哉！这个案子困扰了法院很多年。

走向健全的美国能源政策

美国在能源方面的最佳政策是什么？ 暂不谈其他，我们先来讨论一下国家安全问题，因为其他问题在原则上是很容易解决的——而且就此而言，国家安全问题也不是难题。

如果美国有大量的石油储备——比如一年的石油储备量——那么任何国家都无法以中断石油供应威胁美国，或对美国施加经济杠杆，或危及美国的军事安全。美国没有理由不拥有这样的储备，就像现在显然存在的储备。

在确保国家安全的情况下，相对于石油和天然气进口，电视机进口或旅游服务的引入威胁性更大。然而，收支平衡并不是问题。经济学家告诉我们，只有以最低的成本进口所有消费者想要的东西，才能实现经济利益最大化。

然而，经常有人借口为公众谋福利，利用政府基金开发各种能源。同时，他们还用政府基金补贴太阳能用户，抵免水力发电和焦化天然气设备的科研税收，成立页岩油开发项目。

美国政府应该推广哪些能源？数十年前，佩利委员会（The Paley Commission）曾明确提出，选择能源的合理依据应该是遵循"最低成本原则"。"该委员会认为，国家能源政策应牢牢坚持的原则是：以尽可能低的成本购买等值产品。"我们不能为了特定生产者群体的利益而立法，反而损害我们的消费者和邻国的利益，并最终损害我们自己的经济增长和安全。

也就是说，最接近最低成本的经济机制原则是自由市场。没有哪个政府决策者的效率能比得上数百万善于在天然气、石油、煤炭之间进行比较购物的个人买家和投资者。

但是，如果解决方案如此简单，那么能源部门为什么会花费数十亿美元来支持数百名专家研究其他解决方案呢？你不妨自己想想。

除了由政府管控造成的间接但成本颇高的资源配置不当外，能源部门所付出的直接成本也并非微不足道。

1990年，能源部的预算为120亿美元。这表明：

每位雇员633379美元（1991年雇用18968人）；

或全国每人48美元；

或消费每桶成品石油需1.98美元（1989年）；

或消费每加仑汽油需10美分（1989年）。[1]

美国能源部的一些举措可能会使公众受益，例如收集有用的数据。但是，如果能源部今天被废除，其他政府机构也不履行其职能，总的来说，我们肯定会过得更好。据我所知，没有系统的分析反映出相反的结果，也就是说，没有证据表明能源部总体上是一支建设性的力量，而且我们有很多理由质疑这一设置存在问题。我们只需接受这样的观点，这些政府机构有益人民。然而，这一结论对于我们这些更愿意看好政府机构及其职员的人来说并不受欢迎。但随着年龄的增长，所见的证据越多，我越相信，许多情况下，这种信仰是错误的——能源部就是一个重要的例子。

---

[1] 以上引用改编自唐纳德·鲍德（Donald Bauder）的《能源计划：巨额开销》（*Energy Program: Huge Spending*），科普利新闻社于《尚佩恩—乌尔班新闻公报》的报道，1978年6月16日，第A-4页，消息来自索能源公司；《美国政府预算，1992财年》（*Budget of the U.S Government, Fiscal Yeal 1992*）；《能源数据资料集》（*Energy Statistics Sourcebook*）；《石油与天然气杂志能源数据库》（*Oil and Gas Journal Energy Database*）；美国能源部人事部门格兰特·汤普森（Grant Thompson）和乔治·霍夫曼（George Hoffman）电话中的对话。——原注

结论

　　政府对能源和原材料市场的规划与管控不可避免地抬高价格，制造丑闻，减少资源的供应而不是增加；所有这些都是过去记录一次又一次地显示出来的。第11章提供的资料表明，从长远来看，自然资源一直在不断增加而不是日益稀缺，第3章和第11章给出的理论恰好解释了这种反直觉的现象。（能源甚至可以无限供应下去，其价格也有望持续下降。）政府对资源的管控——例如20世纪70年代对石油和天然气的价格管控，是基于对收益递减和能源必定稀缺的错误认知。

　　政府强制规定的能源保护政策只会阻碍能源向更便宜、更丰富的方向发展。

附注1　能源使用的外部性

一些道德家呼吁减少能源使用，因为他们持有一些类似宗教的观点，即回归"更简单"的生活会更贴近"自然"，对我们所有人都有好处。另外一些人让我们减少能源使用，是因为他们相信能源有其固有的内在价值，特别是化石燃料。持这两种观点的人会耗费我们的时间和精力，减缓文明进程，削弱我们的经济，只为缓解能源短缺状况——他们推测，人类将在大约70亿年后因能源短缺而毁灭。（请参阅下文和第13章对洛温斯、戴利和埃利希的引文）人们不能轻易地争论这些问题，因为它们是品位的问题。

然而，另一些人认为应该减少能源使用，是因为所谓的负外部性——也就是说，消费者不应该支付他们使用的能源的全部成本，而其他公众成员应支付部分成本——市场规则应该"内部化"这些负外部性。

这也许是一个有价值的观点。如果煤炉残渣污染了他人的衣物，或损害了别人的健康，污染者应该赔偿。如果汽油的使用致使高速公路路面受损，车辆行驶人员（或车主）应该赔偿损失。但是，外部性评估以及内部化政策的选择，都存在巨大的困难。

汽油的使用可以成为研究这些困难的一个简短有趣的案例。起初，针对道路使用征收汽油税费似乎是合理的。但后来我们意识到，轻型汽车每加仑汽油的道路损耗明显比重型汽车少得多，所以这一政策并不科学。

根据每加仑汽油最大平均里程数的年累计量，企业平均燃料经济性（CAFE）标准规定了汽车制造商可以销售的各种重量的汽车比例，但收效更差。这一规定促使人们倾向于购买重量更轻的汽车，结果造成了更多的交通事故——继1975年采用公司平均燃料经济性标准后的十年里，有2200~3900人死于车祸。这种巨大的损失原本可以避免，而且也没有明显的经济收益来弥补这种损失。（CAFE规则较汽油税的主要优势在于，它是政治性的，更能掩盖消费者的成本。）诸如公共交通补贴的替代方案与最初的问题渐行渐远，使经济陷入越来越复杂的法规和不同的力量交织中，评估难度也越来越大；另一结果是获得特殊利益的机会越来越多了。也许，最好的办法是基于车辆重量和行驶里程的直接税费收取机制。如今，这一制度可以从技术上实现。然而，我的观点是选择适当的补救措施很难，而非任何具体的建议。

当然，所有媒体关注的是负外部效应，因为它能发掘好的故事题材。但也存在积极的外部效应。例如，尽管海上石油钻井平台受到许多环保活动家的诟病，但它们为海洋生物提供了很好的栖息地。工作钻井平台和翻倒的旧钻井平台的残骸，为贫瘠的得克萨斯州和路易斯安那州的水域带来了许多新物种，从而吸引了路易斯安那州大量的娱乐性咸水捕鱼旅行。一位商业潜水员说："这可能是世界上最大最好的水族馆。"从许多核电站流出的温暖海流促成了渔业的繁荣。在评估能源供应的影响时，完整细致的会计记录——包括积极和消极的外部性（即使积极的影响通常很难发现）——十分重要。

也有必要考虑一些负面影响——其中一些影响很大——这些能源法规迫使人们参与他们原本不愿参加的活动。例如，政府诱使人们比在自由市场价格情况下花更多的时间在通勤路上，通过这种方式来操纵汽油和公共交通的价格，这可能会极大地拖累生产率。工作时长如果减少半个小时，总产出可能会因此下降（比如）8%，经济将因此遭受巨大损失。在制定强制能源"节约"的法规时，这些间接影响往往会被忽略。然而，这种强制他人节约能源以获得"最便宜能源"的观点，不仅十分荒谬，而且极具破坏性（见第20和21章）。

附注2 能源会计

由于担心人类最终会耗尽能源——尽管那是70亿年后的事情,一些专家指出,我们应该在"能源会计"的基础上,而不是在价值决定价格的标准经济学的核心理论上作出经济决策。他们充满忧虑地写下"熵增加论"——秩序的消失和所有生活模式的解体与混乱。这与近几十年甚至几个世纪以来的发展趋势背道而驰。长期以来,能源可利用性越来越多而不是越来越少,就像铜和土地等其他原材料一样。人类的生活变得更有条理,而不是更混乱。

"以能源单位为基础的货币"的概念,至少可以追溯到小说家赫伯特·乔治·威尔斯在1905年提出的能源会计理论,即任何商品或服务的价值都应由其所耗用的能量来确定。例如,骑自行车旅行应该比乘汽车旅行更受社会的尊重,因为骑自行车消耗的总能量更少。一般情况下,莱斯特·布朗和他的公司推荐使用自行车,因为自行车的"能源强度"指数只有35,行人的指数为100,轻型汽车里每两名乘客的指数为100,大型汽车里每两名乘客的指数为350。

按照这种思路,能源在其供应过程中的消耗多于产出,这是有悖于常理的,应该摒弃。例如,在农业生产中利用拖拉机作业,其能源投入多于食物供应中消费者的能源产出,这是一种浪费。这种想法也是"可持续经济"概念的另一部分(参见第12和13章中关于核能和太阳能的讨论)。

这些分析排除了任何其他值。比如,乘坐汽车而不是骑自行车旅行的人们也许会认为,花费在乘坐汽车上的金钱是无关紧要的,因为它比骑自行车花费的时间更少,且更舒适。事实上,用拖拉机收获的粮食能养活我们,让我们享受生活,而拖拉机所使用的柴油却不能提供这些好处,这一点在计算中被忽略了。

能源会计与马克思(Karl Max)的劳动价值论一样,具有巨大的智力魅力。当然,如果社会要遵循能源节约原则,我们就无法过上现代化生活了。发电过程中产生的能源比煤炭或核燃料少。但是对于我们的家用电器来说,电力比原煤或铀更有价值。我们愿意为商品和服务支付的价格表明了我们对这些商品和服务价值的认可；我们花在单位电能上的钱比花在一块煤上的要多。价格体系指导经济活动，狂热者却希望用能源会计来取代价格体系。

一个类比也许有助于解释讨论的根本问题。想象你从一场热带海难中逃出来，被困在一艘救生艇上。茫茫大海，你备感孤立无援。淡水的供应少得可怜，如此珍贵，以至于你和其他乘客决定分配水，每人每天一杯水。你们每个人都会把自己的水喝掉，而不会用它去交换别人昂贵的腕表或项链。因为如果渴死了，那些腕表或珠宝便毫无用处。这就是抛开其他值去节约能源的逻辑基础。

现在请注意，救生艇上定量的水和岸上同等量的水，价值是多么不同！只有当水量充足时，用一杯水换取一块腕表才是有意义的。因此，在岸上和救生艇上，交易价格所体现的相对价值并不相同。但是，能源会计师们并不认为由市场决定的交易价格体现了合理的交易基础。

在一艘救生艇上，如果水在船的另一端，你需要稍微出些汗才能走过去喝到水，而汗水的蒸发，无异于利用机械手段种植粮食时能量的"损失"。然而，如果你不去救生艇的另一端取水，你就会死掉。因此，这样做是有意义的，尽管这个过程会减少你体内的水量。同样地，在船上小便也是一种损失。但你必须得小便才能活着，所以你只能这么做。

同样的道理，我们在生产电能上花费的能量比我们实际使用的电能多。如果我们突然发现自己处在这样一种环境：真正的能源供应比我们想象的有限得多，比如它可能只能仅供我们使用一年，而不是至少70亿年，那么我们对待能源及其他商品和服务的态度，就会和现在不同；与此同时，市场的反应也会有较大的差异。但是，在我们目前的境况下推行以能源为基础的价值理论，只会让我们陷入荒谬的贫困中。（任何不同意这种观点而相信能源会计论的人，应该现在就去购买并储存煤和石油，以便日后转售。）

白人尚未将马引入北美时，美国人平均使用的能源是印第安人的150倍。我们每个人每天使用相当于15匹马的能量，而一匹马消耗的能量大约是人体消耗的10倍。

对此，一些人哀叹道，从能源角度来看，它显示出人类的生活成本是多么高昂。而从另一个角度看待这些数据，它则显示了能源的廉价程度；现在我们能够负担得起为获得这些好处所需的成本。马克思的劳动价值论与能源会计理论是同一回事。马克思要求我们以生产过程中所耗费的人类时间来衡量每一种商品和服务的价值，不论付出时间者是外科医生还是看门人，是著名的女高音还是舞台工作人员，是国际商业机器公司（IBM）总裁还是船务职员。然而，这一估值方案的基础主要是道德方面而不是经济方面的，因为与能源会计的论点不同，马克思并不关心所谓的人类生命或时间的稀缺。

奇怪的是，能源会计的主要支持者也对这种方案的使用提出了一个道德神学基础，这与马克思的价值评价体系并没有什么不同。赫尔曼·戴利在"终极目标"中发现了他对减少能源使用和反对经济增长的信念，"终极目标"预设了对创造的尊重和延续，以及上帝赋予我们自我意识能力。他由此推断，"经济增长的明显目的是通过无限的生产来满足无限的需求。这就好比追逐一头白鲸——其使用手段的高度合理性无法证明目的的疯狂"。也就是说，对于节能的呼吁关乎这样一种理念："理智"要求更简单的生活，并将这一道德神学的信念将强加于所有人。

13 核能：未来最大的能源机遇

没有任何迹象表明（核能）将会被获得。这意味着原子必须被随意粉碎。

阿尔伯特·爱因斯坦，1932年，瑟夫和纳瓦斯基出版作品，1984年

原子产生的能量是一种非常差劲的东西。任何希求通过转化这些原子获得能量的想法都是天方夜谭。

欧内斯特·卢瑟福，"作为第一个分开原子的人"，1933年

  核能是能源讨论的基础，因为它为长期的能源成本设定了上限。不管其他能源的成本有多高，我们都可以随时转向使用核能，它将在很长时间内满足我们所有的能源需求。因此，为了从长远的角度来看待所有其他能源问题，我们必须讨论核能成本的上限和核能的实用性，也包括其危害。

  到目前为止，核能技术已经有足够的经验在几个国家使用了几十年——证明核电站能够以与目前的化石燃料相同或更低的成本发电。无论核能的价格是大幅下降（比如化石燃料成本的80%），还是大致与（化石燃料）成本相同，或者稍贵（比如化石燃料成本的120%），对电力的生产者和销售者来说都至关重要。但是对消费者来说，这并不重要。不管电力比现在贵（比方说）20%还是便宜20%都不重要，只要它不会严重影响我们未来的生活。当然，高出20%的电价不那么令人愉快，但它并不会明显降低我们的生活水平。比现在低20%的电价同样不会让发达国家的居民更富裕。如果人们的眼光更长远，就会发现，随着总收入的不断增加，电力消费占总预算的比重越来越少；对消费者来说，随着收入的增加，核电的生产成本就更不重要。

  目前，核裂变是核能的来源。但是从长远来看，"更清洁"的核聚变能源很可能是可行的，尽管物理学家尚不能明确预测是否可行或何时可行。如果核聚变可行，其蕴藏的潜能十分巨大。据物理学家汉斯·贝特（Hans Bethe）估计，就算我们

假设能源的消耗是目前的100倍，"世界上的重氢供应将足以为我们提供10亿年的能量"，核聚变价格可能相当于目前核裂变的发电价格。

核能风险以及规避

核能的危险性

因为我们（幸运地）没有经历过许多核安全事故，所以对于核能的危险性，不如保险公司那样有经验，对其危险性的估计，必须交由科学家和工程师来判定。因此，像你我这样的外行只能咨询专家。想必专家之间也存在争议，因为根本没有相关的可靠统计证据。

本章后面一节讨论了在应对各种风险时出现的一些问题。

在评估核能的安全性时，我们必须记住，在其他能源的生产过程中也会对人的生命和身体带来的风险——比如钻井事故、矿难以及矽肺。

核能的过往记录显示，与最好的发电方法相比，核电站更安全也更经济，这几乎毫无争议。几十年来，核潜艇的过往记录显示出超高的安全性——尽管海军人员非常接近核电站，但没有证据表明辐射对其生命造成了损害。此外，核电站的安全性一直在提高（如图13-1），这使得核能取得了迅猛发展。然而，对核废料的风险评估仍有争议。国家科学院的权威报告和与之相矛盾的反核人士的结

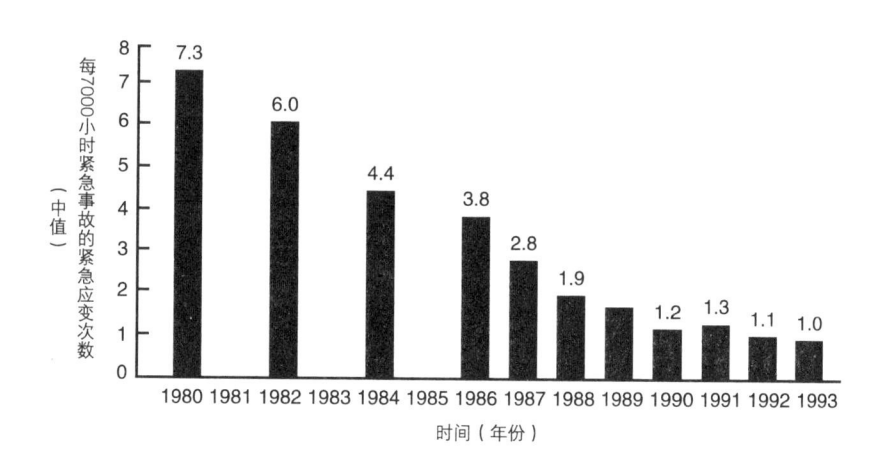

图13-1 核电站安全性能（紧急情况）

论，在第12章中被引用。

虽然这些理论的有效性只有在大量的技术分析基础上才能成立，但我们可以肯定地得出两种结论：第一，正如物理学家弗雷德·霍伊尔（Fred Hoyle）[与杰弗里·霍伊尔（Geoffrey Hoyle）一起]指出的，"核电站爆炸的可能性不会高于一个泡菜坛子"。（切尔诺贝利[1]不是一个例子；因为这不是一个核爆炸。）第二，对于长年累月产生的核废料的安全防护，远不如保护诺克斯堡的国家金库那么困难，也不如防范恐怖主义引爆核武器那么危险。下面是关于核废料的更多内容。

关于各种能源危险性的最佳猜测如表13-1所示。人们的普遍共识是，未来的核反应堆将采用比以前更安全、更容易操作的设计。

1979年的三里岛事件[2]给很多人的印象是：核能比普遍认为的更危险。但那次事故似乎刚好相反：尽管几乎所有可能的错误都犯了，但没有人受到伤害。切尔诺贝利事故没有给美国的安全带来任何影响，因为它的核反应堆设计不同于西方国家的核电站，而且它也没有西方国家的核电站所具备的保护措施。（下面将介绍更多关于切尔诺贝利事故的信息。）

人们在估计核能的危险时，把辐射造成伤害的可能性视为关键因素。诚然，人们可能会被核弹杀死或致残，胎儿也会受到伤害。但最可怕的是——尤其在和平时期——辐射对人体造成的长期损害。"原子弹落下时……在科学家们看来，悲剧才刚刚开始。"但令人惊讶的是，即便是日本核弹爆炸所造成的后续损害，也是要么很小，要么根本没有。在一项对20世纪80年代末之前（日本）10万人的癌症发病率的研究中，有100多人患了白血病——这一数值比预计的多；罹患实体癌症的人数比预计的多300多人，总数为400多人；而死于癌症的人数约2万人。爆炸发生时，尚未出生的胎儿似乎没有受到任何伤害。

在撰写本书时，一项新研究表明，"一定剂量的辐射并不像目前认为的那么危险"，因为广岛核爆炸的日本幸存者受到的辐射"比普遍认为的要多得多"。

---

[1] 1986年4月26日凌晨1点23分，苏联统治下的乌克兰境内切尔诺贝利核电站的第四号反应堆发生爆炸。这次事故所释放出的辐射线剂量是"二战"时期爆炸于广岛的原子弹的400多倍。切尔诺贝利城因此被废弃。该事故被认为是历史上最严重的核电事故，也是首例被评为第七级事件的特大事故。——编者注

[2] 1979年3月28日凌晨，美国宾夕法尼亚州的三里岛核电站第2组反应堆的操作室里，有大量放射性物质逸出。在这一事故中，60%的铀棒受到损坏，反应堆彻底毁坏，此次事故被评为第五级核事故。——编者注

表13-1 不同燃料循环对健康的影响及事故危害[1]（标准化为1000兆瓦/年的电能产量）

（a）健康影响比较表[2]					
	工人		总人口		总计	
燃料循环	死亡	疾病	死亡	疾病	死亡	疾病
煤	0.1（5）	1.5（2）	3（10）	1000（20）	3（10）	1000（20）
石油	≈0	0.01	3（10）	1000（20）	3（10）	1000（20）
天然气	≈0	≈0	≈0	≈0	≈0	≈0
铀	0～0.2	0～0.2	0～0.1	0～0.1	0～0.3	0～0.3

注：最佳估测数据加上括号中的不确定数量。

（b）事故危害比较表[3]					
	工人		总人口		总计	
燃料循环	致命的	非致命的	致命的	非致命的	致命的	非致命的
煤	1.40（1.5）	60（1.5）	1.0（1.5）	1.8（2.0）	2.40（1.5）	62（1.5）
石油	0.35（1.5）	30（1.5）	?	?	0.35（1.5）	30（1.5）
天然气	0.20（1.5）	15（2）	0.009	0.005	0.21（1.5）	15（2）
铀	0.20（1.5）	15（2）	0.012	0.11	0.21（1.5）	15（2）

注：最佳估测数据加上括号中的不确定数量。

1.这些表格包括开采、加工、运输、电能转化和废物处理等活动所造成的危害。它们是巴斯科文（W. Paskievici）在回顾1974至1980年间19项不同研究成果时的发现。

2.表13-1（a）表包括正常工作条件和运作下的职业死亡和疾病，以及普通人群中的死亡和疾病。

3.表13-1（b）表包括职业死亡和伤害，以及因事故造成的一般人口死亡事故。

当然，原子弹爆炸与核电厂事故除了都释放辐射外，没有任何共同之处。当然，我并不是说原子弹"没有什么危害"。之所以对日本儿童进行研究——以及它在这里被提到的原因——是因为日本孕妇受到的辐射量远远超过和平时期下几乎能想象到的所有情况下人们受到的辐射量。

然而，这些儿童中并没有出现过高的癌症发病率。尽管广岛、长崎原子弹爆炸酿下了悲剧，但我们不应无视它为我们提供的有益教训。美国医学协会（AMA）的一份"官方"报告提供了一份健康证明，称核能"在可接受的安全范围内"。据估计，每单位电能造成的死亡人数是核能的18倍，其中大多是由采矿和运输造成的死亡。由于建造和维护成本的原因，太阳能不如核能"安全"。这些估值符合上表13-1中的数据。

也许美国医学协会的报告中最令人惊讶的发现与切尔诺贝利核事故有关：尽管核电站的很多员工和救援人员死亡，但是"普通民众受到的辐射量不足以导致辐射病"。至于长期影响，即使使用经验法则估算，周围人口的癌症发病率也只增加了不到2%，而且这种影响难以检测到。

后来的一份报告给出了更有力的结论。"关于切尔诺贝利核事故造成广泛疾病的报道失实……联合国多国研究小组（由25个国家的200名专家组成）没有发现任何可直接归因于辐射的疾病。"至于长期危害，"饮用水和食品中的放射性远远低于危害健康的水平，许多情况下，这种放射性的危害甚至低于检测设备的最低可探测值"。我承认，尽管之前有许多关于环境事件的可怕报告最后都被揭露出危害极小或零风险的经验，但当我读到人们发现切尔诺贝利事故没有对公众造成明显伤害时，仍然深感震惊。然而，这一结论并没有公之于众。

许多规模庞大又坚实可靠的研究——以1990年国家癌症研究所（NCI）的研究为最——表明，"在美国，生活在核设施附近的人，因癌致死的风险并非更大……过去十年，在对欧洲、加拿大和美国进行的癌症群研究中，一直未能将癌症发病率明显增加的报告与局部放射物排放之间建立联系"。有专家可能发现橡树岭国家实验室[1]工人的癌症发病率高于预期，这与此前对核电站工人的研究结果相矛盾。但是，即使后来的研究证实了这一点，死亡率的增加很难从统计学上确定，这一事实也意味着，相对于其他生命危害来说，辐射导致的死亡率是很小的。

此外，辐射照射量可能太少。现在，有一种公认的现象叫作"毒物兴奋效应"[2]。它通过让人们暴露在相对较高的辐射强度下来延长人的寿命，而不是缩短寿命。这显然与"低剂量辐射使细胞对随后的高剂量辐射不太敏感"这一事实有关。

在这里，我插入一个评判，这是谨慎的科学家避而不谈的——以免读者认为他们不太"客观"——个人感情使他们的陈述有所偏差：但凡美国的核电工业有一点勇气，它就会昭告天下，核能可以拯救生命。相反，他们试图提倡减少对进口石

---

〔1〕成立于1943年的一个大型国家实验室，属于美国能源部。该实验室成立之初，是作为美国曼哈顿计划的一部分，以生产和分离铀和钚为主。——编者注

〔2〕毒理学中的一个术语。"毒物兴奋效应"是指在某种较低浓度情况下，在生物体中高剂量毒物会产生比低剂量毒物更强的良好应激反应。作者在此处使用该术语时，显然未考虑到该反应所需的特定条件。——编者注

油的依赖来动摇公众对核能的支持——往好里说这是糟糕的经济学,往坏里说就是虚假论调。

核能与风险规避

然而,公众仍然厌恶风险。让我们从外行的角度来看看这个问题。也许核能真的很便宜,可以作为化石燃料替代品来发电。也许它比其他来源更安全。但发生大灾难的可能性有多大呢?为了避免这种风险,远离核能难道不是一种谨慎做法吗?

这个问题体现了经济学家所谓的"风险规避"——一种合理且正常的心态。当一个人手里拿着一美元,不愿赌上两倍或什么都不赌时,风险厌恶情绪就会得到证明,哪怕赢的概率大于一半。也就是说,当"期望值"(赢的概率乘以回报所得的值)高于赌博成本时,非风险厌恶者就会愿意走进赌局。而一个风险厌恶者更倾向于,(比如说)凭100%的概率赢得10美元,而不是凭1‰的概率赢得100000美元,尽管"期望值"是一样的。

一个风险厌恶型社会很可能宁愿冒一百人中有十人死亡的风险,也不愿冒一百万人中可能有十万甚至一万人死亡的风险。也就是说,与不经常发生的,或者不太可能发生的重大灾难相比,许多小概率悲剧更易被人们接受。如果是这样,这个社会就会弃用核能。这是反核能的隐含观点。

然而,重要的是,如果有人反对核能,隐性风险规避成本必定是巨大的。核电站灾难会夺去成千上万人的生命,然而实际发生的概率几乎为零。官方专家委员会所设想的外部可能性是造成5000人死亡的大灾难。虽然的确悲惨,但死亡人数与大坝崩塌造成的死亡人数并没有什么不同,也比我们所知道的必定会死于矽肺病的煤矿工人的人数要少。

因此,即使是风险规避也不会使核能失去吸引力。可能发生的最严重灾难的规模,与人们通常所遭遇的其他社会风险的规模差不多。因此,我们可以根据核能可能产生的死亡率的"预期值"来作为判断。根据预期值计算,它比其他能源替代品安全得多。

核废料处理

霍伊尔夫妇从个人角度阐述了垃圾处理的问题,他们的观点值得我们详细引用。

假设我们每个人被要求对我们自己、我们的家庭以及我们的祖先在一个全核能的经济社会中产生的所有核废料的长期存储负责。

从下表的类别来考虑废物会有所帮助：

表13-2　核废料的分类及其寿命

	寿命（年）
高放射性	10
中等水平放射性	300
低水平放射性	100000
超低水平放射性	1000000

高放射性核废料在其10年活性期内，由核工业部门小心地贮存在地上的密封罐里。在其放射性衰减至中等水平之前，不建议埋在地下。然而现在，我们考虑的不是埋在地下，而是将中等放射性的废料交给各个家庭进行妥善保存。

我们计算了一下从1990年至2060年这70年间产生的核废料总量……

在此期间，全核能经济社会里一个典型的四口之家，将累积4人×70年=280人年[1]的玻璃化核废料，重约2公斤。这些已经凝固成玻璃状的废料，将被储存在一个厚重的金属盒里，避免受到火灾或洪水的侵害。金属盒形似橘子，而且颜色和表面的纹理也像橘子——这将确保它的外壳一旦受到损伤便能立刻发现，并及时送往核工业部门修复。

"橘子"内的放射性物质不再具有危险性，也不会像果酱或蜂蜜那样弄得到处都是，它将被牢牢地封存在金属外壳里。事实上，要不是因为"橘子"会不断产生γ射线，保管它是十分安全的。而γ射线对人的影响，与医疗行业中使用的X射线差不多。人在离新拿到的"橘子"约5码处站立一分钟所接收到的辐射量，与X射线释放的辐射量相当。

γ射线不像其他物质的微粒，会在"橘子"周围滞留太久，在它发射出来的瞬

---

[1]人年：表示人口生存时间长度的复合单位，为人数乘以生存年数。——编者注

间，就被它所穿过的物质吸收或摧毁。有的读者可能熟悉英格兰北部一些老房子和谷仓里的巨大石墙。如果将放射 γ 射线的"橘子"放置在2英尺厚的石墙后面，那么人在墙的另一边待几天也会安全无虞；如果"橘子"被放置在3英尺厚的墙壁后面，那么墙这头的人便永远安全。

因此，四口之家可以在家中建造一个小厚壁隔间，确保"橘子"的安全存放。

数代之后，"橘子"内废料的放射性将降至低水平。此时，人们可以从隔间取出"橘子"作为传家宝，安全地欣赏一两个小时……

当然，如果废料被公共储存，便可避免以上麻烦。在一个由10万个家庭组成的40万人口的小城，将要存储10万个"橘子"。由于数量太多不便于长期监管，可以考虑将城市里的"橘子"加工改造成数百个南瓜大小的物体，然后将"南瓜"全部放入一个棚子中，不过棚子的外墙不是用木头做的，而是用厚厚的石头或金属做成，整个棚子被花园包围。

这就是我们这一代人所面临的全部核废料问题。如果到21世纪中叶，核裂变已成为唯一有效的长期能源来源，那么社会就必须考虑更长时间内核废料的堆积问题。对于一个40万人口的城镇来说，每70年便会出现一个"南瓜棚"，一直到最早的废料的放射性强度衰减至超低水平……可以被丢弃的时候。7000年后，将会有数百个棚子，这些棚子可以组装成一个中型仓库。10万年后，将会出现大约15个这样的中型仓库。这些仓库可以堆积成两三个大型仓库。此后，问题将变得简单多了，时间最长的废料的放射性级别降到最低，与新废料产生的速度保持一致。当然，"仓库"必须深埋在地下……与居民毫无接触。

这样一来，即使我们每个人被要求储存自己的核废料，那么与日常生活其他方面的惯常风险相比，这种风险也是微不足道的。

关于核废料问题，彼得·贝克曼（Petr Beckmann）有更简短、更切合实际的描述：

废料处理的方便和安全是核电的一大优势。核废料的体积只有生产同等电能的化石燃料小的350万分之一。高放射性废料含有99%的放射性，但其体积只占废料总体积的1%，是历史上第一种可以从生物圈中完全净化掉的工业废料。埋在地底的核废料的放射性比取出来的放射性小。100年后，这些废料的毒性甚至比自然界中许多矿石的毒性更小。500年后，它们的毒性比相同电能供应产生的煤灰的毒性还小。反对在稳定的地质构造中处理核废料的武断和非理性的论点（证明它们不会……），将促使目前处理化石能源废弃物的方法延续下去——其中一部分废弃物靠人的肺净化。

科学家一致同意以上列举的每一条，以及霍伊尔夫妇的相关分析。

诺贝尔物理学奖得主路易斯·阿尔瓦雷斯（Luis Alvarez）提出了另一种实用的处理方法，并由英国工程师对其进行测验。这种方法是将废料放置在炮弹形状的防锈管中，沉入深海。这些弹体将嵌在海底100英尺深的地方，并将在很长一段时间内安全可靠地留在那里。

在思考废料处理问题时，最重要的一点是：我们对于核废料的存储不需要做太长远的打算，比如将期限设置为未来一万年。我们只需考虑未来几十年或几个世纪的存储就行了。科学家和工程师会想出一系列更好的方法来处理核废料；事实上，有可能很快就会找到将核废料转化为高价值商品的方法。在撰写本章时，一位生物学家发现了一种通过曼陀罗草将钚废料的体积减少到万分之一的方法，具体操作就是刺激曼陀罗草将钚从其含钚油泥中吸收然后再将钚从曼陀罗草中分离出来。这种方法使废料（存储）问题变得极其容易。

加强未来安全的最好方法，是增加目前的财富和人口，二者将提高科学发现的速度。

结论

核裂变能源至少与其他形式的能源一样便宜，并且能以不变的甚至不断下降的价格供我们无限使用。西方国家关于核能的安全记录显示，平均而言，核能的生产成本低于其他形式的能源成本。与之对立的观点主要涉及意识形态和政治方面，正如著名的物理学家艾莫里·洛温斯（Amory Lovins）宣称的："就算核能是清洁、安全、经济、完全有保障的燃料，而且其本身对社会具有良性影响，但它仍然缺乏吸引力，因为它将使我们陷入能源经济带来的政治影响中。"像洛温斯这样的物理学家的目的并不是增加能源的可用性和消费者福利，而是减少能源使用以实现假定的环境收益，以及践行简单生活的道德信仰。这一点可以从其文章标题中看出："燃油效率的提高被汽车、卡车的过剩所抵消。"

14　垂死的地球？媒体是如何恐吓公众的

空气被污染，河流和湖泊即将干涸，臭氧层出现空洞。

安·兰德斯（Ann Landers），《华盛顿邮报》，1989年4月16日

大多数地方性、区域性和全球性的环境、经济及社会问题都源自一种驱动力：过多人口以过快的速度消耗了过多的资源。

蓝色星球集团

根据哥伦比亚广播公司新闻频道在1990年地球日之前的一项调查——"美国公众将环境问题的严重程度提升到堪比世界末日"，新闻媒体、环保组织和公众一致认为，美国和世界的污染问题不仅严重，而且越来越严重。

人们可以列举出杰出的科学家、政治家和各教派的宗教领袖的相关言论。1991年，美国的罗马天主教主教承认"人口过剩耗尽了世界资源"。他们要求天主教徒"审视我们的生活方式、行为和政策，看看人类是如何破坏（或忽视）环境的"。甚至教皇也在1988年发表了一份名为"社会主义的孤独"的通谕，并在1990年就"环境危机""自然资源的掠夺"，以及"无数人的现实"这一主题发表了一份新年致辞。幸运的是，教皇显然已经"受教"，并从那时开始回归正途。

环保主义的理想同样充斥着犹太社区。比如在华盛顿举行的"共商环境与犹太人生活"的集会，其目的就是让"犹太人一起应对世界环境危机"。该集会的邀请函的第二段斜体字写道："我们认同犹太人共同议程上的许多重要问题。但是，生态灾难的威胁是如此可怕和普遍。我们认为必须尽快动员大量的智力资源和组织资源。"邀请函上的署名人员几乎涵盖了这一有组织的犹太社区里每一位有声望的人。

甚至连文法学校的课本和儿童读物，也会给年轻人灌输一些缺乏事实支撑的观点：人类是环境的破坏者，而非环境的创造者。家长和学校早在几十年前就开始

给孩子们读《地球与生态学》(*Earth and Ecology*)。[1]

由于受到污染,空气不再清新,天空不再湛蓝。

曾几何时,每当烟囱里冒出烟雾,便立刻被风带走,消散于晴朗的天空中。我们相信,天空可以容纳人类排出的所有废气,天空有保持澄澈的奇异功能。

如今,数之不尽的烟囱向空中排放烟雾、细微颗粒和有毒气体。土壤失去了植物和森林的保护,微风吹起呛人的尘土;数以万计的汽车不停地排出尾气……

在许多大城市,晴空已不复再现。在地球上的某些地方,人口密集,雾霾浓重。随着我们每年往空中排放的污染物越来越多,空气污染越来越严重。

然而,为了生存,我们必须呼吸这样的空气。没有食物,你可以生存数天甚至数周,但如果不呼吸,你只消几分钟便会死去。现在,你呼吸的很可能就是被污染的空气。这些空气中的有毒成分不会让人立即死亡,但天长日久,它会令越来越多的人感染呼吸道疾病……

这里再也没有干净的水源了……自美国建国以来的几百年,水源几乎全部被污染,尤其是最近几年。

许多城市的人们不得不饮用这些被污染了的湖泊和河流水。他们将水净化饮用。这样的水不但难以下咽,还会对人体产生毒害。

美国的小溪已经变成了露天的下水道,带走工厂和住宅区的废弃物。但事实上,这些废弃物只是顺流而下,进入下一个城镇并慢慢堆积起来……直到纯净的溪流变成臭水沟。

如今,伊利湖已死——死于污染。

密歇根湖可能是下一个被人类毁灭的大湖。甚至在那之前,一片更大的水域注定要走向毁灭——墨西哥湾!

目前为止,《拯救地球,孩子们可以做的50件小事》(*50 Simple Things Can Do To Save The Earth*)已经售出了近100万本(这本书向孩子们传播了毫无意义的虚假信息,例如指导他们用水性涂料代替油基涂料);此类畅销书还有《地球是我的》(*This Planet Is Mine*)。"更多的宾夕法尼亚高中生修读环境教育课程,而不是物理课程。"这是一个时代的标志。

---

[1] 该书改编自菲希特(George S. Fichter, 1972年),经出版商许可,在此引用部分原文。——原注

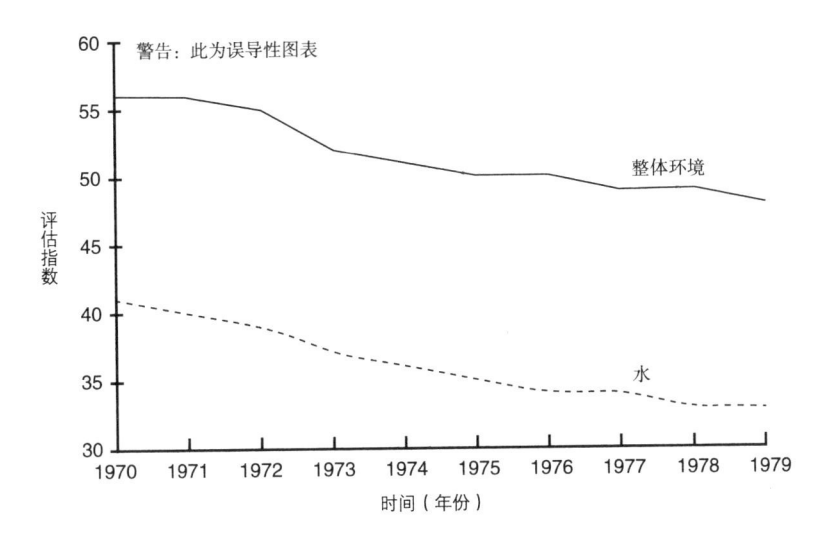

图14-1 国家野生动物联合会对环境质量的评估

学校的教学正发挥着巨大的影响力。在《财富》（Fortune）杂志开展的以"共识"为主题的非正式调查中，高中生得出的共识是："如果我们继续目前的发展速度，环境将会被彻底毁坏。"1992年的一项民意调查发现，在6～17岁的受访者中，47%的人认为"环境问题是目前我们国家的最大问题"；12%的人认为"经济是第二大问题"——受重视程度远低于第一位。相比之下，这些受访者的父母几乎都给出了相反的回答：13%的人认为"环境是第一大问题"，56%的人认为"经济是第一大问题"。我们将会看到，几乎所有这些关于"污染日益严重"的论断都是无稽之谈，而且充满危险性。

以下是一些发人深省的事件：

著名的国家野生动物联合会（The National Wildlife Federation）给出了1970年至1984年的环境质量指数报告（如图14-1所示），该报告显示，环境质量正在恶化。与此同时，《纽约时报》发表了一篇题为《环境质量下降》（Environmental Quailty Held Down）的头条新闻，文章以"1976年，美国的整体环境状况略有下降……"开头。

尽管以上报告令人震撼，但据准备和宣传报告的国家野生动物联合会称："这是一项主观分析，它代表了国家野生动物联合会成员的集体智慧。"也就是说，环境质量报告代表的是偶然的观察和意见，而非事实统计，它包含了诸如"居住空间呈下降趋势"这样的主观判断。美国每年都有大片地区被开发利用（第9章阐述了这一特殊的与污染无关的问题）。1984年，随着事实与指数报告的难以调和，国家野生动物联合会放弃了使用数据而改用文字，因为文字不那么容易被实际数据驳倒，成为把柄。我希望我在第一版里的批评，能使数据指数显得荒谬。

几类民意调查证实，上述传闻的公众关注度正在上升：

1. 民意调查中，关于"环境状况在（比如说）过去20年里是不断改善还是不断恶化"，人们的回答显示，更多的人认为环境是在恶化而不是有所改善（见图14-2）。1988年的一项调查显示：81%的美国人认为，"如今的环境不如我们的父母生活的时代那么健康"。1990年的调查中，64%的受访者认为环境污染在过去十年有所增加，只有13%的人认为污染在减少。同年的另一项民意调查显示，对于"与20年前相比，你认为现在的空气更清洁还是更污浊？"。6%的人回答"更清洁"，75%的人回答"更污浊"。关于"湖泊、河流和小溪比过去更干净还是更污浊？"。8%的人回答"更干净"，80%的人回答"更污浊"，值得注意的是，这些民意调查是在"地球日"宣传活动期间进行的。1991年，面对"总体来说，你觉得在过去20年里，我们的环境是变好还是变坏？或者保持不变"的问题，66%的美国人认为"变坏了"，只有20%的人认为"变得更好了"。

2. 近年来，担心污染问题的人群比例呈大幅上升趋势。在哈里斯民意调查中：（a）认为"机动车造成的空气污染非常严重"的人数比例，从1982年的33%

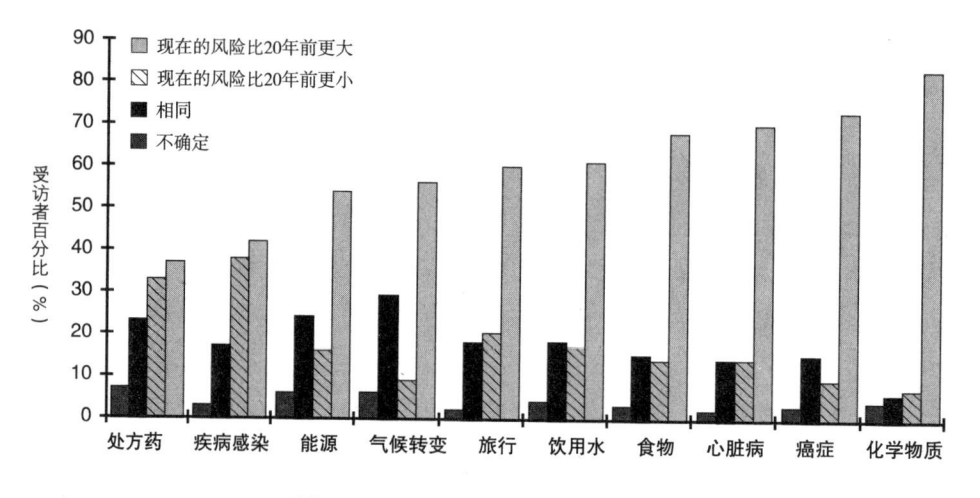

图 14-2a "现在"与"20年前"对风险的感知对比

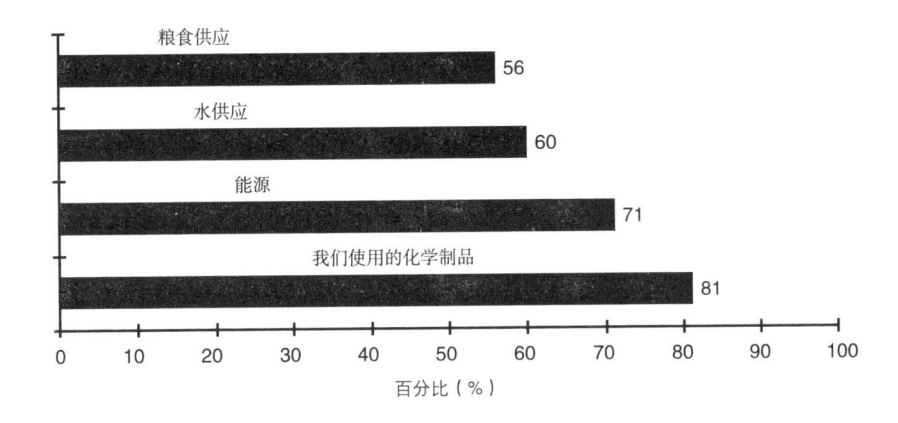

图14-2b　人们认为在未来将带来更多风险的因子列表

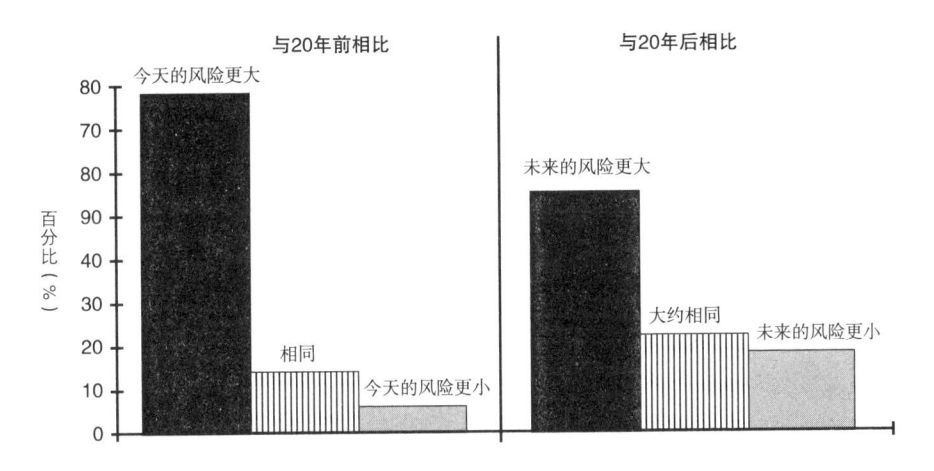

图14-2c　美国公众对过去和未来的风险感知

上升到1990年的59%;(b)认为"发电厂二氧化硫排放造成的酸雨对空气产生了非常严重的污染"的人数比例,从1986年的42%上升到1990年的64%;(c)认为"燃煤发电厂造成的空气污染非常严重"的人数比例,从1986年的30%增加到1990年的49%。〔然而,1991年的一项盖洛普民意调查[1]发现,人们普遍认为五年后的环境会比当前更好。此外,人们评价环境问题的积极性大不如从前(见图

---

〔1〕盖洛普民意调查:一项产生于20世纪30年代,用于调查民众的看法、意见和心态的测试方法,以设计者盖洛普的名字命名。——编者注

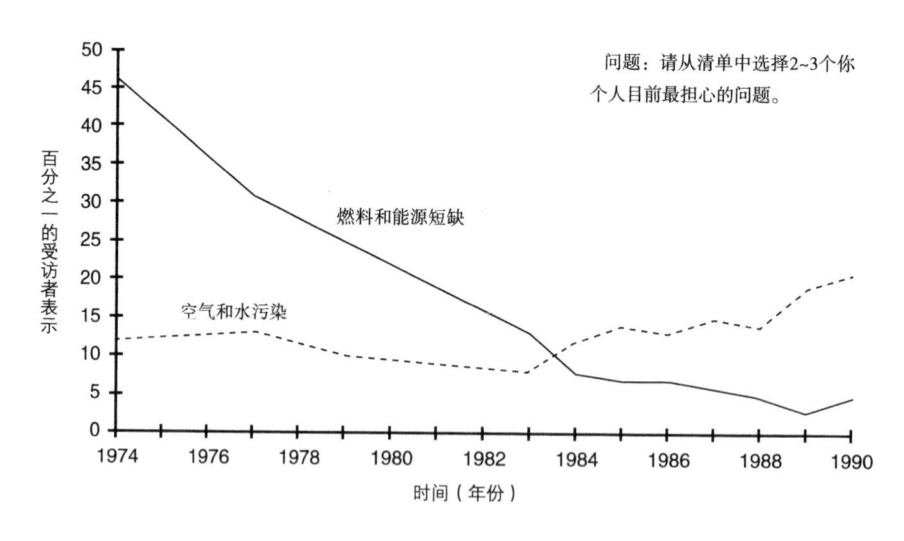

图14-3 最突出的环境问题：空气和水污染与能源

14-3）〕。

3. 人们预期未来环境将恶化。1990年，44%的人认为"环境污染会加剧"，33%的人持相反意见。

4. 一项针对高中生的调查表明，"那些不认为'环境将被彻底破坏'的受访者，是城市里受教育程度最低的年轻人"。这一发现与第12章提到的能源调查结果相似。然而事实是，诸如伯特兰·罗素、凯恩斯（除了经济学著作以外，他还撰写了一本关于统计逻辑的书）等伟大的逻辑学家，以及保罗·萨缪尔森、华西里·列昂惕夫（Cwassily Leontief）、简·丁伯根（Jan Tinbergen）等诺贝尔经济学奖得主，在关于人口增长对粮食和自然资源供应的影响问题上，都得出了与马尔萨斯相同的错误论断（见第3章）。面对这个主题，人们只有非常重视历史经验，不受高级推演和数学结构（例如有限系统中的指数增长）误导，才能得到合理的理解和预测。受教育程度越高，就越容易依赖这种抽象思维。（我希望在即将出版的书里，就这些主题涉及的思维本质进行更多讨论。）

有人可能会想，受教育程度低的人知道的东西比较少，所以对环境问题的敏感度才会更低。但是，调查中关于"在过去十年中，环境污染是增加、减少还是保持不变"这一问题的回答表明，这与教育程度无关。但比较明显的差别是，女性比男性的态度更悲观。比如，选择"增加"的女性的比例为72%，男性为56%；选择

"减少"的女性为8%,男性为19%。随着年龄的增长,这一比例也有轻微的下降。

然而,请考虑一个重要的相互矛盾的证据——当受访者被问及当地的环境状况时,他们对当地环境的担忧程度远远低于对整个国家环境的担忧程度(见图14-4)。在1990年的地球日之前,当被问及"国家环境形势是否严峻"时,84%的

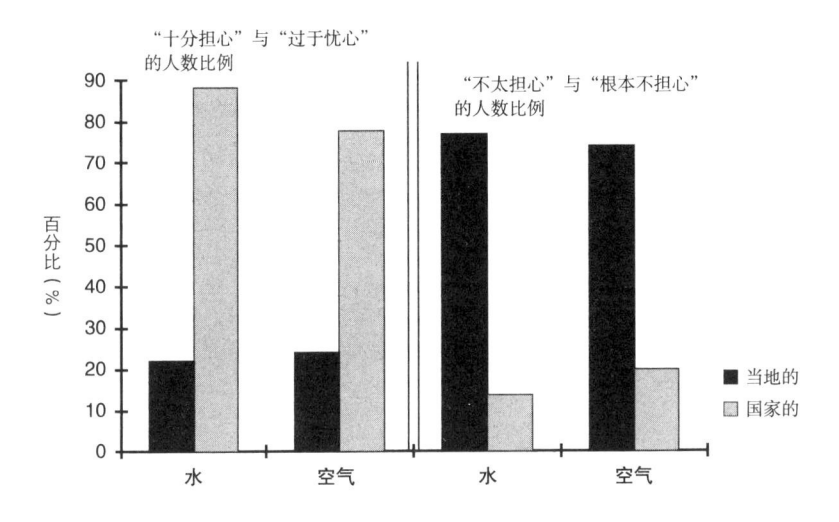

图14-4a 对国家环境与自身环境的担心

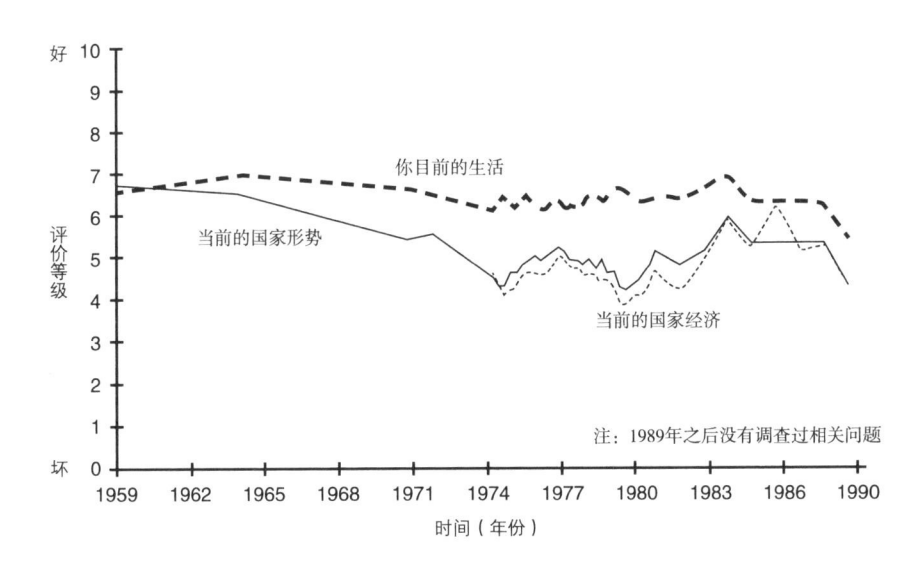

图14-4b 对自己的生活、国家和经济的评级(1959—1989年)

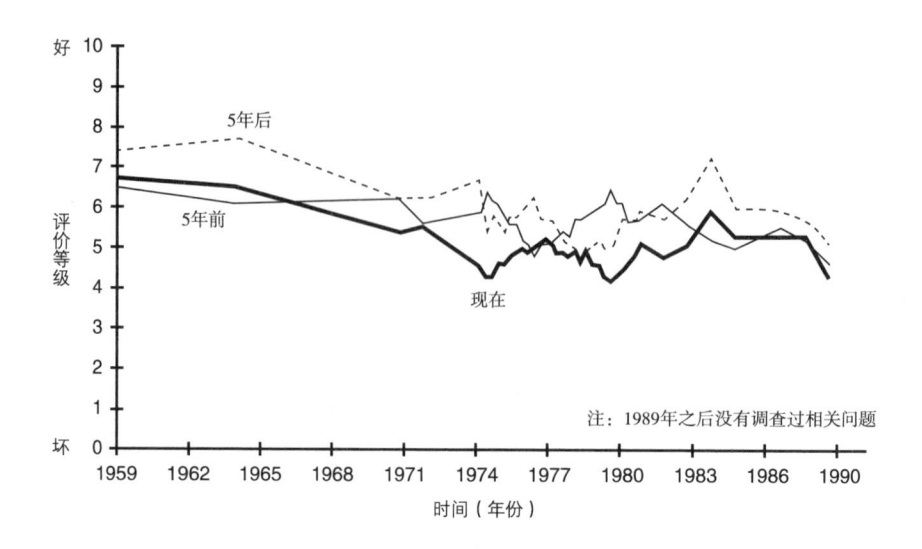

图14-4c 对"国家环境状况"的评级（1959—1989年）

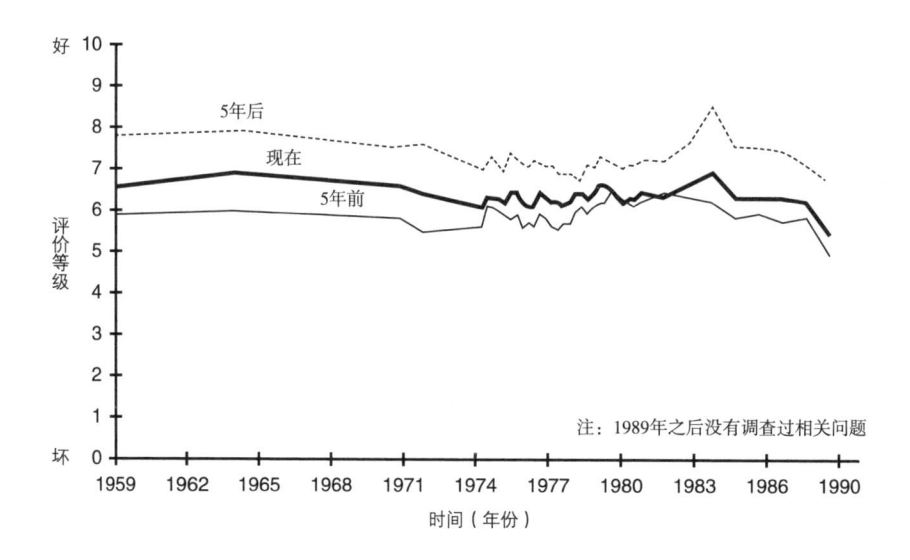

图14-4d 对"你的生活"的评级（1959—1989年）

受访者认为"严峻"；而对于"您居住地区的环境形势是否严峻"的问题，只有42%的受访者表示"严峻"。正如《美国舆论概要》（*The Compendium of American Opinion*）所述："美国人主要关心的是抽象的环境问题……大多数美国人并不担心他们居住地的环境问题，也不觉得自己受到了环境问题的影响。"在这个例子里，人们觉得街道靠近自己这一侧的草坪更绿——或者更确切地说，街道远离自己那一侧的草坪更黄，比较者甚至可能从未见过那一侧的草坪。人们将逻辑基础从抽象的综合判断中剥离出来，因为它们与个人判断的总体印象并不一致。

也就是说，公众信仰与科学之间存在着脱节，已经确定的事实将在接下来的三章中展示。公众对他们所熟知的环境与他们间接知晓的环境所持观点的差异，最能说明问题。受访者对自己比较了解的情况的看法，比对一般了解的情况的看法更加积极乐观。唯一可能的解释是，报纸和电视作为人们对非亲历事物概念的主要来源，正在系统地误导公众，即使是无意的。这里还存在一个恶性循环：媒体传播有关环境恐慌的报道，使人们惶恐不安；而民意调查进而显示出他们的担忧，使这种担忧被认为是对政策的支持，以启动对"恐慌"的应对措施，更进一步地提高了公众对环境恐慌的关注程度。媒体甚至自豪地说："我们不创造'新闻'，我们只是传播者。"然而以上表明，在这种情况下，事实正好相反。

图14-5显示了媒体对污染事件的关注和公众对污染事件的担忧之间的互相作用；1970年的污染情况并没有1965年严重，但是公众将污染列为政府三大问题之一的人数比例，从1965年的17%上升到1970年的53%（此后下降），这吸引了媒体对1970年地球日的关注。长期研究民意的厄斯金（H. Erskine, 1972）称这是"公众舆论的奇迹"，他指的是"生态问题正以空前的速度和紧迫性闯入美国人的意识"。

考虑一下这个问题及其五年后的答案：

与全国的其他地区相比，你认为本地的空气/水污染问题有多严重？——非常严重？有点严重？或不是很严重？

非常严重或有点严重

	空气	水
1965年	28%	35%
1966年	48%	49%
1967年	53%	52%
1968年	55%	58%
1970年	69%	74%

这些数据显示了民意的变化速度，因为这里不存在实际情况发生根本变化的可能性（事实上，如果情况变化了，就会变得更好，我们可以看到）。

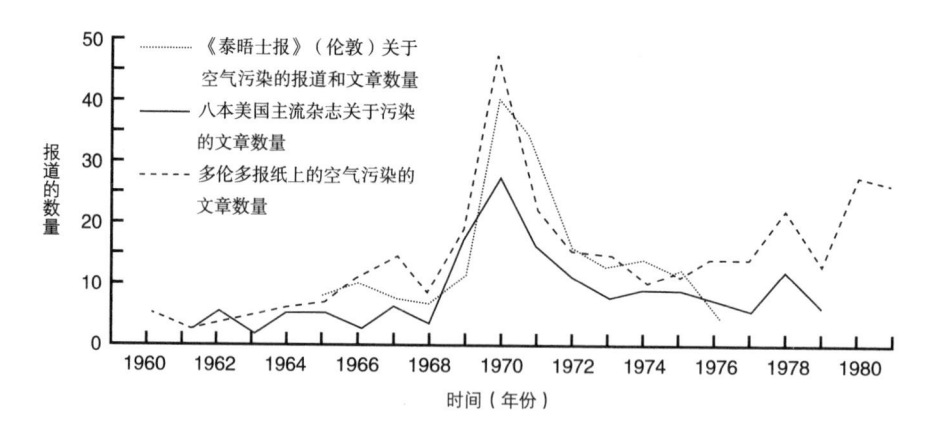

图14-5　20世纪60年代末报纸和杂志对污染问题的报道

一项非常奇怪的民意调查结果出现在1993年11月的《洛杉矶时报》(*Los Angeles Times*)上。调查对象包括各个精英群体和大众群体，他们被问到一个问题："我要给你们看一份世界上最危险（事情）的清单，看完之后你们告诉我，哪一个对世界稳定最危险。"18%的公众选择了"环境污染"，10%的公众选择了"人口增长"。但是美国国家科学院"自然科学与工程"的成员中，只有1%选择"环境污染"，却有51%选择"人口增长"。（后者不是印刷错误，所有的百分比加起来刚好是100%。）我能猜到的唯一解释是，美国国家科学院的许多成员都是生物学家，他们对人口增长的态度一直以来都非常消极。（顺便说一下，请注意人口增长在民意调查中是如何被假定为一种危险的，这当然会使该结果有失偏颇。）

在下一章中，我们将着眼于一些事实，而不是这些无谓的担心。

总结

普通公众认为美国的污染已经很严重了，而且情况越来越严重。这些观念可以被认为与新闻界的文章和电视上的宣传有关。民意调查结果显示，被调查者认为他们所在地区的环境状况比全国的总体状况好得多。

15　污染的奇特理论

1970年4月19日，在首次"地球日"活动中，《芝加哥论坛报》头条新闻的标题是"地球污染，令人恐慌"，副标题是"被扼杀的空气、海洋和陆地"。以下故事成为全国各大报纸的头条："'我很害怕。'16岁的约瑟夫·索利斯（Joseph Sauris）说。他是缅因州帕克里奇市东镇高中二年级学生……'我不希望把一个死寂的世界留给我的孩子们。这听起来像是危言耸听，但也许有一天会成为事实。'"

如今，25年过去，人们依然认为地球被扼杀了。但是这些致命的物质到底是什么呢？几乎无一例外，在过去几十年里最令公众恐慌的所谓污染——植物生长抑制剂、二噁英[1]、酸雨，以及包括DDT在内的大量杀虫剂——已经被证明其破坏性是假警报（示例见第18章）。然而，警报的声音盖过了所有的澄清，这给公众造成的印象是：污染正在变得更糟，而不是改善。

让我们首先来区分真正重要的污染与虚假宣传之间的区别。

过去最严重的污染是由微生物引起的疾病，以及被污染的饮用水和空气中的细菌和昆虫传播的疾病。下面的故事反映了在人类历史上从古至今都存在的一种生活悲剧：

死神来到了我们这个家。我们的第四个孩子出生在小山上的房子里，我们总是叫他"小弗兰基"。他长着和我父亲一样的蓝眼睛，是所有孩子中最阳光灿烂的。一连好几个星期，他躺在客厅里与病魔搏斗，因为他得了一种比天花更可怕的疾病——猩

---

[1] 二噁英是一组对环境具有持久性污染力化学物质。这是一种全球性分布污染物，一旦进入人体，就会长久驻留在脂肪组织中。——编者注

红热。每一天，我都痛苦而无助地站在门外，听小弗兰基在屋子里哭叫着抗拒医生的救助。时至今日，我依然记得，每当紧闭的门后小家伙的痛苦平息，我那紧握的拳头松开之时，双手关节上的白色握痕久久不能消退。

小弗兰基去世了，成为全家人悲惨而又疼痛的记忆。我的小妹妹，她曾与这种疾病苦苦斗争并最终活了下来，她告诉我，她不明白为什么当父亲和母亲谈起小弗兰基时就会泪流满面。

污染过去是指人类的排泄物漂浮在河流上的现象，就像如今的印度和泰国（我相信还有很多其他国家）一样，就像我年少时曼哈顿的哈得孙河一样。

20世纪50年代，当我在海军服役的时候，世界上几乎没有哪个港口不是脏乱的，每当看到当地的小孩子们跳进码头附近肮脏的水里，去捞取水手和游客抛进水里玩的硬币，总是让人感到恶心。

发达国家的卫生行动和预防医学都取得了巨大成功，以至于传染病不再被谈及，尽管在贫穷国家，这些疾病仍然是大规模的杀手。

另一种在过去和现在都属于最严重的污染，是来自于化石燃料燃烧所释放的粉尘微粒（或许还有其他的烟雾排放物）。这些粉尘微粒已经陆续造成数千人死亡，而且在英国和其他地方已经系统性地与死亡率联系在一起。

最后，还有一些微不足道的污染和彻头彻尾的假警报。

要想知道人们离那些严重的杀手有多远，不妨想想看，在医学实验室使用的普通盐包装上，必须写着："警告：将引起不适。"加利福尼亚州伯克利市一个垃圾填埋场的盖革计数器引发了一个重大事件，但起因是由一只接受过兽医治疗的患癌小猫排泄物中的一点碘引发的。

在贫穷国家，仍然有许多古老的污染：

第二天早上，我们……下到附近的恒河……在我们身边，一位年轻的妇人抱着一个小婴儿，用河水洗脸。她打开婴儿的嘴并用手指按摩婴儿的牙龈。八英尺开外，一只死骆驼的尸体从水上漂过。

接下来本书几章的计划如下：（1）阐明经济学如何将污染视为成本与清洁之间的权衡。（2）研究近几十年来，随着收入和人口的增加，空气和水的清洁度的变化趋势。（令许多人惊讶的是，总而言之，污染已经降低了。）（3）考虑环境纯度和污染度的最佳衡量指标。（按这种指标衡量，人们的预期寿命似乎是最长的，并且污染程度正在急剧下降。）

污染的经济学理论

经济学理论认为，自然资源和污染是同一事物的相互对立的两面。例如，被煤烟熏黑的空气是不受欢迎的污染物，但它同样可以被认为是纯净空气资源的缺失。

第1章中介绍的资源经济学理论，同样适用于污染。如果所讨论的资源，比如纯净空气变得越来越稀缺，那它就是社会一直在通过利用这种资源而变得更加富有的一个迹象。与贫穷的社会相比，发达社会在清洁空气方面有更多的选择（以及更多的知识）。他们可以在烟囱里安装清洁装置、使用替代能源、雇用研究人员来改进技术，等等。简而言之，对纯净空气这种资源的稀缺程度的感知可以引发公众的热切关注，进而在经济活动中创造出比最初"消耗"得多的资源。

纯净空气供应（或任何其他环境商品）长期增长背后的原理，与在前几章讨论过的矿物、农田、森林、能源及其他资源背后的原理一样。这就是这一章的标题与第1章的标题遥相呼应的原因之一。减少污染的理论之所以奇特，是因为它与普遍观点大相径庭。起初，"污染是经济增长的必然结果"似乎是普遍认知。但是，如果我们把问题想清楚，就应该期望纯净的空气、干净的水和更健康的环境在总体上变得越来越不"稀缺"，或者说更容易获得，就像原材料、食物、能源和其他资源变得越来越容易获得一样。我们的环境应该变得越来越适合人类居住——在使它更加清洁方面没有任何意义上的限制。

一项对欧洲国家的研究证实了一种理论：增加收入会减少污染。人均收入较高的国家往往有更多的法律来控制污染。20世纪70年代和80年代，发达国家的二氧化碳和二氧化硫排放量比贫穷国家的降幅大许多（尽管没有观察到氮氧化合物在统计上的显著影响）。[1]

---

[1] 该研究由理特管理顾问公司的伯纳德·梅茨格尔（Bernhard Metzger）提供给经合组织（OECD）。我是刚拿到文本便将它发给了出版商。很遗憾，我没有时间对比原件，因此无法保证上述的准确性。——原注

自然资源与污染在概念上的主要区别是，所谓的自然资源的商品主要是由私人或私营企业生产的，生产者有强烈的利润动机，交易通过市场进行，人们自愿支付一定的费用获得所需的商品。相比之下，我们所说的"无环境污染"的产品，主要是由公共机构通过监管、税收优惠、罚款以及许可等方式产生的。这些调整供求关系的政治机制远不是自动的，它们很少使用定价系统来达到预期的结果。

自然资源与污染的另一个不同点在于，自然资源交易对买家和卖家双方的影响大多有限，而一个人产生的污染是"外部性的"，可能影响其他人。然而，这种差异可能比实际情况更明显。一个人对自然资源的需求会影响到这种资源的整体价格，至少在短期内是如此；相反，一个人为某种资源支付的价格，取决于所有人对这种资源的需求。如果有一个强大的调节系统，使污染者必须付出一定的代价，那么自然资源与污染就没有太大差别。但是，这种调节系统很难建立起来。因此，自然资源与污染的不同往往在于二者"外部性"影响的大小。

经济学还教导人们，要探寻那些无意识的、散漫的、即时行动的长期后果——我们将这种看问题的方式称为"巴斯蒂亚—黑兹利特法"。这是研究人口经济学以及本书的中心问题。一个污染方面的例子是，为了保护地球臭氧层和减少皮肤癌，用于冰箱的化学物质氟氯化碳（CFCs）正逐步被淘汰。这种直接影响是否会发生，本身就是一个悬而未决的问题。但也应该考虑到一些间接的和非预期的影响。例如，这一禁令是否会导致冰箱价格上涨，进而导致一些贫困地区的冰箱使用率降低？更进一步地说，这是否会引起食物变质，从而导致疾病增加，这与减少皮肤癌的目的难道不是背道而驰的吗？

拉尔夫·基尼（Ralph Keeney）和亚伦·威尔达夫斯基（Aaron Wildavsky）表明，任何政府干预——环境法规、安全要求或保护条例——以足够高的成本在经济增长下降中挽救生命，都将对健康和死亡率产生间接的负面影响，因为低收入会导致健康状况变得更糟。

"巴斯蒂亚—黑兹利特法"的理念是，在评估一项技术或政策时，既应该看到好处，也应该看到成本、潜在影响和直接影响。比如汽车，人们不应只看到它会造成空气污染、车祸，会成为废旧垃圾，还应看到它能减少街道上的马匹尸体。要知道，在世纪之交，仅纽约市每年就有15000人死于马匹和失控的马车；仅1900年一年就有75万人受伤，而当时的总人口比现在少得多；每匹马每天会产生45磅的马粪污染。除此之外，人们还应该考虑到汽车提供的个人自由的增加，这使得个人可以在更广泛的地理范围内选择工作和购物场所，从而减少了垄断雇主和商人的控制。

经济理论的第三个洞见涉及工程师和经济学家的不同观点。工程师认为所有污染物的排放都是有害的，并致力于清除这些污染物。虽然明智的技术人员不会犯这样的错误，但许多技术分析人士将完全没有污染作为一个目标来奋斗。

"零污染"的概念让我想起了一场西蒙的家庭讨论。在讨论中，我们比较了两种洗碗方式的优缺点：用水龙头冲洗盘子和把盘子浸入很快就不再干净的水锅里漂洗。当我的孩子们长大后，我经常对他们说，洗盘子的目的不是要把盘子洗干净，而是把污垢稀释到可以接受的程度。这总是使他们惊讶万分。我指出，这是管理游泳池和净化水供应的必然做法。但是没有任何例子或逻辑能使这些年轻人让步。在他们看来，我没有坚持完全纯净的理想是极不道德的。

也许（人们）对废弃物有一种本能的审美反应，就像对待蛇或血液一样。对排泄物的厌恶，与我们因为不喜欢而称之为"垃圾"的东西的感情如出一辙。也许正是出于这种本能，让我们很难冷静而审慎地思考污染问题。的确，现在洗碗主要是为了美学而不是疾病方面的考虑，尽管我们"感觉"不洁就是不健康的。[1]

另一个相关的类比是污染就像罪恶，没有一个理想的量。但从经济角度考虑，理想的污染量并不是零。

让环境保护主义者放弃无辐射、无致癌物质的理想，并不比说服西蒙的孩子们只要把污垢稀释到可以接受的程度更容易。这种心态阻碍了人们在减少污染的道路上的理性选择。

与技术观点相反，《经济学人》（*The Economist*）杂志寻求最佳污染水平。我们愿意支付多少清洁费用？在某种程度上，我们更愿意为警察服务或滑雪花更多的钱，而不会为了提高环境清洁度花费更多。对于经济学家来说，污染问题就像城市垃圾的收集问题：我们想要为什么样的垃圾收集服务付费？是一天一次，一周两

---

〔1〕要做到理性地思考污染问题，可能与现代文明生活所要求的许多其他的反本能行为方式一样困难。例如，公职人员必须像对待其他公众成员一样对待自己的亲属，不得表现出任何偏袒［见哈耶克《关于文明和对本能的压制》（*On Civilization and the Suppression of Instincts*，1988年）］。——原注

次，还是一周一次？环境污染和垃圾收集一样，一个合理的答案取决于清理的成本和我们对清洁度的偏好。随着我们的社会变得更加富裕，我们能够并且愿意为更高的清洁度买单——我们将在接下来的章节中看到这一趋势。

"成本—效益分析法"是对某一污染控制政策的利弊进行权衡和比较的一种经济理论，它比较的是整个社会的成本和效益，包括污染造成的人类生命损失。尽管长期以来，经济学家一直在进行这样的分析，但现在政策制定者却越来越频繁地要求进行这样的分析。这让大多数经济学家感到高兴，也让许多非经济学家感到沮丧，后者认为，将明确的价值观强加到人的生活中是不道德的[1]。这种有争议的"成本—收益分析法"的一个例子是艾伦·克鲁普尼克（Alan Krupnick）和保罗·波特尼（Paul Portney）研究了对控制挥发性有机化合物（VOCs）的法规，其次是粉尘微粒。他们分析了1990年《清洁空气法》（Clean Air Act）规定的空气质量改善情况，评估了成本和收益——如果要做好分析工作，就必须包括所有这些影响，甚至是对自然的影响，这些影响在现在和将来难以用美元来评估。分析表明，"到2004年，全国范围内（目前违法的地区）挥发性有机化合物排放量减少35%的成本至少为每年88亿美元，也可能高达120亿美元。然而，我们预计这些变化导致的急速健康改善每年的价值不超过10亿美元，很可能仅仅只有2.5亿美元。

克鲁普尼克和波特尼还将他们对健康影响的分析应用于加利福尼亚州南部的动乱地区。他们发现，在整个加利福尼亚州南部，拟议的空气污染控制措施也存在类似的成本效益不佳的平衡，但他们推测，这种成本效益比可能对颗粒物有利（如果在分析中包括了对健康以外的影响，则影响会非常显著）。因此，这一分析工具可以帮助决策者使政策在特别需要的地方强化执行，从而使公众受益，避免浪费。

克鲁普尼克和波特尼分析法的优点在于有助于区分子政策。例如，他们发现，虽然减少城市臭氧层获得了公众的最多关注，但减少粉尘微粒具有更好的成本效益健康比。

---

[1] 但是有一些经济学家认为这种"功利主义"的分析本质上是有缺陷的，因为它们需要对那些不能被分析员所了解的个人偏好进行假设。我发现这个论点很有分量（尤其是当有人争论的时候），尽管不一定在每个案例中都有说服力［哈耶克《法律、立法与自由》（Law, Legislation and Liberty）第2卷，1976年］。——原注

"成本—效益分析法"的另一个优点是，有助于加强科学讨论。由于克鲁普尼克和波特尼分析法的计算是客观的，其他分析人士可以在一年后提出另一套计算南加州海岸空气盆地的方法，并明确分析中哪些因素存在分歧点；这有助于研究人员和政策制定者以合理的方式解决分歧。

当然，"成本—效益分析法"必须考虑所有这些因素形势的重要方面——非货币和货币。然而，通过明确计算，这种研究可以突出这些无形的问题，否则这些问题将以定量的方式加以分析。

结论

从定义上讲，污染是一件坏事。

经济学家将减少污染的概念化为一种社会公益行为——可以在技术上实现但需要消耗资源。摆在我们面前的问题是：根据我们对清洁环境的偏好，相对于我们对其他产品的需求，什么是最佳污染水平？

附注 生态学家对经济学的批评

一些自称"生态学家"的人严厉批评经济学家的思想及其对国家政策的影响。他们甚至否认"那些接受过现代经济学训练的人是实实在在地处理现实的经济问题"。在这些批评的声音中,保罗·埃利希格外引人注目。他为"西蒙以及其他经济学家在试图解决人口、资源和环境问题时犯下的错误"感到惋惜。以下引用自他在报纸文章中发表的一句话:"除了战争的可能性,最让我担心的就是经济增长。"

经济学家认为,整个世界就是一个市场体系,自由商品是无限供应的。从物理学家或生物学家的角度来看,这门学科明显建立在错误的基础之上。

经济学家可能是地球上最危险的一种职业,因为他们是被倾听的。他们持续不断地在政治家的耳边窃窃私语,说着各种废话。人们认为经济体系主宰着人类各项事务,而实际上,经济体制无疑是建立在物质和环境基础之上的。经济学家说这是工作或环境的问题,但实际上如果你不善待环境,你就不会有工作。[斯图尔特·麦克布莱德(Steward McBride),《末日审判延期》(*Doomsday Postponed*),《基督教科学箴言报》(*Christian Science Monitor*),1980年]

杰出的环保组织成员史蒂芬妮·米尔斯(Stephanie Mills)说:

阻碍对人口过剩的认知和行动的另一个因素是传统经济学,社会活动家和作家哈泽尔·亨德森(Hazel Henderson)称其为"一种脑损伤"……例如,经济学家朱利安·西蒙认为,人口增长会产生自己的解决方案。他的工作为美国最近的人口不干预政策提供了一个合理化的解释。(1991年)

无论是米尔斯还是亨德森,都没有解释为什么理论或事实是错误的;称其为

"脑损伤"就是他们所能做的了。

世界银行的首席生态学家罗伯特·古德兰德（Robert Goodland）说："对环境保护运动来说，最重要的事情就是改变经济思维。"彼得·雷文（Peter Raven）也说："也许世界上最严重的单一学术问题就是经济学家的培训。"生态学家们声称，他们将提供一整套比经济学家使用的概念更大、更深入的概念。

从未学习过这门学科的人也觉得自己有资格发表一些言论，比如，"经济学理论是在人口少、地球被视为无限资源的时代提出的"。这种思想的知识基础简直就是一个谜。

遗憾的是，我还没能找到经济学家对这一批评的回应。

生态学家说，经济学家在评估政策问题以及计算一个时期到另一个时期的经济福利状况时，遗漏了关键的优劣点。确实，如果这些批评是有根据的，那么经济学所承担的任务就会失败。就像奥斯卡·王尔德（Oscar Wilde）对犬儒主义者的评判一样，在他们看来，经济学家只是些知道事物的价格却不知道其价值的人。但事实上，要想成为一名优秀的经济学家，你必须能够建立一个合理的估值——这意味着不遗漏任何与估值相关的重要因素。确实，经济学家经常犯错，但这并不是科学的失败，而是实践者的失败。

这个问题实际上取决于"成本—效益分析法"将包括和不包括哪些内容。

长期以来，经济学家在对类似水坝建设等政府活动的成本效益进行分析时，除了通过市场的商品以外，还考虑了其他商品，包括对度假者的划船以及其他娱乐机会的价值。与此同时，经济学家们试图确定那些因修建大坝而被迫离开家园的人所感受到的成本。我并不是说这些分析一直都进行得非常好，但总的说来，经济学家们已经认识到，有必要将非货币支付的金额包括在内。他们主要通过估算人们会花多少钱来获得这些商品，或者在有机会的情况下避免这些不良行为。在所有情况下，所考虑的幅度都是对人类的影响，在标准经济时代的折扣机制中考虑到了未来。

在宏观经济层面，经济学家威廉·诺德豪斯和詹姆斯·托宾（James Tobin）曾尝试将一些重要的非市场商品和有害因素纳入国民经济福利的扩大评估中。他们发现，这种知识框架的扩展并没有改变GNP时间序列[1]留下的总体印象。

但是，这些标准经济指标扩大的结果，并没有令许多生态学家满意，甚至不能令一些经济学家满意。一项主要的指控是，传统经济学没有考虑到使用自然资源的消耗成本。但这种计算结果往往是重复计算，并假定所提取材料的价值将在未来上升，而不是下降，正如我们已经看到的那样（材料见第2章，能源见第11章）。

另一种主张是，我们的活动对人类以外的影响，也应该包含在计算之内。也就是说，经济学家可能只是把消灭蚊子和减少疟疾记录在分类账簿的积极影响一栏。生物学家们认为，也应考虑对蚊子和生态系统内的其他物种比如以蚊子幼虫为食的鱼类的影响。一些自称为"生态经济学家"的人绘制了图表，展示了"可持续经济福利指数"。作为传统国民收入核算方法的替代品，该指数的使用近年来不但没有上升，反而在下降。令人遗憾的是，据我所知，主流经济学家并没有对这项工作提出明确的批评。我承认，我无法写出这篇文章的开头和结尾。对形而上文章的详细分析需要相当大的篇幅，并且超出了本书的合理范围。

生态经济学对后代在当前决策中的作用也往往与传统经济学有着不同的概念。有时它的眼界很短，会引用"从长远来看我们都会死"的观点；有时眼光却很长远，如在能源会计中，70亿年后的影响被视为与现在的影响具有同等价值。传统经济学就像债券购买者一样，以分级的方式贴现未来。（更多关于资源保护的讨论，见第10章；关于人类作为长期创造者而不是破坏者的讨论，见第4章。）

这种生态学思维不允许这样一个事实：由于知识随着时间的推移和人力的努力而累积，财富来源随着时间的推移而增加，自然资源的相对价值将随之下降。例如，耕地作为总资产的一部分，其价值会随着时间的推移而下降（见图8-1）。对此，赫尔曼·戴利表示异议："如果农业受到严重破坏，目前的3%（农业部门的占比规模）可能会飙升到90%。"我不知道如何回答这个问题而不诉诸讽刺。

更普遍地说，由于知识的增加，未来人们可能比现在和过去更富有，享有更

---

[1]经济数据大多数是以时间序列的形式给出。——编者注

清洁更健康的环境。但这显然被排除在了生态经济学之外。

经济学家用一个类似的论点来反驳这些指控。生态学家指责经济学家和人类社会耗尽了地球自然资源，为子孙后代留下的资源太少。经济学家指责生态学家一边利用人类过去所创造的知识成果，一边反对人口增长，而增加的这些人将使知识储备更加丰厚，从而提高未来人们（包括未来生态学家）的生活水平。

生态学家似乎在呼吁建立一个基于自己价值观的类似经济学的科学，包括其他物种的观点。但是经济科学一直在关注人类福利。生态学家的要求，不是对经济科学的批评，而是对自己价值观的声明。

此外，根本没有办法将这些额外的估值纳入标准的经济学演算，也没有办法纳入任何客观的科学中。一个人如何能在实际操作中评估单个蚊子、它们的物种以及其他物种在消灭过程中所遭受的损失呢？这不仅仅是简单地估算人口规模——这是生态学家的一项标准任务。我们可以根据客观的测量结果分析，如果禁止香烟广告，美国的经济是变得更好还是更坏，尽管这需要一些假设——经济学家认为不适当的假设。对禁止在斑点猫头鹰生活的地区伐木对人类的影响——包括斑点猫头鹰对人类的价值——进行有意义的成本—效益分析是可能的。但要把斑点猫头鹰对于自身物种或其他物种的价值包含在内，或者计算人类根本不知道的物种的损失，或者计算我们看不到、听不到或感觉不到的另一个星球上的事件的价值，则需要一种完全不同的计算方法。迄今为止提出的唯一一种计算方法，是根据从特定的宗教教义中产生的具体的宗教价值，而不是具有客观性的基本科学性质的测量，并且可以由独立观察员重复测量。这就是第12章中提到的"生态经济学家"赫尔曼·戴利的观点。

在生态经济学家看来，能源会计具有客观性的特点。人们可以测量在各种人类活动中所消耗的能量的单位数，然后通过能量投入来评估这些活动。基于能源会计的经济学的基本缺陷在第12章的附注中有所讨论。

16　污染该何去何从？

理性的思考要求我们分开考虑多种形式的污染，而不是单一的、普遍的"污染"。将污染分为（a）与健康相关的，或（b）与美学相关的，非常有用。我们将主要关注与健康相关的污染，因为客观地讨论它们很容易。因为一个人的审美污染有可能是另一个人的审美乐趣——例如，附近的儿童在玩耍时发出的噪声——问题复杂而困难。

污染与历史

与其他许多话题一样，在考虑污染问题时，关键点在于：怎么才算适当的比较？

将现在与假设的原始历史进行比较是很常见的。当人们听说污染一直在下降时，大多会问：是从历史的开端开始的吗？

从最重要的角度来看，以预期寿命衡量的污染自物种诞生以来一直在下降。伊甸园的形象与已有的物证并不相符。

但是，如果人们不认为人体和动物的排泄物或饭后扔掉的骨头是污染，而是狭隘地认为，只有现代污染才算污染，比如工业烟雾、汽水罐和报废汽车产生的垃圾，那么，随着自给自足的农业社会转向现代化社会，污染必然在加剧。但是，当社会变得足够富裕，能够像发达国家那样将清洁列为优先事项时，它很有可能会减少现代化带来的污染。

社会富足与技术改进相结合，使得环境趋于更加清洁。

下面将今天的西方大都市与1890年的伦敦比较：

> 那时候的斯特兰德大街……是伦敦人民热情的天堂……但是"烂泥"（委婉语，这里指代马的粪便）！噪声！臭味！所有这些瑕疵都是马的"产物"……

整个伦敦挤满了各种车辆，某些地方有时拥挤不堪，无法移动。城市依赖于马匹运输：货车、公共马车、二轮轻便马车、"咆哮者"马车、教练车、四轮马车，以及各种各样的私人车辆，都是靠马拉动。独特的气味成为了伦敦的特征，它们来自于马厩——通常有三四层，顶部倾斜。伦敦的上、中、下层阶级家庭会客厅里的吊灯上挂满了死苍蝇。每到夏末，飞舞的苍蝇就像活动的黑云，把屋子笼罩起来。

马的一个更加明显的标志是"烂泥"。许多穿着红色夹克的男孩拿着罐子和刷子，躲避着车轮与马蹄，有的清洗人行道旁的铁垃圾箱，有的处理随时会溢出池子边缘将街道淹没的"豌豆汤"，还有一些人在路面上抛撒糠麸草木灰等。那些快速移动的有盖双座马车或轻便双轮马车，将"烂泥"溅洒在人行道上（除了被路上行人的裤子或裙子挡住的部分外），使得斯特兰德大街边长长的河滨线上形成了一条18英寸宽的"烂泥"带。"豌豆汤"是轮式"泥浆车"带来的，每辆车上各有两个穿大腿靴的拉客，油布领子一直扣到下巴，脖子后面密封着。"烂泥"飞溅！行人的眼睛里进"泥"了！机械化马刷给车轴涂抹润滑油脂，以及游客凌晨发现消防水管正在冲洗残留物……

泥泞过后，马儿发出一声嘶吼，像一颗强有力的心跳……还有许多人的锤击声，包铁毛绒高跟鞋敲击地面的声音，橡胶车轮发出的震耳欲聋的侧鼓声，一组车轮的轮齿从一端到另一端的刺耳之声，就像沿着篱笆拖动棍子，车辆嘎吱嘎吱、轻重缓急之声，所有其他可以想象到的链环的叮当声、叮铃声……所有这些声音，混合成一种不可思议的喧嚣嘈杂，仿佛是上帝所造之物发出的呼唤，希望传递某种信息或发出请求。这可不是噪声般微不足道的小事，这是一种巨大的声音。

将这幅画面与英格兰清理运动的结果相比较：

英国河流……已经被污染了一个世纪，而在美国，河流仅在几十年前才开始变脏……泰晤士河已经一个世纪没有鱼了。但是到了1968年，大约有40个不同品种的鱼回到河里。

现在（1968年）的伦敦，可以看到长期以来看不到的鸟类和植物。据一项声明称，伦敦目前已发现138种鸟类，而这一数字在10年前尚不到一半……致命的烟雾消失了……伦敦人呼吸着比过去一个世纪以来更干净的空气……空气污染对支气管病人的影响正在减弱……能见度也更佳……在一个普通的冬日里……能见度远至大约4英里，而1958年只能看到1.4英里。

我的目的是要告诉大家，一个人如果把眼光从自家院子移到别人家的院子，就会发现，那里的情况不一定更好。

预期寿命与污染

那么最近的趋势如何呢？我们的环境变得更脏了还是更干净了？那些得到关注的污染物的变化，使我们对环境清洁趋势的讨论变得复杂化。在我们战胜了对生命和健康最危险的那些微生物污染——鼠疫、天花、疟疾、肺结核、霍乱、伤寒、斑疹伤寒等之后，并随着辨识污染物的技术能力的提高，一些新的较轻的污染出现了。

这里有一个污染显著明显加剧的例子：一架飞机落在你房顶上的危险，比一个世纪前要大得多；人工食品添加剂的危害比1000年前大了许多倍（尽管现在看来这不过是非常小的危害）。你可以相信也可以不相信，但危言耸听者总能找到一些新的人为的危险。然而，我们必须抵制从此类例子中推断出结论。

我们如何才能合理地评估与健康有关的污染的整体趋势呢？直接用健康本身来衡量。最简单、准确的健康衡量标准就是寿命的长短，即平均预期寿命。为了支持这一包括医疗效果以及预防（防治污染）效果的一般措施，我们可以看看死亡率趋势。

经过几千年几乎没有任何改善的漫长时期，在过去的两百年里，发达国家的平均寿命有了很大的提高。贫穷国家的预期寿命在本世纪下半叶急剧上升。有关这些重要事实的数据载于第22章。当然，这种历史观点并不能让人们对污染更加警惕；如果有什么不同的话，那就是它支持污染正在减少的总体评估。（这种对污染的看法在这本书的第一版引起了批评者的嘲笑，也许是因为那些批评者抛开了战胜环境疾病的历史。）

当然，这种趋势明天可能会改变，我们或许将直接陷入一场灾难之中。但是从现有的数据来看，没有理由让人相信这种情况会发生。尽管流行的观点与此相反，但美国人的预期寿命仍在增长，特别是老年群体的预期寿命比以前增长得更快。

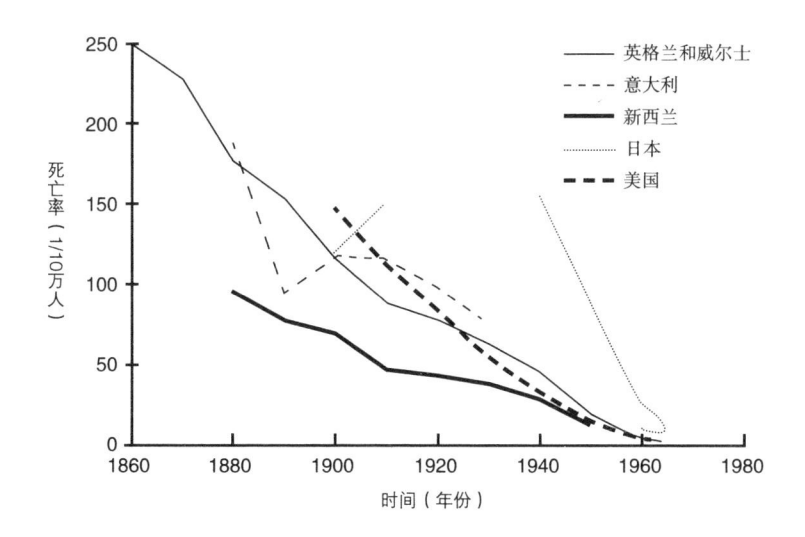

图16-1a 肺结核死亡率，标准化死亡率（1861—1964年）

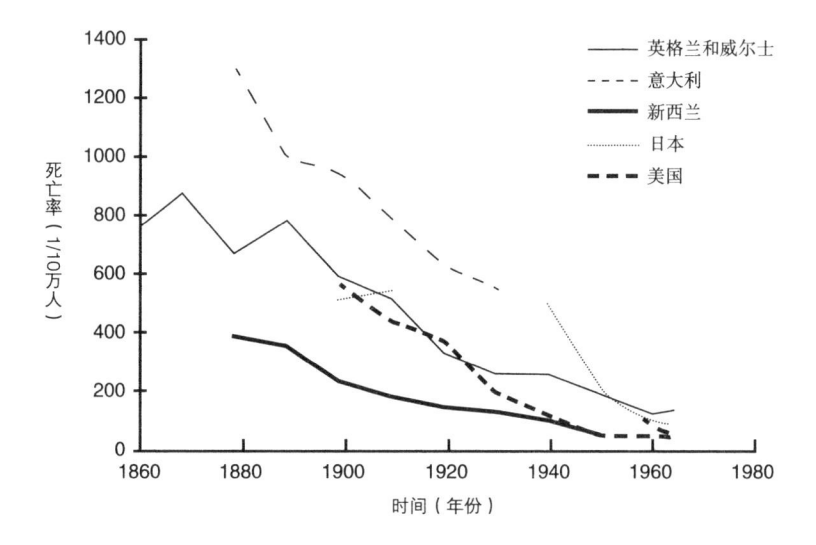

图16-1b 传染病死亡率（肺结核除外），非标准化死亡率（1861—1964年）

　　除减少污染外，其他因素如营养的改善，也促进了预期寿命的增长。但是，以前的污染种类所引起的疾病的减少，必定是寿命增长的主要原因。一个世纪以前，大多数美国人死于环境污染，即肺炎、肺结核和肠胃炎等传染病。（图16-1显示了肺结核这一致命疾病的显著下降。由于公共卫生政策的松懈，最近的好转只是暂时

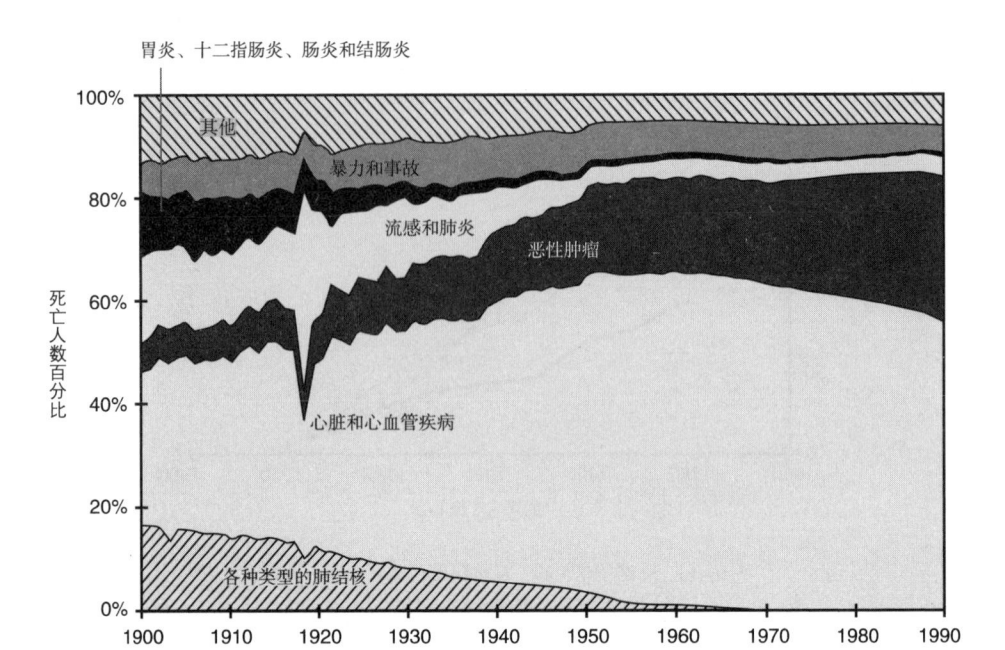

图16-2 美国主要死因趋势

的。）人类在减少这些污染方面取得了巨大的成功，以至于今天的年轻人甚至不知道历史上那些重大的致命污染的名称——比如伤寒、黑死病和霍乱。

如今，人们大多死于老年疾病，比如心脏病、癌症以及中风（见图16-2），而这并非环境造成的。似乎没有证据表明癌症的增加是由环境致癌物引起的，相反，这是人们活到更老、更容易患癌症的年龄的必然结果。尽管汽车使用率在增加，但事故死亡人数却急剧下降，这也可以被看作是健康环境的改善。

总而言之：预期寿命是衡量健康相关污染状态的最佳单一指标，尽管它也存在受其他健康改善力量影响的概念缺陷。按照这个衡量标准，污染在很长一段时间内都在快速下降。因此，综合考虑各方面因素，我们有理由说，影响健康的"污染"（从最宽泛和最合适的意义上使用这个词）一直在减少。

作为与发达国家比如美国目前状况的比较，以下描述了一个半世纪以前英国的环境状况，它来源于一项社会调查：

据当地的观察家报道，在因弗内斯，"镇上几乎没有家庭安装抽水马桶或者拥有私人厕所,大部分居民只共同拥有两三个公共厕所"。在盖茨黑德,"这里的居住环境充斥着许多不愉快的情形。在公共厨房里,懒惰的居民从不清洁室内厨具,致使它们气味难闻,令人作呕。每隔几天,厨房垃圾污水就被人从窗户里倒出来。"一名调查员称,他在伦敦的两所房子里发现,"地窖里积满了粪便,深达三英尺,这是化粪池溢出之后经年累月积聚而成的;清洁这些地窖的时候,恶臭简直令人难以忍受,毫无疑问,房子周围的邻居都受到了恶臭的影响。"在曼彻斯特,"那些发烧高发地的街道,大多如同沼泽般泥泞不堪,大坑随处可见,垃圾堆积如山,以至于康复医院的车辆往往进不来,病人只得从很远的地方被抬到车上。"在格拉斯哥,观察员说:"我们进入了一条房门般低矮的肮脏通道,通道的一头连着街道,从街道穿过第一座房子,我们来到了紧邻这里的一个法院广场,除了它周围的一条狭窄的小路通向另一条长长的通道,其他地方完全成了恶心至极的粪便容器。过了法院广场,第二条通道又通向另一个广场,这里同样是粪便堆积如山;从这个广场往前走,还有第三条通道通往第三个广场,这里同样堆积了一座粪山。该区域没有厕所也没有排水沟,可怜的居民把所有的污物都倾倒在粪堆上。我们了解到,有相当一部分的房屋租金都是靠粪堆的创收来支付的。"在格林诺克,矗立在一条街道上的粪堆被描述为'容纳了全镇1000立方码[1]的不洁垃圾'。它从来没有被移动过;这是一个粪便商人的库存;商人用马车进行兜售。为了满足顾客需求,商人总是在库存里保持一个核心粪堆,因为粪便堆积的时间越久价格就越高。这个粪堆面向公众街道,被一堵高约12英尺的墙包围着,但是粪堆已经超过了墙顶,污水渗出墙壁,漫过人行道。这里的污水实在太骇人了。此处还有一片四层高的房屋毗连,夏天时,每个房间里都是苍蝇成群;任何食物和饮料都必须被罩住,否则哪怕只是暴露一分钟,苍蝇也会群起攻之,在上面留下浓郁的粪堆味道。

为了与今天的工业环境进行比较,来看看石油工业在大约一个世纪以前造成的影响:

我们曾住在(宾夕法尼亚州)一个热闹的石油农场和石油小镇的边缘。在人类早

---

[1] 1立方码约等于0.7646立方米。——编者注

期的工业中,没有任何一种工业比石油生产更能破坏美景、秩序和礼仪。我们竖起井架,盖起动力房,建好水箱;脚下裸露的土壤被水泵抽出的水弄得泥泞不堪,钻机不断深入,定期把沙子、泥土和岩石带出地表。如果发现了石油,一经原油涌动,那么每一棵树、每一根灌木,以及附近的每一棵小草,都将被涂上黑色油脂而死去。焦油和原油弄脏了一切。如果油井里没有发现石油,那么摇摇晃晃的井架、成堆的残骸、油乎乎的油井都将被废弃,因为在那之后再也没有人去清理整顿。

当然,知识的增长在减少传染病污染方面起着至关重要的作用。但成功经济体创造的财富也非常重要;日益增加的财富以及运转良好的政府使美国能够提供有效的卫生设施和安全用水——美国的饮水系统和基础设施仍然远远超过贫困的印度。印度农村经常暴发痢疾,但由于贫困和社会冲突,就连在公共饮用水井周围安装简单的防护措施都不可能实现。财富带来的良好营养也增加了对疾病感染的抵抗力,即使生病了,人们的痊愈能力也比一般人强。

环境清洁度的显著改善可以从美国人现在所担心的污染物类型中看出来——这些物质的危害如此之小,甚至不知道是否有害。植物生长抑制剂就是一个臭名昭著的虚假警报,DDT也一样(第18章将讨论虚假的环境恐慌)。1992年,加拿大的蟹肉和加利福尼亚的凤尾鱼引起了恐慌,据说它们含有一种可能会引起阿尔茨海默症的酸。事实上,这种引起恐慌的物质是纯天然的,它一直都存在着。我们之所以意识到它含有致病物质,正如新英格兰地区食品药品监督管理局局长针对这个问题所说的,"如今的设备可以让人们在食物中发现很多有害物质"。这并不意味着这些物质对我们有害,"美国人对病原体的耐受性为零"。

贫穷国家的模式已经开始表现出与发达国家相同的特征。例如,天花作为曾经的一种随处可见的杀手,现在已经被消灭了。而霍乱作为一种纯粹的污染疾病,已不再是世界重要的致病因素。

世界趋势的唯一例外主要是东欧,那里的死亡率近年来有所上升,预期寿命有所下降(见图22-12)。正如我们将在第17章中看到的,东欧的工业污染程度令人震惊。此外,还有其他原因导致东欧的预期寿命下降。但是,东欧日益严重的污染以及预期寿命的下降,加强了将预期寿命作为衡量一个国家污染状况的最佳一般指数的论据。

简而言之,我们所面对的环境污染的严重程度已经显著降低。但是,由于人们不知道这段历史，因此对每一个新警报都会心存恐惧。

在接下来的两章中，我们将讨论文明和进步产生的副产品——特殊污染的趋势。

总结

公众认为，这个世界不如几十年前健康，而且正朝着环境污染日益严重这一趋势发展。这种普遍的看法与事实完全相反。

污染有很多种。在过去几年里，一些污染有所减少，比如我们城市的街道垃圾和导致传染病的污染物。另一些污染变得更加严重，比如空气中的汽油烟雾、某些地方的噪声和核废料。然而，诸如街头犯罪等其他长期趋势却不得而知。结论这些变化趋势的总体方向是困难的，而且很容易对人产生误导。如果必须选择一项衡量污染程度的指标，最合理的一种就是预期寿命，因为它的包容性是最强的。在过去的几个世纪里，新生儿的预期寿命大大延长，并且现在仍在延长中。

几十年来，我试图通过严谨的分析过程和数据来向人们说明，我们的环境变得更干净而不是更肮脏。但是未能成功。我已经决定，唯一能充分展示本章，也许是整本书主题的方法，可能就是使用奥罗克[1]（Patrick Jake O'Rourke）式的讽刺手法（见下一章的引言）。

---

[1] 奥罗克是美国政治讽刺作家和记者。他形容自己是一个自由主义者，从自由主义的角度看待世界上所有的麻烦，比如全球变暖、饥荒等问题。媒体评价他的文字道："奥罗克的原创报道、粗俗的幽默和怪诞的写作令人愉快。无论什么话题，他从不拐弯抹角，总是一针见血。"——原注

17 当前的污染：特定的趋势和问题

> 埃利希博士曾预言……到1979年，海洋可能会成为伊利湖一样的死水。然而，时至今日，伊利湖依然充满活力，而埃利希博士却不肯承认（预言的失误）。
>
> 奥罗克，《妓女议会》（Parliament of Whores）

人类活动造成的空气污染一直被认为是一个问题。例如，"在爱德华一世统治时期的1300年左右，一名伦敦人因燃烧海煤违反了一项旨在减少烟雾的法案而被处决"。

烟和煤灰（技术上称为"微粒"）在这些污染中最古老、最危险……人们早就知道，烟雾弥漫的空气是致命的，如图17-1反映的英国曼彻斯特市。最近的统计研究也证实了工业烟尘颗粒的危害，即使是在相对较低的水平上。乔尔·施瓦茨（Joel Schwartz）发现，在目前可接受的水平上，"每年可能有多达6万美国居民死于微粒吸入"（"多达"这个词组不必当真；其他工业空气污染物的研究显示出对健康的危害并不大）。这项研究，以及前面讨论过的克鲁普尼克和波特尼成本—效益分析法，共同构成了关注粉尘微粒的理由。

发达国家的煤烟尘和其他空气污染的历史，包括伴随着工业活动增长而来的长时间日益肮脏的空气，呈现出了没有尽头的下降，如图17-2中的伦敦和图17-3中的匹兹堡。

起初，各种空气污染测量方法很难理清。后来它们被分为两类：（a）排放类[1]，可以在事后通过有关工业活动的知识来估计，但不能反映被污染过的空气

---

[1] 读者可能会纳闷，为什么我要把有关颗粒物和其他物质排放量的数据包括进来，但却不包括二氧化碳的排放量。因为我所展示的微粒和其他排放物对人类造成了直接的伤害。而唯一假设的二氧化碳的不良影响是通过"温室效应"实现的，它与人类的健康没有明确的关联性。——原注

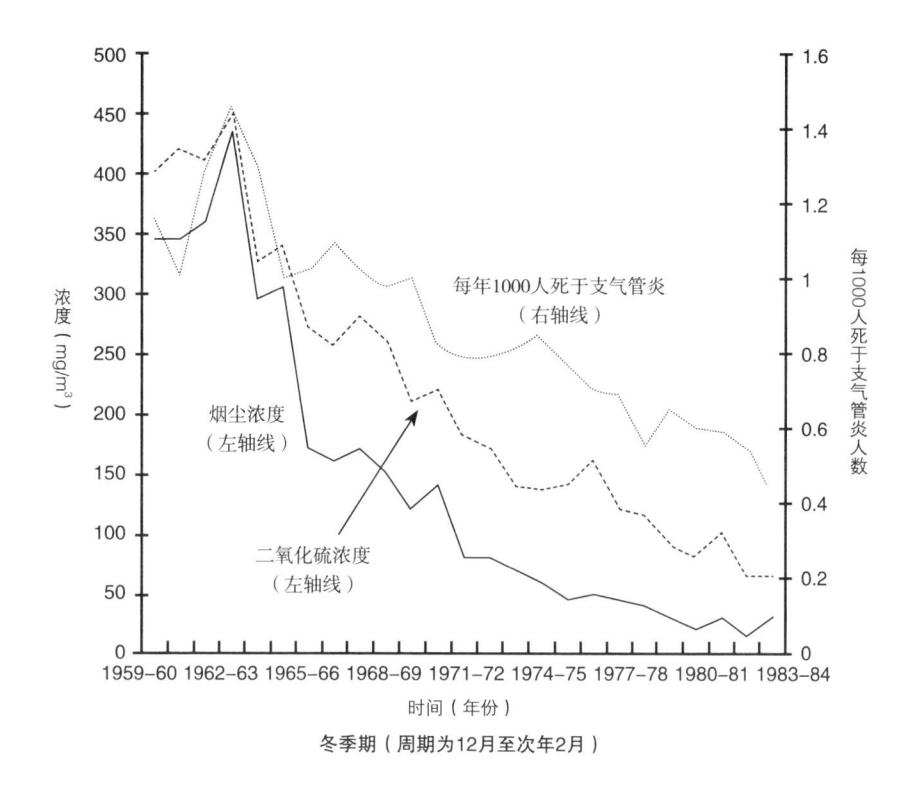

图17-1 空气污染和支气管炎造成的死亡(曼彻斯特,1959—1960年间至1983—1984年间)

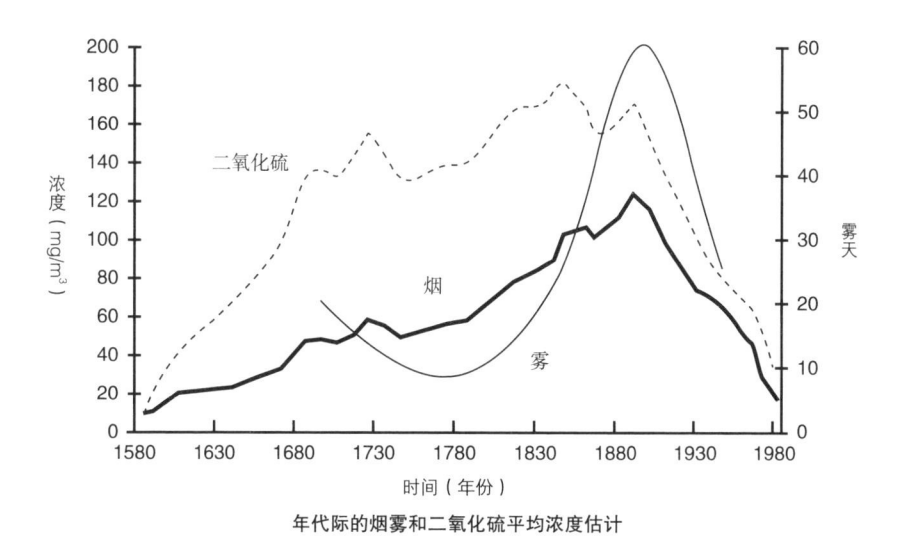

年代际的烟雾和二氧化硫平均浓度估计

图17-2 伦敦空气污染的长期趋势

第一部分 17 当前的污染:特定的趋势和问题 237

对人类的实际危害；（b）空气质量的测量。两种类型的测量有所关联，但关联性不大。如图17-4和17-5所示，排放量与空气传播浓度（至少对于微粒和二氧化硫）之间存在着普遍的相关性，因此即使没有空气质量数据，排放数据也是有意义的。我将利用美国近几十年来发表在"统计摘要"上的系列数据，介绍这两种方法，以便读者能够轻松地为自己更新目前的积极趋势。并且我要提醒你们的是，粉尘微粒是最重要的空气污染源，二氧化硫可能是第二严重的污染源。

美国环境保护署的官方数据显示，最近几十年的烟尘颗粒物和二氧化硫的排放量一直在下降，如图17-6所示。铅排放量也急剧下降，其他污染物排放也有所下降。从图17-7可以看出，美国人呼吸的空气质量一直在大幅度改善，而不是恶化——这与前一章所引用的民意调查结果刚好相反。其他相关污染物的数据也大多显示出类似的改善。图17-8显示了1975—1990年主要发达国家的数据。

前述图表清楚地表明，发达国家的空气变得更纯净了。但公众被国家野生动物联合会之类的环保组织所迷惑，后者传达给他们的信息与事实恰恰相反。

我的经验是，当这些数据被呈现在那些相信我们的空气和水变得越来越污浊的人面前时，他们并不会接受稳步改善的总体状况。他们经常质疑某些特殊城市的状况。

在美国，空气污染的程度有很大差别。当然，在发达国家中也一样。但是在整个美国西部地区，就几乎所有种类的污染而言，其趋势是日益减少的，环境趋向于更加洁净。

怀疑论者常常想知道，其他数据系列是否显示了相反的情况，或者是否遗漏

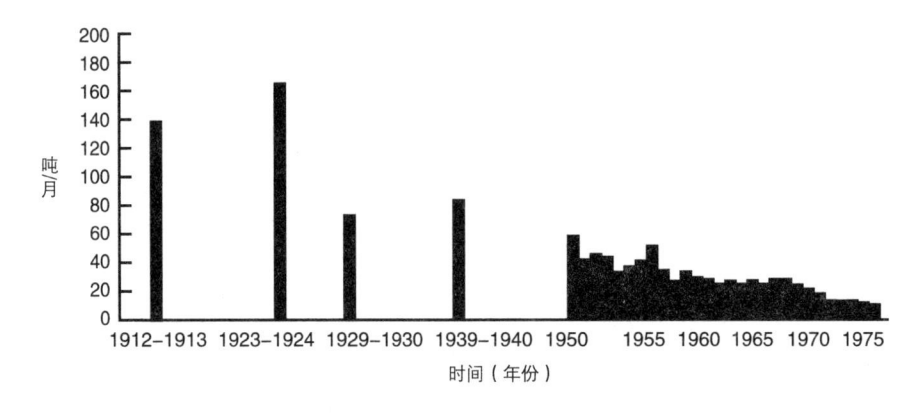

图17-3a 匹兹堡市区的降尘量（1912、1913—1976年）

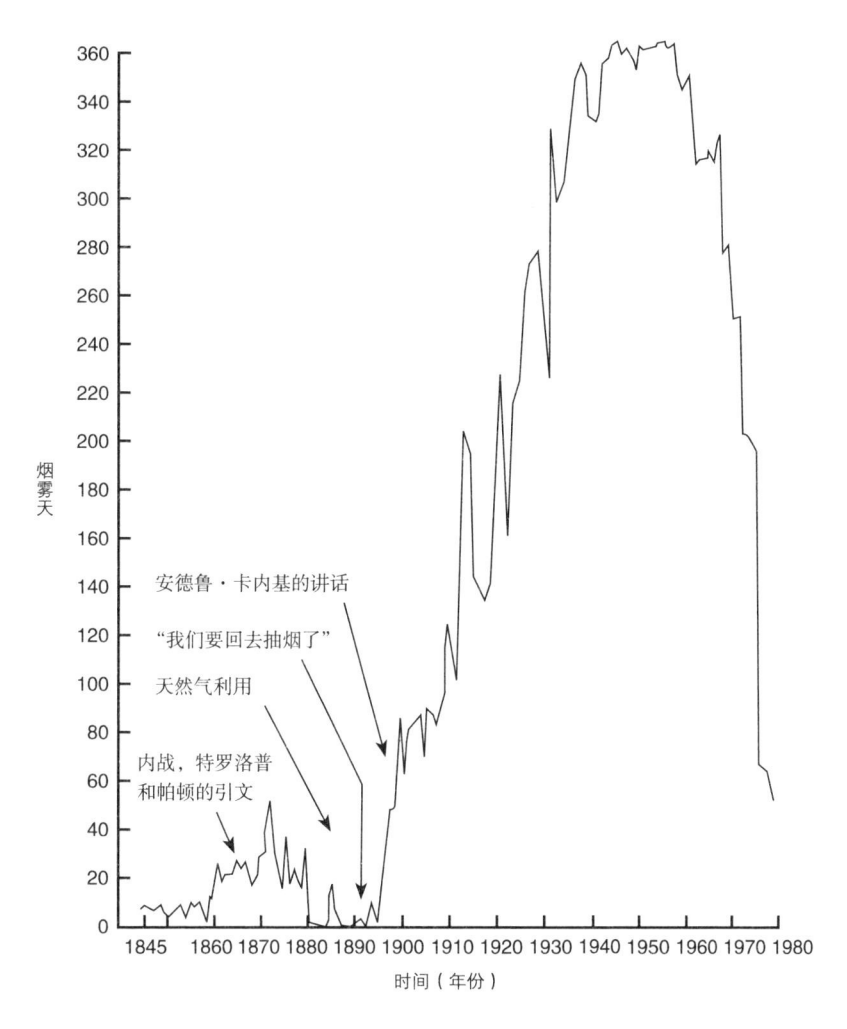

图17-3b　匹兹堡的烟雾天数

了一些重要的测量数据。[1]对于那些认为这里呈现的图片不尽真实的人，如果他们愿意，我希望他们亲自去查阅原始数据来源以校正自己的怀疑。

---

〔1〕这一章包含了很多数据，读者可能会想知道我遗漏了哪些内容，以及我是如何决定包括或排除某些数据的。当涵盖的时间足够长，比如20年，我就会把那些引人注目的趋势——无论是积极的还是消极的数据，都包括进来。我没有包括一些在这两个方向上都无太大趋势的系列；这通常是因为可用的系列很短或者在某个时间范围内观测到的数量太少；例如，海洋贝类养殖场的关闭，美国水域及周围的溢油和大湖的磷负荷。——原注

第一部分　17　当前的污染：特定的趋势和问题　239

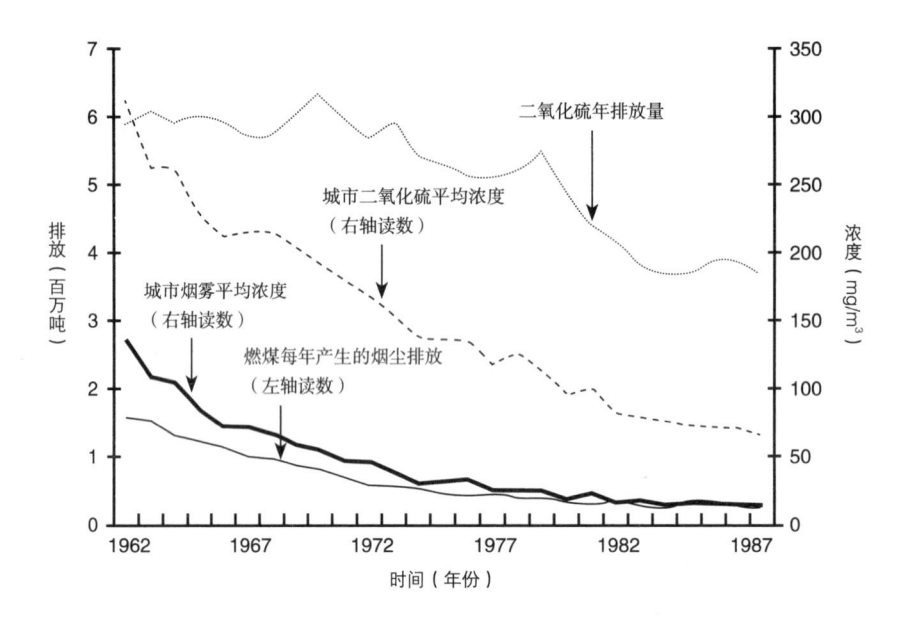

图17-4 英国二氧化硫、烟雾排放及烟尘浓度（1962—1988年）

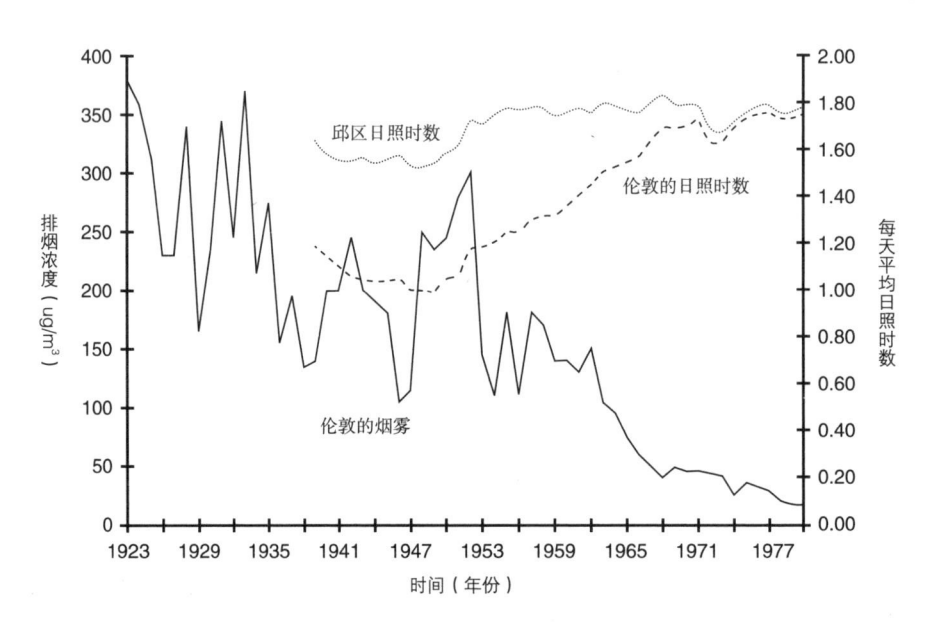

图17-5 伦敦冬季的烟雾水平和平均日照时数

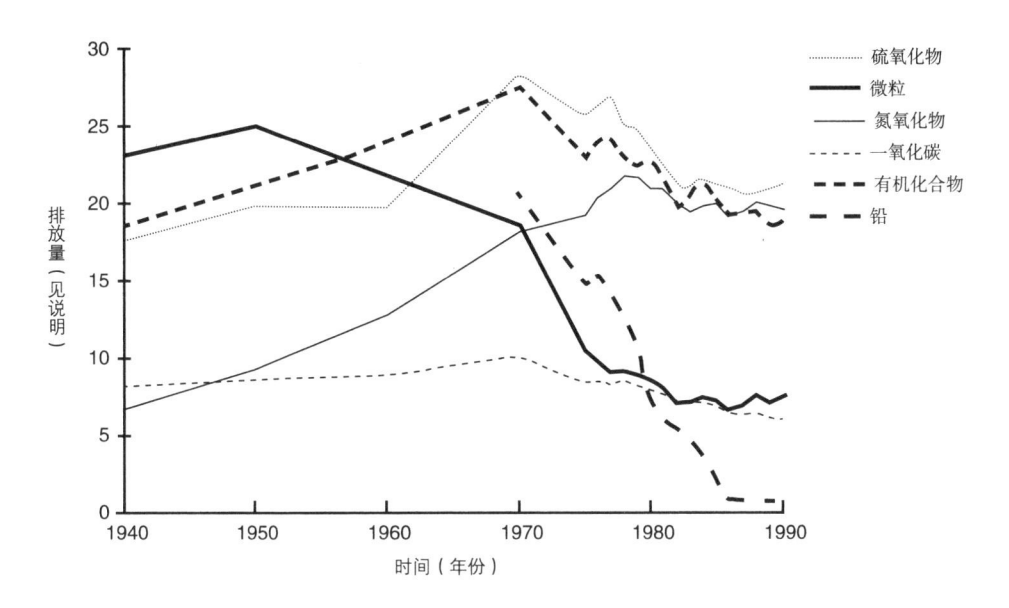

图17-6 美国主要空气污染物的排放

（单位：以每年百万吨计，除铅以每年数万吨计，一氧化碳以每年1000万吨计）

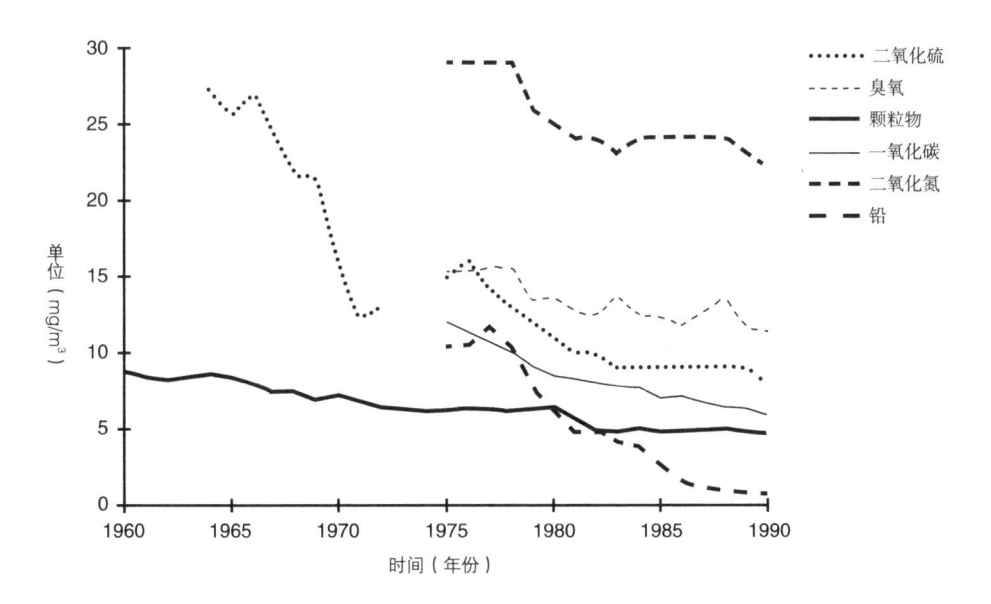

图17-7 美国空气中的污染物（1960—1990年）

第一部分 17 当前的污染：特定的趋势和问题 241

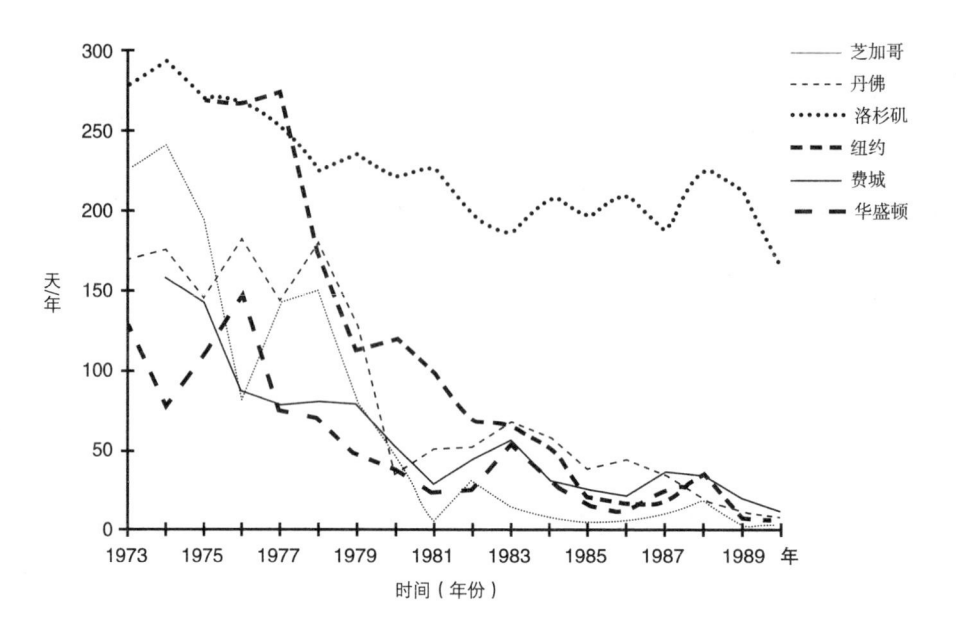

图17-8 主要城市空气质量趋势（超过污染物标准指数水平的天数）

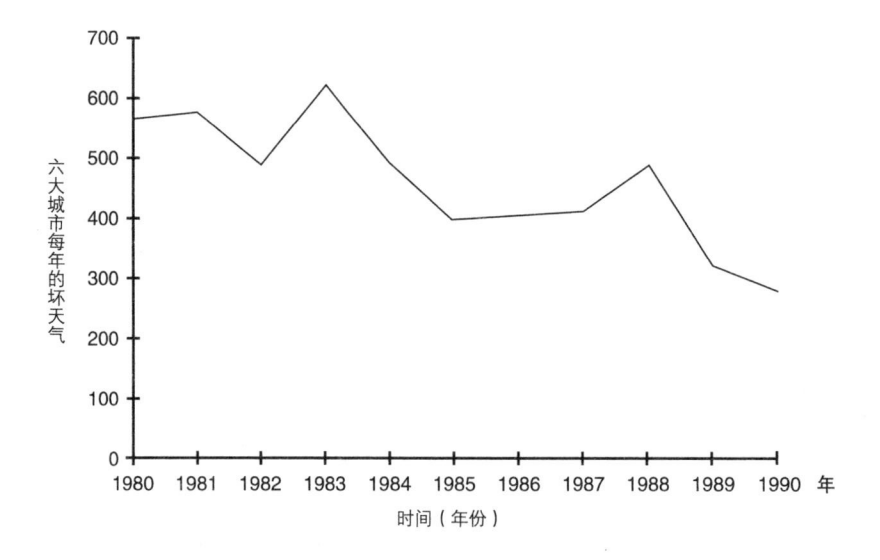

图17-9 美国城市空气质量趋势（污染物标准指数天数大于100）

了解美国和英国长期趋势的理论，将有助于预测目前的贫穷国家未来的空气污染进程。燃料和污染控制方面的技术进步无疑有助于逆转早期污染水平的上升，尽管匹兹堡曾在19世纪的某一段时期内使用了清洁的天然气。（这些工厂后来又回到了煤炭行业。）从图12-3中可以看到新技术减少空气污染的能力，它显示了法国能源供应转向核能后激动人心的成果。

然而，更重要的因素是，随着财富的增加，更清洁的环境成为了人们愿意购买的商品之一。正如几个世纪前在英国所观察到的那样，对清洁环境的需求可以通过政治活动来表达；公民呼吁企业应对其有害排放物负责，这完全符合自由市场的原则。但是，正如第21章将要讨论的那样，激励和制裁的机制至关重要。

近几十年来最可怕的空气污染事件发生在东欧。西方观察家多年前就发现了其中的一些灾难。但是直到1988年，苏联才承认发生了什么，包括一些令人悲伤的事件：

苏联一位高级环境官员说："192个城市中的5000万人暴露在超过国家标准10倍的空气污染物中。"他用"灾难性污染"来形容这种状况。

汽车使用的汽油中含有铅。

"大气霾导致……布拉格的光强度减少了40%。"

1991年，在俄罗斯的马格尼托戈尔斯克，验尸官称："每天都有新的灾难发生……一名30多岁的工人死于肺衰竭，一个小姑娘死于哮喘或心脏衰弱。"他说："这里出生的孩子中，超过90%的会患上与污染有关的疾病。"

20世纪80年代，东欧严重的空气和水污染事件的曝光，有力地证明了政府机构在此类事件中的作用。

第21章比较了处理污染的社会手段。但是，让我们在这里停一下，举一个错误政策的例子，这些政策有时被贴着环境保护标签的政治诡计为私利所驱使而采纳。1990年，最初的《清洁空气法》提案规定，乙醇作为汽油的替代品，每加仑可获得60美分的补贴，相当于当时汽油的整个炼油厂成本。这项补贴使汽油的消费价格提高了10%~15%。75%的生产补贴将被一家名为阿彻丹尼尔斯米德兰的公司收入囊中，因此该公司非常积极地游说此项议案。环境效益是可疑的。虽然乙醇可能比汽油排放的污染物少，但它会释放更多其他的污染物，相比之下，可能会对空气更加有害。

发达国家尚是如此。全世界其他国家呢？评估全世界的空气污染并非易事，而且也不一定有意义。

显然，与较发达的国家相比，一些相对较不发达国家最大城市的空气污染（二氧化硫、烟雾、颗粒物）耸人听闻。但是，联合国列出的全球范围内的地点数量显示，所有三项污染均有改善的地点多于恶化的地点。我们只能希望这些国家能够更快地富裕起来，从而加快清理行动。

水污染

关于可用水量，见第10章和第20章。

国家野生动物联合会的指数（你可能还记得第14章的"主观"测量）描述了1970年以来水质的"持续恶化"，直到他们停止使用数字（见图17—10）。正如美国国家环境保护署的数据显示的那样，事实刚好相反。

在《美国统计摘要》中发现的水纯度的基本测量方法（读者可以很容易地查到未来的数据）如下：

1. 粪便大肠菌群（一种在生物学上衡量不洁水体的指标）高发率的观测点比例急剧下降（见图17-11）。这是用于测量水体清洁度中关于人类粪便中所携带病菌的指标。图17-12显示，美国享受污水处理系统服务的人口比例多年来一直在上升。

2. 美国、英国和日本在人类身上发现的各种有毒残留物的数量一直在下降（见图17-13）。

3. 美国水域及周边环境污染事件的数量和规模均在下降（见图17-14）。

可靠的长期水质数据很难获得。但是该学科的大多数学生可能会同意自然资源经济学家奥里斯·赫芬达尔（Orris Herfindahl）和艾伦·克尼斯（Allen

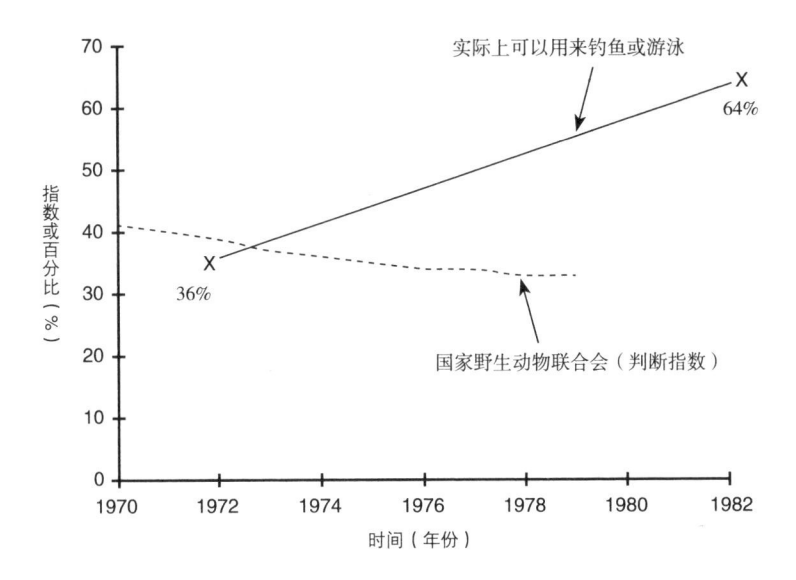

图17-10　美国国家野生动物联合会对水体情况与美国河流中可用于捕鱼和游泳的实际比例的判断（1970—1982年）

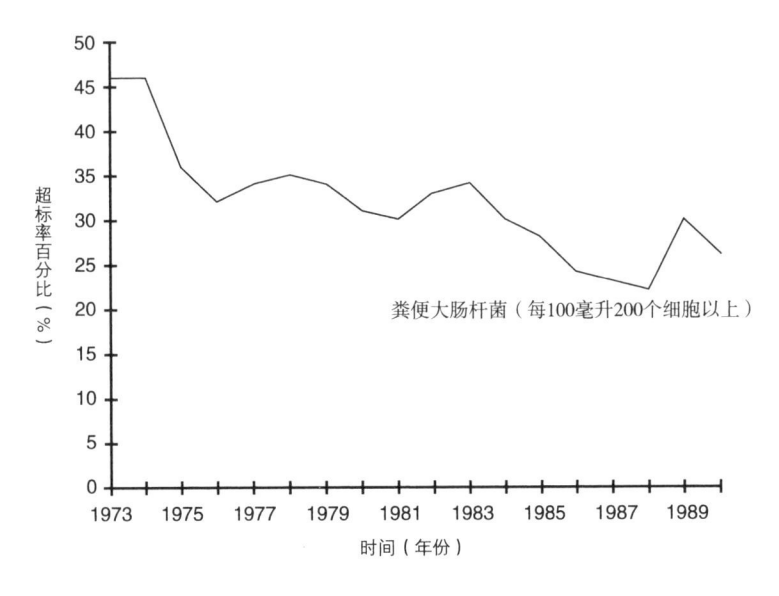

图17-11　美国河流和小溪环境水质（1973—1990年）

第一部分　17　当前的污染：特定的趋势和问题　245

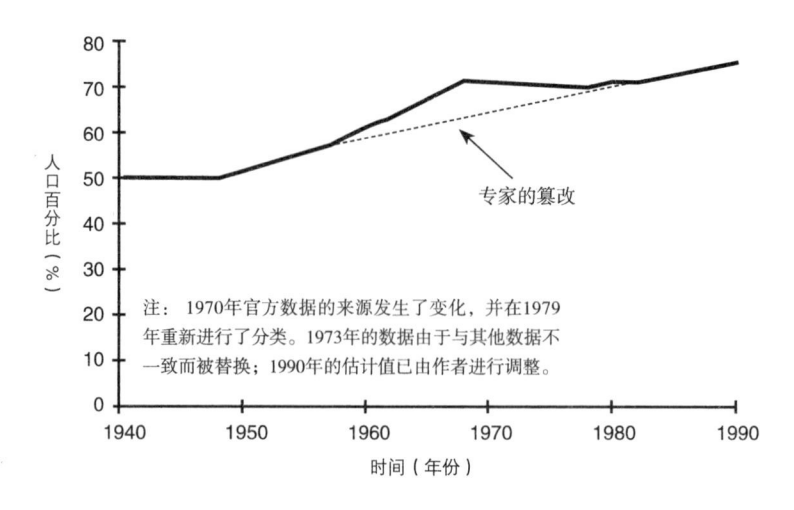

[图表：纵轴为人口百分比（%），横轴为时间（年份），显示1940—1990年间数据，带有"专家的篡改"箭头标注。注：1970年官方数据的来源发生了变化，并在1979年重新进行了分类。1973年的数据由于与其他数据不一致而被替换；1990年的估计值已由作者进行调整。]

图17-12 美国享受污水处理系统服务功能的人口（1940—1990年）

Kneese）的观点：

> 环境质量的某些方面确实发生了严重的恶化，例如1840—1940年间。
>
> 然而，自1940年以来，环境质量在某些方面有明显提高。河流中已经清理掉了最严重的漂浮物。

最近的措施表明，过去几十年的情况有所改善。美国环境质量委员会的数据显示，水质观测中"优质"饮用水比例从1961年的42%上升到1974年的61%。（我没有找到能将这个数据系列扩展到与现在一致的数据；环保署显然已经停止公布这些数据，因为这个问题已经大大减少了。）

东欧国家

东欧国家多年来一直是许多西方国家美德的楷模。因此，当第一版包括以下记录时，有些人会感到惊讶："蓝色只是记忆，多瑙河已经变得污浊。"这是《纽约时报》的一篇头条新闻的标题。"十几年前我们可以在多瑙河里游泳。今天这条河太危险了，在里面游泳是违法的。"捷克斯洛伐克

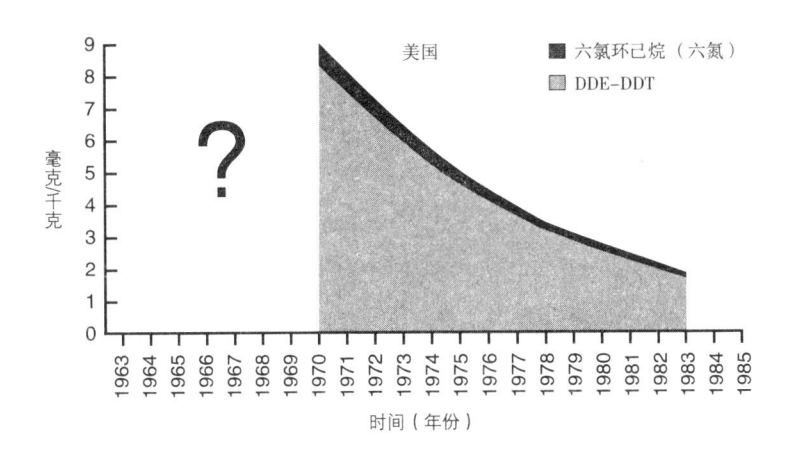

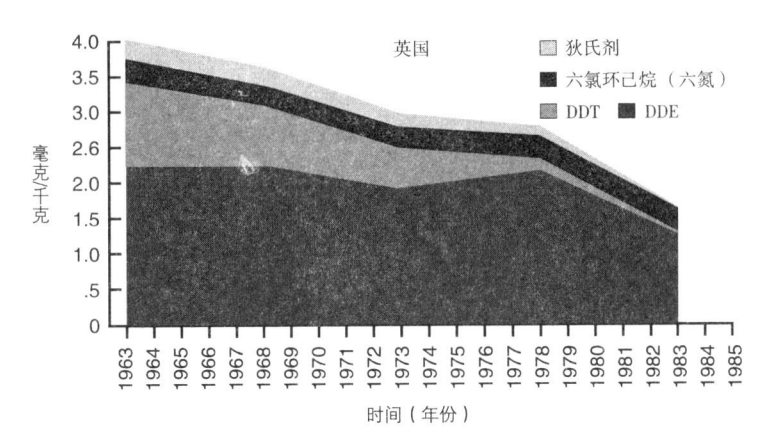

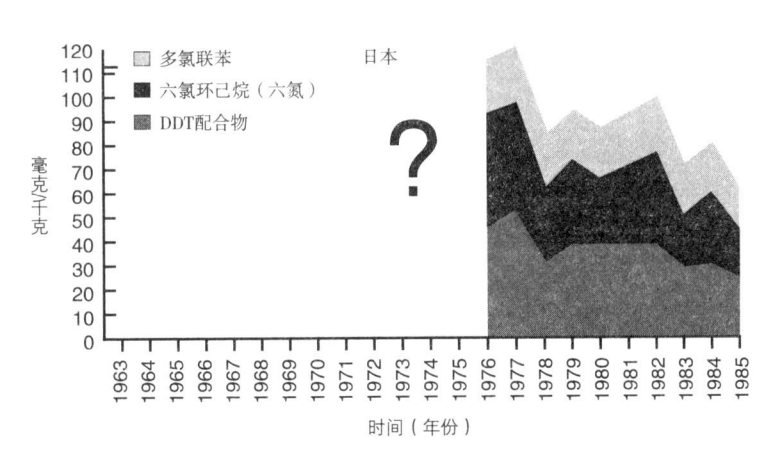

图17-13 人体脂肪组织和人乳中的农药残留水平——美国（1970—1983年）、英国（1963—1983年）、日本（1976—1985年）

环境污染控制研究与发展中心的负责人说。布拉迪斯拉发（斯洛伐克首都）是欧洲城市中空气污染最严重、环境最差的城市。

苏联也饱受水污染问题的困扰。

在俄罗斯，一座巨大的化工厂就建在深受游客喜爱的景点——亚斯亚纳·波良纳的列夫·托尔斯泰优雅乡村庄园的旁边。未经监测的烟雾正在毒害托尔斯泰的橡树和松树林，无能为力的环保主义者只能退缩。因由同样漠不关心的态度，苏联纸浆和造纸工业在贝加尔湖岸边落户。无论废水得到多么充分的处理，它们仍然污染着世界上最纯净的水。

自1929年以来，里海的水位下降了8.5英尺，主要是因为伏尔加河和乌拉尔河沿岸的水坝和灌溉工程分流了流入的水。结果，俄罗斯的鱼子酱产量下降了；鲟鱼的产卵地有三分之一变成了干燥龟裂的死地。与此同时，大多数城市缺乏足够的污水处理厂。

截至本书出版时，东欧的水污染仍然是一个非常严重的问题：

1990年，波兰有一半的河流里程非常糟糕，甚至"不适合工业……"，会腐蚀管道。

当时列宁格勒（现在的圣彼得堡）的自来水很危险。黑海、波罗的海和咸海的公共海滩因污染而关闭。

伤寒频繁暴发——西方国家早在多年前就已经消除了这种严重的传染病污染。1985年，苏联有15000例病例，美国只有400例。

世界上最大（按体积计）的淡水湖贝加尔湖就是被纸浆厂污染的典型案例。

对这种悲惨情况的解释，与上述对东欧国家的空气污染的解释一样。

贫穷国家也有类似的问题，甚至更糟。一些污染的速度令人震惊——我指的是疾病造成的污染使许多人很快丧命。例如，萨克拉门托河（美国）的粪大肠杆菌群在1982—1984年为50，哈得孙河为680；印度艾哈迈达巴德的萨巴尔马提河从1979—1981年的540万降至1985—1987年的170万；墨西哥的列马河在1982—1984年间为10万。（但是在1985—1987年间，列马河的菌群已经下

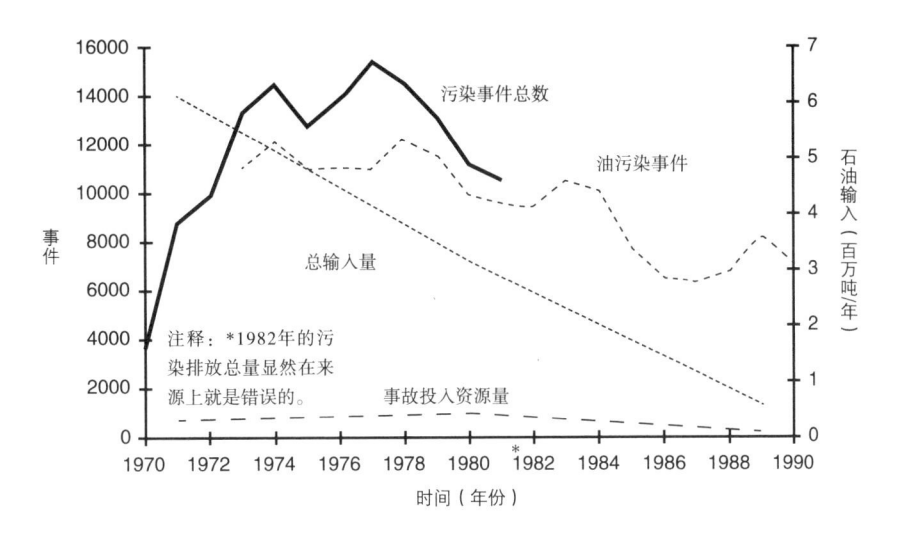

图17-14　美国和世界水域的石油污染

降到5965——巨大的改善。在墨西哥和印度的其他河流中，这一比例也比之前低得多。）请注意，萨克拉门托河是从1979—1981年的37增至1982—1984年的50。对于那些制造恐慌故事的人来说，这是一个借题发挥的好机会。相对于其他那些污染严重的地区，这完全是微不足道的，而且必定只是统计上的一个小插曲。

与安全饮用水和卫生服务有关的其他数据表明，贫穷国家的趋势正在改善。

论环境对政治的影响

虽然事实上环境正在不断改善，但是由于有太多人认为环境是在不断恶化的，因此我们现在面临着一种"猴子扳手"式的环境政治的阻碍，比如"地球优先"（Earth First!）环保团体。该团体称他们的战略不是一种赋能和创造的运动，而是干扰、阻止和预防。例如，"把推土机的油箱用胶水粘死，把长钉钉进木材厂已经做好标记的树木里"。不是"领导、跟随或让开"，而是"不要领导、不要跟随，做你能做的任何事情，去阻止那些将要领导或跟随的人"。这种精神可以从一些随意选择的环境政策中看出：禁止造纸工业选择在其产品中应包含多少再生纸，禁止木材公司砍伐树木（或在某些情况下，甚至种树也不行），禁止个人在他们自己的大型农场上建造房屋，以及公司建造住房和商业开发区，禁止人们饲养外来动物以供活体买卖（如鹦鹉）或动物产品交易（如貂皮和象牙）[1]，禁止企业和社区建造核电站和垃圾焚化厂，即便这些工厂对环境影响的保护措施经过了极其严格的测试，等等。当然，只有一个满足了基本需求的富有社会才会产生这种心态。但是，这种心态的扩散和意想不到的不良影响，对富人来说尚不太明显，还有待评估。

意外后果的一个例子是：禁止使用石棉是造成挑战者号航天飞机失事悲剧的因素之一（见下一章）；它也导致了致命的制动鼓故障，例如一辆卡车的制动鼓碎片飞出并杀死了我家附近的一名司机。

当然，那些为禁止使用石棉而斗争的"积极分子"几乎可以肯定，在与"挑战者号"相关的环形密封圈和制动鼓有关的小批量使用中，石棉不会产生任何不良影响，他们并非有意制造这些悲剧。这就是争论的要点。

结论

发达经济体有相当大的能力净化其环境。英国最高反污染官员肯尼特勋爵在很久以前就明确指出了关键因素。

"除了极少数例外情况（通常能迅速解决），环境中不存在无法通过技术解决的污染因素，包括噪声。所需要的只是钱。"只需要将国家目前的一部分产出和能源投入到净化环境的工作中去。

近期的历史和目前的趋势都证明了这个简单的道理。很多地方的污染种类已经减少，例如，美国街道上的污物、中西部河流中的牛粪、食物中的有机杂质、空气中的煤烟，以及英国河流中那些导致鱼类死亡的有毒物质。

---

[1] 此处作者的观点有失公道，保护濒危动物是人类应该遵循的社会规则之一。——编者注

下面是美国的成功案例：

长期用于休闲的华盛顿湖（一个18英里长的淡水湖，西岸与西雅图接壤，东岸有许多较小的社区）的水质在第二次世界大战不久之后开始严重恶化，当时有10个新建的废物处理工厂每天向水中倾倒约2000万加仑的废水。

随着污水的排放，藻类所需的氮、磷等营养物质大量进入湖中，引起藻类迅速繁殖，氧气慢慢流失，湖水变得浑浊恶臭，越来越多的鱼类和其他生物大量死亡。

令人关注的是，1958年，国家立法机关成立了一个新的权力机构——西雅图市政当局，负责西雅图地区的污水处理。不久，该机构花费了1.21亿美元建立了一个综合系统，将该地区所有的污水排放到远方的普吉特湾。这样，污染物就会随着潮汐的作用而消散。

从1963年开始，那些在湖中会制造营养废物的植物开始一个接一个地把它们的"产量"转移到新的管道系统和普吉特湾。[1]结果是显而易见的，该地区的水变得更清澈、更洁净了，鱼类种群也回归了。"当水体含磷量下降时，藻类就会不断减少，污染也会随之减少。"一位动物学家说。华盛顿湖的例子说明：污染并非不可逆转——前提是市民必须下定决心改造环境，并愿意为过去多年的疏忽付出代价。

最令人惊讶的是，五大湖没有死——连伊利湖也没有死。虽然伊利湖的渔获量在20世纪60年代有所下降，但很快就反弹了。到1977年，伊利湖又有了1000万磅的渔获量。伊利湖边的俄亥俄州沙滩重新开放，"鳟鱼和鲑鱼已经回到了伊利湖最大的支流——底特律河中"。对于整个五大湖来说，1965年的渔获量（5600万吨）为历史最低水平，但在1977年反弹至7300万吨，这与第一次世界大战以来的平均水平相差不大。到1977年，密歇根湖已经成为

---

[1] 此处引用文中出现一个错误，淡水中出现的耐污植物种、种群等与海水中的不会相一致，因此不可能出现"移动"。——编者注

"垂钓者的天堂"和"世界上最好的淡水渔场",每年的体育捕鱼业收入350万美元。

所有其他可能的污染物——多氯联苯、汞,以及全球变暖、全球变冷呢?因为它们的数量和环保主义者想象的一样多,所以在这里或别处都不可能一次考虑到过去、现在和未来的所有污染。然而,在第18章中简要提及了许多内容。但是,我们应该从最近的环境恐慌史中吸取深刻的教训,正如下一章将简要讨论的那样。无一例外,这些恐慌已经被证明是毫无价值的,而且其中许多被揭示为不仅是无知,还有欺诈之嫌。

18　糟糕的环境及资源恐慌

> 也许（阿拉斯加国家野生动物保护区污染）这场争论最令人失望的地方在于，善意的狂热者却四处散播虚假信息，反对在海滨平原上进行任何人类活动。他们是否认为自己的事业是如此正义，以至于可以超越真理？
>
> 阿拉斯加州前州长，弗拉特·希切尔（Walter Hickel），1991年

以下是本章的计划：首先罗列出已知"杀手"（污染）的名单。接下来会提到一些其影响受到质疑的现象。然后是一长串威胁，这些威胁在首次公开时吓坏了许多人，但现在已经被彻底推翻。（此处不提供反驳，但大多数情况下提供了参考。）最后是关于酸雨、臭氧层和全球变暖的简短讨论。

已知杀手

这些都是可以致命的重要污染：鼠疫、疟疾（19世纪至20世纪最厉害的杀手）；斑疹伤寒、热带黄热病、脑炎、登革热、象皮病、非洲昏睡病、河盲症，以及其他许多通过昆虫和空气传播的疾病；霍乱、痢疾、伤寒等受污染水传播的疾病；麻风病、肺结核、天花和其他流行病；由于加工程度不够以及缺乏适当的储存条件而引起的食物变质（肉毒杆菌中毒及其他疾病）；香烟（烟草导致的死亡率占美国癌症死亡人数的25%~40%）；不良饮食（约占美国癌症死亡人数的35%）；高剂量的医用X射线暴露；粉尘微粒以及煤和木头燃烧所产生的烟雾；过度使用几乎任何东西，例如酒精和药物；枪支、汽车、阶梯；与工作暴露有关的甲醛、二溴乙烷（EDB）、博帕

尔[1]类型的化学事故和开蓬（剧毒杀虫剂）；由于粗心大意或设计不良核电站引起的类似切尔诺贝利的核事故；煤矿开采、警察和消防工作；战争、他杀、自杀、被迫饥饿，以及其他由人类捕食者（如一些猛兽）造成的死亡。

存在潜在危险的威胁

这些现象可能是危险的，但其影响（如果有的话）尚不清楚：加利福尼亚州南部臭氧过多（参见第15章关于克鲁普尼克和波特尼的内容），电线和电器周围的低压电磁场。（目前尚无证据表明这两种情况会对健康造成损害。它们被列入这一节是因为一些著名的科学家仍然要求对这些问题进行更多的研究，尽管有人认为这是在浪费金钱。）

可疑的问题

这些现象被指称有危险。但是它们既没有得到任何确凿的支持性证据，也没有得到确凿的反驳性证据。

1900—1990年：全球变暖。

？—1990年：臭氧层。请看后面的讨论。

1992年："（男性）从38岁开始，精子数量大幅减少。"丹麦的一项研究表明，在过去的半个世纪里，人类精子数量下降了近25%。据一些"专家"称，多氯联苯是罪魁祸首。有人愿意赌一赌这种新的恐慌是否有效吗？

1992年：氯化水导致出生缺陷。研究发现，在新泽西州81055名新生儿中，有56人生来就有脊柱缺陷，其中8人的母亲曾接触含高浓度氯的水。既然每一种药物都有副作用，而且几乎任何因素都能"导致"各种癌症，那么如果氯也有副作用就不足为奇了。但考虑到样本的大小，以及研究人员核验过可能存在这种效应的数量，发现这种影响存在的可能性非常低。然而，它却引发了一些大型报纸的头条新

---

[1] 博帕尔事故：1984年12月3日凌晨，位于印度博帕尔贫民区附近的一所农药厂发生氰化物泄漏事件。官方公布瞬间死亡人数为2259人，后经当地政府确认为3787人。在接下来的两个星期内，又有大约8000人因此而丧命。根据后来的一份官方文件显示，此次泄漏事件一共造成558125人受伤，其中38478人为暂时局部残疾，约3900人为严重或终身残疾。这一事故被称为"人类历史上最惨重的化学工业灾难"。——编者注

闻,"水中的氯化副产物被视为孕期风险"。文章中没有提到将氯气注入水中会产生巨大的减污效应。

1992年:"研究表明,使用电动剃须刀可能会增加患癌症的风险。"这个结论来自于一项针对131名白血病患者的研究结果。对于未来几年读到本书的读者来说,你可以通过核查这一观点以及其他1992年的恐慌是否被证实或证伪,来测试新的恐慌的可信度。(此外,每年每10万人中只有3例新的白血病病例报告。)同时考虑一下:用刀片剃须刀代替电动剃须刀会有什么样的危险?

被完全否定了的威胁

从最早的历史到现在:土地短缺。随着游牧民族的壮大,土地的稀缺性也在增加。这催生了农业。这只是技术进步的第一步——人口增长——出现新的粮食或土地稀缺——出现第5章和第6章所描述的新进展。

公元前某某年:燧石耗尽。从人类出现以来,我们就一直在担心资源被耗尽。许多地方确实出现了短缺。考古学家研究了中美洲的两个玛雅村庄,发现大约在公元前300年,在这个远离丰富的燧石供应的村庄,通过在破碎的器具中重复使用燧石,比附近有丰富燧石的村庄获得了更多的保护和创新。尼安德特人能在一块燧石上切出比他们的祖先多五倍的切面;其后代更是提高了他们的效率,在每块燧石上切出的切面比先辈多80倍。最终,燧石被金属取代,它的稀缺性下降了。这是所有资源恐慌的原型。

公元前约1700年:铜耗尽。铁是作为工具制造的替代品而开发出来的。

公元前约1200年:锡不断被发现有新来源。由于战争引起的长途贸易中断导致锡短缺。青铜在中东和希腊变得越来越稀缺,价格也越来越昂贵。为此,炼铁和炼钢技术发展起来了。

公元前约550年:逐渐消失的森林。希腊人担心国家的森林被砍伐,部分原因是害怕缺乏建造船只的木材。当稀缺性加剧时,造船商转向使用一种需要更少木材的新型设计。希腊现在的森林覆盖率很高。

16、17世纪:用作燃料的木材耗尽。

16—18世纪:英国的树木损失。结果请参阅第10章。

18世纪末:随着避雷针的发明,人们对地球上聚集电能的恐慌也随之而来

(本杰明·富兰克林的时代)。

1798年：食物——马尔萨斯学说是各种恐慌的源头，它警告说：人口增长必然导致饥荒。从那以后，平均营养水平一直在不断提高（见第5章）。

19世纪：英国煤炭耗尽。杰文斯的书记录了这一恐慌。结果请参阅第11章。

19世纪50年代以及随后断断续续出现的石油耗尽恐慌。结果请参阅第12章。

1895—1910年：橡胶。野生橡胶的公有供应源开始枯竭，橡胶价格从0.50美元上升到3美元。为此建造了橡胶种植园。到1910年，价格回落到0.50美元，之后再次跌至0.20美元。

20世纪：美国的木材耗尽。参见第10章和雪莉·奥尔森（Sherry Olson, 1971年）。

1922—1925年：还是橡胶。英国—荷兰卡特尔压缩了供应，使橡胶价格翻了3倍。日益严重的稀缺性引发了生产的保护、种植园生产力的提高和循环利用。橡胶价格回落到0.20美元，卡特尔落败。合成材料的研究正是始于其价格上涨时。

20世纪30年代、50年代、80年代的美国，以及其他时期的其他国家：水。参见第10章、17章。

1940—1945年：又是橡胶。战争导致橡胶供应减少。对合成材料的研究快速发展。

1945年：DDT杀虫剂，1962年秋被雷切尔·卡森（Richael Carson）点爆轰动。据说它会导致肝炎。1972年在美国停产，当时已知对人类是安全的（只有像煎饼一样食用才会导致死亡），在特定情况下对野生动物有些许损害。

在DDT的帮助下，"印度的疟疾病例从1951年的7500万减少到1961年的5万"，"斯里兰卡从第二次世界大战之后的大约300万病例减少到1964年的29例"。紧接着，随着DDT使用率的下降，"地方性疟疾像逆流般重新回到印度"。到1977年，"病例数至少达到3000万，甚至有可能达到5000万"。

1971年，在导致1972年禁止DDT的斗争中，美国国家科学院著名生物学家菲利普·汉德勒（Philip Handler）说："DDT是迄今发现的最伟大的化学物质。"数不清的委员会、顶级专家和诺贝尔奖得主，给了DDT一张干净的健康账单。

1950年代：辐照食品。现在在30个国家被批准用于各种用途，1992年在美国被批准。

从1957年至今：含氟水。反对含氟水的理由与后来反核能的理由非常相似，但它们来自政治光谱的另一端。

20世纪60年代：多氯联苯。在1976年被禁止。禁止多氯联苯的一个负面影响是大型变压器出现故障——曾导致1990年7月29日芝加哥14平方英里的区域停电并引发暴乱，致3人死亡。

20世纪60年代早期：低剂量核辐射。这不是有害的，后来它被证明会产生一种名叫"毒物兴奋效应"的有益效应（见第13章）。

1959年11月：蔓越莓和杀虫剂。

20世纪60年代中期：牙科水银配件。1993年，美国公共卫生服务机构宣布其为安全用品。

1960年代中期：超音速客机对臭氧层的威胁。几年内产生了两种不同的科学意见（见下文）。

1970年：剑鱼和金枪鱼中的汞。

1970年：因引起膀胱癌而禁止使用环藻酸盐。1982年被彻底澄清为虚假情报，但禁令从未解除。

1972年：2号红色染料。苏联的一项研究声称染料致癌。许多后来的研究都宣告这种染料无罪。然而，在1976年它仍然被禁止使用。

20世纪70年代（及更早）：金属耗尽（参见第1—3章）。

20世纪70年代：糖精引起膀胱癌。20世纪90年代，它被证明"无罪"，但是仍被要求在容器上印刷警示语。

20世纪70年代初：杀虫剂艾氏剂和狄氏剂，于1974年停用。氯丹和七氯在20世纪70年代被禁用，因为人们认为它们会导致老鼠的肝脏长肿瘤。但是在美国，从来没有人因为使用标准和公认剂量的杀虫剂而患病或死亡。尽管美国人接触到微量杀虫剂，但没有证据表明这种接触会增加患癌症、出生缺陷或其他人类疾病的风险。

20世纪70年代：酸雨。20世纪90年代证明它对森林无害（见下文）。

20世纪70年代：橙剂[1]（二恶英）。1984年，退伍军人对二恶英有害人体健康

---

[1]橙剂是一种落叶剂，其主要成分为二恶英。吴旱在越战中大量使用橙剂，以此试图让越南军队在森林中无法藏身。其产生的严重环境效应至今使当地人民深受其害。使用橙剂是美军犯下的战争罪行。——编者注

提起了诉讼，联邦法院宣布二恶英是安全的。1991年8月：《纽约时报》的头版头条是："美国不再认为二恶英是一种致命的危险物质。"文章继续说，"暴露在这种化学物质下，曾经被认为比连续吸烟更危险，现在一些专家认为不比花一周时间日光浴更危险"。关于橙剂的案例："事实上，每一项主要研究，包括美国疾病控制与预防中心（CDC）1987年的一份报告，都已得出结论，没有足够的证据证明这种除草剂是一些越战老兵健康状况不佳的'罪魁祸首'。"

20世纪70年代中期：人类正处于危险之中，因为数千年来用于食物的植物种类减少了。正如本章附注中所解释的那样，20世纪70年代之前和之后的饥荒证据可以对此证明。

1976年：拉夫运河里的化学残留物。恐慌结束于1980年。可靠的科学共识是，住在拉夫运河附近的居民没有受到明显的伤害。

1976年：意大利塞韦索的多氯联苯工厂爆炸。多氯联苯并没有对任何人造成伤害。

20世纪70年代中后期：全球变冷。到了20世纪80年代，这一恐慌被全球变暖的恐慌所取代（见下文）。

1978年：学校和其他建筑物内的石棉。关于石棉使用的不合理规定不仅成本高昂，并且产生了灾难性的副作用：挑战者号航天飞机失事。用于替代发射航天飞机的发动机中石棉基础的环型密封圈的密封剂，在"挑战者号"发射时的低温下发生故障，导致飞船发射后不久发生爆炸，致使宇航员死亡。在许多情况下，要预见所有环境监管的后果是不太可能的，正如大卫·休谟和哈耶克告诉我们的那样，我们应该极其谨慎地改变进化后的行为模式，以免在对社会干预可能带来的后果进行"理性"评估时犯下此类悲剧性的错误。更多关于石棉的信息，请参见1992年马尔科姆·罗萨（Malolm Ross）的文章——他是一位揭露石棉真相的英雄。还可以看看贝内特（Michael J. Bennett）在1991年出版的那本书。

20世纪70—80年代：石油泄漏。最严重的石油泄漏事件对野生动物的危害远远低于最初担心的程度。

1979年：儿童摄入铅会影响智力发育。郝伯特·尼德曼（Herbert Needleman）的研究导致了联邦政府对含铅汽油发布禁令。1994年，这项研究被完全否定。然而，并没有提到可以允许再次使用含铅汽油。

20世纪80年代：氡。人们最终发现，氡的危险性很小。

1981年：据说咖啡导致50%的胰腺癌。最初的研究人员在1986年推翻了这一结论。同时，并没有发现孕妇的咖啡因摄入量与婴儿出生缺陷之间的联系。

20世纪80—90年代：BST（牛生长激素）。认为这种生长激素会使奶牛更容易感染的观点被证明是错误的。

1981年：马拉硫磷（一种杀虫剂）和地中海果蝇威胁着西部农业。在马拉硫磷被禁止使用后，地中海果蝇杀手[1]于1981年被发现是安全的。

1982年：泰晤士河沙滩的二恶英威胁。这被发现对人类没有危害。

1983年：二恶英的罪名被清除。疾病控制中心宣布，撤离泰晤士河沙滩是没有必要的。

1984年：二溴化乙烯（EDB）。尽管它没有致人受损，但仍然被禁止使用。结果：它被更危险的杀虫剂替代。

20世纪80年代中期：（继续）臭氧空洞。皮肤癌和臭氧层变薄之间没有联系（见下文）。

1986年：11月，饮用水含铅警告。12月，美国环境保护署撤回了这一警告。

1987年：据说酒精导致了50%的乳腺增生。

1987年：来自加利福尼亚和其他海滩的沙子（含二氧化硅）。由于二氧化硅被列为"可能"致癌的物质，加州政府要求沙子和石灰石的外包装上必须标示警告语。如今，二氧化硅被职业安全与健康管理局（OSHA）和其他监管机构列为致癌物质。

1989年：3号红色染料的恐慌突然爆发。

20世纪80年代某年：已烯雌酚（DES）：据说会导致宫颈癌。之所以引起恐慌，是因为大量使用DES作为孕妇人群药物时发现了阴道癌。

1989年：玉米中的黄曲霉毒素。对我们食物供应的另一个假定威胁。

1989年：丁酰肼（植物生长抑制剂）。

1990年左右：核冬天[2]。原子弹肯定能杀死我们。但是这种对整个人类的威胁很快被发现是伪科学。

1991年：科威特油田大火产生的烟雾和全球变冷。没有发现全球影响。联邦

---

[1] 一种农药。——编者注
[2] 指核战争引起的全球性气温下降。——编者注

研究发现，科威特的大火对气候没有威胁。第一份报告估计，这一场"史无前例的世界性生态灾难"需要用五年时间才能将大火全部扑灭。事实是，最后一场大火在六个月内被扑灭。

1991年："左撇子的寿命更短。"1993年证明该断言毫无事实根据。这是基于错误年龄构成数据的虚假恐慌。

1993年：移动电话致癌。这种恐慌是可怕的恐慌流行病的一个范例。一个外行在电视谈话节目中指控妻子患脑瘤与她使用手机有关。这足以在几天内成为头条新闻。国会、食品药品监督管理局（FDA）、国家癌症研究所、制造商均发表声明，将对此事进行研究。相关的科学家也都表示，没有证据表明二者存在联系。然而，这一事件造成了该行业的公司股价大幅下跌——最大的制造商摩托罗拉的股价下跌了20%，许多人开始害怕使用手机。

考虑到人类的想象力是活跃的，且没有对制造恐慌的相应制裁，而这些恐慌本身具有巨大的新闻价值，我们完全有理由相信，更多的虚假恐慌将会肆意扩散，这无疑会加深人们对环境的印象：人类面临着一个越来越可怕的环境。鉴于此，这里插入一个简短的题外话：

如果你同时系上腰带和吊裤带，它们"共同失败"的情况可能出现——腰带和吊裤带同时掉下来，你的裤子也跟着掉下来——这一概率为每36000年发生一次。

要打消人们对环境和资源的恐慌并不容易。这就像安慰一个孩子：晚上的噪声并不意味着危险。你可以和孩子一间一间地检查。但是恐惧会在之后再次出现，并被引导到你没有检查过的地方。也许模糊的恐惧是我们天性中不可根除的一部分，只要我们对实际情况缺乏完全的认知。但政策制定者必须努力超越这些恐慌的幼稚和原始思维，获得必要的知识，以免做出代价高昂、具有破坏性的决定。

几乎任何人类已经生产或将要生产的物质，都有可能受到危险或非物质污染。我们不能立即反驳任何这样的指控，因为要弄清事实需要花费大量的时间和研究工作。指控某人谋杀或一种物质致癌只需要一句话，但这可能需要花费数年的时间才能反驳指控。显然，如果我们采取行动，那么所有可能存在的危险都是危险的；如果我们认真对待所有指控，即使没有证据支持它们，我们也会陷入僵局。

我现在可以介绍一名出其不意的证人吗？他在对抗污染方面极有声望。以下是他关于汽车安全气囊中使用的叠氮化钠的国会证词。（这是他在回应一份有关这种化学物质可能导致基因突变或癌症的报告。）

叠氮化钠，如果你闻到它的气味或品尝它，是极度不安全的。汽油也是。汽油中的添加剂也是。电池添加剂也是。轮胎原材料以及轮胎磨损地面产生的悬浮颗粒物也是。碳氢化合物也是。氧化氮也是。一氧化碳也是。

我感到很震惊，这有可能损害一些反对者的声誉，因为他们突然关注这些恰好符合某些特殊的工业利益需要的有毒物质，而忽略那些更普遍、更有毒的我们暂且仁慈地称为"污染"的化学物质。

我还采访了布鲁斯·艾姆斯（Bruce Ames）博士（加州大学伯克利分校遗传系主任）。艾姆斯博士谈论的是叠氮化钠与人体接触的情况，而非叠氮化钠被固化后放置在密封容器中的情况。对于后者，他没有任何这方面的信息。

我想说的是，叠氮化钠如果接触酸性物质，在某些特殊情况下，由于它是固体颗粒，会释放出一种氢酸气体——一种令人难以忍受的刺激性气体。如果有人闻过这种气体的味道，他们就会知道。

在公路上所有涉及安全气囊车和以叠氮化钠为充气剂的车祸中，都没有这样的反应。我不是说叠氮化钠应该是充气剂。毫无疑问，20世纪80年代大多数带气囊的汽车可能没有叠氮化钠。

但我承认，我试图以环保局、卫生、教育和福利部或职业安全与健康管理局不认同的方式宣传这一结果——他们知道叠氮化钠何以在医学实验室使用多年。我试图纠正关于叠氮化钠的谬论，但考虑到恐慌制造者的身份，这种尝试并没有得到多少支持。

具有讽刺意味的是，拉尔夫·纳德（Ralph Nader）——对叠氮化钠进行有效辩护的人，也就是我的惊奇证人——作为具有影响力的领导者，领导消费者和环境保护运动并以与叠氮化钠和气囊所受攻击的相同方式，攻击了许多其他物质和条件。

20世纪90年代的主要环境恐慌

酸雨

酸雨恐慌现在被揭露为我们这个时代最大的虚假警报之一。1980年，联邦政府雇用了700名科学技术人员，耗资5亿美元，启动了庞大的"国家酸雨评估规划"

（NAPAP）。NAPAP的研究成果发现，令大多数科学家震惊的是，酸雨的威胁远远低于研究开始时的假设。它主要是对一些湖泊的威胁——阿迪朗达克湖约2%的湖泊表面——所有这些湖泊都可以用廉价和快速的石灰处理来减少酸性。此外，在1860年之前，这些湖泊周围的森林开始被砍伐并被燃烧（这降低了酸度），湖泊就像现在一样酸。1990年通过的《清洁空气法》，将对美国产生重大的经济影响，但是该法是在大多数或所有国会成员都不知道NAPAP的调查结果的情况下通过的；1990年，NAPAP主任表达了对"NAPAP所进行的科学研究……在很大程度上被忽视"的失望。事实上，在电视节目《60分钟》(Sixty Minutes)播出这一丑闻之前，NAPAP的调查结果一直被蓄意向公众隐瞒。

在欧洲，酸雨在破坏森林和减少树木生长方面的假想效应已经被证明是没有根据的，森林面积比20世纪上半叶更大，树木生长也更快（见第10章）。

酸雨恐慌重新给我们上了重要的一课：掀起一场虚惊是容易而快速的，但是平息一场虚惊却是艰难而缓慢的。必要的扎实研究需要漫长的时间。当研究完成时，许多人都希望科学真相不被人听到——那些从恐慌中获得公众支持的倡导组织和那些在其中有利害关系的、没有被证明自己犯过错误的官僚，他们已经在假定的问题上建立了同盟。

全球变暖

除了酸雨和臭氧空洞（下文将讨论），本书还必须提到所谓的"温室效应"和"全球变暖"，因为它们受到了公众的极大关注。我不是一个大气科学家，我不能解决技术问题。但是，我可以试着从合理的角度来看待这些问题。

考虑到人类历史上这类环境恐慌的历史——我猜测全球变暖很可能只是另一种短暂的现象，如果我十年后再来写这些问题，它们可能已经变得不值一提了。要知道，当我在20世纪60年代末和70年代首次讨论环境问题时，当时公众关注的主要气候问题是全球变冷。以下这些由安娜·布雷(Anna Bray)收集的引文，说明了20世纪70年代早期人们对于气候的主流观点，而就在10年前，人们才开始关注气候变暖。

1976年，美国国家海洋和大气管理局的气候学家 J. 默里·米切尔(J. Murry Mitchell)指出："媒体对这种情况很感兴趣。每当有寒潮，他们就会寻找一位'冰河时代即将到来'学派的支持者，把他的理论放在首页。每当有热浪时……他们就会求助于前者的对手——预测地球将被热死的人。"

全球变冷已经导致贫穷国家数十万人死亡。它使食品和燃料更加珍贵，从而提高了我们所购买的一切东西的价格。如果任凭它继续下去，而不采取强有力的措施来处理它，全球变冷将导致世界饥荒、世界混乱，甚至还会引发世界大战，而这一切可能在2000年到来。[洛厄尔·庞特（Lowell Ponte），《全球变冷》（The Cooling），1976年）]

……这是近年来尤其是近几个月，从对过去冰河时代的研究发现的一些事实。这些事实意味着，新冰河时代的威胁必须与当今的核战争并存，成为人类大规模死亡和苦难的可能根源。[《新科学家》（New Scientist）的前编辑、科学电视纪录片《进入新的冰河时代》（In the Grip of a New Age）制作人奈杰尔·考尔德（Nigal Calder），《国际野生动物》（International Wildlife），1975年7月]

在这一点上，世界气候学家达成了一致……一旦开始结冰，就太晚了。[（道格拉斯·科里根（Douglas Colligan）：《为另一个冰河时代做好准备》（Brace yourself for Another Ice Age），《科学文摘》（Science Digest），1973年2月]

我认为，由于对地球反射率的影响，目前全球空气污染占主导地位，是过去十年甚至二十年气温下降的原因。[里德·布赖森（Reid Bryson）："环境轮盘赌"，《全球生态学：对人类理性策略的解读》（Global Ecology: Readigs Toward a Rational Strategy for Man），约翰·P. 霍尔德伦（John P. Holdren）和保罗·R. 埃利希，1971年）]

布赖森甚至告诉《纽约时报》，发生于过去"十年或二十年"的变冷现象，"在过去的1000年里似乎没有出现过"。这意味着全球变冷是不可避免的。

事实上，当时警告全球变冷的许多气候学家，现在同样在警告全球变暖——尤其是史蒂芬·施奈德（Stephen Schneider），他是全球变暖末日论者中最著名的一位[1]。

---

[1] 当乔治·威尔（George Will）和理查德·林德森（Richard Lindzen）称施奈德是"全球变冷"的前倡导者时，遭到他本人的极力否认。施奈德甚至在公共媒体上言辞激烈地批判威尔和林德森是故意栽赃，并声称自己的早期著作在这个问题上"相对中立"。鉴于此，我有必要引用其早期著作中的摘要，题为"这一切意味着什么？"（1976年）"我列举了许多最近气候变化的例子，并重复了几位著名的气候学家的警告，即全球变冷的趋势已经开始——也许类似于小冰河时代。气候变异性作为粮食生产的祸根，预计将随着全球变冷而加剧。"——原注

有趣的是，如果我们早在20年前就听从气候学家的建议，那么应该早已在世界范围内展开反对全球变冷的措施了。我们难道不应该感到庆幸吗？政府并没有听取气候学家在20世纪70年代提出的反全球变冷的建议。因此，现在有必要相信那些在他们所做的每一次灾难预测中都有系统性错误的科学家预测吗？——就像过去二十年的环境发言人那样，他们对全球变暖表示了强烈的抗议。

奇怪的是，在我首次写下上述段落几天后，报纸上出现了一篇题为"火山喷发逆转全球变暖：科学家预计2~4年内平均气温将下降1°F"的报道。报道中讨论的是1991年6月菲律宾皮纳图博火山爆发事件。几天后，又有一篇学术文章声称，火山爆发产生的这些烟雾颗粒，可能会导致全球变冷而不是变暖，就像之前预估的那样。

当然，皮纳图博火山的气候模型是否正确，烟雾颗粒是否具有冷却效果，仍然存在疑问，但这里的主要问题，就像全球变暖的问题一样，是我们的星球包含了许多我们知之甚少的力量，我们甚至无法预测这些力量的存在——例如火山爆发。如果我们认为某一期刊上的一篇文章会破坏我们的基础结论，那将是一种极大的轻率。

在可用空间范围内和我的非专家知识范围内所能做的一切，就是提供以下有关该问题的主张列表。在"热心"读者认为下面的处理只是一种粉饰之前，为了公平起见，检查一下自己对这一主题的知识状态——你所知道的技术事实和假定信息的来源。大多数人对这个问题的想法，仅仅基于报纸上断言问题存在的报道。（在以下事实的结论中，我严重依赖于巴林（Robert G. Balling, Jr.）的书。）

1. 所有的气候学家都认为，近几十年来，大气中的二氧化碳有所增加。但是对于二氧化碳对全球气温趋势的影响（如果有的话）存在很大分歧。20世纪80年代后期，人们的思想潮流从相信到下个世纪中叶全球升温10°F，到认为证据太过复杂，以至于无法预测是否变暖，再到1994年，认为全球变暖的人越来越少……总之，仍存在很大分歧。

2. 即使是那些预测变暖的人也同样认为，相对于逐年变化而言，任何可能的变暖幅度都不会很大，而且很大程度上将被数千年来的长期自然变异性所淹没。

做高估的气候学家也将他们对海平面上升的估计（由于冰川和极地冰的融化）从几英尺减少到最多几英寸。

3. 那些预测变暖的人严重依赖计算机模拟模型，许多预测轻微变暖或不会变暖的人则依赖于过去一个世纪的温度数据。许多对全球变暖持怀疑态度的人认为，这些模拟模型缺乏坚实的理论基础，而且建立在不可靠的临时假设之上。怀疑者还指出，过去的二氧化碳积累和气温记录之间没有相关性。

4. 即使全球变暖会发生，其时间和地点也可能是不均匀的。这种影响在夜间比白天大，在低日照季节多，在高日照季节少，在北极地区比在热带地区多。值得注意的是，这种影响在日循环与地理上与之相反的地区并不是不受欢迎的。

5. 如果全球变暖，且将会持续几十年，在此期间会有足够长的时间进行经济和技术调整。

6. 相对于一年之中我们对居住和旅行时的温度差所做的调整来说，任何必要的调整都是微不足道的。从纽约到费城的旅行，或者比以往早一两天到来的春季，与下个世纪可能出现的任何变暖的温度梯度没有太大的不同。

7. 必要的调整造成的影响，将远远小于世界上普遍安装空调的地区所受到的影响。空调（更不用说中央供暖了）在我们所处环境中所做的改变，使任何可以想象的全球变暖所需的改变相形见绌。

8. 如果气候将变暖，并且有人为此而担忧，那么最明智的政策就是用核裂变能源替代燃烧化石燃料。当然，这也会带来其他好处，尤其是从空气污染和煤矿开采中拯救生命。

这种冷静的评估是否与你从新闻中得到的印象不同？你可以通过公众"意识到全球变暖问题"的增长比例，来判断大众媒体在全球变暖和其他世界末日议题上制造舆论的有效性——从1988年的59%增至1989年的79%。个人不可能预估全球变暖的程度。因此，他们的想法是不稳定的，很容易受到电视和新闻报纸的影响。随后，向媒体提供恐慌报道的政客和环保人士，援引公众意见作为改变公共政策的理由。

评估全球变暖似乎越来越像评估原材料的可获得性：每一个关于稀缺的警报都是一个与历史数据不符的投机理论的例子。关于温室效应的警报似乎来自那些只关注各种理论模型的人——正如20世纪70年代的理论模型所引起的全球变冷的警报一样，而那些关注历史温度记录的人，似乎不相信发生了不寻常的变化，对未来也并不担心。至于自然资源，结论是不言而喻的，那些相信历史记录的人是正确的，那些不对照历史记录来检验理论的人是错误的。全球性变暖难道不也是这样的情况吗？

臭氧层

这场史无前例的对地球生命维持系统前所未有的攻击,可能会对人类健康、动物生命、支撑食物链的植物,以及构成自然界脆弱网络的所有其他物种产生可怕的长期影响。现在防止这种损害为时已晚,这种损害将在未来几年恶化。

正如温室效应和全球变暖一样,高层大气中保护性臭氧的丧失必须在这里解决,因为它在公众思维中如此突出。20世纪90年代,当我告诉人们,人口增长没有像他们普遍认为的那样对经济造成不良影响时,总会有人问:那么臭氧层呢?那么温室效应呢?如果我只是简单地告诉他们这些问题是不合理的,他们就会认为我在回避。

在现有空间范围内和在我的非专业知识范围内,我所能做的最好的事情就是试图从人类福利的角度合理地看待这个问题。许多关于全球变暖和酸雨的合理思考也符合臭氧层的问题。我猜测,这很可能只是另一个短暂的担忧,在本书的下一版中几乎不值得考虑。与全球变暖一样,关于这个问题也有一个简短的主张列表。为这些主张提供完整背景的相关可靠学术评估,请参阅辛格(S. Fred Singer,1995年)。

1. 臭氧层及其在南极上空的"空洞"当然值得研究。但这与建议采取行动截然不同。最好的原则可能是:"保持现状,什么也不要做。"如上所述,当科学家最近警告全球变冷而不是变暖时,关键是政府不要试图去修复根本就没有损坏的东西。

2. 关于臭氧的长期数据,没有显示出与公众恐慌相符的趋势。

3. 对臭氧层空洞的关注只是最近的事。几乎没有足够的时间让优秀的研究人员建立一套可靠的证据来判断正在发生的事情。

4. 恐慌来去匆匆。考虑到上面所列的恐慌和随后的揭露,仅仅几年的恐慌变成真正的社会难题的可能性非常低。

事实上,一个与之相关的恐慌历史应该让那些倾向于对臭氧层采取行动的人暂停:超音速客机的传奇。

1970年,人们发出了这样的警报:超音速客机会释放出破坏臭氧层的水蒸气。研究随后展开。首先,事实证明,超音速客机释放出的不是水蒸气而是氮氧化物。而进一步的研究表明,如果有什么影响的话,超音速客机会增加平流层的臭氧量。在这一过程中,大气科学家开始达成共识:从大约1975年起,超音速客机对臭氧总量的负面影响可能为6%~12%，到1979年，将产生6%的正面影响，到1981，将再次产生严重的负面影响。

如今，超音速客机带来的恐慌已经随风而逝，尽管它对科学界和工业界造成了损害。

5. 就像超音速客机一样，现在人们对臭氧层的威胁有很大的争议。一些受人尊敬的科学家认为没有什么可担心的，而另一些人的观点则与之相反。媒体倾向于只报道那些对灾难发出警告的科学家的言论。

6. 火山灰和太阳黑子被认为是可能影响臭氧量的"自然因素"；人类生产的氯氟烃（CFCs）含有破坏臭氧的氯。值得注意的是，氯氟烃的峰值产量仅为每年海洋释放氯气量的0.0025个百分点，这使得减少氯氟烃的效果十分值得怀疑。

7. 即使臭氧层正在变薄，也不一定永久性变薄。如果人类的干预导致了这种变化，那么人类的干预也能逆转这种变化。

8. 也许最重要的是，即使臭氧层正在变薄，也并不意味着会对人类产生不良影响。随着更多的太阳紫外线透过稀薄的臭氧层直接照射在人体皮肤上，主要的威胁似乎是皮肤癌的增加。但是，多年来皮肤癌的地理或时间模式的证据与臭氧层的厚度并不相符。即使更薄的臭氧层意味着更高的皮肤癌患病率，人们也可以通过多种方式进行干预——比如经常戴帽子这种简单的防护措施。

臭氧减少引起的紫外线辐射增加，也有可能对减少佝偻病产生有益的影响，因为佝偻病发生的原因正是缺乏阳光和维生素D。

9. 禁止使用氯氟烃——一种非常有用的化学物质，尤其是用作制冷剂——有可能提高制冷成本，使一些贫穷国家无法使用它。在我们这些对冷藏习以为常的国家，可能并没有意识到冷藏对食品安全、饮食和烹饪的巨大影响。

10. 1992年，一项国际协议决定，停止生产哈龙[1]灭火剂，因为它可能对臭氧层造成威胁。哈龙是用来灭火的，而且"美国市场上还没有类似的哈龙替代品……没有任何产品能够像哈龙灭火器一样，在不伤害附近人员或造成进一步财产损失的前提下迅速灭火"。然而，企业已经开始拆除他们的哈龙系统。很难想象，从这些系统中释放出的哈龙数量如何会对大气产生任何有意义的影响。

---

〔1〕哈龙，Halon 的音译，指属于卤代烷的化学品，主要用于灭火剂。——编者注

像通常情况一样，对制冷系统中氟氯化碳的未经证实的恐惧导致对私人行为的监管增强，以及警察权力的增强。到1993年，"联邦政府提供高达一万美元的费用以监督空调违法者"。也就是说，人们被鼓励向当局揭发他们的邻居。这让人想起极权主义政权。

在编辑本书的几个月里，报纸报道了温室效应"到目前为止似乎是良性的"，以及关于臭氧效应的类似新闻。对于20世纪90年代初的两次大恐慌，就这么多了。问题并不在于这些故事能够证明这些恐慌是毫无根据的；事实上，从现在一直到本书下一版本面世的这段时间内，这些问题仍会像钟摆一样摇摆不定，反反复复。更确切地说，关键是，把任何公共政策建立在假设的现象之上都是非常轻率的，因为这些现象的科学基础是如此的薄弱或者根本不存在，以至于科学信念的共识可以在一夜之间变得面目全非。

个人提示：在编辑和审阅本章材料的过程中，我为这些问题所引用的大量科学论据的不可靠性而震惊，这些论据是快速伪造（通常是通过同样不可靠的研究）和媒体（热情）发布与积极煽动的共同结果。我原以为在潜心研究这些问题四分之一个世纪之后，自己不会再被科学上的失职和欺诈撼动。然而，摆在面前的材料记录是如此糟糕，使我不由得再次陷入震惊和悲伤中。

有时候我在想，年轻人如果不知道这些黑暗面是否会好些，这样他们的信念就不致丢失太多；或者干脆让他们直面人性的真相（即使在科学上），使他们了解敌人的力量和个性。我担心的是，了解这些事情的整个过程会令他们远离科学，毕竟，科学不仅是我们对抗危险的最佳保护，也是我们取得进步的最佳前景，更是挑战人类能力和精神的来源之一——我们不能轻言放弃。

总结

生物学家、工程师和环境学家对污染问题提出了警告，随后又制订了减轻污染问题的方法，他们对人类做出了巨大贡献。

关于煤炭、核能、药品、汞、二氧化碳等可能产生的危害警告，也可以起到类似的宝贵作用，尤其是对那些不立即出现而是多年后才会出现的不良影响的作用。然而，我们必须牢记，创造一种完全没有风险的文明是不可能的。我们能做的就是保持警惕和谨慎。夸张的警告可能会适得其反，而且很危险。

附注　治愈地球

20世纪的年代流行语似乎是"治愈地球"（或"治愈星球"）。它出自拉比、罗马天主教徒、新教牧师，以及保罗·埃利希这样的环境活动家之口，后者甚至用它来为自己的书命名。

这句话似乎暗示地球生病或受伤了。而这个问题本身所指，就是地球今日的状况与其本来的面貌之间存在差异。"治愈"的效果，完全可以在"原始"森林中找到，那里的荒野无人（现代人）涉足，所有的物种在几个世纪以前就恢复了它们的数量，更没有任何建筑物或沉积物的痕迹。简而言之，过去两百甚至两千年来人类活动的所有证据都需要"治愈"。

当然，实现"治愈"的唯一办法，就是让人类的数量减少恢复到一万年前的水平。环保活动人士——尤其是加勒特·哈丁和保罗·埃利希，自然不被包括在被减人口名单中。

他们呼吁的地球（星球）状况与人类健康或生活水平方面的卓越无关。有充分证据表明，人们现在比以往任何时候都生活得更健康，拥有更多的物质财富，而且没有理由怀疑这种趋势不是永久性的。显然，"治愈"地球不会让人类的未来生活变得更好。那只是为了地球本身，不管它意味着什么。

毫无疑问，地球需要"治愈"的观点完全依赖于一套价值观。更概括地说，"治愈"地球的呼声是一个让人感觉良好的概念，感情充沛但内容空洞，并且可能主要是出于私利。

19　生活废物会淹没我们吗？[1]

> 人类，无论是统治者还是普通大众，将自己的观点和意向作为行为准则强加给他人，都是受到了人类天性中某些最好和最坏的情绪的有力支持，它几乎不受任何约束，除非丧失权利。
>
> 约翰·斯图亚特·穆勒（John Stuart Mill），《论自由》（On Liberty）

未来的历史学家肯定会惊叹于20世纪90年代人类对废物的恐惧。

一次性纸尿裤已经成为一个轰动一时的话题，至少有一段时间，美国人认为一次性纸尿裤是"造成固体废物问题的最重要原因"。据政府机构估计，一次性纸尿裤占垃圾总量的12%。在美国奥杜邦协会（NAS）的一次全国性会议上，一项针对与会者的调查显示，纸尿裤平均估计占到垃圾填埋总量的25%~45%。盖洛普民意调查发现，41%的美国人认为一次性纸尿裤是造成垃圾处理问题的主要原因。然而，根据现有的最佳估计，纸尿裤"在填埋场平均固体废物总量中所占比重不超过1%……平均体积不超过1.4%"。

然后，对于一次性纸尿裤或可水洗尿布，塑料杯或纸杯谁更环保的问题，还存在很多争议。一些正在进行或建议进行的活动是很奇怪的——例如要求人们减少冲厕所的频率，用冷水洗澡，打肥皂时把水龙头关掉（这在海军舰艇上也许是有意义的）。

对于快餐包装也有类似的误解。奥杜邦协会的会议调查发现，平均预计快餐包装占垃圾填埋量的20%~30%，而实际体积"不超过1%的1/3"。

然而，在这里我们必须正视这种恐惧，因为它对政府制度有重大影响。（参见第21章"资源保护和政府制度"）

---

[1] 垃圾回收问题是一个艰巨而复杂的问题，由此来看作者在本章的部分观点过于片面。——编者注

《星期日报》（Sunday Paper）儿童版的一篇文章写道："为了使美国人在周日读上报纸，需要消耗50多万棵树……我们的空间被占满……没有多余的地方可供（垃圾填埋）了。"然而，孩子们并没有被告知，植树造林的目的就是用来制造报纸。

在学校里，6～17岁的孩子中有46%承认他们在1991—1992学年中听说过"固体废物"处置的重要性（36%回收，15%丢弃，6%填埋）。（人们不禁要问，可比较的数字对于诚实和努力的重要性是什么。）

对孩子们的宣传是有效的。一项针对5～8岁儿童的全国性调查提出了以下问题："为了使你所在的城市变得更美好，你会做些什么？""为了使美国成为一个更好的国家，你会做些什么？"大多数孩子回答"清扫"。从这一调查中可以发现，书里没有提到的另一些东西也很重要，比如"建造学校和公园""去月球""帮助穷人"，等等。

这种幼稚的思想不仅局限于儿童。美国环保署的一名律师向某报纸反映，邮政局新发行的自粘邮票是一种资源浪费，因为"大家都知道，我国存在固体废物问题"，而塑料邮票"在我看来，是对我们有限的石油资源的一种浪费，是极不负责任的行为"。既然这位环保人士提到了有限资源的问题，那么与之相关的还有报纸空间，在我看来，编辑选择刊出这封信而不是成百上千个其他严肃话题的"竞争者"，这也是"不负责任的行为"。

多年来最令人关注的废物是工业污染物。这些污染物有些是有毒的，有些不符合美感，因此，减少产量的论据很充分。家庭废物是一个更加复杂的问题。在这里，污染问题和保护问题交织在一起。除了含有人体废物的污水以外（因为它会携带病菌），家庭废物很少是真正的健康污染源。生活废弃物，甚至废弃的车辆，对于人类来说都是没有危险的。当然，难看和难闻的垃圾是一种美感污染，但这与对生命和健康的威胁不是一回事。

因此，减少或控制生活废物的论点与危险物质不同。但是二者往往被混为一谈。

关于发达国家生活废物的问题有两方面：（1）需要哪些资源来处理废弃物，最好的处理方式是什么？（2）是否应该给予生活废弃物回收一些特殊的激励，以保护某些符合"公众利益"的资源？后一个问题可以归结为：废物回收是否涉及某种价值，而这种价值并没有反映在商品的购买价格上。

也就是说，我们必须同时考虑废弃物的不好的一面——即使它们不是有毒的，也要处理它们，以及好的一面——它们在替代使用更多原材料方面的效用。后一个问题将在第21章关于循环利用与其他替代选择中进行讨论。

我们将首先讨论假定废物的维度——数量和趋势。接下来是一些关于废物的"理论"，以及它与其他类别经济实体的关系，还有一些将坏处转化为收益的例子。之后，在第21章，我们将讨论各种公共政策在废物的处置与支付、强制回收与补贴回收方面的利弊。

废物的规模

以下是关于废物产出规模的一些基本事实：

1. 美国人平均每天产生大约4磅固体垃圾，一磅到几磅不等。

2. 近年来，家庭生活废物数量的增长有所放缓；它低于GNP的增长和人口增长。在20世纪初，纽约市的人均垃圾量（不包括粉尘）超过了全国现在的平均水平。

3. 世纪之交，家庭每天产生的煤灰量接近4磅。因此，总浪费已大幅下降。当我还是个小男孩的时候，就负责把我们家炉子里的煤灰铲出来倒在路边。我可以证明，现代燃料（如天然气）的出现不仅减少了城市垃圾，也减轻了家庭的沉重负担。

4. 美国并非废物生产大国。"墨西哥城的普通家庭每天产生的废物比美国普通家庭多三分之一。"

5. 如果把所有美国固体废物都放进100码深的垃圾填埋场，或堆100码高——低于纽约市内斯塔顿岛上的垃圾场，那么整个21世纪产出的垃圾只需要一个边长为9英里的正方形垃圾填埋场就能存储。压实将使所需空间减半。将这81平方英里与美国350万平方英里的领土进行比较，美国的面积大约是废物存储所需面积的4万倍。9英里见方比得克萨斯州的阿比林的面积要小一点，比俄亥俄州的阿克伦的面积略大一点。

如果每个州都有自己的废物填埋场，那么平均每个州只需要大约1.5平方英里的面积来处理下个世纪的废物。我选择了100年，是因为这对科学家来说，有足够长的时间去开发压缩和转换废物的方法，使其成为具有商业价值的小体积产品——是我们摆脱家用粉尘煤灰时间的两倍。

6. 城市废物回收方案的成本通常是废物填埋处置成本的两倍左右，即使不包括消费者分离各种材料的成本（对于个人时间具有较高市场价值，或具有较高的个人价值者而言，成本可能非常高）。在纽约，以1991年美元计价的回收成本大约是"每吨400～500美元"，"在一个中西部城市，每吨高达800美元"，而垃圾填埋处理的成本则是每吨25～40美元。因为循环利用增加了再生材料的供应，尤其是报纸，所以回收成本随着回收利用量的增加而增加。这降低了再生纸的价格。事实上，价格可能会降到零以下，回收利用程序必须支付回收设备的费用才能接收纸张，或者把纸张放进垃圾填埋场。例如，1988年，俄亥俄州巴伯顿市的废纸每吨收30美元，但是到了1989年，该镇不得不向回收者支付每吨10美元的费用。因此，巴伯顿市关闭了回收计划，并卖掉了设备。

7. 垃圾填埋场不一定是有害的或负担沉重的。下文讨论的原则将展示，废弃物通常可以转化为有价值的产品，或者可以从中衍生出有价值的副产品。例如，密歇根州底特律郊区的里弗维尤修建了一座105英尺高的垃圾山，并且计划将其增高至200英尺。该设施为邻近社区提供收费服务，这使得里弗维尤的税收低于其他地方。通过用黏土覆盖垃圾填埋场，它已经成为一个娱乐区；1990年，"滑雪坡道被评为美国中西部最好的坡道之一，已经为25000名滑雪者提供过服务"。垃圾填埋场释放出大量的甲烷气体，燃烧驱动发电机，为5000个家庭——超过城市总人口（1.3万）的三分之一——供电。这里的人们对附近的垃圾填埋场毫无怨言，只有赞誉。

将里弗维尤设施的宜人氛围与1930年的垃圾处理状态进行比较。在接受调查的（美国）城市中，有40%的城市仍然保留泔水来喂猪，尽管大家都知道泔水有可能引起"猪旋毛虫病"。直到20世纪40年代，当人们驾车驶过新泽西州斯考克斯市（该市作为纽约市垃圾的跨河接收地）时，为了避免闻到猪场散发出的臭气，人们不得不升起汽车车窗。现在，该地区体育设施一应俱全，美得像公园。

在编写本书的短短时间内，美国的家庭垃圾从过多的危机转变为过少的危机。1992年，报纸的典型头条是："随着城市垃圾的转移处理，垃圾场被闲置"。该报道结论说："总的来说，垃圾场的供应超过了需求。"因为无法获得足够的业务，伊利诺伊州一个露天矿场上的大型高科技垃圾场面临关闭。"此前关于垃圾处理费将不断上涨的预测并没有实现。"——正如第1—3章中的理论预测，从长远来看，所有的资源都是如此。毫无疑问，那些面临垃圾"短缺"的市政当局，为了使他们的垃圾场能够快速填满以盈利，他们正在使用法律强制手段来阻止运输公司以更低的价格将垃圾运往他处。

　　垃圾填埋场的供过于求是如此严重，以至于垃圾焚烧行业正在艰难度日。垃圾处理的价格非常低，到1993年，已经有过多的焚化炉在运转。

　　垃圾填埋场的危机是如何减轻的呢？有公司从中看到了商机，通过开办大型现代化垃圾场来赚取利润。转眼间，短缺就缓解了。新的垃圾场比旧的更安全，更清洁，更美观。如果过几年这本书有修订版的话，这个话题可能就微不足道了，读者们将忘记这曾经是一个引发争论的问题。

　　你可能会认为，垃圾回收的支持者会因为这个问题的发展而感到羞愧和尴尬——从公开叫嚷不让其他州的垃圾进入本州，到不让本州的垃圾被带到其他州——所有这些变化都发生在大约两年之内。但我没有看到任何一位官员发表声明说他（她）从中吸取了教训。请继续关注下一个毫无意义的事件。

　　在这里，我们再次看到本书反复出现的主题：一个由更多的人以及更高的收入带来的问题，一些人在寻找解决方案方面取得了成功，一个会让我们过上比问题没有出现之前更好的生活的解决方案。

　　垃圾填埋危机的消失不是一次愉快的意外。相反，这是自由社会调整过程的必然结果。理解这一点至关重要。

　　谁能保证每一次危机都能在造成巨大损失之前及时化解呢？不，没有任何人能保证司机能安全地通过每一个路口；事故总会发生。但事故发生的频率在下降，部分原因是我们从事故的发生中吸取了教训。当我还是一名海军的时候，我曾被教导枪支上装载的每一个安全装置都是致命事故的教训。这不是一个快乐的故事，但比起我们没有从过去的悲剧中吸取教训来减少偶然发生的糟糕事故，这的确是一种幸运。

废物与价值的理论：扔出来吧，我们需要它

　　许多"环保主义者"担心，人类经济活动意外产生的副产品——用经济术语来说，就是"外部性"——是有害的，即使生产和贸易的直接影响是有益的。但有一个确凿的理由是，即使活动的意图不是非建设性的活动，也往往会给后代留下积极的遗产。

　　也就是说，即使是人类对土地和其他原材料使用中意想不到的方面，对后代

来说也是有所裨益的。

因此，人口增长可能会在短期内导致垃圾数量增加，但是从长期来看，却能改善我们子孙后代的遗产。新问题出现所带来的压力，敦促人们研究和寻求新的解决方案。这些解决方案构成了促进文明进步的知识，使人类生活比问题没有出现之前更加优渥。这正是我们这个种族的历史，正如我们在书中其他地方所看到的那样（尤其是第4章）。

如果在鲁滨逊·克鲁索之前，岛上曾经生活过一群人，他们在这里生产和消费，把垃圾堆积起来。如果这些垃圾被克鲁索发现，那么他会过得更好吗？答案是肯定的。想想这个垃圾堆对克鲁索有多大的价值吧。如果他的前辈们生活在一个技术落后的社会里，垃圾里就会包含锋利的石头和各种各样的动物遗骸，这些东西对于切割、捆绑和搬运都很有用处。或者，如果那是一个拥有较高技术的社会，那么垃圾堆里将包含更有趣、更有用的材料——金属器皿、电子零件、塑料容器——有学识者可以用这些来获得帮助。

对一个社会共同体来说，一个阶段内作为垃圾的材料，在随后的阶段往往是有价值的资源，因为后者对如何使用这些材料有更丰富的经验和知识。想想收费公路两侧的"取土坑"吧，人们从那里取土筑路。乍一看，这些坑似乎是对自然的一种掠夺，是大地上的一道伤疤。但在公路完工后，这些坑变成了钓鱼湖和水库，它们所占用的土地可能比未挖掘成大坑之前更有价值。

即使是一口枯竭的油井——也就是那个空洞，也可能比一个没有空洞的类似地点更有价值。这个洞可以用作石油或其他液体的储存地，或用于一些尚未被发现的用途。而遗留在井中的套管，可能会被子孙后代回收再利用。或者更有可能的是，它将以我们现在无法想象的方式被使用。

第12章讲述了墨西哥湾和加利福尼亚海岸附近的旧钻井平台在生态和娱乐方面的价值。

人类的活动倾向于增加自然的秩序，降低自然的随机性。如果寻找人类居住的迹象，你就可以从空中看到这一点。哪里有人类（当然也有蚂蚁），哪里就会有直线和平滑的曲线；否则，自然的面貌就不会是整齐有序的。

制造性活动将相似的材料聚在一起。这种集合可以被后代利用：想想垃圾场里的铅电池，或者柏林人在战争废墟上建造的七座小山——那里现在是不错的休闲场所。旧报纸之所以变得不值钱了，主要是因为企业已经学会了以低廉的成本种植树木和制造纸张。当我还是个孩子的时候，经常和小伙伴们收集成捆的旧报纸，到小镇边上的造纸厂售卖。（然后当冬天磨坊池结冰的时候，我们就把它当作冰球场。）但是现在，这些旧报纸已经没有了市场，磨坊池塘也没有了（进步的代价之一）。

有些人认为这是另一种掠夺土地的行为，但实际上它给后代增加了财富：问问你自己，在中西部，哪些地区对后代来说更值钱？是现在的城市所在地，还是耕地所在地？

在中东，人们看到了这种延迟受益的证据。最近几百年来，土耳其人和阿拉伯人一直占据着两千年前罗马人建造的建筑。这些古老的建筑省却了后来者自己施工的麻烦。还有一个例子是，在叙利亚的当代住宅中，人们可以看到古代巴勒斯坦犹太教堂的门楣。

因此，我们再次讲述一个重要的故事：人类数万年来生产的东西比毁灭的多。也就是说，人类试图生产的产品和副产品的组合总体上是积极的。关于文明进步的最基本的事实是：（a）一代一代人的物质生活水平的提高；（b）纵观历史，以价格来衡量的自然资源的稀缺性减少；（c）所有非凡的成就，以及更长的寿命和更健康的体魄。文明的瑰宝世代传承，每个世纪的遗产都比上一代更丰厚，证明了同一个道理：我们创造的远远多于摧毁的。当然，传承的核心是一代人积累并传递给下一代的富有成效的知识。

如果人类破坏的比生产的多，那么许多物种可能早就灭绝了。但事实上，人们生产的比消费的多，而如何克服物质问题的新知识是最宝贵的产品。地球上的人越多，新问题就越多，而解决这些问题的思想也越多，后代继承的财富也就越多。

工程师们不断地发明无数新的方法，不仅是为了清除废物，也为了从中获得价值。"从它们曾经作为主要污染物的名声来看，垃圾和污水似乎正在获得国家资源的地位。"康涅狄格州成立资源回收机构"管理全州的垃圾收集和再利用项目"后的一年内，当局可以判断"垃圾处理不再存在技术问题"。现在需要的只是创造性精神。几乎每天都传出变废为宝的创新消息：农民使用再生纸作为动物、家禽的窝和植物的床，用木材和煤渣代替石灰，燃烧旧轮胎发电；从废弃的易拉罐中回收金属作为对铜矿开采的补充，蒙大拿马铃薯王辛普劳（J.R.Simplot），将油炸马铃薯的残渣——马铃薯总量的一半——用于饲养牲畜。

所有这些循环利用都具有经济意义。事实证明，个人和企业选择这样做是因为它适合他们，而不是因为他们被迫这样做。只有强制回收——迫使人们清洗和分类玻璃，每吨花费数百美元的行为——对那些高度重视自由的人来说才是令人厌恶的。

废弃汽车对我们生活空间的污染特别有趣。这个问题不仅可以通过消耗资源来解决，而且它还说明了资源的稀缺性是如何降低的。钢铁供应和炼钢工艺的改善使钢铁变得如此便宜，以至于废旧汽车不再值得回收利用。那些旧汽车——如果它们能被存放在看不见的地方，比如说，放在墨西哥湾的海底作为鱼类的栖息地，就像废旧的石油钻井平台一样——将成为未来新建"原材料"的储藏库。在这一重要意义上，铁并没有被用掉，只是以一种不同的形式储存起来，以备将来可能的使用，直到铁价上涨或开发出更好的回收方法。许多其他废弃材料也是如此。

对于纸尿裤问题，除了燃烧它来获取能量，我们还有别的解决方法吗？目前还没有。但是很有可能，就像过去产生的其他废物一样，人类的聪明才智会找到一种方法，将它们转化为一种宝贵的资源，而不是令人厌弃的东西。当然，核废料也是如此（见第13章）。我只是希望我能对人类思想的污染抱有同样的希望，我们在私人关系和公共言论中都做出了贡献——关于一次性纸尿裤的恐慌报道就是一个例子。现在，比起一次性纸尿裤的处理，另一个问题更值得我们关注。

总结

下面是一个简短的结论：末日论者担心的物理垃圾基本上不是问题。他们敦促我们担心的问题大多都是智力垃圾。人类的历史是从过去的废物中创造生命、健康和财富。

20　我们应该为他人节约资源吗？
　　哪些资源需要节约？

我终于问了玛拉·梅普尔斯（Marla Maples）一个问题。那是在一场狂热的新闻发布会上，这位26岁的女演员身穿紧身牛仔裤，在众多摄影师面前旋转。她曾因代言某品牌牛仔裤而赚得60万美元的高额代言费。

我问，这是为了增加自己的人气吗？

她说不是，这是她拯救环境运动计划的一部分。当被问及具体原因时，梅普尔斯气喘吁吁地说："我爱海洋。"

霍华德·库尔茨（Howard Kurtz），《华盛顿邮报》，1990年8月19日

我们应该努力节约资源吗？应视情况而定。我们应该努力避免所有的浪费吗？当然不是。塞拉俱乐部、地球之友，以及其他环保组织是不是找错了对象？是，也不是。

这显然是一个"简单"和"常识性"的话题，成年人乐于教孩子们这方面的知识。"环境歌手比利·B（Billy B.）在世界舞台上演唱关于循环利用主题的歌曲。""每一张纸都要使用两面……"（是的，爱因斯坦就是这么做的，但以今天的纸价来看，这对任何一位办公室职员来说都是灾难性的建议。）他们被要求"鼓励你的家人参与到社区的回收计划中来"，这意味着孩子们将越来越不了解这个世界的需求和价值观。这就是回收计划产生的社会关系。下一章将进一步探讨这个问题。

孩子们领悟得太好了。一名俄亥俄州伍斯特市的七年级学生在给《纽约时报》的信中写道："我们认为，在地球日这天，人们应该禁止使用气雾罐（这可能会污染大气）和一次性纸尿裤，他们应该尽可能地回收利用一切。"

我们可以通过区分以下几种情况来理清资源保护问题：（1）独特的资源，以

及我们从审美目的予以珍视的资源：比如《蒙娜丽莎》、阿瑟·鲁宾斯坦的演唱会、迈克尔·乔丹的篮球比赛、濒临灭绝的动物等。（2）具有历史意义的资源：比如《美国独立宣言》原件、死海古卷、亚伯拉罕·林肯的第一个小木屋（如果有的话）等。（3）可以复制、回收或替代的，我们珍视其物质用途的资源：比如木材纸浆、树木、铜、油和食物。其中（1）和（2）是真正的"不可再生资源"，与人们的普遍看法相反，第（3）类资源（包括石油）是可再生的。

本章主要讨论第（3）类资源，我们重视的是它们的用途。这些是我们可以积极影响其数量的资源。也就是说，我们可以对这些资源进行计算，以衡量到底是保存它们供将来使用便宜，还是现在使用它们，将来以其他方式获得它们提供给我们的服务更便宜。我们从其他类别的资源中（如《蒙娜丽莎》或林肯的小木屋）得到的益处是无法充分替代的，因此经济学家无法确定保护它们在经济上是否值得。《蒙娜丽莎》或者一种逐渐消失的物种的价值，一定是我们作为一个社会集体决定的适当价值，这个决定是建立在市场价格可能会也可能不会作出真实反映的基础之上的。

自然资源和污染正如硬币的两面。例如，旧报纸是一种污染，但是对它们进行回收利用可以减少树木的种植和生长。

根据第1—3章的分析，第（3）类资源的成本和稀缺性在未来可能会持续下降——主要是能源和采掘材料。但是本章提出了一个不同的问题：无论是作为个人还是社会角度，我们是否应该尝试使用比我们愿意支付的更少的资源呢？也就是说，我们是否应该举社会之力来限制这些自然资源的使用，将其与铅笔、理发和呼啦圈等的消费区别对待？答案是：除非出于国家安全和国际约束的考虑，没有任何经济理由支持努力限制这些资源的使用。

环保主义者对威胁人类独特珍宝的危险预警很有价值，同时，他们就这些珍宝对我们这一代人以及未来几代人的价值的警告也是如此。但是当他们从这个角色中抽离出来，建议政府应该介入保护造纸树木或鹿，并违背个人意愿收取保护树木或鹿的栖息地的成本时，除非他们是在表达自己的个人审美品位和宗教价值观，否则就是些误导人的无稽之谈（当英国保护信托基金把"循环使用纸张，拯救树木"印在信封上时，无疑是印了一堆废话；这些纸张来自于为了造纸而种植的树木）。当一些著名的环保人士告诉我们，人类的数量应该更少才对，这样他（她）就更容易找到无人的海滩、山脉或森林，那么他（她）的意思很简单："把这些东西都给我，但我不愿与人分享。"（在第29章中，我们将看到人口增长是如何导致了更多而不是更少的荒野这种矛盾性的结果。)

单纯地思考资源保护问题是十分困难的，因为我们必须做人类竭力抵制的事情：直面我们不能两全其美的事实。我们不能一边吃着馅饼，一边希望它没有变少。努力应对这种权衡是微观经济学理论的精髓。

人类学家认为，对巴西的亚努玛米印第安人来说，现代文明的到来如同丧钟响起。无论这些印第安人是选择古代文明还是现代文明，人类学家都会觉得那是一种遗憾。又比如，以色列的犹太人渴望流散在外的犹太人能来到以色列定居，因为在那里（以色列），大多数移民的生活比以前更文明更健康。但是，当他们看到也门犹太人离开自己古老的家园时，却又为这个有着2500年历史的犹太社区的逝去而悲叹，尽管这个社区目前正处于悲惨的境地。

想要两全其美是人之天性。当一位经济学家利用典型的经济学思维来指出我们必须接受取舍放弃的必要性，而我们通常也不可能在吃掉蛋糕的同时还拥有它的完整性时，就会立即遭到否定——比如说，否认为斑点猫头鹰保留保育森林意味着工作机会及收入的减少，或者指责伐木是"不文明的"。这使得我们很难单纯地思考资源保护问题。

一些人拒绝接受经济学家认为权衡取舍是必要的这种观点，一个可能的原因是经济学家的动机在某种程度上来说并不被认为是高尚的。的确，经济学家试图把重点放在事情上而不是动机上。正如默里·魏登鲍姆（Murry Weidenbaum）明智地指出的那样，经济学家"更关心结果而不是意图"。如果我们能成功地把别人的注意力集中在结果而不是意图上，那么我们就会取得人们会喜欢的结果，而不是他们会得到的结果。

回顾并重新阅读20世纪早期美国自然保护运动的经典著作是很有用的一个角度，例如，查尔斯·范·希斯（Charles van Hise）1910年的著作。在那里，人们可以找到今天所有的可以听到的话题，并且表达得很好。然而，文学作品和现在的作品之间有一个很大的区别。在范·希斯的时代，人们相信如下观点："保护的目的是什么？是为了人。"正如第38章所讨论的那样，人类福利不再是许多环保主义者的唯一目标，甚至也不再是主要目标。

可替代资源的节约

你是否会关掉家里不必要的灯来节约能源？你当然可以这样做，只要你省下的钱值得你关灯。也就是说，如果电力成本比你花几步走到电灯开关旁扬起手腕的成本要大，你就应该关灯。但是，如果你离家10英里远，想起家里100瓦的灯泡没有关，你是否应该赶回家关掉它呢？显然不会。汽油的花费将远远大于节省的电力，即便电灯泡亮许多天也一样。就算你是步行，并且距离并不远，你所花费的时间价值肯定大于省下的电费。

在这种情况下，只要节约的好处大于不节约的损失，你就应该节约而不是浪费。也就是说，如果我们节省下来的资源对于我们的价值大于实行节约的成本，我们就有理由避免浪费。这是一个经济学问题。

你应该保存旧报纸而不是把它们扔掉吗？当然，只要回收中心支付给你的价格大于为了保存和运输它时所花费的时间和精力的价值，你当然应该这样做。对于社区来说，如果必须为回收废纸支付比它作为垃圾更高的费用，那么就没有必要回收它。

回收不是"拯救树木"。它也许可以防止某些特定的树木被砍伐。但是如果没有对新纸的需求，那些树就不会活下来——因为没有人会花费精力去种植它们。相反地，在那些树木被砍伐的地方，将种上更多的树。所以，除非用锯子锯树的动作让你不开心，否则现在没有理由回收纸张。

只要经济体制允许，人类就能生产出我们所珍视的生活原料。正如一个世纪前的社会活动家和经济学家亨利·乔治（Henry George）所说，"鸡鹰（指专门捕食家禽的鹰）数量的增加会导致鸡的数量减少，但人类数量的增加会导致鸡的数量增多"。或者像小弗雷德·李·史密斯（Fred Lee Smith, Jr.）所说，"在19世纪的美国，作为公共财产的野牛被猎杀以致灭绝，作为私有财产的家牛种群却繁荣昌盛"。

想想大象。如果某地的人们能从保护大象、出售象牙和捕猎大象的机会中获益，那么大象的数量将会在当地增长——就像现在的津巴布韦、博茨瓦纳和其他一些南部非洲国家的情况一样——大象的所有权属于地区部落委员会。

在肯尼亚，截至1993年，大象的数量已经增长到如此之巨，以至于官员们必须使用避孕注射来应对大象的"人口过剩"。但是，由于它们只属于"公众"，人与大象不具有利益关系，因此象牙交易禁令并不能阻止象群被屠杀，以及象群数量的不断减少,就像现在的肯尼亚、东非、中非以及其他一些地方一样。(事实上,禁令提高了象牙价格,使大象成为偷猎者竞相追逐的目标。)

人们经常混淆节约的物质意义和经济意义。例如,有人敦促我们不要每次使用完厕所都要冲洗,而是采用其他的经验法则——这些经验法则在这里不建议提及,其目的是想方设法"节约用水"。但是,我们几乎所有人都愿意为了获得地下水供应或纯净水而花更多的钱,因此,以不冲厕所的方式来"节约用水"并不经济。(关于水资源供应和污染的讨论请参见第10章和17章。)

在灯泡全部报废之前进行系统地更换,不是对灯泡使用寿命的"浪费",而是一项经济合理的措施。因为照明不足给你带来的是较低的物质生活水平。除非你身在贫穷国家,那里的劳动力成本比灯泡的成本低得多。(在20世纪90年代初的俄罗斯,用过的旧灯泡在街上出售,有人买来带到工作场所代替工作的灯泡,然后把工作的灯泡偷回家。)

有些人向往"简单的生活方式",但它的经济成本却高得吓人。一名学生曾经计算,如果美国农民用1918年的农业技术代替现代技术,即为了节省"能源"和自然资源而放弃拖拉机和肥料,那么,"我们需要6100万匹马和骡子……仅仅是饲养这些动物就需要1.8亿英亩耕地,相当于目前耕地总量的一半。以1918年的技术水平,我们另外还需要2600万~2700万农场工人劳作,才能达到1976年的产量"。

对某些人来说,节约——甚至完全不使用特定的原料——是一个道德问题。对此似乎没有争论的必要了。《国家联合抵制新闻》(*National Boycott News*)的创始人托德·普特姆(Todd Putnam)从不穿皮鞋,因为他认为"这对动物来说太残忍;橡胶和塑料也不行,因为它们不便于回收利用"。但是,强制回收没有比强制其他个人行为更经济的理由。这些行为对某些人来说是"道德问题"——人们是否应该吃高脂肪的食物,或每天祈祷三次,或讲种族笑话。

强制节约并不是一个玩笑,尽管它看起来像。我所居住的社区有一个环境类的电视节目。一次特别节目中的主题音乐来自电影《迈阿密风云》,叙述者警告说,此时此刻,世界的某个地方"正在进行违规回收"。

对普通资源的节约不会给社会带来任何经济利益,所以就像其他关于生产和消费的个人决定一样,对每一种情况都应该进行评估。在这一点上的误解会导致愚蠢的建议和行动——尽管它可能对我们中的一部分人没有利害关系,但是对另外一部分人来说,却有可能产生较大的影响。例如,你不吃肉,并不会令贫穷国家的食物供应有任何明显的改善。事实可能恰恰相反：在美国，肉类的大量需求刺激人们生产粮食来饲养牲畜。随着粮食产量的增加，我们就有能力应对意外的食物需求，就像美国经济学家D. 盖尔·约翰逊所说的那样：

> 如果在过去的几十年里，美国和其他工业国家将人均粮食消费水平控制到实际水平的一半，是否会提高印度或巴基斯坦在1973年和1974年的粮食供应呢？答案是否定的。如果那样的话，美国和其他工业国家生产的粮食将比现在少得多。粮食储存量也将比现在更少。如果美国1972年的粮食产量是1.25亿吨，而不是2亿多吨，那么就不可能形成7000万吨的粮食储备……如果工业国家过去的粮食总消费量大幅减少，那么在20世纪60年代中期和1973—1974年期间，这些国家就无法向发展中国家出口粮食了，而国际谷物贸易也将处于停滞状态。

如果工业国家的消费量减少，那么农业科学研究也不会带来粮食产量的突破。

然而，许多外行，以及一些被媒体和政府机构称为"专家"的人，都支持一种显而易见的短期观点（尽管不正确）：如果一些人减少消费，另一些有需要的人将获得更多供应。地球政策研究所（EPI）的创始人莱斯特·布朗——多年来，他对食物和其他资源的预测几乎都是错误的，而且他的观点与整个农业经济学界的观点也不一致——在国会听证时表示，"像美国这样物质丰富、营养过剩的国家，每人少消费几磅肉才是明智的"。还有人忧虑道："成千上万的人正在死去……一想到美国人在食物上的花费，我就愧疚无比。这些花费对我们的基本营养需求来说并不是完全必要的，做出一点牺牲有那么困难吗？""我们用大量的食物喂养了无数的宠物，而这些食物原本可以让那些亚洲、非洲和拉丁美洲上百万饥饿的人填饱肚子——只要我们控制宠物的繁殖就能做到！"

少吃点或者吃便宜点的食物，然后把省下来的钱寄给贫穷国家，是一种合理的慈善行为吗？我们每个人都寄钱出去，很好啊！但是为什么要从我们的食物里而不是从我们的总收入中拿钱出来呢？为什么不减少那些最舒适的支出，而要减少我们的食物支出呢？如果那样做的话，将带来更好的经济意义（尽管对我们来说，它可能会减少一些生活的仪式感，但这可能是一个有说服力的"节约食物"的论点）。

节能是另一个受欢迎的目标。我们被敦促不要吃龙虾，因为捕捉龙虾所消耗的能量是捕捉鲱鱼所消耗能量的117倍，而鲱鱼中含有的蛋白质与龙虾相当。得出这一荒谬结论的研究报告的共同作者之一是塔夫茨大学校长和总统顾问让·梅耶尔（Jean Mayer），他可能是世界上最著名的营养学家（但不是能源或经济学家）。

华盛顿发生了热闹的争执，因为每个人都想参与节能法案。任何一个群体的万应灵药都是另一个群体的疑难问题。交通运输部官员对国会的一份报告感到愤怒，因为该报告指出，公共汽车、共享货车和共享汽车的能源消耗量可能比公共轨道交通系统的消耗量少。1978年，美国邮政局发行了一套名为"节能"的邮票，票面上分别是一只发亮的灯泡、一个煤气罐和一个神秘莫测的太阳。

如果不是导致了严重的结果，很多要求节约的呼吁都会很有趣。例如，CAFE标准要求制造商提高每加仑汽油的平均里程。从1978年到1985年，每加仑汽油的平均行驶里程从18英里提高到27.5英里。这个标准使汽车重量变轻，在碰撞中的保护强度变差，从而增加了高速公路死亡率。即使所有的汽车都变小了，情况也是如此。为此，罗伯特·克兰德尔（Robert Crandall）和约翰·格拉汉姆（John Graham）对一组汽车展开跟踪调查，结果发现，"由于企业平均燃油经济性标准的要求，1989年型款汽车将在未来10年里增加2200～3900人的死亡"，死亡率将增加14%～29%。

除了增加死亡率，CAFE标准也给消费者和美国汽车工业造成了巨大的损失。这一切都为了什么？ 非经济学家的CAFE支持者对"节约"石油的必要性据理力争，他们所谓的依据就是"依赖进口石油将使我们国家不堪一击"。他们把那些指出"汽车轻量化会让人类处于更加危险的境地"的人称作"骗子"，以此来贬低公共辩论的标准。

显然，正是一种与生俱来的道德直觉，让我们觉得不节约是错误的。

天主教会皮奥里亚教区负责人、主教爱德华·欧瑞克（Edward O'Rourke）和高级计算UI中心的环境学家和能源研究员布鲁斯·汉农（Bruce Hannon），都试图提高神职人员和教徒的"觉悟水平"。针对当前的各种问题，他们提出的解决方案是：每个人都只需过更简单、更注重精神性，以及减少资源消费的生活。

甚至买一管牙膏也是浪费能源。因为牙膏装在瓦楞纸盒里，纸盒又装在纸袋里，纸袋里又有销售凭据——所有这些产品都用木浆制成，且用完之后都给废弃了。

"我们是神赐之物的守护者和管理员。礼物（比如能源）越是珍贵，就越是需要保护（节约）。"欧瑞克主教提醒道。

一次路易斯·哈里斯民意调查显示：

61.23%的人认为，美国凭借6%的世界人口消耗了全球40%的能源和原材料是"不道德的"，他们已经准备好迎接一系列的"削减计划"。其中91.7%的成年人同意"每周有一个无肉日"；73.22%的人同意"把衣服穿到坏掉为止……"；92.5%的人愿意"减少纸巾、纸袋、面巾纸、餐巾纸、纸杯以及其他一次性物品的使用，以节省能源，减少污染"。

我也有这种道德冲动。我也讨厌那些不必要的照明、可避免的差事和烦琐的会议，等等。但是，我试图将自己对浪费的抗争行动限定在那些值得付出成本的事情上（尽管当我的孩子年轻时，他们对我的行为有不同的看法）。我时刻牢记，不要在处理废弃物的时候浪费更多宝贵的资源，因为处理费用往往比废弃物本身的价值更高。最重要的是，我不想把我的道德冲动强加给与我观点相左的人。[1]

以下这则轶事反映了避免浪费在现代社会中的作用：20世纪70年代，我发现我的墨水笔的可替换笔尖不再售卖了。要知道，用这种墨水笔写字比我用任何别的笔写字都更舒适和享受，我开始担心我的"库存"将在某个时候耗尽，这就意味着我将失去写字的效率和乐趣。为此，我到我所在大学的所有办公室去收集那些尘封已久的笔尖——人们不再使用它。它们好像专门为我准备的一样，我感到无比庆幸。

然而，在20世纪80年代早期，个人计算机和文字处理程序诞生了。那些被我储藏起来够我用一辈子的笔尖，我永远也不会再使用了，也没有其他人会使用。

这个故事反映了我们是怎样担心某些东西耗尽，以及由于技术的进步，这种担心通常被证明是完全没有必要甚至错误的。

当我在20世纪70年代收集笔尖的时候，没有人能保证我的担心是不必要的，因为没有人能向我保证将会有更好的替代品出现。同样地，现在也没有人能对其他资源作出这样的保证。但是，如果我们认为最坏的情况——没有发现任何替代品——将会发生，这种想法是愚蠢的。在最坏的情况下采取行动可能会避免最坏的

---

[1] 赫尔曼·戴利和神学家约翰·科布（John Cobb）在一本书（1989年）中充分阐释了环境保护的道德要素。我在第12章中曾经讨论过。——原注

情况发生，但如果最坏的情况没有发生——大多数情况下不会发生——很可能造成成本过高。

做最坏的打算，可能适合安全工程师。但是对于大多数的日常计划来说，它并不适用。家里的汽车明天可能无法启动。为了以防万一而多备两辆车（即使一辆）是不划算的，这个大家都知道。相反，你会觉得，两辆车都无法启动的可能性很小。即使这种极小的可能性出现了，还有出租车、邻居和其他的解决方案——包括步行。其他资源也是如此。就我所能追溯的思想史而言，做最坏打算的分析方法忽略了采取不必要的预防措施的成本（"如果真的错了，又有什么关系呢？"）。对于普通的决策来说，这似乎是被数学魅力迷住的博弈论者强加给我们的诅咒。

反浪费、提倡节约的道德冲动有时被用来愚弄大众。以饥饿项目为例，它是某个组织的一个分支。在"终结饥饿"的标题下，一本闪亮的四色小册子列举了一些关于每年死于饥饿的儿童人数（未被证实），然后要求人们（a）禁食一天，（b）为饥饿项目捐款。对于禁食或捐助款项将如何影响那些饱受饥饿之苦的人，未作任何解释。禁食的目的是"为了展示我愿意为终结饥饿出一份力，为了表达我是'终结饥饿'计划的赞助人"。

这些小册子以及其他类似的宣传册是否基于事实，这个问题我留给读者来评判。但是在过去的10年间（截至1977年），没有人能解释"终结饥饿"的计划将如何终结任何一个人的饥饿。

有人计算，从20世纪70年代人们对节约和回收利用的热情第一次爆发后，那些大受欢迎的回收项目的成本经常超过节约下来的成本。

洛杉矶的一名高中生，花了18周的时间从餐馆收集瓶子，为一个组织筹款。最后，他驱车817英里，消耗54加仑汽油，将收集到的10180磅玻璃瓶送到目的地，一共花费153个工时。此外，他的汽车排放到空气中的污染物数量难以估计。

为什么环保主义者认为，必须推动人们去节约资源，而不是让他们"自然而然"地节约资源呢？很显然，环保主义者并不相信消费者会对资源的可得性和价格的变化作出理性的反应。但是自1973年以来，每单位国民生产总值用电量的减少，正是消费者对成本和短缺极为敏感的显著证据。另一个令人关注的例子是，20世纪70年代末，随着汽油价格的大幅上涨，汽油的使用量大幅下降。

有时候，如果政府进行了补贴，那么强制就是正当的。例如，《湿地法》（*The Wetland Act*）禁止（比如说）北达科他州的农民排干他们土地低洼地带的水——即使有时候这些地方全年都是干的——因为这里有时会成为候鸟的栖息地。环保主义者说："美国纳税人花费了数十亿美元在农业补贴上。在我看来，我们应该对这笔钱有所限制。"在此，我们看到了整个政府干预体系的不良影响。最初，政府补贴导致农民生产过剩、储备增加，从而向市场释放大量粮食而压低了欠发达国家的粮食价格，使这些国家的农业遭到破坏。过度生产也可能导致原本有更好用途的土地被用来种植。然后，农民变得依赖补贴，被迫遵守其他法规——这些规定本身可能在经济上起反作用（比如使土地闲置，或者使用低效的种植方式）——以免失去补贴。从长远来看，也许最大的隐忧在于，个人行为将受制于由一群与经营活动没有经济利益关系的外部人士作出的政策和决定，这些政策决定不是完全由基于市场的经济计算而做出的。

保护动物还是保护人类？

有人说，应该稳定甚至减少人口数量，因为人类现在已经威胁到某些物种的生存。这就提出了一个有趣的问题：如果我们必须在更多的人口和更多的物种之间有所权衡、取代，那么我们应该做出怎样的选择呢？选择野牛或金鹰而不是人类吗？若真如此，同样的逻辑也适用于老鼠和蟑螂吗？我们愿意用多少人去换更多的野牛呢？是要把整个中西部都划为野牛保护区吗，还是我们只想保护濒临灭绝的物种？如果是后者，为什么不把野牛放在几个大型动物园里呢？难道我们还必须保护携带疟疾的蚊子，使之免于灭绝吗？

我们也应该考虑那些随着人口增长而增加的物种——鸡、山羊、牛、貂、狗、猫、金丝雀和用于实验的小白鼠。这是增加人口的一个理由吗？（对于那些反对为了食肉和着装而捕杀动物的人来说，这里存在一个问题：如果没有人类来消费它们，可供宰杀的鸡和貂不就更少了吗？）如果从动物繁衍的角度出发，我们应该如何选择呢？

在我看来，只要成本不成问题，决定保护什么以及保护多少，是品位和价值观的问题。一旦认识到这一点，争论就比较容易解决了。在第38和39章中，我们将对与这些问题有关的相互冲突的价值观进行详细讨论。

资源与子孙后代

基于对未来的关注，环保主义者和技术专家指出，我们应该厉行节约，为后代留下"足够"的资源，哪怕我们节省下来的资源价值低于我们实现实行节约所花费的成本。

当我们使用资源的时候，我们应该问问自己，现在的使用是否以牺牲子孙后代的利益为代价？答案显然是否定的。如果后代的自然资源的相对价格将比现在低得多——正如我们之前所看到的那样，这对于大多数自然资源来说似乎是合理的预期——这意味着，尽管我们目前在使用这些资源，未来的几代人也不会遭遇比我们更严重的资源短缺，他们将会拥有和现在相同或更充裕的资源供应。总而言之，我们现在对资源的使用对后代几乎不会产生什么负面影响。如果我们现在就利用这些资源来提高生活水平，而不是节约资源，我们的后代可能会过得更好。因此，我们不需要就是否给子孙后代留下足够的资源做出伦理判断。

此外，对于可能日益稀缺的材料，市场可以防止其过度使用。一种材料的当前价格反映了预期的未来供给和需求，以及当前的状况，因此当前的价格是对未来几代人的一种自动保障。如果有合理的理由预计未来油价将上涨，那么投资者现在就会去购买油井、煤矿和铜矿公司；这类购买提高了石油、煤炭和铜的当前价格，并抑制了它们的使用。矛盾的是，正常的市场投机"不能防止过度的低消费，这将给子孙后代留下超出他们需求的储备——这恰恰与环保主义者所担心的相反"！

你可能会问，如果投资者预测错误呢？那么，我反问你一个问题：你是否相信，你对这件事的理解比那些专职的投机商更充分——他们知道所有你知道的信息，他们总是确保万无一失才会投资？

一年四季新鲜水果的售卖，说明了市场和商家是如何确保一年的供应而防止短缺的。同时也说明，当前的价格反映了未来的供应，以及消费者在夏天购买橙子留到冬天或未来几年食用是毫无意义的。

在意大利、以色列、阿尔及利亚和西班牙等许多国家，橙子是在春季和初夏收获的。因此，消费者在这个时候购买的橙子最便宜。而此时，经销商也会购买大量的橙子储存在专门的仓库中，以备日后销售。到了冬季，经销商的销售价格大致是收购成本加上储藏成本（包括橙子占用的资金成本），也就是说，此时的销售价格并不比收获时高多少，消费者无须担心将来会发生短缺。

商人都希望在收获季节低价收购水果，到过季时高价售出以获取利润，这就确保了橙子的价格在收获季节不会猛涨。而其他有相同欲望的商人的竞争则阻止橙子价格在过季时被抬得过高。当然，那些担心橙子价格在冬季将高得离谱的消费者，如果愿意支付较高的储藏成本，则可以用冰箱来储藏橙子。同样地，这些力量也能防止自然资源的短缺或价格猛涨。商人们相信——基于一项非常全面的调查，因为他们的经济生活依赖于此——未来的短缺尚未在当前的价格中得到充分反映的时候，他们现在就会购买原材料，用于未来的转售。他们会为我们起到保护资源的作用。只有当他们是对的时候，我们才会付钱给他们。而在金属方面的争论更加激烈，因为它们不需要冷藏储存。

第二年还会收获新一季的橘子，这与之前讨论的铜的情况并无不同。新铜矿的发现，以及开采和使用铜的新技术的发展，都是可以预计的，只不过在时间上不像橘子按时收获那么准时。但是，对于商业投机者来说，这意味着更广阔的市场。因此，我们不必担心自己现在的消费会损害后代的利益。请注意，收获季节的橙子价格，以及目前的铜价，也反映了预期的人口增长。如果由于人口的增长导致预期消费增加，那么有远见的商人将会考虑到这一点（而缺乏远见的商人不会在生意场上待太长时间）。

如果经济形势与现在不同，即假设技术止步不前，未来的资源成本将高于现在，并有证据表明未来的资源将更加稀缺，那么，做出不同于自由市场所能产生的结果的判断也许是恰当的。另一方面，如果担心我们消费并采掘大量资源（如果仅受市场价格的影响）可能对后代产生不利影响，以至于政府出于谨慎可能会干预（限制）我们对目前矿物资源的使用，那么，这种担忧和干预也许同样是有道理的。但现在这种干预既无必要也不合适，因为正如哈罗德·巴奈特和钱德勒·莫尔斯所说："我们要致力于改善人们的生活水平……每一代……将一个更富有生产力的世界传递给子孙后代。"它通过积累实实在在的资本来增加当前的收入，通过增加有用知识的储备，通过使自己这一代人更健康、接受更好的教育，以及通过改善经济体制来实现上述目标。这就是生活水平一直在不断上升的原因，也是所有关于资源保护讨论的核心事实。

因为我们可以预计后代将比我们更富有，所以无论如何，要求我们这一代人不使用资源以保证后代拥有资源，无异于要求穷人向富人施舍。

资源与"国际掠夺"

当发达国家从贫穷国家购买原材料时，是否需要用道德判断来取代市场决策？

那些认为发达国家"掠夺"、"抢劫"贫穷国家的铝土矿、铜和石油的想法，并非建立在坚实的知识基础之上。在一个没有制造业的国家，这些资源对家庭用途没有价值。但是，当贫穷国家将这些资源出售到一个工业国家时，它们可以换回收入来帮助本国发展，事实上，这些收入可能代表着一个贫穷国家发展的最佳机会。

如果"剥削者"真的停止购买会怎样呢？以下是1974年发生在印度尼西亚的真实事件：

许多印度尼西亚人抱怨日本人对他们的"掠夺"不够。而仅仅在8个月前，他们曾走上街头抗议日本人"掠夺"自己国家的自然资源。由于本国经济遭受挫折，日本进口公司不得不每月减少购买76万立方码印度尼西亚木材，购买量削减了40%。结果，印度尼西亚木材价格下跌了约60%，……30家公司破产，在依赖木材经济的地区造成了大量的失业。

当代贫穷国家出售资源，并没有牺牲其后代的利益。为后代"节省"资源将面临巨大的风险，因为未来资源的相对价值将会降低，就像在过去的一个世纪里煤炭贬值一样。一个在100年前就开始囤积煤炭的国家，无论如何都是失策的。

请记住，美国和其他发达国家也向贫穷国家大量出口后者需要的初级产品，尤其是粮食。贫穷国家生产的初级产品使他们能够与发达国家的初级产品进行贸易，这是一种互惠的交换。当然，这里并没有暗示发达国家从贫穷国家购买资源的价格是"公道的"。贸易条件确实是一种伦理问题，但它通常通过供给、需求、市场力量和政治力量等确凿事实来解决。

总结

一项公开的资源保护政策暗含这样一种假设：需要保护的资源产品的"真正"价值大于消费者购买它的价格。但在一个运行良好的自由市场中，商品的价格反映了它的全部社会成本。因此，如果公司或个人被限制使用这种产品，即使该产品对于公司或个人的价值远大于市场价格，那么对于与之利益相关的各方（除了与之相竞争的产品的生产者）都是难以弥补的经济损失。例如，尽管旧报纸的市场价格远远低于你所花费的时间成本和劳动成本，你仍会觉得这是一件益于环保的好事。但毫无疑问，这样做降低了经济的整体生产力，对木材供应也不会产生长期的好处。

在一般情况下，保护后代并不需要节约自然资源。市场力量和当前的价格已经考虑到预期的未来发展，从而自动"保护"稀缺资源供未来消费。也许更重要的是，当前消费刺激生产，从而提高生产力，使子孙后代受益。今天使用新闻纸将促使人们种植森林以供未来之需，同时鼓励人们研究提高森林种植和产量的相关技术。

无论在国内还是国际上，富人对资源的保护并不会惠及穷人。穷人真正需要的是经济方面的增长。"经济增长意味着对地球上的矿产、燃料、资本、人力和土地资源的利用。没有大范围的贫困，就不可能回到瓦尔登湖。"

21　强制性回收、强制性节约和自由市场替代品

　　有些人从回收中得到乐趣，即使它源于一种错误的理念——回收是一种公共服务。然而，强制人们回收利用则是完全不同的概念。

　　在贫穷国家，回收利用可能是有价值的。当原本可以寻求提高生产力的方法时，却要求人们通过循环利用来实现进步，这只会使国家停滞不前。这种错误有时因美化原始生产技术而变得更加复杂（例如，印度推广家庭纺织业）。与其这样，还不如用同等的努力去学习做更有效率的工作，逐步建立一个更现代化的系统。

　　在发达国家，这种循环利用的思维模式同样可能适得其反。人们提倡通过回收报纸来保护树木，谴责那些砍伐树木的人。但是，那些专门种植树木来造纸的工人并不乐意看到这些。这就好比倡导人们为了节约小麦而不吃面包，却忽视了种植粮食的农民所付出的劳动一样。它将抑制创造的欲望。（还有一种更反常的想法。人们只关注收获和死亡，而不是种植和生长。这和人口增长方面的情况差不多——人们可能对那些早夭或意外死去的人施以援手，却不会为那些创造和培育新生命的人欢呼。）

　　这并不是说所有的回收利用都是错误的。对于那些正在进行回收的人来说，做这件事具有一定的经济价值和意义，这是一码事；但一些人做这件事纯粹是为了象征性的目的，例如美国目前大部分的回收行为，那就是另外一码事了。请仔细回想这样一个事实：在厨房里，我们自愿回收的是陶瓷盘子，而不是纸盘子。如果要求家庭清洗并再次利用纸盘子和纸杯子，又有什么意义呢？无论如何，这都没有任何经济意义（这些纸制品能否经受住水洗的考验更是值得怀疑），尽管对一些人来说，这可能具有象征意义——当然，这些人有权拥有他们的私人仪式。

国家回收的逻辑也一样。人们自愿回收有价值的资源，扔掉回收价值较小，甚至要付出更大价值的努力才能回收的东西。强制回收实际上比把东西扔掉更浪费。它耗费了宝贵的劳动力和原材料——它们可以创造新的生命、新的资源，以及更清洁的环境。

人们为何如此担忧废物？

为什么有这么多人如此担心这个问题？在给定时间和资源的情况下，要处理这个问题并不难。我的猜测很简单，担忧（1）对经济体系如何应对某些资源的日益短缺缺乏理解；（2）缺乏技术和经济想象力；（3）怀有一种道德冲动，认为循环利用是好事，人们理应为此付出一点代价。下面让我们简单地谈谈这三个方面。

对市场经济的运作缺乏理解

非经济学家，尤其是那些与人类以外的实体打交道的生物学家，也许低估了人类组织对日常生活和社会做出人类特有的调整的可能性。这些人可能对人类的调整能力缺乏信心。适合于非人类组织的概念，比如生态位、承载能力等，并不适用于作为长期经济活动核心要素的人类的创造性方面。20世纪60年代和70年代，相关组织将卡尔霍恩（John B. Calhoun）对挪威大鼠的工作概括为对人类社会的政策建议（见第24章）就是这种混乱思维的典型例子。

生态学家加勒特·哈丁说："人们经常问我，难道你对什么都没有信心吗？我总是给出相同的答案……我坚信人是靠不住的。我知道无论我们做什么，总有一些该死的傻瓜会把事情搞得一团糟。"这种想法使人们看不到自发协调的市场反应可能会处理社会产生的废物。

缺乏技术知识或想象力

当人们不知道某个特定问题的技术答案时，往往不会去寻求可能的解决方案，他们也不认为其他人可以想出解决方案。例如，当火车诞生时，一些人担心在火车上上厕所的问题：粪便会排去哪里？当长途公共汽车诞生的时候，人们又开始担心同样的问题，因为他们知道轮船和火车的解决方案——直接从侧面或者底部倾倒出去——对公共汽车来说是不可行的。然后一些人对于飞机又有同样的担心。当飞机上的问题解决后，又担心在宇宙飞船上无法解决这个麻烦。然而事实上，在所有这些案例中，只需要一点勤奋的思考和工程技能，就可以把问题解决掉。几乎所有其他废物的处理问题都是如此。

有些人说，"但你依靠的是技术上的解决方法"。是的，为什么不呢？"技术改进"是整个文明的趋势。然而，我们的解决方案并不局限于物理技术层面；新的经济政治安排也可以解决问题。一个社区如何才能减少人们丢弃的废物数量？——按照所收集废物的重量或体积来收取家庭和企业的相关费用。其他废物问题也是如此。想象力和经济组织能力是必要的。但是我们有充分的理由相信，一旦我们将这些技能直接应用到废物问题上，解决方案就会出现。

技术想象力和自由企业制度的结合构成了处理废物的关键机制——将事物的负面价值转化为正面价值。钢铁厂的矿渣长期以来一直被认为是个讨厌的东西。随后，一些企业家将其视为"从鼓风炉中收获的人造火成岩"，可以用来铺设在类似印第安纳波利斯500英里大奖赛所使用的路面上，提供良好的抓地力。而旧的铁路枕木不仅是可以用来当作焚烧的木头，现在还用来装饰草坪的挡土墙。

关于回收的道德感

在纸尿裤的征税听证会上，加利福尼亚参议员博特莱特向委员会成员指出，"我们的孩子小时候用的是尿布。大家也都知道，尿布根本不会伤害他们……也许只是稍微弄脏了你的手，但没有伤害。使用纸尿裤真是太方便了，但是你们可知道，如果选择使用尿布，将省下很多钱。"就像兄弟会的入会仪式一样——"我已经承受过的痛苦，你凭什么可以不承受？"

当我告诉我的邻居，我不想洗瓶子和罐子来回收它们，他说，"这不会花费你多少时间的"。但是当我问他："既然如此，那么是否能定期替我做这件事呢？"他拒绝了。

废物处置政策的利弊

社会组织废物处理有三种方式：（a）指挥；（b）以税收和补贴为指导；（c）将其留给个人和市场。适当的方法取决于情况的特点，并且在很大程度上取决于是否存在困难的"外部性"——超出所涉个人范围的影响，且不能"内化"（罕见的情形）。

固体废物是社会最容易解决的废物处理问题之一，因为没有难以处理的外部性。

在伊利诺伊州的乌尔班纳，有我听说过的最好、最廉价的垃圾收集系统。这里的每一个家庭都与该地区的私人搬运商签订了合同。后者根据家庭的垃圾量给出收费标准——标准费率加上特别运输费。如果服务不周或不守时，你可以在月底更换搬运工。搬运商则与一家私人垃圾填埋运营商达成协议。在这项事务上，社区可以保持中立和审慎，并且没有显著的外部效应。这样一个系统没有理由不在全国推广。

一旦社区参与进来，无论是与单个运输商签订合同，还是市政当局支付运输费用，抑或市政当局直接提供服务，问题都会层出不穷。这样一来，户主就没有减少其家庭垃圾的动力，反而会去产生更多的废物。社区也会受到那些对废物和回收利用持意识形态观点民众的关注，这种关注扭曲了最佳的经济选择。由于个人的政治价值观，加上他们对上述事实的无知，社区转向了回收利用方向。

正如下文将要谈论的，回收利用有两个弊端。一是它要花费纳税人更多的钱；二是它通常会掺杂一种强制因素，这与美国的基本价值观以及自由市场体系的有效运作相对立。现在就让我们来讨论这两个问题吧。

回收利用的资源成本

不必要的回收利用和环境保护不能简单地看作无害的象征性活动。因为人们因此而放弃的活动也需要很大的成本。比如，人们可以用回收利用和环境保护的时间，去修建道路、公共建筑、公园，甚至改善自己的私人住所和空间，等等。

人们对建设的价值观可能受到了政府的影响。在我定居华盛顿郊区的八年时间里，曾有数十人到我门前募捐。他们中从来没有人为建设项目——种树、修建大教堂、举办音乐会等——募集资金。几乎所有的募捐活动都是为了游说政府采取行动。在大多数情况下，筹集的资金中有很大一部分是为了吸引更多的资金来做同样的事情。然而，在过去的几十年里，情况并非如此。人们募集资金的目的是修建民营医院、宗教文化机构等为公众利益服务的大型机构。但是现在，人们希望由政府来完成这些活动。因此，募集资金主要是为了改变政府的意愿以支持人民的私人利益。

如果政府在建设和治理方面能做得更好，也许就没有理由抱怨了。但我们从大量可靠的证据中得知，政府在这些活动中表现得非常糟糕——成本高、服务差。

另一项未计算的成本是被强制支配的私人时间。在计算回收成本时，忽略了垃圾分类时将垃圾存放进不同的容器、放在不同的地方，以及学习各种垃圾必须在何时何地被放置以便取走所花费的时间成本。这些成本并非微不足道。

强制的成本

截至1988年，美国有6个州规定家庭对废物进行分类；截至1991年，有28个州规定了回收或减少废物的"配额"；截至1990年，哥伦比亚特区要求所有公寓楼回收报纸、玻璃和金属。这项法律不仅要求个人和企业做他们不愿做的事，对违规者处以罚款，而且它还引发了极权社会的一些做法，人们被迫干涉邻居的生活。美国三大全国性和国际性报纸之一的《华盛顿邮报》建议，公寓住户先"尝试同侪压力"，如果房东没有依法回收废物，他们便应"向当局投诉"。此外，政府还规定"向城市的'垃圾警察'报告违法行为"。"垃圾警察"由10名检查员组成，他们被雇来搜查垃圾和找出违法者。这种做法不仅令人生厌（至少对我来说是这样），而且警察的开支是一项很高的成本，它并没有计入废物回收的总成本中。

瑞士苏黎世就有这样一个系统。"监察员将追查那些未使用新麻袋的人，并对他们处以罚款。"

收集者得到指示，必须在街上留下的任何旧袋子中搜寻能够识别违法者的证据。

"比如，一个写有地址的信封。"该城市的垃圾处理负责人鲁道夫·沃尔德（Rudolph Walder）说。"然后我们将对他们处以100法郎（67美元）的罚款。如果他们继续这样做，我们就会通知警方。"

政府的介入也为那些致力于保护自己的利益不受公众利益影响的官僚打开了大门。例如，在弗吉尼亚州劳登县……当地官员竭力阻止商人使用社区的庭院垃圾堆肥（把它们腐烂成便于耕作的肥沃土壤）。政府官员甚至"派当地政府垃圾填埋场代表封锁入口"，他们这么做的理由是这一行动威胁到了地方政府的垃圾填埋场收入。因为当垃圾用于堆肥，每吨只收取10美元费用，而填埋费用为每吨50美元。

在更大的范围内，罗德岛禁止搬运工将该州的垃圾运往缅因州和马萨诸塞州。"目前，国有中央垃圾填埋场是该州唯一获得许可的填埋场，其垄断价格高于其他地方。该州阻止搬运工到其他地方去，以免失去收入。如果一家私营企业以某种手段获得类似的垄断地位，它就不能利用法律手段来阻止客户转向他处。此外，联邦贸易委员会将打破它的垄断。但是政府可以逃脱私营企业无法避免的钳制。"

然而，市场没有很好地处理报废汽车的问题。人们原则上知道应该做什么：制定适当的规则，迫使废物生产者向那些遭受污染的人或群体支付适当的补偿，从而"内化消极外部性"，正如我们在经济学中所说的那样。但这些规则的制定和立法并不简单。哈耶克称这是最难办也是最重要的智力任务，而且往往有强烈的私人利益阻碍补救行动。因此，这种污染的后果在很大程度上取决于社会意愿和政治权利，以及我们的智慧。

价格与价值

最复杂和令人困惑的保护问题是那些对某些人来说是纯经济学、对另一些人来说却是美学和基本价值的问题。在这方面以收集旧报纸的行为为例。（第19章讨论了报纸的废物处理方面。）在某些情况下，保存并回收报纸是有意义的，人们可以从旧报纸的售卖中获利。在第二次世界大战中，废纸价格的上涨程度之大，令许多家庭都觉得为此付出劳动是值得的。在经阻燃化学品处理之后，碎报纸可以用作绝缘材料，纸张收集可以成为"童子军"等社区团体的筹款手段。但如今，在大多数社区，回收成本低于纸张的销售价格，高于垃圾填埋或焚烧的成本。（事实上，纸张现在的价格为负：截至1989年，再生纸的数量已经增长到如此之大，以至于社区不得不支付每吨5~25美元让纸张经销商来运走这些东西。）

在此，我们必须考虑废纸市场价格的经济意义。这个价格大致相当于新纸价格减去旧纸的回收成本。反之，新纸的价格就是种植树木、砍伐树木、运输木材并将其转化为纸张的成本之和。如果树木的种植成本上涨，那么所有新旧报纸的价格都会上涨。但是，如果树木种植成本降低，或者培育出了更好的树木替代品种，那么新旧纸张，包括木材的价格都会下降（回收利用的增加也降低了价格）。这就是正在发生的事。树木种植总量不断增加，木材价格下跌，报纸中所报道的红麻作为纸张替代品的成功发展……那么，为什么还要费劲地回收报纸呢？

然而，环保主义者认为，在这个问题上还有值得讨论的东西。在他们看来，保护树木不仅仅出于纸浆或木材的经济学价值的考虑。避免"不必要地"砍伐树木本身就是必要的：这种观点基于美学甚至宗教价值观。环保主义者认为，树木是独一无二的国家（或国际）财富，就像威斯敏斯特教堂之于英国人、金顶清真寺之于穆斯林一样。也许我们可以这样理解：在这些情况下，即使是那些不直接使用财富的信徒，也愿意付出金钱或行动来使其他人在现在或将来能够享受它们的福利，而不必为创造财富付出全部代价。（此外，还有一种观点认为，即使后代愿意为此付出代价，如果我们不为他们保护资源，他们也无法做到这一点。）一些人甚至把情感寄寓于自然、树木或动物，他们的目的就是防止这些情感受到伤害。

没有经济上的理由反对人们持有这种观点。但是，一个人的审美情趣也好，宗教信仰也罢，都不能成为征收他人税款来为这些偏好买单的经济理由。

如果有人愿意督促社会为循环利用付费，那么了解必须支付的价格是非常必要的。佛罗里达州已经承诺对那些用回收材料生产产品的企业提供补贴，这些产品将卖给该州，而该州也保证购买这些产品。佛罗里达州是愿意购买再生产品（主要是纸张）的30个州之一，这些产品的成本比同类非再生产品高出5%~10%以上。从长远来看，或许需要三到五年的经济增长，才能通过增加成本和降低生产率来弥补这一进程的逆转。佛罗里达州州长称，对企业来说，这是了然于心的事情，因为他们轻易就能明白市场保障的意义所在。有时，人们出于国家安全和国际谈判的考虑，会提出资源节约的理由。对一个国家来说，储备足够的石油和其他战略敏感资源以供数月甚至数年的消费，或许是有道理的。但是这些政治问题超出了本章的范围，也不属于关于资源节约的一般讨论范畴。

资源保护和政府制度

没有任何证据表明,政府官员比私营业主更善于管理各类财产,包括荒野和公园。(公共和私人住房的维护情况可见一斑。)以华盛顿州西雅图的拉文纳公园(非营利)为例。从1887年至1925年,这座公园一直属于公共财产,它以极其低廉的价格出售门票,园内有巨型道格拉斯冷杉供游人观赏。随后,该市通过法律手段接管了这座公园。该公园遂成为人们砍伐售木的牺牲品。

政府所有权之所以允许过度使用资源,不仅因为资源为公共所有,还因为管理不善。例如,政府往往将划船使用费、伐木和放牧权等资源的价格设置得过低。就在我写下这篇文章的时候,我在《华盛顿邮报》上看到,"国家公园的特许经营人使用政府拥有的建筑,从酒店到船屋,共计收入上百万美元"。但美国财政部几乎赚不到一分钱,因为它收取的租金很少甚至根本不收租金。而自由市场则不会"降低"对牧场、木材等使用权的高收费。

我无法证明学者和政治家永远设计不出一个能够更好地保护自然、创造审美环境的社会政治经济体系,而非一个依赖于人们自发冲动和市场制度的、只受普遍规则约束的非计划体系。(如果本书中有哪句话将被广泛引用,那很可能就是这句话——笨拙而乏味。)我甚至无法断言,在一个非计划体系下,生态的方方面面都会得到更好的维护。如果政府没有把大熊猫保护在动物园内,这种动物就会灭绝。事实上,现在没有一家私营企业是以盈利为目的展览大熊猫(尽管菲尔巴纳姆大博物馆曾经这样做过)。然而,如果政府不这么做,有兴趣的个人可能会采取措施,通过志愿组织来保护大熊猫。

19世纪,当老鹰作为食肉动物被枪杀并面临灭绝的危险时,一些人以私人名义创建了禁猎区,即现在的宾夕法尼亚州的鹰山保护区。它现在不仅仅是保护区,而且已经成为猛禽研究中心。在没有政府行动的情况下,生态保护者往往会自发采取行动,保护他们所珍视的动物。(事实上,这是奥杜邦协会等组织最初的性质,后来他们将大部分精力转向试图增加政府干预。)但是政府的活动往往会导致私人活动减少。正是由于政府对医疗服务的干预,美国早期宗教组织对医院的建立与维护作用被削减。

我能找到的最好证据就是第17章中所提到的数据。这些数据显示,当政府完全控制（对所有权的控制）污染物排放时，无论监管力度如何，污染程度都远远大于私有控制的时候。

那些试图规划我们的生态系统的人声称，市场虽然能够催生汽车产业和网球比赛，但市场在荒野、动植物物种和景观美学方面却"无所作为"。为了支持他们对计划体系的看法，他们以水牛和旅鸽的屠杀为例，并列举了数十年来河流和湖泊的污染，以及一些廉价劣质的住宅开发项目。他们认为，人类把地球改变得面目全非，离最初的原始世界越来越远。

为了反驳以上观点，自由市场环保主义者分析了这些令人遗憾的事件，并指出破坏的根源通常是缺乏能阻止此类事件发生的产权系统。他们列举了一些相互对立的例子：肉牛由个人所有权保存，由品牌体系推动发展，人们还发明了带倒刺的铁丝网来解决共同放牧问题；津巴布韦象群的增长扩大（见第20章）；随着时间的推移，大部分地区的住房质量都得到了提高，哪怕是莱维敦这种原本破落的地区也是如此；出售狩猎权的农场里的动物栖息地得到了保护；英格兰的捕鱼权归私人或俱乐部所有；在伊利诺伊州高速公路两侧，由铺路者为获得建筑材料而挖的"取土坑"被改造成鱼塘后，不仅产量丰富，还对外出售捕鱼权。

自由市场环保主义者还指出，诸多环保设施是对人类尊严的损害和对个人自由的限制，比如"垃圾警察""水上警察"，以及农民因为牺牲野鸭来提高农场生产力而被处以罚款和监禁。

但必须要说的是，如果人们想要一个像两万年前那样的世界——不仅仅是"阻止世界发展变化"，还要"让世界回到过去的状态"——自由社会是不会朝这个方向发展的。达到这一境界的唯一方式就是消灭几乎所有的人类，摧毁所有的图书馆，让剩下的少数人难以快速学会如何重建我们现在拥有的一切。

一些生态学家敦促我们建立一个"混合"体系，政府只做"必要"的事情。原则上没有理由不同意这一观点——大熊猫就是一个很好的例子。但这些人应该意识到，在"混合"经济的类似情况下，几乎所有被视为"必要"的活动——例如由政府控制的钢铁厂、矿山和通讯系统——事实上都没能得到预期的理想结果。"混合"体系只不过是海市蜃楼和智力幻觉，或者用于更广泛的规划的特洛伊木马。政府想通过操纵价格来模拟一个运转良好的市场的想法，在东欧已被证明是不健全的理论。

20世纪70年代末，本书第一版写成，但第15章及以上讨论的理论思想尚未被联邦政府采纳。事实上，这些内容都是环境保护主义者深恶痛绝的。（请参阅第15章关于生态学家对标准经济学的批评的附注。）决策者的第一选择仍然是指挥控制体系。例如，马里兰州计划通过强行限制人们少开车来减少空气污染。该机制要求所有拥有100名以上员工的雇主提供"免费车票、自行车购买补贴、共享汽车补贴、弹性的工作时间或更多在家办公的机会"，这是根据1990年《空气清洁法》，以及南加州、西雅图、菲尼克斯和其他城市的计划来制定的。

然而，自20世纪80年代以来，人们愈加意识到，在管理污染方面，直接控制通常不如以市场为基础的经济激励措施。例如，法律现在规定公司（比如电力公司）可以买卖污染物排放权。芝加哥期货交易所甚至为大宗商品和证券市场的"烟雾期货"的公开发行奠定了基础，并得到了环境组织的批准。

20世纪80年代，这些经济理念被提炼成一套实用的工作体系。自由市场环保主义者强调产权的概念，以及利用价格而不是指挥控制手段对商品进行分配的概念。他们将"非市场政府失灵"与许多人认为是污染问题之根源的"市场失灵"相提并论。

自由市场环保主义者指出，在本章前面提到的保护案例中，市场体系取得了成功。市场体系在控制污染方面的成功并不那么显著。但是，像河流捕鱼权私有化这样的保护案例，可能会被视为河流污染问题的反面。在这里，河流捕鱼权私有化被证明是有效的。

结论

如果你想让社会强迫你浪费精力和金钱，因为牺牲对你有好处，那么强制回收就足够了。但是，如果你希望人们有最好的机会以他们希望的方式生活，而不是将浪费成本强加于他人，那么，请你让人们自己解决私人问题。

社会决策的关键问题在于，如何在尽量减少对个人和经济活动限制的情况下，获得最佳效果的回收利用和废物处置、污染控制和环境保护。自由市场上的经济激励措施通常比指挥和控制措施更管用。低效率的指挥和控制体系除了经济成本外，通常还存在着过度、过分热心的强制行为，例如第17章中提到的爱德华一世对因使用海煤而污染空气者的斩首，或者如同今天回收狂热者的温和强制一样。

（关于这个话题的进一步讨论，请参阅第30章——"人类是环境污染的罪魁祸首吗？"）

第二部分
人口增长对资源和生活水平的影响

Part Two　Population Growth's Effect Upon Our Resources And Living Standard

　　哪里有最幸福、最美德、最明智的制度,哪里就有最多的人。

大卫·休谟,《随笔》,1777年

　　要使一个国家从最低级的野蛮状态发展到最高级的富裕水平,除了和平、低税收和健全的公正司法之外,几乎不需要别的东西;其他的一切都会水到渠成。

亚当·斯密,1765年

　　如果一个作家只能给我们看一些从街头的咖啡馆就能听来的言论,那他就毫无价值可言。

大卫·休谟,《随笔》,1777年

22 只有立足之地？人口统计学的事实

> 在完成最精确的计算之后……我发现地球上的人口还不及古代的十分之一。令人惊讶的是，地球上的人口每天都在减少，如果这种情况继续下去，那么再过一个世纪，地球恐怕就只剩下沙漠了。
>
> 孟德斯鸠，瑟夫与纳瓦斯基出版作品，1984年

> 人口规模是不会改变的，将一直保持到人类灭亡。
>
> 《大百科全书》（L'Enoyclopédie）"人口篇"，瑟夫与纳瓦斯斯出版作品，1984年

> 人口增长是显而易见的事实。
>
> 保罗·埃利希，"世界人口：失败的战斗"，里德（S. T. Rid）里昂（D. L. Lyon）作品，1972年

小学生都"知道"，世界环境和粮食状况越来越糟糕。而儿童读物无疑表明，人口增长就是罪魁祸首。《地球与生态》中写道："地球能承受这么多人吗？如果人口继续激增，很多人会被饿死。如今，世界上有近一半的人口处于粮食不足的状态，许多人都快饿死了。所有的重大环境问题都可以追溯到人——更贴切地说，追溯到过多的人口。"

儿童读物是从人口与资源的成人书籍中提炼出来的最简单的形式。赫伯特·伦敦（Hobert London）对教科书的研究表明，这篇文章具有代表性。事实上，在1980年全国教育协会（NEA）出版的一份教师指南中有这样的文字："随着人口的激增，粮食生产的竞争力在丧失，在未来十年里可能会出现大规模的饥荒。"接下来，指南中继续预测了自然资源和环境的全面恶化情况。

但这些言之凿凿的论点，要么未经证实，要么就是错误的。（事实上，全国教育协会1980年的预测已被证明是错误的；如果能够知道它现在的说辞，那应该会很有意思。）本章论述了人口统计的现实状况。下一章将对多个预测进行讨论，接下来的章节将考察出生率和人口增长动态，以便在第二部分的其余内容中为这些问题的经济讨论奠定基础。

人口增长率

从科学的角度来说，人口统计学的事实乍一看确实惊人。图22-1的人口增长图曾给我留下极为深刻的印象，甚至一度使我相信，帮助阻止人口增长应该是我毕生的工作。通过它，我们看到了人口增长的失控：人口似乎正在通过自我驱动的先天力量以几何级数增长，这是一种被饥饿和疾病所束缚的巨大力量。这意味着，除非有什么不寻常之物来制止这种几何增长，否则人类很快将陷入"只有立足之地"的窘境。

然而，人们长久以来一直在做算术运算，这就得出了另一个版本的"仅剩立足之地"的预测。事实上，在最近的人口增长讨论中经常使用的短语"只有立足之地"，是爱德华·罗斯（Edward Ross）在1927年撰写的一本书的名字，而这个概念在马尔萨斯和戈德温（William Godwin）的文章中都有明确表述（有趣的是，他们得出的结论完全不同）。作为预测者之一的哈里森·布朗，担心人类数量可能继续增加到"地球被极大量的人类完全覆盖，并且达到相当深的厚度，就像死牛被一堆蠕动的蛆虫所覆盖那样"。

人们也可以通过简单地推断其他趋势——特别是短期趋势——得出荒谬的结果。如果这种趋势以20世纪60年代的大学建筑物的修建速度持续下去，整个地球很快就会被建筑物所覆盖。或者，从1980年到1981年，美国监狱中的囚犯人数增长了10%（从315974增长到353674）；从1981年到1982年，增长了11%。有趣的是，卡尔文·贝斯纳（Calvin Beisner）推断，次年的增长率为12%，然后是13%，以此类推，到2012年，囚犯人数将超过预计中的世界总人数。很好的算术，但那又怎样？

自创世纪以来，人们就一直在担心人口增长问题。《圣经》中记载了人口超过某一特定地区"承载力"的古老故事："土地已经无法承载他们……亚伯拉罕对罗德说：所有的土地不都在你面前吗？你要是往左边走，那我就去右边；你要是往右边，那我就去左边。"欧里庇德斯写道："特洛伊战争的起因是'有太多野蛮人'。"许多古典哲学家和史学家，如波利比乌斯、柏拉图和德尔图良，都在担心人口增长、食物短缺、环境退化问题。公元前100年的提比略·格拉古斯（Tiberius Gracchus）曾抱怨说，归来的罗马士兵都"没有一片属于自己的土地"。17世纪初，英格兰殖民者约翰·温斯罗普（John Winthrop）离开英格兰去往马萨诸塞州，因为他觉得英格兰太过拥挤。然而，当英格兰和威尔士的人口还不到500万时，有人呼吁，希望能够早些盼来"国家不再被人满为患困扰"的日子。

1802年，爪哇岛的人口为400万，一位荷兰殖民地官员写道：爪哇岛将"挤满失业人口"。到了1990年，爪哇岛有1.08亿人口，据说人们抱怨过度拥挤，失业率过高。

当然，人们过去担心人口增长问题并不意味着我们现在不应该担心人口增长问题。如果"人口怪物"真的已经消停一段时间了，那么它还没有把我们置于死地的事实很难成为我们停止担忧的理由。因此，我们必须要问：人口增长是一个难以控制的怪物吗？它从开始到现在一直没有造成毁灭性的灾难，那么，在不久的将来它可能摧毁我们吗？

与图22-1给人们的印象相反，人口增长在很长一段时间内并不是稳定不变的。即使是过去的百万年间，也显示出巨大的突然变化。图22-2显示，人口增长以"爆炸性"速度增长了3倍。

关于世界人口的另一个常见的误导性印象是，过去的人口数量中有很大一部分至今仍活着。但事实并非如此。有一个合理的估计是，公元前600000年到公元

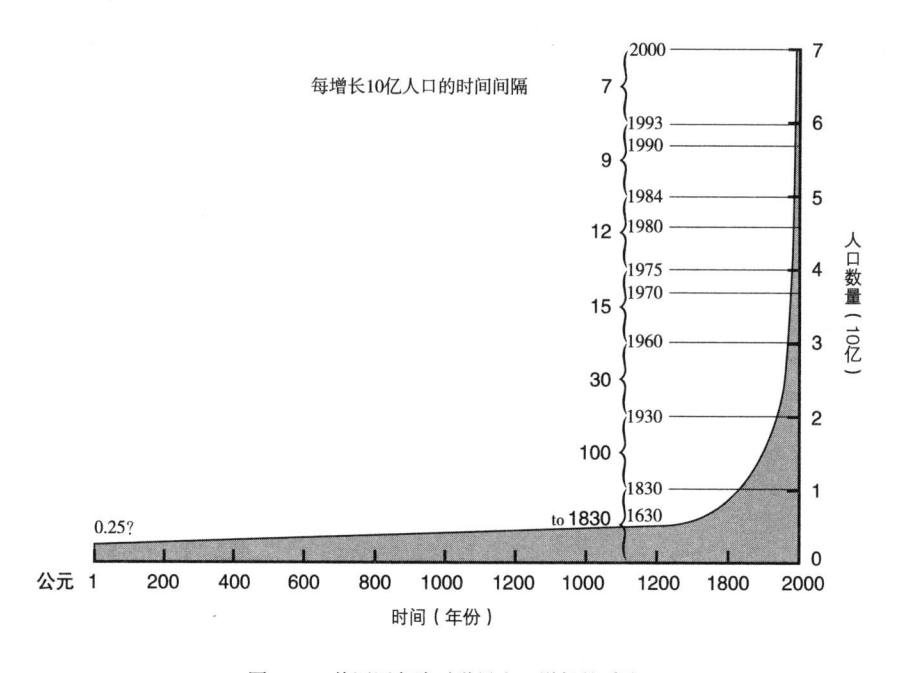

图22-1 美国国务院对世界人口增长的看法

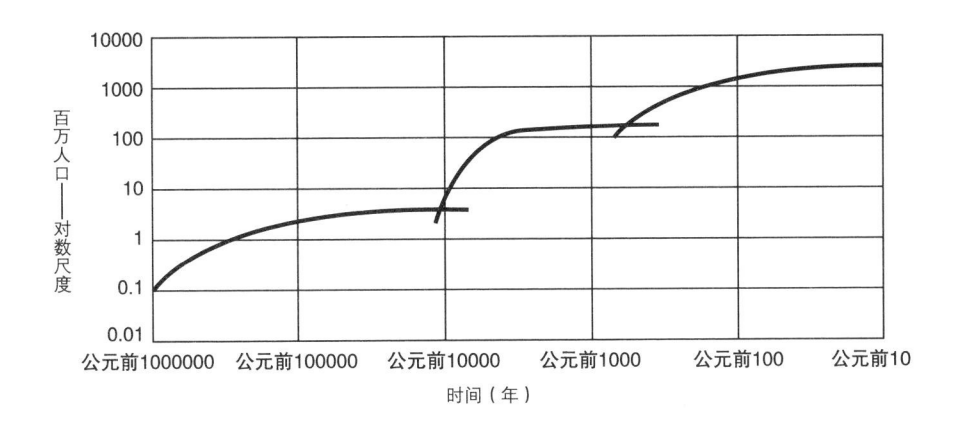

图22-2 迪维人口对数曲线

1962年，出生人口为770亿；从公元前60万年到公元前6000年，为200亿人；从公元前6000年到公元1650年，为420亿；从公元1650年到公元1962年，为230亿。我们不妨拿它与现在的50多亿人口比较一下。当然，也有许多早年出生的人在年轻时死去。但即便如此，过去在地球上生活的人口数量与现在相比仍是相当大的。

公元前100万年左右，关于工具的使用和制造的革命，拉开了人口快速增长的帷幕。使用原始工具"为食物采集者和猎人带来了最广阔的生存环境"。但是当使用原始工具获得的生产力得到利用之后，人口增长率下降，人口规模再次在一个高位附近稳定下来。

人口的再次飞跃或许开始于一万年前，那时人们已经开始放牧种地，而不只是简单地采集野生植物和打猎。与之前经历的快速增长相比，当开发的新科技提高了初始生产力之后，人口增长率再次降低，人口规模再次趋于稳定。一旦世界人口达到一定规模，已知的谋生手段就会限制人口的进一步增长。

这两次人口增长率大幅上升和下降的事件表明，目前人口急剧增长（或许开始于300或350年前）的速度，在17世纪——当早期科学和工业革命之后的新工业和农业及其他技术知识的益处开始消失时，可能会再次稳定下来。而人口规模可能会再次回到一个近乎停滞的状态，并一直维持在这种水平，直到另一场因知识突破而突然引发的"革命"增加人类的生产能力。当然，目前的知识革命可能会继续下去，而且没有可预见的结局——只要革命发生，人口增长就可能会继续下去，也可能不会。从长远来看，无论以哪种方式，人口规模都会根据生产条件进行调整，而不是成为一个无法控制的怪物。（不过，我们应该记住，我们目前所拥有的技术知识能够维持比目前多得多的人口。）

换句话说：这一人口历史的长期观点表明，与马尔萨斯观点相反，持续的几何式增长并不是人类人口史的特征。相反，在每个阶段，经济和健康状况的重大改善都会导致人口突然增加，并随着主要的生产性进步和随之而来的健康状况的改善而逐步趋于稳定。随后，在最初的激增之后，增长速度放缓，直到下一次的大幅飙升。在这一观点之下，人口增长代表着经济的成功和人类的胜利，而不是社会的失败。

迪维（Edward S.Deevey）的人口对数曲线图（图22-2）仍然给我们留下了人口增长的印象，即它本身具有不可抗拒的、自我强化的逻辑，尽管它受到了（非常罕见的）条件变化的影响。然而，这种观点过于宽泛，可能会产生误导。例如，在公元750年之前的7个世纪里，整个世界人口保持稳定，如图22-3所示。如果再仔细观察，在图22-4中，我们可以看到，即使是像欧洲这么辽阔的区域，当地的人口数量也往往起起落落相互抵消，而不是以恒定的速度增长，更不存在持续的正向增长。相反，有进步也有倒退。图22-4显示，人口变化是受多重力量影响的复杂现象，而不仅是受饥荒和流行病制约的不可阻挡的力量影响。

现在让我们更具体地考察一些地区的情况。从图22-5、图22-6和图22-7中我们

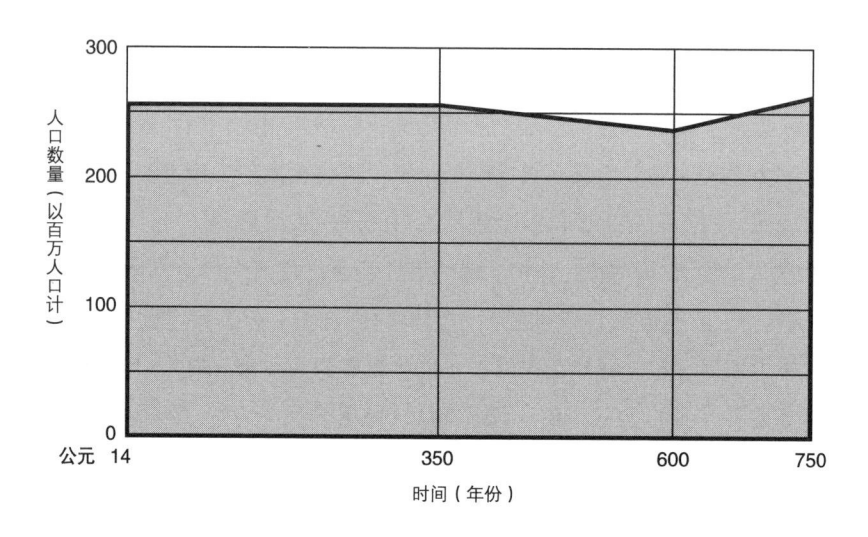

图 22-3　世界人口（14—750年）

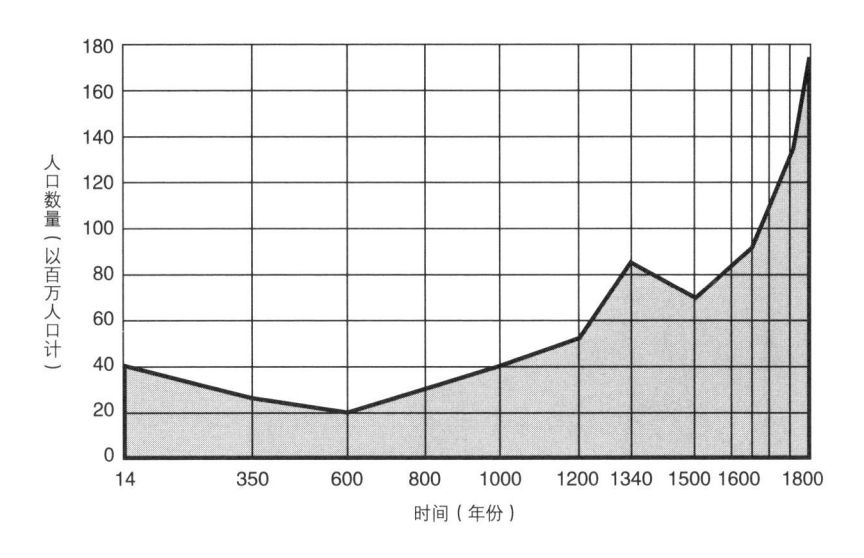

图22-4 欧洲人口（14—1800年）

看到，人口数量的下降不仅仅是短暂的插曲。在埃及，随着罗马帝国的崩溃，疾病肆虐、政府腐败，人口出现大幅下降，直到19世纪才结束。在伊拉克的迪亚拉区（巴格达附近）发生了一系列的政治经济动荡，严重影响了灌溉和农业，经过数年的人口增长才克服了这一挫折，结果再次发生了毁灭性的骚乱。在墨西哥，科尔特斯（Hernán Cortés）的征服[1]导致了显著的人口下降。西班牙人的崛起给土著人民带来了战争、杀戮、新的疾病，以及政治和经济的崩溃，所有这一切都导致了死亡、破坏和人口减少。[2]

一个令美国人震惊的例子是，加利福尼亚的本土人口数量从1769年的31万人降至19世纪末的2万～2.5万人。"1848年至1860年，人口数量呈灾难性下降。印度人口从20万～25万降至2.5万～3万。"

这些历史事例证明，人口规模和增长受到了政治、经济和文化力量的影响，

---

[1] 1519年4月，西班牙军事家科尔特斯率领船舰和军人在墨西哥东海岸登陆，入侵阿兹特克帝国。直到1521年8月13日，科尔特斯才征服了阿兹特克帝国并建立起西班牙殖民统治，他将殖民地命名为新西班牙。——原注

[2] 南美洲印第安人的人口估计是不可靠的，而北美洲的人口估计则更加不可靠。为数不多的有力证据是，秘鲁的两个地区和墨西哥一个地区的人口数量，在1519年第一次天花暴发之前与天花暴发后一个世纪的比值约为20∶1。[亨利·多宾斯（Henry F. Dobyns）]——原注

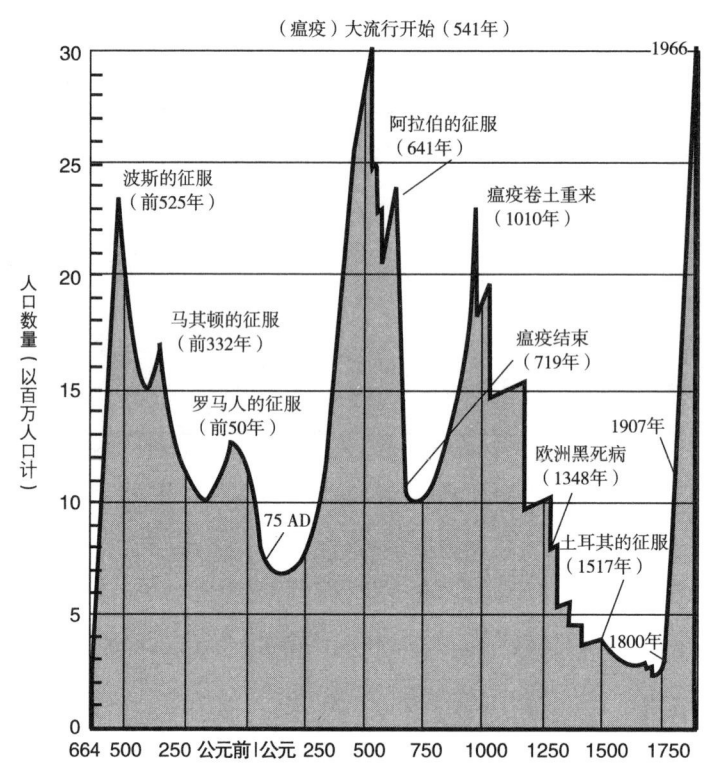

注：麦克迪维和琼斯（Colin McEvedy and R. Jone, 1978年）都坚定地表示，埃及的人口远没有霍林斯沃思所显示的那么高。

图22-5 埃及人口（前664—1966年）

而不仅仅是自然条件变化导致的饥荒和瘟疫。

战胜过早死亡的胜利即将来临

在我看来，过去两个世纪人口快速增长的主要原因是世界死亡率的下降——这是最重要、最惊人的人口统计事实，也是人类历史上最伟大的成就。[1] 人类花

---

[1] 本书第一版的一位读者在与我通了两封信后，仍然不愿意相信这是真的。我本来以为这个观点是很容易理解的，但事实上显然不是。我将引用一个可靠的权威来代替长篇大论。在1974年9月的《科学美国人》(*Scientific American*) 目录中，普林斯顿的学者寇尔（Ansley Coale）写道："人口历史：它的快速增长源于过去200年内死亡率的下降。"——原注

310　没有极限的增长

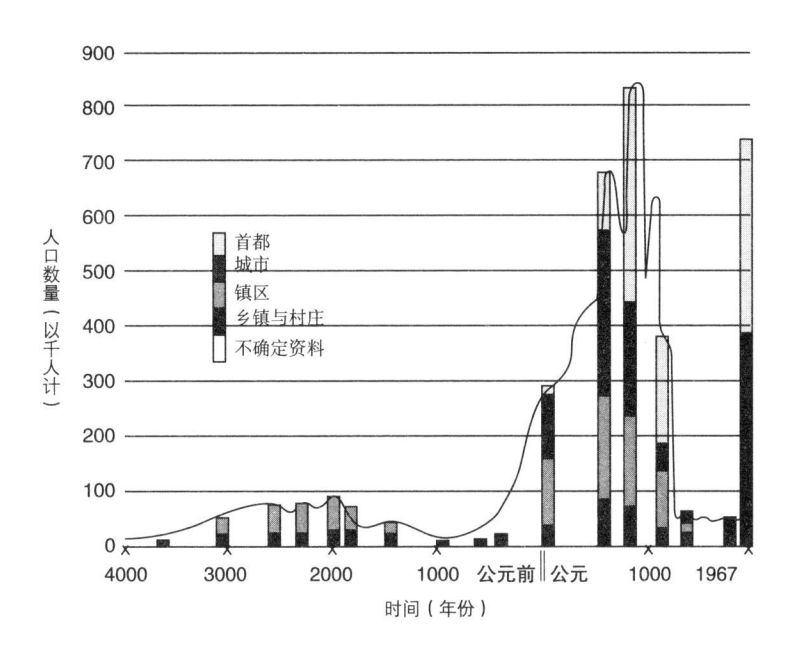

图22-6 巴格达迪亚拉地区人口（前4000—1967年）

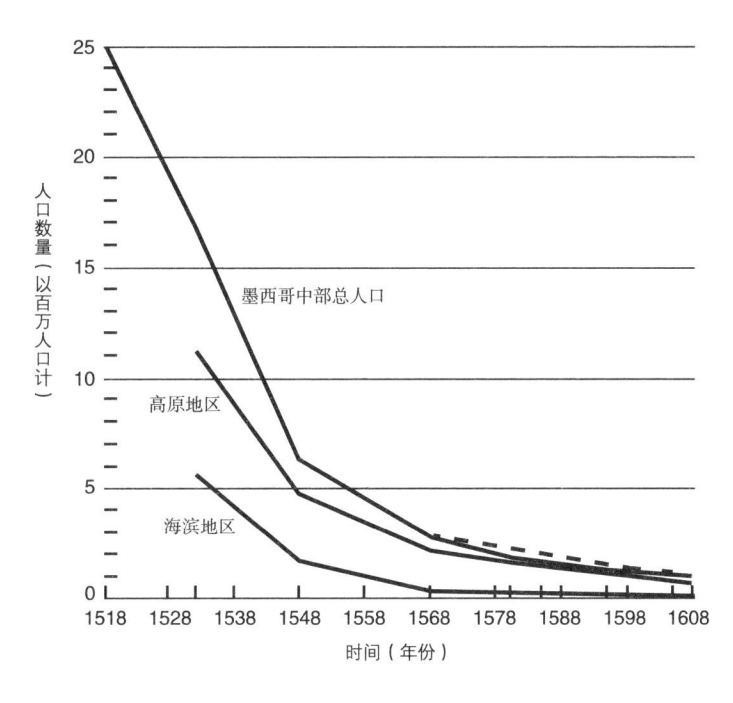

图22-7 墨西哥中部人口（1518—1608年）

了数千年的时间，才将出生时的预期寿命从20岁出头提高到20多岁。然后在过去的两个世纪里，在发达国家，人们对孩子或者他们自己的预期寿命由法国的不到30岁、英国的35岁左右，跃升至现在的75岁左右（见图22-8）。

第二次世界大战之后，由于农业、卫生体系和医药事业的发展，贫困国家的预期寿命自20世纪50年代以来，就已经上升了约15年，甚至20年（见图22-9）。

同样地，正是死亡率的这一惊人下降，成为当今世界人口比以前更多的原因。19世纪，地球只能维持10亿人口。一万年前，只有400万人能够生存。如今，超过50亿人的平均寿命比以前更长，生存质量也更高。世界人口的增长代表着人类战胜死亡的胜利，人类生命的征程主要因老年疾病而终结。

死亡率的下降主要由疾病减少引起，与营养改善有关。但伤病的长期下降也值得注意；图22-10就是一个例子。

在这一进展中，唯一遭受长期中断的地方是：（a）美国的一些内陆城市，那里的暴力和与毒品有关的艾滋病发病率提高了年轻黑人男性的死亡率，并在20世纪80年代后期降低了所有黑人男性的预期寿命；（b）东欧国家，由于政府治理不善及其对污染的灾难性影响（见第17章），这些国家正在遭受工业事

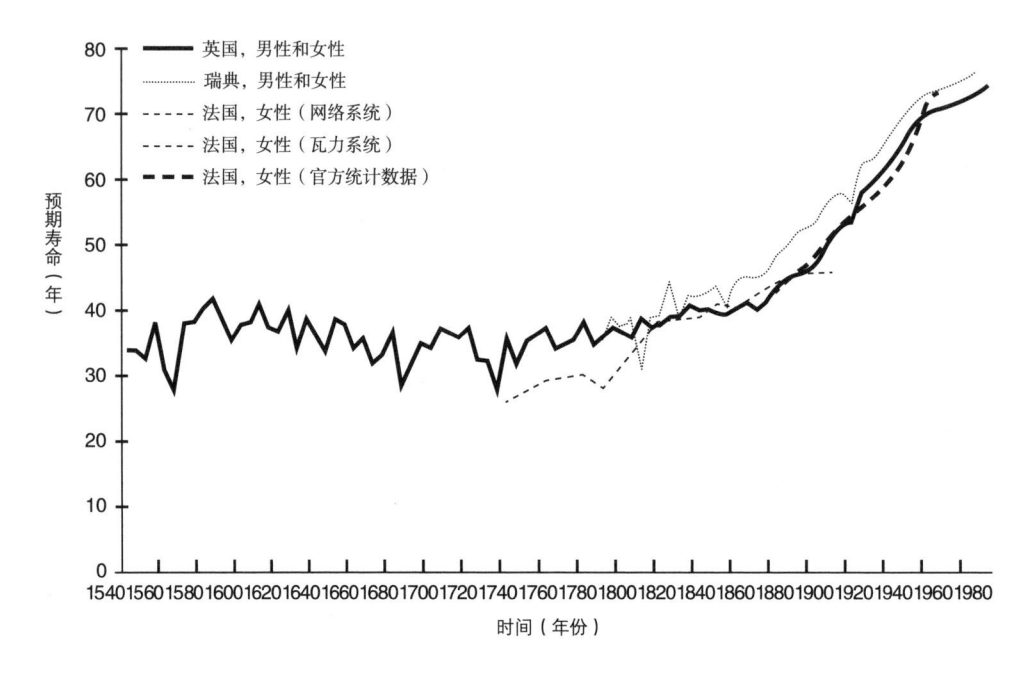

图22-8 英国、法国和瑞典的预期寿命变化图（1541—1985年）

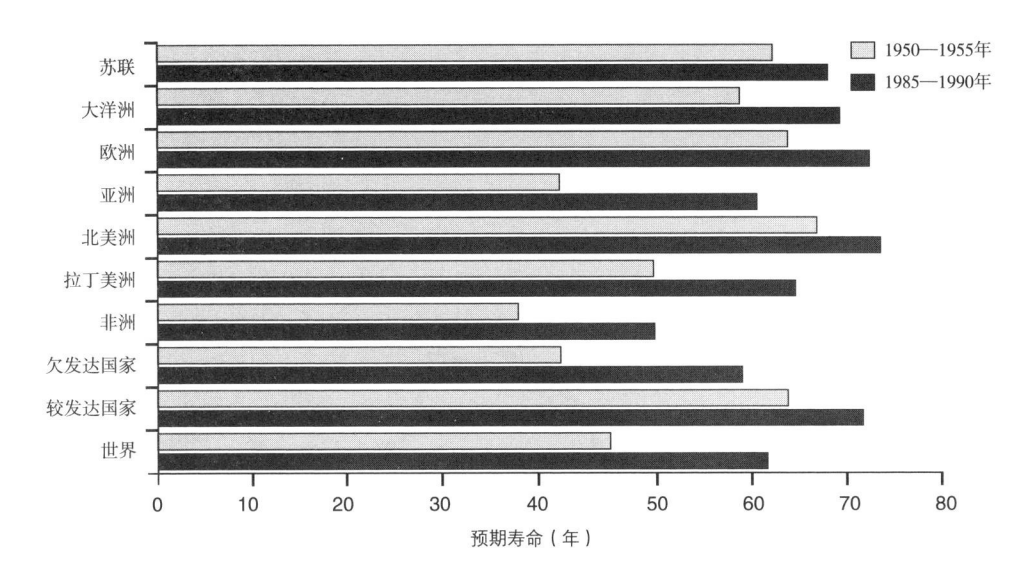

图22-9 世界各地的预期寿命（1950—1955年、1985—1990年）

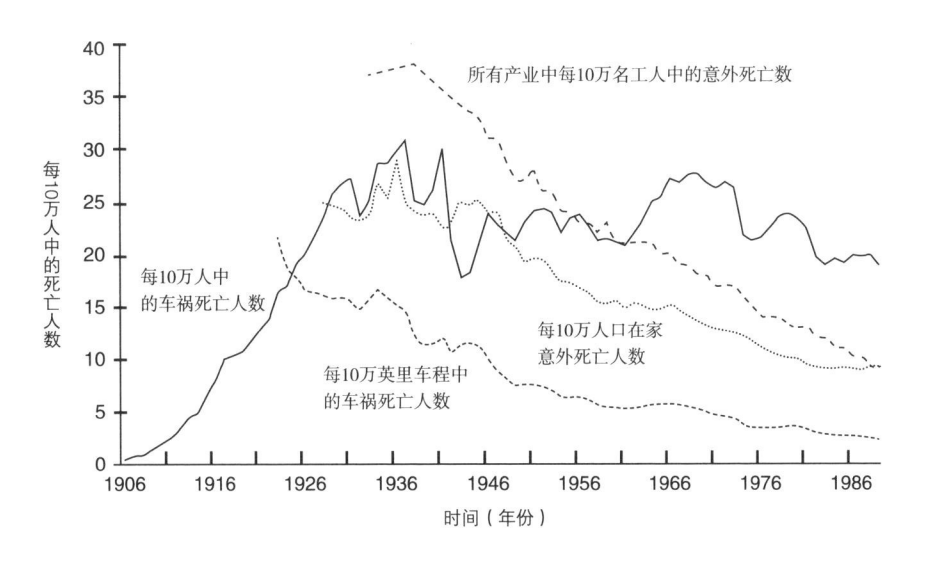

图22-10 美国的意外死亡率（1906—1990年）

故、医疗保健甚至营养问题方面的人口悲剧。"在整个东欧，从1958—1959年至20世纪80年代中期，30岁以上的男性死亡率有所增长，如图22-11所示。在苏联，20世纪60年代中期至80年代中期的婴儿死亡率也有所增长。在整个东欧，各个年龄段死亡率的改善都远远低于西欧（见图22-12）。"

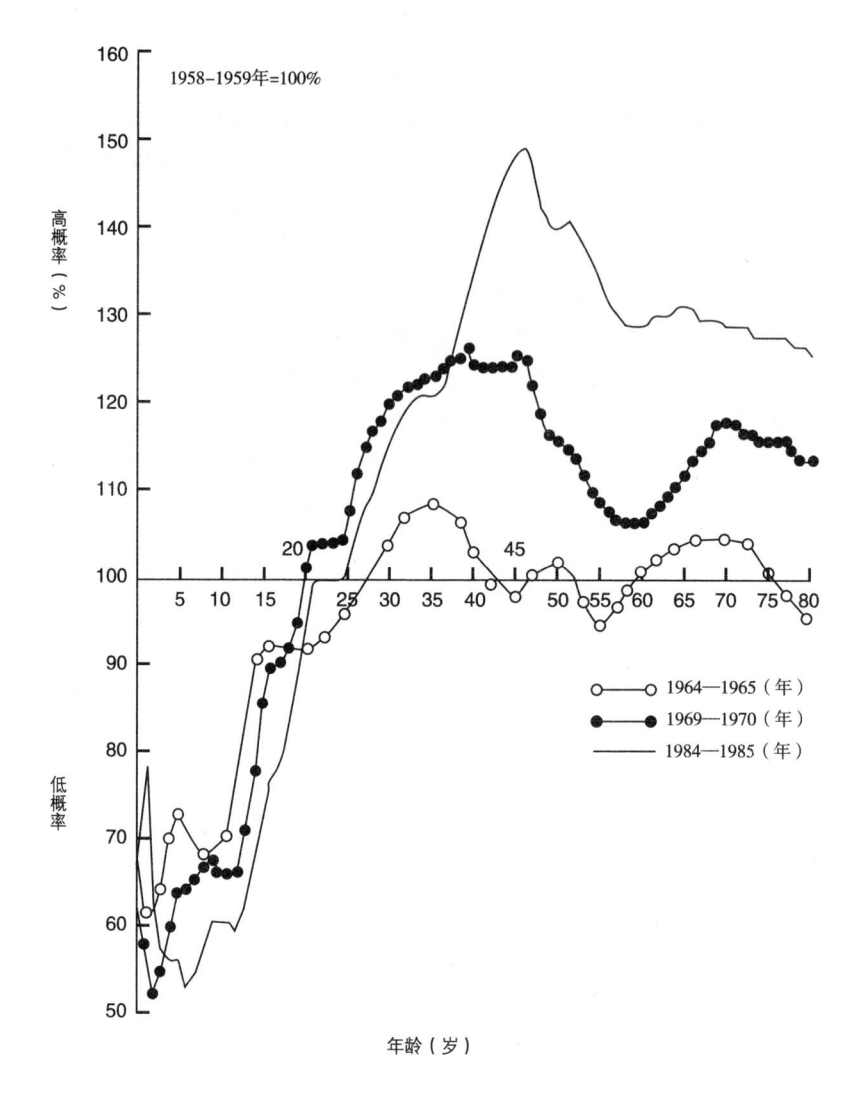

图22-11a 苏联男性死亡率

1987年，苏联每千名适龄男性工人的标准总死亡率几乎是西方国家的两倍（6.59∶3.63），除癌症、心血管疾病、肺部和呼吸系统疾病，以及意外事故外，所有主要类别的患病人数都增加了一倍以上。对女性而言，虽然这些死亡差异并不像男性那么显著，但依然非常重要。

暂且不提那些例外情况，它们肯定是暂时的。博爱的人们期望着在人类的思想和情感战胜了自然原始的肃杀之力时欢呼雀跃、大事庆祝。相反，许多人却感叹

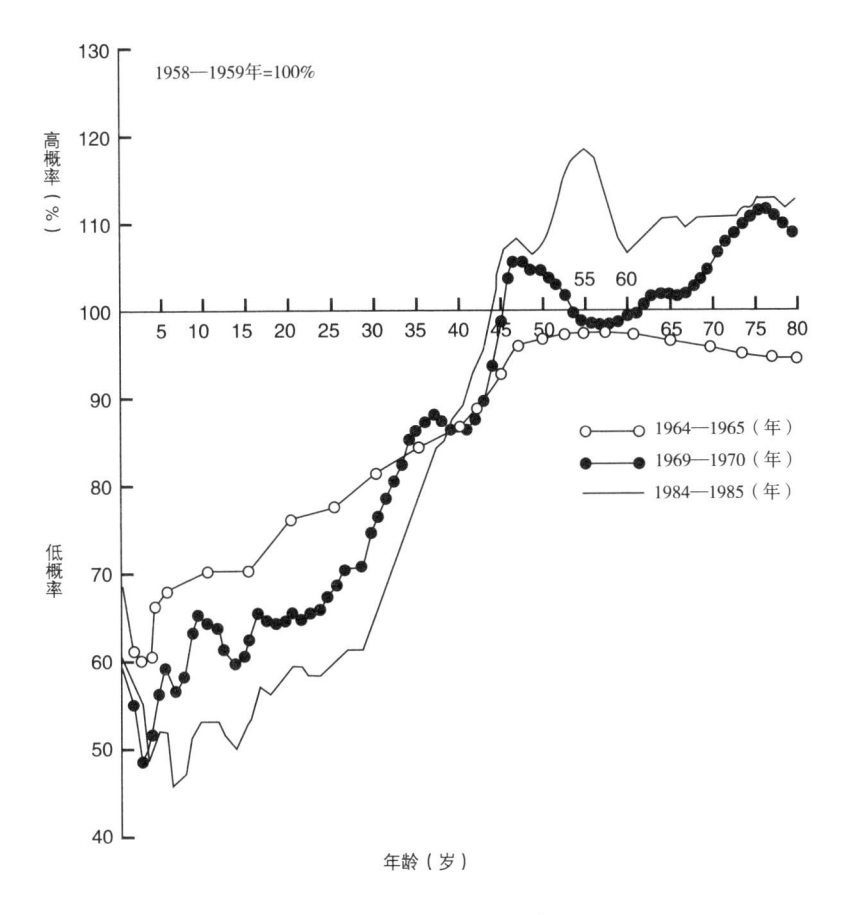

图22-11b　苏联女性死亡率

有那么多活着的人共享生命的恩赐。正是这种担忧，致使他们对发生在许多国家非人道的强制剥夺人身自由的计划推崇备至。而这是一个家庭可以做出的最重要的选择之一——希望孕育和抚养的孩子数量（见第39章）。

一部分人不仅不认为人类对抗死亡所取得的胜利是好消息，甚至拒绝承认这个好消息。例如，就婴儿死亡率而言，新闻记者只是比较了不同群体的死亡率，而不是关注随时间推移的绝对改善上。1991年的一篇新闻标题是："关于婴儿死亡中的种族差异的说明。"这篇文章引用奴隶制时代的照片和哈莱姆区没有暖气的公寓照片，讲述了一个关于黑白种族差异的悲惨故事。一贯强调相对比率而非长期趋势的后果是严重的：如果询问任何群体——"黑人婴儿的死亡率趋势有所改善吗？"在美国，几乎所有人，甚至包括我问过的一群人口统计学家，都认为黑人婴儿的死

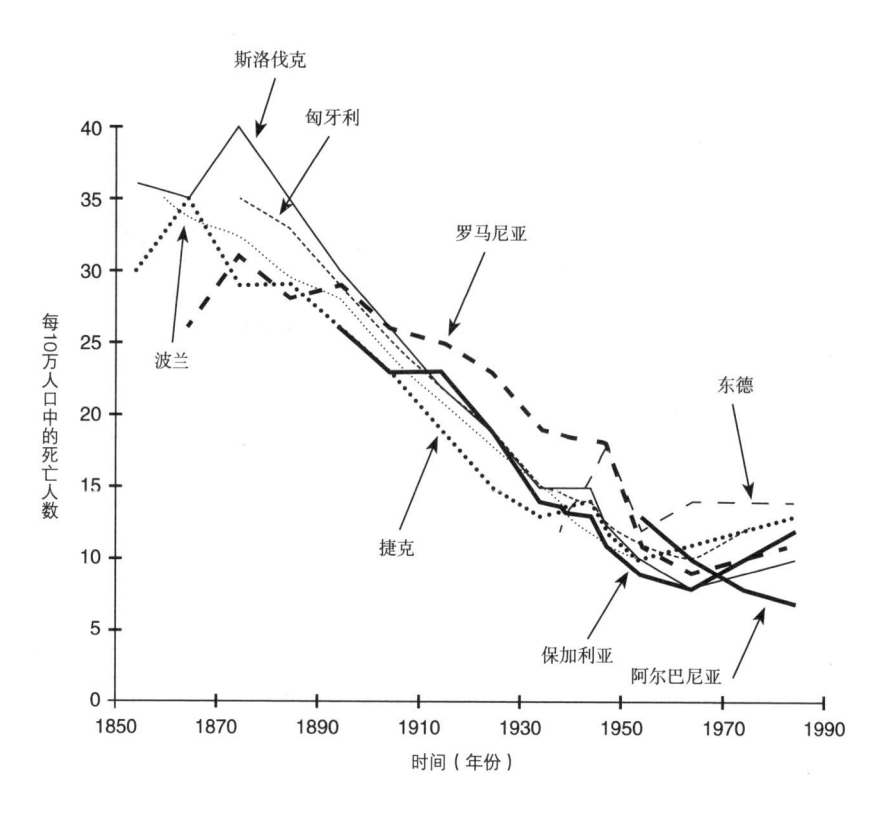

图22-12a　东欧死亡率（1850—1990年）

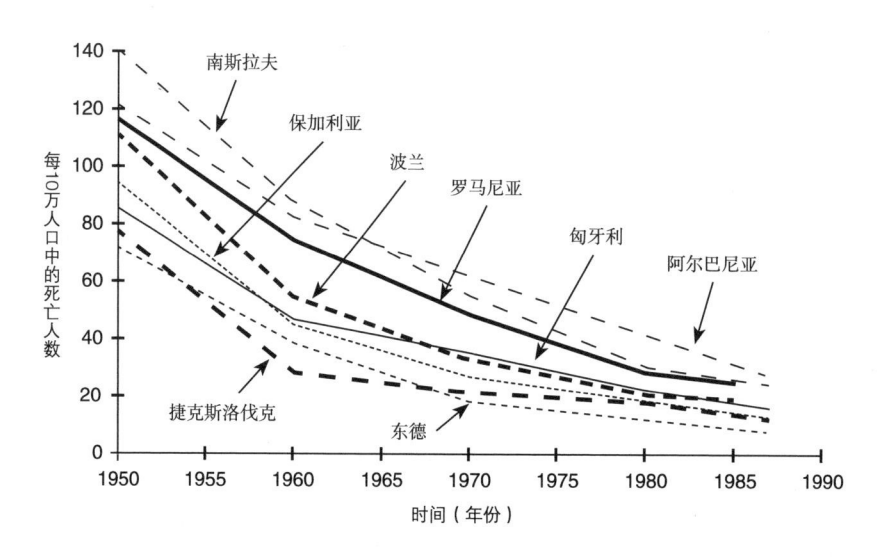

图22-12b　东欧婴儿死亡率（1950—1990年）

316　没有极限的增长

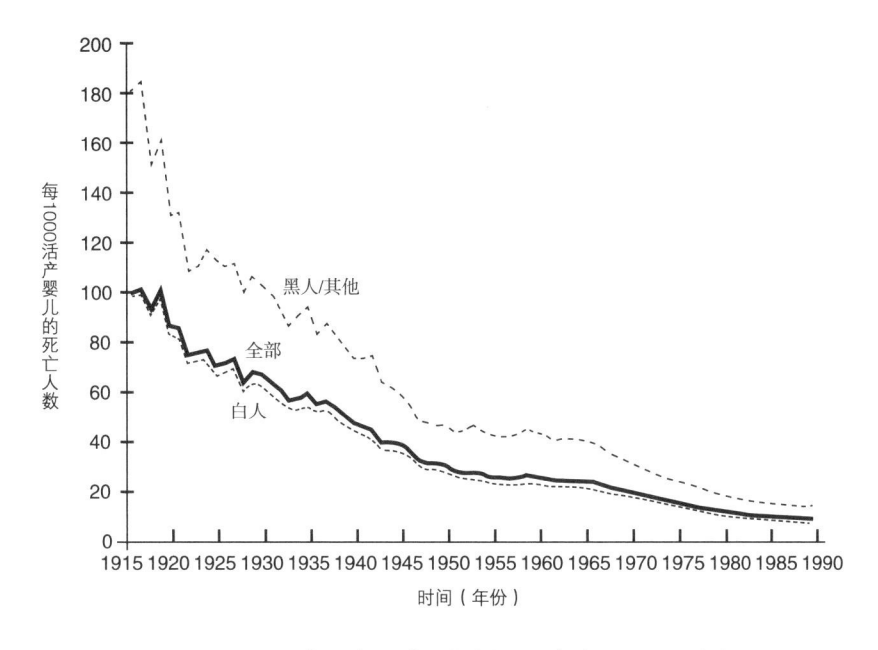

图22-13　美国黑人和白人的婴儿死亡率（1915—1990年）

亡率处于非常糟糕的状况。但一张美国自1915年以来的黑白婴儿死亡率图表（见图22-13）则有所不同。1915年，白人婴儿的死亡率是每千名100例，黑人婴儿死亡率为每千名180例。两个数据都是可怕的。早些年，在一些地方，这一比例甚至更加可怕——每1000名婴儿中就有300~400人死亡。

如今，白人婴儿的死亡率约为9‰，而黑人约为18‰。黑人婴儿死亡率比白人高自然是不好的。但是，这两个种族近些年取得的巨大进步难道不足以振奋人心吗？它们的死亡率都大约降至之前的10%，而且黑人婴儿死亡率越来越接近于白人。对于整个国家来说，这难道不是最了不起的成就，同时也是最重要、最令人开心的事情吗？然而，公众却认为，我们现在最应该为黑人婴儿的死亡率担忧。[1]

---

〔1〕此外，尽管黑人婴儿死亡率显然是一个社会应该解决的问题，但尚不清楚应该采取什么举措。因为这一问题不是由贫穷造成的——这是一种不寻常的情况。［格雷厄姆（George E. Graham），1991年］研究表明，"在美国，很少有新生儿体重过轻是因为营养不良"。政府应对营养不良的方案并不能解决婴儿死亡的问题。相反，真正的解决之道是婴儿的母亲必须做出改变。——原注

总结

　　本章讨论了一些有关人口增长的历史和当代事实，它表明人口增长既非常态，也非必然。它并非马尔萨斯认为的那样是平滑的几何结构。人口在不同的条件下以不同的速度增长。有时，由于政治不稳定、医疗条件差，人口规模在几个世纪不断缩小。也就是说，控制人口规模的因素，不仅仅是灾难，还有经济、文化和政治事件。但是最近，情况有了出人意料的改观，人口再次增长。对人类来说，这真是件让人高兴的事。

23　未来的人口增长将会怎样?

当我们从人口政策的角度来看待人口统计的事实时，我们想知道未来会怎样——人口规模和增长的"压力"会有多大。为此，政府机构和学者进行了预测。然而，人口预测史要求我们保持谦逊，而且教导我们应该谨慎而不是因畏惧而制定出一些反应过激的政策。

巫术预测

1660年左右，威廉·配第戏谑地推算出人口趋势——到1842年，伦敦的人口将与英格兰持平。

20世纪30年代，大多数西方国家担心人口增长会减缓。一些著名的社会科学家曾在瑞典就该问题做过大量的研究调查。图23-1中的虚线是当时科学家们预测的结果。但是，所有这些关于未来假设的虚线，尽管旨在把所有能预见的可能都囊括进来，结果却远远低于实际人口增长曲线（实线）。也就是说，从这些科学家的角度来看，未来远比他们所做的任何预测都要理想。现在的情况与历史上的情形很相似，只是现在人们普遍认为——人口增长太快而不是太慢。

瑞典并不是唯一做出错误"悲观"预测的国家。1933年，由著名科学家组成的美国总统研究委员会向总统赫伯特·胡佛（Herbert Hoover）提出报告："本世纪我们的人口可能会达到1.45亿~1.5亿。"图23-2显示了美国最杰出的人口统计学专家们在20世纪30年代和40年代所作的各种预测。对于2000年的预测，没有一个国家人口会达到2亿；事实上，美国大约在1969年就达到了2亿人口，而且还远远超过了这个数字。许多预测者实际上预测2000年之前人口会下降，我们现在知道，除非发生大屠杀，否则这是不可能的。

刚才提到的预测是由于以最近的数据进行简单外推而出错的。另一个错误是将数据代入过于理想化的错误的数学公式，而且这些数学公式体现的逻辑曲线有很

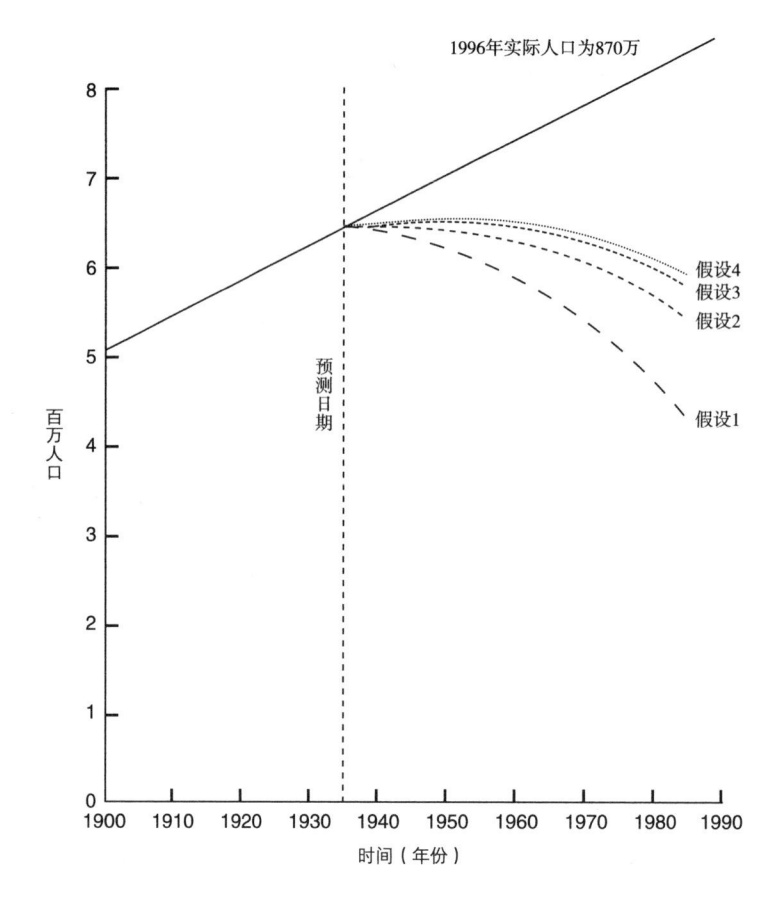

图23-1 为瑞典人口所作的四个假设（1935年），以及实际人口（1979年）

强的误导性。这些公式的假设前提是人口增长将趋于平稳。图23-3显示了伟大的数学人口学家雷蒙德·佩尔（Raymond Pearl）是如何在预测中出错的。这张图表在伟大的质量控制统计学家沃尔特·休哈特（Walker Shewhart）的批准下得以绘制出来。

要想精确预测人口的长期趋势，20世纪30年代的巨大失误并不能给出有益帮助。图23-4显示了1965年预测者是如何出错的。他们推测，1990年的人口数量将大幅增加，但实际上却下降了。甚至在20世纪70年代末，对世纪之交的世界人口预测也出现了惊人的转变——那时离20世纪结束只有30年。以联合国为例，截至1969年，美国国务院公报预测2000年人口将达到75亿。到1974年，普遍引用的数据是72亿。到1976年，联合国人口活动基金会执行主任拉斐尔·萨拉斯（Raphael Salas）预测，人口"将接近70亿"。随后，萨拉斯的预测值一路下跌，最后跌至

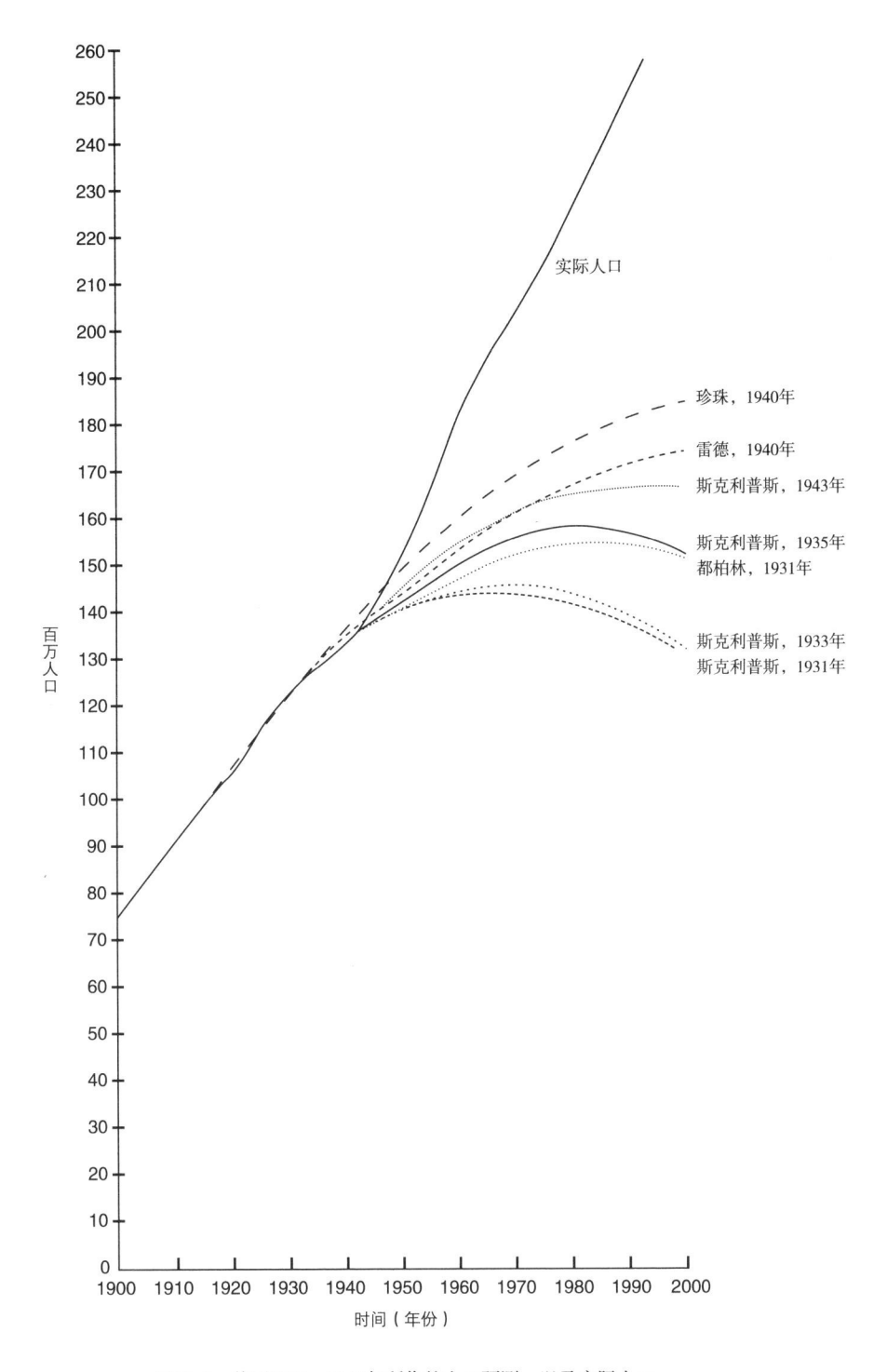

图23-2 美国1931—1943年所作的人口预测，以及实际人口

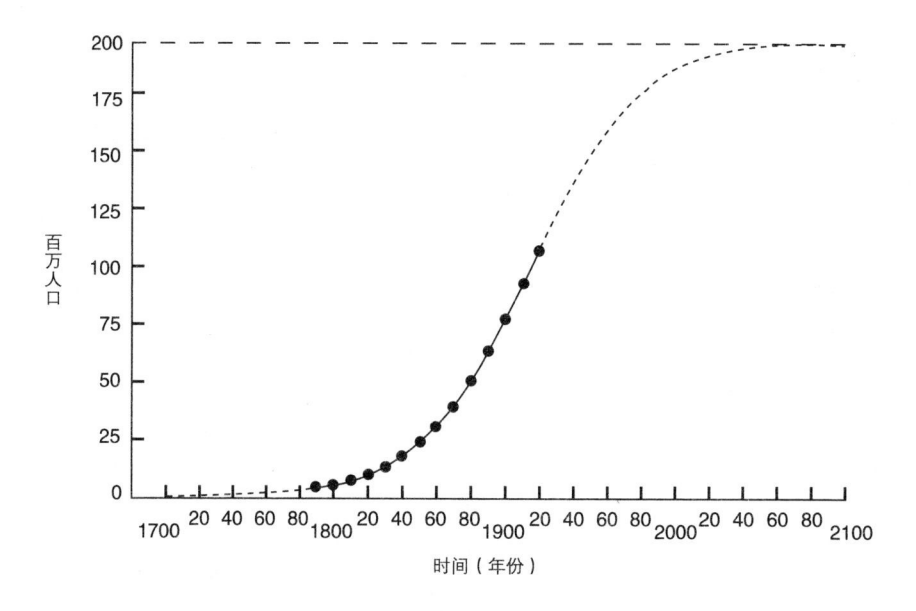

图23-3　1920年雷蒙德·佩尔如何做出错误的人口预测

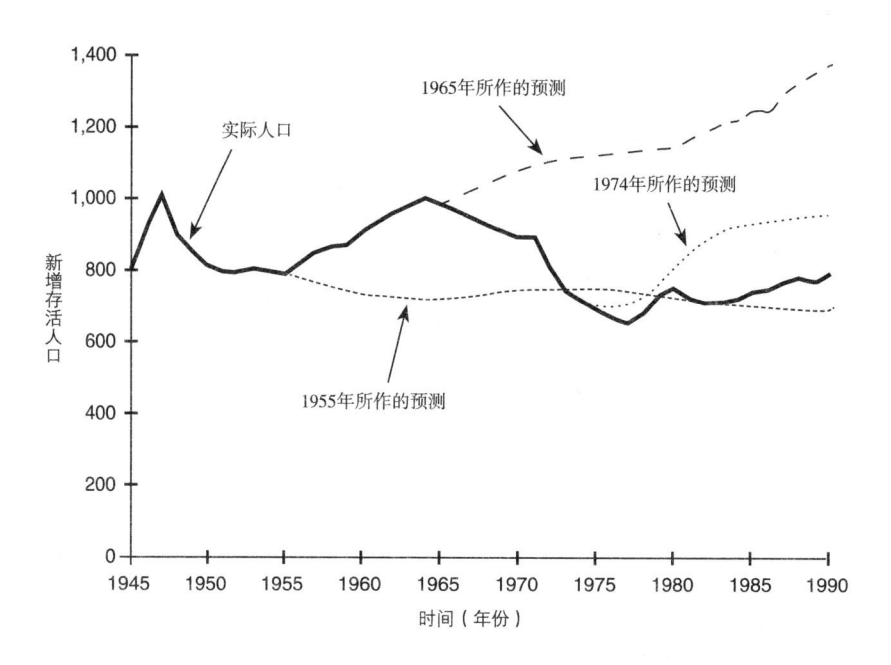

图23-4　1955、1965、1974年英国的人口预测是怎样走向错误的：对近期观察数据扩展的结果

"至少58亿"。

早在1977年,莱斯特·布朗和他的世界观察研究所(与联合国关系密切)再次降低了这一估值,预测至2000年人口将达到54亿,但实际上在1990年左右就超过了(如果数据可靠的话)这一估值。预测数据的这种变化必定令外行人惊讶万分,也就是说,联合国机构预测的仅仅是23年后某一日的人口,在那之后,这一数据竟有了20亿的浮动——超过了总预测数值的三分之一,原因是在进行预测时活着的人大部分在23年后仍然活着。截至1992年,联合国对2000年人口的最新预测中间值为63亿。这个预测"科学"的例子是否表明我们应该相信长期的人口预测?

我们来看看下面这个例子——1972年,美国总统人口增长委员会对美国人口的预测如下:"即使家庭规模在逐渐缩小,比如缩至一个家庭两个孩子的平均水平,未来20年的绝对出生率也不会低于1970年。"结果呢?1971年,也就是总统委员会将这一预测传达给总统并公布之前的一年,出生人口的绝对数量(不仅指出生率)已经低于1970年。到1975年,绝对出生人数仅略高于1920年,白人出生人数实际上低于1914—1924年的大多数年份(见图23-5)。

这一事件再次证明,有关增长政策的争论所依据的人口统计预测是多么地不

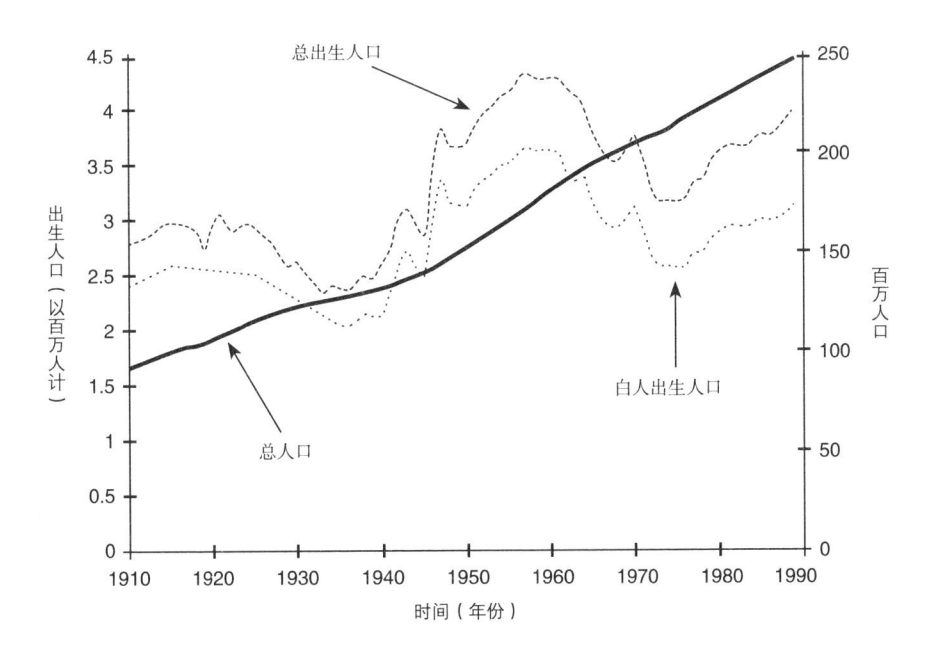

图23-5 美国的总出生人口、白人出生人口以及美国总人口(1910—1990年)

靠谱。在这个例子中，委员会甚至没有做出正确的预测，更不用说良好的预测了。

然后在1989年，美国人口普查局预测美国人口将在2038年达到3.02亿的峰值，随后开始下降。但是在仅仅五年后的1992年，人口普查局便预测2050年人口将达到3.83亿的峰值。同一个预测竟然前后相差5000万——达到了1989预测数据的六分之一。显然，人口预测科学还不够完善。

鉴于过往的记录，人们不禁要问，官方机构为什么会做出如此糟糕的预测，特别当事关类似未来移民政策以及人们决定生育多少子女这种问题的时候，该预测的不可靠程度无异于凭空猜想。对于人们将如何在未来将会出现的条件下采取行动，我们缺乏经验来预估。

简而言之，人口预测的历史应该让我们三思而后行——在相信人口增长的世界末日预测之前三思而后行。

（事实上，人口统计预测是非常容易的，就连电影演员也能做到。女演员梅丽尔·斯特里普指出，"在1989年的电影中，男性的角色是女性的两倍多"。然后她预测，"到2000年，我们将占据13%的角色……20年后，我们将从电影中消失"。）

面对过去的失败预测，有的人回应说，这表明我们需要更科学的研究，"政府应该为此做点什么"。但政府机构做出的"官方"预测——当然总是花费大笔的公共开支——已经被证明并不比私人预测更精确。官方预测还有一个很大的缺点，即相对于私人预测，它更容易得到人们的信赖。如果预测错误，他们就会对政府采取法律行动，就像20世纪80年代木材行业那样——当时官方预测的木材短缺一直没有发生。

不仅人口预测的方法不可靠，许多国家乃至整个世界的研究数据都处于令人震惊的薄弱状态。1992年，人们发现，若干发展中国家的人口比任何人想象的都要少得多。例如，根据标准资料来源，1991年尼日利亚的人口为1.225亿。但是，当1991年人口普查结果公布时——很可能是迄今为止做得最好的一次普查——总人口数只有8850万人。如此令人不可思议！

当前的趋势需要强制政策吗？

在未来很长一段时间内，世界的人口规模或增长情况会如何变化？没有人知道。人们经常听说人口零增长"显然"是从长远来看唯一可行的理论。但是为什么？如果人口规模太大，为什么不让它变小而是保持水平呢？那么，目前的人口规模，或者说人口相对稳定的规模，有什么神圣之处呢？正如一位作家所说的，人口零增长只是"一个粗心的整数偏好的例子"。至于未来是否有较大规模的稳定人口，或者更大规模且仍在增长的人口，从长远来看是合理的还是可取的，本书后面将讨论这一话题。

百分比变化（1965—1993年）

毛出生率百分比变化（1965—1993年）

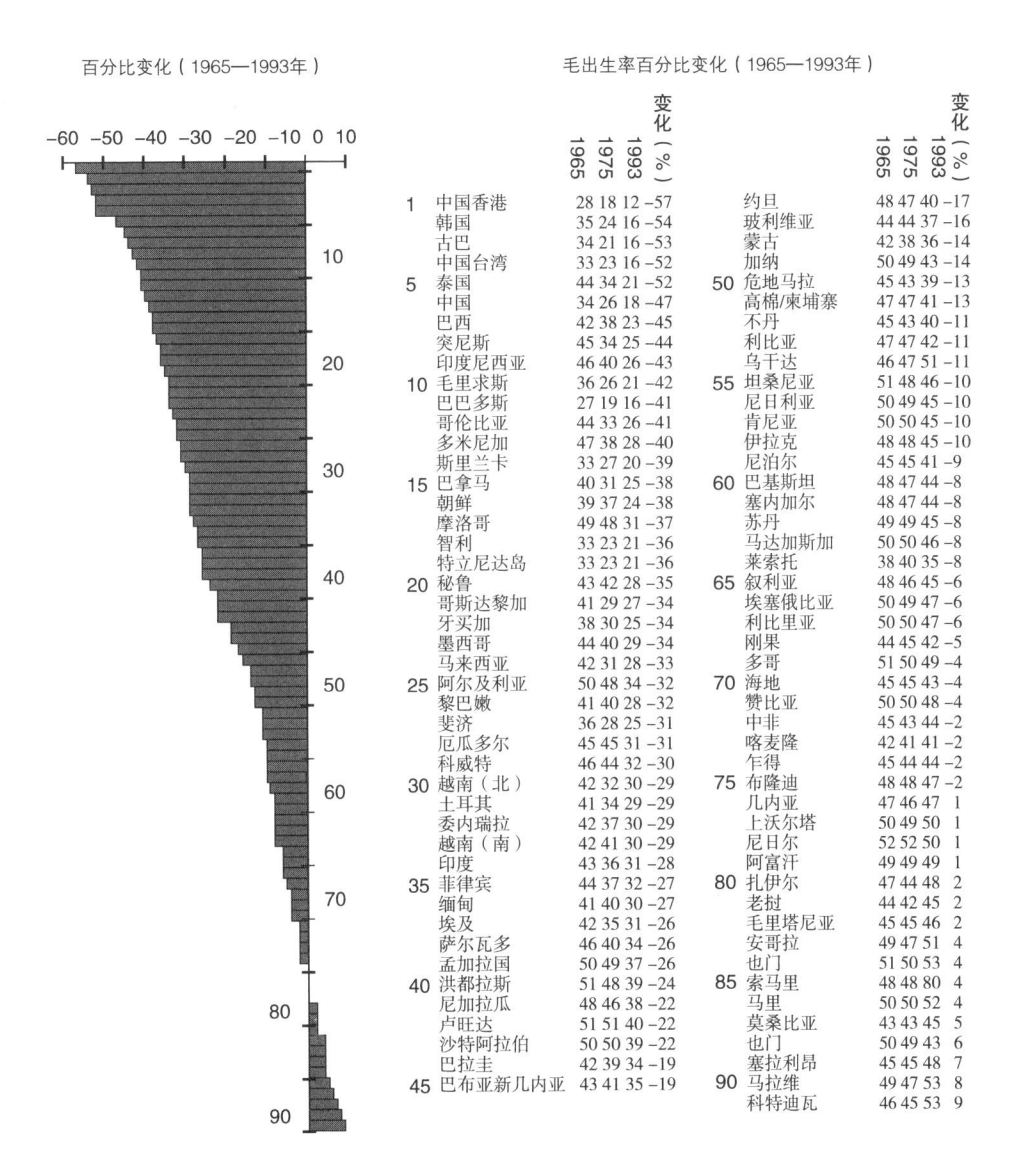

		1965 1975 1993	变化(%)			1965 1975 1993	变化(%)
1	中国香港	28 18 12	−57		约旦	48 47 40	−17
	韩国	35 24 16	−54		玻利维亚	44 44 37	−16
	古巴	34 21 16	−53		蒙古	42 38 36	−14
	中国台湾	33 23 16	−52		加纳	50 49 43	−14
5	泰国	44 34 21	−52	50	危地马拉	45 43 39	−13
	中国	34 26 18	−47		高棉/柬埔寨	47 47 41	−13
	巴西	42 38 23	−45		不丹	45 43 40	−11
	突尼斯	45 34 25	−44		利比亚	47 47 42	−11
	印度尼西亚	46 40 26	−43		乌干达	46 47 51	−11
10	毛里求斯	36 26 21	−42	55	坦桑尼亚	51 48 46	−10
	巴巴多斯	27 19 16	−41		尼日利亚	50 49 45	−10
	哥伦比亚	44 33 26	−41		肯尼亚	50 50 45	−10
	多米尼加	47 38 28	−40		伊拉克	48 48 45	−10
	斯里兰卡	33 27 20	−39		尼泊尔	45 45 41	−9
15	巴拿马	40 31 25	−38	60	巴基斯坦	48 47 44	−8
	朝鲜	39 37 24	−38		塞内加尔	48 47 44	−8
	摩洛哥	49 48 31	−37		苏丹	49 49 45	−8
	智利	33 23 21	−36		马达加斯加	50 50 46	−8
	特立尼达岛	33 23 21	−36		莱索托	38 40 35	−8
20	秘鲁	43 42 28	−35	65	叙利亚	48 46 45	−6
	哥斯达黎加	41 29 27	−34		埃塞俄比亚	50 49 47	−6
	牙买加	38 30 25	−34		利比里亚	50 50 47	−6
	墨西哥	44 40 29	−34		刚果	44 45 42	−5
	马来西亚	42 31 28	−33		多哥	51 50 49	−4
25	阿尔及利亚	50 48 34	−32	70	海地	45 45 43	−4
	黎巴嫩	41 40 28	−32		赞比亚	50 50 48	−4
	斐济	36 28 25	−31		中非	45 43 44	−2
	厄瓜多尔	45 45 31	−31		喀麦隆	42 41 41	−2
	科威特	46 44 32	−30		乍得	45 44 44	−2
30	越南（北）	42 32 30	−29	75	布隆迪	48 48 47	−2
	土耳其	41 34 29	−29		几内亚	47 46 47	1
	委内瑞拉	42 37 30	−29		上沃尔塔	50 49 50	1
	越南（南）	42 41 30	−29		尼日尔	52 52 50	1
	印度	43 36 31	−28		阿富汗	49 49 49	1
35	菲律宾	44 37 32	−27	80	扎伊尔	47 44 48	2
	缅甸	41 40 30	−27		老挝	44 42 45	2
	埃及	42 35 31	−26		毛里塔尼亚	45 45 46	2
	萨尔瓦多	46 40 34	−26		安哥拉	49 47 51	4
	孟加拉国	50 49 37	−26		也门	51 50 53	4
40	洪都拉斯	51 48 39	−24	85	索马里	48 48 80	4
	尼加拉瓜	48 46 38	−22		马里	50 50 52	4
	卢旺达	51 51 40	−22		莫桑比亚	43 43 45	5
	沙特阿拉伯	50 50 39	−22		也门	50 49 53	6
	巴拉圭	42 39 34	−19		塞拉利昂	45 45 48	7
45	巴布亚新几内亚	43 41 35	−19	90	马拉维	49 47 53	8
					科特迪瓦	46 45 53	9

图23-6 发展中国家（地区）最近的人口出生率变化

第二部分 23 未来的人口增长将会怎样？ 325

仅仅重复"55亿"这样的数字便会引起人们如下反应：数字非常大；或数字太大；或不可能是真的。但没有人会说，我们地球上的树木、鸟类或细菌数量太多，或者计算到它们的空间耗尽之前的倍增数量。鸟儿和人类的区别为何如此之大？

当代的研究数据表明，人口增长率既可能下降也可能上升。在许多贫穷国家，生育率一直在下降，并且下降得非常快（见图23-6）。出生率下降得最快的许多国家都是岛国。他们似乎对新情况和新思潮的反应特别迅速；也许是因为他们的人口密度高，因而拥有发达的交通网络。

人口趋于平稳的假设似乎是一种隐含的假设，它类似马尔萨斯的两个增长率的假设理论：人口呈指数增长和粮食呈算术增长。但这种情况缺乏佐证，因为人类和小麦都是生物物种，各自的增长都受到各种力量的制约。这两个物种应该遵循不同的生长模式——这没有任何先验的原因。

近来，生育率的下降意味着，高生育率的贫穷国家迟早会遵循富裕国家的模式，后者的死亡率在几年前就已经下降了，生育率也随之下降。这种模式可以在图23-7中看到，它显示了瑞典实际发生的众所周知的"人口结构转型"。

在更发达的国家，其如今的生育率无论以什么标准来衡量都是极低的。我们可以从图23-8看到，欧洲许多面积较大的国家的出生率远低于人口替代率（零人口增长率）。如果这种趋势持续下去会怎样呢？对人口规模的预测，需要对未来夫妇的生育能力以及目前已开始但尚未完成生育的夫妇的生育能力作出假设。正如我们所看到的那样，这类假设在过去已被证明错得离谱。然而有趣的是，假设目前的生育模式将持续下去——主要的西方国家的人口将会下降，那么想象一下这意味着什么。

西方国家早已感到"劳动力短缺"[1]，尽管这很可能是出生率短期波动的结果，而非长期增长的结果。还有可能是，由于收入的长期增长，即使富裕国家的人口继续以相当高的比例继续增长，仍可能感到短缺。这与第1章附注2中表达的矛盾

---

[1] "劳动力短缺"一词在技术经济分析中没有什么意义。但人们谈论它的事实本身是有意义的。——原注

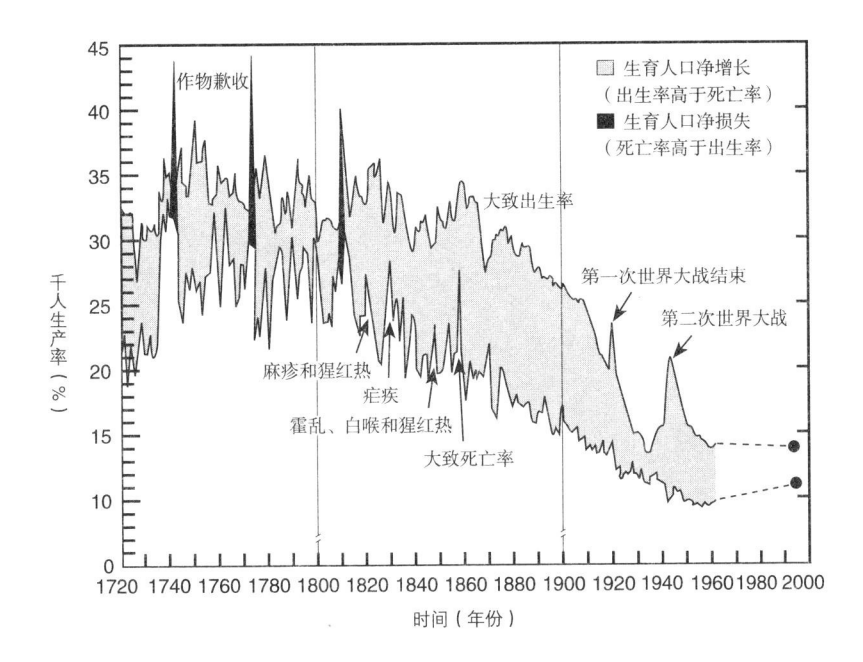

图23-7 人口转型：瑞典的出生率和死亡率（1720—1993年）

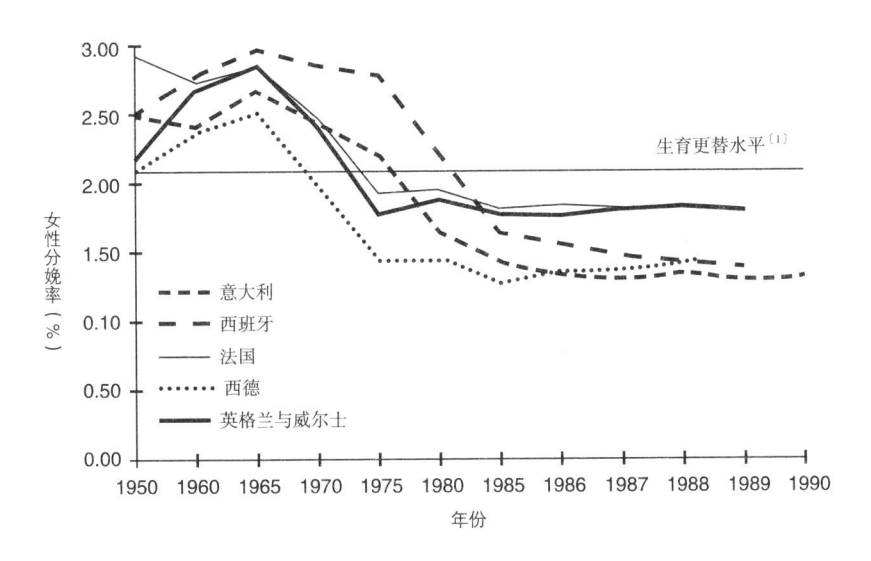

图23-8 西欧生育率（1950—1990年）

---

〔1〕生育更替水平指的是，同一批妇女所生育子女的总数量刚好能替代她们自身及其丈夫的总数量，即净人口再生率为1.00。——编者注

观点不谋而合，即人类是几十年来唯一一种日益稀缺的"资源"。

即使人口总数持续增长，在一些幅员辽阔的地区也可能出现人口下降。我们将在下面的人口密度一节中讨论。

至于遥远的未来，没有人知道会发生什么。我们可以预期，人们的收入将无限期地增长。但是这些收入中有多少会花在孩子身上呢？还有什么其他活动，能与父母抚养孩子的兴趣和精力相比呢？这些因素影响人口增长，但没有人知道它们将如何运作。据我猜测——没有确凿的证据——富裕国家的生育率将再次强大到足以推动世界人口增长的程度。然而，我们可以肯定地说，过去几个世纪世界人口增长迅速走向无限和毁灭的推断（如图22-1所示）是毫无事实依据的。

谁抚养谁？依赖性负担

人口经济学的关键问题是研究适龄劳动人口、受抚养儿童，以及需要赡养的老年人口之间的比例。在快速增长的人口中，儿童占了很大比例。在能够养活自己以前，他们都是父母的经济负担（抚养他们好比进行资本投资）。另一方面，增长非常缓慢或根本没有增长的人口是指一大群年龄过高、无法工作，但需要他人赡养的人口。

这些年来，出生人口、死亡人口、人口规模和年龄分布之间的关系一直在变化：

1. 图23-9显示，在法国，20岁以下的人口总数在过去两百年里几乎没有增加，现在的人口数量也只比1881年略高。但是，65岁及以上的人口总数已增长了6倍多。

2. 尽管全世界的人口总数已经增加了一倍，但每年的死亡总人数并不比1950年多。

让我们来看看各国在负担儿童抚养上的巨大差异吧！1985年，孟加拉国（许多亚非国家的典型代表）的15岁以下人口占总人口的46%，而瑞士（许多欧洲国家的典型代表）的这一比例只有17%。也就是说，孟加拉国每100名15～64岁的工作年龄人口对应91名儿童，而瑞士每100名15～64岁的工作年龄人口对应27名儿童。图23-10显示了这两个国家的年龄金字塔。显然，这种依赖性负担的差异将带来的经济后果并非微不足道。

许多人从这些数据中得出结论：出生率降低时，生活水平便会上升。在不久

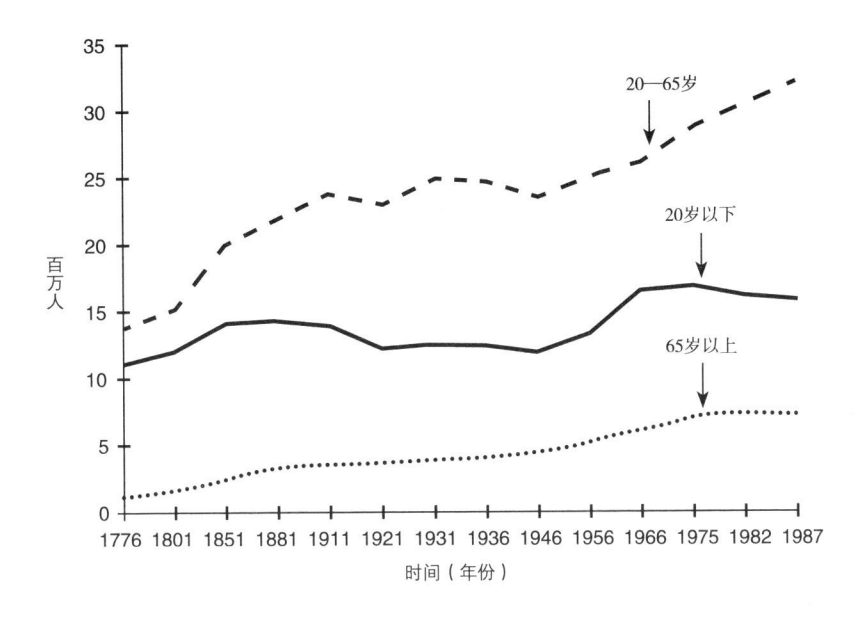

图23-9 人口按年龄分组（1776—1987年）

的将来，这是不可否认的。该命题可以用最简单的算术方法来证明：如果用人均收入衡量经济的繁荣程度，那么我们只需用国民生产总值除以人口数量来计算人均收入。每增加一个无收入婴儿，人均收入额便立即减少。就是这么简单。

然而，这个简单算术的内涵却并不那么简单。多一个婴儿便意味着，当时各方面可用的所有资源都变少了。但是，教育、饮食、住房（这些内容将在后面进行讨论）对人们的经济"压榨"又促使相关个人和机构更加努力，以缓解这些经济压力。在评估多出来的孩子所带来的经济影响时，关键在于谁来承担这种影响？是父母还是公众？（稍后我们还会详细讨论这个问题。）

然而，儿童抚养问题并没有就此结束。一个低出生率、低死亡率的现代社会抚养的儿童非常少。但是每个劳动人口也有多位老人需要赡养。比如，（a）1900年，美国超过65岁的人口比例为4%。但是到2000年，这一比例大概为13%，到2020年为17%；（b）1940年的瑞典，在15~64岁的主要劳动力中，男性人口比例为70%；1985年，这一比例在孟加拉国为52%（也就是说，抚养或赡养一个人时，瑞士会有两个人来承担，而相比之下，孟加拉国只有一个）。

但是，仅仅统计不同年龄段的人数并不能说明整个问题。在美国，赡养退休人员的成本比抚养孩子高得多。与自给自足的农业社会相比，发达社会最不会考虑

第二部分 23 未来的人口增长将会怎样？ 329

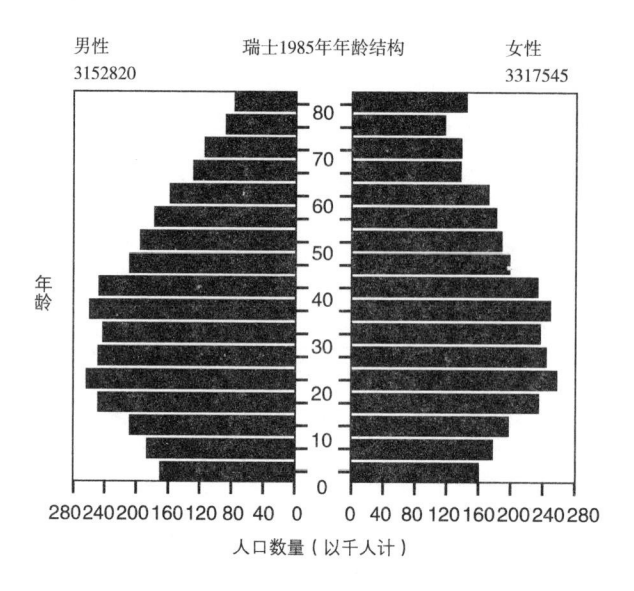

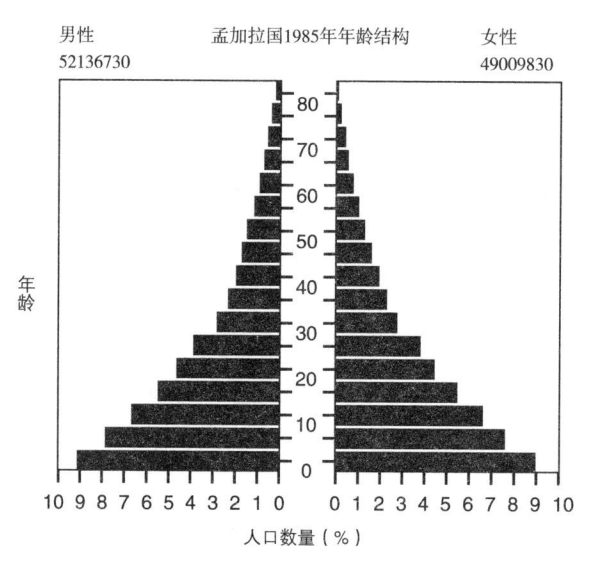

图23-10 瑞士和孟加拉国的年龄分布金字塔

的问题便是食品消费的差异。我们可以想见，较之孩童，老年人在医疗卫生上需要花费更多。而且，他们可以一年12个月都在旅行的路上，但孩子却不能。除了学校教育，老年人几乎在每种昂贵商品和服务上的花费都远远超过儿童。

这种老年赡养模式引起了人们的不安。美国社会保障体系早已陷入严重的资金困境，如何为此融资也成了联邦政府面临的严重的经济政治问题。未来，社会保障金这一经济负担占美国工人工资以及整个经济产出的比重会更大。

更根本的问题在于，20世纪80年代及之后的时间里，美国政府的财政赤字深深困扰了大部分人，这可能会被认为是出于人口原因——一个相当合理的解释。如果人口死亡率仍然维持在1900年的水平，现在将不会有财政赤字，因为用于老年人的福利费用会相对减少很多。或者，如果夫妇的生育率维持在婴儿潮时期的水平，那么现在，纳税人将会增多，而赤字也就不存在了，或者至少会比现在低得多。（目前，增加移民是防止财政赤字增长唯一可行的解决办法，这一举措也同时避免了减少福利或增加税收带来的痛苦。）

你现在或将来会成为工作人员吗？如果会，低出生率意味着需要你养活的人会变少。但这一减少也同样意味着，你变老时，赡养你的人也会减少。从某种意义上来说，到那时，你会成为别人更大的负担。

这把双刃剑涉及本书的主题之一。一个特定的人口统计学因素的短期效应往往与长期效应截然相反。决定你更喜欢哪种人口模式（更快还是更慢的人口增长），需要你把相对价值放在长期和短期效应上。当然，这也需要你决定谁是贡献方，谁是受益方。

未来的人口密度会不断下降吗？

如果把地球表面的面积数除人口规模，人口增长显然意味着每一表面积单位的人口密度更大。

但是这种简单算法（如果曾经这样计算过）几乎没有什么意义，或者说并不恰当。重要的是根据人们实际生活的土地所计算出的密度。

近几十年来，美国大部分乡村出现了人口流失现象。1986年，整个爱荷华州五岁以下的人口数量比1900年之前的任何时候都少。而且，从1960年到1980年，这一数字整整减少了三分之一。农村人口移居到了城市。爱荷华州的居民对此十分担忧，因为这一趋势无疑是自食其果；那里的人越少，留下来的人获得的经济机会就越少（正好和马尔萨斯理论相反），他们离开的可能性就越大。

人口的持续性聚集意味着，即使世界人口总数在不断增加，生活在地球75%面积上（比如）的绝对人口数量可能会下降，因为国家越富裕，所需的农业人口就会越少。（这一话题可能会一直探讨下去：见第6章）。

想想看：1950—1985年间（肯定还会持续下去），美国97%的国土人口密度一直在下降。下面的计算表明，情况是这样的：大城市之外的总人口从1950年的约6600万人（占总人口的44.9%），下降到1985年的约5900万人（占总人口的23.4%）。

也就是说，除了占美国大城市总面积(约)3%的地区外，人口总数已经下降（见图23-11）。那些选择在农村居住的人，他们的邻居将不断减少。我们几乎没有理由认为这种趋势会出现长期逆转。整个城区可能会有较大规模的扩展，比如一个世纪内可能会扩张6%。但是在美国其他地区，除了假期之外，人口密度很可能会无限下降。其他发达国家的人口密度也呈现出这样的发展趋势（见图23-11）。

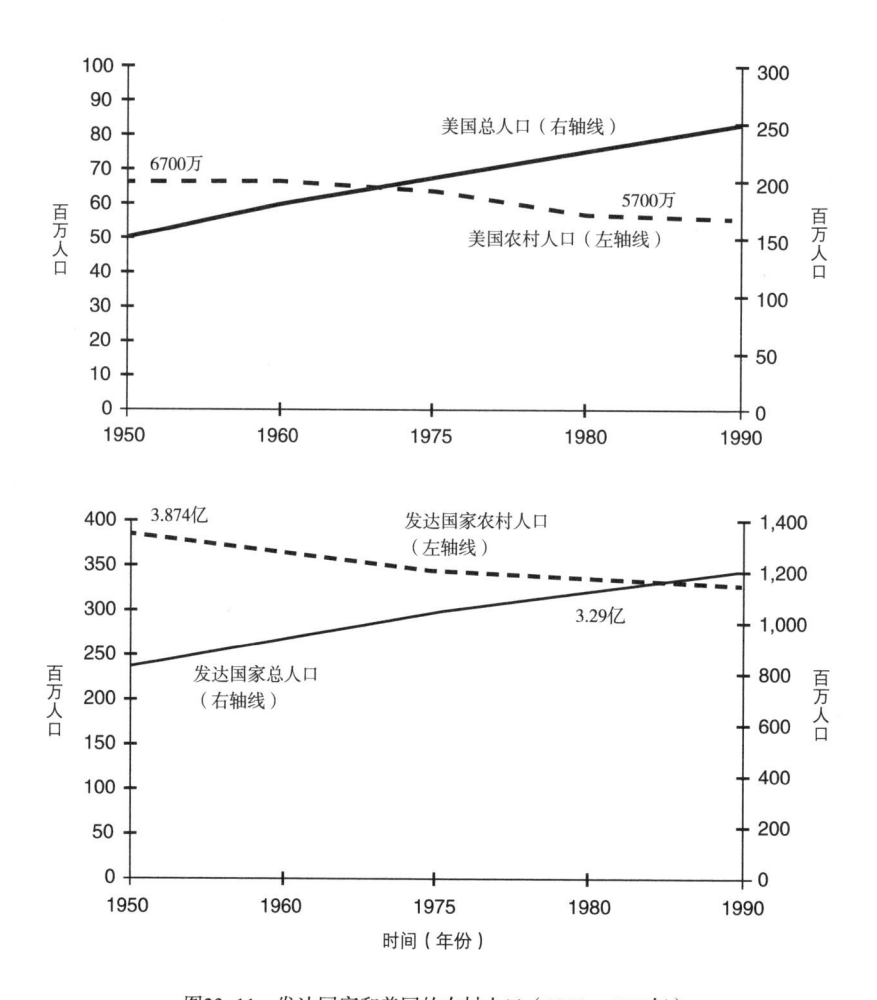

图23-11 发达国家和美国的农村人口（1950—1990年）

332　没有极限的增长

是的，任何一个大城市的人口密度都有可能增加。但是，个人可以选择居住在他们喜欢的任何密度的城市或周边的郊区。而且在未来，任何密度级别的个人选择范围都会扩大。

比单位土地面积的人口密度更重要的是个人可用的生活及工作的空间大小。正如第6章所讨论的那样，这种重要性之所以一直在增加，很大程度是因为人们居住在多层建筑中，收入不断增加，技术也越来越先进。

当然，这种思维方式并不能安慰那些自称热爱荒野的人，他们只希望在那里除了他们自己，再没有别的人类。"像呼拉胡拉河和康加尔这样的河流已经失去了一些荒野特征"。阿拉斯加河探险组织的乔治·海姆（George Heim）说："如果你和另外20个人分享这条河，并为营地争夺不休，你就达不到你去那里的目的。"人们想知道，当局应该允许的"最佳"游客人数是多少？100？10？1？0？或者，阿拉斯加河探险组织是否应该垄断这个项目？

在美国城市生活质量评级中，仅仅基于人口数量这一单一数据指标，人们便得出大量人口进一步增长并非好事的结论。评级活动简单地假设人口越多越糟糕。因此，那些人口没有增长的小城市便获得了诸如"纽约州的奥尔巴尼""第一宜居城市"等头衔也就不足为奇了。这样的宣传使菲尼克斯市长更加积极地"控制人口增长"。人们不禁要问，《华尔街日报》这样一家令人敬畏的报纸，其新闻工作者怎么会相信如此幼稚的言论——除非他们拼命想要相信它。这就引发了第38和39章的讨论。

结论

"只有立足之地"的末日场景表明，一股不可抵挡的力量无情地逼近这个世界，不受任何控制。但是这些预测有着非常糟糕的过往记录。数据表明，不仅仅是饥饿和疾病控制着人口规模，各种经济、政治和社会力量对人口的影响也十分重大。理解这些力量是下一章的任务，它将表明，如果我们采取这样或那样的人口增长政策，这种理解将如何帮助我们预测未来将发生什么。

就算我们的数据正确，人口总数也会偶尔误导人们。一些长期趋势的影响，例如，全球劳动力越来越稀缺；以及至少一段时间内，发达国家大部分地区的人口密度的下降——如果脱离上下文，这些结论肯定会让人摸不着头脑。

24　人类会像苍蝇一样繁殖吗？还是像挪威大鼠那样？

> 如果我们像兔子一样繁殖，从长远来看，我们难逃兔子一样的命运。
>
> A. J. 卡尔森（A. J. Carlson），《科学与生活》（Science versus Life），1955年

> 任何比空气重的飞行器都不可能成功飞起来。
>
> 物理学家凯尔文勋爵，瑟夫和纳瓦斯基出版作品，1984年

> 人类在50年内无法飞天。
>
> 威尔伯·莱特（Wilbur Wright）致奥维尔·莱特（Orville Wright），瑟夫和纳瓦斯基出版作品，1984年

许多人担忧落后国家的人口增长问题。他们认为，落后国家的人们是"随心所欲地繁衍"。也就是说，穷人被假定在不考虑任何后果或不需要为任何后果负责的情况下发生性行为。

环保主义者威廉·沃格（William Vogt）的著作《生存之道》（Road to Survival）曾销售数百万册。用他的话来说，人口增长是由不受约束地交配形成的。生物学家卡尔·萨克斯（Carl Sax）断言："世界近三分之二的人口在很大程度上仍然依靠积极的（妇女）检查来控制人口的过度增长。"或如人口活动家、《人口公报》（Population Bulletin）编辑罗伯特·C. 库克（Robert C. Cook）更委婉的说法："欠发达国家有超过10亿的成年人在这个问题上没有决策权。"这与人口增长将呈几何级数增长直至饥饿或饥荒使其停止的观点相一致。如图22-1所示。

同样的人类行为观为赫尔曼·戴利和利福德·科布（Clifford Cobb）的断言提供了支撑。后者指出："受毒品、酒精、电视和不良诱惑的刺激，这些青少年的原始冲动被激发出来。而我们目前的做法，无意中让我们的后代变成了青少年性行为的副产品。"

与人口增长相似，一些生物学家通过动物生态学实验为"自然繁殖""自然生育"和"不受约束的交配"提供了有力支撑。他们的实验模型包括约翰·B.卡尔霍恩著名的"围栏里的挪威大鼠"、假想的瓶中苍蝇或桶中细菌、草地老鼠或棉花大鼠——这些动物会不停地繁殖，直到因缺乏食物而死。丹尼尔·普尔斯（Daniel O. Price）在其《第99个小时》（*The 99th Hour*）一书中给出了这种观点的典型例子。

假设一只桶底有两个细菌，它们的数量每小时翻倍。（如果读者不希望用假设繁殖需要两个细菌，他可以提前一小时从一个细菌开始。）如果桶里装满细菌需要100小时，那么半桶细菌会出现在何时呢？只要稍加思考便会明白，99小时后，水桶的细菌只装满了一半。这本书的标题并不是暗示美国国土现在已被人口占满了一半，而是在强调虽然可能"有足够的空间"，但仍然危险地接近上限。

有趣的是，两个世纪前，本杰明·富兰克林曾做过相似的类比。马尔萨斯写道：

富兰克林博士发现，植物或动物的多产性并不一定是天生的，而是由它们相互拥挤和干扰彼此的克制方式所造成的……这是无可辩驳的事实……就动植物而言，主体的观点很简单。他们都被一种强大的本能驱使着去增加自己的物种，而这种本能被一种关于供养后代的理性或怀疑所打断……由于缺乏空间和营养，这种过剩的生育本能便会受到抑制。动物会成为彼此的猎物。

也许生物学上最可怕的类比来自于洛克菲勒基金会医学部的前主任艾伦·格雷格（Alan Gregg）："机体器官的癌细胞扩散和地球生态经济学中的人口增长有着惊人的相似。癌细胞需要营养才能恶化。但据我所知，癌症从来没有被治愈过。类似的情况可以在我们被掠夺的地球上找到。"他接着说："我们这些大城市的贫民窟，几乎像坏死的肿瘤一样。"这就引出了一个奇怪的问题："哪个更能破坏我们的体面和美丽？贫民窟还是散发恶臭的肿瘤衍生物？"

一些人口统计事实表明，在条件允许的情况下，人类将增加婴儿人数。几个世纪以前，随着欧洲国家粮食供应的增多，生活条件开始改善，出生率也开始上升。同样的事例也发生在20世纪的落后国家。"虽然数据还不足以提供决定性的证据，但我们这一代的出生率很有可能已经超过上一代——西印度群岛肯定如此，热带美洲也是，非洲和亚洲的一些国家也有可能。"

但我们必须知道马尔萨斯最终得出了什么结论。他在《人口论》第一版中提出了短小的简化理论后便着手研究事实和理论。随后他得出结论：人类与苍蝇、老鼠有很大的不同。当遭遇瓶颈时，人类会在短期内调整行为以适应瓶颈的约束，而在长期内，人类通常会改变限制条件本身。

与动植物不同的是，人类有远见卓识，可能不会让孩子"痛苦和恐惧"。也就是说，人们可以在力所能及的范围内选择生育。正如马尔萨斯在其后来的著作中所谈及的："尽管强大的本能驱使着他们繁衍后代，但同样强大的理智使其暂停这项工作，反问自己有没有能力抚养孩子，是否能将他带到这个世界上来？"

人们也可以通过有意识地增加可用资源来改变限制条件——扩展"瓶颈"。当城镇的人口增长到学校满员的时候，这里就会增建一所新学校，而且它通常会比原来的学校更好。关于填充容器所需的翻倍数的计算只是一个漂亮的算法，与人类问题完全无关。

马尔萨斯强调了动物和人类在繁殖生育上的区别。他果断否定了本杰明·富兰克林的动物类比论，即"这种（预防）检查会对人类产生更复杂的影响……"。这种检查是人类所特有的，它产生于人类独特的推理能力的优越性，这种优越性使人类能够计算未来的结果。人类与动物的不同之处在于，我们更有能力改变我们的行为（包括生育行为），以适应环境的需求。

为适应自身处境而控制生育，人们必须理性地、自觉地预先考虑，才能控制本能冲动。显然，这种规划能力是动物所没有的。因此，我们必须简要地思考理性和推理在多大程度上指导了不同社会中个人在其不同的历史时期的生殖行为。坦率地说，我们必须探究一种观点，这种观念通常由受过高等教育的人所持有——在贫穷国家，未受过教育的人往往没有远见和自觉的控制能力。

对世界上大部分地区的大多数夫妻来说，婚姻是生育的基础。因此，在贫穷的原始社会中，只有经过慎重的考虑，尤其是考虑了婚姻的经济影响方面，才会缔结婚姻，其中就涉及"养育"的推理判断。爱尔兰农村的婚姻模式就说明了这种计算的重要性。

一位年轻女孩的父亲问媒人，男方想要什么嫁妆。媒人反问他家里有多少牛、羊和马，园子里都种了些什么，水是否充足，离大路可远，要是远，男方就不同意这门亲事。因为落后地方的人都不会富有。他还问女方家离教堂、学校或附近的城镇远不远。媒人问完了，准备开始一场漫长而重要的谈判。

"好吧。"媒人准备深入到问题的核心。"如果地段不错，靠近马路，家里还有八头牛，他们准备要350英镑嫁妆。"然后女孩的父亲还价250英镑，男孩的父亲便在350英镑的原价上让掉50英镑。女孩的父亲仍坚持250英镑，媒人便劝双方各退一步，即男方再让25英镑，女方再加25英镑，也就是275英镑。然后小伙子说他本来不愿意在嫁妆不到300英镑的情况下结婚，但如果她人好，会做家务，他会考虑的。最后，他们在一起畅饮，直喝得酩酊大醉。媒人收获颇丰，度过了愉快的一天。

对经济状况的精明权衡也影响了意大利南部城镇的婚姻状况。这里和"西方国家任何落后的地方"别无二致。年轻人爱德华·班菲尔德（Edward Banfield）生活在一个四口之家，按1955年的币值计算，全家每年的现金和其他收入共计482美元。他讲述了自己求婚和结婚的过程。

1935年，我到了适婚年龄。我的姐妹们想让我娶一个妻子，因为她们没有时间再照顾我了。当时法律规定，凡是年满25岁的未婚人士每年必须缴纳125里拉（当时的意大利货币）的"单身税"，要知道这是很大一笔钱。我还记得，当时一个人必须工作25天才能赚够这笔钱。我衡量了一番，最后决定结婚。

我现在的妻子那时正与我老板的亲戚在一起工作。有一次我拦住她并向她求婚。她也觉得不错。但我还要和她父亲当面说。她父亲很高兴地接纳了我，双方就嫁妆和礼金讨论了一番。

她父亲让我母亲也去，说这样一切都会好办。后来，我带着母亲一起去，我们吃了一顿丰盛的大餐。我见未婚妻之前还必须征得老板同意。1937年，我催促女孩及她的家人，希望能在我25岁之前和我结婚。女孩的父亲告诉我，嫁妆还没有准备好。我问他，能否最迟在两个月后，也就是1938年2月6日举行婚礼，因为那样的话，我就不必缴纳当年的单身税了。

有一次，我和母亲去阿德多拜访我的岳父，以便商定他们打算给我们的财物（嫁妆）。我母亲希望一切都通过公证人传达。我的岳父给了我们一块土地，我母亲给了我们一间小屋，但她保留了它的使用权。一切由公证人撰写在文书上，并盖上了公章。当我的妻子把嫁妆准备好,我们便把婚礼定在了1938年8月25日。

关于结婚后的理性和自控力,近年来人口统计学家也一直存在争议,前现代社会中的社会生育率是否"自然",即生育率是否达到了生物学的极限。在我所读到的文献中,那些否定"自然生育"说法的人,持有更充分合理的数据和分析材料。但尽管如此,我们仍然需要一个定论。

在我们所观察的范围内,几乎没有观察到社会的实际生育率接近女性的生育极限[潜在生育力(除了美国和加拿大的现代哈特派教派以及少数其他类似群体)]。在许多"原始"社会,女性的生育率相当低。

一些证明婚姻中存在节育的人类学数据和实际资料似乎也令人信服。即使在最"原始"和"落后"的社会中,生育似乎也受到个人和社会的制约。一个例子是,在"原始的"波利尼西亚提克皮尔岛,(从1936年开始)"强烈的社会习俗迫使一些人独身,并使其他人限制他们的后代数量"。同时,"已婚夫妇的动机是避免孩子带来额外的经济负担"。

另一个例子发生在18世纪的瑞典。当地人的婚姻受农作物收成的影响(瑞典当时是一个落后的农业国家,但恰好保存了良好的人口统计数据)。收成不好时,人们不会结婚。如图24-1所示,该国的出生率随收成的变化而变化,甚至未婚生育也受到客观经济条件的影响。这清楚地表明了穷人的性行为对客观环境是敏感的。

在对人类学文献进行了大量研究之后,卡尔-桑德斯(A. M. Carr-Saunders)得出结论:"使数字接近理想水平的机制随处可见。"具体的机制是"长期禁欲、堕胎和杀婴"。"从热带到北极、从海平面到海拔10000英尺的高地,这份涵盖了世界各地200个国家和地区的研究数据表明……"克莱伦·S. 福特(Clellan S. Ford)说,"堕胎和杀婴是众所周知的……母亲在哺乳期间需要照顾,自然禁止性交……在几乎所有的情况下,这种节欲的理由都是防止怀孕"。

他还发现了许多避孕工具。有一些"充满神秘",另一些则是"相对有效的机械装置",(例如)在阴道里放入一块树皮或塞进一块破布……,以及在性交后尝试用水冲掉精液。

20世纪60年代,一份预测报告被广泛报道:美国有500万妇女缺乏避孕途径。但后来的分析给出了更可靠的数字:120万,而并非500万。据调查文件记载,20世纪80年代,美国大约有10%的孩子是其父母在缺乏避孕知识或途径的情况下受孕

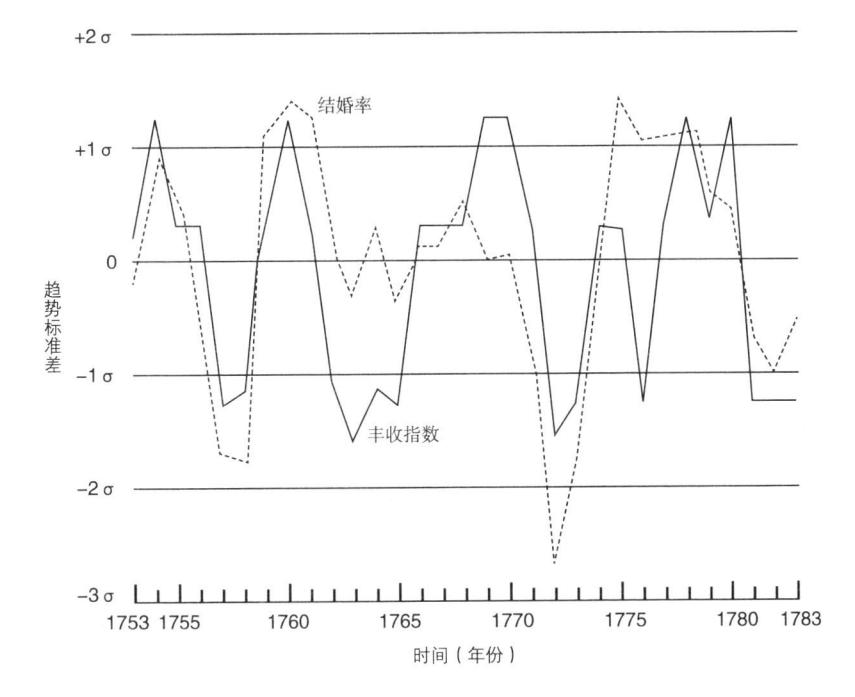

图24-1 瑞典的丰收指数和结婚率

的。也可以说，他们最初是母亲不想要的孩子。然而后来，许多有如此遭遇的母亲却很高兴他们生育了这个孩子。如果"不想要"是指父母双方都不想要，那么意外怀孕的比例就会低得多。

仍然有一些所谓的专家和反人口增长组织的官员，仅凭不可信的人类学解释，就断言穷人不知道孩子是怎么来的——这种想法真是愚蠢至极。比如，"不仅动物不知道交配和后代之间的关系，甚至直到最近几千年的现代人，也可能同样不知道。事实上，最近有报道称，澳大利亚的原始部落至今仍未开化"。

更值得相信的是这样的故事，比如，"原始"部落中的一个人对另一个人说："你可知道，我对那个白人说了什么？我对她说我不知道怎么生小孩。你猜她什么反应？他竟然信了！"这个笑话现在以惊人的方式被记录下来，真让人不敢相信！自20世纪20年代以来，玛格丽特·米德（Margaret Mead）所著的《萨摩亚人的成年》（Coming of Age in Samoa）一直被奉为人类学经典。它为整个人类行为的支配理论奠定了基础。1983年，德里克·弗里曼（Derek Freeman）用多种材料（《玛格丽特·米德与萨摩亚》（Margaret Mead and Samoa）驳斥了她的说法。最近出现了不容置疑的证据，证明米德不仅错了，而且被愚弄了。

如果米德1928年的结论正确，那么这将是20世纪人类学最重要的结论。现在大家都知道米德最有影响力的结论完全是错误的。1983年，我可以详细证明，米德的极端结论绝对不受相关人种学的支持。从那时起，这些方面就有了更重大的进展。

米德解释了萨摩亚人的性行为，并基于此得出了与所有其他人种学家大相径庭的结论。这成了一个长期的重大的未解之谜。然而，1987年，谜团揭开了。《萨摩亚人的成年》一书中所列的主要知情者之一法阿普阿·法姆（Fa'apua'a Fa'amu）站出来承认，出于米德对他们的质疑，她和朋友在1926年3月制造了一场恶作剧，愚弄了她，告诉她有关萨摩亚人性行为和性价值观的虚假信息。

在萨摩亚，这种恶作剧极为常见。当米德访谈本为贞洁处女的法阿普阿时，就预设了一个她是淫乱之人的虚假前提。法阿普阿和她的朋友斜着眼睛做着小动作打信号，开始了愚弄米德的闹剧。法阿普阿说，他们不知道玛格丽特·米德是一位作家，也不知道他们荒诞的戏言会在一本极具影响力的书中作为事实论据。

法阿普阿·法姆的宣誓证词经萨摩亚国立大学的勒留鲁·菲利思·瓦阿（Leulu Felisi Va'a）仔细审查后，已提交给华盛顿的美国人类学协会（AAA）。

那么，我们能相信什么样的证据呢？关于大家庭的利弊，穷人在考虑要孩子的时候会考虑自己的收入和经济状况，这一点在他们对这些问题的回答中显而易见。在非洲不同地区进行的各种这类调查显示，经济动机确实很重要。

一项项研究表明，穷人确实会考虑经济环境与生育率之间的关系。他们不会进行"不受约束的交配"或"无节制的生育"。

发达国家的人们也习惯于思考如何让家庭规模与收入相匹配。

29岁的法国小伙格勒诺布尔是一名小学老师。他的妻子昨天生下了五胞胎：三个男孩和两个女孩。孩子们的爷爷是一名裁缝，他说："这肯定会带来很多问题。你不能说真的很开心，因为你还得想办法抚养这些小家伙。"

李·雷恩沃特（Lee Rainwater）采访了409名美国人对自己家庭的"设想"。在对三对夫妻进行具有代表性的访谈中，所有男性都主要提到了经济因素，当然也提到了许多其他因素。

丈夫1：我更想要两个孩子还是四个孩子呢？我认为是两个，因为我只能养育两个。两个孩子的话，我还可以供养他们上大学。普通家庭承受不起四个孩子的花销。我们只有能力抚养两个孩子。

妻子1：两个，但是如果我很有钱，我想要很多孩子。如果我有钱，而且能够支持我不上班在家照顾孩子，同时我房子也多，那么我想要六七个甚至更多孩子。

丈夫2：我认为如果两人平均收入有5000美元（按1950年的币值计算），一般的美国家庭生养两个孩子最理想。我不知道如果有更多孩子，我们将如何正常生活。就我个人而言，如果我能负担得起，我想生一打孩子。在我结婚的时候，我原本想要四个孩子，或者看家庭收入能够负担几个。

妻子3：我认为三个最理想，因为我觉得这是大多数人拼尽全力可以实现的——为他们提供良好的教育，送他们上大学。

另一项研究采访了一组妻子。她们被问到为什么她们预期的家庭规模并不大。超过一半的受访者给出的第一个理由便是经济状况。

简而言之，即使富裕国家的收入足以为更多孩子提供基本的生存资料（这里的更多孩子是与普通家庭选择抚养的数量相比），但人们依然认为收入限制了家庭规模。全世界的人们，无论贫富，都很重视性、婚姻和生育。生育率在任何地方都受到了某种合理的控制，尽管最后实现的家庭规模与期望规模的匹配程度因群体而异。

由于避孕技术、婴儿死亡率和夫妻之间的沟通存在差异，一些国家的夫妻双方会更认真地进行家庭规模规划，并且比其他国家的夫妻更能实现这些计划。但是，确实有显著的证据表明，世界各地的人们在生育问题上都十分理性。因此无论何时何地，收入和其他客观因素都极大地影响着人们的生育行为。

在1976年实行生育奖励政策后，东德出现了家庭经济如何影响生育的一个有趣例子。在此之前，东德和西德的生育率基本相同，如图24-2所示。

尽管一些落后国家仍然存在大家庭，但这并不能证明人们在生育问题上缺乏合理规划，在伦敦或东京的合理行为，在非洲村庄未必合理。与富

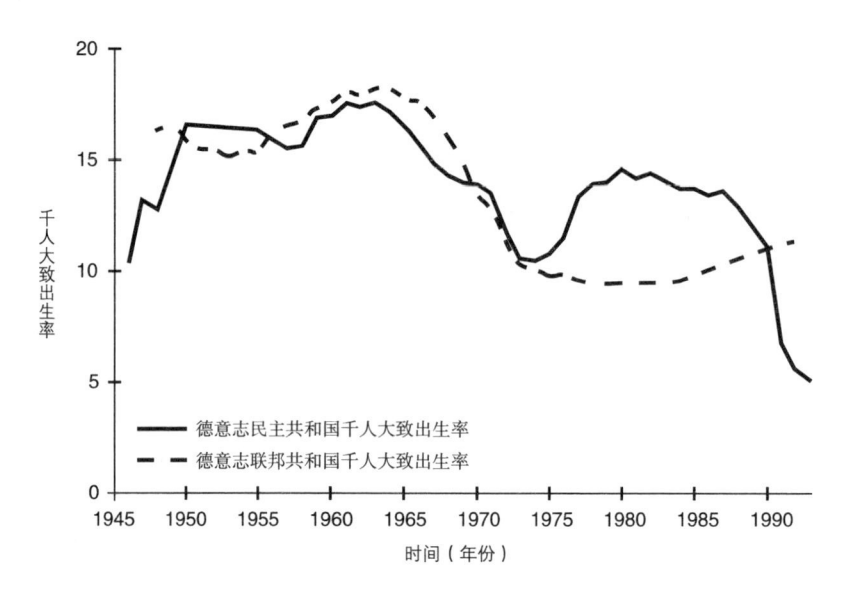

图24-2 德国家庭政策的影响

裕的城市地区相比，贫穷的农业地区养育孩子的成本相对较低，而且生育孩子的经济效益也相对较高。

因此，无论是尼日利亚还是法国，尽管夫妻生孩子的主要动机是希望孩子们能获得优质的生存环境，但不同的经济条件使得这个相同的动机具有不同的表现形式：城市家庭会明智地只生育2~3个，而落后的农村地区则可能会生5~6个。养育孩子所涉及的经济因素，一方面包括父母投入的时间和金钱，另一方面包括孩子们成年后的工作量和能够提供的老年支助。

与农村地区相比，城市家庭抚养孩子将花费更多的时间和金钱。相比之下，落后国家农村地区的孩子需要做更多农活。因此，农村家庭的规模普遍更大，这也许能反映出他们良好的经济规划。下列发生在一二十年前的人口增长期的事例，便形象地说明了这一现象。

1976年5月24日，在印度巴布尔，不识字的工人孟希·拉姆（Munshi Ram）住在新德里以北60英里一个简陋的泥屋里，没有土地，也没有多少钱。但是他有八个孩子，他把他们视为最大的财富。

"有一个大家庭很不错！"说这句话时，拉姆先生正站在一棵繁茂的楝树下。他那干燥坚固的院子里挤满了孩子和鸡，还有一头奶牛。

"他们花不了多少钱。等他们长大参加工作,就能赚钱了。等我老了,他们会照顾我……"

拉姆先生说他不会再生孩子了,他知道政府现在正努力宣传"只生两个孩子"的计划生育口号。但他一点也不后悔。

"孩子是天赐的礼物。"说这话时,他自豪极了!"我们有什么资格不让他们来到这个世界呢?"

这里还有两个例子。这次是通过一位印度作家的视角来看待这件事。

让我们先举几个例子。达雷尔·辛格(Fakir Singh)是传统的搬水工。失业后,他仍然是那些贾特家庭的信使。他有11个孩子——最大的25岁,最小的4岁。达雷尔·辛格坚持认为,他的每一个儿子都是他的资产。孩子们长到五六岁的时候,就能给牛收集干草,稍大一点便会照看牛群。6~16岁时,孩子们每年可以挣150~200卢比和他们自己所有的吃穿支出。16岁以上的孩子,每年能挣2000卢比外加伙食费。达雷尔笑着说:"抚养孩子可能很艰难,但他们一旦长大,困难就转化为巨大的幸福。"

另一个搬水工名叫塔曼·辛格(Thaman Singh)。他在家里接待了我,给我倒了一杯茶(后来他自豪地提道,茶里还加了牛奶以及从市集上买来的糖)后说道:"1960年,你试图说服我别再生孩子了。现在,你看,我不仅有六个儿子,两个女儿,还能悠闲地待在家里。他们长大后会给我挣钱。我有个儿子现在已经出去工作了。你说我是穷人,养不活这么一大家子。现在你看,因为我的大家庭,我成了富有的人。"

当时局变糟时,贫穷国家的生育率在短期内会下降;时局好转后,生育率便会有所回升。例如下面这份来自一个于印度村庄的报告:

20世纪50年代初,时局明显变糟。大批难民从巴基斯坦涌入村庄,随后严重破坏了经济和社会的稳定。潘查亚特大会[1]的村长们反复告诉我们,尽管他们所

---

[1] 古印度的人们将潘查亚特称作"五老会",它是管理农村的一种制度。——编者注

有的其他问题都很重要，"但现在最大的问题是人实在太多了"。到1960年调研结束时，情况发生了显著的变化。随着大量灌溉沟渠的引入和巴克拉那格尔大坝的农村电气化，以及更好的道路可以将农产品运往市场，再加上种子的改良和社区发展的其他好处，尤其是城里的旁遮普男孩就业机会的增加，人们普遍变得乐观起来。村长们现在的共同反映是："我们为什么要限制家庭人口？只要可以，印度不放弃任何一个旁遮普人。"在这一过渡时期，计划生育政策失败的一个重要原因在于，经济发展呈现良好态势，孩子不再是家庭的负担。

婴儿死亡率是未受教育的农民理智对待生育的另一因素。1971年，我随意调查了几个印度农民，问他们为什么生育了如此多（或如此少）的孩子？一位五个孩子的父亲说出了答案："有两三个会夭折，我想至少有两个孩子能长大成人。"但是到20世纪90年代，世界大部分地区的农民都知道，近年来婴儿死亡率下降速度非常快。因此，他们无须考虑孩子夭折的概率。他们想要抚养几个孩子，就生几个孩子。如图23-6所示，这种因时局和人们观念变化所带来的改变，部分解释了为什么许多国家的婴儿出生率会迅速下降。

马尔萨斯的人口理论认为，先进的农业技术知识增加了农民的收入，从而促使生育率上升。反过来，增加的人口也消耗了增加的收入。换句话说，在马尔萨斯看来，终有一天，人类将沦落到长期的赤贫生存状态中。这就是马尔萨斯的"悲观人口论"。但当我们审视生育率和经济发展的事实时（正如马尔萨斯匆匆完成其著作第一版后所做的那样），我们会发现，随着收入的增加，出生率会出现短期增长，然而这并不是最终结局；如果收入继续增加，生育率则反而会下降。

生育率长期下降有两个主要原因。首先，随着贫穷国家人口收入的增加，营养状况、医疗卫生条件都会随之改善，儿童死亡率便会下降（即便在20世纪，收入没有增加，贫穷国家的死亡率也可能会下降）。当夫妻们意识到要达到一个给定的家庭规模，减少生育是必要的，他们就会降低生育率。关于家庭对儿童死亡的反应证据支持了总体历史数据。

部分审慎的研究人员发现，一个孩子的死亡与家庭随后的出生率之间有着密切的关系。换言之，夫妻会生更多孩子来"弥补"他们死去的孩子。如果我们也考虑到家庭之所以决定生育更多孩子，是为了应对将来可能发生的死亡，那么儿童死亡率和生育率的关系表明，生育反映了不同的家庭情况。

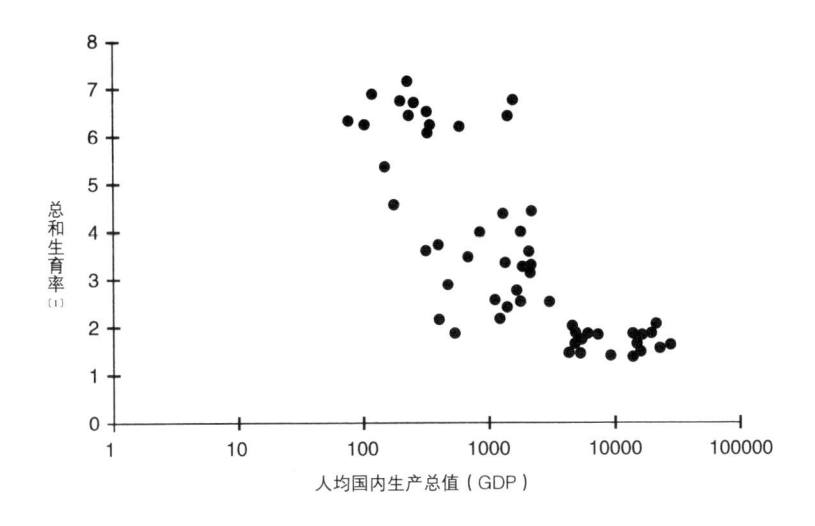

图24-3 人均国内生产总值（GDP）与部分国家毛出生率的对比点状图

收入增加会带来更多不同的力量。从长远来看，这些力量会间接降低生育率。这些力量包括：（a）提高教育水平、改善避孕措施、提高抚养子女的费用等，可能改变人们的生育态度；（b）与农村相比，城市孩子的花费更多，为家庭创造的收入更少。

死亡率的下降和其他由经济因素引起的力量，在长期内会降低生育率。这个过程就是著名的"人口过渡"[2]。"我们从图23-7所示的瑞典历史数据中非常清楚地看到了这一点。请注意观察，在出生率下降之前，死亡率是如何开始下降的。同时，从世界各国的横截面图来看，我们可以看到收入与出生率之间的相同关系（见图24-3）。

从20世纪30年代到50年代，大多数人口统计学家都深信人口过渡将发生在发展中国家，正如之前欧洲和北美所发生的那样。随后的20世纪60年代，人口统计学家开始担心，就算死亡率下降，贫穷国家的生育率也不会下降。但是到了20世纪70年代，有证据表明，至少一些发展中国家的生育率确实下降了。

---

[1] 总和生育率：指国家某地区的妇女在育龄期间，每个妇女平均的生育子女数。——编者注

[2] 人口过渡，指每个国家或地区的人口都会经历高出生、高死亡、低增长→高出生、低死亡、高增长→低出生、低死亡、低增长的过程，即在经济和社会均停滞不前的阶段，就会出现出生率高、死亡率也高的现象。——原注

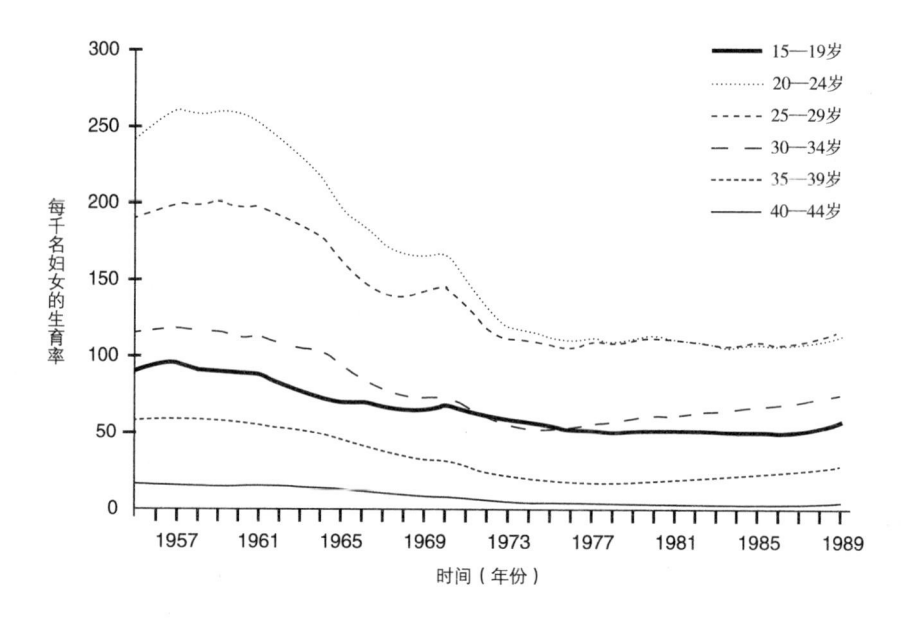

图24-4 美国青年和其他类型人群的生育率（1955—1989年）

1981年，在本书第一版中我写道：我们可以肯定，随着死亡率下降、收入上升，世界其他地方也将出现欧洲式的人口过渡模式。尽管存在许多怀疑者，尤其是那些反生育组织的成员，但这一想法依然合理。如图23-6所示，到20世纪90年代，我们可以去掉"合理"这个修饰语，因为几乎世界所有人口大国的死亡率都已经下降了。

值得一提的是，由于许多人认为美国青少年的怀孕现象违反了正常的生育模式，所以如图24-4所示，15—19岁这一年龄段的生育率开始呈下降趋势。尽管图中显示，20世纪80年代后半期，生育率有所回升，但因时间太过短暂而没有太大意义。

因此，马尔萨斯宏大的人口论和悲观论便失去了理论基础。他的理论核心（引自他著作的最后一版）包括："（1）人口数量必然受生存手段的限制。（2）随着生活方式的多样化，人口数量往往会增长。"人口过渡史以及图23-8的数据证明了第二个理论观点是错误的，而第一个观点已经在第5—8章中被证明是错误的。

人们对于影响生育率的两大主要因素——死亡率和收入水平——的态度，与马尔萨斯截然相反。他们从经济的角度理性对待。当然，反应总会有延迟，特别是整个社会在面对家庭抚养儿童的成本变化，以及社会其他人群的变化时。但总体来说，生育率调整机制发挥了作用，它带来了一种乐观的人口前景，而不是马尔萨斯在其著作第一版中描绘过的"悲观前景"。不过，马尔萨斯在其第二版中改变了这个观点。[1]

如果没有物质资源限制,一个家庭会生多少孩子呢?也就是说,如果儿童死亡率像当今的发达国家一样低,且收入非常高——比如是美国现有收入的十倍,那么生育率会是多少?这种情况下,我们几乎没有可用的支撑数据和资料来预测人口将会长期增长或减少,还是保持稳定,因为我们没有可借鉴的经验。然而,显而易见的是,在收入低、儿童死亡率高的客观情况下,即使是没有受过教育的穷人,也会根据客观情况调整生育计划。

但大家庭又会给整个社会带来怎样的负担呢?当然,这个问题不仅合理而且十分重要,因为任何一个孩子都会给他人带来一定的金钱和非金钱上的负担。答案涉及两个方面:

1. 从不同角度来看,计划外出生的孩子会给他人带来负担,也会使他人受益。这一点我们后面再来讨论。我们可以把关键问题量化,即孩子在出生后的不同时期,给他人带来的负担和收益孰多孰少。一旦我们知道某一年的"外部"效应是积极的还是消极的,我们接下来就必须清楚:与其他经济成本和收益相比,这个"外部"效应是大还是小。这些问题将在第25章和34章中进行讨论。

2. 计划外出生的孩子给社会造成的负担,在很大程度上取决于其所处社会的经济政治制度。如果孩子所有的花销都由父母负担,大部分人可能会做出对社会最有利的生育决定。

总结

当代关于人口增长的许多理论的核心是这样一种信念:正如一位知名学者所说,"马尔萨斯人口定律在今天仍然有用,就像它们最初被提出来时一样"(指其著作的第一版)[2]。这些"定律"的核心是,在生活水平下降到仅能维持生计之

---

[1] 对我来说,知识世界的一大有趣现象是马尔萨斯《人口论》第一版的不断再版——甚至是一等学者也予以采用,这些人的真诚与品格不容置疑,比如肯尼斯·博尔丁(Keneth Boulding),他为第一版的重新出版写了一篇导言——尽管马尔萨斯在后来的版本中基本否定了自己在第一版中的简单推论。——原注

[2] 事实上,它们是"有用的"——当时无用,现在也无用。——原注

前，人口增长指数比维持生计的增长指数大得多。[1]

那些对此观点极力追捧的人，用从其他生命形式中得出的类比结论来支持这一主张。"地球上的微生物，如果任其繁衍，在几千年的时间里，便会填满数百万个世界。然而，那专横的、无所不在的自然法则必然将它们限制在规定的范围之内。在这项极其严苛的自然规律下，各种物种不断消亡，人类同样难以逃脱。"

这句话的言外之意，在马尔萨斯《人口论》第一版以及今天许多作家的著作中都有所暗示，即假设人们（至少穷人）会因为"不受约束的交配"而"无限"繁衍。然而，就像马尔萨斯在其之后的版本中逐渐接受的，以及本章中列举的各种证据所表明的那样，世界各地的人们都非常重视婚姻、性和生育。"不受约束的交配"这一概念要么出于无知，要么是不符合事实的。

收入影响着全世界的生育率。在贫穷国家，收入的增加会促使生育率短期上升。但从长远来看，在贫穷国家和其他地方一样，收入的持续增长最终会使生育率降低。儿童死亡率下降、教育程度提高、农村人口移居城市，都会降低生育率。这一过程就是人们所说的"人口过渡"。马尔萨斯早期的推论虽然不符合事实，但在当时为人们普遍接受。后来，他亲自否定了这一推论。

---

[1] 人口指数增长概念（或几何增长概念）由来已久。这是马尔萨斯时代的思想产物。杰斐逊在谈到其满意的美国人口增长模式时，对它进行了实际运用。

然而，一个头脑清醒的人绝不会问，人类的经验是否能证明这样一种人口增长模式的存在，并由此推知这种模式是否会维持下去。图22-2显示了个别时期的人口增长率远远高于大部分其他时期。到目前为止，这一比率上升的趋势已经维持了1000多年。要是不考虑其速度快于几何增长模式这一点，这一趋势与平稳的几何增长模式相互矛盾。然而，任何单一模式都会衍生出极其不同的变体。因此，我认为一个严谨的预测者不会仅凭这种存在不到几千年的模式来预测未来的人口增长率。

我认为，"理想的"几何增长概念并不实用。在一个营养持续无限的受控环境中，人们可能会在短时间内观察到一个非人类物种的增长模式。但如果基于此得出其他非人类物种在其他环境中的生长结论，或者关于人类的结论——他们以一种非常系统的反馈方式为自己提供营养，这都不是合理的做法。

我认为，人们必须得出这样的结论：这是一个典型例子，即仅仅因为一个领域的智力和魅力，便将它的有用概念引入另一个毫无关联的领域。

此外，如果一个人相信指数模式是一个好的模式，也就是说，如果他假设人口以指数模式增长，那么生存资料必定会以更高的指数比率增加——这在很大程度上但并不完全是因为人口的增长——也是十分合理的。生存资料的技术研发能力，以及涉及生活水平其他方面的技术研发能力，仍以更高的指数比率增长。出现这种现象的很大一部分原因是知识的增长。——原注

25　人口增长与资本存量

工人占有的有形资本，包括设备和建筑物等，均会影响其产出和收入。无论是对机械操作人员还是办公室职员来说，无形资本，例如劳动工人的文化程度、劳动技能和奉献精神等都是非常重要的。我们将很快讨论这些内容。当然，可供使用的机器、建筑物和其他有形资本，对一个人能够生产的商品数量和提供的服务都有很大的影响。

人们必须省下部分收入，以便积累资本存量。因此，我们当前收入中省下的钱，会影响我们未来的收入和消费。人口增长及人口规模可能影响储蓄金额。

人口数量对我们的有形资本存量具有正面和负面的影响。综合来说，其影响是正面的。

人口规模还会影响特定阶段可供购买设备的生产率。更大的人口规模和更高的收入水平，还会增加发明和开发新生产资料的需求，以及新发明者的供应，这两种情况都会引发更多高效率设备的诞生。所以，通过利用供应和需求两者之力，更大的人口规模能够提高生产资料的技术含量。更多有关内容将在下一章节阐述。

简单的理论与数据

我们从给定的工人数量和物质资本开始分析——一定的农场面积、工厂数量和机器数量。如果工人数量增加，资本供应量便会稀释，也就是说，如果有更多的劳动者，那么他们每人可使用的资本就更少。如果每名工人可使用的资本变少，那么每人的产出（以及收入）将会下降。这种马尔萨斯稀释效应是人口增长带来的主要不利因素之一。损失的程度很容易计算，两倍的工人使用相同数量的资本，便意味着每个人可使用的资本少了一半。在典型的现代经济环境下，这将减少每个工人约三分之一的产出（收入同样如此）。

人口增长也可能减少每位工人可用的资本，因为为了建立和维持资本存量，人们必须省下部分收入。储蓄可直接来自个人和企业，政府也可以储存部分税收收入。然而，我们应该把重点放在个人储蓄上。

长期以来，人们认为，较高的出生率会导致个人储蓄率下降。原因很简单，增加一个孩子便增加了一份家庭负担。这一论点基于这样的假设：新出生的孩子会诱使父母优先考虑即时消费（如购买婴儿鞋等），而不是未来消费（如退休后环游世界）。也就是说，（假设）拥有5个待抚养的孩子的父母，比只有两个孩子的父母预计将花掉更多的收入，存下更少的钱。这一假设的基础，只不过是心理猜测，即更多的孩子意味着更多的要求、需求和压力，以至于家长的优先事项转变，花钱更多也更快。但是，事实上也可能会出现相反的效果。更多的孩子可能促使父母放弃一些奢侈品，以便省下钱来满足孩子的未来需求，例如大学教育经费。

此外，前一个论点含蓄地（但错误地）假定工作机会是固定的，拥有更多的孩子使父母不能出门工作。但如果假定收入是固定的，而不是随着孩子数量的变化而变化，这也是不现实的。有案可稽的是，男性在有了更多孩子之后，他们会更努力地工作。与此同时，有了孩子的女性，也不再像年轻时候只顾享乐。假定收入是固定的，对自给自足的农业尤其不合理；农业储蓄的大部分，特别是开垦新土地和灌溉系统的建设，都是依靠农民自己的劳动完成的，而这通常也计入他们种植农作物的劳动中。人口增长刺激这一额外的劳动力，从而增加社会资本存量。

更多孩子对政府储蓄的影响也可能很重要。人们通常认为，在贫穷国家，如果人们拥有更多孩子，政府就没有那么大的征税权，因为在这些家庭里，抚养开支和税收之间的矛盾更为尖锐。然而，我们也可以从相反的方面来看。如果有更多孩子，各国政府也许能够征到更多的税，因为人们在花钱送孩子入学和享用其他基础设施的时候，将认识到税收的重要性。孩子的数量也可能影响政府的投资类型。例如，更多孩子可能促使政府增加投资，但其中大部分可能是住房和其他"人口"投资。而这些投资，本来是可以用来迅速提高商品生产的。

有关人口增长影响储蓄率变化的统计数据，与其理论推导过程一样复杂，无法定论。总的来看，这些数据表明，人口增长可能会在极小程度上减少工业资本，但这可能不是一个重要的影响。

资本的效率和数量同样重要。而且，最近出现的强有力证据表明，人口规模越大，资本的使用效率更高。例如，在大城市，劳动者实现特定生产力所需的人均资本更少。这与一个国家样本中较大的城市工资更高的情况相一致。另外，大城市的利率较低，这意味着资本更便宜。[1]总之，这些证据表明，在涉及更多人口的特定资本投资中，人们可以获得更多的产出。

我们在考虑儿童数量增加对资本供给的影响时，最关键的是要记住农业资本、社会先行资本以及工业资本。在第28章中我们将看到，农业资本的供应，特别是可耕地的供应，会随着人口的增加而增加，因为人们会增加投资以满足额外的食物需求，这部分投资很大程度上是指付出额外的劳动，比如清除树木和石头、挖水沟和修谷仓等。

更多的人口对资本供应的影响最为显著。社会先行资本，如道路，对各国的经济发展是极其重要的，尤其是贫穷国家。在这方面，人口增长的影响是相当积极的，尤其是在欠发达国家。

交通运输

如果除了经济自由外，经济发展还有一个关键因素，那就是交通运输和通信系统。显然，交通运输包括负责运输农产品和工业产品，以及运载人员和传递信息的公路、铁路和航空系统。它还包括负责输送水和电力的灌溉系统和电力系统。研究当代和历史经济发展的学者用大量著述证明，"对于欠发达国家的一个普遍共识是，交通和通信领域的投资匮乏是它们经济不发达的一个至关重要的因素"。

确保农民和企业能够在有组织的市场内进行销售，并以合理的价格交付产出并获得收入，对经济发展极其重要。采用多种方法来比较运输成本是很有启发性的。例如：（1）运河运输成本仅为1790年英格兰城市之间陆运成本的25%～50%。（2）"1799年8月，快件员从底特律出发，将美国陆军花名册送往美国匹兹堡总部（大约两百英里），需要艰苦骑行53天。"（3）人力搬运货物的成本比船舶或火车平均高17倍（见表25-1）。这种成本的差别对商品运输的影响极大，其价格也根据生产商距离的远近而不同。

---

[1] 史蒂文斯（Jerry Stevens）于1978年总结了以前的文献，并分析了银行利率。——原注

表25-1 发展中国家的运输成本

（以千克粮食当量/延吨公里运输当量计）

	最高	中值	最低
搬运工	12.4（东非）	8.6	4.6（中国）
独轮车	——	——	3.2（中国）
畜力运输	11.6（东非，驴）	4.1	1.9（中东，骆驼）
四轮马车	16.4（英格兰，18世纪，收奶）	3.4	1.6（美国，1800）
船	5.8（加纳，1900）	1.0	0.2（中国，11世纪）
蒸汽船	——	0.5	——
铁路	1.4（澳大利亚，19世纪50年代）	0.45	0.1（智利，1937）
机动车	12.5（莱索托王国）[a]	1.0	0.15（泰国）

来源：克拉克和哈斯维尔（Margaret Maxwell），1967年。
a.这个数值似乎没有什么意义。

  没有良好的运输系统，对发展是一个巨大的障碍。例如，19世纪初的美国，农产品只有在天然水道的地方进行运输。而陆上运输，"成本极高，即使种植玉米不花费任何成本，它也不可能在20英里以外的地方销售。海运1吨铁跨越大西洋，也比陆运穿过宾夕法尼亚州10英里便宜"。伊利运河将从纽约到五大湖区的运费从每吨100美元下降到每吨15美元。（同样地，在18世纪的法国，"粮食一般不会运出其原产地15公里以外"。）东海岸10美元或20美元一桶的面粉，在俄亥俄州需要100美元。在费城购买煤炭，比在宾夕法尼亚州西部的矿井购买煤炭多花3～4倍的钱。由于食品无法从农场运输到大型市场，这就使得农场价格和市场价格悬殊，即使在距充足食物的很短一段距离外，也会频繁地发生饥荒。在我1977年出版的书中，提供了大量其他的当代和历史案例，借以分析多个国家在运输系统得到改善后，是如何刺激农业发展、提高工业效率的。

  交通运输对信息流通，包括农业技术知识、节育观念、保健服务和现代化思想等方面的传播也很重要。如果不是只靠牛力，而是通过卡车、吉普车，甚至自行车抵达某个印度的村庄，其中的差别将是巨大的。靠牛力根本不可能到达大城市。印度和伊朗等一些国家的大多数村庄，汽车是很难进入的。

  交通运输一旦改善，发展将是快速的。贫穷国家的交通运输，尤其是当地农村的交通工具，还有很大的改进余地。这可以通过对农业发达国家和农业不发达国家进行比较得出。

在农业发达的西方国家，每平方英里的耕地有3~4英里长的公路……在印度，每平方英里的耕地只有约0.7英里长的公路；在马来半岛，大约有0.8英里；在菲律宾，约1英里。没有一个依赖农业的发展中国家拥有足够的农村公路。

在工业领域，由于大城市交通运输成本较低，其工作效率相对于较小城市来说则更高。

人口对交通系统的影响

人口密度与运输货物、运载人员以及信息系统相互影响。一方面，密集的人口使良好的交通系统更为必要、更加经济。一个村庄多一倍的人口，就意味着多一倍的人口将共用同一条道路，这同时也意味着将有多一倍的人手可以共同修建这条道路。这是在非洲大陆和英格兰真实发生的事情，"人口增长赋予改善和修建交通设施以更高的价值"。另一方面，交通系统的改善将带来更多的人口，并且由于生活水平的提高，将可能首先引起出生率的上升。（但出生率随后会下降，正如我们在第24章里看到的。）此外，良好的交通很可能会降低农村人口的死亡率，因为这里不再容易遭受饥荒。相反，人口稀疏将使交通变得缓慢和困难。这正是伊利诺伊州靠近斯普林菲尔德一带过去的状况，当时亚伯拉罕·林肯是一名律师，只能通过骑行"巡回办案"。

无疑，出行确实是一件难事——老律师回忆往昔时，谈到巡回审判，一切历历在目。詹姆斯·康克宁（James C. Conkling）写道："在梵西湾和波斯特维尔之间，靠近林肯居住的地方，只有两三家住户。在波斯特维尔之外的13英里处，是一片连绵的大草原，平坦且潮湿，地鼠成群。显然几代人都无法耕种。在卡列维尔这边15或18英里的地方，情况差不多，没有房屋，道路也没有改善。在南福克和谢尔比维尔之间大约18英里的区域内，仅有一块空地。从早上9点开始，我在迪凯特和谢尔比维尔之间的乡村旅行，那里前不久刚下了雨，到处都有水洼。直到夜幕降临，我都没有找到借宿的地方，也没有东西可以吃。"

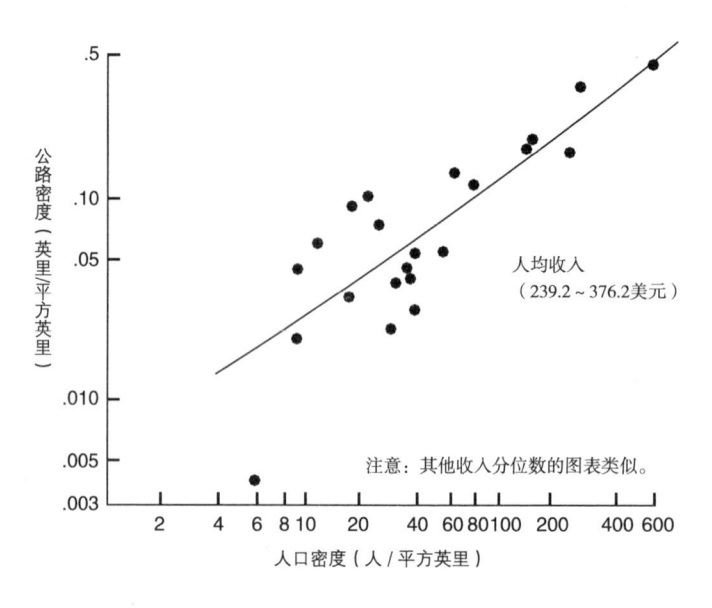

图25-1 公路密度和人口密度关系图

特朗普·格洛弗（Donald Glover）和我对公路密度和人口密度之间的关系作了跨国研究，结果显示，二者关系非常密切，如图25-1所示。显然，人口增长会促进交通系统的改善，进而刺激经济发展和人口的进一步增长。当然，这一令人乏味但重要的统计发现，无法与据称显示人口增长是一种无法消除的邪恶照片相匹配。一张瘦骨嶙峋的孩子的照片无疑是悲惨而极具震撼力的，但它并没有传达出孩子为什么痛苦的任何讯息，那么孩子完全有可能是因为缺乏良好的交通或别的任何其他原因而引起的医疗服务缺失。尽管统计数据不那么令人振奋，但它揭示了一个颠扑不破的道理——人口增长带来巨大的社会效益。然而，出现在最受欢迎的报纸上，并在人们脑海里挥之不去的，还是照片上那个瘦弱的孩子。

随着人口的增长和收入的增加，道路和其他基础设施因为人口增长变得负担沉重，拥挤不堪。这时，本书所描述的一个基本理论过程的变体开始发挥作用：更多的人口和更多的收入，短期内会造成容量紧张的问题。这导致了运输价格的上涨和人们的关注。这一相同的状况也给企业和聪明人带来了机会，他们希望通过改善道路、交通工具和服务，或发明新的运输方式来对社会作出贡献。许多人失败了，但是在一个自由的社会里，人们最终会设计并建造新的设施。长远来看，新的设施使我们的生活比没有发生问题之前更好，也就是说，与交通堵塞发生之前相比，价

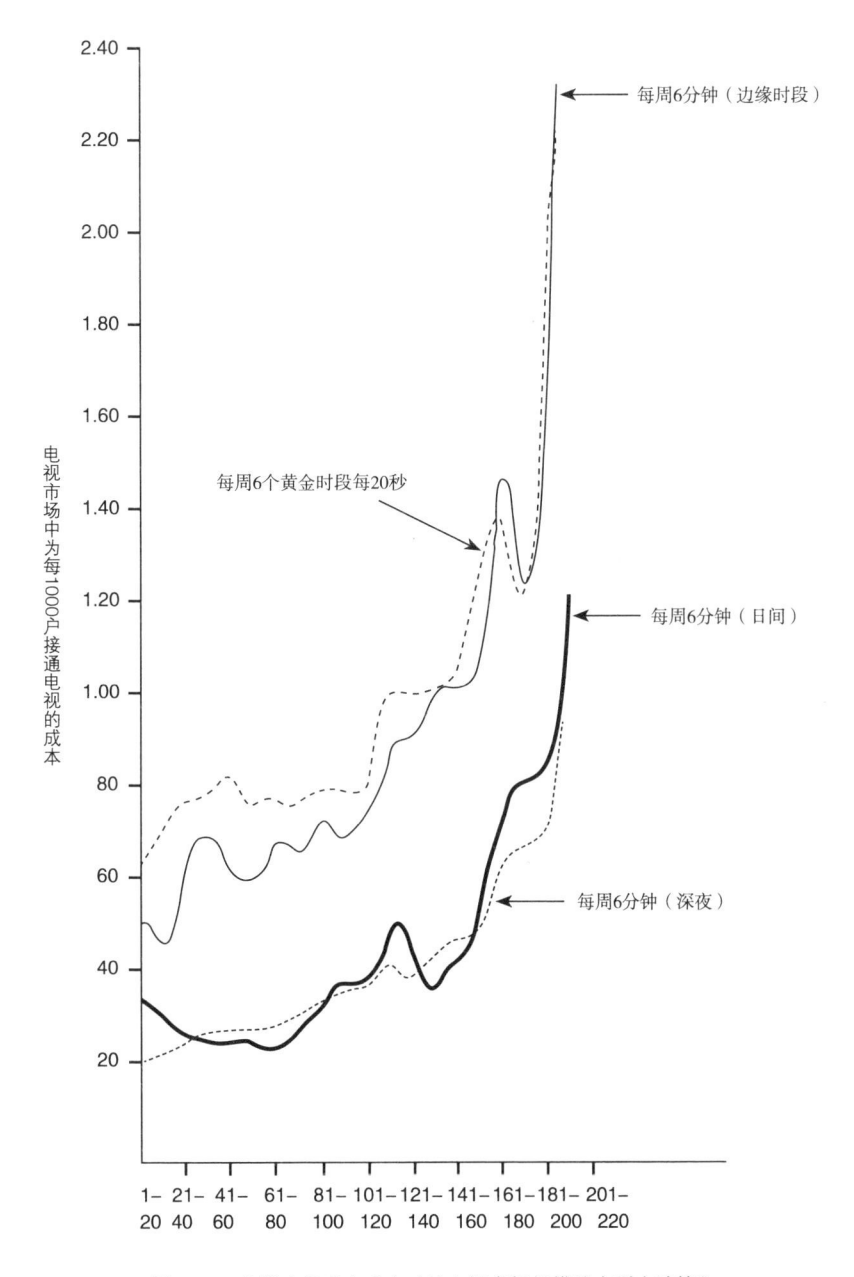

图 25-2 电视点播千户成本（按电视市场规模从大到小计算）

格更低，交通也更加便利。

从大西洋到太平洋的巴拿马运河的发展，便证明了这一理论。当运河首次开通时，船闸比实际需要大很多。到1939年，船闸又太小，无法处理当时的船舶，运输量也在不断增加，因此人们对运河进行了改造。扩建计划随之开始（但在第二次世界大战期间被迫停止）。现在，巴拿马运河已经完全不能满足需求，以至于一些驶向南美洲的船舶转而选择麦哲伦海峡。因此，可能会修建一条新的运河——新的运河很可能会在海平面上，而不是利用船闸在地面升降——这将会是一个很大的改进。

人口密度增加，使通讯系统效率出现了类似的提高，这可以通过对不同规模城市的对比中看出。在相同的价格下，大城市每天的报纸信息更丰富，比如芝加哥，而像伊利诺伊州等规模较小的城市的情况则相反。在较大的城市，人们一般有更多的广播频道和电视节目可供选择（虽然有线电视的出现使这方面日趋平等）。而且向广告商收取费用的价格——无论是百货公司还是寻求就业的个人，在一个大城市中，其千人点播的成本比在小城市要低得多，这明显得益于较大的人口规模（见图25－2）。

总结

人口增长促使社会基础设施得到极大改善，特别是交通和通信系统，二者对经济的发展是极其重要的。人口增长还为农业存量提供动力。至于人口增长是否会减少非农业存量，目前仍是一个科学争议的问题。对于想了解更多详细介绍的读者，我1977年的技术著作中的第1、3、10、11和12章涵盖了人口增长对资本的影响。

后记　人口增长的比喻——手球和壁球

这个比喻写于1980年，除了最后一段，没有什么需要修改的。

伊利诺伊大学乌尔班校区里有23个很棒的手球场、7个壁球场和一批老球场。现在，新建的壁球场经常人满为患。虽然不特别严重，不至于使人们怨声载道，但球员们不时担心学校未来的发展，声称建一个壁球场很难。而且，我听到有人因此反对增加学生人数。

手球场的情况体现了该国在人口增长和资本供给方面的状况。如果有更多的人口，就会立即增加对球场的需求。找停车位也会很难，也许找工作更难。也就是说，人口增加的直接后果，就是造成更加严重的拥堵。因为对可用好东西的竞争更加激烈，也因为提供更多这些好东西来照顾新增人口的自付成本更高，个人必然深受其苦。成本的增加是不可避免也是不可否认的。

现在，让我们把眼光稍稍放长远一点来看，为什么伊利诺伊大学的壁球爱好者如此幸运，能拥有23个手球场和7个壁球场？多年以前，这两项运动共用16个规模不大也不标准的场地。但是后来为了应对入学人数的增长，学校建造了一流的新设施，尽管当时纳税人和学生为此花了不少钱。

所以，现在的手球爱好者一边享受过去人口快速增长带来的好处，一边反对人口进一步增长，以便他们不必与更多的人分享过去人口增长所带来的资本存量，也使纳税人不必为额外的人口增长而增加投资。这个想法没有任何不合逻辑的地方。正如圣人希勒尔（Sage Hillel）所说："如果我不为自己着想，谁会为我着想？"但是，如果我们看到自己作为比这更长的历史过程的一部分，而不是只着眼于我们自身意识到的这一瞬间，并像前人为我们的福利考虑一样，也考虑一下我们自己和后代的未来福利，那么我们就会明白，我们应该合作，有取有予。正如希勒尔的补充："但是如果我只为自己着想，那我是什么？"

未来，我们的孩子可能会拥有更多更好的手球场。也就是说，如果大学里的人口持续增长，那么就会建造更多更好的球场。但若是人口稳定在现有的规模，就不会有更多的新设施。

更宽泛地说，如果农民没有来到伊利诺伊州开发土地、建立一个州并支持创建大学，现在肯定没有球场可供享受。伊利诺伊州中部地区拥有非常优质的玉米，但如果没有这些农民，这里将仍然是疟疾遍布的沼泽地，毫无用处。

我们再来看一下壁球场的情况。人们可以在一天中的任何时候进入壁球场。除了偶尔在下午5点，很少有一两个可用的球场供所有想练习壁球的人使用。除此以外的大部分时间里，壁球场几乎没有人使用。一方面，这里是我这样的壁球爱好者的天堂。另一方面，很多时候，可以一起玩的人太少了。而且，壁球场的氛围也有一些压抑，看起来有点像老人之家，因为除了那些来自英格兰或南非的爱好者，大部分人都是35岁以上，很少有青年学生或教职人员参与这个运动项目，所以要找到场地非常容易。相比之下，在手球场周围则充满了活力。这里总是热闹非凡，人们争相观看比赛，议论纷纷，一睹明日之星的风采。在很短时间内，手球场上产生了一些国家级的竞争选手。在壁球场周围（不是在场地上！），一切显得安静肃穆。但正如我所说，这也令人感到些许压抑。

未来呢？如果这所大学的人口继续增长，那么很有可能在十五年后将有足够的壁球场，不过到那时，球员已老态龙钟、力不从心了。到那个时候，壁球场将会破败，而一整批新的手球场将会出现。壁球场（和球员）走向衰败，将是其爱好者人数没有增长的代价。

所以你会如何选择？会像壁球场一样，选择那种文雅、平和而又有些略嫌压抑的无增长政策吗？或者像手球场，尽管一段时间内会投入资金成本，但你更喜欢这种不那么平静的、略微拥挤的人口增长？

现在，1996年，我在马里兰大学玩手球，部分原因是越来越难找到玩壁球的伙伴了。

26 人口对科技与生产率的影响

但是科学真正合法的目标,是赋予人类生命以新的发明和财富。

弗朗西斯·培根(Francis Bacon),《学术的进步》(Advancement of Learning and Novum Organum),1944年

我认为全世界或许只有5台计算机的需求量。

国际商用机器公司董事长托马斯·华生(Thomas J. Watson),1943年

电子数字积分计算机(ENIAC)的计算器配备了18000个真空管,重达30吨。未来的计算机可能只有1000个真空管,仅重1.5吨。

《大众机械》(Popular Mechanics),1949年,瑟夫和纳瓦斯基出版作品,1984年

  人的头脑比嘴和手对经济的影响更大。人口规模及其增长最重要的经济效应,是使更多人为我们有用知识的储备做贡献。从长远来看,这一贡献足以抵消为人口增长付出的所有成本。这是一个惊人的声明,但是它背后的证据似乎是强有力的。

  许多人反对增加知识的潜在贡献,并阻止人口增长,他们也许根本没有考虑到未来会出现许多令人难以置信的发现。在他们看来,我们现在认为不可能的事,在将来也是不可能的。即使是伟大的科学家(例如第13章引言里提到的欧内斯特·卢瑟福和阿尔伯特·爱因斯坦),也经常低估有用发现的可能性,特别是在他们自己的工作领域。(关于专家低估新知识的讨论,请参见第2章。)

  这并不意味着更高的生活水平需要更多的发现。正如第11章所讨论的,我们现在掌握了以不变或不断下降的成本获取能源的知识,以及生产几乎取之不尽用之不竭的粮食的专有技术(见第6章)。随着时间的推移,所有其他自然资源变得不那么重要,在总体经济中的比例越来越小。但更多的发现是应该大受欢迎的,哪怕仅仅为了科学冒险的刺激。

  让我们借这个问题来衡量新知识的重要性:为什么美国或日本的生活水平比

印度或马里的生活水平高得多？为什么美国或日本现在的生活水平比其两百年前高得多？近因是，美国和日本的普通工人平均每天创造的产品和服务，比印度或马里高X倍，或比其自身两百年前高X倍。这个X倍，就是美国、日本目前的生活水平与印度、马里，或与其自身两百年前的生活水平之比。

虽然这个答案几乎是肯定的[1]，但它给我们指出了下一个重要的问题：为什么现在美国和日本的普通工人每天产出这么高？一部分原因，是他们有更好的资本设备供应——更多的建筑物和工具，以及更高效的运输。但这只是一个很小的因素。我们不妨看看西德和日本。第二次世界大战使其大部分资本遭到破坏，但他们却能够以惊人的速度重新恢复高水平的生活。（他们从美国获得了一些经济上的援助，同时受益于军费的限制，但是这些因素并不是特别重要。）从前和现在（以及富国和穷国之间）的另一个差异，是范围经济——行业规模和市场规模所带来的直接优势，我们将在下一章讨论。

然而，从前和现在最重要的区别在于，现在有了更多的技术知识，人们得以接受教育，并学以致用。在当今的美国和印度，技术和学校融合在一起；这与两百年前的美国不同，图书馆的书本上都会有这些知识，但是如果没有学校教育，这些知识也不能适应当地的需要并用于实际工作。工业资本存量也与知识和教育相互交织；我们的许多生产资料，如电脑和喷气式飞机，其价值来源主要是它们内置的新知识。如果工人没有受过教育，这些生产资料就因无法运作而变得毫无价值。

技术知识的重要性出现在两项著名的研究中，一项是罗伯特·索洛（Robert Solow）的研究（1957年），一项是爱德华·丹尼森（Edward F. Denison）的研究（1962年）。两人采用不同的方法，计算出有形资本和劳动力增长对美国和欧洲经济增长的影响程度。两人都发现，即使在资本和劳动力允许的情况下，大部分经济增长中的"剩余"也无法用任何因素来阐释，除了技术实践水平的提高（包括改进的组织方法）。由于规模较大，范围经济在这方面似乎并不是很重要，尽管在规模较大、发展较快的行业中，技术水平的提高要比规模较小、发展较慢的行业快得多（很快会谈到更多这方面的内容）。当然，生产力的提高并不是免费的，其中大部分

---

[1] 第一个答案在很大程度上是定义性的，因为工人平均每天的产出与收入相同，除了工作人口比例和每年工作天数的差异，每个工作人员的平均产出数值等于人均收入。——原注

是用研发投资获得的。但这并不能改变技术知识收益的重要性。

让我们举几个例子来说明技术知识和技能的增长：

1. 在罗马时代，当时世界上最大的露天剧场可以容纳几千人一同观看体育赛事或娱乐活动。1990年，平均有5.77亿人通过电视观看了52场世界杯足球赛的每一场；共计约2.7亿人，即世界人口的一半，观看了至少一场比赛。电视节目不仅是大众享受的娱乐，也是那些由于某种原因不能出门的人和医院里病人的消遣，它可以使人们从痛苦中转移注意力（这是我曾经经历的奇迹，我至今依然感激不尽）。

如果体育和戏剧不能点燃你的激情，试试音乐吧。几个世纪以前，要欣赏独奏表演或管弦乐队演奏，不得不支付高昂的费用。如今，亿万人可以通过收音机、唱片和录音带收听，而且花费很小，连最贫穷的农民也能负担得起。20世纪的伟大表演，在未来的几个世纪甚至几千年后，人们仍然可以欣赏到。

2. 不超过一个世纪——在历经五百多年有记载的历史和数百个无记录的世纪，人们第一次有了比火光或油灯更好的东西，可以打破黄昏后的黑暗。20世纪末，即

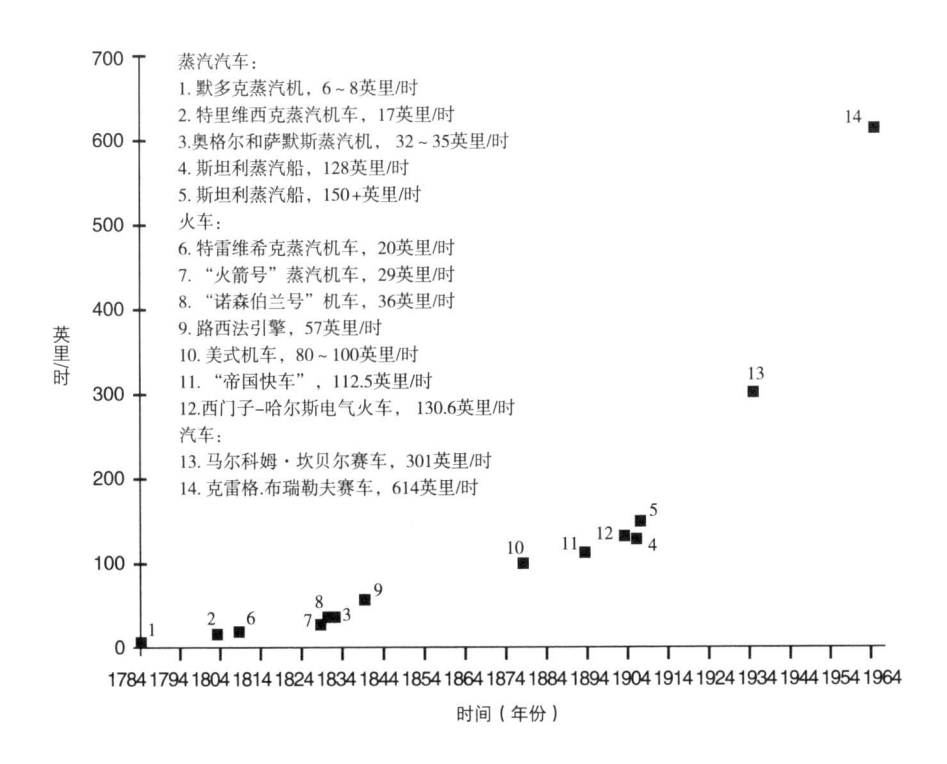

蒸汽汽车：
1. 默多克蒸汽机，6～8英里/时
2. 特里维西克蒸汽机车，17英里/时
3. 奥格尔和萨默斯蒸汽机，32～35英里/时
4. 斯坦利蒸汽船，128英里/时
5. 斯坦利蒸汽船，150+英里/时
火车：
6. 特雷维希克蒸汽机车，20英里/时
7. "火箭号"蒸汽机车，29英里/时
8. "诺森伯兰号"机车，36英里/时
9. 路西法引擎，57英里/时
10. 美式机车，80～100英里/时
11. "帝国快车"，112.5英里/时
12. 西门子-哈尔斯电气火车，130.6英里/时
汽车：
13. 马尔科姆·坎贝尔赛车，301英里/时
14. 克雷格.布瑞勒夫赛车，614英里/时

图26-1a 人类地面运输的最高速度（1784—1967年）

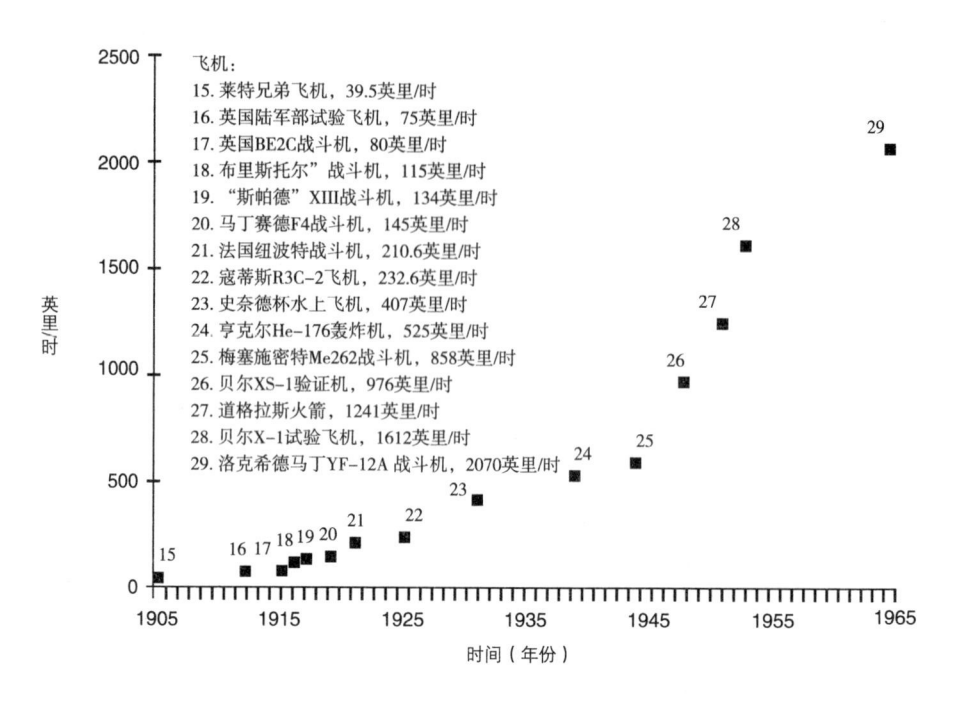

飞机：
15. 莱特兄弟飞机，39.5英里/时
16. 英国陆军部试验飞机，75英里/时
17. 英国BE2C战斗机，80英里/时
18. 布里斯托尔"战斗机，115英里/时
19. "斯帕德"XIII战斗机，134英里/时
20. 马丁赛德F4战斗机，145英里/时
21. 法国纽波特战斗机，210.6英里/时
22. 寇蒂斯R3C-2飞机，232.6英里/时
23. 史奈德杯水上飞机，407英里/时
24. 亨克尔He-176轰炸机，525英里/时
25. 梅塞施密特Me262战斗机，858英里/时
26. 贝尔XS-1验证机，976英里/时
27. 道格拉斯火箭，1241英里/时
28. 贝尔X-1试验飞机，1612英里/时
29. 洛克希德马丁YF-12A战斗机，2070英里/时

图26-1b 人类航空运输（不包括太空飞行）的最大速度（1905—1965年）

使是世界上最富裕的国家，也有一部分地区存在电力缺乏的情况，比如肯塔基州的大部分农村地区。现在，我们所有的美国人都在享受爱迪生的礼物，而世界上其他国家也正在迅速地被连线。

3. 不超过两个世纪，第一次出现了不完全依赖畜力的陆路运输。而现在，我们却抱怨汽车无处不在。如图26-1所示，人类运输的最大速度在增加。而快速、廉价的粮食运输能力的提升，是世界范围内饥荒死亡人数大幅下降的原因（除了那些由政府造成的死亡，见第5章）。然而，通观人类历史，直到19世纪，超过几十英里的食品商业陆上运输通常是不可能的。随后，运河、铁路，以及现在的公路和卡车，每天都把来自世界各地的食物放在你的餐盘里。

4. 在过去的两个世纪里，最富有的人也无法购买除酒精以外的任何麻醉药品，所有因医疗、牙科手术以及癌症等疾病带来的极度疼痛都无法免除。在过去，妇女分娩时，除了深呼吸别无选择。未来将有什么新发明与麻醉药品相匹敌？是的，现在我们对滥用各种低价止痛药（合法的或非法的）的现象深恶痛绝，但这标志着从提高实物商品生产率的经济问题转向人类面临的其他挑战。

5. 关于用劳动力价格来衡量的原材料（包括粮食和能源）供应量的增加，详见第1、5和11章。每单位土地粮食产量的增加详见第6章。所有这些活动的生产率可能无限提高。例如，我们每天都会读到这样的内容：细菌食用溶解的劣质金矿石，从废物中释放黄金；植物吸入核废料，以加速解决废料的处置问题（见第13章）。

6. 计算速度的提高是一个有据可查的故事：

20世纪40年代早期，尼古拉斯·法图（Nicholas Fattu）是明尼苏达大学一个研究小组的负责人……关于一些大矩阵的统计计算……他将十个人带到一个房间里，给每个人发放了一台台式计算器。这些人以协作的方式全职工作了十个月，一边进行计算一边交叉核对结果。大约20年后……法图教授用IBM704计算机花了20分钟便完成了这项计算。

如今，只要在台式计算机上，几秒内就能完成法图教授的计算。在过去几十年里，计算速度每七年就会增长十倍。

这是我的一次个人经历：在20世纪70年代初，我对两家竞争公司的价格行为进行模拟。我的工作需要耗费数万美元的计算机时间——在深夜使用大学里的大型计算机，需要技术人员不断的出勤。印刷输出是如此之大，以至于文件多到把一个小型储藏室塞得满满的，再没有多余的地方来保存。20世纪90年代的今天，卡洛斯·普格（Carlos Puig）和我回到了这项工作中，但将其扩大到三家公司，这需要更广泛的计算。这项工作是由一台普通的台式计算机在夜间自行完成的，它的成本远远低于旧式大型计算机上一小时的工作成本。整个输出可以放在几张单价为1美元的软盘上，用小信封邮寄。

7. 技术所创造的生产力的未来效益，就摆在我们面前。在零重力条件下的轨道空间实验室已经可以生产"更大的蛋白质晶体，并且提供比在地球上同等条件下生长的蛋白质晶体更优的结构数据"。在太空中培育新的人体组织和人体器官似乎也是可行的。关于人类基因治疗的新的可能性以及动植物的遗传转化，每天都有报道。

在我们生活水平的所有受益中，只有个人服务的价格没有因为生产力的提高而大幅下降——卖淫是最突出的例子（尽管现代的交通和通信甚至为这一交易提供了便利）。

在人类知识的惊人进步中，人口规模及其增长的作用是什么？生产力提高的根源是人的思想,而且除了人类的身体之外,这样的思想几乎不被发现。同时,由于改进——人们的发明及其采用——来自于人,因此改进的程度显然取决于可用于思想的人口数量。

这一古老的思想,至少可以追溯到1682年的威廉·配第。

对于"娱乐与装饰艺术",竞相比拟者越多,其发展越迅速。在四百多万人中找到一个有好奇心的天才,比在四百人中找到的概率更大……而其他有用知识的传播和改进也是如此。

最近,西蒙·库兹涅茨向我们提出了人口规模的这种好处。[1]

相比之下,许多末日论者完全忽略了一种可能性,即在所有其他条件均衡的情况下,更多的人口意味着更多的知识和更高的生产力。例如,人们很难看到世界人口的进一步增长将提高人类的生活质量,却很容易看到人口的进一步增长会减少他们的福利。

它具有启发性,即使这个事实不能视为可靠的统计证据,但在古代的发达文明,即以金属的发现及其使用方法为标志的文明,并没有出现在澳大利亚或者哥伦布之前的北美洲。这些地区人烟稀少、分布稀疏,与欧洲、亚洲甚至南美洲形成鲜明的对比。

谈到这里,问题往往出现:如果更多的人口能产生更多的新知识,那么为何人口众多的印度却不是世界上最先进国家?显然,印度产生新知识速度不如美国,因为印度的经济相对落后,它们能够接受教育的人口相对较少。(具有启发性的是,虽然印度的经济落后,却是世界上最大的科学团体之一——因为它拥有庞大的人口。换句话说,你敢打赌,瑞典或荷兰比英国或俄罗斯甚至印度更早产生伟大的发现,使核聚变成为现实吗?)

然后你注意到,今天的富国也经历过贫穷时期,你可能会问:为什么印度没

---

[1] 请注意,17世纪的英国统计学家威廉·配第陈述了这一总体观点,但他本人并无任何企图。经济学家一众同意,作为非天主教、非共产主义人士的诺贝尔奖获得者西蒙·库兹涅茨,对经济统计史的广义事实概要比任何人都更清楚;而马克思的同事弗里德里希·恩格斯则将这一论点阐述得最有说服力也最全面。如果这种观点代表某种阴谋,那么密谋者显然是一群奇特的盟友。——原注

有早早地富起来？两个多世纪以前，大卫·休谟明确解释了这个原因："除非人民首先拥有一个自由的政府，否则根本就不可能最先出现艺术和科学……"

休谟继而解释为什么自由是必要的："在人类取得其他科学领域的重大进步之前，一个共和国必须通过万无一失的操作形成法律。法律保证安全，安全唤起好奇，好奇带来知识。"

大卫·休谟在解释欧洲一些国家之所以先进时说道："通过商业和政策将邻国和独立国家联系在一起，对于礼仪和学术的兴起（他指的是科学的发展）是最有利的。"

在过去的十年中，经济史学家已经一致认为，社会制度和文化本质至关重要。更具体地说，个人在多大程度上可以自由地追求经济机会，以及在多大程度上可以保护他们为生产和消费而购买和创造的财产，加上各级多样性和竞争，似乎对人们发展和创新的倾向有着巨大的影响。谢泼德·克拉夫（Shepard B.Clough）认为社会和政治组织允许个人发挥其作为文明贡献者的全部潜力，这对"文明发展"极为重要。这里隐含的意思是，当社会禁忌或政治限制阻碍大众参与到最重要的文明活动中时，这种文化无法达到它所能达到的最高文明程度。因此，印度的种姓制度、中世纪欧洲对职业选择的限制以及纳粹德国的反犹法律，都阻碍了文明的进程。

也就是说，欧洲之所以推进了工业革命，完全出自于大卫·休谟所说的那样：独立促成的竞争，使人们在相当程度上摆脱了君主政府和官僚主义而得以自由。这为他们提供了经济机会，使其得以利用自身的才能创新进步，并从努力中获利。

经济—政治型组织模式影响各方面的新发现和新应用的发展速度，从而阻碍了创新。但即使在微观层面上，即在比国家小得多的单位层面上，经济组织也很重要。自罗马人占领以来，康沃尔的矿工一直在不停地挖矿，他们形成了一种不寻常的分散决策的市场体系，并因此开发了高超的地质学技能。这种技能使他们能够在19世纪四大洲的开采业中占据主导地位。该体系如下：

他们的采矿制度以"分配"为基础，在这个历史上因冲突而分裂的行业里，能够同时保持生产和士气可能是独一无二的。通过这个制度，被称为队长的矿山管理者标出矿井下方的各个区域，并且为每一个区域采集的矿石按吨定价。矿工为他们认为最有价值的区域进行投标，并且为之工作两个月，自行确定工作时间和工作安排。他们没有工资，但是在这段时间结束后，他们将按自己提出并商定好的矿石价值的百分比拿到相应的报酬。矿工中负责选择工作地点者，实际上必须成为执业"地质学家"。他们掌握了独有的矿石知识和最有效的开采方法。正是这种知识和经验，使得康沃尔矿工无论走到哪里都大受欢迎。

请注意，技术进步不仅仅意味着"科学"。科学天才——如果这个术语是有意义的——只是知识体系的一部分。很多的技术进步来自那些既没有受过良好教育也并非领取高薪的人：调度人员摸索出更好的调度出租车的方法；托运人发现垃圾箱可用来制造价廉质优的集装箱；超市经理找到了在有限空间展示更多商品的方法；超市职员发现快速打包肉类食品的方法；超市连锁店的市场研究人员通过试验发明了更低廉更有效的宣传和销售商店物品的方式；等等。

下面这个例子来自伊利诺伊州的当地报纸，讲述了"普通"人的发明故事。

来自两个不同地区的人将各自的好主意结合起来，想出了一个更好的主意。

维拉格罗夫的威廉·维克斯（William Vircks）和加利福尼亚大道的哈罗德·普拉普斯特（Harold Propst）开发了一种电动石膏板安装机。1969年，维克斯获得该机器的原始专利，但是当时的机器是手动而非机动操作的。他说，最初的机器是他父亲制造的，用来举起和固定石膏板或天花板材料。

维克斯称，他的父亲建造了第一个模型，但它"在角落里待了好几年"，直到他开始摆弄它。

后来，他在整个中西部地区售出了大约100台机器，其中一位买家是普拉普斯特——一名专业的石膏板安装工。普拉普斯特几年前购买了这台机器，并为它开发出电机和电子控制器。去年春天，二人通过一个共同的朋友聚在一起，并交流了各自的想法。现在，他们希望通过一家国有公司来推广机器。目前在塔斯科拉USI工厂工作的维克斯说，他在这台机器上倾注了十二三年的心血，希望很快能获得投资回报。

当然，康沃尔矿工和美国石膏板安装机只是体现人类头脑风暴的例子之一，不是特例。以日本和瑞典为首的制造业"质量圈"运动，是生产线上的人们根据他们在日常工作中的学习，贡献他们的想法来改进生产流程的一种形式化过程。

显然需要更多的知识生产者的需求是明显的。诺贝尔奖获得者汉斯·贝特告诉我们，如果更多人从事科学工作，未来核电及能源的成本和可用性将有一个更加乐观的前景。贝特专门在谈到核聚变时说："资金不是限制因素……进步的限制性更多来自于缺乏训练有素的工人。"

相关研究显示，在其他条件相同的情况下，当人员和资金数量越多，创新就越多。"如果有一组变量可以说在其他变量中脱颖而出，成为由经验决定的创新相关因素，那么这组相关因素表明了规模、财富或资源的可用性。"调查人员均认为，"组织规模和财富是采取新行为模式意愿的最强预测因素之一"。

与前几个世纪相比，过去的一个世纪有了更多的发现和更高的生产力增长率，这是因为人口有所增长。诚然，一万年前没有太多的知识基础来形成新思想。但换个角度来看，一万年前更容易找到关键性的改进，因为有太多未知的东西。然而，史前时期的进步却极其缓慢。现在，我们几乎每个星期都会读到新的金属和塑料材料的报道，而在过去，铜和铁的发现与使用却相隔了几个世纪甚至几千年。毫无疑问，如果早期的人口规模更大，技术实践的进步速度会更快。实际上，这正是英国从16世纪到19世纪间真实发生的事。当人口较多以及食品价格较高时，提交的农业专利数量和出版的农业书籍数量都比较多（这也是近期人口增长的结果）。

人口增长刺激了现有技术的应用以及新技术的发明，这可以在农业文献中找到充分的证据[1]。随着人口密度的增加，人们转而采用更"先进"但更费劲的方法来获取食物。人们很早就知道这些方法，只是并未使用，因为过去并不需要。这就很好地描述了农业形态发展的过程：从狩猎和采集，到移动性的刀耕火种的农业，再从长期定居休耕农业、短期休耕农业，到最后使用肥料、灌溉和复种。正如

---

[1] 经济学家对这一现象的观察可追溯到19世纪的杜能（J. H. von Thunen，1966年），查亚诺夫（A. W. Chayanow，1966年）则用理论和经验进行了论证。但是博塞鲁普（1965年）对这一想法进行了最深入的探索，并提出了大量的支持数据。在过去的十年中，人类学家发现，这种想法在多种文化中符合他们在各种文化中的大量观察。关于有价值的整合和总结，请参阅马克·科恩（Mark Cohen，1977年）。

史密斯（P. E. L. Smith，1972年）和扬（T. C. Young，1983年）提供了美索不达米亚这一过程的证据。马可克里斯顿（Joy McCorriston）和赫勒（Frank Hole，1991年）提供了有关技术先决条件的证据，包括栖息地多样性、气候变化引起的季节性压力、社会组织和技术变化。对相关理论的贡献可以区分如下：席穆克勒（Jacob Schmookler）倾向于收入和工业增长，而不是人口所引发的新知识的诱导性发明；博塞鲁普专注于人口增长引发的对已知发明的应用；佩第和库兹涅茨提到了新发明者的供应；巴奈特关注的是由自然资源供应减少所带来的新知识的需求。——原注

我们在第6章和第28章中看到的那样，虽然每个阶段最初都需要比前一个阶段付出更多的劳动，但是最后都会形成一个更高效、更具生产力的体系，付出的劳动也会逐渐变少。

这一发展顺序，揭示了为什么文明的进步不是技术与人口之间独立推进的竞争。与马尔萨斯的观点相反，在增加粮食发明与增加产量之间没有直接的必要联系。某些发明——"拉动型发明"，比如一种更好的方法——一旦经证明是成功的，就可以立即采用，因为它们可以增加产量，同时又不会增加额外的劳动力成本（或者能够在付出更少劳动力的情况下生产相同数量的粮食）。但是其他的发明——"人口推动型"发明，例如定居性农业或灌溉性多种农业，则需要更多的劳动力，因此只有等到人口增加才会被采用。人口推动型发明的采用根本不是一场竞争，而是在第1—3章中关于自然资源所详细讨论的那种过程。马尔萨斯关于人口增长与粮食供给之间动态关系的观点，以及这里所强调的观点，在图26-2a和图26-2b中有所反映。

贝尔纳（J.D.Bernal）提供了另外的证据——关于钢铁；电力、照明和能量；化学、细菌学和生物化学；以及19世纪的热量能量理论的案例研究——显示创新应对经济需求。例如，就电力而言，"其障碍在于缺乏经济方面的推动力。当人们开始为电力买单后，它便快速发展起来"。

在其他条件相同的情况下，人口规模大、密度大，就意味着总需求更大，爱迪生发明的第一个街道照明灯出现在纽约市而不是在蒙大拿州的原因就在于此。同样显而易见的是，在收入相同的情况下，拥有更多人口的国家可产生更多的知识，瑞典与美国就是最好的例子。贝尔纳也展示了最终需求是如何间接地起作用的。

"一旦大规模的电力分配被证明是可行并有利可图的，对大型高效电源的需求将随之而来"，这就推动了涡轮机的出现和发展。灯泡的发展促进了真空技术创造方面的进步，在一项目，这个技术"已经停滞了两百多年……"，这是科学技术发展中供求法则的又一个明显例子。

在"供应方面"也存在许多误解，尤其是认为潜在发明者的数量无关紧要。造成这个误解的来源可能是："人们只需对比黄金时代的小小的雅典与加尔各答的创新和创造力"，或者将比加尔各答与20世纪30年代的布达佩斯进行对比，就可以发现，大规模的人口并不意味着更多的技术知识。这个论点遗漏了"一切平等"的原则：加尔各答十分贫穷。而且，这个论点背后隐含着一个（毫无根据的）假设：

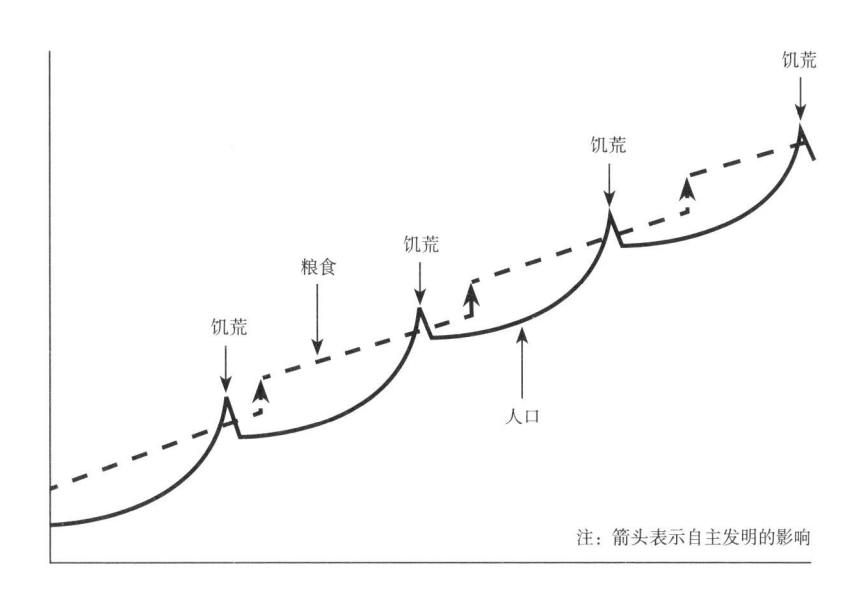

图26-2a 马尔萨斯—埃利希—报纸—电视对人口与粮食前景的看法

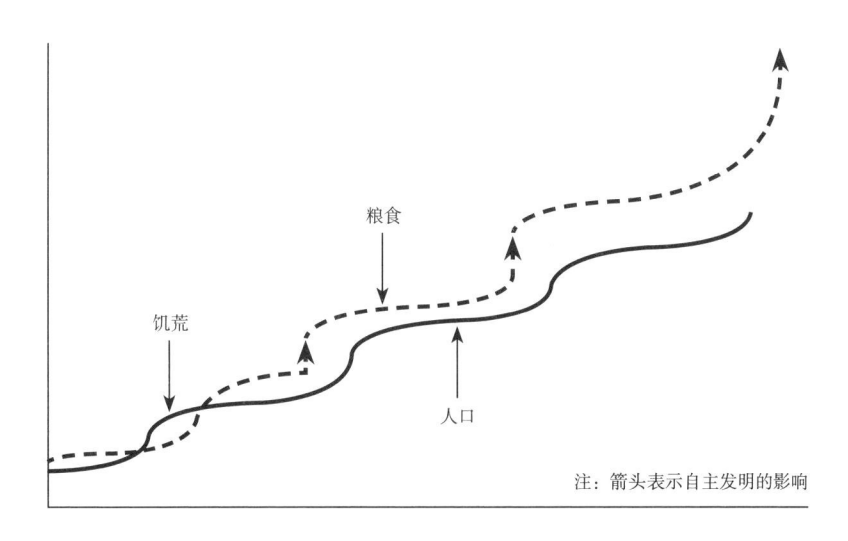

图26-2b 巴奈特—博塞鲁普—克拉克—舒尔茨—西蒙对人口与粮食前景的看法

加尔各答之所以贫穷,是因为它人口众多。

如果我们对处于不同人口规模和增长速度时期的希腊和罗马进行比较,或者比较不同国家不同规模的行业,便将发现,更大的人口规模与更多的知识与生产力相互关联,因为它有更多潜在的发明者和新技术的应用者。根据科学技术史家的记

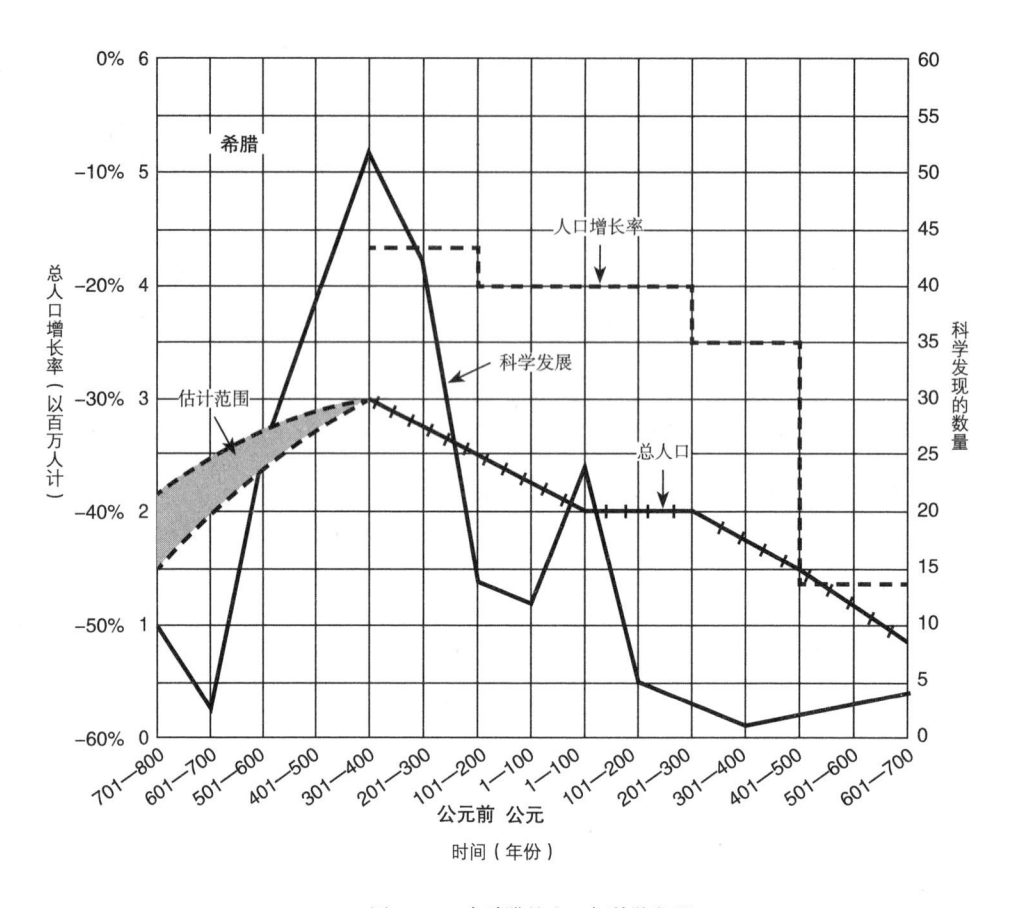

图26-3a　古希腊的人口与科学发现

录的资料，我绘制出了不同世纪的人口规模下的一些伟大发现。如图26-3所示，人口增长或人口规模或两者相结合，都与科学活动的增加有关；当人口数量下降时，科学活动则相应减少。（当然还有其他因素产生影响，我正从整个欧洲历史中更详细地探究这一问题。）

在关于能否通过更多的普通人而不是天才在日常工作中为我们贡献知识来改善物质福利这一相关问题上，电力生产的故事再次引人深思。贝尔纳描述道，"从1831年到1881年的这五十年一路艰难前行……投入的努力是很小的"。那些做出必要技术开发的人，"并非天才……如果这个领域能够吸引足够多的工人，那么更多并非天赋异禀的人可以在更早的时候摸索出同样的创意"。正如日本的发明家——本田摩托车和本田汽车的创始人本田宗一郎（Soichiro Honda）所说的那样，"100个

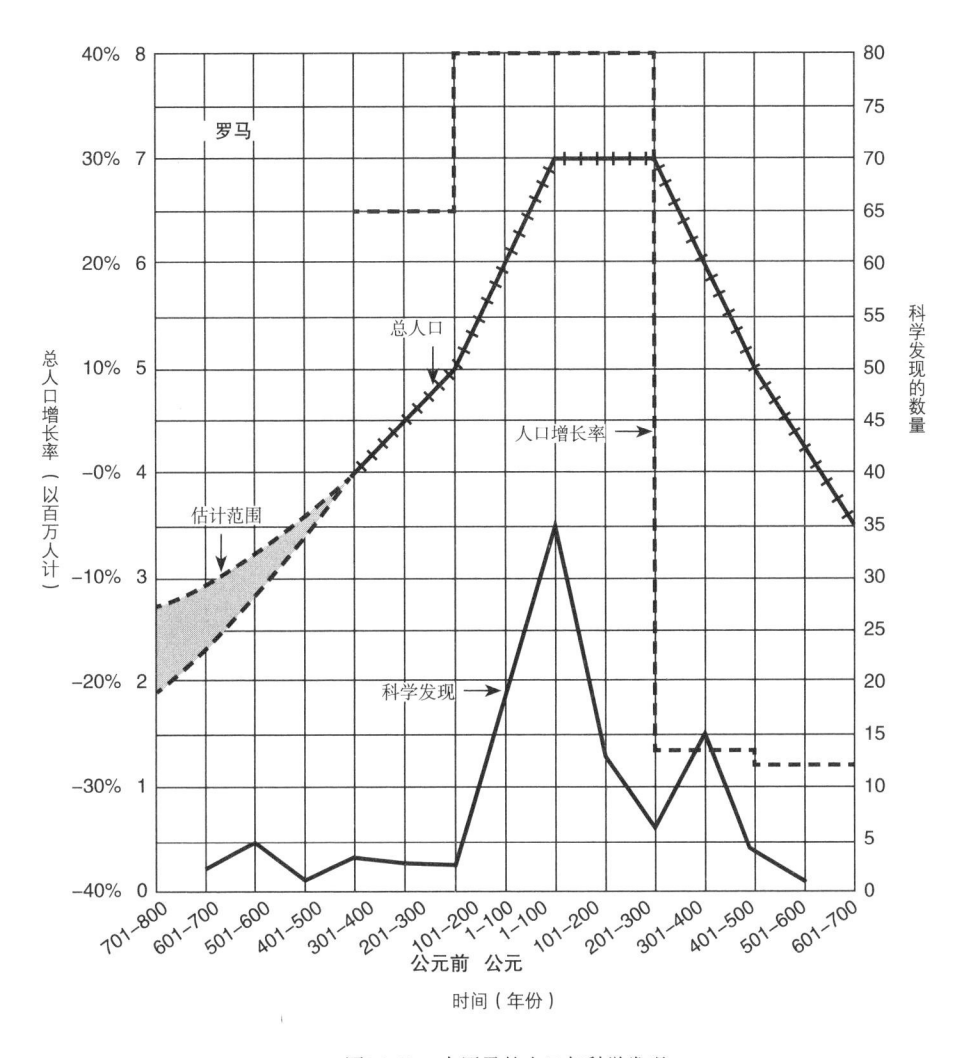

图26-3b 古罗马的人口与科学发现

人思考的地方，就有100股力量；1000个人就有1000股力量"。

如果更大的劳动力促使更快的生产率增长，人们将发现，生产率随着人口的增长而增长得越来越快。罗伯特·索洛的结论是，从1909—1929年至1929—1949年，生产率的年增长率从1%增长到2%，翻了一番，而美国和发达国家的人口和劳动力规模在后期比前期大很多。威廉·费尔纳（William Fellner）用两种方法计算出生产率的增长率：1900—1929年为1.8%（或1.5%）；1929—1948年为2.3%（或2.0%）；1948—1966年为2.8%。这些结果与"人口越多，生产率增长越快"的假设一致。当然，其他因素也可以解释这种加速。[1]然而，菲利普·梅吉雷（Philip Meguire）计算出，在过去一个世纪的大部分时间，美国生产率的增长率一直保持不变（然而，在较早的几个世纪里，生产率必然更低，否则，逆向推断就会发现，我们在过去的某个时段没有生产任何东西）。梅吉雷的分析表明，他所分析的其他国家，其生产率在过去几十年里一直在增加。

这里需要注意的是：所有现代国家的经济相互关联，我们应该把发达国家，甚至把整个世界当作一个整体来考虑人口和生产率增长，而不是个别的国家。一个国家在某种程度上可以搭乘整个发达世界的便车。（但是，这种情况的可能性比人们通常想象的低，因为要使国际知识适应当地的条件，就需要以当地的研究和开发作为基础。例如，高产的种子不可能简单地通过进口并种植成功，而必须要广泛适应当地的日照、温度、水和土壤条件等等）。因此，虽然我们的数据是针对个别国家或不同国家的交叉领域，但是我们讨论的最佳单位是整个发达世界。

然而，如果人口规模变小，近期的生产率就一定不会提高吗？科学家、发明家和思想家的数量，与新发现的采纳和应用之间的联系很难描述清楚。但是值得肯定的是，这种效应所需的联系似乎非常明显和强大。例如，图26-4的数据清楚地表明，一个国家的人口越多，科学家的数量就越多，所产生的科学知识也越多；具体地说，在收入水平相当的国家，科学产出与人口规模是成正比的。

美国比瑞典和荷兰大得多，它产生的科学知识也更多。因此，瑞典和荷兰从美国的人口规模中受益，因为他们从美国引进的知识远多于美国从他们引进的知识。这可以从瑞典、荷兰和美国的科学著作中使用的参考文献数量，以及相互授权的专利数量中看出。

通过比较各行业生产率的不同提高，越来越多的证据表明，更多的人口带来更快的技术进步。我认为，这个证据是非常有说服力的。我们观察到，某些国家某一行业的增长速度高于其他国家同一行业的增长速度，或高于同一国家其他行业的增长速度。然后对发展较快和发展较慢的行业进行比较可知，在发展较快的行业，生产率和技术实践增长率最高。这表明，人口增长速度加快，催生了发展较快的行

---

[1] 20世纪70年代，美国的生产率普遍不高。原因尚不明确，也不清楚这种倒退有多少是由于妇女的增加以及劳动力中出现大批青年群体等一次性因素所引起的。然而，根据我的判断，从长期的历史来看，这看起来更像是一种停滞，而不是趋势的改变。——原注

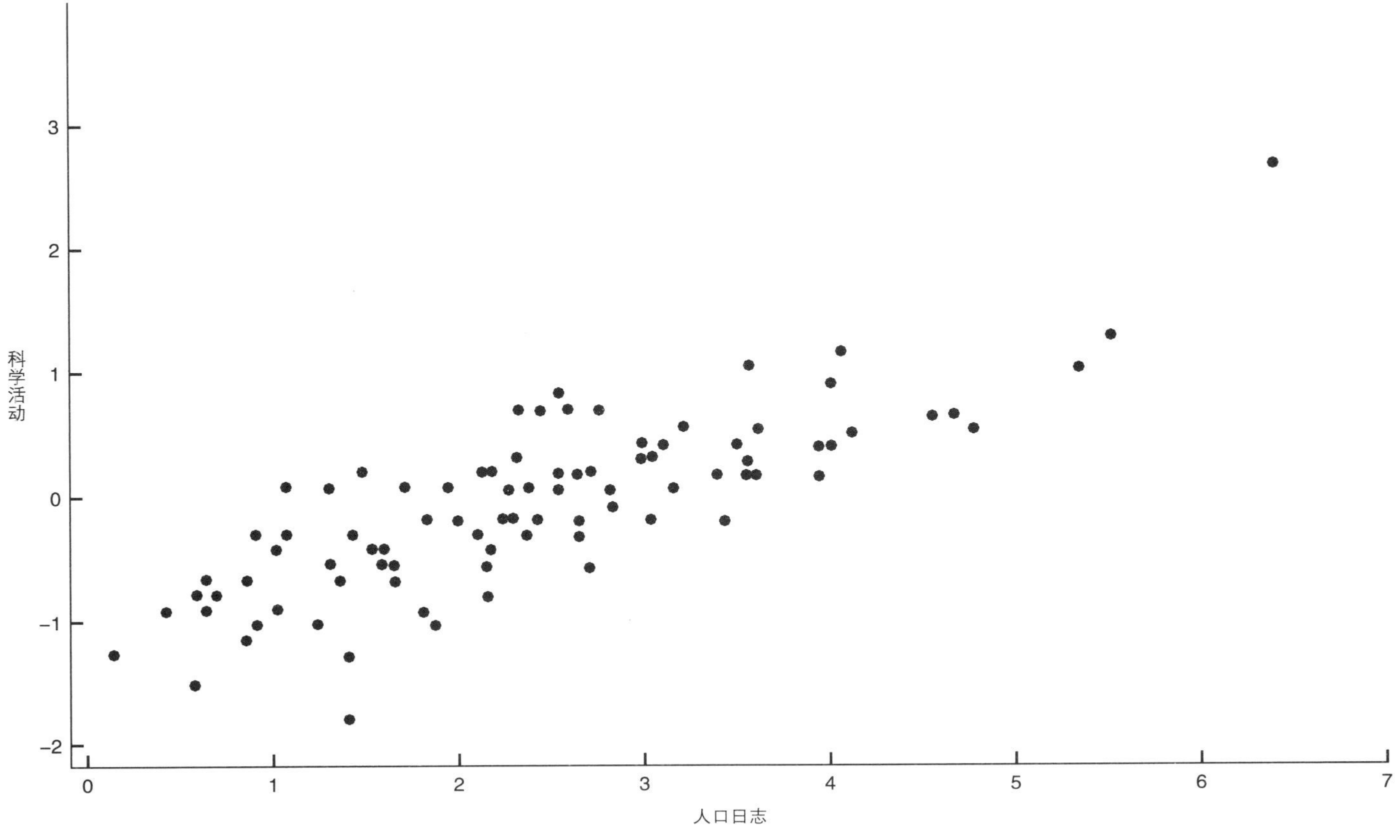

图26-4 科学活动与人口规模关系图

这张图表明了在20世纪70年代人均国民收入被纳入考虑之后,科学活动总量与国家与人口之间的密切关系。它刚好符合"更多人口意味着技术和经济增长更快"的观点。

业，从而使生产力增长加快。我们将在下一节详细讨论这一点。但必须再次提醒大家：我们的主题，是人口对整个世界的生产率提高的影响。针对个别国家的讨论，只是为了提供更多的样本。

现在，将这些基本观点与古典经济学相结合的正式经济理论已经出现，这将有助于解释为什么更大的人口规模（更多的劳动力）可以凭借更快的知识增长速度实现更快的经济增长。

结论与思考

现在，人类在通信、交通、营养、健康和清除疼痛以及一般生活水平方面都取得了非凡的进步。毋庸置疑，这是一个奇迹般的时代，人类终于从被自然界束缚的历史中得以解放。人口规模的扩大是促成这些成果的根本原因。

本书的主题是这整个过程，其流程如下：更大的人口规模通过供求机制影响知识的生产。

在供给方面，其他条件相同的情况下，更多的人将产生更多新的想法，从而意味着更多的知识创造。各国的科学生产率的数据便是这一主张的有力证明。

更多的人口和更高的收入，造成短期内资源需求的增长和资源消耗的加剧。需求一旦上升，会导致价格在一段时间内上涨。而较高的价格为企业创造收益提供了机会，发明者也可以通过新发明获得殊荣，从而促使发明者和企业家积极寻求解决方案。大部分人失败了，并为之付出了代价。但是在一个自由的社会里，人们最终将找到解决的办法。

从长远来看，新的发展会让我们比问题出现之前生活得更好。也就是说，资源价格最终将比稀缺变得严重之前更低。这适用于金属（见第1章）、能源（见第11章）、土地（见第6章）、物理基础设施（见第25章）以及所有其他物品。

预测任何特定的原材料或物质会变得更好的原因，主要是那个特定的趋势——例如，铜的价格几个世纪以来的下跌——以及上述解释这种趋势由来的理论。但在本书的第一部分中，我也充满信心地预测过，即使在许多没有数据的情况下，所有的自然资源和物质生活其他方面也会出现同样的改善趋势。那么，这些预测的基础是什么？

这样做的一个基础是简单地从已知的情况推广到未知的情况——比如说，从我们掌握数据的金属到缺乏数据的少数金属。但这些预测还有更坚实的基础。

相信解决方案会使我们比未出现稀缺问题前更好的最强有力的理由是:人类在数千年的历史中变得更加强大,可以更好地控制我们的环境,并使它产生我们想要的产品,同时我们人类的数量也随之增加。这意味着,平均而言,每一代人创造的东西比他们消耗的更多。这不仅是因为,我们的财富和人口数量增加了;而且如果不是这样的话,假定我们消耗的比创造的多一些,我们的资产像多次修补直到不能再用的轮胎一样,我们就会作为一种物种而灭绝。适合人类这一物种生存的基本条件是:我们每一代人确实都创造了净盈余(或者至少达到收支平衡),而且由于加上我们至今仍然存在并日益壮大,这个条件就一定是存在的。

随即出现的问题是:当我们的生态位被填满,也就是说,达到可用资源的极限后,我们会停止繁衍生息吗?当然,我们不可能给出确切的答案,因为随着财富和人口数量的每一次增加,我们将进入从未有过经验的境地。但正如各章(特别是能源、粮食和自然资源方面)所论述的那样,未来显然没有固定的限制。诚然,任何时候都有限制,但这些限制不断扩大,并且随着时间的推移,对我们的限制力就会变小。在这个意义上,我们完全不同于其他物种。

所以,人类的物质史就是由人口问题引发的:因为新技术和新组织形式的出现而出现的解决方案,因为新解决方案大量涌现而带来的人口增加,以及随之而来的新问题等等,以此推进。第11章中对这个过程中关于新能源形式发展的内容进行了详细的描述。它也描述了村庄向早期城市的演变,以及由此产生的对新的食物储藏方法和相关新知识形式的需求,如计算和写作,以及新的社会组织形式。这反过来又使得总人口和城市规模持续增长。

另一个例子是,从18世纪开始,英国交通运输得到改善——首先为发展中的城市提供食品,然后向生产新产品的工厂供应工业原料,最后将产品分销到国内外——这构成了运河、煤炭工业、铁路、钢铁工业、桥梁建筑和钢铁船舶相互关联的传奇故事。每一个行业的解决方案都会在其他地方引发新的问题和机遇,而新的解决方案进一步推动经济的发展,再次带来更多的新问题。举一个例子,山丘是运河的主要障碍,将驳船放在铁架上沿着斜坡上下移动,就可以省去使用昂贵而缓慢的船闸了。

让我们用前面引用过的一句话来结束本章:

如果人民没有自由的政府,艺术和科学就不可能萌芽。

后记 知识创造的重要性及起源

1948年，约翰·巴丁（John Bardeen）、瓦特·布拉顿（Walter Brattain）和威廉·肖克利（William Shockley）发明了晶体管。如果一个人或一个公司能够收集到该项发明仅仅一年的货币价值，那么这项发明产生的商品净值（该计算基于与不使用晶体管的技术相比，本来可能产生的类似产品的成本和价值）比世界上现存的所有20亿盎司黄金的价值还要高，可能达到一万亿美元（按1996年美元价值计）。

此外，巴丁于20世纪70年代中期退休，他退休前一年的工资为4.65万美元。而在发明晶体管的那一年，他的收入少得多。巴丁、布拉顿和肖克利等人从社会得到的回报，与我们从他们那里得到的利益之间的差别，是衡量我们其他人由于这些发明者所代表的人口增长所导致的知识进步而在生活水平上获得收益的一个指标。这个例子应该可以给本后记的其余部分提供一些参考。

额外的人口对社会的主要贡献是他们创造各种关于科学、组织和日常生活的新知识。他们创造并留下这些知识。重复一下，这些成就不仅是天才的成果，而且是由大量每日工作的人们所带来的。了解创造和利用生产性知识的过程，有助于理解人口增长对工业化国家经济增长的影响。正如我们所看到的，人口规模与知识的创造交织在一起，一方面是供应（通过知识的供应来实现商品供应），另一方面是需求（对工业产品，采掘产品，服务和总产出的需求）。因此，我们现在讨论知识创造过程的本质。

本节涉及的经济理论比本书其余部分要多一些，所以把它放在本章之后。把它命名为"后记"而不是"附录"，是因为人们很少阅读附录，除非他们迫切需要这样做。任何想要了解人口增长影响的人都应该阅读这一节。

知识创造的收益

知识创造经济学的主要困难，在于评估知识生产者"外部"的知识进步带来的好处，即生产者的知识创造的私人利益与整体经济和社会利益之间的差异。正是这种积极的外部性，将知识资本的创造和物质资本的投资区分开来。[1]

知识的创造者未充分利用知识的好处在于，即使知识是作为一种投资创造出来的，其利润也是可以实现的。知识进步的影响深远广泛，从个体创造者到其他个体，从投资创造新知识的企业到其他企业，从一代传到另一代。而创造知识的企业很少能够将新知识的所有价值都传递给消费者。当然，这种知识流溢现象也会干扰知识的创造，因为利益越小，发明者的成本就越高，那么发明者（或公司）对知识进行投资的可能性就越小。

在进一步研究之前，我们必须明确区分两种知识——"自发性"知识和"激励响应性"知识。

自发性知识

显然，并不是所有的知识创造都会受到短期或者长期的经济刺激的影响。也就是说，经济力量并不能解决所有的新发明，甚至是技术性发明。许多基础知识是在大学里创造的，而且只在很小的程度上受经济需求和优先秩序的影响。正如哈耶克所说："人类因好奇和需要的驱动而投身于科学探究。"哈耶克指出，"当我们惊讶不解时，问题便出现了"。从最宽泛的意义上解释，社会需求往往会在思想家心中形成疑问。

其他知识是为了提高效率而创造的，但是不受任何利润目的的影响，而且生产过程中没有明确的研发支出。这是企业在生产、营销、融资或其他方面的一种改进，这种改进可能源自某位高层管理者对如何更高效地运作的思考。例如，阿尔弗雷德·斯隆（Alfred Sloan）提出的将通用汽车分权的想法，或者家庭主妇将旧的洗涤剂盒作为杂志存储单元的想法，或者是其他富有创造力的农民开发的一系列产品。更多的人口，可增加这类知识的存量，这仅仅是因为有更多的人对这个世界的

---

[1]除了人们留给后代的财富——这显然只占总储蓄的一小部分，我们对社会的总遗产不甚了解，但作为储蓄所创造的所有人的物质财富在他们的有生之年已经用尽。因此，遗产并不能完全抵消额外的人口（所有其他条件相同）通过稀释资本供给来降低社会平均收入的过程，这也是马尔萨斯人口论的基本主张。 只有知识遗产才能使代际平衡带来积极效应。——原注

某些方面感到好奇，并且尝试发明新的方法来理解和改变它。

激励响应性知识

一些激励响应性知识是在大学里产生的，而且大部分来自工业领域的研发项目。应用知识和技术进步也是由各行业的工人在工作中偶然发现的，以响应使企业创造更高效和更赢利的有利环境。额外的人口促进了这种知识的增长，不仅提供了大量的创造性思维，而且增加了对商品的需求，从而增加了人们为解决问题而提出新的解决方案的动力。

知识效益的受益者

整体经济

如果一家公司创造知识，投资于知识，并以（比如说）30%的年回报率实现项目利润，而整个经济范围内的投资回报率为（比如说）20%，盈亏平衡项目回报率为（比如说）10%，那么整个经济将从新项目中受益——从回报率为30%的新项目中得到回报，因为它所使用的资源产生的回报超过了它们用于其他用途的回报。诚然，至少在一开始"利润"会流向公司。但是，企业的所有者是经济的一部分，如果他们在同等条件下变得更好，那么社会就会变得更好。假定在这种情况下，每个人都拥有一家企业，那么即使利润是"私人"的，每个人也会因此而受益。

此外，高利润项目高效利用资源，其效益不仅惠及企业的所有者，还有其他各方面——如创造就业机会，提高供应商收入，以及作为税收等。所以，即使没有知识形式的外部性，高产的知识项目也是有利于社会的。

本节开头给出了晶体管发明者的例子及其对社会的价值，将其作为知识外部性的一个标志。这里我们可以扩展一下这个例子。人类从最初开始积累的所有黄金的现值，大约相当于一年内美国劳动力收入的五分之一。该收入达到如此巨大，不是像同样数量的人处在原始经济水平下所获得的微不足道的收入，而是因为前人积累了知识，而我们并不为此付出代价；这是他们赋予我们的外部性。

再重复一遍，大约五千万美国人的收入相当于全世界所有黄金储备的价值，这归功于我们拥有的知识。在前几个世纪，黄金储备的价值肯定相当于更多人的收入。这既表明了铜和黄金等实物商品相对价值的减少，也表明了我们作为前代人劳动的外部性而获得的知识的相对价值的增加。这也不足为奇，因为世界上用于开采黄金或铜的劳动力的比例——这是衡量一种商品相对重要性的一个指标——与其他商品的生产相比小得多。如果世界上现在有更多的人来创造更多的知识，那么在未来任何一年的任何给定数量的人的收入价值，相对于黄金的价值来说，将大于其他情况。

其他企业实现的外部效应

知识生产企业所创造的知识为同行业其他企业带来的收益，是经济体系的一个关键要素。与上述的贴现因子效应相比，创新型企业的外部收益必然是巨大的。也就是说，营利性研发所带来的主要社会效益，可能源自企业投资于研发的外部效应。由于同行业其他公司和其他行业公司进行了研究，企业可以更容易地降低成本和引进新产品。

消费者从外部性获益

研发还有一个途径可带来社会效益。在研发机会阶梯的盈亏平衡点上，企业进行研发所增加的收入只是平衡了用于产生新知识的额外投入，因此企业没有净收益。但是，当竞争对手获得一些知识时（几乎是免费获的），整个行业的成本和价格都会降低，这将给消费者和整个社会带来意外收获。此外，除了在最不寻常的情况下，企业不能向消费者收取所有的知识收益。所以，即使企业能够操控自己的新知识，使竞争对手无法获得，"消费者剩余"仍然会产生净社会效益。

工艺与产品研究

关于知识创造外部性的规模：根据大多数国家的国民收入核算记录，人均产出年均增长率低于3%，并且这种增长很大程度上是由劳动力和资本的投入来决定的（这个比例具体是多少取决于研究人员以及你如何对投入进行分类）。你也许想知道，究竟有多少"剩余"可能显示了技术进步增长的影响。但是，我们的国民收入账户并不能直接显示以新改良产品为代表的很大一部分知识创造所带来的好处。如果一家制药公司推出了一种新药，可以让病人离开精神病院，节省大量的治疗费，并改善健康，增加生活乐趣，那么对经济的第一次冲击就是国民生产总值的减少，因为一些医院的员工会失业，直到他们找到新的工作。如果一家公司发现了一种新的汤料配方可以增加汤的美味，那么除非汤的销量发生变化，否则根本不会对国民生产总值产生任何影响。如果一家公司发明了比现有产品更可靠、更舒适的避孕措施，除非避孕药具的总支出发生变化，否则它对国民生产总值没有任何影响，如果新产品的价格与旧产品的价格相同（每单位使用量），国民生产总值就不会有任何变化。

然而，这些新的和改进的产品在每年的经济福利增长中占了很大一部分，包括预期寿命的增加，外表和幸福感提升，可从事的活动范围的增大，等等。

相对于进入新工艺的比例而言，新产品研发投入占新产品的比例非常大。在对工业企业的调查中，有45%的人认为研发的"主要目标"是"开发新产品"，另有41%的人表示为"集中精力改进现有产品"——合计86%用于产品研究，相比之下，另外14%的目标是"寻找新的工艺"，以用于制造业。当然，这些数字只是粗略的，最多是提示性的。一家公司的新产品，可能会改变另一家公司的生产工艺。但不论这些数字多么不充分，我们仍可以据其做出结论，即消费品研究在整个研究中占据很大比例。这意味着研发对消费者福利的影响，要比任何国民生产总值审计中所显示的影响大得多。

另一个有助于技术进步的重要的知识生产类别是政府所支持的研发。但是，要合理地推测出政府在知识创造上的总支出在多大程度上影响了生产率是非常困难的。

也许我们希望排除武器研究，尽管它带来了一些有助于提高生产率的副产品知识。也许我们还希望排除"纯粹的"或基础性的研究，尽管它以各种方式影响技术进步。农业研究是政府支持的相关研究的最好例子。兹维·格瑞里奇斯（Zvi Griliches）得出了一项有趣的估计，即杂交玉米研究的投资回报率"至少每年700%"。

我们是否肯定知识能够解决我们的问题？

也许如下思考可提供帮助：如果过去的两百年比其之前的几百年带来了大量的新知识，如果过去的一百年甚至五十年比之前一百年带来了更多的新知识，如果过去的二十五年比上一个二十五年带来更多的知识——知识的创造速度在不断增长——那么为什么还有人会认为一个世纪以后、一千年以后或七十亿年以后不会产生能够大大提高人类生活的新知识呢？这无疑是否定人类的所有经验。

27　范围经济与教育

> 并非越多越好。我们正在进入这样一个时代：当我们消耗得越少，我们就会越富裕。难道一个400磅重的妻子就比一个130磅重的妻子更好吗？
>
> 电视大亨泰德·特纳（Ted Turner），引自《值得注意的可引用处》（*Hotable Quotables*），1992年

所谓的"范围经济"现象（一个相关的术语是"规模经济"）——指更大规模的生产意味着更高的效率——已经有数百年的历史了。亚当·斯密之前的政治学家威廉·配第在谈到诸如伦敦这样一座大城市相对于小城市的优势时说道：

> 制造商创造的效益越大越好，因为制造本身已变得越大越先进……每一个制造过程都将分成尽可能多的部分，从而每个劳动者的工作将变得简单和容易。例如，在手表的制作过程中，一个人负责做齿轮，一个人负责做弹簧，一个人负责刻号码盘，还有一些人负责做外壳，那么整个手表将比全由一个人完成更好更便宜。同时我们也看到，在城镇尤其是大城镇的街道上，如果所有居民几乎共同从事同一种贸易，那么该地区特有的商品比其他地方的更好更便宜……[1]

理论

范围经济来源于：（1）能够提供更大更高效的机器；（2）更大市场背景下更广的劳动力分工；（3）知识创造和技术变革；（4）改善的交通和通信。我们将首先简要介绍这些因素，然后再进行详细探讨。在继续谈论之前，请记住，由于知

---

〔1〕在其他条件相同的情况下，更大的人口规模意味着更大的市场。更大的市场带来更大的制造工厂，它很有可能比小企业的效率更高，生产运行时间更长，从而能够降低每单位产出的设置成本。——原注

识的增加和范围经济的效率提高，生产率的提高没有简单明了的区别；它们是相互依赖的，都是由于人口的增长而加速。

1. 在其他条件相同的情况下，人口越多意味着市场越大，一个大规模的市场推动更大的制造工厂的出现。这些大工厂比较小工厂的效率更高，生产周期更长，从而使单位产品的成本降低。

2. 更大的市场使更广泛的分工成为可能，从而提高了人们生产商品和提供服务的技能。亚当·斯密强调分工的重要性，并举了著名的别针制造的分工实例。

市场规模也会影响机器生产的专业化。如果一个企业的商品市场很小，企业可能会选择购买可用于生产多种产品的多用途机器。如果市场较大，企业就可能购买更高效的、专用性强的机器。

更大的市场也将支持更多种类的服务。如果人口少，那么要为特定的产品或服务构建一个盈利市场就不太可能。如此一来，需要这些产品或服务的消费者将难以得到满足。

如果要有更大的市场，人口的增加必然伴随着总收入的增加；更多的婴儿并不意味着更高的总收入，尤其是在短期内。但根据几乎所有合理的假设，当婴儿成长到工作年龄时，总收入和总需求将会增加。

3. 范围经济也来自学习。如果你正给汽车安装第一个轮胎，那么安装第二个轮胎将比安装第一个轮胎快得多。一群人生产的飞机、桥梁或电视机越多，他们就越有机会通过"从实践中学习"来提高自己的技能——这是提高生产率的一个非常重要的因素。人口越多，生产出来的东西就越多，这就促进了边学边做。

4. 更多的人口使很多本来不会盈利的重大社会投资开始盈利，如铁路、灌溉系统和港口。这些建设的数量往往取决于每一特定土地面积上的人口密度，正如第25章中关于人口和资本所讨论的。例如，如果一个澳大利亚农民要在距离最近的农场很远的地方开垦一块土地，他可能无法将其产品运往市场，而且可能难以获得各项生产资料。但是，当附近建立起更多的农场时，就会修建连通市场的道路和设施。澳大利亚人渴望更多的移民和更多的人口，就像19个世纪的美国西部。而且，当人口较多时，通常可以以较低的成本提供消防等公共服务。

然而，人口的增长也可能造成范围不经济现象，例如拥挤。一座城市的果蔬批发市场，随着销售活动的日趋增加，就会因为拥挤和混乱而使销售变得更加困难。每增加一个人，就会减少另一个人的活动空间，并对他人造成污染（烟尘、噪声和垃圾），从而给他人带来一些成本。所以，在相同条件的情况下，人越多，个人的空间就越少，造成的污染就越多。这些影响既体现在生活安逸度和乐趣的降低，也体现在交通拥堵导致的生产成本上升致使价格上涨上。这种范围不经济与马尔萨斯的核心理论，即在一定土地上收益递减的理论非常相似。只要有某种生产要素的范围保持不变——无论是农民的土地还是批发商的市场面积——这种情况最终都必然发生。但是，如果这个因素可以增加，而不是通过建立一个更大的市场或将新土地用于耕种来保持固定不变，那么就可以减少或避免范围不经济，特别是拥挤。

统计证据

由于与范围经济有关的各种力量影响着相反方向的活动，而且由于对这些因素难以单独展开研究，我们必须考察人口增长和市场扩大对生产力和技术变革的整体净效应。

让我们从估计人口规模对欠发达国家生产率的总体影响开始。霍利斯·钱纳里（Hollis B. Chenery）比较了多个国家的制造业，发现在其他条件相同的情况下，如果一个国家的人口是另一个国家的两倍，那么前者每个工人的产出就会比后者高出20%。无论你怎么看，这都是人口规模的一个非常大的积极影响。

我们再从国家层面转向行业层面，从不发达国家转向较发达国家，因为大多数现有信息都与多国计量管理中心有关：在每个行业，必须存在一定的最小经营规模，才能达到一个合理的运作效率——一个人经营热狗摊，或数万人工作于汽车厂。尽管这是过去研究得最多的范围经济（由于其工业应用性），但与人口问题最相关的并不是范围经济。另外，在许多行业中，具有可行性的工厂的范围非常大——餐饮行业的范围可以从一人经营的小餐馆到上千人的大酒店——一个小国并非在所有行业都处于劣势，在某些行业甚至比较大国家更有优势。

更相关的是对整个行业的研究。如上所述，一个行业发展得越快，它的效率提高得就越快，即使与其他国家的同行业相比也是如此。虽然最好的分析已经过时，但他们的数据肯定仍然有效。在图27-1中，我们可以看到1950年和1963年美国工业生产率的比较、1963年英国工业生产率与英国工业生产率的比较，以及1963年美国工业与同年加拿大工业的比较。这里反映出，对于英国或加拿大的基准来说，

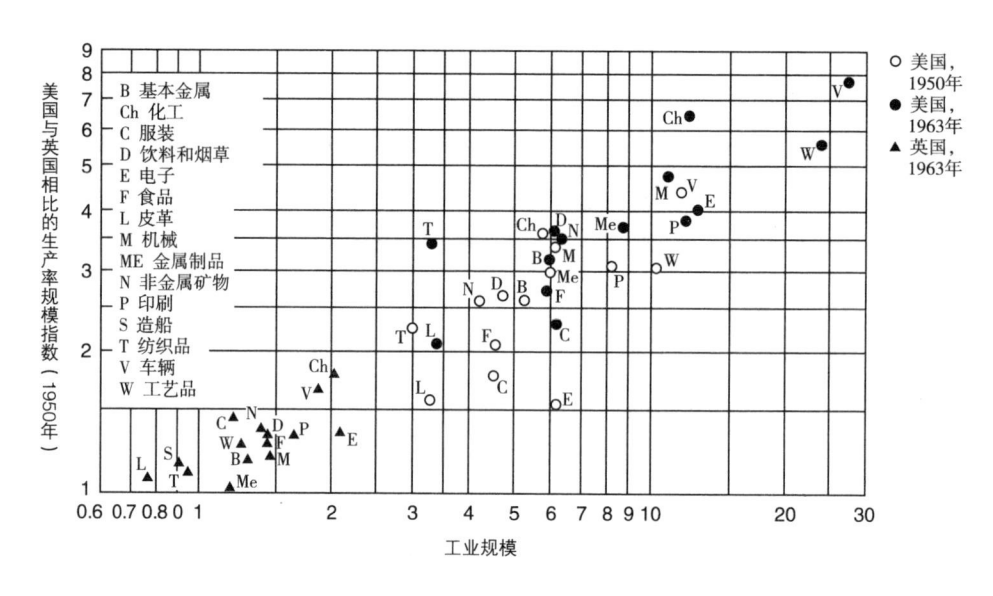

图27-1a 美国与英国的工业规模对生产率的影响比较

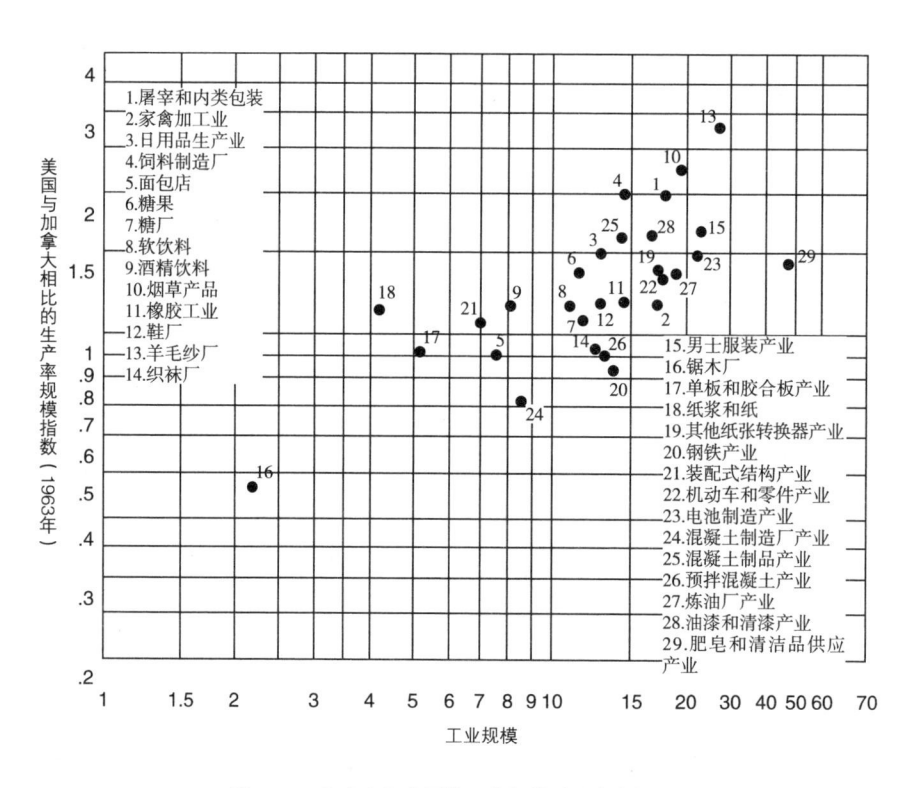

图27-1b 加拿大与美国的工业规模对生产率的影响比较

相关行业的规模越大,其生产率就越高,这种影响是非常大的。生产率与产量的平方根大致持平。也就是说,如果你把一个行业的规模扩大到原来的四倍,那么每个工人和每单位资本的产出很有可能翻一番。

钱纳里所分析的经济整体效应以及个别行业的效应,有力地证明了人口规模的增长速度越快,经济效率的增长速度就越快。

这种被称为"在实践中学习"的现象[1],无疑是提高特定行业和整个经济生产率的关键因素。这个想法很简单:随着人们学习并开发出更先进的生产方法,工厂或工业生产的单位数量越多,生产的效率就越高。几十年来,工业工程师一直"在实践中学习",但是在"二战"时期,经济学家在飞机制造中第一次掌握其重要性,当时它被称为"80%曲线":每架飞机的累积产量增加一倍,将使每架飞机的劳力减少20%。也就是说,如果第一架飞机需要1000个单位的劳动力,第二架只需要1000个单位的80%(800个单位),第三架则需要800个单位的80%(640个单位),以此类推,尽管一段时间后学习速度可能会放缓。对于车床、机床、纺织机械和船舶制造领域,已经发现类似的"进度比率"。学习明显具有极大的经济重要性,更大的人口规模对加快"在实践中学习"的作用不言自明。

"在实践中学习"的效果也可以从新消费设备进入市场后几年的价格逐渐降低中看出。室内空调、干衣机和彩电的例子见图27–2。

前面讨论的各种生产力研究自动从规模收益中减去拥挤成本。不同规模城市的生活费数据应更清楚地反映拥堵情况。因此,令人惊讶的是,城市规模与生活成本之间并没有明显的关系。最大的估计是,每增加一百万人口,生活在高预算水平下人们的生活总成本就会增加1%,其他的估计数据比例更小,甚至完全没有影响。[2]

---

[1]经济学家关于"在实践中学习"的基本论文是阿门·阿尔奇安(Armen A. Alchian)1963年的论文。在书中,他提到了他在第二次世界大战后进行的兰德研究,以及早期的工程学文献。更多的一般数据和讨论可以在赫尔西(Werner Z. Hirsch)1956年的著作中找到。从那时起,关于这一课题的理论和实证文献大量出现,但据我所知还没有很好的总结。——原注

[2]研究来自西福尔(Daniel Sheffer),1970年;阿隆索(William Alonso)和法艮(Michael Fajans),1970年;海沃思(C. T. Haworth)和拉斯穆森(D. W. Rasmussen),1973年。当然,清洁空气不包括在这些不同规模城市的比较中。但是,大城市中更广泛的文化和娱乐机会,以及其他一系列积极和消极的因素,也都如此。——原注

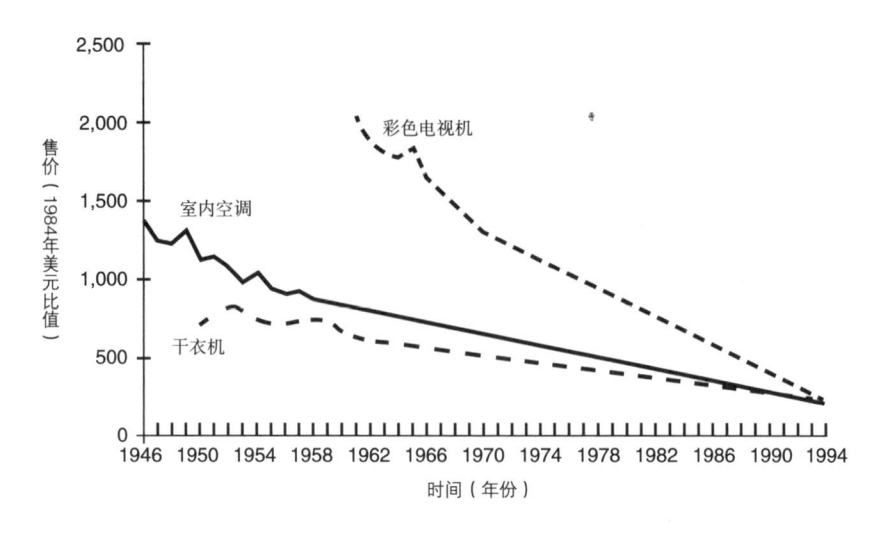

图27-2 室内空调、干衣机和彩色电视机的价格变化

此外，一项关于城市规模与200多种商品和服务价格之间关系的研究发现，虽然随着城市规模的增加，价格上涨的幅度大于下降的幅度，但对于几乎每一种商品或服务，在允许大城市提高工资后，其工人的生产效率会更高。而大城市的高收入远远弥补了商品或服务的高价格，使得大城市个人劳动力的整体购买力更高。这表明，拥挤的不利因素小于人口增长给大城市生活水平带来的有利因素，包括更好的通信和更多的竞争。

教育的数量和质量

长期以来，儿童所接受的教育的质量或数量的降低被认为是人口增长带来的负面影响。人力资本和物质资本一样，对经济生产率是至关重要的。在人口增长的情况下，人们可能不愿意提高（或者当局可能不要求）税收来维持同等水平的学校教育。如果是这样的话，那么人口增长越多，儿童比例越大，平均受教育的人数就越少，知识储备的增长将少于人口的增长。

人口增长对儿童受教育程度影响的传统理论直接来自马尔萨斯理论（第一版）：在更多的学生中分配固定的资金和资源教育预算，意味着每个学生接受的教育更少。但正如我们从大量证据中所知，民众和机构往往会通过改变固定的条件来应对人口增长。例如，在农业国家，有更多的孩子会促使父母增加土地劳作。而在工业国家，当出现更多有利可图的投资机会时，人们会将一些资源从消费转向投资，儿童教育就是这样一个机会。因此，我们必须允许作出与简单的马尔萨斯分享理论相悖的反应。

单从理论上来说，我们无法知道资源的稀释和工作量的增加这两个效应中到底哪一个将占主导地位。因此，我们必须转向经验数据。通过比较最不发达国家的人口增长率与儿童受教育程度，我们发现，生育率的提高减少了每个儿童的教育支出和中等教育入学率，而不是小学或高等教育的入学率。也许最有意义的结果是，这个负面影响远不如简单的马尔萨斯理论所暗示的那样大。总的来说，这个影响即使存在，也并不大。

许多人认为，规模越大的家庭意味着每个孩子接受的教育越少，这是因为在增加孩子的支出与减少孩子受教育程度之间进行权衡。还有一些研究支持这一理论。但是，很难确保研究不受更多儿童和更少教育的潜在原因的干扰。肯尼亚的一项研究发现，假设的影响是不存在的；事实上，在最大的家庭里，最小的孩子比不太大的家庭接受的教育量更大——总体而言，这是一个非常复杂的模式。然而，无论如何，这种影响如此之小，以至于可以断言，允许父母拥有尽可能多的孩子，不会因为降低教育水平而拖累经济发展。

这一章讨论了儿童，并假设他们都对社会做出了同样的贡献。然而，读者可能会怀疑，即使大多数儿童做出了积极的贡献，但某些地区的儿童，尤其是贫穷地区的儿童，是否对经济造成负面影响。不过这种观点似乎没有证据。[1]

总结

除了上一章讨论的加速知识创造和技术进步之外，更大的人口规模也实现了

---

[1] 一个国家的人口对其生产效率的影响当然取决于其物质和政治情况。其中的一个因素是一个国家与其邻国在经济上的融合程度。如果边界对贸易流量没有太大的限制，加之交通便利而廉价，那么国家本身的规模就不那么重要了。摩纳哥并不缺乏劳动分工，因为它与该地区融合得非常好；以色列的情况则完全不同。另一个影响效率所需人口绝对规模的因素，是经济发展阶段。国家越不发达，不同的人可以工作的专业就越少。也就是说，其他因素平等的情况下，对一个进一步沿着工业化进程发展的国家来说，国家规模小的影响可能会更小（或者可能没有，但我们没有证据）。——原注

范围经济。人口越多，意味着对商品的总需求越大；随着需求和生产的增加，出现了分工和专业化、规模更大的工厂、规模更大的工业、更多的实践学习以及其他相关的范围经济。拥挤是这种更高效率的临时成本，但它似乎没有在生产环境中造成持续的困难。

人口增长可能（或不可能）减少儿童所接受教育量；但其影响不会像简单的马尔萨斯理论所宣扬的那样大，而且对经济也没有太大影响。当然，儿童在未成年之前不可能创造知识和提高生产率。因此家庭和社会都应当为其成长付出一定的代价（父母承担大部分的成本）。这意味着，如果你不把眼光放到未来二十五年之后，你就不会对今天出生的孩子的智慧收益感兴趣，你就会认为为这个孩子的成长所付出的税收是一种糟糕的社会投资。但是，正如你自己今天享受着二十五年前或一百年前其他人教育投资的成果，如果你能把眼光放到长期的未来，你将会把今天的孩子们未来将创造的知识成果视为重要的收益。

28　人口增长、自然资源与子孙后代

不同的人口增长率将如何影响自然资源的供给？第一部分讨论自然资源的时候，并未涉及人口增长的内容。现在，我们将探讨不同人口增长率对自然资源供给的影响。为了简单起见，本章将集中讨论矿物资源。

让我们回到第3章中的伽玛故事，问一下：阿尔法独自一人在岛上与阿尔法和伽玛都在岛上，情况将有什么不同？我们将看到，如果二人都在岛上，那么短期内铜的成本可能会更高，除非直到其中一个人发现改进的生产方法（可能需要两名工人），或发现一种可以替代铜的产品。如果没有伽玛，那么阿尔法的后代贝塔也可能会过得更好。但是，如果伽玛确实出现了，那么几乎可以肯定的是，他们的后代都会更好。因为伽玛的出现，（a）将增加人口规模；（b）增加对铜的需求；（c）增加获得铜的成本；（d）然后发明并改进开采方法，并发现铜的替代产品。

伽玛和其他人带来的人口规模的扩大，从两方面对铜的开采成本造成影响：首先，对铜的需求的增加将导致对新发现的压力；其次，甚至更重要的是，更多的人口意味着将有更多的人去思考和想象，发挥创造力，并最终拥有这些发现。

家庭类比法

家庭类推法有时（虽然不总是）是理解人口增长效应的直观途径。例如，如果一个家庭决定再要一个孩子，那么原有家庭成员的收入就会减少，整个国家的情况也是一样。家庭中的父母可能要工作更长时间来获得额外的报酬，以应对额外的"需要"；国家也是如此。家庭还可以选择少储蓄来支付额外开支，或多储蓄来支付教育费用等后期支出；国家也是如此。新增的孩子不会立即对家庭产生经济利益，但以后可能会对父母以及其他亲属有所贡献；整个社会也是如此。像国家一样，家庭必须在眼前的非经济心理收益加上以后的经济利益与目前孩子的即时成本之间权衡。家庭与一个国家的整体情况不能进行类比的主要方面在于，每当国家增加一个人，这个人就会为社会的知识储备和整体经济做一份贡献。然而在家庭中，这种利益则不太明显。

然而，当人们的注意力从创造新资源的可能性上移开时，家庭模式就会出现问题。有人可能会这样想，假定一个荒岛上的家庭只有有限的铅笔和纸张，那么如果岛上出现更多的人，必定导致这里的铅笔和纸张更加匮乏。但是对于整个社会来说，几乎没有任何资源是不可生长（比如造纸）或不可替代的（除了能源）。如第11—13章及以下所述，能源供应应该不会出现任何问题。

如果家庭拥有一块特定的土地，然后增加了一个孩子，这看起来似乎家庭里的每个孩子继承的土地会有所减少。但是，家庭可以通过灌溉、复种以及水培来增加"有效"土地，有时候还可以开垦新的荒地。因此，新增的孩子不会增加土地和其他自然资源的稀缺性，除非将土地视为封闭系统，那就不可避免了。但事实上恰好相反，资源总量总是在不断增加。

人们可能会问，这种增长能持续多久？不可能一直持续吧？事实上，没有任何逻辑或物理上的理由可以证明，这个过程不会一直持续下去。我们以铜为例。鉴于替代材料、开采方法的开发与改进，以及在美国、其他国家、海洋以及在其他星球上发现新的矿脉，没有任何逻辑上的理由说明新增的人口不会无限期地增加铜或铜的替代品。

由于人口增长，以更快的速度回收铜的可能性也提高了我们现在从中获得的服务的供应，这应该可以使逻辑案例更具约束力。举例来说，假如地球两端的两个家庭共同使用一个可以用来祈求神灵庇护的铜水罐，但是由于传递困难，每个家庭要使用这个铜水罐都很不方便。那么，如果地球人口密集的话，这个罐子就可以在人与人之间快速传递，而这两个家庭将比在人口稀少的时候有更多机会使用这个罐子。不光是铜罐，其他东西也一样。这一过程不能继续下去的明显原因——固体地球中铜的表面有限性——是无效的，正如我们在第3章中看到的那样。

当然，从理论上来说，如果未来增加更多的人口，那么我们从铜矿和其他矿物获得的服务成本将比现在高得多。但是，所有过去的历史都表明，更好的猜测是成本和价格呈下降趋势，正如物质的稀缺性随着人口的增加而减少一样。然而，无论哪种方式，矿产资源"有限论"是十分混乱的，容易令人产生误解。至于先前提到的概念——将我们的星球视为"宇宙飞船地球"，同时每种资源的数量可以估算，因此乘客越多，人均拥有的矿物就越少——只是无稽之谈，完全不足为信。

再说一遍，如果人口在T年中变成10亿而不是20亿，那么我们无法确定从铜和其他矿物获得的服务成本，在T+50年还是T+500年后将会更便宜。然而，历史数据显示，近几个世纪以来，人口数量较之前几个世纪更多，而矿物成本下降得更快。这并不是结论性证据：人口增加意味着成本降低，以及更高的收入和更大的现有知识基础有助于降低成本。但是，更少的证据——事实上，一个都没有——表明，在T年中人口增加，意味着在T+50年或T+500年成本更高，矿产资源更稀缺。

难道你还不相信今后的矿产资源成本会比现在低？你仍然怀疑现在人口增长最终将意味着更低的矿物成本？如果是这样的话，你不妨问自己：如果人们在过去使用更少的铜或煤，我们会过得更好吗？如果我们今天才开始发现这些资源的话，那么我们开采、加工和使用这些材料的技能又将如何？

在严肃的书里，笑话总是不合时宜的。但是，我一直喜欢的一个笑话在这里似乎很合适。齐克70岁了，他的女友在与他相伴30年后刚刚离开了他，这令齐克十分绝望。他的朋友们竭力安慰他，告诉他过不了多久，他也许会遇到另一个女人。最后，齐克将他那满是泪水的脸转向他们说："但是你们不明白。我今晚该做什么？"

同样，在讨论了所有这些关于长期的问题之后，你可能会问到人口增长对资源的短期影响。然而，对你来说，你需要比对齐克更多的安慰。诚然，在短期内，自然资源供应很难适应突然增长的需求。但人口增长是一个非常缓慢的现象，在短期内不会发生根本性的变化。孩子作为新增人口，在出生多年后才会使用较多的自然资源。基于这两个原因，现代工业有充足的时间来应对实际需求的变化，我们不用担心人口增长导致的短期价格上涨。正如第1—3章讨论的那样，这种分析与所有原材料价格的长期持续下降相吻合。

自然资源增长模式

第1—11章表明，所有的自然资源——矿物质、食物和能源——在人类历史上日趋充足而不是稀缺。但是，要说更多的人口带来更多而非更少的自然资源，可能是违反所有常识的。因此，这里必须再次提到这个理论：更多的人口以及增加的收入，在短期内造成资源日益稀缺的问题。日益严重的稀缺性导致价格上涨，较高的价格提供了机会，并促使发明家和企业家寻求解决方案，许多人失败了，并付出了一定的代价，但是在一个自由的社会里，最终会找到解决的办法。从长远来看，新的事态发展使我们的生活比没有出现问题前更好。也就是说，价格最终比稀缺发生之前更低。

第11章以英格兰能源为例，在一个历史案例中说明了增加新资源存量的顺序。在第4章的"大理论"中，我们讨论了即使我们没有历史数据，这个过程也会发生的原因。"它还可以帮助你理解这个过程，将其形式化，以图表的形式显示人口影响结果的渠道。"

"能源危机"与人口政策

人们普遍认为人口增长会使能源状况恶化。以下为前美国能源部公布的一份小册子中所表达的典型观点：

在世界其他地方，特别是在发展中国家，人口迅速增长，每个新生儿使本已紧张的能源形势更加严峻。因此，如果发展中国家要实现经济发展，似乎必须首先处理人口问题。而且富裕国家也必须控制人口增长。如果不这样做的话，除非人均能源消费保持稳定或减少（似乎不可能），否则根本就没有足够的能源可供使用……

"我们必须学会节约能源，要更明智地使用它，否则我们将陷入严重的困境。"

鉴于此，我们有必要探究人口对能源供应的影响。我们需要了解：更多或更少的人口将对未来的能源稀缺和价格产生什么影响？

我们可以肯定地说：（1）就未来短期而言，比如在30年之内，当年的人口增长率对能源需求或供给几乎没有影响。（2）在中期，能源需求可能与人口成正比，更多的人口需要更多的能源。（3）从长远来看，人口增加究竟会增加还是减少稀缺，或者对稀缺没有影响，在理论上是不确定的。结果将取决于需求增加对当前能源供应的净效应，以及由于需求增加而带来的发现和技术进步，还有潜在供应的增加。过去，能源需求的增加与稀缺减少和成本降低有关。没有统计证据可以证明这种趋势不会持续下去。特别是没有理由相信我们现在正处于能源历史的转折点，而且也看不到未来会有这样的转折点。这暗示着未来能源朝向价格下降和供应量增加的趋势。

重要的是要认识到，在人口政策的背景下，谁"正确"认识到目前能源供应的状况真的不重要。是的，在2000年和2010年，我们将关注的是石油、天然气和煤炭的供应量大小，以及与现在相比将更高还是更低。如果政府对市场的干预使情况恶化（通常会发生的事），致使我们在加油站排队等候，我们会更担忧。对于国务院和国防部来说，我们国家的能源定价和发展政策是否导致我们从国外进口的能源供应量的比例发生变化也很重要。但是从我们国家生活水平的角度来看，即使由于能源技术进步相对较慢，以及由于国民生产总值和人口剧烈增长引起需求极大增长，使能源价格处于可能范围内的最高端，其影响也不是太大。在相当于每桶石油50美元（以1992年美元币值）的不太可能的高能源价格下，还有煤炭、页岩油、太阳能、天然气、化石能源和生物质能源可以作为支撑，以及几乎取之不尽用之不竭的核能供应——如果我们包括核能在内的话，那么数百万甚至上千万年的供应也不成问题。即使能源以最不可能的高价出售，而不是1993年的实际油价（比如说每桶15美元），我们的生活水平也不会出现明显变化。

由此我们可以得出这样的结论：无论人口增长对能源形势的影响如何，需求增加都会产生负面影响，新发现会产生积极影响，而净效应可能是积极或消极的。人口增长通过其对能源成本的影响来实现对生活水平的长期影响，并不重要。而在这种情况下，对其数量的精确计算是没有意义的。

我们是在对后代展开庞氏骗局吗？

一些作者——其中一位可能是获得诺贝尔奖的经济学家保罗·萨缪尔森（1975年）——曾经说，人口增长是一种金字塔计划或"庞氏骗局"。以下是一位专家的看法：

> 朱利安·西蒙为我们的经济困境提供的解决方案是一个金字塔式的计划，我们的孩子将为此付出环境恶化和生活质量恶化的代价。（我们为）美国的人口统计学吹捧这些东西感到羞耻。
>
> ——芭芭拉·威林（Barbara Willin），南卡罗来纳州萨默维尔市

庞氏骗局是一种欺诈行为，在这种欺诈中，每个早期买家都被出售特许经营权，以招募另外几个买家，每个买家都获得招募额外买家的专营权，以此类推。每个成功招募全部配额的人都能赚钱。但最终人们会发现，找不到更多的买家，因为市场已经饱和。这项计划失败了，后来的特许经营买家也因此亏了钱。该计划以查尔斯·庞兹（Charles Ponzi）的名字命名，他在20世纪20年代完善了证券市场的类似计划。

但人口增长并不构成庞氏骗局：我们没有理由认为资源会耗尽。相反，正如本书的第一部分所表明的（根据所有自然资源长期价格下降的历史，加上适合数据的理论），资源可能会变得更丰裕而不是更稀缺。因此，没有理由认为现在的消费是以未来的消费者为代价，或者现在消费得更多则意味着以后可用的更少。相反，可以合理地预期，现在更多的消费意味着将来更多的资源，因为它诱导发现新的资源供应方式，这最终将使资源压力比现在更小，价格也更便宜。

庞氏骗局和本书对人口和资源的观点之间还有一个重要的区别：随着庞氏骗局开始逐渐消失，随着卖家发现更难诱导更多买家购买，特许经营权的价格随之下降，制度也开始崩溃。但是，资源不管在任何时期一旦供不应求，价格就会上涨，从而降低使用量（并可能减少人口增长），因此它构成了一个自我调整而不是自我毁灭的体系。

当然，这种人口和资源的观点违背了所有的常识，也就是传统观念。但是，只有当科学给我们的知识不是单凭常识才能得到的时候，科学才有意义。

自然资源与耗尽风险

你可能会想：即使能源和矿物资源耗尽的可能性很小，依靠技术进步来持续是否可靠？我们能否肯定，技术进步将持续防止日益严重的稀缺性，甚至增加自然资源的供应？避免哪怕是很小的重大稀缺灾难的可能性难道不是谨慎吗？即便更大的人口规模可能带来更低的成本，但是如果我们抑制人口增长以避免自然资源匮乏的可能性，这样岂不是风险更小吗？理性的人通常"厌恶风险"。

在第13章讨论核能时，对规避风险的问题进行了详细的考虑；在第30章讨论人口和污染时，也将考虑规避风险，因为风险对争论和政策决策更为重要。对这个话题感兴趣的读者，应该转向那些讨论。然而，风险规避与自然资源无关，原因有几点。首先，任何矿产日益短缺（即相对价格上涨）的后果，对生命甚或生活水平都不构成危险。其次，一种材料的相对稀缺导致了其他材料的替代，例如，铝替代钢，从而降低了稀缺性。第三，任何一种矿物的稀缺性，只会非常缓慢地表现出来，从而给予我们充足的时间和机会对社会和经济政策作出适当地改变。第四，就像更多的财富和更多的人口带来更多的自然资源需求一样，它们也有助于我们缓解短缺和提高技术和经济能力，这使得任何特定的材料变得越来越不重要。第五，也许是最重要的，我们已经掌握了核裂变技术，能够以不变或不断下降的成本永远满足我们的能源需求。

即便如此，接下来让我们谈谈对未来继续取得进展有多大的信心。

我们是否确定技术一定会进步？

有人问：我们能否确定未来会发现新材料，以及提高生产力的新技术？这个问题的背后隐藏着一种信念，即新技术的生产并不遵循与其他产品（如奶酪和歌剧）生产模式相同的可预测模式。但在我看来，无论是在逻辑上还是在经验上，都没有理由相信这种差异。当我们增加更多的资本和劳动力时，我们得到更多的奶酪；我们对此没有逻辑保证，但这是我们的经验，我们准备依赖它。关于如何从一定的资本和劳动力中增加谷物、奶牛、牛奶和奶酪产量的知识也是如此。如果你花钱请工程师，让他们去解决一个非常寻常的问题——例如，如何更快地或者用更少的劳动力挤牛奶——工程师们无疑会这么做。在同一个问题上花费额外的创造性努力可能会减少回报，就像在某一年某一农场使用化肥和劳动力的回报会减少一样。但是，随着全新的技术形式出现来解决旧的问题，旧的收益递减模式将不再适用。

企业愿意支付工程师和其他发明人去寻找新发现，证明了创造性努力回报的可预测性。为了更加具体地理解这个过程，你可以问问科学家或工程师，他是否期望他目前的研究项目可以比他只是坐在森林里读一本侦探小说创造更大的成果。工程师经过训练的努力比未经训练的不努力更有可能产生有用的信息——实际上，正是预期的信息。这在总体上是可以预测的，就像奶牛会产奶，机器和工人会把牛奶变成奶酪一样。因此，依靠技术发展在未来将持续发生的事实——如果我们继续投入人力和其他资源进行研究——就像依靠任何其他生产过程一样合理。虽然我们不能从逻辑上证明技术发展将来会继续下去，但是谁也不能证明资本、劳动力和牛奶会继续生产奶酪，或者明天太阳会照常升起。

我认为，对资源新知识出现的唯一可能的限制是新问题的产生；没有未解决的问题就没有解决方案。但是在这里，我们有一个内置的保险政策：如果我们的最终利益是资源的可用性，如果可用性应该减少，这将自动提供一个未解决的问题，从而导致新知识的产生——不一定是立即产生的，也并非不会出现短期性的中断，但它将是长期的。

我并不是说所有的问题都可以以它们所呈现的形式来解决。我并不是说生物学家能使我们永生，也不是说人类的寿命在未来会延长一倍或两倍。另一方面，我们也不需要排除生物遗传学可以创造出一种具有人类大部分特征以及比人类长寿的动物。但这并不是我们在这里感兴趣的知识类型。相反，我们感兴趣的是对我们经济文明的物质投入的认识。

这个论点的一个复杂版本是，额外知识的成本今后可能会上升。一些专家指向现在参与自然科学研究的大规模团队和大笔资金投入。然而，我们注意到，由于现有的知识基础和整个信息基础设施，现在进行许多研究比过去便宜得多。西蒙·库兹涅茨可以比威廉·配第更进一步地推进他对GNP预测的研究。而一个普通的研究生现在可以做一些配第不能做的事情。此外，现在，一个特定发现比过去更有价值，国民生产总值测量也比佩第时代有更多的经济影响。我计算出，农业发明在刚出现时的社会净现值低于现在的净现值，甚至比现在的电脑游戏还微不足道。几千年来，农业是唯一的重大发现，而晶体管以及更多的发明都是在近几十年内发生的。

总结：终极资源——自由社会中的人类想象力

没有足够的理由可以让人相信，更多的人口对自然资源的相对更强的利用，将对未来的经济产生任何特别有害的影响。在可以预见的未来，即使对过去趋势的推断存在严重错误，能源成本也不是评估人口增长影响的重要考虑因素。在考虑不同人口增长率对其他自然资源的经济影响时，可以像对待任何其他物质资本一样对待其他自然资源。无论是从短期还是长远来看，矿产资源的枯竭并不是一个特殊的危险。相反，矿产资源的可用性，按其价格衡量，可能会增加，也就是说，成本可能会降低，尽管存在所有关于"有限"的概念。

对新增人口对自然资源"稀缺性"（成本）影响的正确评估，必须考虑到从需求增加到发现新矿床、开采新方法的反馈。我们必须考虑现在的需求与今后几年的供给之间的关系，而不是考虑现在的需求对供应的影响。人口越多，就有越多的人致力于发现新的资源和提高生产力，不论是原材料还是所有其他商品。

这个观点不仅限于经济学家。一位技术专家写道："实际上，技术在不断创造新的资源。"知识是对人类以可接受的价格享受无限矿物、能源和其他原材料的能力的主要制约因素。知识的来源是人的思想。最终，关键的制约因素是人类的想象力和教育技能。这就是人口的增加以及导致资源的额外消耗，构成了自然资源存量的重要补充的原因。

但是，我们必须记住，只有在经济制度赋予个人自由发挥才能和利用机会的情况下，人类的想象力才能蓬勃发展。因此，资源和人口经济学的另一个关键要素，是政治法律经济体系通过政府为人们提供人身自由的程度。技术人员需要一个适当的框架，只有为他们的努力工作和承担风险提供激励，才能使他们的才能得以发挥并取得成果。这种框架的关键要素是经济自由，尊重财产，公平合理地执行市场规则。

我们人类应该载歌载舞，共同庆祝我们从一个以耗竭为主导的原材料稀缺的世界中崛起。然而，相反的是，我们看到的是一些阴沉的面孔。这些扫兴者指责我们这一代人以牺牲下一代人的利益为代价，我们的狂欢建立在后代的痛苦之上。但事实上，那些利用政府为自己谋利益的人却以牺牲其他人为代价拥有了一个政党——官僚、政府补助的攫取者和政府补贴的抢夺者。别让他们破坏了我们的快乐时光。

后记　从海滩开始

人们只需睁大眼睛阅读每天的报纸，就可以看到自然资源带来的好处日益增多，原因是有更多的人口。（如果我没有严格限制这些内容的数量，这本书将达到一千页，而且永远完不成。）我们不妨考虑以下这个例子：

海洋是一种最基本的自然资源要素。人们享受海洋的一种方式是冲浪。即使是最纯粹的环保主义者，也没有听他们抱怨过冲浪会破坏海洋。

然而，海岸线却是稀缺的（尽管一部分人类小心翼翼地生活在海洋和河流附近）。也就是说，冲浪需要花费很多时间和金钱，因此相当有限。

不过对于冲浪者来说，未来一片光明。一位冲浪爱好者兼企业家已经为游乐园发明了人造冲浪机，无论距离海洋多远，人们都可以享受其乐趣。

应该指出的是，人类的思想是发明冲浪机所必需的。如果发明家托马斯·洛赫特菲尔德（Thomas Lochtefeld）的父母当初不选择将他带到这个世界的话，可能要过很多年，甚至几十年或几个世纪，才会有人让冲浪爱好者的生活变得更美好。

后记　克尔姆经济学

想象力是文明进步速度的关键因素，但如果今后没有更多新的技术知识产生，我们也可以过得很好——事实上，在我们的图书馆——有关粮食、服装和能源供应的技术，可供人类在未来70亿年里受益。令人惊讶的是，这一庞大知识体系中的大多数具体技术，都是在过去的一百多年里发展起来的，尽管这些最近的发现当然是建立在积累了数千年的知识之上的。

实际上，对这个知识体系最后的必要补充——核裂变、太空旅行和快速计算——发生在几十年前。即使在这些过去的进步之后没有再发明新的知识，我们也可以在人口数量持续增加的同时，改善我们的生活水平和环境控制。基因操纵的发现必然会大大增强我们的能力，但即使没有它，我们也可以永远继续我们的进步。

从长远来说，做好法律政治经济体系工作所需要的想象力可能更为关键。不幸的是，尽管从曼德维尔、休谟和斯密开始，几个世纪以来人们已经知道了基本的观念，但是大多数外行甚至许多著名的经济学家，都不了解自发合作的自组织社会系统的本质。太多人把社会当作一场零和博弈[1]。有时候我认为，能够真正表达这一点的唯一办法就是讽刺。所以，让我们看一下这段摘取自艾·辛格（I. B. Singer）的小书《克尔姆愚人》（*The Fools of Chelm*）中的内容：

最初的克尔姆人赤脚走路，住在山洞里，用石斧和长矛猎杀动物。他们经常挨饿生病。但由于"危机"这个词还不存在，所以没有危机，也没有人试图解决它们。

---

[1] 零和博弈：又称零和游戏，与非零和博弈相对，为博弈论的一个概念，属于非合作博弈。它主要是指：在严格的竞争机制之下，参与博弈的一方的收益，必然意味着另一方的损失，博弈各方的收益和损失之和永远为"零"，双方不存在合作的可能。——编者注

经过许多年，克尔姆人变得文明。他们学会了读写，创造了"问题""危机"等词语。当"危机"一词出现在语言中的那一刻，人们意识到克尔姆存在危机。他们看到镇上的事态并不好。

有一天，格罗姆·阿克斯（克尔姆的第一位圣人和第一位统治者）命令什莱米尔召唤众圣人参加会议。

格罗姆说："各位圣贤，在克尔姆有一场危机。我们大多数公民没有足够的面包吃，穿着破烂的衣服，还有许多人不住地咳嗽和抽搐。我们如何才能解决这个危机？"

依照惯例，众圣人思考了七天七夜。

"你怎么看，蠢弗勒？"格罗姆·阿克斯问道。

蠢弗勒说："我的建议是，每星期应该斋戒两天，星期一和星期四，这样我们可以节省很多面包，就不会再出现面包短缺了。"

"这将解决食物问题，那衣服和鞋子怎么办？"格罗姆·阿克斯问。

无用弗说："我的建议是，我们对鞋子、靴子、长衫、裤子、背心、裙子、衬裙和其他所有衣服一概征收高额税款，到时穷人将买不起任何衣服，而富人将有足够的选择。为什么要为穷人担心呢，是不是？"

"糟糕的建议！"发话者是森德驴。

"为什么？"格罗姆·阿克斯问道。

"简直糟透了，因为穷人才是在田地里和商店里工作的人。如果他们衣衫褴褛，又不穿鞋，就会经常感冒、咳嗽和抽搐，最后无法工作。这样一来，他们甚至不能给有钱人提供足够的面包和衣服。"

"那你的意见呢，森德驴？"

"我建议，"森德驴回答说，"每当晚上富人睡着了以后，穷人应该闯入他们的房子里，拿走靴子、拖鞋、长衫和其他东西。这样他们就可以在田地里和商店里工作而避免感冒。为什么要担心富人呢，是不是？"

"全都错了。" 希蒙德克·榆木脑喊道。

"为什么都错了？"格罗姆问道。

希蒙德克·榆木脑说："在克尔姆，平均一个有钱人就有几百个贫民。根本没有足够的衣服可供穷人分享。而且，富人都是大肚子，穷人一个个瘦骨伶仃，富人的衣服对他们来说太不合身了。"

"那你的解决办法是什么,希蒙德克·榆木脑?"格罗姆·阿克斯问。

"照我说,应该完全禁止人们穿衣服。克尔姆伟大的历史学家告诉我们,在古代,我们的祖先都赤身裸体地住在山洞里,靠打猎为生,我们要是也这样做,那么所有的问题都会迎刃而解。"[1]

---

[1] 见辛格的著作(1973年)。在辛格的文字旁,乌里·舒勒维茨(Uri Shulevitz)为其配上的犹太漫画非常有趣。但是在今天这个时代,即使是一个犹太人,如果他复制这些漫画,也可能被攻击为反犹太。——原注

29 人口增长与土地

第8章研究了耕地是否：（1）在全球范围内恶化，（2）在美国以相对于历史标准快得多的速度铺筑。总而言之，这两者都不是真的。第9章讨论了"消失的耕地"骗局。第6章研究了粮食生产的长期可能性，发现由于已有技术的存在，潜在的供应巨大且不断扩大，土地变得越来越不重要。现在我们继续进行这些讨论，重点是人口增长是否会因为土地供应有限而将人类挤压到粮食生产的极限。我们发现，即使人口不断增加，土地仍然是一个不断减少的制约因素。

人口增长使得土地压力的增加而导致了移民化，这是"常识"。通过简单的算术就知道，更多的人口意味着每个农民的农场规模变小，因此更难生产足够的粮食，直到我们每个人都要噩梦般地在一个窗口大小的地方，通过每天18个小时的工作来谋生。用人口控制管理组织[1]的话说，就是"更多的人口，更少的土地"。图29–1给出了过去几个世纪以来较小农场的历史趋势。

还有另外的恐慌：更多的人口造成土地耗尽和毁坏，特别是在干旱地区。半官方性质的《史密斯索尼》（*Smithsonian*）杂志评论说，在沙漠中，"传统的、更原始的农业技术，唯一可行的办法就是利用自然生态循环……而这也只是对小规模人口而言"。人口食物基金会（Populationl/Food Fuud）负责人查尔斯·卡吉尔（Charles M. Cargille）博士写道："人口过剩造成森林砍伐，土壤肥力被破坏。"根据《基督教科学箴言报》的报道，"显然，控制人口比处理荒漠化问题需要更大的意志。"

就连著名杂志《经济发展与文化变革》（*Economic Development and Cultural Change*）的刊物创始人贝尔特·霍西利茨（Bert Hoselitz）这样的博学者，也在20世纪50年代中期写道：

---

[1] 当时称为人口环境协调组织。——原注

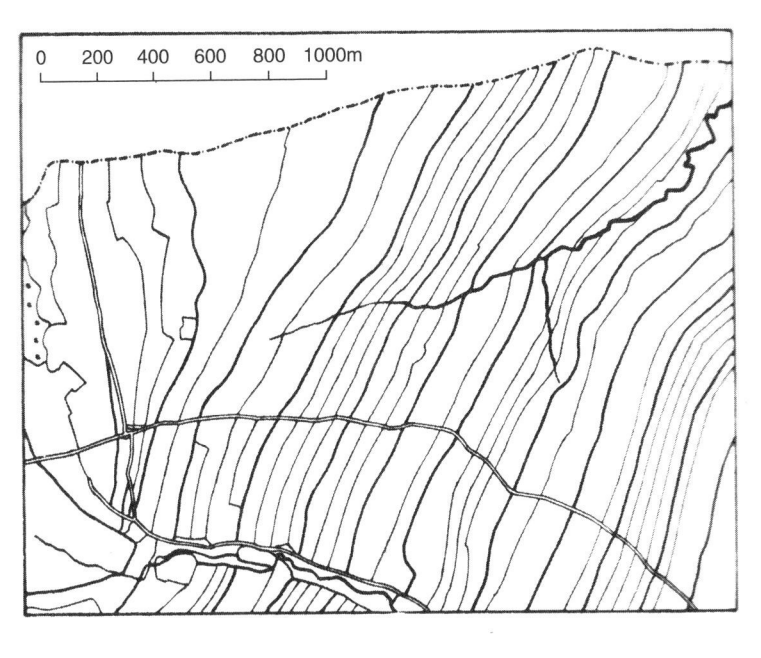

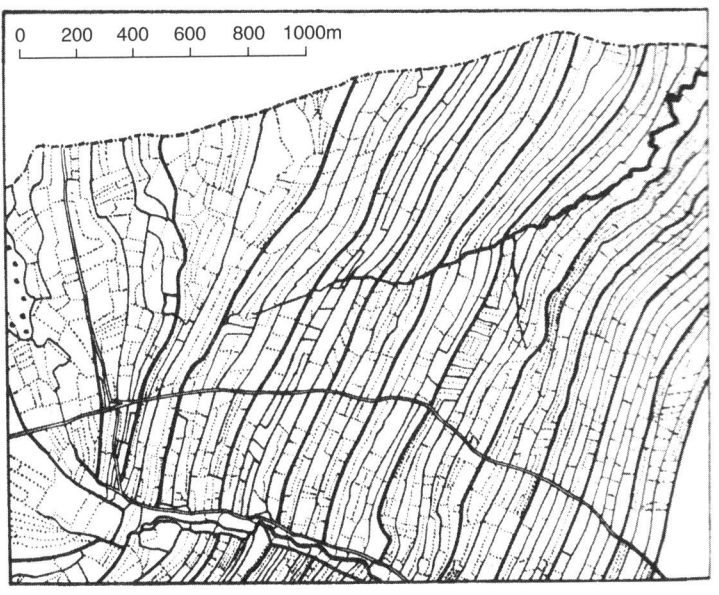

图29-1 一个波兰村庄的农场边界

由于大多数亚洲国家的人口增长率呈现居高不下的趋势，因此农业面积扩大的巨大压力可能依然存在……因此，我们没有理由相信亚洲国家能够在未来几十年内看到依靠农业谋生的绝对人数下降……未来几年农业人口压力可能会更大。

然而，正如我们在第5章中看到的，漫长的历史发展到现在，人口增长并没有对农业造成这些看起来合乎逻辑的后果。与几十年前所有骇人听闻的预测相反的是，亚洲农业正在蓬勃发展。尤其令人吃惊的是，自从本书第一版以来，我们发现，一些非洲领导人对比亚洲和非洲的经济表现后得出结论：土地根本就不是问题——也许正好相反。1992年，乌干达总统约韦里·穆塞韦尼（Yoweri Museveni）说："在资源稀缺、人口众多的东亚国家，民众可能比那些认为生活理所当然的人更有纪律性。……一些非洲人拥有大量的土地，却不知道该如何处理。"（这个评论震惊了美国国务院驻非洲代表，他们对非洲各国政府施加了巨大的外交压力，要求他们降低人口增长速度，以防止人口/土地指数下降。）不幸的是，非洲进步缓慢的原因并不那么简单。减少每人的土地数量既不是必要的，也不足以达到高标准的生活目的——看看土地富足的澳大利亚吧。非洲的问题，显然是由于缺乏经济自由性和教育起点水平较低，而不是缺乏土地。两国的经验都对"常识"提出了质疑，即人口增长不可避免地通过减少土地供应来造成不利影响。

因此，即使在今天的贫穷国家，即使每单位土地上的人口增加了，世界现在的饮食也和前几个世纪一样好，甚至更好。我们该如何解释这种违背常识的现象呢？

这是部分解释：虽然过去的人均土地比现在多，但是出于两个原因，人们并没有把所有可用的土地都利用起来。（1）人们在生理上无法耕种比实际耕种面积更大的土地。研究表明，农民在没有现代机械辅助的情况下能够耕种的土地数量受到人力和时间的限制。（2）更重要的是，农民没有耕种更多土地的动机。在没有市场的情况下，农民只种植他们所需要的食物，正如第4章详细讨论的那样。

请问问你自己：一个自给自足的农民为什么要耕种大于其家庭需要的粮食？城市的家庭主妇在每周的购物中会买多到吃不完而任其变质的蔬菜吗？马尔萨斯深知"人类天生缺乏意志力来努力增加食物，使之超出他们可能消费的范围"的道理。当人口增加时，产量也会增加，这并不是一个奇迹，正如你，读者，会想方设法采购足量的蔬菜，以保证即使有客人来，也能维持一周。

如果农民以前没有耕种所有可用的土地（虽然他可能不得不改变耕种方式，以便更精细地耕种同一块土地），那么减少可用土地的数量不会造成什么困难。另一方面，当农民需要更多的土地时，他们就会开垦更多的土地，就像我们在第8章中看

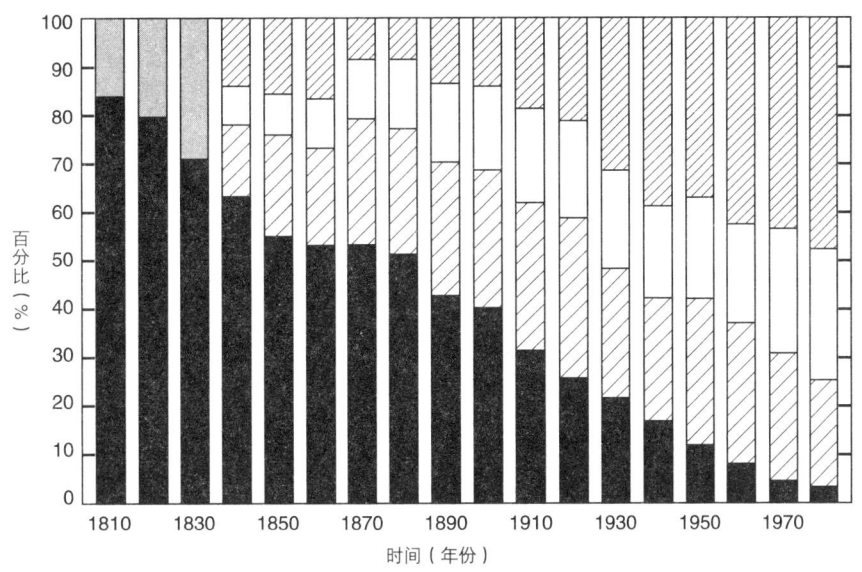

图29-2 按行业划分的劳动力份额

备注：还包括渔业、采矿业和建筑业

到的那样。固定耕地供应的概念和固定铜或能源供应的概念一样具有误导性。也就是说，人们通过在土地上投入汗水、鲜血、金钱和创造力来开垦土地——农业土地。[1]

但是，随着收入的增加，土地供应又会如何呢？人们需要更多的食物，如肉类，这需要大量的粮食作为牲畜的饲料。或者让问题更尖锐一点：收入和人口的同时增长会产生什么样的影响？

如果土地的"压力"增加，我们会期望现有的土地被更密集地耕种，这将需要额外的劳动力。因此，我们预计农业劳动力比例将不断上升。在图29-2中，我们看到，结果恰好相反，不仅是美国，其他所有国家（包括穷国）也一样，其农业从

---

[1] 比较一下自然资源保护主义者的观点："每一粒小麦和黑麦、每一颗甜菜、每一个鸡蛋、每一块肉、每一勺橄榄油、每一杯葡萄酒，都依赖于不可减少的最低限度的土壤来生产。地球不是橡胶做成的，它不能被拉伸。随着人类数量的增加，地球生产力的相对数量减少了。"［威廉·沃格，《读者文摘》，1949年］——原注

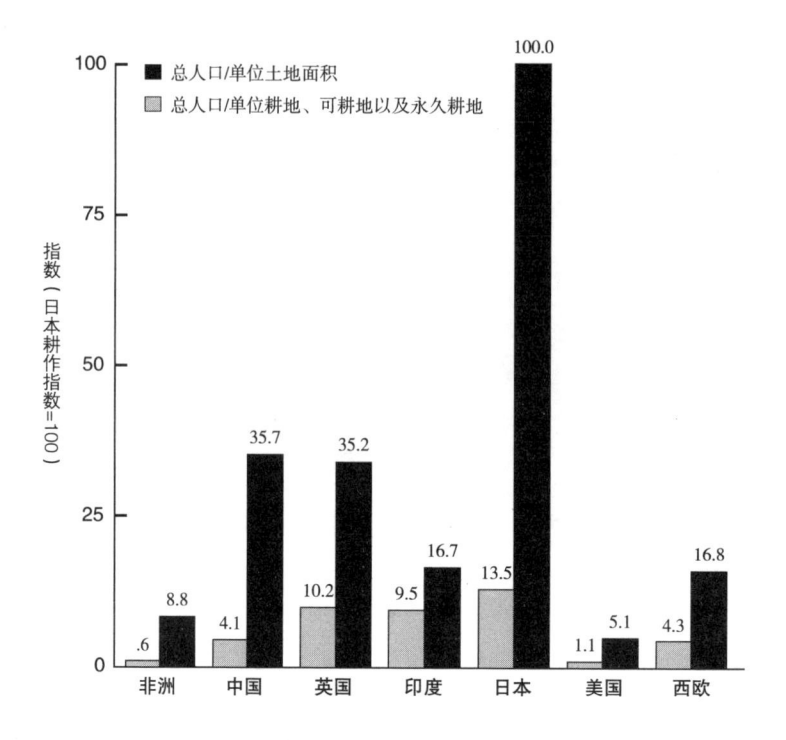

图29-3 世界某些国家的人口密度

业人员比例不断下降，并且可能永远下降（见第6章）。

农业从业人数比例的下降足以维持进步。但是这些数据给我们提供了另一幅令人震惊的画面，看起来很奇怪：尽管人口增加，但每当收入增加时，每个农民种植的绝对土地数量最终也会增长。当我们考察图29-3中给出的美国、英国和其他更发达国家的数据时，我们发现，尽管总人口在上升，农场工人的绝对数量正在下降，因此每个农场工人的绝对土地数量都在增长，这与图29-1中所示的早期趋势相反。

请仔细阅读前一句。它并不是说富裕国家的农业人口比例正在下降。相反，它表达了更强烈的东西。农场工人的绝对数量正在下降，因此这些国家每个农场工人的土地绝对数量在增加。这一事实清楚地表明，收入和人口的增加并没有增加土地"压力"，这与普遍的认知相反，与那些未能采用现代农业方法的贫穷国家的情况相反。

对这种未来趋势的推断是非常乐观的：随着贫穷国家变得越来越富裕，而且随着人口增长率的下降，他们将达到一个临界点，在农业领域工作以养活剩余人口的人数将开始下降，尽管人口越来越多，越来越富裕。人口增长引发的农业用地长期危机到此为止！

让我们进一步推动这一想法，以便看到简单的趋势扩展如何能导致荒谬的结论。美国目前这个趋势延续下去，将是多么荒谬：最终只有一个人耕种美国的所有土地，养活所有其他人。

这种良性趋势将在哪里停止？没有人知道。但只要农业指向这个对经济有利的方向，我们就不必关心这个趋势将走多远，尤其是在显然没有技术或环境力量阻止它的情况下。

虽然各国仍处于贫困状态，无法开展足够强大的机械化进程来增加总产量，同时减少农业从业人员的总数，但至少农业从业人员的比例随着现代化而下降；尽管人口增长，但几乎每个发展中国家的情况都是如此。而最终，农场工人总数也可能开始下降。这种情况尚未发生，但是较贫穷的国家最终可能会经历与现在富裕国家过去相同的趋势。

在此花一点时间普及一些经济概念：在看到农业劳动力下降的时候，一些唱反调的人会说："那么农业方面所有失去的工作会怎么样呢？"正如理查德·麦肯基（Richard B. McKenzie）所说，"岗位破坏"是经济进步本质的一个令人困惑的标签，即用更少的人生产一定数量的商品。这不仅使我们拥有更多的商品，而且使生活的劳动更容易、更愉快。如果自20世纪30年代以来，美国农业中没有"破坏"700万个工作岗位——从业人数从1000万减少到300万，而总人口增加了一倍——数百万美国人将继续过着短暂的痛苦而贫穷的生活，只能通过骡子和手工农具进行自给式耕作，每年大部分时间让孩子辍学在家帮助干活收获农作物。在经历过这种生活的人中，从来没有发现有人对这种生活表现出怀念之情［关于贫困农村的特别描述，见威廉·欧文斯（William Owens）的自传］。

在我们考虑历史范例之前，可以先看看图29-4。请注意，无论是每单位耕地的人口密度，还是每单位总土地的人口密度，都不足以说明一个国家是贫穷还是富有。

历史范例

在大多数国家，随着人口的增加（无论是否伴随着收入的增加），农业产量的增

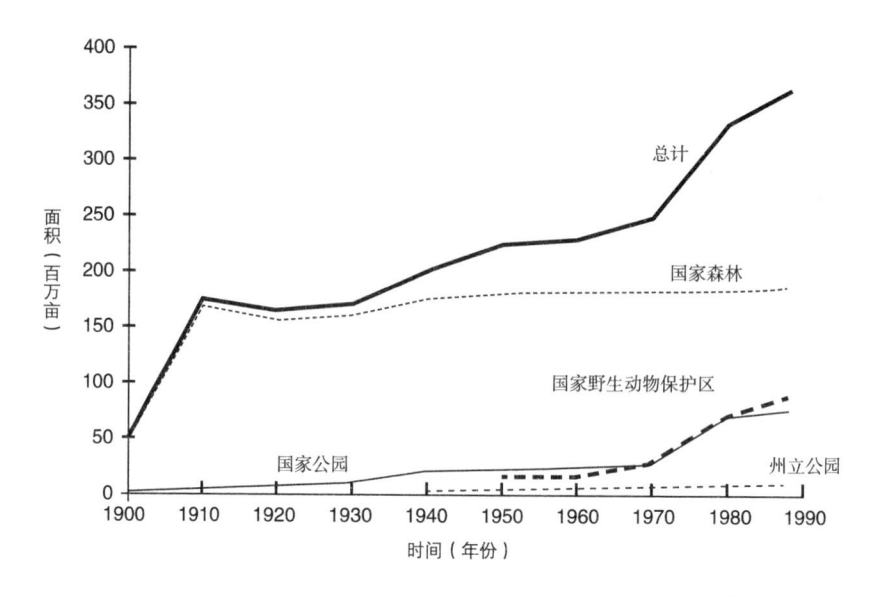

图29-4 美国公共休闲用地（1900—1990年）

加在很大程度上是通过增加已耕种的土地数量来实现的。这就解释了我们在第8章中看到的土地统计数据。随着人口的增加，为了应对食物需求的增长，人们开垦出更多的可耕地。我们来看一些例子。

爱尔兰。在18世纪后期和19世纪上半叶——一个人口迅速增长的时期——农民在新的土地上投入了大量的劳动力，虽然他们并不拥有这些土地。

> 在山上或沼泽地里的每一个醒目标记处，都使一个新家庭的诞生成为可能……尽管政府委员会和私人调查员提出了意见，但是在饥荒发生之前，国家在排水和清理工作中并没有发挥重要作用。除了个别情况，土地拥有者根本不积极。复垦的主要推动者是农民本人。尽管租金与农民所拥有的财产的价值成比例甚至超比例地增长，使租借关系受到极大的阻碍，但农民还是稳步地每年在他的耕地上增加一两英亩，或让他的儿子们在迄今未使用过的土地上建立自己的家园。农民和他的孩子们被迫从事这种艰苦而没有报酬的工作，也正是人口的压力和土地拥有者不断提高租金这两股力量，使爱尔兰农村的许多机构具有其独特的特点。

爱尔兰的土地扩张速度是显而易见的：1841年至1851年间，耕地数量增长了10%，尽管在1845年饥荒之前的十年——人口增长最快的时期，其人口仅以5.3%的增长率增长，从780万增加到820万。这表明，农村的投资足以满足人口增长所带来粮食增加的需求。

中国。从1400年到1957年，中国的种植面积增加了四倍多，从2500万公顷增加到1.12亿公顷。增长耕地的产量占粮食产量增长的一半以上，粮食产量的增长维持了同期人口增长八倍以上的生活水平，而对水利系统和梯田的投资占了产量增长的大部分。"只有一小部分的增产可以用'传统'技术的改进来解释。"在这种情况下，产出的增长要么是通过资本（包括土地）的增加，要么是通过人均劳动力的增长来实现的，很明显，额外的投资在很大程度上是增长的主要原因。此外，这种资本的形成似乎是人口增长造成的。

欧洲。威尔海姆·阿贝尔（Wilhelm Abel）记载了中世纪以后欧洲人口、食品价格和土地开垦之间的密切关系，而斯里彻特·巴斯（Slicher van Bath）对1500年至1900年期间也作了同样的记载。当人口快速增长时，食品价格上升、土地开垦量增加。人口从1000人左右开始迅速增长（增长趋势见图22-4）。阿贝尔告诉我们，当时价格上涨，"土地复垦在11世纪中期达到了顶峰，到14世纪中叶结束"，也就是黑死病导致人口减少的时期。在繁荣时期人们甚至还种植了沼泽地。"荷兰的第一个大堤坝大约建于公元1000年左右。"

斯里彻特报告说："1756年后谷物价格的上涨刺激了农业发展……在普瓦捷周边，填海造地的面积通常为30或35公亩，或2公顷左右，在前一种情况下，需要散工工作整整一个冬天，而后一种情况则是一个农民和一群牛的工作量。"

其他国家。日本的数据显示，从1877年到第二次世界大战期间，尽管农业劳动者人数逐年下降，但耕地面积仍在稳步增长。牲畜、树木和设备的数量也在快速增长。这些农业资本的增加是对日本人口的快速增长以及日本收入水平提高做出的反应。

在缅甸，从19世纪中叶开始，其耕地面积以惊人的速度增长。1922—1923年的耕地面积是1852—1853年的15倍，同期人口增长了近5倍。除人口增长外，苏伊士运河的开通（1869年）使缅甸能够将其大米销售到欧洲。这两股力量激励缅甸农民以惊人的速度开垦土地。直到第二次世界大战爆发，数百万英亩的土地再次掩没于丛林之下。

前面的例子表明，在较贫穷的农业国家，开垦新的土地一直是农业产出长期增长的主要来源，这与人口增长保持同步。但是，当没有更多的荒地可以开发为农业用地时会怎么样？不用担心，我们可以肯定地说，这绝对不会发生。由于现在开垦耕地的成本越来越高，农民将更加集中于耕种现有的土地，这将更加有利可图，因为未使用的土地相对来说效率较低。第4章介绍了这方面的巨大可能性。

国际统计资料显示，人口密度较高时，灌溉土地的比例也较高。这一过程在中国台湾和印度尤其明显，在那里，农民在大量开发（但绝非全部）未使用的土地之后，便开始认真灌溉。

让我们更仔细地看看印度，因为有太多好心的西方人担心这个国家。从1951至1971年，该国的耕地总面积增加了20%左右。更令人吃惊的是，从1949—1950年到1960—1961年，灌溉用地增加了25%，从1961—1965年到1975年，又增加了27%。直至今日，印度也没有达到很高的人口密度。如图29-3所示，日本和中国台湾的人口密度是印度的5倍左右。

日本每公顷稻米的产量几乎是印度的四倍；日本的化肥使用量要大得多，农业灌溉面积比例是印度的三倍（其比例为55%：17%）。

来自中国台湾的完好数据显示了土地的开垦和改善对人口增长的反应。在1900—1930年间，随着灌溉用地的增加，人们开发了许多新的土地。随后，从1930至1960年，当可开发的土地面积减少后，更多的土地得到了灌溉。同时，复种增加了有效作物种植面积，使用化肥使总生产率继续以非常快的速度增长。这延续了"原始"的耕作模式，即耕种一片土地一到两年，然后让它休耕几年，以恢复其自然肥力，同时耕种其他土地（20世纪70年代初，我在印度仍然看到这一流程）。应对人口增长的措施是缩短休耕期，同时用劳动密集型方法提高土地肥力。

通过灌溉、新种子、化肥和新的耕作方式来提高土地利用率的能力还有多大？在第6章中，我们看到这个能力是巨大的，比处理任何目前可以想象的人口增长所需要的能力大得多。利用传统耕地不再是生产粮食的唯一途径。当然，我们养活自己的能力不限于我们现在知道如何去做；当我们拥有新的技术发现时，它肯定会大大增加。然而，无论产能如何增加，开发和利用以技术取代土地的能力的关键因素是粮食需求增加的压力——这是由于世界收入增加、人口增长和市场改善造成的，以便农产品能够在不需要大多数非常贫穷的国家仍然存在的令人望而却步的运输成本的情况下进行买卖。

但是"最终"会怎样呢？人们担心这个过程"不能永远持续下去"。

前几章关于自然资源和能源的观点认为，讨论我们现在可以预见的未来是有意义的——二十年、一百年，甚至五百年。给一个更遥远的时间赋予更多的分量——在遥远的将来，我们甚至没有给它一个日期，除了它是一个包含几个零的数字——这不是明智的决策。此外，有充分的理由相信，无论对"最终"这个术语作何定义，自然资源不会越来越稀缺。没有理由认为，土地在这方面会得出不同的结论。

人口增长对土地的休闲和娱乐利用的影响

休闲用地和荒野的可用性是我们所关心的土地供应的另一个方面。人们担心人口增长以及城市道路、农业用地的增加会减少休闲用地的面积。

显而易见的是，更多的人口必定意味着更少的休闲用地和荒野的消失。但是，就像许多关于资源的直觉观点一样，这一观点是不正确的。

事实是：在有数据可考的时期，休闲用地和荒野的面积一直在快速增长。用于野生动物区、国家公园、地方公园以及娱乐用途的土地从1900年的330万英亩（再加上国家森林系统中的4650万英亩）增至1930年的1060万英亩（加上1.6亿英亩），然后到1960年的4900万英亩（加上1.81亿英亩），再到1990年的1.76亿英亩（加上1.86亿英亩，见图29-5）。

比休闲用地更重要的是休闲用地和荒野对潜在用户的可到达性。由于交通方式的改善、收入水平的提高，以及数百年来人口增长所带来的假期和周末休息日的增加，一个富裕国家的普通人现在比以往任何时候拥有更多类型的娱乐土地。与两百年前或一百年前的国王相比，现在的普通美国人在度假区、娱乐区和最原始荒野方面享有更丰富的资源。

用经济学家的话来说，在荒野中享受一天的成本稳步下降，部分原因是人口增长。而且，没有理由相信未来这种趋势会发生改变。（另一方面，随着分享人数的增加，荒野中一天的价值可能会减低。）

对美国人个人的好处，可以从对主要娱乐地区访问量的迅速增加看出。当然，人们可以把访问量的增加看作荒野不再那么孤立的一种迹象，因此，对于一个希望独享整座森林而且完全负担得起的18世纪的王子来说，它不太可取。这种皇室的态度不同于民主的假设：更多的人分享同一样东西是一件好事，虽然不一定每个

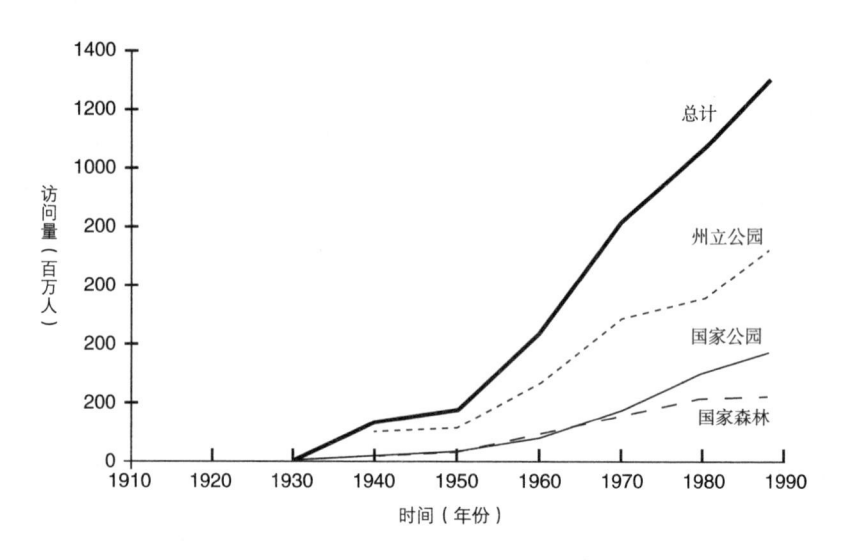

图29-5 美国公共土地系统的休闲用途（1910—1988年）

人都能得到完美的体验。

  令人遗憾的是，有关休闲用地的这一部分仅限于美国，因为我无法收集世界其他地区的数据。如果我们试图从经济和伦理的角度来理解休闲用地和农业用地对这些国家较高或较低的人口增长率所起的作用，那么分析的复杂性也会更大。但是需要指出的是，尽管人口密度很高，但是就连中国也已经进行了大量的努力，以恢复早期被砍伐的森林，推动农业的发展。在中国，植树造林的目的主要是保护土地免受侵蚀。但它最后也将为土地的休闲功能带来好处。因此，即使在中国，高密度人口也与不断增加的森林面积相一致。

  更普遍的是，经过几个世纪的衰落之后，不仅中国和美国的树木数量不断增加，而且世界森林面积在最近几十年内也毫无下降的迹象（如图10-7所示）。当然，全球趋势包括下降和增长的地区。例如，热带雨林正在减少，尽管远不及公众想象的那么快。

  鉴于目前发达国家每英亩的农业生产率增长速度超过其人口增长速度（同时超过其作物生产总增长速度），并且考虑到我们可以期望所有国家最终达到并远远超过这一生产率水平，贫穷国家的作物用地总量最终会下降，就像美国的用地一直在下降一样。（即使这一下降趋势是在美国的粮食出口数十年来一直在增加的情况下发生的。因此，如果我们只考虑美国国内的粮食消费，更少的土地来养活更多人的趋势将更加强烈。)这表明,未来将有更少的土地用于农作物,更多的土地用于娱乐。

对于那些想要得到投资建议的人来说,上述内容意味着,从长远来看,与休闲用地相比,农业用地可能不是一个好的投资选择。这与自农业发端以来一直存在的观念形成了鲜明对比,也就是说,平坦的土地比偏远的丘陵或山地更有市场价值——伊利诺伊州的土地比田纳西州的土地更有市场价值。据说,迦南人的土地在《圣经》中备受推崇,因为它"广阔无比",利于农业。但是在将来,适合娱乐休闲的土地将更受欢迎。(但是不要立即就冲出门去,把家里的财产全部投入到丘陵和山地中。我说的"从长远来看",可能还要等一百年甚至更久。)

这些关于农业用地越来越稀缺、休闲用地越来越唾手可得的说法,是否只是科幻小说?在我看来,一个公正审视农业历史的人必须得出结论,事实更符合这样一种观点:对食物的更大需求将促使人均产量的提高,而不是普遍认为的将导致人均产量下降。关于人口增长导致收益递减的马尔萨斯式猜测是虚假的,生产力的提高才是科学事实。

更多的人口是否加剧了土地的稀缺?从短期来看,在进行调整之前,确实是这样的。就像所有其他资源一样,土地也是如此。将人口添加到固定的土地上,其即时效应就是土地减少。但是,这也是本书的主题——经过一段时间的调整,新的资源(新的土地)的出现将增加原始存量。而且,从长远来看,新增人口提供的动力和知识使我们比开始时更好。(这个理论在第4章有更详细的讨论。)当然,如何衡量短期成本与中长期利益的关系是一个价值观问题。

"损害"的未来优势

人们期望现在的建设性活动能为以后的港口、建筑物和土地清理省下一些资本。但是,正如前面第16章所讨论的那样,也可以这样说——即使是没有主动的建设性活动,往往也可以给后代留下积极的遗产。也就是说,即使是人们在使用土地(和其他原材料)时的无意性操作,也可能使后来人有利可图。例如:(1)道路旁的"取土坑",以及从其他地方提取材料的副产品。对此,人们可能会认为,这些坑是对大自然的掠夺,是大地上丑陋的疤痕。但事实证明,"取土坑"可以打造成为垂钓湖和水库,发挥积极的作用。(2)垃圾堆。我们的后代可能会发现,这些垃圾堆是可循环利用材料的有利来源。(3)抽油井。空洞可能对后代产生价值,例如用来储存石油或其他流体,或者用于某些尚且未知的目的。

结论

农业用地的储量是否已经枯竭?恰恰相反:全球农业用地的总储量正在增加。随着人口和收入的增长,农民是否将耕种越来越少的土地?恰恰相反:尽管人口在增长,但是生产力的提高使每个农民的农场规模变大。美国人口的增长,是否意味着大量的农业用地和休闲用地被铺平,农业活动和娱乐活动减少?当然不是。休闲用地的数量正在快速增长,随着一些较老的土地退出种植,新的土地得到开垦,为我们农业和文化的未来带来了很好的净效益。

后记 人口、土地和战争

战争关于争夺土地的传统经济动机正在迅速消失，这是人口增长的间接结果。对于经济发达的国家来说，为了争夺另一个国家的农业领土而战是不值得的。一个明智的公民甚至不会接受另一个国家的一部分领土作为礼物。例如，美国通过"拥有"加拿大能够获得的额外经济利益是微乎其微的。

阿道夫·希特勒（Adolf Hitler）对欧洲的侵犯，可能是黑死病以来最严重的灾难，他说，德国"人民"需要更多的"住所"。《圣经》中的希伯来人袭击了迦南人以获得家园。美洲的新定居者为了争夺印第安土著的耕地和牧场而向其开战。美国大战墨西哥和加拿大，以扩展自己的疆域。黑人和白人为罗德西亚的土地而战。津巴布韦土地安置部部长马哈奇（Moven Mahachi）表示："津巴布韦战争不仅仅与议会中的投票权和黑人的参与有关。战争完全因土地而起。"

人口增长滋生战争的观点已被用来支持国家"控制出生率"的政策，正如玛格丽特·桑格（Margaret Sanger）在第二次世界大战之前针对德国、意大利和日本所做的那样。她把"人口过剩视为战争的起因"，并引用凯恩斯的话说："除非对爆炸性人口采取措施，否则国际和平绝不能得到保障。"最近的一个典型说法是："……人口规模越接近密度极限或承载能力极限，核战争就越有可能爆发。"

希特勒所持有的关于土地、领土和人口的想法——自有记载的历史时期以来便开始盛行——并不适用于现代世界。如今，多余的领土通常对一个国家没有价值。而最重要的是，经常备受谴责的人口增长正是出现这种乐观局面的根本原因。

这并不意味着战争已经完全结束。各国发动战争有很多原因。大卫·克莱因曼（David S. Kleinman）坚持认为，如果人口变化可能改变战争倾向，那么黑死病时期就应该发生这种改变（通过增加土地的供应），但是战争仍然频发。昆西·赖特（Quincy Wright）则总结说，经济问题从来不是战争的主要原因，更不是主导原因。

总而言之，对经济因素对战争的直接和间接影响的研究表明，它远不如政治野心、意识形态信念、技术变革、法律主张、非理性的复杂心理、无知，以及不愿在一个不断变化的世界里维持和平等因素重要。

但似乎无可争议的是，对更多农业用地的渴望一直是过去战争的主要动机。

问问自己：为什么一个国家想要更大的土地面积？增加土地面积如何帮助一个国家提高它的物质生活水平？

想象一下，美国在墨西哥或加拿大突然拥有一大片空地。美国农业用地面积本身已经很大，然而，只有大约两百万人（占美国劳动力的2%）在农场工作。即使美国人口规模翻一番，也只会新增两百万人在农地上劳作。而农业人口的收入并不会高于平均水平。因此，美国农业用地的增加不会给新增的农民带来多少好处。

换个说法。假设一个外国买家对美国所有的耕地提出了一个公平的报价，该报价不到一年国民收入的十分之一。美国耕地的市场价值大约是我们两年的娱乐消费加上一年的烟草支出（甚至不包括酒类支出）。显然，美国所有的耕地都不值得哪怕是一场小规模的冲突。

农产品出口和国际收支并不能改变这种情况。日本在没有出口大量粮食的情况下有着惊人的贸易顺差。

侵占加拿大或墨西哥的一块土地连同其劳动力，也并非就是有利的。如果墨西哥和加拿大的业主留在原地，继续收取土地所提供的"租金"，美国公民就不会增加财富。

过去的国王曾想要征服土地来"征收"税收。但一个现代国家不能为了他人的利益而剥夺一些本国居民的利益。

更多的领土也不会让城市里的人们感到交通顺畅。人的拥挤感，并不取决于国土面积，也非人均土地面积。最重要的因素是个人居住地的面积大小。让我们假设每个人有两个15平方英尺的房间——一个宽敞的豪华公寓，比亚伯拉罕·林肯从小长大的小木屋大得多。如果在芝加哥的西尔斯大厦，纽约的世贸中心双子塔，甚至是帝国大厦的高度上建造如此多空间的高层住宅，只有1.5亿人的话便完全可以住在曼哈顿岛上，而超过10亿人则可以居住在纽约的陆地上。

如今，为了收购一个国家的资产存量而征服它是毫无理由的。也许在史前时代，游牧部落袭击和驱逐一个"城市"的居民以接管其住所和用具是有一定意义的。但是现如今，被征服的国家和征服它的国家一样富有，它已经拥有了可供人们利用的资产。将所有旧资产（或其中的一部分）换成新的和陌生的资产，不可能增加公民的产出。

在让·拉斯（Jean Raspail）《圣徒营》（*Camp of Saints*）戏剧化的描述中的贫穷国家接管发达世界的概念更不可信。没有受过教育的穷人，显然没有能力操作现代社会的工具，否则他们就不会贫穷。他们中的一个"部落"在闯入并占有一个富裕国家之后，很快就会发现牧民和羊群掩蔽在电脑工厂里。正如有人曾经说过的那样，如果印度人和美国人交换国家，几十年后，美国将看起来像印度，印度看起来像美国。（另一方面，如果印度新生儿和美国新生儿在出生时交换教育，两国也会很快变换面貌。）

我们达到这种惊人状态的过程更加惊人。人口增长或收入急剧增长，不可避免地将给农业用地等资源造成短期压力。紧接着出现的短缺，以及资源价格上涨，迫使人们寻求缓解短缺的办法。最后，一些个人或组织将成功地找到解决资源问题的新方法。这些发现，最终使人类获得比人口增长和资源压力出现前更多的资源。

30 人类是环境污染吗？

> 大部分的环境、经济和社会问题产生于以下驱动力：太多的人口以太快的速度使用太多的资源。
>
> 蓝色星球组织，加拿大渥太华，1991年9月

人类在某些专家的笔下得到了一些破坏环境的坏名声。你和我，以及我们的邻居被指控污染这个世界，使之变成一个糟糕的生活场所。我们被指控排放铅、二氧化硫、一氧化碳等有毒物质；被指控制造噪声、垃圾和拥堵。相关法案称，更多的人口造成更多的污染。更丑陋的是，你和我，以及我们的邻居，连同我们的孩子，被称为"人口污染"和"人口瘟疫"。也就是说，在他们看来，我们的存在就是问题的核心。

事实上，人口增长对环境的影响，已经成为反堕胎环保运动的焦点。这是最近的一次恐慌。在这一系列事件中，反对生育者先后指出了人口增长对农业、自然资源、教育等方面的不良后果，但随后人们却发现这些恐慌都是毫无根据的。

看来，如果要控制污染，就必须反对人口增长。由于充分的理由，污染控制本身吸引了所有人。《纽约时报》一篇关于污染的报道最后总结道："长期的缓解方式是显而易见的：减少人口。"由此，让我们探讨一下，各种人口增长率是如何影响污染量的。

我们在此希望得到的答案是：人口规模和增长对污染程度的影响是什么？本章给出的一般回答是，虽然人口增长可能造成污染的短期加剧，但新增的污染相对较小。而从长远来看，由于人口增长，污染可能会明显减少。

我们还将分析，谨慎的风险规避与我们关于人口增长对污染影响的结论是否相符。虽然这类分析很大程度上涉及价值观，但我们将看到，在最常见的价值观的基础上，避免污染灾难给人类带来危险的愿望，并不能表明人口增长应受到社会政策的限制。

在开始认真的探讨之前，我们应该注意到，对这些问题的大多数讨论都不过是这种常识性但错误的思维：考虑到现在地球人口是一万年的一千倍，所以现在每年因食用野味而产生的废弃动物骨骼应当是以前的数千倍，而且在人口较多的地方，这些骨骼堆成的小山丘应该比其他地方要高得多。然而，我们并未看到巨大的骨骼堆覆盖地球。而且我们也没有看到如荷兰、英国和日本等人口最稠密的富裕国家，比美国和澳大利亚等人口稀少的富裕国家或非洲人口稀少的贫穷国家更脏。我们必须思考为什么会是这样。

收入、增长、人口和污染

经济越发达，人口越多，污染物越多——巴里·康芒纳熟练地讲着这个故事，它仍然是关于这一主题的传统思维的主线。大多数污染物的总量取决于工业总量，这个尺度可以粗略地由一个国家的国民生产总值来衡量（除了一些人均收入外，随着服务业比例的增加，工业产品在国民生产总值中所占的比例开始下降）。一个鲜为人知的事实是，随着收入的增加以及随之而来的更多污染物的排放，对清理的需求也越来越大，从而提高了应对此种情况的支付能力和清理技术；20世纪70年代和80年代，欧洲记录了收入增加导致的污染减少。正如我们在第9章看到的，清理技术已经在几乎所有方面发展成熟，只是等待我们愿意花费时间和金钱去应用。

多年来，政府并没有很好地控制工业污染物的排放。但近年来，由于收入增长和环保主义者提高意识，西方国家的游戏规则发生了变化。这导致了我们在第9章所看到的空气和水质变化的有利趋势。

如果您对有关收入增加与污染减少的问题有任何疑问，请看看世界上较富裕国家与较贫穷国家的街道清洁度、较富裕国家与较贫穷国家的死亡率，以及某些特定国家内的富人和穷人的死亡率（或街道清洁度）。[1]

如果收入的增加减少了污染，那么人口增长的影响是什么？你可能会认为，人口增加必然导致污染加剧。然而，在澳大利亚的富裕城市，尽管人口稀少，但污

---

[1] 死亡率与收入的差异不仅仅是高收入者可以购买高营养食物的问题。在美国，最贫穷的人也可以负担营养丰富的大豆、牛奶和狗粮。穷人没有选择这类食物的事实说明了收入与健康关系的复杂性。有关数据请参见威尔达夫斯基（Aaran Wildavsky，1988年）。——原注

染却很严重。分析发现，人口增长与污染之间只有微小的短期关系。然而，从长远来看，其他条件相同的情况下，总的污染排放量或多或少与劳动力（因此也与人口）在特定的技术水平上成比例。

然而，假设其他一切条件都相同是不太合理的。当污染增加时，就会出现与污染作斗争的政治力量；这是几个世纪以前英国在地方一级对抗烟雾污染的力量，而且自19世纪以来已经取得了成功（见第9章）。一旦这个过程开始，结果可能是污染比以前更少；或者，除了更严重的污染之外，短期内什么也不会发生。

此外，由于人口增加，以及一段时间后出现的较高收入，出现了一些新的技术来处理短期内更严重的污染问题。最终，世界变得比人口和收入增长前更加清洁。

在近期的任何特定时期，尤其是在贫穷国家，根本不可能事先知道总体结果。无论是经济逻辑还是政治历史都无法充满信心地预测，如果人口没有变得如此庞大，那么较大人口和最初较高污染的中期结果是更好还是更坏。然而，我们必须记住这样一个经验事实：在人类历史上最长的一段时间里，尽管人口大幅度增长，总体污染［以预期寿命和由社会传播并引发的疾病（如霍乱）和烟雾造成的肺气肿造成的死亡率来衡量］已经明显下降。与以前不同的是，如今我们已经摆脱了老鼠出没的垃圾堆。

减缓或阻止人口增长的最新环境原因是全球变暖（见第18章关于全球变暖和温室效应的内容）。世界银行关于这一主题的文章得出结论："发展中国家人口快速增长所代表的全球负外部性，为发达国家（出于自身利益）提供了一个强有力的新理由，使其为旨在降低发展中国家人口增长的计划提供资金。"也就是说，世界银行人口控制计划的基本原理——经济增长和资源保护虽然已经失效，但是在有关全球变暖的有争议的气候科学的经济影响的推测性假设的基础上，一种新的"基本原理"已经成型。

然而，环保人士认为，人口增长和经济增长将使我们消耗更多的能源，从而排放更多的温室气体，这难道不是显而易见的事？所以，即使我们不能确定温室效应的影响，减少增长难道不是明智之举吗？确定有意义的是，在未来半个世纪或一个世纪内，由于人口增长以及人均消费的增加，能源使用量将会增加。一些预测者预测前者的概率更大，另一些则预测后者的概率更大。但是，与许多此类著作对这个问题的暗示相反，没有必要将这些事件看得过于严重。即使总能源使用量上升，向核裂变和其他新能源的转移也可能促使排放总量减少，就像英国和美国多年来的情况那样。

美学、污染和人口增长

因为美学是一个品位问题，所以对其争论不休是不明智的。对于那些认为独自在原始森林里是理想境界的人来说，其他游客便构成了"人口污染"；对于有着相反品位的人来说，看到很多人一起娱乐就是最好的景象。

对于那些喊着"使世界更美丽"的口号而呼吁减少人口的人，我提出以下问题：（1）你难道看不到在这个地球上有那么多出自人类之手的美——花园、雕像、摩天大楼和造型别致的桥梁？（2）1823年的雅典只有六千人口。你认为雅典在1823年更美，还是在更拥挤的两千年前更美？（3）假定现在的世界人口只有实际人口的百分之一，那么是否会有交通运输带你到约塞米蒂国家公园、大峡谷、南极、肯尼亚野生动植物保护区或维多利亚湖？

我们听到有人呼吁人类应该与自然保持平衡。我们最后一次处于平衡状态的时候，我们的人数很少，而且没有增长——那是在游民部落时代。然后从一个世纪到几个世纪，我们的环境都没有什么变化。但是人口、文明和环境变化的增长是同时进行的。人类不再像其他动物一样，他们开始发明创造。随后，平衡必然被打破——创造与平衡并不是一致的。

总的来说，人类创造的大于人类毁灭的，我们的环境正变得越来越适合人类生存，这也是本书的一个基本主题。打破平衡的运动是朝向安全和维持的运动。这种进步在一段时间内带来了一些不良的影响，但我们最终还是会解决它们。

末日论者认为，人类正处于一个毁灭比创造更大的时期，也就说，我们的环境安全和环境适宜性正在下降。他们指出，地球正处于日益恶化的"危机"之中。但是，如果真是这样，这将完全打破所有过去的趋势。当然，这在逻辑上是可能的。但要记住，一直以来都有一些看似合理的关于末日临近的理论，其总是声称这个时代不同于以往的任何时候；对许多人来说，这种观点似乎在心理上是不可抗拒的。但如果屈服于这种无根据的信仰，无异于自讨苦吃——就像变卖了所有的物品，到山顶上等待世界末日的群体所遭遇的一样。

污染、人口和灾难风险

一个有安全意识的人可能会说："对于污染物X，由更大的人口规模造成的额外风险可能很小，但是难道避免这种小的可能性不是更谨慎吗？"这个问题与第13章核能部分讨论的风险规避问题有关。我们以假定的这个问题最可怕的形式来陈述它：在一个先进的技术社会中完全有可能出现一种全新的污染形式，在我们能够采取任何措施之前把我们毁灭。

尽管从黑死病时代开始，一般性灾难的发生率已经下降，但我敢打赌，事实并非如此。近几十年来，原子弹或某种未知的强大污染带来的风险可能已经开始增加。然而，目前的灾难风险无疑在将来才能得到验证。本书第一部分中关于无限自然资源的论点，不能否定发生爆炸性未知灾难的可能性。事实上，这种威胁没有合乎逻辑的答案，只能说拥有完全安全的生活是不可能的——而且可能没有任何意义。

如果问题仅仅是由于人口增长导致的灾难风险增加，以及真正重要的是死亡人数而不是健康人数，那么，控制人口增长才有意义。然而，这种推理的缺陷通过将其推向荒谬的终点而揭示出来：人们可以将活着的人数减少到零，从而将污染灾难的风险降低到零。而这一政策显然是除少数人外所有人都不能接受的。因此，我们必须深入了解污染应该如何影响我们对人口规模和增长的看法。

人口增长是一件坏事，因为它可能带来新的、灾难性的污染形式——这是一个更普遍的论点的特例——避免任何改变，因为它可能带来一些未知的毁灭性的破坏性力量。这个论点有一个无可辩驳的逻辑。就其自身而言，加上一些看似合理的假设，它就不可能被证明是错误的，如下所示：假设工业技术上的任何变化都可能产生一些意想不到的负面不良影响，此外，假设该系统目前是相对安全的。那么，增加人口便增加了对变革的需求，这就成了反对人口增长的一个初步证据。同样的理由也可以用于经济增长：经济增长带来变化，这可能带来危险。因此，必须避免经济增长。

当然，对于我们20世纪90年代的人类来说，这种"知足常乐"的态度是可以理解的，因为过去的经济和人口增长带来的变化使我们许多人进入了"足够好"的状态。[1]也就是说，如果走到今天的幸运者在过去没有做出一些改变，或者没能忍受改变所带来的影响，那么发达国家中产阶级人民的高寿命和高生活水平是不可能实现的。我们现在的生活是基于过去几代人的成果之上，就像孩子们依靠其父母通过努力工作和勤俭节约所留下的遗产生活一样。

给后代留下遗产，而不是增加遗留给他们的知识和高生活水平，在逻辑上没有任何错误。但你至少应该清楚，如果你选择"零增长"——如果真的有可能实现零增长——这就是你正在做的事情。（事实上，经过仔细研究，零经济增长的概念，与人口零增长不同，要么模糊不清不能定义，要么只是无稽之谈。此外，零增长政策还为富人提供了福利，而穷人却得不到任何福利。）

零增长的支持者认为，未来几代人将从比现在更少的变化中获益。这在逻辑上不能排除。但是历史证据很明显，如果我们的祖先在过去任何时候都选择人口零增长或冻结的经济体系，那么我们肯定不会像现在这么富裕。因此可以说，更强的经济能力和更多的知识创造者，已经掌握了更多更有力的工具来预防和控制危及我们生命和环境的威胁——特别是传染病和饥饿——如果人口规模在过去任何时候都被冻结的话，社会就不可能遗留给我们这么多财富。

更多的人口也可以增加减少污染的机会，因为更多的人创造了新的解决方案，同时也创造了新的问题。让我们看一个贫穷国家的例子：人口密度越高，增加传染病的概率就越大。但是更高的人口密度，也是真正摆脱疟疾的唯一力量，正如我们将在下一章中看到的，滋生携带疟疾蚊子的沼泽与定居性田野和居住地不能并存。当然，如果人口从未增长，就不可能有文明和科学的发展，也不可能有现有的

---

[1] 在内森·莱奥波德（Nathan Leopold）关于监狱的描述中，有一个类似于默守成规的有趣记录（1958年）：监狱是最保守的机构，哪怕是最微小的细节，也往往按照传统规则来调整。关于监狱内部的任何改变，都需要克服极大的困难来打破惯例。以某种方式做某件事情的一个充分理由是，它总是这样做的，而那些效率可能更高的明显的改进，仅仅因为它们是新的而不被接受。在监狱本身的管理中，特别是在监禁事宜方面，这种保守主义有一定的理由。常规事务中最小的变化，也可能涉及某些不明显的问题——被政府所忽略。但可以肯定的是，总有几千个活跃的大脑在关注着最微小的漏洞。在这种情况下，一个差错就会造成许多个差错。对试验过的以及被证明是正确的事物一以贯之通常是明智的，因为它往往比较安全。——原注

对付疟疾的制药武器和对付蚊虫的改进方法。

总而言之，我们不应该只考虑人口增长可能引发污染性灾难的概率，还必须权衡人口增长为控制污染物及其不良后果而创造的新知识的好处。因此，目前尚不清楚世界人口为6万亿或60亿，或年增长率为2%或1%时，灾难发生的可能性（涉及1万或100万人）是否更大。

关于经济和人口增长的间接环境影响：如果认为所有（或者大部分）这种影响都是负面的，那将是错误的。有时候，增长也会带来积极影响。如果发生了遗传变异（它们是自然发生的，否则我们根本就不会存在），一些突变体将是"不受欢迎的"，但其他的则是可取的。一些环境变化也会给物种带来积极的影响，如下面的例子所示：

海产业发现鱼类在电力公司排放的水中生长旺盛

发电厂中用作冷却剂的水，在排出工厂时比进入时温度大约高20度。在这种温水中养殖鲇鱼、牡蛎、虾、鳟鱼和其他海洋生物，通常会使它们成熟所需的时间缩短一半。得克萨斯州科罗拉多市鲇鱼养殖公司称，得克萨斯州电力服务工厂流出的温水中的鲇鱼，在3~4个月内就能长到1.5磅，而在美国一些酷爱食用鲇鱼的地区，鲇鱼在自然池塘里通常需要18个月才能长这么大。

另一个有积极间接影响的例子是，墨西哥湾和加利福尼亚海岸太平洋上的石油钻井平台，为动物和可作为蔬菜的海洋生物提供了绝佳的栖息地，尤其是珊瑚礁和热带鱼。

不过，我们（可能）对风险和不确定性有本能的厌恶。即便如此，我们也应该记住，风险和不确定性并不总是朝着一个方向发展的，而且防止增长所需的重要的社会和文化变革也充满了不确定性，甚至是灾难。例如，由于经济增长减速，冻结目前的穷人和富人收入分配模式将会产生怎样的社会和政治影响？如果人们被告知不能增加收入或有更多的孩子，这会对他们的工作动力产生什么样的影响？固定不变的经济和社会将带来什么心理影响？执行这些决定将实施何种法律制裁？当然，与灾难性污染可能带来的危险相比，这些问题都不那么重要。

总结

更多的人口意味着更高的总产出，其他条件都相同的情况下，这意味着短期内将有更多的污染。但从长远来看，更多的人口不一定意味着更多的污染，它们很可能意味着更少的污染。正如最重要的一般污染指标所表明的那样，人类历史具有预期寿命延长的趋势。增加的人口创造了减少污染的新方法，并为防治污染贡献了更多的资源。我们有充分的理由相信，类似的良性事件在未来将继续发生。

31 人类是否会造成物种灭绝？

物种灭绝是环境运动的一个关键问题。[1]它也是杂志故事的主题，题目为《百万物种面临生死存亡》（*Playing Dice With Megadeath*），副标题为"我们很有可能在下个世纪消灭世界上一半的物种"。物种"损失"也是环保组织筹集资金的焦点。国会一再要求，将大量的公共资金直接或间接用于"物种保护"和"债务交换自然"项目。在1992年的"里约峰会"上，"物种保护"是各国之间的重大争议主题。

世界野生动物基金会的筹款信将这个问题概括如下："在未来10年内，即使一枪未开，我们也可能杀死地球上五分之一的生物物种。"

大众媒体反复强调并放大这一警告。《华盛顿邮报》引用史密斯索尼协会高级官员托马斯·洛夫乔伊（Thomas Lovejoy）的话说，"自恐龙消失以来，这个星球潜在的生物转化即将发生"。《华盛顿邮报》还引用爱德华·威尔逊（Edward O. Wilson）的话说，"这是我们的后代最不可能原谅我们的愚蠢行径"。

自然保护主义者凭借其末日言论，逼迫联邦政府拿出资金并采取行动。在世界自然基金会（WWF）的一次筹款活动中，罗素·特雷恩（Russell E. Train）主席详细介绍了该组织如何支持重新授权"濒危物种法案"，关键因素是告知国会，"一些科学家认为，除非政府'采取实际行动'，否则至本世纪末，将有多达一百万种生物灭绝"。

特雷恩在信中说："当我们谈论一百万种物种的损失时，我们谈论的是全球性的损失，其后果是科学几乎无法预测……如果我们允许截至2000年有一百万种物种消失，未来的世界将发生翻天覆地的变化。"

---

〔1〕有关该主题更全面的讨论，请参阅西蒙和维达夫斯基1995年的论文。此外，感谢艾伦·维达夫斯基在此主题上的合作。——原注

主流生物学家和生态学家基于这些非事实的建议（我们很快就会证明这些事实）是非常深远的。爱德华·威尔逊和保罗·埃利希实际上要求政府采取行动"缩小人类活动的规模"。更具体地说，他们希望我们"停止'开发'任何相对不受干扰的土地"，因为"加利福尼亚州的每一个购物中心都建在了查帕拉尔[1]……每一片沼泽都变成了稻田或养虾场，这意味着生物多样性减少"。《科学》杂志对这些呼吁进行重大政府政策变革的行动表示赞赏。这些遏制进步的建议，是许多生态学家想要强加给世界各国的。这不是小事。

这个问题于1979年最早出现在生态学家诺曼·迈尔斯（Norman Myers）的《下沉的方舟》（*The Sinking Ark*）一书中。随后，在1980年向总统提交的《全球2000年报告》中，它被提交给了国际公众，并列入了美国的政策议程。这些仍然是规范的文本。

与第9章关于耕地消失恐慌的情况不同，真正消失的不是耕地，而是危机本身。当20世纪80年代早期的统计基础被证明不存在时，对物种灭绝的恐惧并没有很快消除，而是继续扩大。

《全球2000年报告》预测，1980年到2000年间，物种将遭受巨大的损失，"动植物物种的灭绝将会大大增加，成千上万的物种——可能多达20%——将会因其栖息地消失而无法生存，特别是热带森林的物种"。

然而，人们观察到的物种灭绝速度的数据与普遍看法大相径庭，并没有为处理所谓危险而建议的各种政策提供支持。此外，最近的科学与技术进步，尤其是种子库和基因工程的出现，以及新型药物的电子批量检测，使得在自然栖息地维持一种特定的植物物种的生命比早些年更加容易。

关键问题是：到目前为止，物种灭绝的历史是什么？对未来物种灭绝最合理的预测是什么？灭绝对物种多样性会产生什么结果？物种多样性（包括任何新物种占据被灭绝物种的特殊位置）的预期经济影响和非经济影响是什么？

社会对物种可能遭受的危险表示出合理关切。个别物种，也许所有的物种合在一起，构成了一种宝贵的禀赋，我们应该保护它们，就像保护我们的其他物质和社会资产一样。但是对此，我们应该尽可能地得出明确和公正的理解，以便就

---

[1] 北美洲加利福尼亚中南部冬雨区的夏旱、硬叶常绿灌木群落。——编者注

应当花费多少时间和金钱来保护它们做出最好的判断。因为在这个世界上，除了保护物种之外，还有其他重要的活动与之竞争，包括保护文明和人类生活的重要方面。

物种损失估计

洛夫乔伊对物种损失的基本预测：

那么，到2000年全球物种灭绝的合理估计是多少呢？在低森林砍伐的情况下，大约有15%的地球物种可能会消失；在高森林砍伐的情况下，可能有多达20%的物种消失。这意味着，在目前地球上的300万至1000万种物种中，至少有50万~60万种物种在接下来的二十年中将被淘汰。

该预测总结了洛夫乔伊的表格，该表格显示了目前估计总数为300万~1000万物种中43.7万~187.5万物种灭绝的估计范围。

任何有用的预测，必须基于包含预期条件下收集的某些经验，或者可以合理地外推到预期条件。但洛夫乔伊的参考文献中，没有包含任何科学上令人印象深刻的经验。他唯一公布的资料来源是迈尔斯的《下沉的方舟》。

《下沉的方舟》

迈尔斯1979年的总结可以作为基本来源：

作为原始的猎手，人类可能已经证明自己能够消灭物种，尽管这是一种相对罕见的事情。然而，从1600年开始，人类通过改进技术，在短短几年内就过度捕猎动物令其灭绝，并迅速破坏广泛的环境。1600年到1900年间，人类已经消灭了大约75种已知物种，这些物种几乎都是哺乳动物和鸟类——几乎没有任何数据记载到底有多少爬行动物、两栖动物、鱼类、无脊椎动物和植物消失。1900年以来，人类已经消灭了另外75种已知物种，几乎都是哺乳动物和鸟类，而且几乎没有人知道究竟还有多少其他生物已经退出了历史的舞台。从1600年到1900年，大约每四年消失一种物种；在本世纪的大部分时间里，大约每年消失一种物种，而相比之下，恐龙"大灭绝"时期，每1000年可能有一种物种消失。

然而，自1960年以来，当人口规模和人类欲望的增长开始对自然环境产生更大影响的时候，世界上几个主要地区的广大地域发生了巨大的变化，其中大部分主要野生动物灭绝。其结果是，灭绝率必然上升，虽然大部分细节没有被记录下来。1974年，关注这一问题的科学家们聚集在一起，大胆猜测所有物种的总体灭绝率，无论是否为科学所知，现在每年可能达到100种。（迈尔斯在此援引《科学》杂志，1974年，第646—647页的内容）。

但是，即使是这个数字似乎也很低。一个单一的生态区，即热带湿润森林，据信含有250万至500万种物种。如果目前的开发方式在热带森林中持续存在，那么到本世纪末，大部分原始森林很可能会消失，其余大部分将会严重退化。这将使大量的物种灭绝……

让我们假设，由于人类对自然环境的处理，20世纪的最后25年，我们将看到100万种物种灭绝——这是一个极不可能的前景。这就意味着，在25年的时间里，将达到每年4万种物种灭绝，或者说每天超过100种物种灭绝。最大的开发压力，要到接近这个时期的最后阶段才会给予热带森林和其他物种丰富的生物群落。也就是说，在20世纪90年代，人们可以看到比前几十年更多的物种。但破坏性的进程已经开始，假设现在每天至少有一种物种正在消失——这并非不可能——到20世纪80年代后期，我们可能会面临每小时灭绝一种物种的情况。

我们可以从上面引用的总结中提取以下要点：（1）1600年至1900年间，已知物种的预计灭绝率大约为每四年一个物种。（2）从1900年至1979年，大约是每年一个物种。但是迈尔斯没有给出这两个预测的来源。（3）一些科学家（用迈尔斯的话来说）"已经预测"目前的灭绝率"可能达到每年100种"。也就是说，这些预测仅仅是猜测，甚至不是估计值，而只是一个上限。这些"科学家"的预测来源不是专家的学术文章，而是一篇由工作人员撰写的新闻报道。但应该注意的是，这个猜测的主题不同于（1）和（2）中预测的主题，因为前者主要包括鸟类和哺乳动物，而后者包括所有的物种。虽然这种差异意味着（1）和（2）对于估计所有物种当前的灭绝率来说可能太低，但同时也意味着，估计未知物种灭绝率的统计学依据比已知的鸟类和哺乳动物的依据更少。（4）上述（3）中每年100种物种灭绝这一预测的上限，被迈尔斯和洛夫乔伊先后使用，并作为上面引用的"预测"的基础。在《全球2000年报告》中，这种说法已经变成：在2000年到来之前，物种的总灭绝

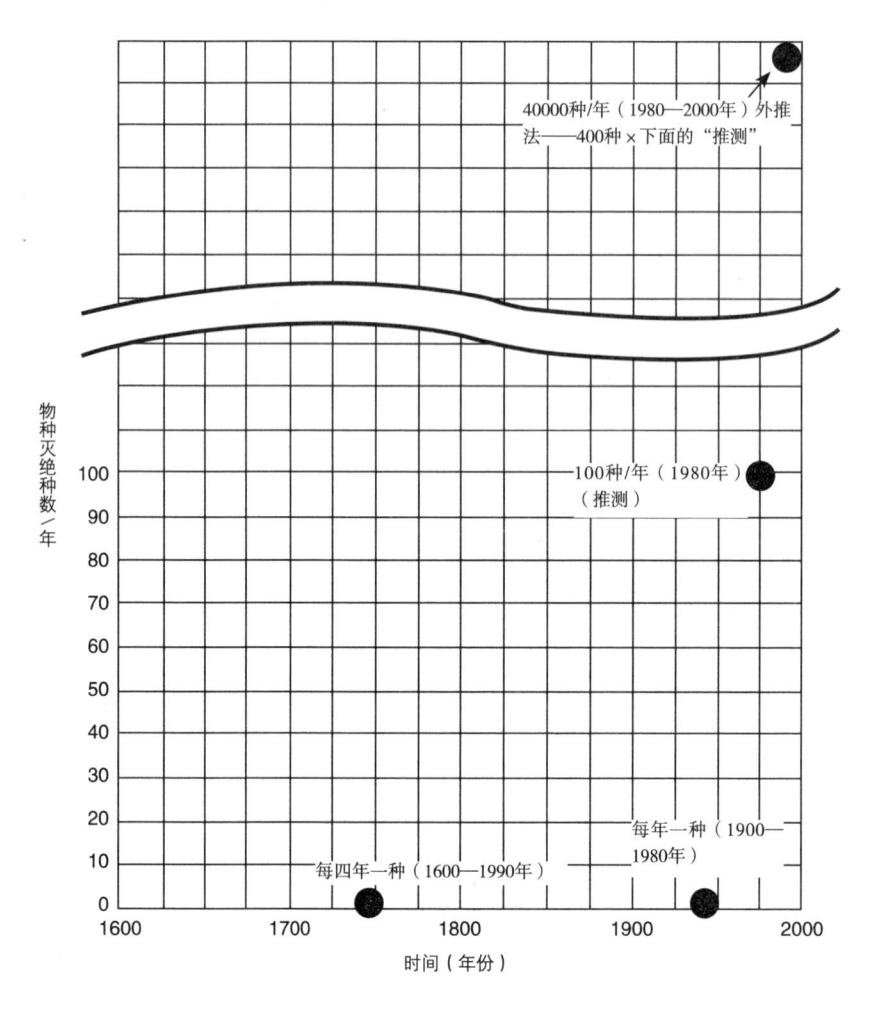

图31-1 迈尔斯和洛夫乔伊对物种灭绝率的估计以及对2000年的外推

率可能达到14%~20%。因此，现在的出于纯粹猜测的上限已经成为预测的基础，并已经在各大报纸上发表，供数千万或数亿人阅读，并被理解为科学声明。

迈尔斯公布的两个历史比率，以及洛夫乔伊估计的年比率，在图31-1中绘制在了一起。显然，如果没有明确地考虑一些附加力量，人们几乎可以推断出2000年的任何一个比率，而洛夫乔伊的推断，也不会比（比方说）一个百分之一大的比率更令人信服的了。仅从这两个历史点来看，许多预测者可能会比过去的洛夫乔伊推算出更接近过去的速率，这是基于一个常识：在没有附加信息的情况下，未来变量的最佳近似值是它今天的值，其次是将来这个变量的变化率将与过去相同。关于物种定义的不确定性只会徒增混淆。

在洛夫乔伊的图表中，热带森林数量的预测变化隐含着过去物种损失率和预计物种损失率之间的差异。但是，要将这一要素逻辑地联系起来，必须有系统的证据表明，物种减少的速度与大量热带森林的砍伐有关。阿瑞尔·卢戈（Puerto Rico）反对这一理论，并详细介绍了波多黎各的情况："人类活动使原始森林面积减少了99%，但由于咖啡树荫和次生森林，森林覆盖率从未低于10%~15%。这种大幅度的森林转化并没有导致相应的大规模物种灭绝，当然远不及迈尔斯提到的50%。"

所有这一切都意味着，没有任何依据可以倾向于（a）洛夫乔伊预测的巨大灭绝率，而不是（b）与过去持平的非常平缓的灭绝率。这取决于是否执行大规模国家政策的决定。（我再说一遍，我不建议不采取任何保护政策，相反，我建议获取其他种类物种的预计灭绝率数据，以作为政策决策的依据。）

20世纪80年代，人们愈加认识到，物种的灭绝率实际上并不明确。1989年，迈尔斯写道："遗憾的是，我们无法知道热带森林当前的实际灭绝率，我们甚至无法做出准确的猜测。"保罗·科林沃（Paul Colinvaux）把这种灭绝称为"不可估量的"。有人会认为，这种知识的缺乏会使所有人对未来灭绝的估计产生怀疑。

尽管如此，迈尔斯继续说道："我们可以在砍伐森林之前查看物种数量，然后应用生物地理学的分析技术进行实质性的评估……根据岛屿生物地理学的理论，我们可以切实地估计，当一个栖息地失去90%的空间时，它已经失去了一半的物种。"不过这只是猜测。如上所述，卢戈在波多黎各发现了不确凿的证据。然而，自然资源保护主义者继续要求政府推行昂贵的政策——基于一个未经证实的假设，即物种灭绝的数量十分巨大。

所有物种的抽象概念很难掌握，所以关于鸟类的一些数据可能有助于修正一个人的想法。虽然我们不知道哪些未知的物种已经灭绝，但有一些鸟类物种的信息是早已为人所知的。据估计，1600年世界上有8184种鸟类。到20世纪60年代，有94种被认为已经灭绝，其中只有6种曾经单独生活在北美洲，或者在北美大陆和其他地方，而不是全部生活在美国。到20世纪60年代，世界上估计有400种物种在1600年根本不存在——在人口大量增长和土地定居的时期，净增物种约300种。

伊斯特布鲁克（Gregg Easterbrook，1995年）从国家奥杜邦协会获得了自1966年以来的鸟类数量的数据，瑞秋·卡森认为这些鸟类正在灭绝："记分卡（一种用于检验或测试的系统或程序）：卡森说现在可能有40种鸟类已经灭绝或几近灭绝，19种数量稳定，14种有所增长，7种数量正在减少。"

据说鲜为人知但面临极大灭绝风险的物种是昆虫。但最近对化石的研究表明，数百万年来，昆虫的"灭绝率很低"，这意味着昆虫对灭绝具有很强的抵抗力。这与最近在加利福尼亚清除蚊子或地中海果蝇这类昆虫所遇到困境的情况相同。

从20世纪80年代初期开始，我发表了对标准物种灭绝估计的上述批判性分析。几年来，这些批评毫无回应。但是，随后"官方"国际自然保护联盟（IUCN）委托惠特莫尔（T. C. Whitemore）和塞尔（J. A. Sayer）编辑了一本关于物种灭绝程度调查的书，来回答我和其他人提出的问题。该项目的成果一定很惊人。

所有专家——那些对物种灭绝威胁感到最为震惊的保育生物学家——继续关注灭绝的速度。尽管如此，他们确定了中心论断，所有人一致认为，已知的灭绝率极低，且将继续保持这一趋势。我将引用冗长的论述（重点提供）来考验你们的耐心，这些引文记录了一种共识，即没有证据表明，物种灭绝的速度在加快或者持续上升，因为这些来自保育生物学家自己的证词应该更令人信服。此外，如果只提供较短的引文，那么多疑的读者可能会担心引用的内容并不完整。（即便如此，怀疑论者可能还是要检查原始文本，看看引文是否公正地代表了作者论点的主旨。）

关于预计速率的问题：

已知（60种）鸟类和哺乳动物在1900年至1950年间灭绝

两个世纪以来，美国东部的森林面积已经缩小到原来的1%~2%，但是在这个破坏过程中，只有卡罗来纳长尾小鹦鹉、象牙喙啄木鸟和乘客鸽这三种森林鸟类灭绝。尽管森林砍伐确实造成了这三种物种灭绝，但是对于鸽子或鹦鹉来说，这可能不甚重要［格林威（James C. Greenway），1967年］。那么，为什么会有人预测类似的热带森林破坏会导致大规模的物种灭绝呢？

国际自然保护联盟与世界保护监测中心（WCMC）一起收集了世界各地专家关于物种减少的大量数据，将其与全球灭绝估计值进行比较似乎是明智之举。事实上，这些数据和其他数据表明，有记录的动植物灭绝数量非常少。

已知的灭绝率非常低。只有哺乳动物和鸟类才存在良好的数据，而它们目前的灭绝速度大约是每年一种物种［瑞德和米勒（W. V. Reid and K. R. Miller），1989年］。如果其他分类群表现出与哺乳动物和鸟类相同的灭绝倾向（正如一些专家所说的那样，尽管其他人对此持有异议），也就是说，如果世界上的物种总数是3000

万，那么，每年大约有2300种物种灭绝。这是一个非常重大且令人不安的数字，但是这已经远远低于过去十年里的大多数估计。

如果我们假设，今天的热带森林面积相当于18世纪30年代时期的80%左右，那么就一定可以假设，在这个缩小过程中，一些地区的许多物种已经消失。但令人惊讶的是，尽管我们进行了广泛的调查，却始终无法获得确凿的证据来支持迈尔斯等人提出的近期发生了大规模物种灭绝的说法。相反，在中美洲植物区系等项目上的工作，至少在某些情况下显示出许多物种丰度的增加［布莱克莫尔（Blackmore），私人通信，1991年］。金特里（A. H. Gentry，1986年）描述了一个非常引人注目的情况：他在厄瓜多尔安第斯山脚下的森地内拉山脊中发现了相当戏剧化的原位演变水平，他发现至少有38种，可能多达90种物种（占山脊植物总数的10%）是这个"不具优势的"山脊所特有的。然而，在他最后一次访问之后，最后一片森林已经被清除，"它的90种潜在新物种已经（或者说假设）湮入植物学历史"。随后，多德森（C. H. Dodson）和金特里（1991年）修改了这一说法，认为在森地内拉山脊中有一个未定数量的物种已经明显灭绝，这是在对其他地区进行短暂考察之后得出的。在利塔，11种在以前认为灭绝的物种被重新发现；在靠近拉玛那的波扎洪答，又重新发现了6种物种。

实际灭绝率依然很低……正如格罗伊特（W. Greuter，1991年）所言："许多濒危物种似乎具有奇迹般的生存能力，或者有守护天使在关照它们的命运！这意味着，试图保护整个地中海植物群还为时不晚，同时应在保护目标和手段方面确定适当的优先事项。"

在过去几十年和数百年的人类活动密集地区，尽管栖息地的面积和分散程度大量减少，但是动物学家找不到任何证据可以宣告一种已知动物物种灭绝。第二份超过120种鲜为人知的动物物种的清单，其中一些后来可能被列为濒危物种，但是没有证据显示任何物种已经灭绝；巴西较老的濒危植物名单目前正在修订中，也尚未发现物种灭绝的证据［卡瓦尔坎蒂（Luciano P. Cavalcanti），1981年］。

然而，对已知和未知群体现有数据的更仔细的研究，支持大西洋沿岸森林中尚未发生物种灭绝的结论（尽管有些物种可能正挣扎度日）。事实上，20多年前认为已经灭绝的大量物种，包括几种鸟类和六种蝴蝶，最近被重新发现。

这里是一些关于缺乏可靠估计基础的评论：

物种的损失有多大？虽然物种的丧失可能是我们这个时代最重要的环境问题之一，但是很少有人试图严格评估其可能的数量，甚至无法估计大约有多少未记录的物种已经灭绝。

虽然更好地了解灭绝率信息可以明显改善公共政策的设计，但同样明显的是，全球灭绝率的估计充满了不确定性。我们还不知道有多少物种存在，甚至在数量级之类的问题上也未可知。

有关这一现象的文献相对较少……对灭绝危机的严重程度的澄清，以及采取可能的措施来缓解危机，可以大大扩大对采取行动的财政和政治支持，以应对生态领域面临的最严重问题，或者可以说是当今人类面临的最严重问题。

估计物种灭绝率的最佳工具，是使用物种面积曲线。该方法已经成为目前几乎所有物种灭绝速率估计的基础。

有很多原因造成记录的灭绝数据与经常公布的预测和推断不符……

从序言到该卷的这一具体观察具有启发性：

巴西沿海森林的面积减少，与世界上任何热带森林类型的情况一样严重。根据计算，这必定导致相当大的物种损失。然而，没有任何已知的物种可以被认为已经灭绝。[霍尔德盖特（Martin W. Holdgate），"序"，惠特莫尔和塞尔]

物种损失的风险

许多生物学家都认为物种灭绝的数量是不确定的。但他们继续说，这些数字在科学上并不重要。即使这些数字有甚至几个数量级的差别，政策的含义也是一样的。那么既然如此，为什么要提到任何数字呢？答案很清楚，这些数字在一个重要的方面确实很关键：比起相对更小的数字，它们更能吓唬公众。除此，我找不到使用数字的科学理由。

我们面临物种灭绝风险的一个窗口是回顾过去并思考：当定居者把美国中西部的林木伐光时，哪些物种可能会灭绝？我们会因为这些损失而变得更穷吗？显然，我们并不知道答案。但似乎很难想象，如果任何假设的物种继续存在，我们会变得更加美好。这使人们对可能在其他地方消失的物种的经济价值产生了一些怀疑。

生态学家得出了深远的结论,并呼吁基于他们对物种灭绝率的信念采取强有力的行动。其中一项"保护北美生物多样性的计划"是要求重新安置整个大陆。

该项目呼吁建立一个由荒野保护区、人类缓冲区和野生动物走廊组成的网络,跨越大片土地——数亿英亩,相当于大陆的一半……野生土地项目的长期目标是将美国从一个拥有4.7%荒野地区的国家转变为一个被自然区域环绕的人类居住的群岛……保育生物学家和其他科学家越来越相信,本土物种尤其是大型食肉动物,如狼、灰熊和山狮,需要巨大的生存空间,这在很大程度上导致了科学向这个方向发展。给予动物这样的空间,可以被视为《濒危物种法》(*Endangered Species Act*)等法律的合理延伸,该法案规定,无论成本如何,都必须保护生物多样性。

该计划的制订者想要拆除道路,因为这些道路"使动物暴露在交通危险之下"并"充当外来植物的漏斗"。该计划的理由是"防止发生大规模的灭绝事件"。这个计划的推动者不是"极端分子",相反,就连生物学家爱德华·威尔逊这样的人都声称自己是它的"热心支持者"。

生物学家希望我们写一张空白支票,因为社会永远不会为其他事情做这样的事。没有人会去国会要求拨款给饥饿的孩子送食物,或者在公路上安置护栏——根本不知道有多少人处于危险之中。生物学家以我们这些非生物学家无法理解这些问题为由,为自己在这种情况下的不同行为辩解。

有人说:蕾切尔·卡森的《寂静的春天》(*Silent Spring*)虽然被夸大了,但它难道不是一股重要的力量吗?也许是这样。但是,对缺乏证据的环境危险的担忧而造成的间接和长期后果,尚未完全论述完毕。而且在我看来,在没有特别理由的情况下,有一个强有力的假设,支持我们最好地陈述我们所知道的事实——特别是在科学的背景下——而不是怀着好意对数据进行操控。

问题仍然存在:在物种灭绝的危险方面,应该如何制定决策,制定合理的政策?我不提供全面的答案。显然,我们不能简单地说不惜一切代价拯救所有物种,如同说要不惜一切代价挽救所有人的生命一样。当然,我们必须对可能损失的物种的现在和将来的社会价值作出一些明智的估计,正如我们必须估计人类生命的价值,以便选择合理的公共卫生保健服务,例如医院和手术。就像对人类一样,评定物种相对于其他社会物品的价值并不容易，尤其是当我们必须把价值放在我们甚至不知道的物种上。但这项工作必须以某种方式完成。

我们还必须设法获得更多关于伴随各种森林变化而可能丢失的物种数量的可靠信息。这也是一项非常艰巨的任务。

最后，任何关于物种损失的政策分析必须明确评估保护行动的总成本。例如，在某一个地区不伐木或不修路的成本。这样的总成本估算必须包括经济增长下降对社区教育和总体发展的长期间接成本。

最近的一项研究表明，保持亚马逊和其他地区的稳定可能会对物种多样性产生适得其反的结果。科林沃告诉我们，自然干扰，只要不是灾难性的，就可能导致环境干扰，并导致物种分离，从而促进"不断增长的差异"。他继续建议说："物种丰度最高的地方不是气候稳定的地方，而是在环境干扰频繁但不过度的地方。"这是另一个必须考虑的微妙问题。

了解未知

虽然我们不知道有多少物种正在消失，但是我们应该采取措施来保护它们，这在逻辑上如同，虽然我们不知道在针尖上跳舞的天使以何种速度走向灭亡，但是我们应该启动大量的项目来保护它们。这有点像根据"受害"女孩的"幽灵证据"判定塞勒姆女巫死刑一样，受指控者无法用任何可以想象的物证进行反驳。[事实上，整个塞勒姆故事让人联想到今天所听到的各种反科学的环境警告，正如几十年前一本关于女巫恐慌的优秀著作的作者斯塔基（Marion L.Starkey）注意到的那样。斯塔基指出，塞勒姆女巫事件实际上是由当时迈克尔·维哥斯沃斯（Michael Wigglesworth）的畅销书《最后审判日》（*Day of Doom*）所引发的。事实上，关于人性和思想的变幻莫测，不足为奇。][1]

也许更恰当的比喻是虐待儿童或种族歧视。我们知道有人可能遭受虐待，并且虐待现象一直存在。但是，在没有可靠信息的情况下，宣称有多少人受虐待是愚

---

[1]事实上，我认为有可能通过一种合理的抽样方案来估算物种的灭绝数量。当统计结果显示两个地区的物种都存在时，这种抽样方法可以估计两个地区的物种数量。如果这项计划被采纳的话，我很乐意为之效力。——原注

蠢且完全不科学的。

如果某些东西目前是不可知的，但原则上是可知的，那么适当的方法就是找出答案。这并不一定意味着只能通过直接观察来发现。我们可以根据一系列可靠的实证证据得出合理的结论。但是必须有合理的证据和推理链。

如果有些东西原则上——至少基于现代技术的基础上——是不可知的，那么就没有任何公共行动的理由。否则，就相当于为任何能够捏造令人紧张和恐惧的假想情景的人打开公共行动和开支的大门。

物种保护问题的一个有趣方面，是那些自称为科学家的人——例如保罗·埃利希，他们甚至谴责他人明显缺乏科学知识（埃利希经常这样做；请参阅本书结语）；他们积极自豪地进行着这样的非科学论证。

与环保主义者讨论事宜

20世纪80年代中期，在著名的《新科学家》杂志以及一些报纸、书籍和会议上的文章中，艾伦·维达夫斯基和我记录了完全没有证据表明物种灭绝正在迅速上升，或者正在上升。没有人对我们的文章持有争议。在那之后，也没有任何人提出任何新的证据来证明物种正在快速灭绝。相反，那些大肆宣扬物种灭绝骗局的生物学家，完全忽视了那些他们伪造的关于即将到来的末日言论的数据。

为什么你从环保主义者那里听到的内容和你在这里读到的内容有如此巨大的差异？为什么他们和批评者之间没有交流？让我们考虑一些可能的原因。

1. 与许多其他公共问题一样，在物种灭绝这个问题上，存在着一种只注重人类活动可能产生的不良影响而将积极效应全部排除在外的倾向。事实上，正如卢戈（Ariel E. Lugo）所指出的，"由于人类活动导致物种迁徙，并创造了新的环境，外来物种已经成功地在加勒比群岛繁衍。这使得鸟类和树木的总存量普遍增加"。在热带的波多黎各，"人类活动使原始森林面积减少了99%"，这是人类可以想象的最大幅度的减少，"700种鸟类，在经历了500年的人类压力之后已经灭绝……外来物种扩大了物种库。20世纪80年代，岛上出现的陆地鸟类（97种）比前哥伦比亚时期（60种）更多"。

也许保护生物学家提到了物种的灭绝，但并没有提到新物种的灭绝，因为正如卢戈所指出的那样，"保护主义者和生物学家明显厌恶外来物种（在捕食性哺乳动物和害虫等情况下，有充分的理由！）"。这种对外来物种的厌恶，可能来源于这样一种信念，即人类在某种程度上是人为的，而不是"自然的"。想想迈尔斯的话，他在发出物种灭绝警报方面扮演着比任何人都更"重要"的角色："过去的灭绝是自然过程造成的，而今天的唯一原因是人类。"

当然，人们应该区分在其他地方找不到的本土物种的灭绝与其他地方出现的物种的替代。但是应该指出的是，来自其他地方的新物种经常变异为全新的物种。此外，被认为在一个地方消失的物种，往往会在几年或几十年后在同一个地方或另一个地方被发现——甚至是相对脆弱的物种，例如马达加斯加地区的毛耳鼠狐猴，那里的大部分雨林已被砍伐。自1964年以来，人们就没有见过这种狐猴。一位灵长类动物学家去寻找这种狐猴，结果却找到了一只。另一个例子是，自1942年以来，人们就再也没有看到过奶牛头花，但是在1993年，人们在以色列的阿富拉市附近再次发现了它。

2. 很难与生物学家就物种灭绝进行理智和文明的讨论。其中一个原因是，他们认为，对于参与辩论的人来说，首先必须具备生物学家的资历，才能考虑其证词是否有用。贾雷德·戴蒙德（Jared Diamond）说："我们目前对灭绝的关注，有时候却被非生物学家用一句简单的'灭绝是物种的自然命运'来解释。"在我看来，对数据的理解并不是任何学科的私人领域，而分析者的资历也不应该是对分析的有效性的检验。如果把生物学家的身份当作参与辩论的标准，这个问题就不能说是得到了合理的辩论。

另一个困难在于，保育生物学家关于物种多样性的目标并不容易令人理解。有时他们强调物种多样性的经济利益。例如，1990年，世界自然基金会在其广泛分发的筹款信（仅我家就收到了四封）中问道："你为什么要关心数千里之外这些森林的命运？"答案是："因为热带雨林不仅为世界上至少一半的野生动物提供食物和栖息地，而且也是世界上最大的'制药厂'——奎宁（人类对抗疟疾的最有力武器）之类的救命药物的唯一来源。今天，成千上万的人之所以能够存活，便得益于这些珍贵的植物。如果没有它们，我们该怎么办？"戴蒙德的答案也一样："我们需要它们来生产我们呼吸的氧气，吸收我们呼出的二氧化碳，分解我们的污水，提供我们的食物，保持土壤的肥力。"

但是其他的生物学家，如詹姆斯·奎因恩（James Quinn）和艾伦·黑斯廷斯（Alan Hastings）则认为，"物种多样性的最大化，很少情况下是保护策略的主要目标，而其他诸如审美、资源保护和娱乐价值等方面往往更重要"。洛夫乔伊说：

> 我所说的是一个比较抽象的目标，即确定维持生态系统特征多样性所需的最小规模（栖息地）。换句话说，我认为保护的目标不是简单地保护地球上所有的动植物物种，而是保护它们的天然关联，从而保持物种之间的关系，保护生态过程。

目标的模糊性使得很难将物种保护活动的价值与其他活动的价值相比较。在亚利桑那州的格雷厄姆山上，将24英亩用作修建天文台以走向天文科学研究前沿，与将其作为大约150只红松鼠的栖息地（这些松鼠本来也可以在其他地方繁衍生息）的相对价值是多少？在成本和收益方面做出合理判断的依据，比在核电和煤炭等棘手问题，或关于支持更多癌症研究，使用更高的社会保障金、国防经费，甚至降低税收等方面的依据少得多。

自然保护主义者一方面主张保护的目的是人类生存，另一方面又宣称必须限制或减少人类生存，因为人类对其他物种不利，这使得制定政策变得困难。"我们有许多切实的方法可以避免灭绝，比如保护自然栖息地和限制人口增长"是同一位生物学家的典型说法——他敦促人类应该保护物种，因为人类需要它们的存在！

3. 对该主题进行理性讨论的另一个困难是生物学家对负责评估提议的公共项目的成本和收益的经济学家的态度。著名的保育生物学家彼得·雷文断言："也许世界上最困难的学术问题，是对经济学家的培训。"雷文和其他生物学家认为，经济学思想的基本结构是扭曲的，因为它忽略了生物学家所认为的至关重要的生态命题而导致不合理的社会选择。

4. 许多生物学家认为，人类和其他物种的利益是对立的。这使人类显得相当丑陋。其中一位科学家说："我们的物种有消灭其他物种的本领，而且我们一直是最好的杀手。"另一位科学家最近发表的一篇文章题为"岛屿上的灭绝：人类就是一场灾难"。

5. 很显然，许多人认为，物种具有与在人类生活中所扮演的角色相当不同的价值，这种价值与人类的生命价值存在竞争关系。现任世界自然基金会主席的英国菲利普亲王说："迫切需要有人站出来，用智慧和洞察力为地球说话。"拉文写道："尽管人类在生物学上只是地球上数以百万计的物种之一，但我们控制着世界资源中非常不成比例的份额。"这表明，我们比鹰、蚊子和艾滋病病毒"控制"更多的资源是不公平的。在第38章关于价值观的部分，我们进一步讨论了价值观在物种辩论中的作用。这些信念导致了对人类的政策建议，它取决于人类的价值与其他物种价值之间的特定价值观，这是我们的文明传统上所不具有的价值观。

6. 还有一个困难是，保育生物学家在讨论这些问题的时候有一种令人不安的倾向，即提供隐喻而不是提供数据。例如，据说一位生物学家（托马斯·洛夫乔伊）为了回应一些灭绝事件是未知的事实（因为实际上某些物种本身并不为人所知），将物种灭绝比喻为图书馆里一本尚未编目就惨遭烧毁的图书，因此即使我们不知道它的具体内容是什么，我们仍将遭受损失。但是这样的比喻可能会造成严重的误导。这个例子可能适用于两千年前被烧毁的亚历山大图书馆，这些损失是无法弥补的，因为我们再也没有找到这些书的副本。然而，当我们有充分的理由相信在其他许多地方的报摊上还有其他的副本时，关于物种灭绝的一个更好类比可能是报摊失火。显然，只有通过实证研究，才能确定哪一种比喻更加恰当。

7. 保存所有现存物种——因此也是保存热带和其他野生栖息地的理由之一——是我们不知道哪些有价值的生物特性可能会丢失，而某些可能丢失的东西"有时可能会派上用场"。这个说法，让我想起了父亲总是把使用过的每一根旧绳子，以及他在街上捡到的每一件垃圾都保存下来，因为"有时候它会派上用场"。在我地下室的货架上，仍然摆放着他留下的咖啡罐，里面存放着他用过之后又拔出来，（或多或少）拉直过的钉子，一直到他去世。

但事实是，这些乱七八糟的东西大部分都不能派上用场，而且还占用了宝贵的空间，并且从一个房子到另一个房子需要花费宝贵的精力。用同样的精力，我的父亲可以去建造一些新的东西，而在同样的空间和时间成本下，我可以做点其他更有益的事。

为拯救所有可能损失的物种而保留所有栖息地的论点，甚至比我父亲保存那些旧物的论点更没有说服力。我父亲至少知道他保存的绳子是什么东西，而我们却被要求去拯救那些我们不知道其身份和性质，甚至在很多情况下是否存在，或者是否有用的东西。在某些情况下，我们被要求保存那些与其他事物完全不同的事物，以至于它们的价值只能是审美的，例如"北美三种最濒危的鸟类物种"（根据爱德华·威尔逊的说法，它们分别是巴赫曼莺、柯特兰莺和红顶啄木鸟）。有人会争辩说，这些鸟类的种质与其他莺类和啄木鸟，甚至是整个鸟类的种质有很大的不同，失去它们难道不会对未来的人类造成不良后果吗？

与往常一样，这里需要思考的问题是，在可能被"消灭"的东西和我们可能创造和使用的东西之间存在权衡。只有真正面对这些权衡，我们才能明智地采取行动。

8. 生态学家愈加认识到，人类的利益不仅仅是对人类的使用空间和其他物种说"不"。例如，市场体系下的大象数量的增多（见第20章），以及英国私人溪流中的鱼类栖息地。另一个例子是短吻鳄：20世纪70年代，它们被列为濒危物种，而现在，生态学家呼吁人们购买鳄鱼皮制品，以促进佛罗里达州的鳄鱼养殖，这既是为了保持鳄鱼种类的多样性，也是为了保护湿地栖息地。鳄鱼数量的大幅增加（以及需求下降）可以从价格下跌中看出，20世纪80年代，野生饲养的短吻鳄鳄鱼皮和农场饲养鳄的鳄鱼皮的价格分别从每英尺60美元和180美元逐渐下降（这种下降本身就很有趣），至1993年，分别为20美元和75美元。

结论

现在任何昂贵的物种保护政策，都需要以比迄今为止更广泛的分析作为论据。现有的物种灭绝率观测数据，与末日论者宣称的迅速灭绝几乎完全不相符，而且这些数据也不支持他们所呼吁的各种广泛而昂贵的项目。此外，最近的科学和技术进步，特别是种子库和基因工程，已经削弱了保持物种在其自然栖息地生活的经济重要性。但是，这个问题应该得到比迄今为止所提出的任何问题更深入的思考，以及更仔细和更广泛的分析。

我不建议我们忽略潜在的灭绝。相反，我希望我们尽可能地明确风险的程度。我们应该把可能的事实从猜测和有目的的错报中分离出来，以改进公共决策过程。考虑到人类对地球上未受干扰的自然和其他生活方面的价值，我们应该以理性的方式考虑物种的非经济价值。重要的是，我们要尽可能清楚地思考这个确实难以理智思考的问题。我希望决策者在着手进行上述的移民安置计划，或者根据威尔逊的提议，制定一个"吸收25000名生物学家"和耗资数十亿美元的"紧急方案"之前，能够明智而冷静地思考物种问题。这些资金原本可以用于其他科学研究和社会目的，甚至只是为了穷人或非穷人的个人利益。

后记　论物种哲学

物种维护及政策价值涉及深奥的哲学问题。关于这个问题的文献卷帙浩繁，远远超出了本书的范围，在此我只提几个特别感兴趣的问题。

1. "其他物种"所谓的"权利"是最令人困惑的概念。随着频率的增加，我们看到了对其他物种的假设需求进行补贴的建议。理由并不是动物生活在原始的荒野中对我们人类来是有用的或是令人愉快的，而是假定的其他物种的"权利"。

我不是在这里谈论那些对动物的残忍行为，如残酷地殴打狗类或役畜、扯掉昆虫的翅膀、把野生动物关起来以供食用、杀死野生动物并取用一小部分器官（如象牙）等，人类对这些行为几乎是本能上的反感。相反，我正在谈论的建议是摧毁华盛顿州艾尔华河上的发电大坝，使野生鲑鱼（与孵化场养殖的鲑鱼区别开来）能够像80年前（1993年）那样生活在河流中；标准是"鱼的需求"，而不是人的需求。另一个例子是一个科学项目，它相当于喷气式发动机，能间歇性地发出巨大的水下声音(运作一小时后停息一小时，一直持续10天)，这种声音在遥远的海洋中都能听到（这是全球变暖研究的一部分）。根据《海洋哺乳动物保护法》(*Marine Mammal Protection Act*)，这项研究受到"骚扰"海洋哺乳动物的指控。（人们想知道，担心这个项目的人是否担心海上风暴声对海洋生物的影响，毕竟其噪音比海上的任何喷气式发动机更加嘈杂。）还有一个例子是"动物权利活动家"指责将基因植入奶牛体内，使其生产医药制品所需成分的行为，称其是对牲畜的"剥削"。

这需要法律专家对这方面的权利概念进行适当的分析。我能做的，至多是提出一些必须回答的问题。

权利的概念，是一个群体为自己定义或为之奋斗的概念。真正的权利不能由他人分配。当权利被分配时，这个制度就是专政，只要独裁者赋予权利，这些权利就会继续存在。另一方面，自我定义的权利涉及法律、宪法、法院等事项。自我定义权利的概念，显然对于人类以外的物种是荒谬的，并且其权利观念会遭受质疑。

至于权利的赋予，据我所知，并不存在独裁的哲学。一个独裁者，甚至一个国家组织，应该如何决定各种物种的相对权利？当然，当我们决定在动物园和公园里保留什么和清除什么时，我们就会这样做。但我们这样做是基于我们的政策，而不是它们的权利。

然而，正如本章前面提到的，关于将土地"恢复"和"归还"给其他物种，有一些严肃的建议正在提出。基本哲学需要一个明确的法律和哲学基础，而不仅仅是情感表达。

2. 一个奇特的问题涉及我们对各种物种的相对依恋强度。以下内容对我来说很有意义，尽管我在动物权利的著作中没有找到。我能理解在物种之间做出一些区分，就像我们在人际关系和忠诚中做出的"自然"区分一样（亚当·斯密在他早期的哲学著作中有精彩论述）。亲属关系越近，我们感觉越亲近，因此相对于老鼠或毛毛虫，我们觉得和大猩猩更亲近。同样，很少有宗教著作敦促我们对威胁我们福祉的事物表示亲近；与动物的类比就很明显。

也许，无论我们有什么"责任"，都是沿着上述路线进行的。根据我的感受，慈善应该从家里开始，不管是对人还是对物种。但另一些人却有不同的感受，如地球优先活动成员在华盛顿的林肯纪念堂前游行示威，呼吁"所有物种享有平等权利：拯救雨林"。

3. 对物种的哲学讨论往往忽视了一个不可逃避的事实，即鱼与熊掌不可兼得。读到法利·莫瓦特（Farley Mowat）的《狼踪》（*Never Cry Wolf*）等精彩的自然主义冒险故事，我能感受到他在巨大国土上研究狼的兴奋和惊奇。这个国家只有几百个爱斯基摩人，许多驯鹿、老鼠和鸟类、几千只狼以及其他的少数物种。人们不禁感叹：如果"文明"占领了这个地区，这一切就不会出现——这将是一个巨大的损失。

在一项对露营者的调查中记录了对荒野独处的感觉，其中"86%的人反对让另一个人在自己的视线或声音范围内露营；而65%的人说'如果你没有遇到任何人，这是最好的'"。如果一个富人买下一幅名画，并让它退出公众视野，只供自己独赏，我们觉得这也是一种损失。在后一种情况下，这幅画至少是私有财产，而根据普通法律，公有区域不属于任何人的私人财产。

然而，以上两种情况都涉及一个简单的问题：自己的财产不受干扰与让许多人共享是不相容的。认识到这一简单的观点必须是对这一问题进行明智讨论的先决条件。

4. 整个问题引发了最奇怪的问题。虽然许多人认为人类暴力攻击另一种生物是可憎的，但另一种动物做同样的事情在人们看来却是一种魅力。这可以从电视频道中播放的大量野生动物的场景中看出。还有，会不会有警察来维护鱼对于熊的权利，小海豹对于鲸鱼的权利呢？

32 人口过多不会损害人的健康、心理和社会福利

> 人类越接近密度极限或"承载能力",发生核战争的可能性就大。
>
> 里德和里昂《人口危机——跨学科视角研究》(*An Interdisciplinary Perspective*)前言,1972年

本书的大部分内容都是通常被认为属于经济领域的物质问题——生活水平、自然资源和环境。本章将超出普通经济学范畴,讨论与人口规模及其增长有关的健康问题和相关问题——因为一些读者认为,如果不进行这些讨论,这个主题将是不完整的。

在过去的几个世纪里,高人口密度往往对健康产生不利影响。例如,在工业革命时期,由于糟糕的卫生条件和传染性疾病,城市的死亡率普遍高于农村。但是,尽管很多人仍然认为,人口稀少的农村比城市更健康,但是现在似乎没有证据表明,人口密度更高的地方,人们更不健康;反之亦然。我们将首先解决身体健康问题。本章的第二部分将讨论人口密度对人的心理和社会福利的影响,并简要讨论战争问题。

人口密度与身体健康

感觉与健康,与经济所能提供的任何东西一样有价值。而且,健康是经济运行中的一个核心问题——健康的人比患病的人工作更加努力,而流行疾病阻碍了许多贫穷国家的经济发展。

正如第15章所讨论的,预期寿命是衡量一个国家卫生状况的关键指标。人口密度和人口增长对预期寿命没有明显的消极影响。相反,其影响可能是积极的。

在早期,居住在人口密度高的地区(城市),无疑会降低人的预期寿命。17世纪,威廉·配第这样描述伦敦:城市的死亡率比农村地区高得多(出生率可能低得多),像伦敦这样的城市,需要依靠农村的移民来维持其人口数量。1841年,伦

敦男性的预期寿命是35岁,而在英国其他地区是40岁。从1900年到1940年,城市地区的美国白人男性的预期寿命比农村地区低得多,其比例分别是——44.0∶54.0(1900);47.3∶55.1(1910);56.7∶62.1(1930);61.6∶64.1(1939)。[1]

然而,近年来,由于传染病已经得到公共卫生措施的控制,在发达国家,人口密度的这一缺陷已经消失。例如,1950年至1992年,伦敦居民的预期寿命已经达到了67.3岁,而在英国其他地区则为66.4岁。

在大多数有数据记载的发展中国家,除了一些个例外,城市的死亡率普遍比农村低。

从美国1959年至1961年的数据来看,与非城市地区相比,大城市的死亡率略高,小城市的死亡率更低,但与以往不同的是,城市的这种高死亡率模式必定是由流行病以外的因素造成的。

更普遍地说,对于过去半个世纪以来的西方,以及过去几十年来世界大多数国家而言,人口密度、收入和人均寿命这三个关键因素出现了同步增长。这表明,人口密度的增加和收入的增加,不管是单独还是组合来看,都有利于人们的预期寿命和身体健康;反之亦然。

我们不妨以意大利南部的希腊殖民地,古代世界最富有、最文明的地方之一的梅塔庞托(Metaponto)为例,跟随考古学家来看一看这里的人们的健康状况。

从发掘的遗骸来看,这里的人们大多营养不良、疾病缠身。

每10个人中就有6个人患有龋齿……超过四分之三的人出现牙釉质畸形——因严重疾病或严重营养不良所致……56%的人表现出明显的疾病或受伤迹象。

很多尸骨显示出许多受损的骨头,而且由于在受伤后没有得到很好的护理,导致痊愈以后骨头变得畸形。

面对这些发现,监督这项考古发掘工作的人类学家感到十分惊讶。"读古代

---

[1]作者为杜布林(Louis I. Dublin)等人。不过比较戏剧化的是:该数据显示,1939年,美国"10万及以上人口城市"的白人女性的预期寿命为54.6岁,而在"其他城市地区"仅为51.1岁。这与"人口密度越高则寿命越低"的说法并不一致。但这也可能是选择性迁移所致。——原注

希腊的文字，你脑海里出现的是一个美好的社会……但是，现在我们看到，实际情况非常糟糕。"

为什么在人口密度较高的地方，健康状况更好？让我们先提出一个否定的观点：现在没有理由认为人口密度会使健康恶化，因为除了疟疾之外，其他重要的传染性疾病已经被攻克。疟疾——许多医学史家认为它是人类最重要的疾病——在大片人口稀少且未经开发的湿地地区比较容易滋生蔓延。在这些地区，人口密度的增加可以消除蚊子的繁衍。[1]

疟疾的案例

正如法国地理学家皮埃尔·古鲁（Pierre Gourou）所说：

疟疾是最普遍的热带疾病……它（至今）攻击了大约三分之一的人类，但在实际生活中，湿热地带的所有居民或多或少都被认为受到了感染。疟疾使感染者的体质变弱，并因为发烧消耗体力而无法从事持续性的工作。因此，农业得不到所需的照料，粮食供应受到影响。这样便形成了一个恶性循环。由于营养不足，感染者的身体系统对感染的抵抗力变小，无法提供生产足够食物所需的精力。疟疾患者非常清楚，一场发烧可能是辛勤工作的不愉快回报……

毫无疑问，疟疾致使热带居民健康状况不佳、人口少，缺乏工作热情。

在前科学时代，男性通过规划土地的总占用来控制最严重的传染病，从而消灭蚊子的滋生地。这种规划活动，需要高密度的人口和对土地使用的完全控制，所以需要优良的农业系统（土壤质量、可靠的气候和一定程度的技术能力）、密集的人口和先进的政治组织相辅相成……在人口稀少的地区，要改善卫生和健康条件十分困难，疟疾消灭行动在这里也难以获得持久的成功，因为采采蝇非常喜欢这样的地方；而且这里地广人稀，不可能将植被降低到不利于这种昆虫生存的水平。卫生服务难以维持，医生和医院不可避免地远离病患，至于教育，几乎是不可能实现的。

---

[1] 出于完整性，我们应该注意到，在人口密度最低的时候，可能很少的人会染上疟疾或其他寄生虫感染性疾病，而密度的增加则可能提高这些疾病的发病率。不过，这只适用于生活在人类历史早期阶段或当今世界一些特殊环境下的人。——原注

表32-1中的数据支持古鲁的观点，表明低人口密度与锡兰地区疟疾的高发病率有关。当然，人们可能会猜想，疟疾地区人口密度低可能只是因为人们选择搬离这些地区。但是，锡兰的历史告诉我们，事实并非如此。

锡兰的古老文明集中在疟疾高发地区。一万多座水坝的遗址证明了这一文明在连续的几个历史阶段的水平和规模。古代秩序的衰落伴随着灌溉系统的崩溃、利于疟疾传播的条件出现，以及僧伽罗人撤退到岛内非疟疾传播地区。

表32-1 与区域疟疾流行率相关的锡兰（斯里兰卡）地区的人口、面积和人口密度

疟疾流行程度	脾患病率[a]（%）=	人口[b] 数量	（%）	面积 平方公里	（%）	人口密度（人/平方公里）
不流行	0~9	4142889	(62)	5113	(20)	810
中度	10~24	1207569	(18)	5271	(21)	229
高度	25~49	994495	(15)	8460	(33)	118
严重	50~74	312466	(5)	6489	(26)	48

资料来源：弗雷泽里克森（Harald Frederiksen，1968年），希尔（David M. Heer，1968年）。
a：1939年和1941年的调查平均数。
b：1946年人口普查。

同样，一些历史学家认为，罗马帝国的衰落在很大程度上是由于政治动荡后疟疾的蔓延和人口密度的下降妨碍了排水系统的维护。

现在来看一些改善而非倒退的例子。英格兰的历史显然深受疟疾因人口增长而减少的影响。在伦敦，"威斯敏斯特于1762年建成，伦敦城于1766年建成……伦敦附近的沼泽地大约在同一时间干涸。"1781年，一位作家在书中写道："现在，伦敦现在很少有人死于疟疾。"

美国的历史也揭示了疟疾、人口和经济发展之间的相互作用：

19世纪二三十年代，由于时刻面临黄热病和疟疾的危险，修建运河的工人的工资上涨。（在许多情况下）工人需要穿过湿地和沼泽以减少施工问题，运河被称为"杀手"……随着国家的安定，疟疾滋生的沼泽地被填满。建筑物覆盖了（病毒携带者）能够生存的废弃地带。

医疗技术人员一度以为，有了DDT和其他合成农药，不再需要通过增加人口密度来预防疟疾。疟疾已经被战胜。然而，在世界范围内，疟疾已经卷土重来。印度的疟疾患者曾经从1953年的7500万减少至5万，再到1968年的"被全面控制"；在1971年疟疾流行期间，其报告的病例为130万，至1976年则上升到580万。甚至还有更惊人的数据，"病例数量达到至少3000万，也许5000万"。随着DDT使用率的下降，"流行疟疾像潮水一样涌回到印度"。此外，"斯里兰卡……'二战'后的疟疾病例为300万，1964年减少至29例"。然而，随着蚊子携带的抗药菌株的进化及其对蚊子天敌的破坏，农药很快就失去了效力，DDT被禁止使用，疟疾再次来袭；到1970年，斯里兰卡每年可能有100万疟疾病例。

美国生态学家巴里·康芒纳举了另外一个例子：

> 危地马拉启动了通过大量使用杀虫剂来消除疟疾的计划。大约12年后，疟疾蚊子已经产生了抗药性，而且这种疾病的发病率比计划启动之前更高。迄今为止，危地马拉妇女奶水中的DDT含量为世界最高。

其他公共卫生专家也认为，采用化学品防治疟疾前景黯淡。

> 当问及我们对抗热带疾病的成效如何时，康奈尔大学医学院的包括基恩博士（B. H. Kean）在内的一些专家毫不讳言：我们正在输掉这场战役。他指出，在"二战"后大约10年的时间里，我们似乎已经征服了疟疾。但此后蚊子对农药产生了抗药性，疟疾寄生虫已经能够应对一些使用更广泛的药物。

今天，预防疟疾的唯一可靠武器，似乎是人口密度的增加。

其他一些关于健康的例子

因人口密度大而导致传染病流行已经成为过去。除了能够有效控制携带疟疾、昏睡病（非洲采采蝇）和其他疾病的昆虫之外，更大的人口密度对人类健康还有很多积极的影响。例如，在当今社会，城市供水比农村安全；城市的医疗条件比农村优越，救援更迅速；运输系统也更加优良便捷……这本身就是人口密度的结果（见第25章）。

我们还必须记住，更多的人口创造了有助于改善健康的额外知识。例如：美国现代紧急医疗系统在汽车事故和其他紧急情况下挽救了大量生命，基于美国人口而诞生的道路网络是这一切成功运作的关键。在人口稀少的国家，这种紧急服务必定更加昂贵。最后，发明和开创这样的医疗系统需要想象力和技巧——人类的思想和手脚。又如：现在的电线比以前的更安全。自从"额外的"人（也就是说，如果人口增长率较低，这些人可能还没有出生）提出布线的想法之后，很多旧的建筑已经重新布线。另一方面，人口增长（加上收入增加）加大了对新房屋的需求，这些线路将令新建房屋更加安全。（在过去的一个世纪里，爱尔兰的人口几乎没有增长，在本书第一版出版时，这里很少能看到一座新建筑。我对一些较大的旧建筑里的可怕的陈旧电力设备感到不寒而栗。）

拥挤的心理和社会学效应

许多人认为，高密度人口会对心理和社会带来不好的影响。这不过是一种假设。高密度人口确实会危害其他动物，但是没有证据表明它会危害人类。相反，"孤立"才会危害人类。人们之所以认为拥挤危害人类，是通过类比动物来验证，而这种类比显然是错误的。

数百年来，生物学家已经观察到，把动物限制在一个特定的区域，并配以特定的资源，会有"不快乐"的事情发生。本杰明·富兰克林等观察人士注意到，在这种情况下，动物的死亡率有所上升。现代的康拉德·洛伦茨（Konrad Lorenz）和约翰·卡尔霍恩等研究人士则专注于鱼类、鹅和挪威大鼠的"反社会"和"病态"行为。例如，卡尔霍恩的一篇著名的文章叫《人口密度和社会病理学》（*Population Density and Social Pathology*）。这些生物学家只是简单地假设人类也会经历相同的过程。

马尔萨斯在了解了一些事实后，推出自己的第一版书，对本杰明·富兰克林做出了最早也最蹩脚的反驳。（这一事件在第24章中有所描述。）

生物学家朱利安·赫胥黎（Julian Huxley）解释了我们在从动物到人的推理过程中是如何出错的。

首先，我们通过无意识地将人类的特质投射到动物身上，使动物和我们之间的差异最小化：这是儿童和原始人类的方式。尽管如笛卡尔等早期的科学思想家，曾试图将这种差异绝对化，但是直到最近，科学分析方法又趋于减少这种差异。这在一定程度上是因为我们经常犯这样的错误，把起源误认为解释——我们可以称之为"谬论"：如果性冲动是爱的基础，那么爱就只能被视为性；如果能证明人起源于动物，那么从本质上说，人类只不过是一种动物。我重复一遍，这是一个危险的谬论。

我们往往误解了我们和动物之间差异的本质。人类进化的关键点——在进化的生命中出现全新属性时的状态变化——是当他学会了语言概念的使用，并能够在一个公共的领域里组织他的经验。正是这一点使人类的生命不同于所有其他生物体。

因此，人类组织不同于动物组织，尤其是人创造新组织模式的能力。
以下是对洛伦茨类比的类似批评：

令人遗憾的是，洛伦茨倾向于用人类术语描述动物行为。例如一夫一妻制的鹅的"婚后爱情"。这不能说是为了通俗而作的无害的拟人化，因为它助长了类比的滥用，而这正是洛伦茨问题的核心。这无疑是一种奇怪的逻辑转变——通过可疑的隐喻将人的概念强加给动物，然后为人类重新推导出明显是"自然"的概念。因此，依照"精确类比"，一只试图与洛伦茨的靴子交配的公鸭是恋物癖者，一群吓跑长鼻浣熊的大雁扮演着人类中警戒线的角色。

这些动物的证据非常多。尽管存在共同的假设，社会学数据却显示，人口密度——以每单位面积的人口数量衡量，与地球人口增长问题有关——对福利措施，如寿命、犯罪率、精神疾病率和娱乐设施没有普遍的不良影响。

当人们明显地意识到，城市人口的密集不一定与健康有关联之后，那些担心这些问题的人转向了居住地和工作空间的拥堵。在这里，关于人们是否像动物一样受到拥挤的影响的结果是喜忧参半的。一项关于"家庭和邻里拥挤对城市家庭成员之间关系的影响"的研究表明，"拥挤的影响很小或者根本不存在"。虽然，欧美尔·加勒（Omer R. Galle）及其同事发现，芝加哥平均每间房屋的人口越多，其死亡率、公共援助使用率、青少年犯罪率和精神病患者入院率都会随之上升。但是，人口密度高和拥挤不一定会同时发生。城市边缘的贫民窟往往人口密度低，"这些地区比高密度的贫民窟的健康状态更严重"。加勒和同事认为，出现这种现象最可能的解释就是贫穷。

心理学家乔纳森·弗里德曼［Jonathan Freedman（曾经是保罗·埃利希的助手，他坚持认为密度造成了病态）］开展了一项最雄心勃勃的实验性测试，并得出结论：

> 在这方面，直觉、推测、政治和哲学理论似乎是错误的……生活在拥挤环境中的人不会因拥挤而受苦。其他条件相同的情况下，他们并没有比别人更糟糕……我和其他心理学家研究这个领域多年，一直不能肯定，但最终的确凿证据击破了我们的怀疑和先入之见。

无论如何，随着收入的增加，以及城市地区总人口和密度的增加，美国的拥挤程度（缺乏个人空间）一直在下降。处于"拥挤状况"（平均每个房间多于一个人）的房屋比例是：1900年，大于50%；1940年，20%；1950年，60%；1960年，12%；1970年，8%。（考虑到这种下降趋势甚至在人口开始增长的时候就已经出现，那些担心拥挤的人会把人口增长当作一种有益的处方吗？别紧张，我只是开玩笑而已。）

有一次，我和一位极度担心拥挤的女性聊天——当时我们紧挨着坐在一个足有七万五千人的足球场里！我指出，她似乎在这种情况下很是享受，但她没有看到我的幽默。

人口增长与智力

20世纪上半叶，许多人担心由于假定的不同生育模式，人类的智力将会下降。其逻辑链如下：（1）较贫穷家庭的智力低于较富裕家庭的智力；（2）子女继承父母的智力；（3）贫困家庭比富裕家庭的子女更多；（4）平均智力水平必然下降。心理学家理查德·赫伦斯坦（Richard Herrnstein）再次提出了这一理论。

高度称职和受人尊敬的统计学家和心理学家甚至评估了据称正在发生的智力下降程度。

卡特尔（Raymond Cattell）估计，每一代人的平均智商下降3分。弗雷泽·罗伯茨（Fraser Robert）报告称，根据他对英格兰巴斯市儿童人口的研究，每一代人的平均智商下降幅度为1.5分。在美国，伦兹计算出，在城市人口中，每一代人的平均智商下降了4~5分。洛里默（Frank Lorimer）和奥斯本（Fairfield Osborn）的结论是，每一代人的智商中值平均下降0.9分。

有必要提醒一下，这些计算是理论性的，是基于对一代人的观察。到目前为止，还没有人报道过对连续几代人智商得分的调查结果以支持这种说法。

随后，一些人将这一想法扩大到评估社会政策。例如，在讨论"努克斯-卡里卡科斯（Jukes-Kallikaks）的'不良遗传'"概念时，请考虑一下以下这句话："难道我们的人道主义福利项目，已经选择性地强调不负责任的高繁殖率，从而制造一个与社会不相适应的人类链？"

美国社会学家奥蒂斯·达德利·邓肯（Otis Dudley Duncan，1952年）从理论和经验两个角度批判了这一思想体系。他最有说服力的观点是：（a）现有的关于智商随时间变化的研究并没有显示智商下降，而是上升（尽管邓肯并没有将这种明显的增长解释为有意义的增长）。（b）将同样的逻辑应用于身高差距的数据（与智力相比，父母和孩子之间毫无疑问存在遗传上的关联），这将导致人们的预期身高会一代一代下降，而这一点尚未观察到。（与此相关的是，智力严重受限的人预期寿命较低，子女也较少。）

这里有一个很少或根本没有提及的观点：假设一个给定的个体智力（无论是什么意思）或它的任何其他方面，都受到个体基因的影响是合理的，而不假设由于遗传因素，父母和孩子的智力之间有很强的相关性。智力的任何一个方面都很可能依赖于大量的基因组合，这些基因可能会以随机方式聚集在一起。虽然个体基因是从父母身上遗传的，但产生的结果却不一定。例如先天愚型病这个例子，情况确实如此：先天愚型患者不会自我繁衍，但是他们仍然一代接一代地出现，并可能以恒定的速度出现。如果先天愚型病的出现受到基因的影响，智商的变化也是同样的情况。

我的非专业评估：由于缺乏实证支持，而且存在一个强大的反证，似乎压倒了出于贫困人口的高出生率而导致智力下降的主张。然而，这种看似合理的观点继续在每一代中重新出现。如果同性恋受基因构成的影响，情况也会如此。

至于家庭规模对儿童智力的影响，证据太过复杂，难以定论。无论有一个、两个或三个孩子的家庭中，孩子们存在什么智商差异，以何种有意义的标准衡量，差异都是微不足道的。[1]其他评论则提供了相互矛盾的观点。毫无疑问，平均而言，没有兄弟姐妹的孩子比有兄弟姐妹的孩子表现得更差。总的来说，没有理由相信，在其他条件相同的情况下，更大的家庭会降低孩子的智力或生活机遇。不管怎样，随着人口的增长和国家的发展，小家庭才是长远的趋势。

人口密度与战争

国与国之间或国家内部的战争，或许是人们认为人口密度或人口增长最可怕的威胁。在本章标题的基础上，共同的观点如下："以目前世界人口的增长速度来看，人口过剩可能成为社会和政治不稳定的主要因素。实际上，人类越接近密度极限或'承载能力'，发生核战争的可能性就越大。"[2]这一流行的观点得到了美国国务院、国际开发署和中央情报局的支持，也一直是国外人口控制计划的理由。然而，一个简单的事实是，没有证据表明人口密度与战争，甚至拳脚相向有关。

道格拉斯·希布斯（Douglas A. Hibbs, Jr.）进行的一项跨国家统计密集型多变量研究发现："在其他因素不变的情况下，人口增长率不会影响国内大规模的政治暴力的程度。"阿尔弗雷德·库桑（Alfred G. Cuhsan）通过采用6种方法，对1968年至1977年的拉丁美洲政治不稳定状况进行研究后发现，"没有理由相信，人口增长或人口密度是政治不稳定的原因"。

纳兹力·舒克瑞（Nazli Choucri）总结说，她所谓的"人口统计"因素有时会导致冲突。但是，她分析的关键人口因素是种族群体的相对增长率，而不是人口规模或人口密度本身的增加。通过列举她认为是"人口动态与地方冲突"的"典型案

---

[1]作者扎伊翁茨（R. B. Zajonc, 1976年）。最差和最佳智力之间的范围为3.5分。有趣的是，在扎伊翁茨最依赖的数据，即1965年的国家优秀奖学金资格考试中，独生子女比（a）二胎家庭中的两个孩子、（b）三胎家庭中的第一个和第二个子女，以及（c）有数据的最大规模家庭中的第一个孩子表现得更差。在扎伊翁茨审查的四个数据集中，只有一个，也就是苏格兰研究中，独生子女表现最好。而在法国和苏格兰的数据中，晚出生的孩子似乎比早出生的孩子表现得更好，美国和荷兰的数据则与之相反。总而言之，对这些相互矛盾且与实际差异很小的数据赋予任何意义，或根据它们来制定任何政策，似乎都是不明智的。——原注

[2]《人口危机——跨学科视角研究》前言。我与另外两百多人在一艘长390英尺、宽41英尺的海军驱逐舰上一起生活过。这艘驱逐舰的表面积比三个长100英尺、宽50英尺的家庭停车场小得多。但是，在港口时，这艘船似乎并不拥挤。而且，如果船上的起居室里有专门的军备空间，我想这对单身汉们来说会很舒服。——原注

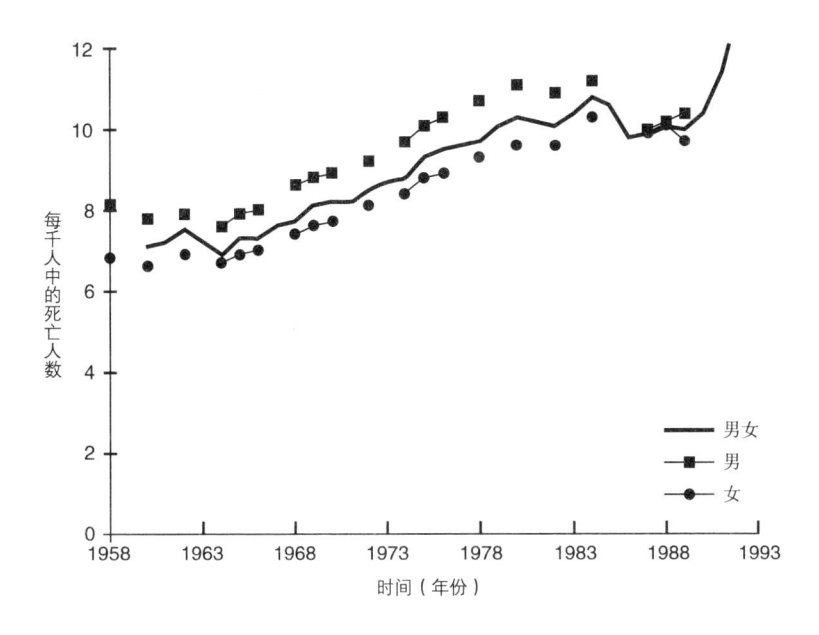

图32-1 苏联按照性别划分的粗略死亡率（1958—1993年）

例"的战争，可以清楚地看出这一点：1954—1962年的阿尔及利亚独立战争，尼日利亚内战，涉及印度尼西亚的两场战争，在锡兰以及萨尔瓦多和洪都拉斯的冲突，阿拉伯和以色列之间的一系列战争。从一个外行的角度来看，我认为这些都不是为了获得更多土地或矿物资源，以提高发起冲突群体的生活水平而进行的冲突。为了表明人口增长会引起冲突，需要证明两个迅速繁荣壮大的相邻国家比两个没有快速发展的相邻国家发生冲突的可能性更大。舒克瑞没有证明这一点。在舒克瑞看来，一个国家或群体相对于另一个国家或群体，其增长速度下降或上升都极易造成冲突。事实上，许多人认为法国和德国的情况就是如此——法国的低出生率引发了法德战争。

而且，正如我们在第29章的后半部分所看到的，战争以获取耕地的传统经济动机正在迅速消失。对于经济发达的国家来说，为了获得另一个国家的农业领土而进行战争并不值得。一个明智的公民，甚至不会接受另一个国家切割部分领土作为礼物。

那么，什么决定健康呢？

如果人口密度和人口增长在短期内不是健康的决定因素，那么到底怎么决定我们的健康状况？到现在，答案已经变得清晰了。一个群体的健康取决于：（a）已经发现了多少科学知识；（b）国家的经济有多发达。

我们现在已经更加了解现代人变得不那么健康的原因：例如，糟糕的政府政策——它危害人类健康的一个渠道是污染。

由于人口密度和人口增长以外的因素解释了健康的许多方面的变化，现在和过去一样，人口密度较高不会损害健康的说法得到了加强。

那么，从长远来看，人口增长会带来更好的健康形势，因为它会带来更多新科学知识的发现（见第26章）和经济发展。

结论

关于人口密度的不良影响的指控很多，且极富想象力。本章涵盖了人们所写的主要指控内容，尽管人口密度还有许多其他的负面影响。整个判决必须是"无罪"，这并不是因为缺乏证据。正如最近的一篇广泛性综述所总结的那样，"我们有理由得出这样的结论：密度病理学假说在城市地区没有得到证实。如果考虑到国家之间的社会结构差异（保持不变），人口密度在预测病死率方面似乎只会产生很小的差异"。

33 宏观经济图景一：较发达国家的人口增长和生活水平

今天，没有人可以否认，美国拥有世界最大的国家生产力。

保罗·埃利希，1975年

美国的经济增长已经太过了。对于我们这样的富裕国家来说，经济增长是疾病，而不是药方。

保罗·埃利希，1990年

最有趣的是完全缺乏想象力，[马尔萨斯、穆勒和李嘉图（Davil Ricardo）]的愿景揭示了这一点。这些作家生活在有史以来经济发展最为惊人的时代，巨大的可能性在他们的眼皮底下成为现实。然而，他们看到的只是经济的拮据，每天的面包越来越少。他们深信，技术的提高和资本的增加最终不能摆脱收益递减法则的命运。穆勒甚至在他的《元素》（*Elements*）一书中为此提供了"证据"。换句话说，他们都是停滞主义者。或者，用他们自己的术语来说，他们都希望未来出现一种静止状态……

约瑟夫·熊彼特，《经济分析史》（History of Economic Analysis），1954年

马尔萨斯人口增长理论——大多数经济学家直到20世纪80年代才接受，迄今仍为广大公众所接受——说的是一码事，而数据反映的却完全是另一码事。本章讨论了理论，提出了事实，然后为中等发达国家协调事实和扩展理论。第34章对欠发达国家也采用同样的做法。本章和下一章比其他章节更难理解，但是我希望读者能够耐心阅读。（也许，当你头脑清醒时去读比较好。）

人口与收入理论

显然，古典经济理论表明，人口增长必然会降低生活水平。从马尔萨斯[1]到

---

[1] 这个观点曾由马尔萨斯表达，并被归名于他，但是其他早期的作家也有类似的表达，但是在经济史思考中，这里并没有发生离题。熊彼特的《经济分析史》（1954）极好地提供了这个材料。——原注

《增长的极限》，所有经济理论的核心都可以用一句话来阐释：其他条件不变，使用资源存量的人数越多，人均收入就越低。这个命题源于收益递减"法则"：两个人不能同时使用同一个工具，或者在不减少每个工人产出的情况下耕种同一块土地。一个相关的想法是，当两个人分享一定量的食物时，就不能获得一个人享用这些食物时的营养。当考虑到较高出生率导致的年龄分布不均衡时，在较大的人口中，儿童的比例越大，工人的比例越低，这种影响就越大。让我们详细阐述一下马尔萨斯的观点。

消费效应

人口的增加，直接影响人均消费数量。越多的人分享一个馅饼，那么每个人分得的部分就会越小。1967年旧金山嬉皮士的经历有趣地说明了这个问题。

大多数嬉皮士认为生存毫无问题。但随着周围到处都是身无分文的人，这一问题变得越来越明显，那就是根本没有足够的食物和住宿。一个不全面的解决方案可能来自一个名为"挖掘者"的群体，他们被称作嬉皮士运动的"工人牧师"和哈什伯里镇的"隐形政府"。挖掘者年轻气盛且积极务实，建立起免费的住宿中心、施食处和服装配送中心。他们进行各项募捐活动，从钱到不新鲜的面包，以及野营设备。

有一段时间，挖掘者每天下午都能在金门公园供应三餐，即便食物分量不多。但随着人们口口相传，前来领取食物的嬉皮士越来越多，挖掘者被迫东奔西走，到很远的地方筹取食物。偶尔也会出现问题，就像23岁的挖掘者酋长埃梅特·格罗根（Emmett Grogan）讲述的那样，在当地的一位屠夫拒绝捐出肉屑时，他称其为"法西斯猪猡和懦夫"，结果被屠夫用他那把切肉刀的平边狠狠地打了一顿。

这种消费效应在家庭内部最为激烈。如果在收入不变的情况下，更多的孩子意味着每个家庭成员分得的收入就会减少一部分。我们在托马斯·哈代（Thomas Hardy）的《卡斯特桥市长》（*Mayor of Casterbridge*）一书中就能看到这种影响。

龙维先生：对。你的母亲是一个非常好的女人，我能记得她。她在没有教区协助和其他道德庇佑下生育了大量健康的孩子，因此得到了农业协会的奖励。

库克索姆夫人：正因为此，我们才生活得如此艰难——在那个极度饥饿的大家庭里。

龙维先生：对，僧多粥少。

生产效应

人口的增加还通过影响人均生产量间接地影响消费。以一个国家在特定时间拥有特定数量的土地、工厂和其他工业资本为例，如果这个国家的劳动力变多，那么每个工人的生产量就会更低，因为平均来说，每个工人可以使用的土地和工具将变少。因此，如果劳动力和固定资本增加，每个工人的平均生产率就会降低。这是收益递减法则的经典论述。

公共设施效应

如果一个特定的人口群体在所有年龄组中迅速增长10%，那么想要使用村庄水井、城市医院或公共海滩的人口将增加10%。对这种免费的公共服务需求的增加，不可避免地将导致不能享受服务的人数增加、人均服务量减少或政府公共设施额外支出增加。但是，如果增加的10%的人口同时使公共服务的工作人数增加10%，增加人口的生产力与原来人口的生产力平均水平一致，那么增加的人口就不会对人均收入产生影响。但是这种补偿性的增产是不可能的。如果有更多的孩子出生，对公共设施尤其是学校的需求，将在孩子长大成人参加工作继而提供生产力之前就会出现；甚至移民成人在开始工作前也至少需要海关服务。在新增加的子女加入劳动力大军之后，由于前面讨论到的收益递减"法则"，他们可能会首先降低平均工人的生产率，因此增加的工人将无法像过去的普通工人一样通过提供尽可能多的税收来支持公共设施。这些影响在第25章中已经讨论过（这些理论命题的数据也是如此）。

由于需求增加，公共服务的平均水平可能会更低；与人口保持不变相比，人们平均接受的教育和医疗服务将更少。而一些原本可能用于港口或通信系统的税收，可能转而用于增加人口的教育和医疗保健。

那么，在古典理论中，纯粹的人口数量会以两种方式降低人均收入：更多的消费者共同分配任何给定的产出；每个工人的（私人和公共的）资本更少，使得每个工人的产出更少。

年龄分布效应

正如我们在第23章看到的，人口增长速度越快，便意味着儿童比例越高，也意味着无法工作的人口比例越大。在其他条件相同的情况下，工人比例越小，必然导致人均产出越少。因此，人口的大幅度增加以及在增加过程中出现的年龄分布的影响都朝向同一个方向，即导致人均产量减少。

如果将女性劳动力纳入考虑，那么，儿童比例越高，带来的影响越大。每个女性生育的孩子越多，她外出工作的机会就越小。例如，20世纪二三十年代，以色列大多数聚居区几乎没有生存的条件，强大的压力使大量的父母生育不超过两个孩子，以使妇女能够从事更多的"生产性"工作。（在美国，这种影响不如人们预想的那样大。计算显示，在生育第一胎之后，一个普通妇女每生育一个孩子，平均只有半年左右的时间不在劳动力队伍中。）

父亲的工作有一种平衡的作用。各种各样的研究表明，增加一个孩子会导致父亲增加额外的工作时间，每年大概增加2～6个工作周。从长远来看，这个每年增加的4%～10%的额外工作时间，应该完全（或者超过）可以弥补母亲暂时的劳动时间损失。（也许有人会说，"额外的"孩子"迫使"父亲工作，这也许算得上是一个"坏"结果。但是，如果他选择以多工作为代价多生一个孩子，我们有理由说，他宁愿多生孩子多工作，也不愿少生孩子少工作。这与为了拥有一个更好的家或者支付额外的教育费用而工作更长时间是一样的，谁又能说哪个选择是"坏的"或错误的？）

年龄分布也会影响收入分配。在第23章关于社会保障和储蓄的讨论中，我们看到，年轻人比例较大意味着在未来有更多的人可以支持退休人员，这意味着每个退休人员的退休金更高，每个工作人员的负担更小。

其他理论性效应

通过减少储蓄和减少人均教育来稀释资本，是标准人口增长经济理论的其他要素（尽管第25章和第27章显示，它们的缺陷比通常认为的要小得多，也许根本没有缺陷）。唯一的积极理论效应，是更大的市场和更大规模的生产，经济学家称之为"规模经济"或"范围经济"，这在第27章中已经讨论过。

与马尔萨斯理论相对立的证据

直至20世纪80年代，马尔萨斯理论在供应方面的影响，即工人增加导致产出减少，以及需求方面的影响，即大量消费者的消费能力下降——这一观点在传统的

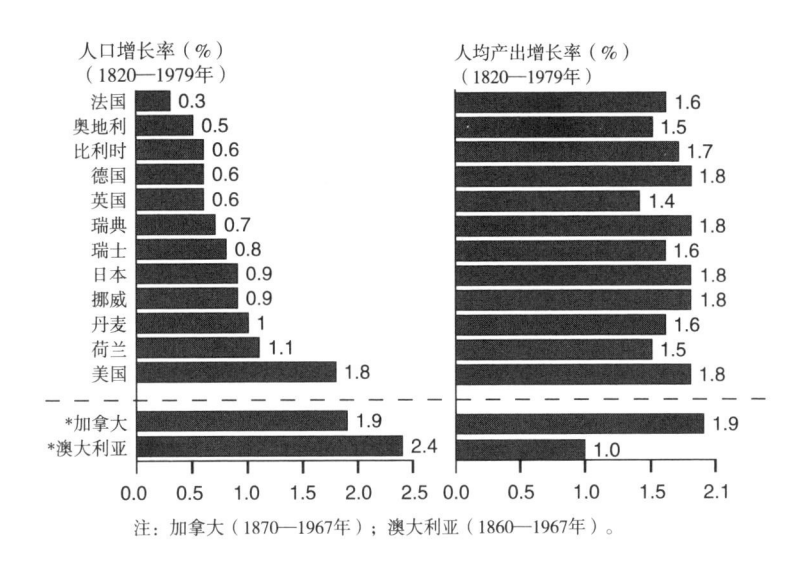

国家	人口增长率（%）(1820—1979年)	人均产出增长率（%）(1820—1979年)
法国	0.3	1.6
奥地利	0.5	1.5
比利时	0.6	1.7
德国	0.6	1.8
英国	0.6	1.4
瑞典	0.7	1.8
瑞士	0.8	1.6
日本	0.9	1.8
挪威	0.9	1.8
丹麦	1	1.6
荷兰	1.1	1.5
美国	1.8	1.8
*加拿大	1.9	1.9
*澳大利亚	2.4	1.0

注：加拿大（1870—1967年）；澳大利亚（1860—1967年）。

图33-1 1820—1979年人口增长率与人均产出增长率的历史非关联性

人口增长经济理论中占据着主导地位。其含义很明确：其他条件相同的条件下，人口增加必然导致生活水平降低。

但是，一个非常可靠的证据并不支持这一理论。数据显示，人口增长几乎不会阻碍经济增长，甚至可能有助于经济增长。一个历史证据是，从1650年起，欧洲人口增长与经济发展同时发生，这是一个积极而非消极的关联。图33-1比较了人口增长率和人均产出增长率，其中包括可以得到过去一个世纪数据的现代较发达国家，另外还发现了其他良性证据。其中没有牢固的关联性存在。这些研究会很容易得出错误结论除非研究者有足够能力。因此，第一个这样的研究是由西蒙·库兹涅茨完成的，他凭借对经济数据的研究获得了诺贝尔奖，并被广泛认为是最近几个世纪最伟大的经济人口史学家。

有关更近时期人口增长率和经济增长率的研究是另一个证据来源。现在许多国家（较发达国家和欠发达国家）的技术研究人员已经采用了多种方法进行比较，并且一致认为，人口增长不会阻碍经济增长。虽然这些交叉的实证研究没有表明人口快速增长会增加人均收入，但它们确定人口增长不会减缓经济增长。

为了加强人口增长与经济增长关系的总体数据，技术研究人员对经济、教育、储蓄、投资等相关因素进行了大量的研究。这些研究扩大和加强了由总体数据得出的结论，即人口增长不是发展的绊脚石。

之所以出现这些与简单的马尔萨斯理论相矛盾的数据，一种解释是，人口增长是一个"挑战"，激发个人和社会加倍努力做出"回应"。当然有证据表明，人们在有特殊需要的时候，会付出特别的努力，这体现在兼职、更多的工作时间、在孩子相对较多时做出的其他调整等（我在1986年关于努力的书中总结了许多此类证据）。

人口增长不会阻碍经济增长的另一个原因是，年轻人在劳动力中比例高具有以下优势：（1）相对于年长的工人，年轻工人的产出相对大于消费，这在很大程度上是由于资历越长工资越高，无论资历是否提高了生产率。（2）每一代人比上一代人受教育的程度更高，因此，青年的比例越大，便意味着劳动力的平均教育水平越高。（3）年轻工人比年长工人储蓄更多的收入。

此外，人口增长创造更多的机会，促进较发达国家的经济和社会结构作出适应性变化，这主要包括以下几个方面：（1）一个组织或劳动力规模的必要削减总是困难的。但是，当人口和经济增长时，需要削减的设施或劳动力可以通过保持同样的绝对规模来减少相对规模，这样一来就不那么困难了。（2）停止人口增长使新部门的工人更难以适应不断变化的条件。例如，在大学里，如果入学人数总体增长时，可以聘用新教师，而不会削减现有的教师队伍；当没有出现人数增长时，要开创新的领域就不得不触动现有的不愿放弃自己职位的教师的利益。（3）停止增长，也意味着新的任命总体上减少。自20世纪70年代以来，在美国和欧洲的大学里，这种缺乏增长的情况对可任命的年轻教授的数量影响极大，这使想要考取博士学位的人意志消沉。同时，高级教授也苦不堪言，因为他们无法在别处轻松谋取职位，而这本来是他们用以提高薪水的杠杆。（4）在出现新的职业需求时，如果有更多的年轻人学习这些职业，就可以更容易地满足这些需求。（5）当经济总量增长相对较快时，可以更容易找到新的投资，而不需要将投资从旧的资本中转移出来。这是上述（1）和（2）中讨论的人力资本现象的实体对应物。（6）人口增长较快时，投资风险较小。如果一个行业，如住房建设过剩或者出现产能过剩，不断增长的人口将填补这个空缺，纠正这一错误。而如果没有人口增长，就找不到补救的办法。因此，不断增长的人口通过降低风险以及增加总需求，使得扩张投资和创办新型企业更具吸引力。

人口的快速增长也增加了劳动力的内部流动性。更大的流动性来自于更多的就业机会和更多的年轻人，他们往往流动性更强。内部流动性大大提高了资源的有效配置——人员与工作的最佳匹配。正如库兹涅茨所写的那样："对于现代经济中内部流动性和潜在条件对分配和引导人力资源的重要性,我们如何夸大都不过分。"但是,当人口增长率下降时,经济可能会陷入难以调整的各种职业供过于求的状况。

一个更现实的较发达国家模型

我们已经看到,人口规模及其增长有多种经济效应,有些是消极的,有些是积极的。合格的经济学家必须考虑到相关力量的规模和重要性。而且,如果多个因素同时产生作用,我们必须关注整体效果,而不是每次只考虑任何单个变量的单一效应。在这种情况下,只有建立一个综合的经济模型,然后比较各种人口增长条件下的收入情况,才能得出满意的总体评估。

在建立这样一个动态模型时,我们必须在更复杂和真实的模型与更失真和抽象的模型之间权衡。此外,不同经济和人口背景的国家需要不同的模型。更具体地说,我们必须为较发达国家和欠发达国家分别制定模型。下面的模型是为较发达国家制定的;下一章将介绍欠发达国家的模型。

无论是数字还是语言,简单还是复杂,计算机化还是非计算机化,关于人口

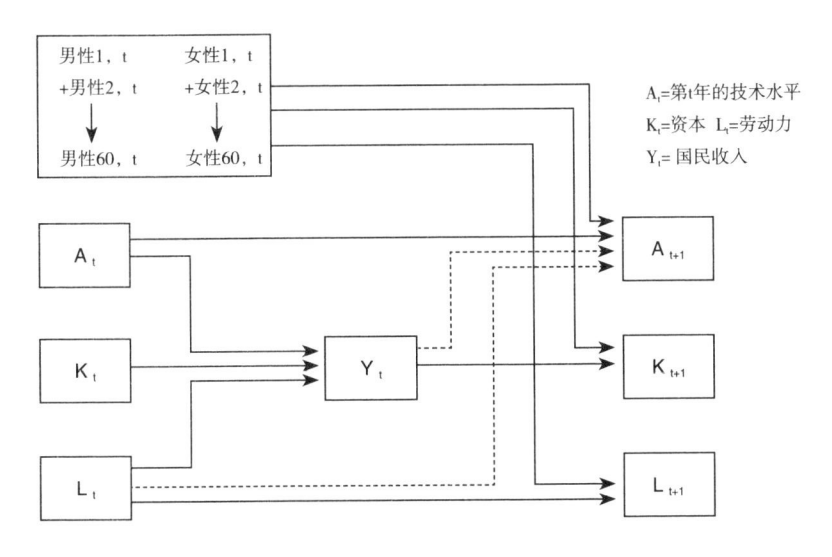

图33-2 人口增长和经济增长模型

增长对较发达国家生活水平影响的传统模式——包括从马尔萨斯到《增长的极限》中涉及的——与马尔萨斯著作第一版都有一个共同之处，即增加的人口必须在原始固定的土地和资本供应基础上工作和生活，便必然导致每个人的收入减少。

但是，如果我们在简单的马尔萨斯模型中加入另一个基本经济增长事实——额外人员的创造性和适应能力使得生产率提高——我们将得出截然不同的结果。如下所示的分析就是如此。在图33-2中可以看到这个模型，其中通常用于较发达国家的新马尔萨斯模型元素用实线表示，而新的知识创建元素用虚线表示。也就是说，这个模型不仅体现了标准资本稀释效应，还体现了增加的人口通过创造知识和更大规模的经济，对技术进步做出的贡献。过去的人口模型忽略了后者，但是它们对于平衡地理解这个问题至关重要。

影响新技术知识创造的因素有三个：（1）劳动力（或研究和开发）中可能产生有价值的改进的总人数；（2）一年内的总产量——国民总收入——可以为发展提供资金来源；（3）人均收入水平，它影响工人受教育的平均水平，从而影响个人的技术发现能力。

时间跨度大约在50至150年之间，时间短到足以排除自然资源状况的重大变化，时间长到知识的延迟效应能够发挥作用。[1]

虽然这个模型指的是美国，但它更适用于整个发达世界，因为较发达国家在科学和技术上相互依赖。这个更广泛的观点掩盖了一个国家可能依赖其他国家创造的技术进步的可能性（反正这不可能做得很好）。

正如第26章所讨论的，在分析人口规模和增长如何影响新技术知识的创造方面缺乏精确性，可能会令您感到不安。但是，简单地把这种效应完全排除在外，就等于含蓄地（且不合理地）估计出这种效应为零（这正是早期模型所做的）。人口规模对知识的影响当然大于零。除了过去和现在人们的思想，还能从什么地方实现知识进步呢？实体资本本身并不能产生想法——也许计算机在未来可以——虽然实体资本确实可以加强"从实践中学习"的能力。

---

[1] 我1986年的技术专著中也探讨了长期以来所谓的"增长理论"的概念，并介绍了内生增长理论。感兴趣的学者也可以考察勒洛伍和劳特（Marc Nerlove and Kakshmi K. Raut）的发现（1994年）。虽然这些分析与政策决策关联不大，但它反驳了早期的增长理论，即人口增长从长远来看是有害的。——原注

换句话说，额外的工人当然不是生产率提高的唯一原因，但是在任何比商业周期长的时期，劳动力的规模对总产量有着重大影响。如果我们保持实体资本存量和技术实践的原始水平不变，那么人口规模就是对总产出仅存的影响。因此，适当的论点是如何估计这个因素，以及使用哪些估计值，而不是讨论是否将其囊括在内。

这种模式并没有把人类仅仅看作"人力资本"，一种像实体资本一样在本质上是可塑的、惰性的商品。相反，它把人类当作实实在在的人——用身体和精神上的努力，以及创造性的火花来回应他们的经济需求。想象力和创造力并不是通常包含在经济模型中的概念，即使在这里也不过是表面上的。但是，让我们不自觉地认识到它们的重要性，并且给予它们应得的关注。

模型的预测

我们在以上模式分析的基础上进行了模型预测。具体方法是，把工人的人均收入流与各种各样的人口增长结构作比较，包括一次性的人口规模增长和不同的人口增长率，如每年零增长或增长1%、2%等。这些比较是在各种经济假设下进行的，这些假设涉及储蓄率，以及更多人口和各种收入水平影响生产率变化的方式。最重要的结果是，在每一种条件下，人口增长较快的人口结构，与额外的子女出生后30~80年内人口增长速度较慢的人口结构相比，其工人的收入更高。大多数情况下，这种情况发生在大约35年之后，也就是增加的人员成为劳动力大约15年之后（见图33-3）。

诚然，30~80年是一段漫长的路程，因此看起来可能不如短期重要。但是我们应该记住，我们的长期将是某些人的短期，就像我们的短期是某些人的长期一样。在我们对人口政策做出决策时，应该有一些无私的措施促使我们牢记这一点。同时，了解不管采用何种绝对尺度，各种人口结构之间的短期成本差异都很小，而且相对于其他受政府政策影响的变量来说也很小，可能会有所帮助。

然而，为了人口政策的目的，我们可以用一种简单的形式来比较不同的人口增长结构——当前和未来消费之间的权衡。这种简单的权衡适用于人口变化，就像适用于水坝和环境变化这样的长期社会项目一样。也就是说，在任何关于人口增长的总体判断中，一个关键问题是，我们现在的消费与以后消费的储蓄和投资的相对重要性——这是本书的一个重大主题。

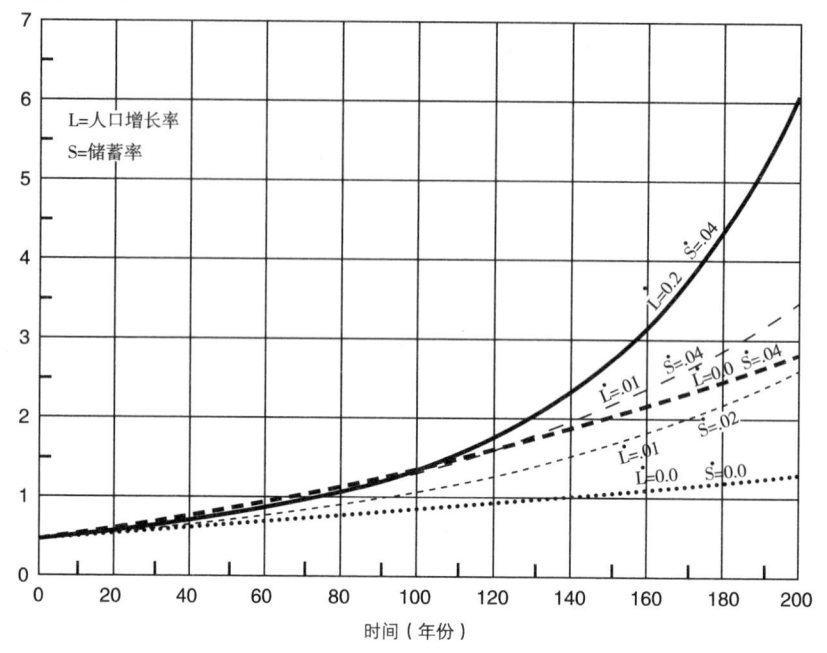

图33-3 不同人口增长率下的人均产出

额外的孩子对生活水平的影响（抛开孩子给父母带来的乐趣），在短期内无疑是负面的。在孩子消费而不生产的阶段，额外的子女意味着每个家庭成员的食物和受教育程度减少，或者父母需要付出额外的努力来满足额外子女的需求。在这个早期阶段，孩子是一种投资；他们对生活水平的影响是负面的。如果只将注意力局限在这个早期阶段，那么额外的孩子就是消极的经济力量。

但另一方面，如果我们着眼于更遥远的未来，那么额外的孩子的整体效应可能是积极的。积极影响的持续时间长于消极影响——事实上是无限期地——因此可以超过短期影响，即使比起关心未来的某个时间段，人们自然地倾向于关心从现在开始的时期。

经济学家用"贴现率"来总结这种未来效应。相比较高的贴现率，较低的贴现率表明人们更看重未来，即使未来收益或成本总是比当前的收益或成本的权重低。未来贴现率在概念上与利率非常相似，选择合适的贴现率类似于决定一个人在借贷时愿意接受的利率。例如，如果我们假定每年5%的贴现率，那就是说，我们每年都需要等待回报,并且期待回报至少超出我们前一年投入金额的5%,否则我们不会投资。如果我们现在投资1美元,那么从现在开始,我们每年要求0.05美元的回报。如果投资的前景看起来并不好,那么我们宁愿现在就花掉我们的1美元,也不会等到以后。如果我们预期回报超过0.05美元,适当的贴现率是5%,那么这笔交易似乎就是值得的。

该模型发现,即使达到相当高的贴现率(至少5%),与看似长期以来在西方社会盛行的扣除通货膨胀的一般贴现率(2%~3%)相比,较快的人口增长比较慢的人口增长率具有更高的"现值"。也就是说,对人口增长的社会投资要比其他类型的边际社会投资更有利可图。这一发现可能与标准结论形成对比,即在所有贴现率下,人口增长率越低越好。

你可以用你的直觉来检验这个模型得出的结论,即如果1800年、1850年、1900年或1950年美国的人口只有实际数量的一半,那么今天的美国人是否会过得更好。很明显,我们的祖先通过他们创造的知识和留给我们的范围经济赋予我们利益,如果他们的人数变少,留给我们的遗产就会变少。当我们思考如果今天活着的人更少,今天和未来的生活会不会更好时,我们有必要记住这一点。在20世纪80年代之前,这里所提出的人口模型没有得到认可,因为当时的经济学家更看好实体资本。但近年来,人们已经认识到知识、教育和劳动力素质在生产过程中的根本重要性。同时,表明人口增长对经济发展没有负面影响的实证研究也影响了经济学家的思想。因此,与本书第一版相比,这里描述的这种模型——允许更多人口为技术和人力资本做出贡献——对经济学家来说更合适。

尽管普遍存在反对人口增长的态度,但从来没有任何科学证据可以表明人口增长对生活水平有负面影响。20世纪70年代初期,美国总统的"人口增长和美国未来"委员会力求找到这样的证据。委员会的领导人显然希望并期待它能带来一份强烈呼吁降低生育率的报告。的确,正如尼克松总统向国会传达的信息,"人口增长是任何国家都不能忽视的世界性问题"。尽管该委员会竭力反对人口增长,但是他们提出的最有力的论点却是:"我们一直在寻找,却并没有发现任何有说服力的经济理由来支持国家人口增长。"

注意一下委员会中那些经济学家观点的变化是很有意思的。艾伦·凯利负责人口变化经济方面的中央审查报告,理查德·伊斯特林负责评估凯利的研究。伊斯特林在描述他们观点的变化时说:

我认为，凯利本人对他的观点因这项研究而发生的变化所作的陈述很有启发意义。尽管他一开始期望政府的反生育政策在经济和生态方面都是有益的，但最终他的立场要中立得多。在这方面，我认为凯利的情况代表了我们中的许多人，在他们对"人口问题"进行深入研究之后，观点便发生了变化。

欧美的许多人，例如学校管理者、教师、社会保障规划者和出版社编辑等，至今已经见识过人口零增长的局面，而许多人并不喜欢他们所看到的情况。人口增长缓慢和需求减少并没有带来预期的效益，特别是在教育领域。至1980年，低年级学校的入学率开始下降。在入学人数下降的情况下，教育系统并没有感到资源充足，相反，取而代之的是报纸上一篇题为"空课桌的忧伤"的报道。报道称，尽管需求下降，但学校的预算问题却日益严重。在1992年我写这本书的时候，各所大学正在抱怨"缩水的班级"，以及人才储备的减少——甚至在学生太少的时候不得不关闭学校。"危险的信号！"一家长期以来一直呼吁降低人口增长率的报社抱怨道（社论甚至抱怨说，这种情况使学生生源比以前更"紧张"）。人口增长降低了许多人的实际工资，也缺乏增长通常给人们带来的激励。20世纪60年代，新加坡为鼓励人们少生孩子而给予其经济奖励。但是，在观察到结果不尽如人意之后，新加坡在80年代完全改变了政策——鼓励人们（尽管只对中产阶级）生育。其他原因也会造成学校的预算问题。美国的教育系统面临着成本上升和选民反对提高税率的双重压力。然而，将人口压力的减少与学校预算紧缩的恶化联系在一起，是不合逻辑且极具讽刺意味的。相反，当入学人数增加时，国家竟以某种方式找到了支持教育的方式；"二战"后，退伍军人史无前例地大量涌入美国大学的情景是有目共睹的。

亚当·斯密说得对："国家处于进步状态时，则社会各阶级快乐满足；静止状态中的社会枯燥乏味；衰落状态下则令人惨淡。"

以牺牲较贫穷国家的利益为代价？

较发达国家的生活水平因人口增长而得以提高，这是否是以牺牲较贫穷国家的利益为代价？许多人认为，如果一个国家在食品和其他原材料方面不能自给自足，那么这个国家就是"人口过剩"，然后就会贸然断定，贫穷国家因此正在遭受剥削。以保罗·埃利希的文章为例：

似乎很少有欧洲人意识到，他们必须大量依赖世界其他地区的资源来维持他们的富裕生活。似乎也很少有人意识到，除了少数例外，欧洲国家要是没有进口食品（或肥料，或运作农业机器所需的石油等）就不能实现自给自足。

即使是像英国这样的岛国，似乎也相对忽视了其人口过剩的危险境况……英国几乎完全依赖世界其他地区的事实只是被模糊地认识到；今天的世界贸易体系的延续也被视为理所当然。

但是，埃利希本人（用他自己的话来说）"没有认识到"交换是人类文明的一个基本和必要的要素，同时，认为一个贸易伙伴"支持"另一个贸易伙伴是极具误导性的。沙特阿拉伯通过出口石油来"支持"荷兰，就像荷兰通过出口电子产品来"支持"沙特阿拉伯一样。就像作为白领的你，与农民各自用自己的产出"支持"对方一样。把交换一分为二，称一方面为"支持"，另一方面为"剥削"，只会误导人。任何一个让我们自给自足的尝试，都会让我们回到自给农业的短暂、病态、饥饿、贫困的生活中。

另一个误导性的观点是，所谓的人口密集地区对人口稀少地区的依赖是人口过剩的表现。这种观点含蓄地假设国界是唯一重要的。如果有人想到战争，那当然是合理的。但在我认为我们正在讨论的和平时期，芝加哥至少和东京一样"依赖"伊利诺伊州北部的大豆，然而没有人认为芝加哥人口过剩——因为它在大豆方面无法自给自足。埃利希将美国和日本区分开来，称日本"人口过剩"，因为日本的大豆来自海外，这是一种古老的民族主义经济学理论，被称为"重商主义"。亚当·斯密在1776年推翻了这个理论。第28章中可以看到更多的一般性指控，即较发达国家"剥削"欠发达国家，并"掠夺"它们本应节省下来供自己使用的资源。

总结

人口增长对较发达国家影响的早期流行模型——都建立在马尔萨斯的收益递减观念上——与经验数据相矛盾。这些模型认为，人口增长会导致生活水平下降，而数据并没有相关的显示。本章介绍了一个更符合事实的理论性人口模型。

由于工业规模的扩大和更多人口所提供的额外知识，生产力的提高在这里被添加到一个更发达国家的简单经济模型中。该模型在一系列我相信是现实的假设下运作。结果表明，人口增长率较快的发达国家的人均收入在起初稍有落后，但差距不大。一段时间后——通常是在30～80年之后，其人均收入相比人口增长率低的国家更高。也就是说，在额外的孩子出生后的前30年到80年——35年也许是模型中最常见的时间——由于他们的出生，人均收入略低。但是在这个时期之后，人均收入则越来越高，人口增长速度更快的优势变得相当可观。因此，尽管人口增长起初对经济福利有很小的负面影响，但几十年后，其影响是积极且巨大的。

最具说服力的是（但很难说是非技术性的），在投资分析的标准现值框架中，将长期和短期人口效应结合起来的计算表明，即使资本成本相对于资本的社会成本更高，更快的人口增长也具有比几乎所有模型变化中较慢的人口增长更高的现值。也就是说，与其他社会投资可能性相比，较发达国家较高的人口增长是一项有吸引力的社会投资。

为了对人口增长的影响有一个合理的认识，我们必须把眼光放长远，超越短期，综合考虑长期和短期的影响。当我们这样做之后，就可以看到，较发达世界的人口增长是有益的，而不是像早期马尔萨斯模型中那样成为一种负担——早期的马尔萨斯模型是短视的。

后记1　威廉·莎士比亚、生育与发展经济学

无论花了多少时间，威廉·莎士比亚最终以他的十四行诗抵达了人口经济学领域的核心。而对于我这样的现代人来说，我们不得不殚精竭虑、苦思冥想才能窥见一二，这一点体现在本章中。当然，如果认为莎士比亚灵光一闪便达到了这个目的可能是浪漫的，但是这与事实相反，甚至会适得其反。也许他也是经过许多年的努力才把它压缩成几首押韵诗。但是毫无疑问，他的成功没有依靠为我们现代人建造阶梯开辟道路的伟大前辈，也没有收集两个世纪以来可以为这些思想提供基础的数据。

当然，莎士比亚十四行诗首篇并不包括人口经济发展理论。然而，它却抓住了这个主题，并表达了一种与该主题的当前理论惊人相似的愿景。在此，我的目的是用这一首十四行诗来阐述这个理论——使之更加明晰，并证明它看起来更有说服力。

莎士比亚希望推行的"善"是诗意的真理，难以与美区分。这与自然资源和生活水平平行，而自然资源和生活水平是当代经济发展研究的主题。稍后将对此进行详细阐述。

让我们来看看十四行诗的第一首。（序号可能不只是一个巧合，正如《创世纪》出现在圣经的开头一样。）

1
对天生的尤物我们要求蕃盛，
以便美的玫瑰永远不会枯死。
但开透的花朵既要及时凋零，
就应把记忆交给娇嫩的后嗣。
但你，只和你自己的明眸定情，
把自己当燃料喂养眼中的火焰。

和自己作对,待自己未免太狠,
把一片丰沃的土地变成荒田。
你现在是大地的清新的点缀,
又是锦绣阳春的唯一的前锋。
为什么把富源葬送在嫩蕊里,
温柔的鄙夫,要吝啬,反而浪用?
可怜这个世界吧,要不然,贪夫,
就吞噬世界的份,由你和坟墓。[1]

一开始,莎士比亚假设,"对天生的尤物我们要求蕃盛"——意味着应该有更多这样的生物。莎士比亚笔下的"尤物"指的是人类——我们人类这个物种。从第三、四行,可以看出莎士比亚的脑海里有一个清晰的类似人口学的过程——出生、更新、死亡。而且我们可以说,莎士比亚感兴趣的是人类这个整体,而不仅是其中最美丽的标本。在《暴风雨》(第五幕第一场,181行)中,我们就读到了"人类多么美丽"的句子。

如果说莎士比亚在谈论人类时,确实是认为好像人类在万事万物中有一个与其他生物不同的位置,那么这首十四行诗立即就把现代社会中相信"其他物种也有权利"的人抛在身后(见第38章)。这些人认为,当人口增长与其他物种增加之间存在冲突或需要权衡时,必须为了后者而限制人口增长。这些想法与莎士比亚对物种的排序并不一致。

这首诗的第一行表明,莎士比亚希望为了自己的利益增加美丽的尤物(生物),就像许多人满意地看到一个人口众多、繁荣昌盛的社会一样。这使他与我们这个时代的许多人有所不同,对于他们来说,人口增长本身并不具有价值。

我并不是说,莎士比亚号召无的放矢地增加人口。事实上,他只提到了最美丽的,我们可以解释为最有才华的。但如果有人问莎士比亚,他可能会同意人才的广泛传播,并同意大多数人创造的东西比他们使用或毁坏的多一些。也许他也

---

[1] 选自梁宗岱译本。——译者著

会同意，因为很难预测才华会在哪里萌芽——他自己是一个最典型的例子——增加美丽生物数量的最好办法就是增加总人数。

在第二行，莎士比亚给我们提供了另一个渴望人口增长的理由：为了人类的生存。今天许多人认为这种观点是"原始的"，没有逻辑根据。相反，人口的稳定和零增长被视为一种价值。

即使对那些关心人类生存的人来说，整个人类的生存也只是从属于他们自己族群或宗教群体的增长。这种偏好往往是感伤情绪，而不是寻求更多人来帮助他们在政治冲突中取得上风。相比之下，莎士比亚唯一特别的恳求，是偏向"美丽"和有创造力的人。

现在我们来看看莎士比亚对文明进程机制的描述，这是这首诗里最伟大的地方。对他来说，在我们的力量和可能性范围之内，可以追求进步，而不仅仅是安于稳定；当他写到增长和丰富，而不仅仅是维护和生存时，便有这一层隐含的意思。在这里，人类在地球上的地位并不是马尔萨斯式的清苦悲观，而是对人类统治的豁达乐观的看法。

但接下来莎士比亚警告说，我们人类可能会因为对自己奢华生活的自恋式关注而放弃我们的机会——从人类共同的锅里分一杯羹而不加回报。莎士比亚告诉我们，人类"只和自己的明眸定情"，通过"把自己当燃料喂养眼中的火焰"，使"一片丰沃的土地变成荒田"。也就是说，我们可能无法利用我们的资本，而资本的真正本质是人类创造、改进和进步的动力。相反，人类可能把它的能量用于消费和自我满足，从而"把富源葬送在嫩蕊里"。我被这几行字所包含的美和对生活的理解所震惊。这两句话在科学和艺术两方面都超过了其他关于这一主题的著作。

在这里，我们必须停下来讨论"善"的性质，这些"善"要么创造于"蕃盛"之中，要么稀缺到导致"荒田"。莎士比亚当然没有设想过经济发展的过程，比如当代对这个主题的分析，在这个过程中，我们希望增加消费品、投资品，以及自然资源的供应，以便活得更久、更好。相反，莎士比亚关心的是世界上诗意真理的存量，正如他努力赠予我们的。诗意的真实当然与生活的美学方面是相互关联的——也许是相同的。莎士比亚称之为"美"，它可能是物质的、艺术的或精神的。威尔逊·奈特（G. Wilson Knight）坚定地指出，在莎翁的十四行诗中，时间（过去和未来）、物质之美、诗歌、不朽、真理、自然和艺术的思想相互渗透。一个关键的思想是，诗歌美的不朽"物质"是从人类美的"外表"中"提炼"出来的，是"玻璃墙内的液体囚犯"（十四行诗第五首、第六首）。这种由身体美向诗意真理的转化，为莎士比亚写一首关于一位美丽年轻人的诗歌提供了最好的理由。正如奈特所写的："诗人非常清楚，自己的诗歌超越了平凡的自我，到达了人的'精神''更好的部分'，那是一种精炼的存在状态，就像提炼精华一样。"

从经济学角度来看，我们所说的真与美的商品，在概念上与原材料（如谷物）或加工产品（如服务和制成品）没有什么区别。随着信息和知识在我们的经济中扮演的角色越来越重要，有形产品（特别是包括能源在内的自然资源材料）的投入份额越来越小，人们也会愈发认识到这一点。因此，真与美就像知识一样，因此也就像来自知识的自然资源一样，其关键的一个方面是，我们的这两种智力产品的储备都不会因为使用而枯竭，而是会永远继续提高人们的生活水平。

随后，莎士比亚继续告诉我们，我们可能会浪费掉我们的机会，不仅因为贪婪和自我牺牲，还因为一味地关注保护而不是创造。他告诉我们，一个社会"可能会因为斤斤计较而浪费"，这是对文明本质的真知灼见。这可以看作与以下顺序并行：人口规模的增加和生活水平的提高迫使我们面对新的问题。这些新问题的出现，促使人们寻求解决方案（尽管巨大的发展也可能以更自发的方式出现）。而解决方案的出现，使我们的物质比问题未出现之前更加富裕，也许还会带来更高效的社会组织。（因此，我们需要这些问题，我们最终将从中受益。）

十四行诗体现的共鸣，表明莎士比亚比较赞同这个过程。我相信他一定会同意，人类不仅需要解决问题，而且还需要把更大更好的问题强加给自己，作为对我们创造力的挑战——这是为了人类精神的利益，以及我们子孙后代的最终利益。

所以我想借莎士比亚的话说："可怜这个世界吧，要不然，贪夫，就吞噬世界的份，由你和坟墓。"

将莎士比亚关于文明和生产性经济的观点，与之后伯纳德·曼德维尔的观点进行比较是相当有趣的。曼德维尔也用韵律的方式来表达自己，但他显然是一位富有灵感的社会科学家，而不是诗人。（参见《蜜蜂的寓言》里简短押韵书页后面冗长的散文笔记。）曼德维尔认为，进步和增长不可避免，它们是莎士比亚所哀叹的利己品质带来的，曼德维尔可能也不会赞赏或享受这些品质，但却认为这些品质是人性中不变的元素。莎士比亚还提到了(《亨利五世》,第一幕第二场)曼德维尔在《蜜蜂的寓言》中描述的昆虫社会组织和自发合作的神秘现象,这可能已经成为他们对英国文化的共同见解。想象他们的会面是一件令人愉快的事情:他们各自描述着自己的愿景,立刻得到对方的回应,并将彼此的愿景融合在一起。

后记2 移民如何影响我们的生活水平

一百五十多年来，非法或合法移民，已经触及美国舆论的痛处。反对移民的理由主要是经济上的——工作、福利和住房。但实际上，美国公民在接纳难民的同时，也可以给自身带来诸多好处。这不是慈善的问题。我们可以相信，如果我们接纳更多的古巴人、海地人、印度人、墨西哥人、意大利人、菲律宾人和其他族裔的移民，我们的收入在未来一定会上升，而不是下降。

本书第一版讨论了移民的经济影响，但是在那之后，我就这个问题写了整整一本书，而在此想花简短的篇幅来解决这个问题是不可能的。以下是一个缩略摘要：

移民所缴纳的税收，远远高于他们所享用的福利服务和教育的成本。事实上，相比一般的土著家庭，移民家庭使用了更少的福利服务，却缴纳了更多的税收。这是因为移民年轻、精力充沛、拥有技能。平均来看，他们正处于工作生活的黄金开端。他们几乎和本国的劳动力一样，受过良好的教育，在医生和工程师等专业技术人员中所占的比例更高。

移民利用他们所发明的新科学技术理念直接提高生产力。他们还通过收益间接地提高了生产率，而收益的使用增加了所生产商品和服务的总量，从而使整个经济体的行业学会如何更有效地生产。

最近的许多研究发现，移民对失业没有明显的负面影响。这主要是因为移民不仅从事工作，而且还通过花费自己的收入创造更多的工作岗位。此外，他们还通过开设新业务增加了额外的新岗位。

移民推动美国所有的国家目标向前迈进——更强大的经济、更高的生产力、更强的国际竞争力和更好的国际关系。

34　宏观经济图景二：欠发达国家

> 如果人口的增长和国家财富息息相关的话，那么自由和人身安全就是两者的重要基础……在这一点上，就像在人口问题上一样，政治家唯一能做的，就是尽量不添乱。
>
> 弗格森（Adam Ferguson），1995年

终有一天，当今的欠发达国家将会步入发达国家的行列，正如第33章中讨论的那些例子一样。但是就目前而言，它们的情况仍然存在很大差异，需要单独讨论，但应该指出，基本经济原则同样适用于所有情况。[1]

20世纪60年代以来的几十年间，人口增长影响欠发达国家生活水平的经济模型，对政府政策以及社会科学家和公众的思想产生了重大影响。菲利斯·皮奥特罗（Phyllis Piotrow）的历史记录对安斯利·J.科尔（Ansley J. Coale）和埃德加·胡佛（Edgar M. Hoover）1958年的著作产生了重大影响。该著作的理论是，人口增长阻碍了欠发达国家的经济增长："科尔—胡佛的主张最终为美国援外政策中的节制生育政策提供了依据。"1966年，国务院负责人口事务的最高级别官员在接受任命后，立刻起草了一份表明立场的文件：

完全采用科尔-胡佛的主张……菲兰德·克拉克斯顿（Philander Claxton, Jr.）认为，美国政府必须从作出反应和回应转向引导和说服……当报告送达国务卿的桌子上时，它已经实现了其部分目的。国务院所有的相关办公

---

[1]"二战"后几十年来，一些经济学专业人士认为，不同的经济原则适用于经济发展，但现在这种看法已经愉快地成为了过去式。——原注

部门和援助部门经审查、修改、评论、增补，最后形成了这份文件。只要（国务卿）迪恩·拉斯克（Dean Rusk）同意克拉克斯顿提出的所有十项建议，它的其余目的就实现了。

这一美国政策是基于一个如今已被证伪的模型，并一直延续到本文撰写之时。参与其中的外国活动比以往任何时候花费的资金都要多，这些活动的阴暗程度可能会再次引起其他国家对美国的敌意，就像在印度和其他地方所发生的那样。关于这些政治方面的更多内容在第一版中已经讨论过了，但是鉴于这个问题如今的广泛程度，我不得不将它留到以后的书中来阐明。

然而，自本书第一版以来，美国的政策变得更加复杂。在1984年的联合国世界人口会议上，美国宣布人口增长的影响是"中性的"。本书及其1977年的前身中展现的材料，在这一转变中起了一定的作用——鉴于我本人并没有扮演任何角色，很难说在多大程度上起到了作用。但是从那以后，这个问题的政治形势一直动荡不安，人口控制运动在国会中仍然占据着极其主导的地位，美国国际开发署继续像以前一样开展对外活动。

这一段历史表明，为欠发达国家建立健全的经济人口模型非常重要，而这反过来又需要健全的经验研究和健全的理论。1986年，国家科学院国家研究委员会的报告促成了具有里程碑意义的进展，它否定了科尔—胡佛的主张，并与这里讨论的内容相去不远，正如开头所介绍的。

传统的理论模型

长期以来被认可的科尔—胡佛人口模型有两个主要因素：（1）消费者数量的增加；（2）由于人口增长而导致储蓄减少（该命题的有效性在第25章讨论过，但结果并不明确）。他们著名的结论是，从1956年到1986年，在印度持续保持高生育率的情况下，其消费者的人均收入指数预计将从100提高到138；如果人口出生率下降，则可望从100提高到195。也就是说，相比高生育率，低生育率将给印度带来大约两倍半多的经济增长速度。

需要注意的是，科尔—胡佛模型总体上有一个单纯的假设，即欠发达国家的国民总产值保持不变，即便三十年的人口增长将带来更大的劳动力和生产力。因此，他们的模型归结为产出除以消费者的比例；通过简单的算术，消费者数量的增加降低了人均消费。用他们的话来说："高生育率在改善生活水平方面的不利表现，完全可以追溯到高生育率所带来的消费者数量的加速增长。"重申：产生科尔—胡佛模型的主要机制，仅仅是"产出/消费者"这一比率的分母的增加，其中假设所有人口增长率条件下三十年内的产出不变。

其他的欠发达国家模型（包括科尔—胡佛模型的变体），有时也认同人口的快速增长将产生更多的劳动力，从而带来更大的产出。但是这一修改仍然含有马尔萨斯的资本稀释概念。尽管略微改变了科尔—胡佛模型的主要结果，但这样一个模型仍然势必表明，人口增长越快，人均产出和人均收入就越低。

总而言之，传统理论认为，较大的人口规模阻碍欠发达国家人均产出的增长。传统理论中的压倒性因素，是马尔萨斯关于劳动报酬递减的概念，它假设资本存量（包括土地）并不与劳动同步增长。

另一个重要的理论因素是依赖效应，它表明，对于有更多子女的家庭来说，储蓄更加困难，更高的生育率导致社会投资资金转移到工业生产之外。将这些因素结合到模拟的模型中，意味着相对较高的生育率和人口增长率将减少工人的人均产出（甚至会降低每个消费者的收入，因为当出生率较高时，消费者与工人的比例更高）。

数据再次与流行模型相矛盾

但实证研究数据并不支持这种先验推理。数据并没有表明，对欠发达国家和较发达国家而言，较高的人口增长率会降低经济增长率。这些数据包括图33-1所示的长期历史数据。与此相关的，还有将各欠发达国家的人口增长

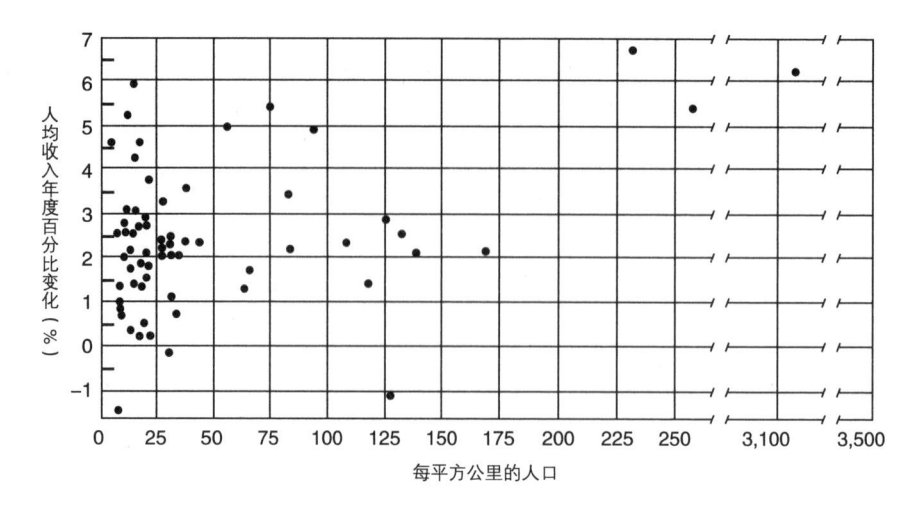

图34-1　与欠发达国家人口密度相关的经济增长率

率与人均收入增长率联系起来的横断面研究；这些研究并未发现这两个变量之间的相关性。

另一种研究将人均收入增长率与人口密度进行比较。我和罗伊·戈宾（Roy Gobin）发现，人口密度对经济增长率有积极影响（如图34-1所示）。德里克（J. Dirck）发现，在讲法语的非洲国家，人口密度越低，经济增长越慢。也就是说，人口密度越高，生活水平越高。而凯利和施密特（Allen Klley and Robert Schmidt，1994年）已经大量证实了西蒙—戈宾的发现。

人口规模和人口增长最重要的好处，是增加有用的知识库存。思想在经济上和手或嘴一样重要，甚至更加重要。进步很大程度上取决于训练有素的工人的数量。

政治经济体制的作用

资源和人口经济的一个关键因素，是政治—社会—经济制度在政府强制力下提供个人自由的程度。为了实现经济增长，个人需要能够提供努力工作和敢于冒险激励的社会和经济框架，使他们的才能开花结果。这种框架的关键要素是经济自由、尊重财产、平等执行公平合理的市场规则。

这个制度是额外人口能否迅速成为有利因素的一个至关重要的条件，为了说明它的重要性，有必要在此提及两种极端的情况，即额外的人口是一种消极力量——有时由于缺乏经济自由而使生活水平一直下降到勉强维持生存的痛苦境地，而不是一种促进增长的力量：

1. 一船不识字的非洲奴隶来到美国。船上增加奴隶只会加速人员的死亡，因为自由在此完全不存在。

2. "二战"期间德国关押英国士兵的战俘营。在这种情况下，尽管囚犯拥有大量的技术储备，尽管有现代价值观和自由企业文化，但外部的权力结构强大到足以阻止任何实际的增长。增加囚犯不会带来更快的增长，只会带来拥挤。如果情况变得足够糟糕，额外的痛苦可能会导致事态升级，并可能导致逃跑率"增长"。但后者的可能性很小。

20世纪60年代，诺贝尔奖得主、英国经济学家、优生学信徒詹姆斯·米德（James Meade）在其作品中表达了这样一种观点——人类既然如此贫穷，还不如不活；参见第23章——他将毛里求斯作为快速的人口出生率正在破坏其国家经济发展机会的例子。他预见到可怕的失业现象，毛里求斯多年来也确实遭受了这一灾难。但在20世纪80年代初期，毛里求斯从根本上改变了政治框架，使自由企业有机会蓬勃发展。人们可以读到：在1988年，"海外工作市场为非洲提供了模型……当地政府称，6年前23%的失业率现在已经不存在了"。这与世界可能看到的经济奇迹十分相似。这几年的变化与毛里求斯出生率的变化无关，人口密度也没有下降。经济自由是唯一的新元素。

一些读者（虽然比本书第一版时少）可能不知道较贫穷国家的进展如何。与普遍的看法相反，尽管欠发达国家的人口增长速度远远高于较发达国家，但欠发达国家的人均收入增长速度已经与较发达国家持平，有的甚至远远超过较发达国家。这是人口增长对经济增长没有消极影响的初步证据。事实上，人口密度高的国家的平均收入水平较高意味着，平均而言，它们的增长速度在过去要高于人口密度较低的国家。

综合统计有时由于抽象而缺乏说服力。为了使数据更具现实性，让我们看看1953年至1985年间一个典型的印度尼西亚村庄的变化，当时内森·凯菲茨（Nathan Keyfitz）对它进行了研究：

> （1985年）村民通常有鞋子穿，有砖瓦石膏建成的房子住，并把孩子送到村里的小学。有些人拥有电灯、电视机和摩托车，希望他们的孩子能够到几公里外的中学读书。相比之下，31年前，鞋子极少见，房子几乎全由茅草和竹子建成，地面是泥土地，照明充其量依靠煤油（甚至还算奢侈品），没有小学。

凯菲茨计算出人均收入每年上涨约3%，无论如何这都是一个非常可观的增长率。人们的饮食有所改善，最贫穷的阶层自身也得到了相当程度的改善——大米日产量翻了一番。

凯菲茨报道说，穷人的尊严和独立性也有所改善。鉴于每个公民都有责任"每周花一个晚上负责警戒……在早些时候的考察访问中我们发现，土地所有者可以命令他的仆人替他履责，而今天，这变得十分困难。他们甚至连派别人在白天帮自己做事都几乎不可能。有一段时间，村长的土地是由乡村劳动者无偿为之耕种的，现在村长却必须支付工资"。其中一个原因，可能是"外出更加方便，几乎每个人都有自由和机会到附近的城镇，甚至大城市寻找工作……这让他们无法忍受家中不必要的奴役"。

1953年，妇女所面临的最艰巨、最普遍的任务之一，就是捣碎稻谷。1985年，这项工作是由企业的大米干燥机和脱粒机完成的。

人口大幅度增长，从20世纪2400人增加到3894人，尽管存在人口增长（或者因为这个原因），收入也增长了，这与马尔萨斯和科尔—胡佛模型理论的预期相反。

凯菲茨和他的同事最初假定，因为人口增长，1985年"失业将成为农村的大问题"。但他们发现，事实并非如此。富裕群体正在利用额外收入雇用其他人采用专业的方式来建造房屋，而不是自己动手，这些受雇的人现在已经成为专业工人；学校和清真寺也开始慢慢建立。研究人员还发现与他们的预期相反的是，劳动力拥有作物的比例已经上升，而土地所有者拥有的比例已经下降，这也与简单的李嘉图人口增长理论所预测的相反；土地生产率的提高就是答案。

凯菲茨对东爪哇村庄的系统记录，与理查德·克里奇菲德（Richard Critchfield）生动有趣的描述相一致，后者在四分之一个世纪里访问了许多贫穷国家的村庄，然后重新访问了一些（1981年）。他所发现的普遍进步使他大为震惊。

我的个人经历也是如此。从70年代初到现在，在我访查的几乎所有非欧洲国家和地区——以色列、印度、伊朗、中国香港（是的，中国香港也有农业）、苏联、泰国、菲律宾、哥伦比亚、哥斯达黎加、智利和其他一些国家——我已经把访查农村当作我的事业，并且询问（当然，通过翻译）村民现在和过去的农业经营方式，以及财产和消费，还有孩子的数量及其接受的教育情况。各个方面的改善随处可见——拖拉机、通往市场的道路、摩托车、水井的电动泵、以前没有的学校，以及在城市里上大学的孩子。

一个协调欠发达国家理论和证据的模型

当理论和数据不相符，其中之一（或者两者）可能是错误的。可用的原始数据已经被重新检查了许多次，总是得出与马尔萨斯理论相反的结果。因此，让我们重新审查一下这个理论。

如下所示的模型结果，包括早期众所周知的模型中的标准经济要素，以及在前面几章中讨论过但被排除在早期模型之外的主要附加效应。这些新增要素包括但不限于：（1）需求增加（由于人口较多）对商业和农业投资的积极影响；（2）随着家庭规模的增大，人们倾向于投入更多的工作时间而减少娱乐时间；（3）随着经济发展，劳动力从农业转向工业；（4）节约社会基础设施和其他资源的使用规模。所有这些要素都有据可查。

另外，要了解人口增长对收入和生活水平的影响，我们就必须了解收入对人口规模和人口增长的影响。在其他条件相同的情况下，收入会提高出生率，并降低死亡率。但当收入发生变化时，其他因素并不会保持不变，除非是在很短的时期之内。从长期来看，一个高生育率的贫困国家的收入增加，则会降低其出生率（这是第23章描述的人口转变，这种转变是由收入引起的死亡率变化、城市化、育儿成本较高等因素造成的）。在一段时间之后，随着收入的增加，死亡率不再显著下降。因此，收入增长的长期影响是人口增长率的下降。这些效应也必须添加到一个现实的模拟中。

如果把这些重要的经济要素考虑在内，而不是像之前的科尔—胡佛模型，即欠发达国家经济人口模型那样将其排除，同时对欠发达国家经济的各个方面作出合理的假设，那么就会与过去模型得出相差甚远的结论。模拟结果显示，从长期来看（120～180年），适度的人口增长将比慢速的人口增长带来更为可观的经济表现，尽管在美国，从短期来看（60年以内），缓慢的人口增长的表现略好。从长远来看，人口下降将使情况变得非常糟糕。在对具有代表性的亚洲欠发达国家"基础运行"的参数进行"最佳"估计的实验中，适度的人口增长比快速增长（在35年或更短的时间内翻一番）或缓慢的人口增长有更好的长期表现。

一次用一个变量进行推演的实验表明，这些结果与过去模型产生的相反结果之间的差异不是由任何单一的变量产生的，而是由新元素组合产生的——家庭中增加额外孩子引起的娱乐与工作决策、范围经济、投资功能和（资产）贬值——没有任何单一的因素是主要因素。而在积极人口增长的范围内，不同的参数带来不同的"最优"积极人口增长率。这意味着，经典的马尔萨斯式的人口增长质量型理论并无多大作用，而像这样一个更复杂的、基于数量的理论是必要的。

对于感兴趣的专业读者，以下是对研究结果的更完整的说明。其他人可能会跳过这一部分。

1. 该模型使用了当今对欠发达国家似乎最具描述性的参数，它表明，极高和极低的出生率都会导致长期的较低人均产出（以下称为"经济表现"），而出生率介于两者之间。可能有人会感到惊讶——极高的出生率竟然不是最好的选择。但从长期来看，中等出生率比较低出生率带来的收入更高，这与传统观念相去甚远。各种参数在不同水平上都得出相同的结果。在长时期内，中等生育率的人群也比低生育率和高生育率的人群享有更多的闲暇。

2. 在各种各样的情况下，在中等至高等出生率相当广泛的范围内，即使在180年之后（尽管较低和中等出生率带来的结果差异很大），生育率对收入的影响也不是很大，甚至不到25%。乍一看，这相当令人吃惊。但这正是库兹涅茨所预期的：

> 即使在政治和社会竞争中，也不能说不发达国家的高出生率本身是人均收入低的主要原因；如果不改变政治和社会环境（如果可能的话），减低这些出生率也不会提高人均产出或加快其增长速度。我们强调的一点是，人口模式与人均产出之间关联的根源是一套共同的政治制度和社会制度，以及两个制度背后的其他因素，是为了证明人口变动与经济增长之间的任何直接关系可能相当有限；而且我们不能出于政策目的而简单地对这个关联做出解释和提供保证，即认为修改一个变量必然会改变另一个变量，并按照关联所指示的方向改变。

> 我的模型的结果表明，存在一个人口"陷阱"——但这是一个与马尔萨斯陷阱完全不同的善意的陷阱：如果由于收入的增加，人口增长下降得太快，那么增加的总产出将不足以刺激投资；从而贬值大于投资，收入下降。在该模型中，这将促使生育率再次升高，然后开始另一个周期。因此，在这种模式下，不良结果来自于人口下降，而不是像马尔萨斯陷阱一样来自于人口增长。

3. 中等出生率相对于较低出生率的好处，一般只在相当一段时间之后才出现——比如75年至100年之后。这就是这里发现的结果与科尔—胡佛模型或类似模型不同的另一个原因。在这些模型中，时间范围只有25年到30年（在科尔—胡佛小扩展模型中是55年），而这里的时间范围是180年（在某些情况下更长）。这就指出了在人口增长研究中使用短视角模型的严重危险。人口影响需要很长时间才能生效，积累的时间也要长得多。

4. 也许这个模型最重要的结果是，它表明，在某些合理的条件下，较高的出生率在某些时候比较低的出生率有更好的经济表现，但也可能在其他一些合理的条件下，结果恰恰相反。甚至在可能性范围内，还存在另一些条件，而在这些条件下，极高的出生率可以在长期内提供最高的人均收入和人均产出。也就是说，结果取决于看起来可接受范围内的参数选择。这意味着，任何认为某一种出生率结构无条件优于或劣于另一种出生率结构的人口模型必然是错误的，要么是因为模型的构建过于简单，要么是其他原因。唯一的例外是出生率低于更替率。这种低出生率结构在这里模拟的每一组条件下都表现不佳，很大程度上是因为总需求的合理增长是产生足够投资以克服贬值阻力的必要条件。

总之，这种方法产生的结果与科尔—胡佛模型的结果不同，因为在这个模型中包含了后者省略的几个因素：（a）人们为应对不同的收入愿望和家庭规模需求而改变工作投入的能力；（b）范围经济的社会资本因素；（c）对需求差异（产出）作出反应的工业投资功能（和工业技术功能）；（d）对农业资本/产出比率作出反应的农业储蓄功能。这些因素结合在一起，在合理的参数设置下，足以抵消科尔—胡佛模型中发现的资本收益递减效应和储蓄依赖效应。但是，这个模型与其他模型在总体结论上的差异也是由于该模型使用的时间范围更长。

正如第33章中对较发达国家模型讨论过的那样，一个人对额外的孩子的整体影响的判断，取决于为权衡当前时期和以后时期的成本和收益而选择的贴现率。如果我们很少或根本不重视未来的社会福利，而只关注现在和近期，那么额外的孩子显然是一种负担。但是，如果我们认为后代与当代的福利几乎同等重要，那么总的来说，现在出现的额外的孩子就是一种积极的经济力量。在这两者之间，根据每个国家的情况，有一些贴现率标志着现在更多额外的孩子处于产生消极或积极影响的临界点。贴现率的选择最终是个人价值问题，我们将在第38章中加以讨论。

简而言之，我们现在评估额外的孩子的影响是积极还是消极的，在很大程度上取决于我们的时间观念。基于这里所展开的经济分析，任何一个采取长远观点的人——相当重视后代福利的人——应该更倾向于人口增长，而不是人口稳定或者下降。

某些反对意见

这一章与前一章得出的结论，与当时流行的大众观点以及自马尔萨斯以来的大多数专业文献（尽管专业意见在80年代已经转向）相反。因此，考虑对这些结论的一些反对意见可能是有用的。当然，本书的全文和我1977年、1987年和1992年的著作，包括分析和经验数据，都构成了对这些反对意见的基本反驳。下面将以一种更轻松、更随意的方式处理反对意见。

异议1. 但是人口增长必须在某一个时刻停止。在一定的人口规模下，世界的资源必然耗尽，在某个节点，地球"只有立足之地"。

当有人质疑需要立即控制美国或世界人口增长的时候，自马尔萨斯后的标准回应是一系列的计算——显示在人口几次翻倍之后，是如何只剩下站立的空间——在地球上或在美国全是人。这显然表明，人口增长应该在某个时候停止——当然是在"只有立足之地"之前。但是，即使我们规定人口必须在某个时候停止增长，我们又通过什么推理来说明现在已经到了"某一个时刻"呢？这种推理至少有两个方面可以确定。

首先，"停止增长"的论点假设：如果人类现在以某种方式行事，将来也不可避免地继续以相同的方式行事。也就是说，如果人们现在决定生育更多的孩子，他们的后代将会无限期地继续生育更多的孩子。这似乎类似于，你决定今天喝一杯酒，就一定非喝到死。但实际上，与大多数人一样，你会在意识到一个合理的限度之后停止喝酒。然而，似乎有许多人欣赏"酒鬼"式的生育率和社会模型。

另一种推理导致人们远离人类将对人口增长做出适应性反应的合理结论，这种推理源于指数增长的数学模型，即马尔萨斯的"几何增长"。人口"爆炸"引发的"世界末日论"——这一常见论点基于一种最粗糙的曲线拟合，一种数学上的催眠术。很明显，这一说法的意思是，未来人口会呈指数增长，因为过去一直如此。正如我们在第22章所看到的，这个命题在历史上甚至都是不正确的；在很长时间内，世界大部分地区的人口规模一直保持不变或变小（例如，罗马帝国之后的欧洲，以及澳大利亚的原住民部落）。同时，过去的许多其他趋势在物理极限迫使其停止之前就被扭转了。

如果你被大多数关于控制人口增长的论点所依据的曲线拟合吸引，你最好考虑一下前面讨论过的其他长期趋势。例如，在人类出现至少一个世纪以来，每年死于自然灾害的人口比例肯定在下降，即使是死于饥荒的绝对人数也在下降，尽管总人口大幅增长（见第5章）。一个更加可靠和重要的统计趋势是预期寿命稳步增长。为什么不把重点放在这些有记录的趋势上，而是放在假设的总人口趋势上呢？

一个荒谬的反思是富有教益性的。在过去的几十年里，也许在过去的一百年里，大学建筑物的指数增长速度远远快于人口增长速度。简单的曲线拟合可以表明，在"只有立足之地"之前，大学建筑物所占用的空间将占据并超过人们长久站立的空间。这显然使大学增长成为亟须考虑的可怕问题，而不是人口增长！

有人会说，这个类比并无相关性，因为大学是由理性者建造的，当有足够的建筑时，他们就会停止修建，而小孩则是由那些纯属激情、不受理性控制的人制造的。正如我们在第24章所看到的，后一种说法是经验上的错误。无论人类学家所知道的各个部落多么"原始"，都有一些用于有效控制出生率的社会方案。孩子之所以出生，大部分是因为人们选择拥有他们。

甚至人口增长必须在某个时刻停止的命题可能也没有多大意义（见第3章"有限性"）。达到任何绝对的空间或能量物理极限所需的时间都是在遥远的未来（如果可能的话），而许多不可预见的事情可能在现在和"那时"之间发生，从而改变这些明显的限制。

异议2. 但是，我们是否有权过一种奢华的生活——拥有一个人口众多的大家庭，尽情消费，享受生活——而让我们的后代受苦？

事实正好相反：如果上一代的人口增长率较快，后代将受益而不是受苦。在英国工业革命时期，如果人口没有迅速增长，那么生活水平可能会（也可能不会）迎来一段时间的上升。但是，正如欠发达国家模型所显示的那样，我们今天显然受益于那个时期的高人口增长率和随之而来的高经济增长。

异议3. 该模式强调人口增长的长期积极影响。但正如凯恩斯所说，从长远来看，我们都已经死了。

在第12章，我曾提及凯恩斯的这一言论。的确，你我都会死去。但是从长远来看，其他人将会活着，而这些人很重要——就像"地球"的未来对生态学家和其他人很重要一样。同时，正如前面所强调的，你对人口增长的总体判断取决于你所选择的贴现率——如何权衡当前和未来的影响。

总结

工业革命以来的历史，并不支持简单的马尔萨斯模式或科尔—胡佛的延伸模式。在过去100年的历史研究中，没有发现人口增长与经济增长之间存在对立关系。相反，这些数据显示，无论是欠发达国家还是较发达国家，根本就不存在简单的关系（如上一章所讨论的）。

对于较发达国家而言，对理论和证据之间这种差异的最普遍和最有吸引力的解释，是范围经济、由新增人口创造和改造的新知识，以及从新知识中创造出的新资源之间的联系。因此，第33章中的较发达国家模型，纳入了早期人口模型所忽略的这种对经济进步的基本影响。而这一模型比马尔萨斯式和新马尔萨斯式模型（比如《增长的极限》）更完整，它表明，在一个具有代表性的额外的孩子产生净负面影响的一段时期之后，其对人均收入的净效应将是正面的。与直到孩子长大成人达到充分的生产力而需要增加的社会成本相比，这些积极的长期影响更为巨大。以合理的资本成本衡量短期和长期的现值表明，额外人口的综合效应是积极的，与其他社会投资相比，它是一项极具吸引力的"投资"。

对于欠发达国家的解释有所不同，但结果相似。额外的孩子通过诱使人们投入更长的时间工作和增加投资，以及改善社会基础设施，比如改善道路和通信系统，来影响整个欠发达国家的经济。额外的人口也以其他方式促进范围经济发展。结果是，虽然额外的孩子在短期内将造成额外成本，但从长远来看，欠发达国家采取中等人口增长率比零人口增长率或高人口增长率更有可能带来更高的生活水平。

后记 《增长的极限》《全球2000年报告》及其他

1972年的《增长的极限》指出，人类持续繁衍，直至自然资源耗尽。这是完全没有意义，也根本不值得讨论或批评的。但是直到今日，它仍被许多人认真对待，由此可见，相关的科学工作是如此糟糕。

《增长的极限》几乎被每一位认真阅读它的经济学家抨击为愚蠢或欺诈，因为它的研究方法很幼稚，而且很少披露作者所做的事情，这使得根本无从进行近距离的审查和探究。用该书作者的语言来说，《增长的极限》一书就是一场公关炒作，由公关公司查尔斯·基特尔联合公司组织，并由施乐公司资助的新闻发布会启动；1972年该书出版后，这整个故事，连同惊人的评论，都在《科学》杂志上一并作了详细介绍。（公关活动本身并不是一件坏事，但它显然表明，作者和赞助方罗马俱乐部打算使他们的材料跻身于思想世界的殿堂。）

不将存量放在增长极限预测中的一个有力理由是，该模型很快就被证明能产生乐观的预测结果，而假设只是微小的现实性变化。然而，对增长极限模拟的最令人信服的批评是由罗马俱乐部自己提出的。就在这本书出版和大量发行四年之后，罗马俱乐部"改变了立场"，"支持更多的增长"。但是，这一重大转变得到的关注相对较少，尽管它出现在《时代》（Time）周刊和《纽约时报》等地方。所以留给更多人的还是原来的信息。

正如《时代》周刊报道的那样，这种立场的转变只是为了维护面子而为之。

该俱乐部的创始人，意大利实业家奥莱里欧·佩切伊（Aurelio Peccei）说，《增长的极限》意在使人们摆脱目前的增长趋势可能无限期持续下去的舒适理念。他说，这样做之后，俱乐部就可以寻求缩小富国和穷国之间日益扩大的差距的方法——这种不平等如果继续下去，很容易导致饥荒、污染和战争。佩切伊说，俱乐部惊人的转变与其说是一种转变，不如说是作为不断演变的战略的一部分。

换句话说，罗马俱乐部赞助并传播了不实之词，企图吓唬我们。由于这些谎言吓坏了很多人，俱乐部现在可以告诉人们真相。（自本书第一版以来，我一直在等着他们为前面的话以诽谤罪起诉我。）

但是，罗马俱乐部可能并没有真正实践其现在声称的欺骗性策略。也许，俱乐部的成员只是意识到了1972年的《增长的极限》的研究在科学上毫无价值。如果是这样的话，那么罗马俱乐部后来就是为了挽回面子而撒谎。作为局外人，我们无从知晓这些丑恶的可能性究竟哪一个才是"真相"。

我对报道事实的总结是不公平的吗？也许我应该用更平和的语言，因为我知道有些人会用诸如"谎言"这样的词来反驳我说的话。但是我没有公关公司可以在媒体上将我的信息放大一百万倍，也没有什么消息能让人们屏息以待。所以我必须用强硬的语言把这个意思表达出来。而且——将一个有案可稽的、自认的谎言称作谎言真的有什么错吗？

毫无疑问，这是近年来最奇特的科学事件之一。据我所知，《增长的极限》的作者并没有放弃，尽管他们的赞助商已经放弃了。但是当赞助商发表声明时，作者也没有与他们进行对抗和反驳。在不经意间，整个事件似乎已经成为过去，大众媒体继续将《增长的极限》引作权威。如果情况正好相反，我肯定会从诸如零人口增长（ZPG）和环境基金（GEF）等组织那里听到很多。

1980年，由美国前总统吉米·卡特（Jimmy Carter）与美国环境质量委员会、美国国务院共同向总统提交的《全球2000年报告》，是类似于《增长的极限》的材料的后期版本。不同之处在于，它是一个"官方"文件，具有这种地位自动赋予它的所有影响力。与《增长的极限》一样，《全球2000年报告》的结论几乎毫无价值可言，这主要是因为缺乏长期趋势数据表明资源越来越多，而不是越来越少；我们的空气和水源越来越清洁，而不是越来越污浊。就连《全球2000年报告》的作者也认为，这种趋势是开展此类研究的恰当基础，但是，他们仍然依赖于马尔萨斯的旧理论做出一些预测，而这些预测一个接一个地被事件证实是错误的，《增长的极限》和《全球2000年报告》就是如此。然而，这项研究一经大肆宣传，成为许多政策决定的基础。1984年，赫尔曼·卡恩和我合编的《资源丰富的地球》（*The Resourceful Earth*），就《全球2000年报告》所涉及的大多数问题提供了可靠的学术材料，与本书的内容有许多共同之处。

1992年，《增长的极限》的作者出了一本续集——《超越极限》（*Beyond the*

Limits）。其主要信息仍然很沉闷，但这一次，作者们为自己建造了一个智力逃生舱。他们说，他们似乎错了，但他们的想法确实是正确的。他们只是弄错了灾难发生的日期。（想象一下，如果天气预报员预测明天将有暴风雪，而实际发生的时间是四个月之后，但他要求你不要把这看作错误，你会怎么想呢。）这是马尔萨斯的传统，他在其著作第二版几乎更改了一切，除了让他出名的结论。它的作者现在建议我们有一个选择，如果我们改变方式，便可以避免崩溃。但"如果目前的趋势保持不变，我们毫无疑问将在下个世纪面临全球经济崩溃的事实"。

第三部分
超越数据

Part Three　Beyond The Data

    我知道，要对基本价值的判断进行争论，是一件没有希望的事。比如，如果有人赞成把人类从地球上消灭掉作为一个目标，人们就不能从纯理性的立场来驳倒这种观点。

阿尔伯特·爱因斯坦，《思想和观点》(*Ideas and Opinions*)，1954年

    充足的劳动报酬，既是财富增加的结果，也是人口增加的原因。对充足的劳动报酬发出怨言，就是对最大公共繁荣的必然结果与原因发出悲叹……不是在社会达到极端富裕的时候，而是在社会处于进步状态并日益富裕的时候，贫穷劳动者，即大多数人民，似乎最幸福、最安乐。在社会静止状态下，境遇是艰难的；在退步状态下，境遇是困苦的。进步状态是社会各阶级快乐旺盛的状态。静止状态是呆滞的状态，而退步状态则是悲惨的状态。

亚当·斯密，《国富论》，1776年

"养小孩要付出怎样的代价?"
是夜,儿子躺在我怀里问道。
"父母为孩子付出许多许多,
日复一日,毫不懈怠。
夜深人静,他酣然入睡,
你却寸步不离,
整夜守护他的梦。
然而,你的关心、你的焦虑,
比起他的欢喜与幸福不值一提。
为了他轻轻的一个吻,
你尽心竭力,甘之如饴。"

《养小孩要付出怎样的代价?》(*What a baby Costs*?),
埃德加·艾伯特·格斯特(Edgar A. Guest),1946年

35　不同的选择如何影响人们的认知

我的母亲出生于1900年。她的一个兄弟死于白喉病,医生对此束手无策。1937年,第一种新型神奇药物氨苯磺胺面世,她唯一的五岁儿子才得以幸存。当她年逾八旬,她身边的朋友大多寿命很长,且身体健康。她对医学领域出现的新奇迹怀有感恩之心,对电话、天然气、中央供暖、飞机等现代发明提供的便利和舒适也极其赞赏。

然而,母亲却坚持认为,20世纪80年代的生活比她年轻时还要糟糕。当我问她为什么这么想的时候,她说:"报纸上的头条没有一样是好的。"

我说美国的污染正在减少,我那八十多岁的漂亮姑姑露丝回答道:"但是,海湾(她家附近,纽约皇后区)的污染比我们刚搬来的时候要糟糕得多。"我提醒她,在她年轻时水中的污染物带来伤寒和白喉病导致儿童死亡,这在现在已经很少见了。她感叹道:"我想你说得对。"但我认为我并没有改变她的看法。

当我对同样八十多岁的漂亮姑姑安娜说,现在的物质生活比她年轻的时候好得多。她回答说:"但是我在报纸上读到那么多不好的消息。"我提醒她两次恐怖的世界大战——戏剧性的是,那时候报纸上却总有好消息——并提及20世纪20年代的欺诈行为,她点头同意,但我觉得那只是因为她爱她的侄子。

这些通常具有良好判断力和开朗性格的人,怎么会依靠如此脆弱而短暂的证据,就持有与事实相反的信念呢?正如我在开头介绍中写的那样,唯一合理的答案是,我们没有人能够仔细核验我们持有的大多数信念的证据,出于方便,我们只是简单地采用最容易获得的想法。这不是学术丑闻;当《新闻周刊》在地球和人类企业接连十多年不间断地传出好消息的时候,却刊登了一篇题为"更多关于地球的坏消息"的故事,谁又能责怪读者的信念因此而受到影响呢?然而,问题的严重性在于,即使人们随后得到更可靠的好信息,但他们仍然坚持前述观点,因为信仰已经根深蒂固。

《新闻周刊》的另一个专栏(罗伯特·萨缪尔森,1988年4月4日)指出:"寻找坏消息？经济发展得越好，我们越担心它的良好表现不能持续下去。"他指出，经济学家"表达了他们的疑虑，他们发现了很多潜在的问题，但是他们的分析却没有明确具体的关注点。这些分析反映了人们对未来的普遍焦虑，以及对前景的大致看法。这是一个令人困惑的游戏：每个人不断得到好消息，却想要寻找坏消息"。在经济状况良好、积极的经济新闻铺天盖地之时，这些经济学家和其他人一样，似乎在想方设法将形势描述得更加消极，甚至不断恶化——即使迹象指向相反的方向。

本书充满了强有力的证据——"引言"中提供的赌注使事实戏剧化——总体趋势是变好而不是变坏。那么，为什么趋势向好，人们却仍然持负面的看法呢？

当然，人们之所以认为事情正在变糟，未来前景黯淡，一个重要的原因是他们会做这样的比较。在第22章关于黑人和白人婴儿死亡率的讨论中，我们提到了着眼于短期和组间比较而不是长期绝对比较的效果。另一本书（西蒙，1993年）有关于比较问题的充分讨论。在此我只能简单谈谈这个问题。

智者在几千年前就已经写道，一个人感到高兴或悲伤，在很大程度上取决于你基于一个比较基准而对自己目前状况做出的判断。这个因素对我们的心情至关重要，它是心理抑郁症中的关键因素。比较基准的选择很少是外力强加给我们的，而是在我们的控制范围之内。

个人计算机的发展与人们对它的感受便说明了这一点。人们通常对他们的第一台电脑感到兴奋，因为他们马上就能看到它使他们的工作变得多么轻松。但是，人们很快就会把计算机视作理所当然的东西，甚至对它的运行速度不够快而感到不满。即使与计算机出现之前相比，它已经可以节省数小时或数天的时间，但是几秒钟的延迟都开始令人厌烦，老旧的程序被嫌弃"笨拙"无比。结果是，人们不断渴望运行速度越来越快的电脑，越来越大的硬盘，越来越多的工具，以及对程序进行更精细的改进。由于这种期望值和欲望不断上升的趋势，许多人在工作中并不比拥有计算机前更快乐。

另一个例子：1990年，华盛顿特区的一位产科医生宣布，他将退出产科行业，因为一位准妈妈第二次向他提出了一个不可能的要求——他必须保证她将生产一个完美的孩子。在过去，当生活和生育的风险比现在高得多的时候，没有一个女人会提出这样的要求。但是现在，女性希望并要求孩子完全安全、完美无瑕。这显示出我们是如此迅速地把生活的改善视为理所当然，并将其他情况与新的和改善的状态进行比较，而不是与过去的状态进行比较。如果我们所期望的不如新近的改善，我们便会满腹牢骚。这种期望值上升的心理机制，很大程度上解释了人们对人口、资源和环境的看法。

公众对空气和水的清洁度要求越来越高，这本身当然是一件好事。但是，当公众认为我们现在的空气和水源是"肮脏的"和"被污染的"时，如果人们记得大约一个世纪以前肆意蔓延的可怕污染——甚至污染了纽约哈德孙河，以及伤寒——就毫无意义了。人类显然已经征服了天花，并根除了使全世界人民苦恼和死亡的疟疾和霍乱，与此同时，现在瘟疫和其他流行病的危害也远远低于过去，或者已经消失。我们富饶的国家不仅没有疟疾（很大程度上是因为我们对土地的密集占领，见第32章），在许多富裕的城市地区，就连蚊虫叮咬也少之又少，人们无须在家里拉上窗帘，甚至可以在黄昏举行花园派对。

过去通过肮脏的空气和水传播的恐怖甚至不再被认为是污染，这证明我们在治愈地球方面取得了非凡的成功。

现在，我们已经在很大程度上克服了人类的宿敌——野生动物、饥饿、疫病、酷热和严寒——我们担心的是环境和社会中的一大类新现象。这句话表达的意思是：没有食物，只是一个问题；食物充足，便是很多问题。

显然，我们的精神体系中有着这样的观念：无论事情变得多好，我们的期望值不断上升，这使我们的焦虑几乎没有减少，我们关注的是已经越来越小的实际危险。尽管儿童死亡率明显低于前几十年和前几个世纪，但父母们仍然为孩子的健康和安全忧心忡忡。在美国，正统的犹太人和穆斯林仍然担心他们的食物在宗教仪式上是否纯净，尽管对宗教仪式污染的保护措施明显比过去好得多。

从前，正统犹太人说："犹太人每年都在不知不觉中吃掉一头小猪。"现在，制造商采用塑料包装和现代科学的显微检测技术，纯度水平远远高于过去。但是犹太人对此的关心程度并没有减弱。

通过比较，我们给自己带来了很多悲伤。我们没有享受我们所拥有的好运。在新墨西哥州一个以西班牙裔为主的贫穷小镇上，一座摇摇欲坠的教堂前立着这样的标语："正确的态度是感恩。"然而，看起来，值得感恩的东西越多，我们就变得越不知道感恩，越不满意——各个时代的哲学家都提到过这一现象。我们的态度不是感恩，而是"你最近为我做了什么？"。还有一句来自足球教练的名言："态度是一种选择。"

这种心理怪癖带来的后果，不仅让我们不能尽可能地享受我们改善后的生活,也导致人们要求政府"修复"原本糟糕的状况。这些要求政府更多干预的呼声,建立在情况变得更糟的基础上,而实际情况正在好转,因此可能导致修复那些没有坏掉的东西,从而造成麻烦。

理解现代生活的一个问题是,人们常常把现代生活与过去(往往并不存在)进行隐含的比较。我们想象非洲人在树林里跳来跳去,就像人猿泰山一样,在哥伦布发现北美洲以前,他们像印第安人般围坐在篝火旁,靠着大量不含杀虫剂的有机食品长大成人,从未经历过青春期的艰难;美国中西部地区是一片肥沃的地区,人们只需把种子撒在地里就能获得丰收;欧洲人把大部分时间都花在绕着五月柱跳舞上,而且很少有人因为某些权威而无法取得成功;几乎没有人在年老之前死去,死亡是突然而无痛的;而结核病和鼠疫等微生物疾病仅仅是少数几位艺术家的浪漫插曲。

但是这些错误的比较并非不可避免。你可以训练自己反思过去和现在的比较,而不是思考现在和将来的比较,或者与其他人的比较。我非常高兴有一个可以及时叫醒我的定时闹钟,因为闹钟第一次响后,我可以把它关掉再享受九分钟的睡眠。我一直记得在没有电脑和复印机的情况下是如何工作的。我还记得奥利弗·温德尔·福尔摩斯(Oliver Weadell Holmes)不管参加什么社交活动,都带着他的第一本书的手稿,因为他害怕在他离开以后家里失火。这不是凭空想象出来的恐惧;至少有一位作家在纽约地铁上永远失去了他小说的唯一手稿。复印机和电子复印本减轻了作家的噩梦。

如果人们不反思与过去的比较,而是相反地关注一些暂时变得更糟的特殊现象,或者花费时间思考政治或相对贫困——在定义上,失败者和成功者一样多,一些黑暗是我们人类本性的必然结果——那么人们就无法看到有关生活物质条件的长期好消息。

我们比较的另外一个问题是:考虑不同年份不同国家关于人们幸福感的调查数据。任何一年的民意调查结果的分布,都相对独立于这个国家的富裕程度,或者与其他年份相比,或者与其他国家相比(尽管与收入有一些轻微的正面相关性)。显然,个人基准的变动方式使人们与个人基准保持着几乎相同的关系。至于为什么个体间的基准存在差异,我们不妨把它归结为遗传或早期其他事物的影响。

36　人口控制的修辞术：目的是否正当？

星期三，在伊利诺伊州众议院，共和党众议员韦伯·博尔切斯（Webber Borchers）正在提交他的免费输精管切除术法案。

尽管观察家说，博尔切斯的法案可能通过，但是众议员科尼尔·戴维斯（Corneal Davis）——一位在众议院待了30多年的黑人传教士，却迫切地想看到这项法案被否决。

委员会成员就座后，戴维斯为该法案的听证会定下了基调。

"博尔切斯在哪里？"这位民主少数党副领袖对着天花板挥舞着手臂说，"他应该拿着他的法案回到纳粹德国去。"

三十分钟后，自称极端保守主义的迪凯特地主博尔切斯到场解释他的法案。

"这个法案，将允许收入为3000美元或以下的人们获得免费的输精管切除手术，以及100美元的奖金……"博尔切斯发言道。

但戴维斯立马站了起来。

"你是认真的吗？"这位芝加哥民主党人讽刺道。

"坐下。"博尔切斯喊道。

戴维斯说："我是一个传教士，我不想在你面前失去冷静。"

"你为什么不听？坐下来。"博尔切斯说。两个人的对话在喧闹声中根本听不清。

芝加哥人力资源委员会主席、参议员路易斯·卡普齐（Louis Capuzi）敲响了小木槌，但是过了好几分钟，这二人才安静下来。

戴维斯坐下来后，博尔切斯继续发言。

博尔切斯说："这个法案，是一名芝加哥黑人妇女向我提出的。"

戴维斯的眼睛里冒出愤怒的火花，但他没有说话。博尔切斯说，这项法案类似于田纳西州通过的一项法案。他估计，每年有1.9万多名儿童出生在接受公共援助的家庭，如果实施自愿绝育计划，国家将节省2000万美元的福利支出。

戴维斯与博尔切斯的交锋，阐明了本章的主题，即资源与人口问题辩论中的感情与修辞术。下一章将探讨这种修辞是如何被确立为"常识"的，并探讨构成有关人口的普遍末日信念基础的一些推理。

煽动性术语和修饰性游说

夸张的语言激起了人们对人口增长的恐惧。例如"人口爆炸""人口污染"和"人口大爆炸"。这些术语不只是"流行语大师"的口头禅——人们已经习惯了他们的夸大其词。相反，它们是由杰出的科学家和教授创造和传播的。一个例子来自人口统计学家金斯利·戴维斯。他在一篇最近发表于专业杂志上的论文上说："在以后的历史中，20世纪可能被称为世界大战的世纪，或人口瘟疫的世纪。"戴维斯还说："过度生育——生育四个以上的孩子——比大多数犯罪行为更严重，应该视作非法。"或者按照生物学家保罗·埃利希的说法："我们不能再怜悯人口增长的肿瘤，肿瘤必须切除。"农学家诺曼·博洛格（Norman Borlaug）甚至在其诺贝尔和平奖演讲中提到了"人口怪物"和"人口章鱼"。

专家们竞相寻找人类最丑陋的表征。一位来自绿色和平组织的负责人写道："我们的物种是地球上的艾滋病：我们正在迅速侵蚀地球的免疫系统。"其他细节参见第22章的引用内容。

这种语言是别有用心、含有贬义和不科学的。它还揭示了当今反社会主义专家的感受和态度。精神病学家弗雷德里克·温汉姆（Frederik Wertham）指出，"炸弹"和"爆炸"等术语都有暴力的暗示，还有许多术语表现出对他人的蔑视，比如"人口污染"。针对"人口爆炸和人口大爆炸"，以及"核武器和人口增长都危及人类"这样的表述，他写道："原子弹是现代大规模暴力的象征和化身。我们难道可以在描述暴力死亡和出生率时采用同样的口吻吗？将人口破坏和人口增长视为同等罪恶，这难道不是一个不正常的想法吗？"

没有任何相对的语言来消除人们对人口增长的恐惧，这可能是因为格里什姆规律：丑陋的语言驱走了甜言蜜语。用称谓来推理，可能是对美国人口增长恐惧的原因之一。

除了修饰语，还有价值观扭曲的新词汇也被用来反对生育。"无子女一族"

（childfree）是由全国非家长组织创造的新词，用以替代"无子女"（childless）。他们的目的，是用正面意义"不受约束的"（free）来代替负面意义"缺少"（less）。这个新词是巧妙宣传的一个有趣的例子。而"缺少"这个词只带有轻微的贬义——你可以少一些好东西（爱），或坏东西（痤疮）——"不受约束"一词看起来似乎总比"受约束"要好，人们渴望摆脱的一般是坏事。如果没有子女，你会感到"自由"，这显然意味着孩子是负面的。同样，你现在也听到人们痛心地谈论"湿地流失"，然而在过去，人们满心欢喜地将这种现象称作"沼泽地排水"。

粗鲁或微妙的虚假论点

一些反生育的宣传是微妙的。虽然看起来只是直截了当的生育控制信息，但实际上却是呼吁人们少生孩子。计划生育组织负责在电视和广播上进行这一活动。这些活动由广告委员会作为"公共服务"制作，并在电视上播出，时间由广播公司免费提供，作为它们向公众提供执照的交换条件的一部分，即由纳税人间接支付费用。以下摘自一封写给广告委员会决策者的投诉信——后者声称这是他们收到过的唯一一封。

您可能已经关注到广播、电视和许多国家杂志上由计划生育组织发起的广告宣传活动。活动中有一些具体的广告，其中一条标题为"您应该生育多少个孩子？三个？两个？一个？"；另一条提到"不要孩子的十大理由"；而最具攻击性的一条是"家庭游戏"：游戏是在一个大垄断板上进行的，每掷一次骰子，一个孩子便降临人世——背景音乐昭示着灾难随着孩子的降生而到来——"假期没有了"，或者是"家里的空间又小了……"。

其中一则广告呼吁年轻人"享受自由"，在孩子出生之后，自由就相对变少。这一个主题……继续认为，孩子对人类和社会的贡献仅仅是消极的。在这种观点下，孩子意味着损失：他们占用空间、限制自由，耗费本可以用于休假、家庭空间和汽车方面的收入消费。在这里，我们完全没有考虑到，孩子如何增进自由，自由本身的优势如何在分享时得到实现，这些远远超过仅仅将孩子作为纯粹的个人所有物。最后，其中一则广告囊括了整个活动精神："一对夫妇应该生育几个孩子？三个？两个？一个？不生？"这样的广告设计掩盖了广告避免指定任何特定数量的儿童为"首选"的说法。为什么不是十二个？十一个？十个？或者六个？五个？四个？在同一广告中，为了引导观众思考，它指出，生孩子的决定"可能取决于他们对人口增长可能对社会产生的影响的关注"。对社会的影响这一方向是隐含的，但是没有对影响做出任何分析，甚至没有明确说明。

总之，这些广告不仅提倡计划生育，而且建议人口控制。此外，他们是这样实现自身目的的：将可接受的家庭规模范围定义为0~3个；将孩子作为消极对象与工业提供的正面产品放在一起；将抚养孩子等同于仅仅为他们配备与上面相同的产品；将孩子视为人类自由的根本制约因素，并且抑制可能让人们认为拥有更多孩子是一种积极有益行为的生活及生育观念。因此，不管是从修辞术还是价值观来说，这些广告真可谓"用心良苦"。

并非所有的反生育言辞都是微妙的。其中一些是粗鲁的辱骂，特别是对天主教会和与天主教相关人士的攻击。例如，刊登于全国性杂志上的整版广告中的一条粗体黑色标题是这样的："数百万人忍饥挨饿，教皇谴责节育不力。"另一个例子是通过提及对方是天主教徒这一偶然事件来驳斥对立的观点。例如，在著名的经济学家科林·克拉克提交了一份显示人口增长的积极效应的数据之后，很快招来社会学家林肯·戴（Lincoln Day）和艾丽斯·戴（Alice Day）的评论："科林·克拉克是一位闻名世界的罗马天主教经济学家，带头鼓吹不加约束的人口增长……"（林肯·戴也把我比作一个"没有被解雇的牧师"）；杰克·帕森斯（Jack Parsons）则写道："杰出的罗马天主教辩护人科林·克拉克……完全不讨论人口的优化问题……这是一个巨大的疏漏。"贡纳尔·米达尔（Gunner Myrdal）不是天主教徒，是诺贝尔奖获得者，但他称最佳人口水平概念是"从我们的科学中诞生的最贫瘠的想法之一"。但是当克拉克没有提到这种"优化"概念时，帕森斯可以自由地将宗教动机归因于克拉克对技术概念和词汇的选择。在保罗·埃利希等人广为流传的著作《人口、资源和环境》（Population, Resources, and Environment）一书中，我们发现，克拉克被称为"老年天主教经济学家"，这个名字的创新之处在于，它既提到了克拉克的年龄，也提到了他的宗教信仰。

作为同样的例子，我自己的观点——已经成为本书的观点——在1970年第一个也是最伟大的地球日当天，在一个挤满人群的大礼堂里，被生物学家保罗·西尔弗曼（Paul Silverman）描述为："受到西蒙教授与圣经接触的影响……一个新的宗教教义已经被阐明，在这种教义中，谋杀和禁欲与性是无法区分的。"

攫取美德，抹杀罪恶

反生育者运用的一个修辞术（我想，所有的修辞学家都一样），是赋予自己最高尚、最人道的动机，而把对手的动机归结于个人利益或其他更坏的动机。生物学家西尔弗曼又说："……保罗·埃利希和艾伦·古特马赫等人，也许也包括我……是出于对世界未来和生活质量威胁的极大关注……敦促人们采取自愿行动，以遏制人口过剩造成的环境负担过重……我们必须，我们可以，我们也一定会为自己和子女创造一个美好的世界……我们可以实现一种新的生活质量，摆脱当前社会所特有的贪婪。"［就在几分钟前，同一位发言者曾经发言称，"如果无法实现对人口增长的自愿限制，我们可能需要考虑采取强制措施"——类似于埃利希的"如果自愿的方法失败，那就强迫执行"。（关于人口控制组织如何占据道德制高点并否定他人的更多讨论，请参见我1991年的著作。）］

为什么人口修辞具有如此大的吸引力？

让我们思考一下为什么反生育言论能赢得如此多的支持。（更多详细的讨论，请参见我1991年的著作，第52节。）

短期成本不可避免，而长期收益难以预测

平均而言，在短期内，出生率上升的影响是负面的。如果你的邻居多了一个孩子，你所在学校的税收将会增加，你的居住环境将有更多的噪音。而当额外的孩子刚参加工作的时候，工人的人均收入至少在短时间内会有所下降。

更难以理解的是可能的长期收益。人口增加，可以刺激知识的增长，利于产生变革的压力，增加社会的活力，以及前面讨论到的"范围经济"。最后一个因素则意味着更多的人口构成更大的市场，而更高效的生产设施往往可以为这些市场提供服务。人口密度增加，可以使交通、通信、教育系统和其他各种"基础设施"更加经济化，而这种经济化在低密度人口情况下是不可能实现的。但是人口增长与这些收益和变化之间的联系是间接的、不明显的，因此，这些可能的好处不会像短期的坏处那样给人们带来同样的冲击。

由更多人口创造的知识增长是特别难以掌握和特别容易被忽略的。关注人口增长的作家提到了更多的嘴巴以及双手进入这个世界，但他们从来没有提到更多的

大脑到来。这种强调实体消费和生产的做法，可能会给人口增长带来很多不合理的想法和担忧。

即使存在长期的收益，它也不如短期的人口增长成本来得迅速。甚至在额外的孩子出生之前，也需要投入额外的公共医疗服务。但是，如果孩子长大后发现了一种理论，并著就大量的科学文献，那么，其经济效益或社会效益可能在一百年后才会凸显。与现在相比，我们所有人都忽视了未来效益，正如在你看来，你现在得到的一美元比你二十年后得到的一美元价值更高。

上述内容并不意味着，从长期来看，人口增长的影响总是积极的。事实上，我们并不确定人口增长在五十年后、一百年后，或两百年后究竟会产生什么影响。相反，我说的是，积极影响往往被忽视，导致人们在没有合理依据的情况下认为人口增长的长期影响必定是消极的，而事实上有充分的理由表明，净效应可能是积极的。

调整机制的精妙智慧

为了确定额外人口可以带来长期收益，人们必须理解曼德维尔、休谟、斯密及其继任者所描述的自发有序的自愿合作体系的本质（见第28章后记）。但这是一个非常微妙的概念，因此很少有人能够直观地理解它的操作，并相信基于它的解释。

不理解自发有序经济的过程，就不能理解资源和财富的创造过程。如果不能理解资源和财富的创造过程，那么唯一的理性选择就是相信财富的增加必须以他人为代价。这种认为我们的幸运必定基于对他人的剥削的信念，可能是我们的邪恶方式必然给我们带来末日的虚假预言的根源。（见下面的预言冲动。）

专家判断的明显共识

反生育者给人的印象是，所有专家都认为美国人口增长过快，人口增长过快就是一个事实。一个例子来自莱斯特·布朗："很少有知情人士否认稳定世界人口的必要性。"

"每个人都同意，世界上至少有一半的人口营养不足（食物太少）或营养不良（饮食严重失衡）。"保罗·埃利希声称，"没有任何知情人士认为，印度早在1971年就可以实现粮食的自给自足"。《新闻周刊》专栏作家、前美国国务院的一位高级官员说："现在，每个国家的知情人士都知道，除了人口增长和避免核战争之外，对自然界的掠夺是未来30年最大的世界问题。"

这些"人人都同意"的陈述显然是错误的。因为在这些言论出现时，许多著名专家并不赞同（现在，如第34章所述，共识不同意这些观点）。但是这种"人人都同意"的表述，在操纵舆论方面可能是有效的。哪位非专业人士愿意对"知情人士"的观点提出异议呢？

人口是导致污染的一个原因

将人口与污染问题联系起来，必定加剧人们对人口增长的恐惧。以至于现在看来，要想控制污染，就必须限制人口增长。由于其重要性，污染控制本身就能吸引到所有人的关注。

要理解为什么人口控制和污染控制的联系是以这种力量发生的，我们必须了解正反双方论证修辞的本质。人们可以直接证明，更多的人口增加污染物流量——例如，更多的汽车显然会产生更多的尾气排放。而更多人可以减少污染的说法，则显得不那么直接和明显。例如，随着越来越多的人口制造更糟糕的汽车排放污染问题，反作用力的出现，最终可能使情况比以往任何时候更好。

此外，人口的不良影响和污染可以通过演绎的方式来理解。更多的人口肯定会制造更多的垃圾。但是，在采取一系列社会措施之后，环境是否会变得更加清洁，这只能通过对各地经验的实证调查来证明：美国现在的城市街道比100年前更清洁吗？这种经验性的论点通常比简单的演绎论点更加缺乏想象力。

人口、自然资源和常识

在自然资源方面，人口控制论显然是完美的"常识"：如果有更多的人口，自然资源将不可避免地耗尽，变得更加稀缺。年轻人理想主义、慷慨大方的一面，对后代将因这一代人大量使用资源而处于不利地位的恐慌产生共鸣。

也许，之所以产生这种对自然资源的末日观念，部分原因是比较容易证明更多的人口将造成一些特殊的负面影响——例如，美国人越多，荒野就越少。反驳的逻辑必须是全面的，而且比控诉的逻辑包含得更多。为了表明在独处中享受荒野的权利的丧失并不是一个反对更多人的证据，人们必须证明，人口的增加可能最终带来每个人可用的"未受污染"空间的普遍扩张——通过更便捷的交通到达荒野、高层建筑、月球之旅，再加上许多其他的部分反应，如果人口保持100年前的数量不变，那么这些现在就无法实现。显然，要证明这些由人口增长带来的改善的总体效果有多好，比显示丧失可以享受荒野的独处时光的部分效果有多坏要困难得多。因此，最终结果是，人们相信人口增长的不良效果。

关于人类理性的判断

人们对人口增长的担忧通常在于，人们认为其他人在面对环境和资源需求时不会理性行事。目前关于限制人口增长必要性的论点，通常包含一个隐含的前提，即不相信个人和社会能够对生育率作出合理、及时的决定。这是第24章所驳斥的生育行为"醉酒"模型。

贯穿大部分人口流动的主题之一，是专家和人口爱好者比其他人更了解人口经济。正如约翰·洛克菲勒三世（John D. Rockefeller Ⅲ）所说，"普通公民并不理解人口增长的社会和经济影响"。

为什么一个政治家或商人——即使是一个非常富有的人——应该比一个"普通公民"更清楚地了解抚养孩子的成本，这确实令人匪夷所思。但洛克菲勒有很大的权力可以将自己的观点转化为国家行动。

夸大说辞的影响力

媒体曝光率

反生育的观点，比拥护生育或中立意见的曝光率要高得多。保罗·埃利希曾多次登上约翰尼·卡森（Johnny Carson）的节目，而持相反观点的人从来没有得到过这样的媒体曝光率。从对《期刊文献读者索引》（*Reader's Guide to Periodical Literature*）中列出的文章标题的随机分析，也可以清楚地看出这一点。

资金

拥有大量资金的人口机构的领导者——联合国人口活动基金会（UNFPA）和美国国际开发署——把降低贫穷国家的人口增长作为主要目标。从事人口研究并具有合理的职业审慎度的科学家，不太可能偏离轨道冒犯如此强大的潜在赞助者。个人和组织把各种各样的研究项目都维系在这棵摇钱树上。此外，联合国粮食及农业组织等各种机构认识到，如果公众和政府官员认为人口增长、环境灾难和饥饿方面的威胁迫在眉睫，他们自己的预算就会更大。因此，他们的宣传机构便大肆渲染这类威胁。

证明和修辞的标准

对反对流行观点的人所要求的举证标准，要比对赞同流行观点者所要求的标准要严格得多。[1] 一个例子是：据我所知，几十年前，《增长的极限》研究的科学程序受到世界卫生组织每一位经济学家的谴责。然而，其研究结果仍然广受"大众"好评。但是，如果我告诉你，世界粮食形势一年比一年好，你肯定会说"证明它"，或者说"我不会相信的"。或者看看全国各大报纸上刊登的广告（图36-2）——没有人要求证明广告中的陈述。

此外，末日论反对者在言论上处于两难境地。末日论者用兴奋、愤怒、高亢的语调说话，使用像《大饥荒1975！》之类的语言！他们声称，这样的策略是可以接受的，因为"我们正面临一场危机……其严重性不容夸大"。他们所引发的恐惧吸引了来自联合国和国际开发署，以及流行募款活动的全版广告的大量支持资金。

另一方面，许多末日论反对者则用平静的语调说话——通常听起来让人安心。他们往往是小心谨慎的人。他们被完全忽视了。1944年，伟大的地质学家科特利·马瑟写了一本书，名为《绰绰有余》（Enough and To Spare），呼吁公众尽可放心，资源将是丰富的；这本书分别于1945年和1952年从伊利诺伊大学图书馆撤出过两次——我的书于1977年撤出。但确实有一些书，比如费厄菲尔德·奥斯博恩（Fairfield Osborn）1953年出版的《地球的极限》（Limits of Earth），阅读量要高得多。甚至还有一本虚荣出版[2]的书，作者是与马尔萨斯同名（"理查德"）的退役陆军上校，世卫组织（WHO）认为《人口过剩》（Overpopulation，这本书的书名）不过是"克里姆林宫黑帮"的一个阴谋。1971年至1980年间，这本书已经被撤出十次（截至我核实的时候）。并且，从1958年出版到1971年，《人口过剩：20世纪的涅

---

[1] 在《论自由》（1859年）一书中，约翰·斯图尔特·穆勒以宏大的视野和澎湃的激情讨论了这个问题。——原注

[2] 对有钱但无人愿意出版其著作的作者来说，只需付费给虚荣出版商，后者可以无视选题的价值、文风的优劣，把其手稿装订成册，并试图推销。——原注

墨西斯》（*Overpopulation: Twentieth Century Nemesis*）所遭受指控的罪名更改了无数次。[1]

最后，吹笛手[2]

许多赞成人口控制者坦承自己使用情绪化语言、夸张的论据和政治操纵（参见关于真理问题的下一章）。他们通过强调情况的严重化来捍卫这一切。

如果没有20世纪60年代末开始的末日论者的夸张、失实的恐怖言论，我们的环境是否会变得更加清洁？也许，他们有助于加速我们的空气和水的净化。但是，在没有错误警报的情况下，英国比美国更早地开始清理工作，而且走得更远、更快。甚至可以把一些功劳归于那些末日论者——这点好处值得付出的代价吗？数十亿美元被浪费在为每加仑3美元的汽油做准备上，还有数百亿美元被浪费在购买原材料上，人们担心金属价格会飙升。

由于虚假的环境恐慌，更为昂贵的代价是公共士气和冒险企业的丧失。在我看来，最大的损失，是人们意识到自己受到了系统性的愚弄，从而对科学和我们的基本制度不可避免地失去了信任。

夸张和谎言使吹笛手债台高筑，最终他会得到"偿还"。美国国家科学院院长菲利普·汉德勒是环境和人口控制项目的强力支持者，但就连他也担心吹笛手。

我们必须认识到，我们对于实际环境困难的性质和规模知之甚少，亟须得到科学的认识。某些科学家已经激起了目前很大程度的公众关注浪潮，他们偶尔会夸大环境的恶化情况，或者过分热情地提出不必要的要求——这些要求超出了现实的期望。

世界各国可能还要为脱离事实而沉迷于夸大其词的科学家的公开行为付出沉重的代价。

---

〔1〕我提到关于斯图尔特（Alexander Stuart）著作的这些事实（1958年），并不是想否定这本书——我认为我们应该超越这本书的封面来评价它——而是为了表明，尽管本书的起头并不好，但它获得了比马瑟和著名的哈珀出版公司更多的关注与兴趣。——原注

〔2〕在西方政治中，"吹笛手"经常被用来指代那些空口许诺，却不兑现其政治承诺的政客。这里取其引申义。——编者注

早在1972年,《自然》杂志的长期编辑约翰·马多克斯就警告说:

这里存在这样一种危险,即对近期前景的悲观预感,在很大程度上将实现与作者意图相反的结果。它不但没有提醒人们注意重要的问题,反而可能严重破坏人类的生存能力。世界末日综合征(他的书名)可能会流行,与社会为自己制造的任何难题一样危险。它本身就像社会为自己制造的难题一样危险。

这可能已经发生了。1992年,西奥多·罗斯扎克(Theodore Roszak)自称"我们当中擅自充当地球守护者的人"之一,并且认为"重要的事情是传播警报",因为"在我看来,这些问题毫无疑问正如环保主义者所主张的那样严重"。他被海伦·卡尔迪科特(Helen Caldicott)医生的警告吓了一跳,"每次你打开电灯,你都在制造一个无脑婴儿",因为核能是墨西哥边界出现无脑畸型儿的原因。"尽管我保留了我的意见,但我尽我所能地接受卡尔迪科特医生的观点——尽管我怀疑……灯泡和无脑儿之间没有联系。"但他担心,由于夸张和虚假,"一场狂热的反环境反弹(正在)发生"。

如果确实如此,狂热的反弹将不是一件好事;任何形式的狂热对事情本身都是破坏性的,因为这些事情迫切需要对证据进行冷静的科学考虑来评估各种危险。但是,这正是汉德勒和马多克斯所警告的——吹笛手最终会为人口、资源和环境的谎言付出代价。

这就提出了一个问题:目前公众认为美国的经济和社会正在衰退,而这种看法在多大程度上与人们对世界末日的虚假恐怖有关,即我们正在耗尽矿物、粮食和能源?还有一种毫无根据的观点,认为美国是世界资源的不公平掠夺者,认为这种所谓的"剥削"必然会给美国带来严重后果?

而且,当我们计算出这些末日预言者的过度行为的代价时,我们必须记住人类生命的悲剧,因为印度尼西亚等国以人口增长减缓经济发展这一如今已不可信的理论的名义来阻止生育。对可疑的利益与那些不可否认的成本做出权衡的任务,只能交给未来的历史学家了。

下一章将有更多关于这一问题的讨论。

后记1 一个修辞类比

类比有助于解释反增长言辞所固有的力量。试想一下，要说汽车对生命和健康有害而无利，是多么轻而易举。为了将汽车对人类的危险程度戏剧化，你只需要报出因车祸死亡和残疾的人数，再加上几张血腥的车祸图片。这是很强大的东西。但若是要争论汽车对健康有益，你则需要展示许多相对较小的间接利益——能够且必须驾车去找医生或者去医院的时候；能够驾车去乡村调养的治疗结果；改善运输技术，最终拯救生命（第18章所讨论的紧急医疗系统就是一个例子）；等等。在此，我并不是要证明汽车总体来说是有利的，而只是为了说明汽车在修辞上表现出的伤害要比它们的善行更容易。关于人口增长的争论也是如此。

后记2 计划生育的修辞术

这里只列举几例计划生育/世界人口组织（PP/WP）的修辞。但是PP/WP是一个非常庞大而重要的组织，而且许多人至今仍然只认同它的旧目标，而很难相信它真的参与了它所从事的实践活动。

看看它的一封邮件。"捐助者卡片"上唯一的信息是，"是的，我一定会通过支持计划生育组织的关键性工作来控制失控的人口增长"，再加上罗伯特·麦克纳马拉（Robert McNamara）的这句话："过度的人口增长是大多数发展中国家社会进步的唯一最大障碍。"筹款信中的一些声明是：

泰国妇女和印度、非洲等整个发展中国家的数百万其他妇女控制着我们的命运。她们的决定——数以亿计年轻女性关于家庭规模的决定——比石油危机或核军备竞赛更确定、更无情地控制着你的未来。

……除非约束和放缓人口增长，以满足这些国家有限的资源和人力服务，否则它们的发展将被打破。混乱、饥荒和战争将继续加剧。无论好坏，我们都会受到影响。

革命和国际无政府状态的巨大诱惑，正在激起世界人民群众的期待，同时，人口增长毫无限制。饥饿、革命和暴力镇压将成为我们的头条新闻，除非人类的生育率降低，以满足可用资源和服务的有限限制。在世界范围内的发展中国家，人口"定时炸弹"虎视眈眈，对我们这个星球稀缺的资源造成越来越大的压力，使全球大片地区陷入自我延续的贫困状态，为饥荒和战争埋下祸根。

下文展示了一封来自玛格丽特·米德的筹捐信。当我在本书第一版中加入这封信时，我暗示说她发表了一大堆没有证据的诳语。而我的朋友因为我与这样一位优秀的女性科学家做对而深感遗憾。从那时起，毫无疑问，她最重要的"科学"工作完全基于一场骗局。她在书中代表人口控制机构撰写的有关人口增长影响的虚假声明，与她后来受到类似愚弄的情况是一致的。

玛格丽特·米德
纽约州麦迪逊大道515号

亲爱的朋友：

在今天这个拥挤的世界里，苦难和残暴大大增加了。越来越多的儿童遭到殴打或忽视。在纽约市，儿童虐待案件已经上升了30%，而且在全国和世界其他地方也有类似的趋势。儿童是人口过剩的主要受害者。由于人口爆炸，其中5亿儿童处于长期饥饿状态——生活在痛苦和潦倒之中。他们这一代，还有那些尚未出生的人，将为我们不受约束的人口增长和我们对环境不计后果的滥用付出巨大的代价。

世界人口每天增加19万，我们竭尽全力为其提供服务，以至于我们的地球遍体鳞伤。大规模的饥荒暂时得以幸免，但每天仍有12000人死于饥饿。不可替代的资源正在大量耗尽，在某些国家，水按杯销售。我们的土地、空气和水源因化学品和废弃物而充满毒素，联合国秘书长因此而警告说："如果目前这种趋势继续下去，地球上的生命将受到威胁。"这不是我们想要遗赠给我们孩子的世界。

到20世纪末，美国的人口预计将增长到约3亿，而我们当中四分之三的人口将生活在极其拥挤的城市。我们现在已经开始感到拥挤——在拥挤的学校和堵塞的公路上；在生存环境遭到破坏时；在生活质量受到侵蚀时。

人口爆炸最严峻的一个方面，就是它使之长期存在并且不断加剧的贫困。在美国，有14400人陷入饥饿，3900万人被列为贫穷或接近贫困人口。我们一半的贫困儿童来自五口及以上的家庭。他们受到饥饿困扰，缺乏学校教育和技能，很少能摆脱贫困。这些贫苦的美国人所遭受的悲惨境遇，在许多其他国家同样比比皆是。

计划生育/世界人口组织（PP/WP）是唯一一个私人组织，通过这个组织，你作为一个个体，可以在101个国家以及我们自己的国家参与遏制人口增长。PP/WP项目的直接服务、技术援助、公共教育、研究和培训等，正在削减全球选定地区的出生率。其他国家的大多数计划生育项目都是从PP活动开始的，并在我们的持续帮助下得以实施。由PP/WP分支机构运营的650家美国诊所面向约50万人提供避孕帮助。

战争、饥荒和瘟疫都是不可想象的解决办法，也是站不住脚的。在第二次世界大战中，有2200万人丧生，而不到4个月，世界人口就增加了这个数字。节育是解决世界人口困境的唯一人道合理的办法。1971年，国内外的PP/WP项目将耗资4000万美元。诚挚地请您于今日寄出您的免税捐赠，以确保子孙后代过上有价值的生活。

> 此致
> 附：如果您已经向当地的PP/WP分支机构作出捐献，请与朋友分享这一呼吁。我们感谢您的关心和支持。

玛格丽特·米德关于计划生育的筹捐信

其他名人的信中提到饥荒、干旱和洪水，"去年夏天，游客的大量拥入迫使国家公园管理局关闭了约塞米蒂国家公园的一个入口"，露营地人满为患，脆弱的生态遭到破坏，汽车和卡车堵塞了高速公路，人们饿死在街头，以及以下种种：

在印度，整个家庭为了避免继续遭受长期以来的饥饿之苦，选择集体自杀。在孟加拉国，饥饿的婴儿被扔进河里淹死。成群饥饿的遗孤游走在拉丁美洲的城市，通过抢劫、恐吓和拾荒来获取食物。保守估计，有4亿人——世界人口的十分之一——生活在饥饿的边缘，每天有12000人死于饥饿，各国陷入更深的危机和痛苦之中。今年地区性的农作物歉收，几乎必然意味着大规模的饥荒。对1000万～3000万的人来说，马尔萨斯噩梦可能成为现实……

一个十三口之家挤在一个地下室里，里面灌满了水，充斥着下水道的气味。孩子们感到十分寒冷和饥饿。这是"另一个美国"——一片机会有限、遭受贫穷腐蚀的土地。我们60%的穷人住在城市中心，在痛苦的泥沼里苟延残喘，像国家版图上绵延的伤疤。

去年春天，11位市长联合提出美国城市崩溃的警告，声称这些城市将迅速成为"穷人的储藏库"。在波士顿，五分之一的穷人得到公共援助；纽约有七分之一；洛杉矶只有八分之一。这些令人痛苦的统计数据，是今日福利危机的重点。之所以痛苦，是因为每当一个人获得援助，就意味着另一个具有同样资格的人就不能；是因为福利保障只能保证生活无尽的贫穷、肉体的生存，以及其他很少的一些东西……

不久前的一个下午，在纽约州，4个男孩正在街上玩，突然从一个二楼窗户里射出了一颗子弹，其中一个13岁的男孩应声倒地，当场死亡。开枪的男人说，他忍受不了他们的噪声，因为他是一名夜间工作人员，必须得到充足的睡眠。最近，在巴黎就有3起谋杀案因噪声而起。而现在英格兰和美国的研究表明，噪声是导致严重精神错乱的原因，引发了许多人的暴力行为。

城市居民经常受到噪声的困扰，每15年噪声就增加一倍，现在已经接近可能造成永久性损害的水平。五分之三的美国男性听力受损。而且越来越多的证据表明，噪声与心脏病有关。尽管如此，我们的城市还在膨胀，直到最终80%的人将生活在拥挤和溃烂的污水池中，污染将造成人身危害和侮辱。我们正在加速抵达阿奇博尔德·麦克利什（Archibold MacLeish）所说的"人类的退化"。

在米德的信中，有一封是保罗·埃利希的《生态灾难》（Ecocatastrophe）的重印，这是一份骇人的末日文献。它预测——到20世纪70年代！——"海洋迎来末日"、农业产量下降、纽约和洛杉矶的雾霾灾难（"近20万具尸体"）、"中西部沙漠的诞生""随着人口持续增长，世界范围内的瘟疫和热核战争变成可能"……"人口控制是唯一可能的救赎"。

也许最令人惊讶的，是计划生育组织对资金的大肆挥霍——其中一些是公共资金——以及由计划生育协会和人口危机委员会共同赞助的《纽约时报》长达28页的增刊中虚假的情感诉求。计划生育/世界人口组织（PP/WP）也是本章讨论的反生育电视活动的主要赞助者之一。所有这些活动都非常清楚地表明，计划生育组织的目标是减少出生率。

对于追求这一目标所采用的修辞，所使用的论点以及与人口增长有关的问题——如停车问题、饥荒、街头犯罪、精神错乱等等——都只是荒谬的谎言，从本书其他地方给出的证据来看，许多都是矛盾的，例如饥荒。或者更糟糕的是，它们显然不是真实的，例如人口增长会加剧精神错乱。对于这些无意识的计划生育活动，最好的解释是，它们是由那些真正以公共精神为动力但从不关注事实或考虑后果的人承担的，这些人单纯地假设"每个人都知道"这种言辞是真实的。以下是我能为"计划生育"的汽车保险杠贴纸活动提供的最好评价：

人口没有问题？人口密度的极限是什么？支持计划生育组织

一些计划生育组织的人私下说，这些呼吁并没有反映出计划生育协会的使命从最初的"选择生孩子——而不是意外生孩子"发生了变化，只是它们有助于有效的筹款。如果确实如此，那么这种行为的道德基础是什么？要么是计划生育/世界人口组织借虚假的借口牟利，或者，它只是在改变自己的行为，以产生最大的贡献。

37　修辞背后的推理

> 我清楚，与一个没有事实依据，只有坚定信念的辩论家辩论事实问题，是最浪费时间的。
>
> 詹姆斯·索罗尔德·罗杰斯（James E. Thorold Rogers），
> 《六个世纪的工作与工资》（Six Centuries of Work and Wages），1901年

世界上最重要的杂志《科学》的编辑丹尼尔·科什兰（Daniel Koshland）在一篇又一篇社论中重复说道："人口的增长和工业化的发展对环境构成威胁……人口爆炸已成为当务之急。"他呼吁"有效的人口控制计划"。他坚持认为，我们必须对"自由行动进行限制"，如在城市里靠拢聚居，减少汽车等，以"阻止生态系统被毁灭"，"保护耕地"，避免"在不远的将来必然发生的能源危机"。

所有这些都是在没有任何支持数据的情况下编写的，就好像对于这些命题不存在任何疑问一样——但是，它们与早先在同一期刊上发表的文章的数据和分析形成了显而易见的矛盾。它们所传达的信息是，危险已经如此之大，我们不必为常规的科学证据程序浪费精力。

如果这些意见不具备科学性，那么其背后的理由是什么？前面的章节提出了一些关于人们对矿产、粮食和能量的末日恐惧的解释——尤其是简单诱人的双重概念，即固定资源库存和收益递减"法则"。本章的重点是解释对人口增长的末日恐惧，尽管所有这些恐惧都有许多共同之处。讨论被截断了，因为在这里，略微涵盖比完全忽视要好。这些事情背后的推理，连同对政治的讨论，需要花整整一本书才能解释清楚。我希望这样一本书可以很快面世。

关于人口增长恐怖信念背后的一种"推理"变成了循环推理，根本就没有推理。坏消息自我衍生。科什兰自己也斥责别人不必要的"忧郁和悲观"，正如他正确指出的那样："有些人喜欢忧郁，坏消息有利于报纸的销量。"（也许，这意味着他已经改变了他对人口、资源和环境的观点，尽管我尚且没有看到他的此类言论。）

修辞和理由

"人人都知道"的东西——恶性循环

众所周知（当然不是真的），资源正变得越来越稀缺，人口增长加剧了这个问题。在前面的章节中，你已经读到了许多被视作专家的人所列举的此类陈述例子。这些悲观主张已经得到广泛认同，以至于其他领域的知名人士将其当作自己工作的前提，以"人人都知道"为基础——就像每个人都知道没有阳光，花朵就不能生长一样。下面是我偶然读到的几个公开谴责人口增长的例子——他们甚至签署了总统请愿书，支持在全国阅读量最大的报纸上刊登的整版广告：诺贝尔奖获得者农学家诺曼·博洛格，社会生物学家爱德华·威尔逊，作家艾萨克·阿西莫夫，专栏作家杰克·安德森（Jack Anderson），诺贝尔奖获得者物理学家默里·盖尔曼（Murray Gell-Mann）和威廉·肖克利，安德烈·萨哈罗夫（Andrei Sakharow），篮球运动员威尔特·张伯伦（Wilt Chamberlain）；专栏作家安·兰德斯（Ann Landers），以及她的姐姐，专栏作家"亲爱的艾比"（Dear Abby），约翰·洛克菲勒三世。儿童歌手拉斐·卡沃基安（Raffi Cavoukian）说："我清楚地听到了地球的迫切呼声……我全身的每一个细胞都听到了。"《哈蒙德世界地图集》（*The Hammond World Atlas*）说："战胜了自然，使人口与粮食供应达到了平衡，但是换来了现在的痛苦不堪，因为人口已经'爆炸'。"就连莱纳斯·鲍林（Linus Pauliug）和华西里·列昂惕夫这样的诺贝尔奖获得者，也担任了某组织的董事会成员，该组织声称"环境恶化，交通拥堵，基础设施恶化，人们无家可归"为"人口过剩是这些问题的主要原因"提供了证据。还有很多很多，包括报纸社论作家、美国参议员和代表。艾尔·戈尔（Al Gore）在竞选美国总统和副总统职位期间，曾发表演说："地球环境必须并且必将成为冷战后世界的核心组织原则。"他还告诉美国统计协会，"人类与地球之间的关系将发生戏剧性的改变"，说到原因，他称，"原因之一是人口"。尽管他滥用统计数据，统计学家还是把他捧上了天。

著名的心理学家和精神病学家对人口增长表示出高度担忧。奥瓦尔·霍巴特·莫瑞尔（O. H. Mowrer）和阿伯特·班杜拉（Albert Bandura）称："随着人口不断增长和强调物质消费的生活方式的传播——这两者都依赖于有限的资源，人们将不得不学习如何应对新的现实。"杰拉尔德·克勒曼（Gerald Klerman）将"人口过剩和生态破坏"作为导致"新一代末日忧郁症"的两大主要的"全球性不利事件"。与许多生物学家一样，这些心理学家只是断言，并没有参考任何有关这一课题的数据。

普通市民写信给报纸，内容不外乎"没有人口限制的世界……将会成为令人作呕的、暴力的、沮丧和拥挤的地狱，人类以及所有动物和世界自然环境将遭到彻底的破坏"，等等。

世界末日观念占据的分量，可以从任何图书馆内所显示的这类书籍长长的清单看出。相比之下，威尔弗雷德·贝克尔曼、赫尔曼·卡恩、约翰·马多克斯和詹姆斯·韦伯所著的少数几本书，在第一版的时候是反对声音的罕见例外。令人高兴的是，从那时起，这个方面的作品有了飞跃性的发展，这可以从这一版书最后的参考文献中看到。然而，流行思想的变化不大。

"人口爆炸"的概念如此深刻地占据着人们的意识，这一术语甚至收入了《当代圣经》（The Living Bible）——一本阐释旧约和新约并且受到广泛阅读的书。在这个版本中，诺亚的故事以这样的方式开始："诺亚年五百，有三子，即闪、含和雅弗。现在，地球上发生了人口爆炸。"（《创世记》第6章）当然，大洪水也随之而来。

"人口运动"成功地说服人们相信人口增长是不好的，证据在于人们对自身情况和整个国家情况的不同看法。美国和英国的民意调查发现，人们认为自己生活的社区——他们可以从自己的观察中得到直接信息——并不存在人口过剩。但他们又说，从整体上看，他们的国家——大部分信息是从媒体的报道中获知——出现了人口过剩。同样，相比本国的情况，人们更担心世界的人口增长情况；第一手知识消除了报纸和电视上的恐怖故事在遥远的抽象中产生的忧虑。环境也是如此。除了成功的言辞和广泛的宣传，还有什么能够解释人们之所以会得出这个结论？

自己测试一下。问问你自己和你的孩子，国家是否存在人口过剩，人口是否增长过快。然后询问你的街区和你的邻居。这里有一个奇怪的矛盾。你说你的房子正好，但我家的人口太多了；我说我家的房子正好，但你家的人口太多了。一个不偏不倚的观察者会从这些房屋的情况中学到什么呢？

媒体和民意调查人员从事的是股票市场上所谓的"洗牌销售"——媒体创造意见，民意调查人员对其测验，然后媒体将民意调查作为新闻报道，以基于"民意"的结果作为政策建议的依据。这个过程的其中一个组成部分是，与其他人一样，记者自身也是这个错误信息过程的受害者，他们本着完全善意的信念（以及其他动机）使整个循环永久化。

对世界末日的恐惧引起公众过度关注的最明显原因是，坏消息是有新闻价值的，而令人恐惧的预测会让人们正襟危坐，凝神静听。但为什么预测者要做出与证据背道而驰的可怕预测？如何解释相关的激进运动？在此，我只列举一些可能性。

当然，托马斯·利特伍德（Thomas Littlewood）说的这句话是对的："人道主义者和偏执狂可以共居一室。"帐篷下还有很多空间，足以囊括慷慨或自私的同行动机。

简单的世界人道主义

许多人为人口活动投入时间和金钱无疑是出于真诚的善意；捐助者希望国内外的穷人可以过上更好的生活。

税收担忧

富人自然担心穷人人数将会增加，因为这将提高公共支出，无论是国内还是国际。这个主题出现在马尔萨斯理论中，是众多人口活动的潜在动机。当穷人和富人在种族上有所不同时，就很难把这种动机同种族主义区分开来。

所谓的经济和政治上的国家利益

加勒特·哈丁的阶梯式"救生艇伦理"——我们正在为地球这艘小救生艇上的一席之地而奋斗，因此，"今年在一个贫穷国家挽救的每一条生命，都将降低后代的生活质量"，这是对自身利益动机的一个戏剧性阐述。

厌恶商业

有些人不喜欢商业，是因为它的私利和利润动机。他们把人口增长带来的更大市场的渴望归因于商人。因此，他们赞成减少人口以作出回应。

托马斯·梅耶指出，另一些人则控诉企业制造污染、浪费资源，因为他们希望把经济活动的控制权交给政府。这种愿望是试图以提高效率为理由将控制权转移给政府"专家"的结果，现在这种说法完全没有道理。

信仰"自然"过程的优越性

有人认为,人类使用资源是对自然生态秩序的一种干扰,而且从长远来看,每一次干扰都可能造成破坏。对一些人来说,这反映了一种假设,即自然系统无比复杂,以至于人为的干扰——哪怕只是增加人口数量——也必然会导致意想不到的破坏。对于其他人来说,这种信念之下是一种神秘的或宗教的信仰。

宗教对抗

宗教团体担心其他团体的高出生率会使他们更加强大。例如,过去美国新教徒害怕美国天主教徒的人口增长。

种族主义

有数据显示,种族主义已成为国内和国际人口活动的一个关键动机,这为坊间传闻提供了佐证。由各州支持建立的计划生育诊所靠近各州贫困黑人的密集聚居区。[1] 截至1965年,在美国,79%的新诊所分别设立在阿拉巴马州、阿肯萨斯州、佛罗里达州、乔治亚州、肯塔基州、密西西比州、北卡罗来纳州、南卡罗来纳州、田纳西州和维吉尼亚州,这些州的人口只占美国总人口的19%。保持人均收入不变的分析表明,黑人在当地人口中的比例与计划生育诊所的密度密切相关。似乎有理由得出这样的结论——南方社会计划生育政策的动机,至少在很大程度上是希望降低黑人的生育率。其动机可能是种族对抗,也可能是南方的白人认为黑人对州政府提出的福利要求超过了其自

---

[1] 洛夫(Dooaglas Love)和帕舒特(Lincoln Pashute,西蒙化名),1978年。这项研究最初是以我的笔名发表的。我的目的并不是要把这些观点隐藏在笔名背后,事实上,我原本想用真实姓名出版这项研究,但是寻求无果。最后以笔名发表它,是为了避免人们认为我编辑出版的东西含有太多我自己的材料。——原注

身的贡献，或两者兼而有之。[1]

受教育程度高的人相信自己知道什么对受教育程度低的人最好

许多无私的富人认为，他们比穷人更了解穷人和世界到底需要什么。我们大多数人私下里认为，我们比其他人更清楚他们该怎样生活。但是这种信念充满了傲慢自大，只有当我们想强迫他人去做我们认为他们应该做的事情时才重要。

缺乏历史视野

显然，缺乏历史视野是末日恐惧的一个重要原因。在一些积极趋势下出现的一个不好的逆转——例如1973年石油价格上涨，或20世纪70年代早期粮食收成不利——导致人们只根据事态恶化前几年的经验就推断出消极的未来趋势。如果采用一个长期的历史图表——就像前面关于矿物资源、食物和能源章节所显示的那样——就可以看到，坏的转折通常只能被看作是这条线上的一个小插曲，而且总体趋势可能被看作是积极的而不是消极的。

末日论者回避历史经验，声称他们的兴趣是关注未来而不是过去。然而，忽视过去是完全不科学的。科学要有效，必须以经验为基础；所有合理的理论最终都是从经验中获得的，并且必须对其进行反向测试。末日论者的马尔萨斯理论在与数据的每一次对抗中都败下阵来。

预言冲动

马克·雷斯纳（Marc Reisner）写的一本关于美国西部水资源政策的书《卡迪拉克沙漠》（*Cadillac Desert*），很好地诠释了这种预言式的推理。雷斯纳赞赏大型水利项目带来的经济利益，并且钦佩其建造者的想象力和努力。他还很好地揭露了一些适得其反的计划，这些计划为农民提供了水源，却以纳税人的高额账单、消费者

---

[1] 我并不是说南方的计划生育诊所不好。相反，我认为这样的诊所是好的，因为像所有的避孕工具一样，它们帮助个人实现希望的那种家庭和生活方式。 然而，在我看来，我们应该试着了解这些诊所背后的动机，以便我们能够如实和正确地认识美国和其他地方对这些诊所的政治反对意见。如果优生学家贝尔其（Guy Irving Burch）、沃格和奥斯本（Fairfield Osborn）在移民政策方面得偿所愿——这就是现在零人口增长组织想要的——我的祖母便不可能进入美国，而她和她的后代就会于"二战"期间在欧洲灭亡，就像她留在那里的亲戚一样。——原注

缺水以及对美丽自然环境不必要的破坏为代价。但他似乎并不了解基于对感知到的问题作出回应的知识发展的过程，这种过程促进了创造新的资源和财富，从而扩大文明和人口的基础。因此，他认为人类最终会遭报应。他赞同地引用道：

> 所涉及的力量……与那些在低潮时，于海边沙滩上建造城堡的男孩所遭遇的相似……这并不是悲观主义，而是一个客观的评估，用来预测城堡的毁灭。

雷斯纳将他的最后一章命名为"文明就是保持原样"。在这本书中，诸如"阴险的力量"使土地盐碱化；"沙漠正在侵蚀绿岛""各种基础设施处于不同的崩溃阶段""水资源的发展，尽管在短期内有着惊人的成果，但它最终会使一切变得更加脆弱""主要的大型水库，最终会遭淤泥堵塞""这一切……是我们破坏自然遗产和经济未来的代价，而真正的惩罚还没有开始""对自然界的一种可怕的歪曲""对抗自然力量的岌岌可危的立足点"等描述比比皆是。作者相信，"我们的子孙后代将在未来的某个时刻为所有这些自负的后果买单""他们可能会希望，我们什么也不做，让一切尽可能保持原来的样子。尽管如果'我们'确实做了，那么也许可能就没有'他们'了……"。他写道："就像无数伟大而奢侈的成就一样，从罗马的喷泉到联邦赤字，以及使文明在西部沙漠蓬勃发展的庞大的国家大坝建设计划，其本身便包含了解体的种子。"他预言，我们将摆脱不了"几乎每一个灌溉文明的古老命运"。

简言之，自然帝国必然反击。现在的建设意味着未来的毁灭，因为在他看来，建设意味着耗尽资源而不是发展资源。我们必然将在某个时候为吹笛手买单，因为根据这一观点，我们已经透支了自己的自然账户。唯一健全的道路，就是改正我们的恶行，收敛我们的锐气，过苦行僧的生活。

这是所有时代的预言之声。

人类的身体素质

改善人类种族——或者改善本国同胞的遗传素质——过去一直是人类活动家的重要动机之一，尤其是在移民政策和绝育政策方面。

实际上，优生学——不应将其与遗传学学科混淆——是玛格丽特·桑格研究的主要课题之一，玛格丽特的工作是帮助人们"选择要不要孩子——而不是不得不要孩子",我对她的工作满怀敬意。[1]她写道:"更多的健康儿童,更少的不健康儿童是计划生育的出发点。"她表示,"首先寻求阻止不健康人口的增加,这似乎是实现种族改善最重要而且最伟大的一步"。她还感叹,美国在1907年以前没有颁布移民法,未能禁止那些"患有精神、身体、传染性或令人作呕疾病的人,以及文盲、妓女、罪犯和弱智的人"入境。如果早期采取了这些预防措施,我们的公共机构现在就不会挤满了低能的母亲、女儿和孙女——三代同堂,所有这些人都必须得到对这种情况视而不见的纳税人的支持,而这种情况无疑对种族的血脉是有害的。优生学信仰也是纳粹谋杀政策的理论基础,毋庸置疑,它也是人类历史上最大的污点。

优生学动机的根源是一些未经证实的关于智力和身体健康的遗传观念,对人类的无私奉献以及狭隘的群体偏好。(见下一章。)

优生学的支持者在数十年的政治活动中取得了足够的成功,以至于税收被用来在没有医疗理由的情况下非自愿地给穷人(通常是黑人)绝育。由于优生学运动——它与人口控制运动在长达数十年的时间里交织在一起——现在有30个州的法律规定为精神缺陷者提供非自愿绝育。[2]

在一些著名的典型案例中,一位完全正常的年轻黑人妇女在接受注射节育疫苗的幌子下遭到绝育,而一位未生育的已婚妇女本来是去医院做子宫小肿瘤切除手

---

[1]引用自蔡斯(Allen Chase,1977年)。尽管打了10通电话给当地和全国的PP/WP办公室,以及他们在纽约的图书馆,但我还是未能核实原计划生育口号的确切措辞。在某些时候,即使是尽心竭力的研究者也必须相信自己的记忆力,继续工作。——原注

[2]如果这些法律在过去一直有章可循,它们将被用来对付我们许多人的移民祖先。如果智商测试显示为70分或更低,这个人便被认定为"智力低下者"。"1912年对埃利斯岛(纽约)的移民进行入境服务的智商测试管理显示,根据他们在这些测试中所取得的分数,超过80%的犹太人、意大利人、匈牙利人、俄罗斯人、波兰人和其他非北欧人有智力缺陷。"(蔡斯,1977年)1924年,优生学运动在游说国会通过限制移民的《美国移民法》时,将这类智商测试的结果提交给了国会。1977年,我写了一本关于人口的技术书籍,书的题词是这样的:"谨献给我的祖母范妮·古特斯坦(Fanny Goodstein),她从未上过学,但她使她的家庭和社区在经济和精神上都更加富裕。"自写下这份题词后,我意识到,当今人口组织的前任领导者(如人口资源局主任贝尔其,以及环保运动早期畅销作家的核心知识顾问沃格和奥斯本等),认为像我祖母这样的人在智力上是无能的;与世纪之交的其他东欧犹太移民一样,她的智商测试分数肯定会低得可怜,他们认为这是对她智力能力的有效衡量;与她类似的移民中,十分之八的人被评为"智力低下者"。(蔡斯)——原注

术，结果却在她不知情或未经许可的情况下被施行了绝育手术。仅仅在弗吉尼亚州的林奇堡培训学校和医院里，就有4000名"病人"在1922年至1972年期间因"不适宜生育"被绝育，以避免"种族退化"。林奇堡的负责人是一位优生学狂热者，致力于创造遗传纯度。支持这一做法的法律得到了美国最高法院的维护，但自那以后发生了变化。1976年，州政府和联邦法院通过了北卡罗来纳州一项对"智力迟钝"或"精神病患者"实施绝育的法律：如果一个人"由于身体、精神、神经疾病或缺陷不能得到实质性改善，可能无法照顾一个或多个孩子，或者如果不对她实施绝育，她生育的孩子就有可能患有严重的身体、精神或神经缺陷的疾病"，便有权对其进行绝育。此外，在以下情况下，某些卫生官员有"义务"执行这一程序：

（1）……绝育符合弱智人士精神、道德或身体上的最佳利益；
（2）……绝育符合广大公众的最佳利益；
（3）……（弱智人士）可能（除非绝育）生育一个或多个有严重身体、精神、神经缺陷疾病（或倾向）的孩子；或者（弱智人士）由于身体、精神、神经缺陷不能得到实质性改善，从而无法照顾一个或多个孩子。

美国联邦地方法院表示，"只要证据确凿充分，且具备可信度，表明该主体可能在不使用避孕工具的情况下发生性行为，从而可能导致缺陷儿出生，或者出生的孩子将不能得到其父母的照顾"，便有理由对其实施绝育。也许最令人恐惧的是，北卡罗来纳州最高法院表示，该州可能会实行绝育政策，因为"北卡罗来纳州的人民也有权阻止将成为国家负担的儿童出生"。换句话说，如果你在智商测试中表现欠佳，或者医生说你患有精神疾病——在某些情况下，这两种情形都可能发生在我们大多数人身上——那么你可能会被强行绝育。

一种典型的优生冲动：罗伯特·克拉克·格雷厄姆在加利福尼亚的公司取得了五位诺贝尔奖得主的精液。志愿者之一的诺贝尔奖得主威廉·肖克利认为，白人生来就比黑人聪明。格雷厄姆则希望通过传播这种精子来提高美国人的智力。

正如下一章将要讨论的，优生学思想与特定的价值观有很大关系。

结论

尽管可以肯定的是,许多人反对人口增长的一个重要动机是帮助穷人取得进步[1],但它并非意味着这一运动背后不包含这些理念:(a)贫穷的人,特别是贫穷的非白人、非盎格鲁—撒克逊人和非新教徒——天生低贱;(b)降低这些人的出生率和减少他们的移民,对于所有美国纳税人当前和未来的福利将是最好的。这些想法不仅危险,而且在科学上完全没有根据。这些理念催生了令人震惊的"处方"——不要降低穷人的死亡率,要让他们不能繁衍,哪怕使用经济压力或武力胁迫。我们甚至从世界上最重要的《科学》杂志的编辑那里听到这样的说辞:"满足饥饿人口是可取的,但是,如果增产的粮食作物使得拥挤的地球增加10亿人,这一定是好事吗?"

让政府施加压力——在国内通过绝育法律和政策,在国际上通过粮食援助与减少生育率相结合——即使这些政策的科学命题基础得到客观上的支持,也仍然值得怀疑。但事实是,这些政策并没有科学依据。更卑劣的是,人口运动的一部分动机纯粹是自私的,出于竭尽所能保留尽可能多的东西的欲望,反对所谓的(但不存在的)穷人和非白人的孩子耗尽我们的资源,以及移民带来的"黄色(和棕色)危险"。这是女巫调制的最肮脏的毒药。

---

[1]让我再延伸一下。参与这些组织的一些人,是我见过的最无私、最具奉献精神的人。例如,P成立了一个人口关系私营企业,部分目的是推广避孕,在一定程度上也是为创新的节育计划创造可靠的资金来源。他近乎神圣地把几乎所有来自私人企业的利润都转交给了非营利企业,平心而论,他本可以把这些利润分给自己和其他股东。——原注

38　最后——你的价值观是什么?

　　人类的幸福,当然还有人类的繁殖能力,都不如一个自然、健康的星球重要。我认识的社会科学家提醒我说,人是自然的一部分。但事实并非如此。在大约10亿年前,或许相当于一半的时间里,人类放弃了"合同",变成了"癌症"。我们成了自己和地球上的"瘟疫"。从整体上看,发达国家不太可能选择结束对化石能源的疯狂消费,而第三世界则不太可能结束对景观的自杀性消费。在智人决定重返自然之前,我们当中的一些人只能期待合适的病毒出现。

大卫·葛瑞伯(David M. Graber),国家公园管理局(NPS)生物学家

　　"美国的猫粮市场是婴儿食品市场规模的'2.5~3倍'。"亨氏食品公司总裁安东尼·欧莱利(Anthony J. F. O'Reilly)宣称。该公司是这两类产品的大型生产商。"这将告诉你一些关于我们不断变化的品位的信息。"这位高管说。

《华尔街日报》,1980年

如果我们没有生日,你就不会是你。

如果你从未出生,那么你会做什么?

如果你从未出生,那么你会是什么?

你可能是一条鱼! 或者树上的蟾蜍!

你可能是一个门把手! 或三个烤土豆!

你可能是一袋又硬又绿的西红柿。

或者更糟糕的是……为什么? 因为你可能什么都不是!

　这一点儿也不好玩。不,他不……

他只是不存在。

但你……你是你! 所以,现在感觉很好吧?

然后,来吧! 用力歌唱!

大声唱,"我很幸运!" 大声唱,"我是我!"

如果你从未出生，那么你可能什么都不是！

不，他只是不存在。

他从来没有过一次生日，这很遗憾。

你必须出生，否则就没有礼物。

苏斯博士（Dr. Seuss），《祝你生日快乐！》（Happy Birthday to You!），1959年

少数学者——其中许多是生物学家，几乎没有经济学家——说服了许多政治家和外行，使他们相信，关于生育率、死亡率和移民的合理人口政策可以直接从实际或假设的有关人口和经济增长的事实中推断出来。被说服的政客相信各国应该减少人口增长是"科学真理"。而实施说服的学者，希望政治家和公众相信这样的判断命题确实是"科学的"。例如，美国人口控制运动的经典著作《人口大爆炸》在开篇说道："保罗·埃利希，一位合格的科学家，清楚地描述了危机的规模……人口过剩现在是主要问题……人口控制还是种族灭绝？"

但是，据"科学"显示，在任何特定时间、任何特定地点都有人口过剩（或人口过少）——这在科学上是十分荒谬的。科学只能揭示各种人口水平和政策可能带来的影响。无论人口规模现在是太大还是太小，是增长过快还是过慢，都不能仅凭科学依据来决定。这种判断取决于我们的价值观，而这是科学所不具备的。

无论您认为一个国家拥有0.5亿人口，人均年收入为4000美元好；还是拥有1亿人口，人均年收入为3000美元好，从严格意义上来说，这取决于对您而言什么更重要。此外，请记住，如果实证研究和我的理论分析是正确的，那么世界可以同时拥有更多的人口和更高的人均收入，无论是较发达国家还是欠发达国家都一样。但是，要判断这是好消息还是坏消息，判断人口增长过快还是过慢，现在的人口规模太大还是太小，都取决于评判者的价值观。这足以说明，科学并不能证明任何地方存在人口过剩或人口不足。

由于相信人口政策可以单独从科学研究中推断出来，特定的价值观悄然进入政策决策，而没有明确讨论这些价值观是否真的是决策者和人们所希望采用的价值观。举一个主要例子：由于几乎所有关于"最佳"经济增长率的经济分析都以人均收入为标准，因此这个标准潜移默化地成为了人们的目标和政策制定者的指导方针。在某些情况下，价值观是有意识地灌输进来的，尽管没有经过讨论；而在其他

情况下，一些价值观却是在没有察觉时就已经找到立足之地。

本章列出了一些与人口政策有关的重要价值观。其中一些在下一章有更详细的论述，同时我将表达自己的一些看法。本书第一版第22章的讨论中出现的反人口运动与本章的主题相关；其中一个核心要素是声称自己富有同情心，以及指控那些不愿将纳税人的钱用于各种福利目的的人缺乏同情心。这里存在一个隐性的假设，即提高人们福利的最好方式是通过政府行为，而不是靠自愿自发性的合作制度来实现。关于各种相关的宗教价值观的讨论，可以参见我1990年的著作。

与人口政策相关的一些价值观念

未来贴现率

近期与未来的相对重要性将影响投资决策。它关乎对资源使用和人口增长的成本和效益的每一个衡量。对此，我在第19章中已经讨论过。

我们应该重点关注短期利益，而不是关注更多的人口在长期将带来的好处，因为"从长远来看，我们都已经死了"——第12章提到的凯恩斯的"名言"。对于孩子们来说，在20年内确实存在免费的午餐——只需消费，不需要通过工作来为这些消费买单。而孩子们也不太可能为未来投资和储蓄。每位家长都知道，每个父母都知道，要诱导孩子们现在就努力学习，以便在成年后享受教育的好处，并知道储蓄的好处是极其困难的。但是，孩子认为最不自然的活动——努力工作，对我们大多数人来说，在生命周期的后期已经成为情感上的必须。工作和创造的需要在园艺中表现得最为纯粹，在那里工作几乎是唯一的回报。这就好比我们需要培养和生产，以回馈我们在早期生活中所攫取的。当然，这里的心理学解释仅仅是猜测，但即使工作成果对工人没有实质性的影响，工作的需要也是一个不可否认的事实，就如同孩子玩耍的需要一样。我们应该消费而无须关注我们留下的东西，不考虑我们将抛下多少人或者哪些人，这种态度与生命周期的童年阶段类似。

在人口控制环保主义者关于未来的思想中有一个奇怪的矛盾：一方面，他们声称要为子孙后代"拯救地球"；另一方面，他们希望尽可能地减少子孙的数量，而这些人却是他们拯救地球的原因。

利他主义与自私

我们是否愿意共享物质财富——不论是直接或（更普遍地）间接地通过税收——将影响各种与人口相关的政策，至少自马尔萨斯以来，人们对此进行了无数次激烈的讨论。如果将给他人带来直接的负担（虽然以后会有好处），是否应该欢迎更多的儿童或移民？穷人是否应该得到福利支持而不是任其死去？我们每个人或多或少都愿意为他人做出贡献，但是这种愿望因人而异，并且每时每刻都可能发生变化。在讨论中，这个因素通常与这种贡献到底是牺牲还是投资的问题纠缠在一起。下一章将详细讨论这一价值观念。

种族主义

在我们的私人行为中，我们倾向于偏爱我们的亲属、我们的宗教同仁、来自同一地方的人，以及相似种族的人。这种偏好，在很大程度上是有益的；慈善事业始于家庭，很多人将其褒奖为人类行为的原则。但是允许这种偏爱影响移民、福利和节育的公共政策，那就另当别论了；当然，这种偏爱往往会影响公共政策，尤其是在种族问题上。

空间、隐私和隔离

这是丹尼尔·布恩[1]（Daniael Boone）/塞拉俱乐部的价值观。你是否愿意走出森林的隔绝，让其他人也可以享受这种体验？

继承权

只应该允许国家建设者的血统后裔享受其成果，还是应该允许其他人进来共同享受？这个问题是美国、澳大利亚、以色列、英国以及其他一些国家移民政策的核心，这些国家的生活水平高于某些潜在移民的国家。这个问题在国内也会出现。例如：从道德上来讲，美国原住民和黑人是否有权分享过去由白人进行的社会投资所带来的好处？白人是否有责任偿还在过去的几个世纪里，非洲裔美国人充当奴隶劳动所获得的利润？

---

[1] 丹尼尔·布恩，肯塔基州垦荒先驱，美国历史上最著名的拓荒者之一。——编者注

人类生命的内在价值

一些人的生活水平如此低下,以至于如果他们从未出生,对他们来说反而更好?"人道协会的卫生官员说,流浪猫过着痛苦不堪、疾病缠身的生活,杀死它们比任其惨死街头更加人性。"许多人对贫穷人群的看法与这种对猫的看法别无二致,但自从纳粹时代以来,这种观点只公开用于未出生的人,而不是已经出生的人。

一个与之对立的价值观是,没有生命低贱到毫无价值的地步。还有一些人认为,只有个人才能对自己的生存价值做出评判。令我感到意外的是,这些对于人口政策商议至关重要的(尽管通常只是含蓄的)矛盾的价值观,却很少成为公开讨论的主题。至少有一位经济学家提出模型,在这个模型中,他明确地假设一些人的生命具有"负面效用"——在我看来,这是一篇真正令人惊叹的经济分析文章。但是,这篇技术精湛的文章并没有在相关领域引起强烈的反响。

对于预防生命出现方式的可接受性

对某些人来说,堕胎、避孕或溺婴都是可以接受的;而对于其他人来说,其中任何一项可能都是不可接受的。

一种关于人口数量的价值观

《圣经》敦促人们多生多育,功利主义哲学"为最多数人谋取最大利益",都赋予更多人口带来更多的价值。这种价值观可能被信仰上帝或不信仰上帝的人所持有。许多有着神学信仰的人并不认同这种观念。(读者从本书所写的任何文字中推断我持有任何特定的神学信仰都是不合理的,尽管有几个人大胆地在自己的著作中这么做了。)

动植物与人类

《圣经》中说:"神说,我们要照着我们的形象,按着我们的样式造人,使他们管理海里的鱼、空中的鸟、地上的牲畜和全地,并地上所爬的一切昆虫……要生养众多,遍满地面,治理这地,也要管理海里的鱼、空中的鸟,和地上各样行动的活物。"(《创世记》1:26—28。这并不意味着,人类应该对周围的世界漠不关心。)

与此形成鲜明对比的是某些环保主义者的观点。例如,看看鲸鱼保护组织的

"绿色和平哲学"："生态学告诉我们，人类不是地球的生命中心。生态学告诉我们，整个地球是我们'身体'的一部分，我们必须学会尊重它就像尊重生命——鲸鱼、海豹以及森林和海洋一样。生态思想的巨大美妙之处在于，它向我们展示了一条通往理解和欣赏生命本身的途径——一种对这种生活方式至关重要的理解和欣赏。"

正如其他人所指出的，许多环保主义者的观点都或多或少带有宗教色彩。数十年来，价值观念出现了急剧变化：

因此，19世纪的孩子被教导说，大自然因人的目的而产生活力。上帝为人的身体需要和精神训练设计了自然。对自然的科学理解必将揭示上帝更大的荣耀，并且应该鼓励这种知识应用到实际中，将其作为上帝指示人类利用自然的用途的一部分。除了满足人类的物质需求之外，自然还是人类健康、力量和美德的源泉。在美国日益工业化和城市化的时代，早期美国土地上自然成长的价值观成为了美国民族主义热衷信仰的信条。美国人的品格基于美德，因为它是在农村环境中发展而成的，因此尽管环境发生巨变，这些品格必须保持不变。美国有一个繁荣的边疆，它不仅承诺未来的富庶，而且提供持续的美德，这就可以证明，上帝将美国置于其他国家之上，给予其无尽的关怀。自然相对于人造物质的优越性，赋予美国人高于古老文明的优越感。这些教科书作者并未设想山姆大叔迟早会成为城市居民，尽管他们近乎狂热地倡导农村价值观，似乎暗示这些可能成为现实的无意识恐惧。

这种价值观的转变，可以在1917年出版的精彩的《美国的鸟类》（*Birds of America*）一书中清楚地看到。书中对许多鸟类的描述，包括了它们对整个人类的影响，尤其是对农民的影响的评估；利于农业的鸟类比有害农业的鸟类更有价值。如今，博物学家常常根据人类对鸟类的影响来评估人类，而不是根据鸟类对人类的影响来评估人类。

19世纪90年代，由于狼对牛和人的危害，美国国会通过了一项驱逐狼群的法律；大约70年后，随着价值观的转变，国会要求狼群返回黄石国家公园。

个人自由与国家强制

关于人口的另一个重要价值观——强迫他人达到自己在保护环境和人口增长

方面目的的意愿，在本书的许多地方都有体现。

优生学

20世纪20年代和30年代，认为人类可以或应该通过选择性生育来改良基因的观念盛行。随着这些信念的消失，人们开始相信种族选择性移民政策的好处。当玛格丽特·桑格开始进行组织活动，这些观念在其庞大的思想中膨胀起来，并最终使得计划生育组织出现。早些时候，优生学和伦敦优生学会（Eugenics Society of London）一直是英国人口调查委员会得以成立的主要思想渠道之一，该委员会（Population Investigation Committee In Great Britain）也是世界上最重要的人口研究中心之一。凯恩斯最初是优生学的坚定支持者，这与他所处时代的马尔萨斯式经济前景密切相关。到他后来创立凯恩斯主义经济学时，他在更大的市场中看到了好处，并在一段时间内转变了观点，开始支持更大的人口规模。随后，他再次变换阵营，又开始担心人口增长。但是，他一直都是优生学的坚定支持者，并从1937年到1944年担任伦敦优生学会的主任。[1]因此，马尔萨斯主义与人口控制之间的历史联系非常紧密。

美国的一些主要人口机构也是出于对优生学的兴趣而出现的，例如人口资料局和计划生育组织。自希特勒死后，这种想法已经从公开声明中消失了，而且我不能断言这些团体的现任官员为优生论者（尽管我想听到他们公开否认）。但是他们在贫穷国家和穷人中控制人口的原定目标并无改变。优生学与人口控制观点之间的联系，在加勒特·哈丁等人的著作中得到了体现。

"不值得活下去"的生活理念——两位德国教授（分别为法律教授和医学博士）在1920年的一本书中将其用作书名——是优生学的核心，也是纳粹意识形态的核心；到1941年，德国医院的医生已经杀死了7万名患者。它重新出现在许多表面上良性的伪装中，甚至出现在一位诺贝尔经济学奖得主的抽象经济分析中。经济学家詹姆斯·米德在20世纪30年代至70年代是优生学会的成员，并在20世纪60年代担任

---

[1]这一信息来自一本名为《令人沮丧的科学家：1907—1990年的优生学》（*The Dismal Scientists: Eugenics from 1907-1990*）的出版物，我收到的时候没有说明信也没有其他身份证明信息。然而，材料的真实性没有任何疑点；在这些材料中，还包括了优生学社的部分成员名单，并附有详细的书目清单。——原注

财务主管。（他还分析了毛里求斯岛的情况，认为人口增长是其祸根。正如第34章所讨论的，在20世纪80年代，毛里求斯通过向自由企业制度的转变，在短短几年内从大规模失业转向劳动力"短缺"。）

在希特勒时期及其之后，优生学观念遭到普遍反对，引起恐慌。但是，它再一次出现在了我们面前。赫恩斯坦（R. J. Herrnstein）在他的一篇题为《智商与出生率下降》（*IQ and Falling Birth Rates*）的文章中，声称"人口的平均智力将逐代下降到生育水平转向其中（收入）规模的较低的那一端"。他还赞同地引用道："维宁（Daniael Vining）初步推断出，在美国人口过渡到五六代人后，人口智商将下降四到五个百分点"——也就是说，随着时间的推移，美国人将变得越来越不聪明。因此，赫恩斯坦倾向于在高收入、高教育群体中鼓励生育，在其他群体中抑制人口增长的政策。

正如第32章所讨论的，证据表明，不能像赫恩斯坦所说的那样通过选择性生育来提高人类的智力水平，因此优生学政策很少或根本没有理由——即使有对它们有利的证据，它们对我来说也是不能接受的。

进步的价值

在我未经研究而秉持的所有价值观念中，进步的价值以及人类生命——无论是谁的生命——的价值，也许是最重要的。也许我无条件地接受这个价值，至少在很大程度上是因为我身为美国人；无论在早期还是在现在，这一价值都与两个政党联系在一起。托马斯·杰斐逊写道：

（我们）满怀感激之情……我们得以安静地耕种土地，实践和改进那些往往可以提高我们舒适度的艺术……把我们国家的精力引向人类繁衍，而不是毁灭。

一位完全不同的政治思想家写下了一些非常相似的东西：

安居于这片伟大而慷慨的土地，加上对资源的开发，创造了一个多元而广阔的美利坚合众国，它充满了希望、机会、试验、流动性和个人自由。

令我感到惊讶的是，其他许多人并不认为人们理所当然应该获得更多的教育和经济机会、更好的健康以及构成生活水平的物质财富。威灵顿公爵评论英国的第一条铁路时说的"它将使下层社会的人毫无用处地在全国各地游荡"就不足为奇了。而今,惠灵顿公爵痛斥额外人口的出生,遣责他们将共享英格兰和地球上的生活乐趣。但也有许多非"贵族"人士把消极精神和形而上学的价值观以及各方面的进步联系在一起。例如,当提到止痛药的"进展"时,他们就会用药物滥用来回应。他们的观点并非天生不合逻辑或愚蠢,尽管其他人可能对此并不乐见。

伪装成权利或其他权益的价值观

除了任何具体的世俗法律之外,权利的概念已经广泛用于有关人类和其他物种主题的讨论中(第10章介绍的主题)。这些权利往往在没有明确理由的情况下就被确定,好像它们就是不可否认的。一个典型的例子是下面这封写给某位编辑的信,信中是一篇关于一个人在草坪上与鼹鼠战斗的故事(荒谬无比):

是什么使他认为自己拥有这个世界,并且比鼹鼠拥有更多的生存权利?你的读者是否应该对他试图毒害、烟熏和烧烤一只无辜动物而发笑?谁真的在乎沙特尔先生的草坪是什么样的?

或者印度驻美国大使的一段话:

关于人类拥有神圣的权利,可以无情地利用地球资源以实现自身的短期利益的观点,早已不再有效,并且必须果断地予以拒绝……我们必须抛弃这种古怪的观念,即我们在某种特殊意义上有权利为了自己的私利而无限制地剥削这个地球。

有关各种物种价值的进一步讨论,可见于第31章。

将人类比作癌症或其他致命疾病,是长期以来常见的一种修辞(见第一版的许多地方)。现在,艾滋病已成为人们最爱使用的类比。"我们——人类物种,已经成为地球上的传染性病毒——地球的艾滋。""如果激进的环保主义者想要发明疾病来使人类恢复理智,那么极有可能就是艾滋病了。"《出版人周刊》(*Publishers Weekly*)引用了作家威廉·沃尔曼(William Vollmann)的话:"我们现在最大的希望就是艾滋病的蔓延。也许最好的结果,就是它可以消灭地球上一半或三分之二的人口。"《经济学人》在一篇社论中写道:"人类物种的灭绝也许是不可避免的。但它也可能是一件好事。"另一位是著名的生物学家威尔逊(E. O. Wilson)说:"我们的后代最不可能原谅我们的，是生物多样性的丧失。"

正如罗伯特·尼尔森（Robert Nelson）指出的，这里有一个有趣的矛盾。一方面，人们认为智人与其他物种没有区别；另一方面，它是唯一一种环保人士所要求保护的其他物种。他们赋予我们特殊的责任，却没有特别的权利。

结论

在此，我的目的并不是讨论上述的价值观，而是为了简单地指出，它们在讨论这些问题时所起到的重要作用。主张这些观念的人将其普遍有效视作理所当然，尽管对于其他人来说，它们看起来只是奇怪的偏好，不能得到传统的应允，很有争议。（本章所讨论的其他价值观的地位，就其争议性而言，可能是相同的。）

39　核心价值观

如果对生育不那么严格的限制失败了，也许某一天，除非父母持有政府执照，否则生育将被视为对社会的犯罪，应当受到惩罚。或者，也许将规定所有的潜在父母使用避孕化学药品，由政府向选择生育的公民发放解药。

斯图尔特·奥格威（Stewart M. Ogilvy），地球之友荣誉主席

正如我们有强制控制死亡的法律一样，我们也必须有要求控制生育的法律——目的是确保人口增长率为零。我们必须认识到，政府有责任保护妇女不怀孕，就像保护她们不受工作歧视和天花的侵害一样，这都是出于同样的原因——公共利益。我们再也不能忍受那种教条式立场，即一对夫妇选择拥有多少子女是个人自由，而不会带来任何社会后果。

爱德华·查斯蒂恩（Edward Chasteen）博士

前面章节列出了在讨论人口问题时便会冒出来的价值观——即使是在科学讨论中。现在，让我们更长远地审视一下这些价值观（希望不是太长远），因为最终，各章提出的问题都将汇集在一起。对于资源、环境和人口的每一种认知，都将归结到价值观上来。而政策是基于这些价值观的某种排名做出的选择（我们希望这些选择获得了充分的信息材料），尽管政策制定者并不总是表达或承认这些价值观。

利他主义与自私

利他主义是以下多个具体问题的基础，并且在书中多次出现。因此，我们需要考虑将我们的能量和资源的一部分投入到社会中，供其他人将来使用，以及从社会的资源中拿出我们祖先为我们所牺牲的资源，供我们自己使用。

这个问题早在讨论凯恩斯的"名言"时便提到了："从长远来看，我们都已死去。"它意味着我们应该只关注对我们和我们这一代人有利的事情，而不必考虑子孙后代（见第12章及以下）。

与之类似的还有另外一个问题：我们应该只关注特定国家或民族或宗教群体的人口福利问题，还是应该采取世界性的观点，即关注所有人类的福利？那些高估自己的群体力量的人往往认为，相对力量才重要，因此他们更乐于看到其他群体停止增长，甚或缩小规模，以便使他们自身能够更加壮大。显然，这种价值观念会影响人们对各种人口政策的看法。

无论我所属群体的命运如何，其他国家、民族和宗教的人民的生命对我来说都很重要。我为整个人类，同时也为我自己的群体感到骄傲和快乐。

对于特定经济政治哲学与利他主义价值观念和活动之间的联系，人们存在普遍的误解。自由市场的意识形态绝不能阻止一个群体在现在或未来向其他群体任意慷慨地进行再分配；米尔顿·弗里德曼一再强调这一点。这种学派认为，货币的再分配比商品的再分配更有效，但除了群体价值和财富之外，对社会应在多大程度上从富人向穷人进行再分配没有限制。

马尔萨斯反对再分配的概念，并在我们的时代得到了加勒特·哈丁的有力重申——支持穷人是一项糟糕的政策，因为它让更多的穷人活着，却损害了所有人的利益——在本书的知识框架中没有任何作用。这里提出的数据和理论表明，在这一代人中增加穷人不会使这一代和后代变得更穷；马尔萨斯—哈丁论点所依据的资源枯竭理论是完全错误的。因此，其论点的其余部分全部无效。

更多关于这个问题的讨论，请见"已生者与未生者"一节的内容。

穷人的生命价值

有些人写道，极度贫穷者的生活实在太过悲惨，如果经济政策阻止他们出生，便是帮了他们的大忙。这种假设，显然完全取决于个人的价值观和世界观。

保罗·埃利希写到印度时，认为极度贫穷者不值得生活下去的观点就很明显。

在德里，在一个臭气熏天、炎热无比的夜晚，我开始切身体会到人口爆炸的含义……大街小巷水泄不通。人们吃饭、洗衣、睡觉、串门、争吵和尖叫。人们将手伸进出租车窗口乞讨。人们大小便。人们攀爬公共汽车。人们放养动物。人，人，到处都是人。

埃利希没有写的是，父母对自己的孩子露出笑脸，展现爱意与温柔——这在印度的穷人中也能看到。

是的，印度有其不幸的地方。我也曾亲眼目睹，并为之深受震撼。肠道疾病无处不在，失明现象也并不罕见。一个14岁女孩在建筑工地上干一天活的酬劳为一美元，她的婴儿就躺在年轻母亲工作的脚手架下的麻布袋上，满身苍蝇、哭闹不止。一个不确定年龄的没有牙齿的老妇人，无依无靠、居无定所。她清理地面上的湿牛粪，准备在路边搭建一个木棍和破布组成的新"住宅"。这些都是我亲眼所见。然而，这些人必然认为自己的生命是值得过活的，否则他们将选择停止生活。因为人们继续生活，所以我相信，他们积极地看待自己的生活。因此，在我的认知中，这些生命是有价值的。无论是在贫穷国家还是在美国，我不相信穷人的存在是"人口过剩"的标志。

世界上最重要的杂志《科学》发表了一篇题为《地球恶性肿瘤》（*Planetary Malignancy*）的新闻报道，接着它又发表了一篇文章，将"人类社会的扩大"比作"最终将导致生态灭绝的恶性生态病理过程"。基于"人口增长是一个毁灭性的现象"的相同概念——没有提及生命本身的价值——最近解密的美国国家安全委员会1974年基本计划描述了美国在非洲继续秘密实施的人口控制计划，该计划利用几乎所有的肮脏政治和媒体诡计强迫非洲人少生孩子。这些计划有可能给美国带来破坏性的政治后果，就像20世纪70年代美国参与印度强制绝育计划时发生的那样。（这个话题在第一版第2章和第23章中有更详细的讨论，而且我希望在接下来的书中会进一步讨论。）

已生者与未生者

有人说："考虑没有出生的生命是没有意义的。"这表现在两个方面：（1）关于人口增长对未来五十年、一百年或两百年内经济的长期影响；（2）像我这样的人认为，在短期内，人均收入水平不是唯一的标准，也不是人口经济学的最终和全部，而活着的、享受生活的人的绝对人口数量，也可能与之相关。

事实上，大多数人和所有社会的行为方式都表现出对尚未出生者的关注，无论他们是否从形而上学意义的角度为这些行为辩护。各国政府修建公共工程，使其造福数代人，这明显考虑到了后代。而且，年轻家庭在节省资金或购买有足够空间供孩子使用的房屋时，便已经将自己未出生的孩子考虑在内。所以，考虑未出生的孩子是生活的基本事实。因此，在考虑人口增长的长期及短期收益时，不需要再对此进行争辩。此外，许多提出反对意见的人本身是生态学家，他们敦促我们应该用长远的眼光看待地球福利，这没有什么不当之处。在我看来，明智的做法是，生态学家应该对经济学采用同样的思维方式，就像对待生物学和环境一样。

让我们更进一步。有人说，他们不关心未出生的孩子。理所当然。但是，这是否意味着其他关心未出生孩子的人就是愚蠢或者难以理喻的呢？你当然可以关心不认识的人，对于未出生的人也是如此。例如，未来的父母往往会想象他们未出生的孩子可能会受伤或死亡的可怕事件；想象另一片土地上另一种族和国籍的人受伤或死亡的虚拟（或真实的）场景，这种想法会激发出更强烈的情绪。在我看来，毋庸置疑的是，至少某些人对尚未出生或者可能不会出生的孩子能够感受到情感联系。

考虑到一些人将未出生的孩子考虑在内，很明显，未出生孩子的重要性可能因人而异，从零到高。这就是经济学和其他科学的价值所在，我无话可说。作为一个个体，我自己把价值归于未出生的孩子。而且，由于这种价值观很少得到公开表述的机会——有些人认为它并不存在——我将借此机会对此谈谈自己的见解，即使冒着看起来像是布道的风险。

在生活水平不变的情况下，我认为拥有更多而不是更少的人口会更好。即使更多的人口意味着长期收入水平略低（情况并非如此），如果有更多人可以享受生活，我觉得人均生活水平略低也无妨。

但是，喜欢更多人口的想法意味着什么？对我而言，这意味着我不介意在我居住的城市里有更多的人口，不介意看到更多的孩子上学或在公园里追逐玩耍。如果有更多的城市和在非定居地区有更多的人口，或者存在另一个地球般的星球，我会更加高兴。这意味着，如果更快的人口增长将使停车场在一段时间内更加拥挤，我宁愿有更多的人口。其他人看待这种情况的方式则完全不同，正如在计划生育组织制作的保险杠贴纸上所看到的："人口增长：人口密度的极限是什么？"

我热衷更多人口的价值观，是因为它大体上符合我的其他偏好和口味。这也是许多其他人持有的价值观，也许是在无意识情况下。当人们和我一样认识到，从长远来看，人口增长对于文明而言是好事情，而不是灾难，他们将会明白它对他们的重要性。

凯恩斯的"从长远来看，我们都已死去"出现在早些时候。在这个巧妙绝伦的短语中，有许多混淆，以及价值观的冲突，这也正是关于人口增长讨论的核心。

让我们首先看看"我们"这个词，其定义决定凯恩斯的评论到底是对是错。如果"我们"指我们这些正在进行这一讨论的人，那么这句话就是对的。但是，如果"我们"还包括我们的孩子、我们孩子的孩子，以及孩子的孩子的孩子等等，那么这句话实际上就是错误的，因为这一人类存在的链条并不一定会停止。

那么，我们应该采用哪一种"我们"？（如果两者都不合理，那这句话显然是毫无意义的。）这是一个价值观念的问题。在此，我们应该注意到，我所推崇的基本生态观点，假设了进行时态的"我们"（生态学关注长期视野）以及当代行为的间接影响。这个"我们"，完全符合这样的观点——我们不应只考虑我们自己可以从当今的变化中获得的好处，还应当考虑我们应该给我们的后代提供的好处，正如我们的祖先留给我们好处一样。

然而，不幸的是，许多自称为生态学家的人同时使用两个"我们"的定义，使其严重混淆。像我这样的人说，我们应该考虑人口增长的直接和长期影响时，这些人便对凯恩斯的名言鹦鹉学舌。（由于听到的次数太多，听起来真的像鹦鹉在说话一样。）但是，当我或者另一位经济学家更加重视一个世纪之后而不是现在的同一事件，并且嘲笑担心70亿年后可能发生的事情的想法时，同样的这些人指责我们自私、短视。

解决这个问题的唯一办法不是毫无希望地前后矛盾，它使我们能够对公共和私人政策做出明智的决定——使用一个适当的贴现系数贴现未来事件的概念。这是为数不多的最基本的经济理念之一，在这里它的使用至关重要。

将失去什么？

以下来自帕斯卡赌注的著名论点，它也出现在埃利希的《人口大爆炸》中：如果进行人口控制并取得成功，但结果证明这完全没有必要，那么将失去什么？如前言所述，埃利希和其他人认为，没有失去任何东西。在帕斯卡赌注中，下赌者唯一的"损失"是他将在没有"需要"的情况下过着正常的生活。与之不同的是，人们对埃利希问题的回答取决于个人的价值观。如果你重视额外的生命，而一些生命却遭到不必要的遏制，那显然是一种损失。但是在埃利希眼中，这并不是损失。这一事实告诉我们他内在的价值观。

埃利希的观点归根结底是一种反向的（或歪曲的）黄金法则：己所不欲（防止其存在），勿施于人。

这与特殊利益集团和立法者"慷慨地"操纵政府机制，从一些纳税人那里拿钱给他们认为应该得到钱的其他人或其他活动时所表现出的"同情心"有一个令人不快的相似之处。这是一种低劣的慈善方式——不需要自己掏腰包就可以行善，它通常出现在"拯救环境"的倡议书里。

一个关于人口控制的类比是，埃利希主义剥夺了那些可能可以按自身想法生活者的生命，以及那些渴望享受天伦之乐父母的孩子的生命。埃利希等人在推荐这项政策时，并没有表示要以身作则先牺牲自己的生命，我猜他们可能会说自己的生命太过珍贵而不应牺牲（我同意这一点，因为我们需要所有人）。他们正在剥夺尚未出生的生命，理由是这对这些生命来说这是一件好事，对其他的人类来说也是一件好事。

埃利希等人有时说，为了他人的利益，他们自己选择不生或者少生孩子。也许，这确实是他们的意图，又或者他们只是把自己无论如何都会做的事称为牺牲。如果他们真的放弃生育孩子，那将是非常遗憾的，因为与其他所有人一样，他们的子女总体来说也会丰富我们其他人的生活。

人均收入的短期价值

长期以来，经济学家一直使用国家"最优人口"概念，这听起来非常科学。但是，关于最优人口规模或增长率的讨论，必须有一些好坏的标准，这个标准通常是当前人口的短期人均收入，其中包括作为收入的"生活质量"。

然而，没有人愿意接受短期收入标准的逻辑结论：去掉低收入人群。去掉任何国家收入分配的低收入部分，通过简单的算术就知道，这将使得其余人的平均收入提高。从逻辑上讲，这一过程应该进行到只剩最后一个人——世界上最富有的人的时候。当然，这荒谬至极，但这是由一种荒谬的标准所导致的。

还有另一种可以在短期内提高人均收入和财富的方法：将出生率降低到极低

水平，甚至是零出生率——具体水平取决于现在对未来的相对重视程度。例如，如果未来贴现率是每年10%，那么如果人们完全放弃拥有孩子的想法，人均收入的价值将实现最大化，直到无限的未来。原因是，从婴儿出生到参加工作需要很长时间，尽管他们从一生下来就开始消费。因此，通过简单的算术就可以知道，平均而言，今天出生的婴儿降低了所有其他人的收入。因此，如果明年没有任何婴儿出生，这对明年的人均收入是有利的。但是，没有人愿意将平均收入标准降低到这种程度。

在过去，作为决定人口增长的标准，我所认同的价值观是我认为很多人也同样认同的——如果他们仔细审视自己的信念，就会发现——用功利主义的术语来说，就是"为最大多数人谋取最大的利益"。然而，在哈耶克著作的影响下，我不再信赖这一观念，因为要增加人们的快乐是困难重重的，甚至根本无法实现。相反，我现在使用我称之为"扩展型帕累托最优"的方法，即如果没有人变得更糟，并且有更多的人享受生活，那么这就是一个更好的状态。从长远来看，人口增长与更大的"扩展型帕累托最优"一致。

根据这个价值标准，在其他条件相同的情况下，拥有更多的人口是一件好事。如果不得不做出选择，我可能更愿意在不久的将来看到更多的人口和更低的人均收入。但是，即使存在这样的情况，任何收入下降现象都将是暂时的；从长远来看，如果现在有更多的孩子（或更多的移民），人均收入将会更高。因此，这种选择是不太可能的。

[这就忽略了一个问题，那就是人口减少与收入减少之间的任何权衡都意味着政府的高压政策，即使有一个经济论据对其有利（事实并非如此），我也会觉得这种政策十分可憎。]

这一标准与我们其他价值观念似乎是一致的——我们对杀戮的憎恶，以及我们想要预防疾病和短寿的愿望。确实如此，为什么我们如此强烈地认为谋杀是坏事，战争中受伤的儿童应该得到拯救，然后反对让更多的人进入这个世界？如果生活是美好的，值得支持的，为什么预防谋杀有意义，却不鼓励生育？我很清楚，死亡会让活着的人悲伤，但我相信你对杀戮的憎恨也会延伸到消灭整个群体，在这种情况下，没有人会感到悲伤。那么，杀害一个成年人、杀害另一个孩子，与强迫别人不生孩子之间究竟有什么区别？谋杀和强迫某人不生孩子的主要区别在于，谋杀将威胁到我们自己人，而不受管制的谋杀将破坏我们社会的结构——这确实是反对谋杀的正当理由。但是，我们也从道德角度谴责杀人罪行，即谋杀剥夺了别人的生命权利——在这方面（也只在这方面），我认为谋杀、堕胎、避孕和禁欲没有区别。

我并不是将堕胎或避孕等同于谋杀，而且，我也并不是把所有未能尽可能生育更多孩子的人看作是不道德的。另外，我也不想把我自己的价值观和他们的结论强加给任何人。相反，我只希望我们能够清楚我们所做的道德区分的意义。为了避免这些话被断章取义——这确实可能发生——我要重申一遍，我并没有将谋杀等同于堕胎或避孕。我真实的意思是，它们之间唯一的相似之处——采取行动使潜在的人类生命无法生存——应该让我们意识到堕胎和避孕的全部后果。

节约价值与创造价值

节约价值与创造价值之间的矛盾被汽车机械师路易·威金斯基（Louis Wichinsky）拟人化。他为他的汽车制造了一个燃烧植物油的系统，其来源是从当地餐馆和汉堡王的油炸烹饪工作流程中产生的二手植物油。

奇怪的是，尽管他是一位有创造力的人（看看他的发明就知道了），他却将创造性的能量转化为节约旧油，而不是开发更好的方法来创造他认为应该从油菜籽中获得的新油。他对如何生产新能源问题的唯一贡献是，建议南部某些州"只种植油菜籽"。

这种从创造到节约的偏好——通常是通过政府对其他人的强制——在"环境"组织的募捐活动中可以看到。下一次有人来到你家门口要求捐款时（他们通常以请求你为某个请愿签名为由），问他们一些封闭式问题。很可能，募捐人会为环保组织募捐；在过去的八年中，每一个来到我们家门口的陌生人都来自环保组织。（这不包括女童子军，以及癌症和心脏团体，后两者往往密不可分。）如果问募捐人是否是拿钱办事，通常得到的答案是他们可以获得"总收入"的30%或更多的佣金，另外的部分都进了其他上级人员的口袋里。那么，剩余资金用来做什么呢？答案始终是：政治活动和提高觉悟（这通常意味着需要更多的资金）。这些钱绝不会用来开发游乐场或种植树木，当然更不会用来修建医院或公园。其目的，不是建立和创造，而只是为了"节约"——这往往意味着，是去阻止有相关意愿的人建造工厂、商店、废物处理设施、家庭和度假村。

关于合理判断的问题

善待动物组织（PETA）在报纸上刊登了一则广告，将肉类加工行业比喻为臭名昭著的大规模杀手，这些"杀手"甚至吃掉了受害者的尸体。这一组织想方设法禁止了华盛顿特区的马拉式旅游车。与此同时，华盛顿动物权利组织已经成功地阻止了对大脑的研究，因为在这类研究中，每年有125只猫在接受麻醉后被伤到脑部。我们应该如何看待这些现象？其隐含的价值观是否失衡？

许多末日论者在环境问题上的一个关键失误是，他们的判断没有考虑到比例问题，并且热衷于将这些判断强加给他人。如果屋子的主人格林太过关心他的草坪，甚至因为怕孩子们践踏草坪，而不想要孩子，那么，人们会认为这种态度并非不合逻辑，而是在某种程度上不成比例——也许，有点歇斯底里。然而，如果格林因而鼓动他的邻居们也不生孩子，因为邻居的孩子也可能践踏他的草坪，或践踏其他房主的草坪，那么，人们则会认为格林有些疯狂，甚至是近乎危险的疯狂。

这与末日论者在对各种潜在危险方面的表现类似，比如核电、化学污染等。在这些情况下，这些末日论者简直是将婴儿连同洗澡水一起倒掉。（确实如此，这句话看起来就是为这种情况而造的。）他们准备牺牲他人的巨大利益来降低自己的低概率风险。

末日论者似乎不仅做出了不成比例的评估——常常将危险夸大，而且还完全忽视了额外人口引发的潜在的长期积极影响。也许孩子们从草坪上跑过并不会促进草坪护理技术的改进，但是更多的人将污染物排放到空气中，将促使我们寻找和发明新的解决方案，而这些解决方案最终会让我们的生活比没有出现问题以前更好。末日论者在思考这些问题时所完全忽略的，正是这些关键的动态过程，这使得他们的行为与国情更不相称，从而变得更加歇斯底里。

在自然资源方面，对比例问题思考的缺失，以及由此产生的歇斯底里，显然是对趋势完全错误的评估造成的。重复一下，通常的历史过程是：（a）更多的人口；（b）更多的问题；（c）更多对寻求解决方案的尝试；（d）找到解决方案，使我们比问题出现之前更好。这一过程的证据是极其充足的：观察到的结果是长期可用性的增加，而不是自然资源稀缺性的增加，如价格所示。

从最基本的意义上来说，这些末日论是"不公平的"。媒体对此做出了贡献——实际上只是嘴上说说"公平公正"——通过渲染最具戏剧性的末日预测，以便找到出版的理由。

一位记者写道，他更愿意看到地球上新增7000头大象，而不是10亿人口。这里涉及的权衡，是一头大象抵数十万人。他真的是这个意思吗？一头大象值十万人吗？意义何在？这与我们在社会上做出的其他判断相符吗？

我们可以认为，在动物园、野生动物保护区，以及其他我们人类可以从中受益的地方拥有大象很重要，但不能认为大象的生活是好的。这与大象的生活本身是好的这一观点形成了对比，即使它们根本不属于我们人类生活的一部分。我们不能从逻辑上反对后者的价值。但是，那些关心大象的人可能会问自己，他们的观点是否与自己对他人不必要的死亡或疾病的厌恶相一致。

对一些人来说，非人性的东西就该放在人性东西的前面。在大白鹭和美洲鳄鱼出没的大沼泽地国家公园与城镇的水资源供应形成冲突时，公园负责人说："城市需求、农业需求和公园都在竞争水资源，对于水资源的分配，我们希望保证公园排在第一位。"

在紫杉树和癌症患者的生命之间，其合理的平衡在哪里？约60磅的紫杉树皮，意味着近三棵紫杉树的死亡，同时也是治疗一名乳腺癌患者所需的量。出于这个目的，林务局砍伐了大量树木，却为此遭到国家野生动物联合会和塞拉俱乐部的反对。在这个问题上，存在两个方面的判断：（1）树木和人的生命之间可以接受的具体取舍；（2）紫杉树最终将会灭绝的可能性。第二项判断很快就被证明不会发生。紫杉树皮中的紫杉醇合成物很快就被人们开发出来。因此，紫杉树是最不可能从地球表面消失的。

当然，人与动物之间存在某些合理的取舍（本章的前面部分和第10章已经介绍过这个主题）。如果有人告诉我，一名消防员为了拯救一个动物园或者是生活着大量动物的森林保护区而失去了生命，我将感到非常难过，但并不会感到恐惧或愤怒，这就和听到消防员为了挽救博物馆的文物而丧生一样。关键的问题是：我们认为哪些取舍是可以考虑的和合理的？一头大象抵一名消防员？或一头大象抵1000名消防员？还是7000头大象抵一名消防员？

"地球优先"由戴夫·福尔曼（Dave Foreman）创建，这是一个从事"生态破坏"的团体，如拔出测量桩，向推土机的曲轴箱内倒沙，推倒电力线塔，并在树木上放置尖刺——其中一个尖刺折断了锯木刀片，险些让操作人员丧命。福尔曼提出了这种取舍："人的生命与灰熊的生命之间，不存在内在'价值'的差异。"善待动物组织的理念是："一只老鼠、一只猪、一只狗和一个男孩是完全一样的。"

这些价值观念影响着我们的日常生活。一个动物权利组织明确表示，对于公共选择来说，人类的生命并不比狒狒的生命更有价值。一只狒狒的肝脏被移植到一个濒临死亡的人身上，因为没有可用的人体肝脏。结果是："一个动物权利组织表示，它将于周二在医院外设置纠察队，抗议使用动物作为器官捐赠者……""动物不是人类的备件。"善待动物组织这样说道。进行肝脏移植的人去世后，动物基金组织发言人说："动物权利团体感受到了平反的心情，尽管我们并不愿意看到任何人死去。"

因此，即使我们同意有一定数量的树木或动物可以用来交换人类的生活，这个数量也很重要。与萧伯纳（George Bernard Shaw）所说的不同——既然我们已经确定了你的身份，女士，这只是一个决定价格的问题——价格在人类与动物的取舍中非常重要，事实上，它揭示了一个人的原则。

拯救一只秃鹰或野驴的隐性成本，可能高达数十万美元，甚至可能远远超过通过建设更好的公路来挽救更多人类生命的代价。基于我们的其他价值观，末日论者的这一评估看起来合理吗？它似乎是基于"不惜任何代价拯救驴子（或螺镖鲈）"的想法。的确，在调查中，人们常常会说，我们必须"不惜任何代价"来拯救环境。但是，如果受访者自身被迫以某种方式支付这笔费用，也就是说，如果他们的言论被转化为他们自己可以控制或提供资金的某种行为，那么他们将不太可能全心全意地支持这些言论与行动。然而，这些构建不良的问题将影响决策者。

人类是破坏者还是创造者

一些人说，"如果我们有更多的孩子，当他们长大后，便有更多的成年人可能推动核武器毁灭文明"。

的确如此。更广泛地说，正如一位作家将此事简化为荒谬一样："所有的人类问题都可以通过废除人类来解决。"然而，更多的孩子长大成人，也意味着有更多的人可以寻求避免灾难的办法。

什么时候强制才是正当的？

第20章和第21章讨论了强制保护和进行废物处理方面的问题。现在，我们的主题是对人们拥有孩子的数量的强制。有些人主张"在必要的时候"强制避孕。这里再次引用埃利希的话:"我们必须在国内进行人口控制,最好是通过奖惩制度。但是,如果自愿性方法不能奏效,那就采用强制性办法。"加勒特·哈丁在他著名的《公共悲剧》(*The Tragedy of Commons*)中更加明确地说道:"繁殖自由是不可忍受的。"他将自己的观点称为"救生艇伦理"。

国家控制父母可能抚养的子女数量的逻辑如下:

在稀缺条件下,公民的无限制生育权利根本不存在。关于"拥有孩子的权利"的言论很容易引起关注,但是也充满了疑点。这是少数群体最喜欢用来支持自己过度生育观点的论据。拥有孩子的权利,与我们拥有的其他权利和义务体系相联系,并且必须与他人的权利相配合。当我们所有人都必须减少生育孩子的数量时,任何人都没有这种压倒一切的公民权利。我们住得越近,我们的人数越多,我们能够行使的,同时不会侵犯他人的公民权利就越少。人口密集与个人自由之间的这种不利关系在世界各地都很容易得到证明。是时候让真诚关心公民权利的人揭露这种特殊的诉求,并且在它与地方或国家计划相悖时进行干预。

这是一个来自金斯利·戴维斯的简短陈述:"可以说,过度生育,即超过四个孩子,比大多数犯罪更糟糕,应该予以取缔。"

对于这种强制行为的必要性,许多美国人已经表示认可,正如以下的盖洛普民意调查结果所示:

问题:人口危机正变得如此严重,人们将不得不限制他们可以拥有的孩子数量。

答案:同意47%。不同意41%。

表 39-1 通过影响的普遍性或选择性来降低美国生育率的拟议措施的例子

普遍影响:社会制约	取决于社会经济地位的选择性影响		基于现有动机预防意外怀孕的措施
	经济威慑/激励	社会控制	
重组家庭: (a) 推迟或禁止结婚 (b) 改变理想家庭规模的形象	修改税收政策	非婚生子女强制堕胎	对绝育实施鼓励

续表

儿童义务教育	（a）实体婚姻税 （b）儿童税 （c）已婚人数超过单身人数税 （d）免除父母的免税待遇 （e）对超过1～2名入学子女的父母征收额外税	所有生育2个孩子的人将强制绝育，某些允许生育3胎的人除外	对主动避孕实施鼓励
鼓励同性恋	减少/取消带薪产假或福利	备置儿童股票证类许可证	支付堕胎费用
家庭限制教育	减少/取消儿童或家庭津贴	住房政策： （a）不鼓励私人拥有住宅 （b）停止按家庭规模发放公共住房	根据需要进行堕胎和绝育
供水中的生育控制剂	对晚婚和更大的生育间隔发放奖金		允许某些避孕药物进行非医学性分发
鼓励女性工作	在两个孩子之后取消一切福利		改进避孕技术
	鼓励女性工作并提供少量托管设施		普及避孕措施
	限制/取消对超过N个孩子的家庭公共资助、医疗保健、奖学金，以及住房、贷款补贴		以计划生育为核心，提高孕产妇保健水平

来源：转自埃利奥特（Robin Elliott）等人，1970年。

表39-1总结了"人口社区"中提出的各种令人震惊的项目。

一些国家已将关于生育率的强制性政策制定成法律。在印度的泰米尔纳德邦，在英迪拉·甘地（Indria Gandhi）总理的第一任期内，"罪犯……那些接受绝育手术的人（可以）减少刑期"；在印度北方邦，"任何有3个或3个以上子女的政府工作人员，如果其配偶还活着，必须在三个月内进行绝育手术，这是邦政府根据《印度国家内部安全保护条例》发布的条令。未按规定执行的，除基本四项以外，不再享有配发物品的权利。"在有5000万人口的马哈拉施特拉邦，当地立法机构通过了一项法案，要求对所有3个及以上子女的家庭（如果孩子全是男孩或全是女孩，则为4个及以上）采取强制性绝育。但是这一措施并没有得到印度总理的必要许可。而在印度其他邦，在新加坡以及其他地方，公共住房、教育和其他公共服务有时也受到家庭子女数量的限制。我最担心这种限制可能通过惩罚、征税、身体强迫或其他方式强迫别人来实现。如今，新加坡已经改变了方向，基于优生学的理由，鼓励中产阶级生育比其自愿选择的更多的子女。（这个转变，应该能使任何想要限制生育的国家警醒。）但我反对政府在任何方面施加压力，一方面是因为我反对这种压力本身，另一方面是因为我认为父母比政府更清楚什么是对整个社会有益的。

我希望你们同意我的见解，即对人们来说，拥有最大的自由去经营自己的生活才是有意义的。这种个人自我决定的愿望与关于生育控制的完整信息完全一致，因为信息增加了拥有所需数量的孩子的能力，这也与合法堕胎一致（但也与憎恨堕胎一致）。它与公共卫生和营养措施相一致——确保人们希望带到世界的所有儿童都能存活下来。对于所有旨在以提高个人能力来实现自己选择的家庭规模的能力的政策，我无条件支持。同样的信念也促使我反对强迫人们不要孩子。从定义上来说，强制会降低人们对自己的生活做出决定的自由度。

在本书第一版中，我写道："虽然我会投票反对任何强迫人们不要孩子的美国政策，包括对儿童征收超过其社会成本的税收，但是如果对这个问题达成协商一致的意见，我确实不否认社会有权作出这样的决定。"现在，我不会这样写了。我发现有越来越多的证据证明政府对私人活动的监管不到位，导致监管的结果很多时候与预期恰好相反（请参见第5—7章和第17—18章关于农业和环境的内容），就像哈耶克和米尔顿·弗里德曼长期以来所主张的那样。我也越发感觉到，（a）所谓最聪明的人对这些和其他基本问题的认识似乎是错误的——参见各章中对人口和资源的错误预测的评论。这些预测来自经济学家凯恩斯、哲学家伯特兰·罗素、诺贝尔数学经济学家保罗·萨缪尔森、华西里·列昂惕夫［人口环境平衡委员会成员（PEB）］、扬·丁伯根、詹姆斯·米德，等等；（b）这些聪明人试图（或渴望）改变政府政策，使国家公民的生活受其思想的束缚，甚至导致灾难性的结果：英国优生学运动的例子（这里我需要再次提到凯恩斯和诺贝尔奖得主、数学经济学家詹姆斯·米德，他们都是英国人口研究机构的创始人——我对他们在人口学上的许多开创性的科学发现深怀敬意，无论他们在这方面的兴趣起源是什么），当然还有纳粹德国的优生学观念和人口控制的可怕历史。我并不是说，玛格丽特·桑格（参见她的自传）等创始人所信奉的关于人口的一些观点应该被当作污点；我只是认为，应该审视人口控制组织的现状，而不是从过去的角度看待它们。但我确实相信，这些组织有一种持续的危险可能性，因为他们对人口控制必要性的普遍信念比较过激，甚至想要通过政府机构强加他们的想法，而我现在不认为政府有权这样做；更因为我已经看到，这些事情往往是基于科学的无知和救世主的热情而进行的。

真理的价值

也许,在讨论人口和环境政策时,最重要的价值观念是真理的价值。

记者经常调查学者的动机。有好几个人曾问我,"你为什么这样说呢?"当我回答说,我最强烈的动机只是寻找并陈述这些事情的真相,他们却似乎并不相信。但是,如果你知道当我最初对人口经济学感兴趣时,我的信念与现在完全相反,那么我的话或许会让你觉得可信。因为那时我相信人口增长同战争一样,是对人类最大的威胁。直到我真正开始研究这个问题,发现事实数据与我原来的想法根本不一致,我才改变了信念。而且,当我发现它们不符合我原来的信念时,我并不想对其视而不见。相反,我的信念必须改变,我觉得有必要更深入地研究这个主题,以获得令人满意的理论和经验信息。这就是我进入这个领域的原因,恰恰基于与我现在所持有的信念相反的认识。(这是否意味着我宣称关于我生活的所有方面都是完全真实的?当然不是。我无异于其他任何一个人。)

在我看来,谎言是人类今天面临的最丑恶和最危险的污染。这大概是当前唯一无法转化为有价值产品的污染。

各个章节都有许多与事实相反的论述,它们要么是无知的产物,要么是恶意欺骗的产物——这两者之间往往难以区分。然而,有时候,人们会遇到极其明目张胆的谎言,似乎除了将其称作彻头彻尾的谎言之外找不到更好的说法。第2章中详细阐述的罗马俱乐部自己承认的谎言便是一个例子。这里还有另外一个例子,来自塞拉俱乐部:"大型木材公司……正在以人类历史上最快的速度对美国的森林进行大肆砍伐"(摘自筹款信,没有日期)。不妨将该说法与第10章中显示美国木材增加而不是减少的数字进行比较。

另一个例子来自著名的火山学家哈龙·塔捷耶夫(Haroun Tazieff),他曾担任法国国家预防自然和工业灾害国务秘书,以下是他关于二恶英和多氯联苯的经验:

> 曾几何时,我相信这是一个全世界都坚决认同的无可争辩的事实:多氯联苯,及其在加热到300摄氏度时排放的二恶英,都是可怕的毒药。一两年来,这种宣传促使像我一样对多氯联苯毫不知情的政府官员将其正式列为非法品。
>
> 六年后,我开始为法国政府负责预防自然灾害和技术灾害。与自然相关的部分,我了解得很清楚,因为它与我的职业相关。而技术灾难方面,有必要加快了解。由于确信多氯联苯的极端危险,1976年7月,我要求提供给我的第一份档案是

关于意大利塞维索的化学工厂爆炸事件。从对这份档案的研究和我当时领导的调查中，我最先发现的事实是，这场所谓的灾难没有任何受害者。

其次，根据实际咨询过的专家（以及知识渊博的科学院）的判断，我了解到，二恶英根本不"可怕"，而且从来没有在任何地方使任何人丧命。

因此，将塞维索伊克梅萨工厂发生的工业事故定义为一场世界性灾难，完全是蓄意造谣——用不那么含蓄的话来说就是所谓的谎言。

越南的爱河事件和橙剂事件，与塞维索事件非常相似。

有时候，公众人物对忽视或操纵事实非常坦率。理查德·贝内迪克（Richard Benedick）大使表示："即使没有科学证据支持温室效应，也必须实施一个全球气候条约。"前参议员蒂姆·沃斯（Tim Wirth）说："我们必须解决全球变暖问题，即便全球变暖理论是错误的。无论如何，就经济政策和环境政策而言，我们仍然是在做正确的事情。"以下是另一份报道，是关于副总统阿尔伯特·戈尔的：

最近，戈尔和杰出的生物学家保罗·埃利希冒险进入危险领域。建议记者悄悄自我审查那些并不令人担忧的环境证据，因为用戈尔的话说，这样的报道将"破坏我们为必须尽快采取的艰难行动建立坚实的公共基础的努力"。

事实上，这样的报道实在是令人震惊，因为人们试图掩盖不诚实手段的证据。此类公开报道的存在，有力地证明了许多此类事件正在发生。而且，这表明参与者对自己目标的意义深信不疑，所以他们认为任何手段都是合理的，不管是否高尚。

我自己对这方面的看法是这样的（不管我是否能够做到保持不变）：我认为，任何时候都不应该篡改事实的真相，无论程度如何，无论删减多少，也无论这个问题的重要性如何。我相信，任何像我一样渴望被贴上"科学家"标签的人，应该向读者提供公正的可用证据，即使他想提倡某一个特定的观点（这完全符合科学家的定义）。是的，我试图尽可能尖锐地提出问题，既是为了引起读者的注意，也是为了尽可能清楚地表达我的意见，这使得某些批评家给我加上了"极端""夸张"或"过激"的标签。但有针对性地写作，与为实现目的而操纵证据是截然不同的。

我拥护这一观念是基于其本身的意义，也因为我认为篡改真相从长远来看是有害无益的，甚至可能会损害自己的事业（正如约翰·斯图尔特·穆勒在《论自由》

一书中所说的：如果持有少数观点的人诉诸人们通常用于支持大多数观点的卑劣技巧，他们将不可避免地损失更多），并且肯定会对整个人类的进步事业造成损失。我并不是说我完全遵从了这个理想，只是说我拥有这个信念。

赫尔曼·卡恩过去常说，"我不是乐观主义者，我是现实主义者"。我力图描述事实的真相。根据趋势，客观世界的未来看起来一片光明。但是，这一结论源于建立于事实之上的数据和理论，而不是预测的角度。

许多人不认为，科学家应该简单地追求实事求是。例如，气候学家史蒂芬·施耐德一直以来都是地球变暖最强烈的学术支持者，他坚持认为二氧化碳和其他排放物导致地球变暖，而政府应该干预个人生活以改变事态的发展方向：

> 一方面，作为科学家，我们的科学方法受到道德的约束，即承诺必须说出全部的真相，不掺杂真相以外的任何东西，这意味着我们必须包括所有的疑惑、警告、假设、"以及"、"但是"。另一方面，我们不仅仅是科学家，我们还是人类。和大多数人一样，我们希望看到这个世界变得更加美好，这就意味着我们要努力降低潜在灾难性气候变化的风险。要做到这一点，我们需要获得一些广泛的支持，以抓住公众的注意力。当然，这要求大量的媒体报道。所以，我们必须提供可怕的场景，做出简单的、戏剧性的陈述，并且很少提及我们可能存在的任何疑问。我们常常发现，自己所陷入的这种"双重伦理约束"无法通过任何公式来解决。我们每个人都必须在有效和诚实之间做出平衡。我希望能够做到两者兼顾。

上述引文中的着重号是我加上去的，这些内容是我最初打算提供的引文。但是史蒂芬·施耐德抱怨说，那句话（我在别处也用过）没有"上下文"，所以我很高兴能引用整个部分。

施耐德案例中一个奇怪的方面是（我在第18章中讨论过），在20世纪70年代——就在施耐德最初提出全球变暖的可怕情景之前不久——他曾敦促地球正在变冷，呼吁采取措施来减轻这种影响。所以人们会问：这种人是否曾经停下来问自己：如果我那时错得如此离谱，现在还会有人相信我吗？如果我当时能更有效地引起公众关注，会不会是一件好事？如果我那时就主张这样做，解开事实的真相，是否会更好呢？

为环保目的而扭曲真相的另一个例子是，19世纪苏夸米希印第安酋长西雅图所谓的第五篇福音演讲，内容包括"地球是我们的母亲……我见过一千头腐烂的水牛……"等等。这篇演讲稿是一位电影编剧于1972年写的。尽管真相早已为人所知，但环保组织仍在继续宣传这篇演讲。一部关于该演讲的儿童书在六个月内售出了280000册，并被提名美国书商协会艾比奖。（去年的获奖作品是一本伪造的白人自传，作者自称是由切罗基印第安人抚养长大。）

还有一个例子：切萨皮克湾基金会工作人员汤姆·霍顿（Tom Horton）和切萨皮克湾联盟军官辛迪·邓恩（Cindy Dunn）讨论了关于海湾状况的宣传与事实。

"我敢肯定地说，它正在衰退。"邓恩说。

"正在改变。"霍顿说。

那么，为什么它经常被描述为快要"死"了呢？

"为了筹集资金。"霍顿笑着说。

"确实，想要引起人们的注意很难。"邓恩说，"如果你说，海湾正深受富营养化之苦，很快就会吸引公众的关注。"

以下是索马里网络电视台歪曲事实的原因：

在遭受饥荒的拜多阿镇，工作人员在地区医院的院子里建立了一个昂贵的卫星系统，因此，高薪的记者可以在现场直播人们死去的场景。他们还要求拍摄外科医生进行腹部手术的场景，同时要求将一个装满血迹斑斑肢体的垃圾桶放在患者旁边的手术台上，因为这样可以带来更好的视觉效果。

真相扭曲过程中的一个不寻常观点，来自《新闻周刊》的编辑吉恩·莱昂斯（Gene Lyons）。他在奥斯顿·蔡斯（Alston Chase）出版了一本批评国家公园管理局的书之后，率先发表了一篇关于黄石公园野生动物的故事。其大意是说："国家公园管理局多次撒谎，而最令人痛心的是，我的编辑相信了他们的话。"决策者"相信这些话"，不是因为他们不知道事实，而是因为"他们对真相感到害怕"。这种情况也并非罕见。"长期以来，国家公园管理局已经变得近乎神圣不可侵犯，以至于它不适应与记者打交道。记者们只是写下他们听到的内容，撰写业内所谓的'吹捧文章'。""作为一位资历颇深的编辑，莱昂斯出于反对这种伪造事实的事件而辞职。他总结说：'我的故事能够告诉读者什么……很难说清楚。目前，对于自然资源问题，城市所表现出的感伤情绪和野生动物即福利的看法，是国家媒体的普遍看法。'"

人们往往很难看到像莱昂斯提供的这种作假记录，因为我们当中很少有人愿意（并且认为自己有能力）为捍卫真相而放弃工作，这是人类的本性。

在此，再次提到第18章中的引言：

也许，（阿拉斯加国家野生动物保护区污染）辩论中最令人失望的方面，是善意的狂热分子在反对沿海平原任何人类活动中所传播的虚假信息。他们是否认为自己的事业如此正当，以至于可以凌驾于事实之上？（阿拉斯加前州长，沃尔特·希克尔，1991年）

关注正确的事实，尤其是数据，是承诺真相的关键。对此，可以考虑一下第31章的物种损失案例，以及第5章库尔特·沃尔德海姆关于饥荒的陈述。另一个例子是《希波克拉底》（*Hippocrates*）医学杂志上给出的数据："每年有十四万名墨西哥妇女死于非法堕胎"，此数据来自前《纽约时报》记者阿兰·瑞丁（Alan Riding）的一本著作。这个说法显然是荒谬的，因为在20世纪80年代，15—44岁的育龄妇女中，因各种原因死亡的总人数仅为每年两万人左右。经另一位记者询问后，该杂志编辑、该文章作者，以及该杂志的出版商，都不愿意纠正错误。骄傲和意识形态的某些结合可能比对真理的承诺更重要。

与其他价值观相关的人口观念

我们大多数人都有一种倾向，那就是把整个不属于我们的价值观的集合，归因于那些在某些特定价值观上与我们不同的人。这种两极分化常常被用来使我们的对手看起来像魔鬼，从而迫使其他人反对我们的对手和特定的价值问题。

人口和政治态度是一个很好的例子。那些支持（反对）人口控制，并且认为自己是政治右派的人，将那些反对（支持）人口控制的人当作政治左派；那些支持（反对）人口控制并认为自己属于政治左派的人，则将那些反对（支持）人口控制的人当作政治右派。那些不接受我作品中提出的人口增长观点的人，将这种观点称为左派和马克思主义,以及右派和激进的右派。由于里根政府比之前的卡特政府更接近这一观点,也比民主党议会更接近这一观点,计划生育组织花费了大笔资金"指责"那些反对人口控制的"激进的右派"。

事实上,关于人口增长(以及移民)的观点跨越了政治范畴,所有政治团体在这些问题上都存在分歧。唯一的例外是自由主义者——他们强烈反对"自由党"和"保守党"的标签,并一贯支持完全的生育自由,反对移民壁垒——这都取决于他们自由选择的价值观。奥地利经济学家和米尔顿·弗里德曼在这一点以及其他许多观点上与自由主义者的一致,并在别人将其应用于他们时拒绝"保守派"这一标签[参见哈耶克的文章《为什么我不是保守派》(*Why I am Not Conservative*)],尽管他们并不认为自己是一般意义上的自由主义者;如果读者坚持把我放在某个特定的位置,那么最接近的就是哈耶克和弗里德曼阵营(他们两人在很多重要方面意见不一),更广泛地说,是大卫·休谟和亚当·斯密阵营。然而,在此应该指出的是,在19世纪的作家中,对人类经济学的理解最深刻,并提出了最优秀的人类经济学说,甚至考虑到知识创造作用的,是恩格斯和马克思。

总结

科学本身不会也不能得出这样的结论:人口规模是过大还是过小,人口增长速度是太快还是太慢。有时候,科学能够让公民和政策制定者更好地理解关于人口的某一决定的后果。然而,令人遗憾的是,关于这一主题的科学工作往往只是误导和迷惑了人们。关于生育、移民和死亡的社会或个人决定,不可避免地取决于价值观和可能发生的后果。在科学可能产生的任何洞见之外,这些决定必然存在道德维度。

结论 最后的资源

没有食物,一个问题;许多食物,许多问题。

匿名

批判现在而崇拜过去的幽默,深深植根于人的本性之中,甚至对具有最深刻判断力和最广泛知识的人也有影响。

大卫·休谟,《论古代国家的人口状况》(*Of the Populousness of Ancient Nations*),1777年/1987年)

    原材料和能源的稀缺状况正在缓解,世界粮食供应正在改善。发达国家的污染一直在下降。人口增长有其长远的好处,尽管增加的人口在短期内是一个负担。最重要的是,早逝的人越来越少。

    这些断言在1970年公开陈述,然后在1981年本书第一版中出现,经受住了时间的考验。良好的趋势一直持续到这个版本中。几乎任何可测量的实质方式都显示,我们的物种变得更好(引言中列出了本书中其他引人注目的研究成果,每章最后都以其特定主题的总结结尾)。而且,有更强的理由相信,这些进步性趋势将无限期地持续下去。

    确实如此,我们的空气和水源的清洁程度更高,污染更少,该趋势甚至比以前更加清晰明了,涵盖了更长历史时期内更多的国家(尽管东欧的环境灾难直到最近才为公众所知)。可获得性增加和原材料稀缺程度下降的趋势一直在延续,甚至出现加速。末日论者预言的粮食供应和饥荒灾难都没有发生;相反,现在世界人民的饮食比以往任何时候都好。在过去几十年里,灾难预言者的传统信念完全被各种事件所证伪。

    当我们将范围扩大到超出本书所涵盖的死亡率、自然资源和环境等物质问题,再扩大到生活、自由和住房水平等问题时,我们发现,与经济福利有关的所有趋势都令人振奋。也许最令人兴奋的是,全世界人民获得的教育正在大幅度增加,这意味着对人才和理想的浪费更少。（这些事情的证据可以在西蒙1995年的著作中找到。）[1]

事实上，这里提到的许多趋势在研究它们的科学家中司空见惯。农业经济学家对粮食供应一直持乐观态度，而自然资源经济学家也从未有令人沮丧的共识。但是关于人口增长的科学共识在20世纪80年代发生了很大变化。人口经济学家的共识与本书所写的内容相差不远；该行业和我都认为，在头几十年里，人口增长的影响是中性的。像世界银行和国家科学院这样的机构已经放弃以前的观点，即人口增长是经济发展的一个重大障碍。（至于我个人，总的来说，我强调的是人口增长的长期利益。）

核心问题是人口数量对生活水平的影响，尤其是在原材料和环境方面。总而言之，其长期影响是积极的。该机制的工作原理如下：人口增长和收入增加使得需求扩大，推高自然资源的价格。价格上涨触发人们寻求新的供应，并最终找到新的供应源和替代品。这些新的发现让人类比没有发生短缺前更好。

构成和统一各种主题的愿景，是创造力大于破坏力的人类愿景。但是，即使是才华横溢、精力充沛的人，也需要在激励机制下创造更好的技术和组织，并且保护作为其劳动成果的财产。因此，政治经济结构是经济发展速度的决定性因素。相比国家控制经济活动的情况，在经济自由和尊重财产的情况下，人口增长在短期内造成的问题更少，效益更大。

在评估人口增长的影响时，区分长期和短期的周期是至关重要的。毫无疑问，短期内增加的额外人口将带来问题。当清教徒到达美国时，对于美国本土居民来说，真正的问题出现了。当一些印度人指出，从长远来看这种情形会带来好处时，其他人会说："对我的狩猎场来说可不是这样。"婴儿在成为经济生产力之前需要使用尿布和学校服务。即使是移民，在参加工作前也需要使用一些服务。

从短期来看，所有资源都是有限的——例如制作本书的纸浆木材等自然资源，如普林斯顿大学出版社能给我的页数等创造性资源，以及您将投入到这本书中

---

[1] 几乎没有人对这些良性趋势的事实提出质疑——而那些提出质疑的少数人，他们拒绝承认自己的主张，甚至拒绝就这些趋势未来的延续提出质疑。正是从这些趋势中得出的结论，加上书中给出的理论解释，让其他人不同意，甚至觉得被骗了。也就是说，它们挑战根深蒂固的信念，而这正是这些观点所面临的困难。——原注

的精力等人力资源。在短期内，任何资源的更多使用，都意味着供应压力和更高的市场价格，甚至可能意味着定量配给。此外，从短期来看，由于天气、战争、政治和人口流动，总会出现短缺危机。个人往往能够注意到的结果，是突然飙升的税收，生活因受到干扰而变得不便，以及污染加剧。

但是从长远来看，效果如何呢？如果美国土著人设法并且成功阻止欧洲的移民涌入，并且从那时起直到现在没有出现人口增长，那么人们现在的生活会是什么样子？或者说，如果地球上一万年前有一百万人，这个数字保持停滞直到今天，那么现在又会是什么样子？你是否认为，如果我们的人口保持在一千万年前的四百万左右，我们的生活水平将会和现在一样高？在我看来，我们现在就不会有电灯、燃气、汽车或青霉素，也不能抵达月球，而且目前发达国家高达70岁的预期寿命也不会实现；相比之下，如果人口数量没有增加，在早些时候，预期寿命仅为20~25岁。

长期与短期是完全不同的故事。自有记录以来，生活水平一直随着世界人口的增加而上升。随着收入和人口的增加，短缺程度减少、成本降低、可用资源增加，包括更清洁的环境和更多的自然休闲区。没有令人信服的经济理由可以证明，这些改善生活、降低原材料价格（包括食品和能源）的趋势不应无限期地持续下去。

与通常的言辞相反，这一过程的延续没有任何意义上的限制。（关于这个悖论，在前面几章中有诸多解释。）没有物理或经济原因可以证明，人力资源和企业不能通过新的策略永远持续应对即将出现的短缺和存在的问题，并且在经过一段时间的调整后，比问题出现之前变得更好。增加更多的人口会给我们带来更多类似的问题，但与此同时，也会有更多的人来解决这些问题，而且从长远来看，我们将得到成本和稀缺性都降低的回报。回报包括更健康、更多的荒野、更便宜的能源和更清洁的环境等我们渴望的东西。

这个过程直接违背了马尔萨斯式的推理以及对这些问题的明显常识，后者包括：任何资源的供应都是固定的，而更多人口来使用资源则意味着更少的剩余量。要解决这个悖论并不容易。充分的理解需要从这样的观点开始，即相关的稀缺度量是资源的成本或价格，而不是对其计算储量的任何物理量度。我们提取资源不是以物理单位，比如几磅铜或一英亩农田，而是我们从这些资源中获得的服务——铜的电气传输容量、粮食价值和耕地提供的美食享受。其次，经济史并没有像马尔萨斯推理所暗示的那样发展。通过一切合理的计算方式可知，长期以来，所有商品及其提供的服务的价格一律下降。而这一不可辩驳的事实必须作为可合理预测未来的基础资料予以考虑，而不是作为无法继续的偶然情况链。

原始资源只有在被发现、理解、聚集，并应用于人类的需求时才是有用和有价值的。这个过程中的基本元素和原始元素是人类知识。我们只是为了满足我们的需求，才开发了关于如何使用原始元素的知识。这包括发现新事物的知识，如寻找诸如铜之类的原材料的新来源，用于发展新资源，如木材；用于创建新资本量，如耕地等；用于寻找新的、更好的方式来满足旧的需求，如先后使用铁、铝和塑料代替黏土或铜。这种知识具有特殊的性质。除了那些开发、应用并尝试为自己谋利的人以外，这种知识给所有人都带来了好处。更广泛地说，资源需求增加，通常会使我们获得永久性的、更大的获取资源的能力，因为我们在这个过程中获得了知识。而且，没有任何有意义的物理限制，即使是通常提到的地球总体资源，对我们永远保持增长的能力也没有限制。

有一种资源表现出稀缺性增加而不是丰度增加的趋势，它也是最重要的资源——人类。诚然，现在地球上的人口比以往任何时候都多。但是，如果我们像衡量其他经济产品一样来衡量人的稀缺性——我们必须支付多少钱才能获得他们的服务，我们便会发现，在世界各地，不论穷国还是富国，在过去几十年和几个世纪以来，固定工资和时薪都呈上升态势。不管是在印度还是在美国，要想享受司机、厨师或者经济学家的服务，你都需要支付比以往更高的报酬。服务价格的上涨清楚地表明，即使现在我们有更多的人口，劳动力却变得越来越稀缺。

许多反对人口增长的人认为，从长远来看，现在增加的人口不会产生积极的影响。或者说，他们并不重视这些未来的积极影响。而且他们认为，如果现在出现更多的人口，便意味着未来十年（比如说）的空气会变得更糟糕、可用的自然资源会更少、生活水平将更低。

这种短期观点的一个有趣方面是，许多持有这种观点的人竟是从生态的角度出发的。生态学最大的智力优势之一是它对当前事件的长期后果的认识，以及寻找间接和难以察觉后果的倾向，这两者都与经济学有着共同的趋势。如果我们将眼光放到近期未来之外，我们将看到，消极的短期效应必然能够克服。

这在长期进展的趋势证据中可见一斑，而且有符合这些事实的坚实理论。再一次重申，这个理论如下：更多的人口和收入的增加，在短期内会使资源更加稀缺，从而导致价格上涨。上升的价格提供机会，并促使发明家和企业家寻求解决方案。许多人失败了，并付出了一定的代价。但是在自由社会中，最终一定会找到解决方案。而且从长远来看，新的发展使我们比没有出现问题前生活得更好。也就是说，价格最终将比稀缺发生之前更低。我们已经见过许多此类例子，例如从燃烧木材到煤炭、石油再到核能的能源转换（参见第11章），在寻求废物处理方法方面，不仅缓解了问题，还将"糟糕"的废弃物转化为经济"商品"。

书中所有具体发现的基础背后，都存在着这样一个普遍过程：平均而言，人类创造的比他们破坏的更多一些，也比他们使用的多一些。正如物理学家所说，几乎在任何一个时代，在任何一个国家，这个过程就像一个"非变量"，适用于所有金属、燃料和粮食，以及所有其他的人类福利措施；这可以看作是一种经济史理论。这一过程存在的关键证据是，每一代人都会比最初留下更多真正的财富——用以创造物质和非物质产品的资源。也就是说，平均来看，每一代人的生活水平都高于前一代人。

确实，它必然如此。如果人类不倾向于创造超过其使用量的东西，那么人类这个物种早就已经消亡。这种创造的倾向，可以视为人类演变过程中的一个基本特征。这一总体理论，解释了事实与马尔萨斯及其追随者所预见的完全相反的原因。

在与我观点不同的大多数专家的思想背后，是相关话语系统中固定性或资源有限性的概念。当然，这个概念在马尔萨斯主义中处于中心地位。但是，这个想法可能一直是人类思维的主要部分，因为很多的这种情况在短期内看起来必然是固定的——冰箱里的啤酒、薪水、父母必须陪伴孩子的时间。但是，就我关于资源的想法（以及其他少数人的想法）背后的基础是，相关的话语系统具有足够长的时间范围，因此将系统视为非固定的而不是任何操作意义上有限的，才是合理的。我们将资源系统看作一个人可能拥有的想法数量，或者是最终可能由生物进化产生的变化数量，是无限的。也就是说，担心末日即将到来的人，与那些看到未来更多人口获得更加美好生活前景的人之间的关键区别，显然在于他们是以封闭式系统还是以开放式系统的方式进行思考。例如，担心热力学第二定律将使人类最终衰退的人，必然是把我们的世界看作一个关于能量和熵值的封闭系统；那些将宇宙看作无界的人，则认为热力学第二定律与这个讨论无关。就我个人而言，我倾向于认为自然和社会宇宙对于大多数目的是开放的。究竟哪一个主题更适合思考资源和人口并不是科学测试的范围，但是它深刻影响着我们的思想。我相信，在此隐藏着人口和资源思考的关键差异的根源。

  为什么如此多的人把这个星球和我们目前已知的资源看作一个封闭式系统，并且认为在未来不会增加资源？其中有多种原因。（1）简单的马尔萨斯式固定资源推理与我们日常生活中孤立的事实相符，而资源的扩展是复杂而间接的，并且囊括了所有创造性的人类活动——不能将其与我们的粮食储藏室或钱包相提并论。同样的概念、修辞甚至措辞，不断用于各种资源和环境恐慌——石油与水源、饮用水的氟化与核电、全球变暖与酸雨、臭氧层。（2）资源压力增加，总是会产生直接的负面影响，而效益只会出现在晚些时候。相比更遥远的未来，更加关注现在和近期是人之常情。（3）特殊利益集团常常提醒我们木材或清洁空气等特定资源即将出现短缺。但是，没有人怀有同样的利益试图说服我们，资源的长期前景比我们想象的要好。（4）相比令人安心的预测，那些令人恐惧的预测更容易获得人们的注意（以及电视和印刷品的报道）。（5）为应对暂时或不存在的危险，以及培养从怀有公共精神的公民和政府那里筹集资金以应对危险的力量而形成的组织，在危机蒸发或问题解决时并不会解散。（6）野心和对利润的渴望，是我们竭力奋斗以满足自身需求的强大因素。这些动机，以及它们所运行的市场，往往并不漂亮，许多人宁可不依赖利用这些力量让我们生活得更好的社会制度。（7）将自己与环境因素联系起来，是获取崇高声誉最广泛且最容易的方法之一。它几乎不需要任何深度思考，而且几乎也不会激怒任何人。

  处理资源问题的明显方法——政府控制消费者的消费数量和供应商的供应数量和价格——从长远来看必将适得其反，因为控制和价格固定将使我们无法进行成本效益调整，而这些调整是我们对短期成本增加做出反应所必需的，同时这些调整不仅仅可以使问题缓解。有时候，政府必须发挥关键作用，以避免短期中断和灾难，并且确保没有任何组织在没有支付实际社会成本的情况下消费公共产品。但是，政府扮演这种角色的适当时机少之又少，更多的时候，政府部门之所以这样做，是因为某些人倾向于寻求和借助权威来告诉别人该做什么，而不是允许我们每个人基于自己的利益和想法做出回应。

这本书的主要主题之一，是政府的适当作用。相比本书第一版，这一版中对其强调得更多，因为它背后有更多的证据：制定尽可能客观和一般化的市场规则，允许个人自行决定如何生产，生产什么和消费什么，并且以尽可能少地侵犯他人权利的方式进行，保证每个人的付出都能得到相应的回报。对这一原则的支持出现在本书的很多章节中，因为我们看到了关于粮食生产、自然资源供应等问题的历史和统计数据。

至关重要的不仅是人类的思想和精神，还有社会的框架：一个国家的政治经济组织对其经济发展影响最大。在我看来，大卫·休谟是人类历史上最伟大的哲学家和经济学家之一，他在1742年这样写道："大量的人口、需求和自由，缔造了荷兰的商业。"在这一短句中，休谟总结了一切关于经济进步的重要内容：经济自由，一个"受法律而不是男性统治"的国家的经济自由，使得人们能够充分发挥自己的个人才能和机会；需求，在荷兰的情况下，则是缺乏可以轻松种植庄稼的广袤而肥沃的土地，因此有必要通过与大海争夺土地来创造新的肥沃的土地；大量的人口，他们有创造新的做事方式和组织有效社会的天赋。这就是这本书所讲述的故事的核心。

美国和其他经济发达国家的最大资产是政治、法律和经济组织。比较一下在美国做生意的容易程度（例如从供应商那里进口）和在苏联做生意的容易程度就可以清楚地看到这一点。在20世纪90年代即本书写作时间之后，俄罗斯的体制应该还会持续数年。

但是，人们再一次从小视野而不是大视野看待这个问题，并且看不到问题的长期利益。也许，我们相信"聪明"的人，比如世界银行或国际货币基金组织（IMF）的首脑在其职位上将做出合理的决定并提供有用的建议这种倾向，与我们认为即使在没有模式的情况下人们也能找到模式的相关信念。我们不愿意认为我们人类在这些事情上只能靠运气。

我们的时代不同于过去的时代？

我一次又一次地论证了从长远看问题的重要性，这样我们才能看到趋势的连续性。如果人们认为，他们的时代不同于过去所有的时代，那是错误的。尤其是当他们考虑到自己时代的危险时，错得更加明显。

说到这一点，我也注意到，我们的时代与其他任何已经或将会出现的时代有着根本的差异，特别是在死亡率和预期寿命方面。一个人出生时的预期寿命是25岁到75岁之间，且只能经历一次。机遇的变化几乎同样巨大，而且可能几乎不可重复。从几乎没有获得中等和高等教育，到几乎普及性的高等教育，人们只能进步一次。实现超越的想法，似乎不是社会赋予或可能赋予的东西。

实质上：有时候，我认为我们最后的身体需求是得到照顾，技术可以做到。用我自己的话说，我们的人生（即使在一个发达国家）实现了巨大的转变——我们已经从把煤铲进炉子里，晚上把煤储存起来，然后给一个弹簧闹钟上好发条，在早晨用链子把炉子打开，再把它装进炉子里，最后把灰烬装在桶里扔到大街上——这些灰烬也可以用来给篮球场硬化泥浆，到带全自动恒温器的全自动壁炉和空调等等。我们还能走多远？这是否意味着，如果我不能预见这些方面进一步的技术发展方向，便是缺乏想象力？你可以离开家门，拿起电话，拨了几个号码，任何打电话给你的人都能在你的录音机上听到。通信方面还能实现怎样的改进？这些改进能够减少多少挫败感呢？当然，挫折总是期望的催发剂。但是……

未来将何去何从？

自本书第一版出版以来，这些年发生的事情与第一版中的预测基本没有冲突。或者说更重要的是，这几年对人类来说是好的，良性的趋势一直持续到这个版本。用几乎任何一种实质方式来计算，我们的物种都生活得更好，而且有比这更强大的理由相信，这些进步趋势将无限期地持续下去。

基于这些趋势，长期的物质前景非常有利，并且确定无疑（正如我前面提到的），我准备对其进行打赌，并提高第一版中提出的赌注。我将赌上一周或一个月的工资。我敢打赌，几乎与人类福利相关的任何趋势都会改善，而不会变得更糟（我的奖金将捐给慈善机构）。

现在活着的人生活在——从一个角度来看，刚刚结束——人类历史上最不寻常的两个世纪。人类不久就会在与早逝的历史性斗争中取得成功。发达国家的大多数居民已经过上稳定安逸的生活，有着富足的饮食、体面的住所和充分的教育。未来的结果将是为地球上的所有人带来这些好处，这可能需要半个世纪或一个世纪。

一些专家担心，不健全的想法将阻止进步并破坏文明。他们的口号是"观念有其后果"。是的，思想很重要，而追求真理可以改变我们取得进步的速度。然而，与那些专家不同的是，我认为思想从长远来看不具备决定性。是的，对科学视而不见的反增长者也许能够在一段时间内阻止核电，并且浪费数十亿美元进行不必要的活动。但我相信，从长远来看，在现代全球交流和流动的世界里，真正的物质改进是永远无法阻止的。核电终究会得到肯定，因为它与反核电狂热者想要永远阻止其他人享用其带来的好处相比，实在好太多。贫穷的男人和女人想要改善他们的生活，已婚夫妇想要生育孩子，而所有人都想要自由。这些倾向对于大多数人来说是如此深刻且"自然"，以至于抽象地论证人口过剩或简单生活的美德，或者将个人欲望屈从于国家，只能说服一小部分最容易说服的人，但也只是暂时的。正如林肯所说，你只能在一段时间内欺骗一些人。平均来说，人类渴望获得改善；历史上有足够的证据——也许是无可争辩的证据，即每一代人都倾向于给其后裔留下比他们从其祖先那里获得的更多东西——这样的话，这个命题即可视为事实而不需要进一步地佐证。

专家和学者有权认为自己比其实际上更重要；亚当·斯密甚至提出了关于这种智慧的建议。但在我看来，当我们认为我们的观点或我们的反对者的观点极其有力，甚至能够永久影响人类发展的进程时（虽然哪怕是暂时的影响也是重要的），无疑是抬举自己。

物质不足和环境问题有其好处，并超越它们所促发的改进。它们使得个人和群体的注意力集中起来，并构成一系列能够激发人类潜力的挑战。（日本的竞争表明，我们需要我们的问题。未来几十年，美国和欧洲的情况肯定会好得多，因为日本的加入让我们加倍努力。）在没有这些问题的情况下，人们便转向那些不那么迫切的物质问题，例如威胁越来越小、情况越来越好的环境状况（见第15章），以及非物质问题，例如群体公平问题，这往往会触发人性中最坏而不是最好的东西。物质上的成功，甚至会让人质疑这种成功是否意味着人类的进步会引发更大的问题。一个熟悉的例子是，年轻人因时间和金钱太多而给自己和他人带来麻烦。再次重申：没有食物，一个问题；很多食物，很多问题。

正如贝斯纳所说，我们可以肯定地预言，未来人类将比现在更富有；但是我们无法保证,在未来某个时候人类是否会变得比现在更邪恶。也许,至少在一段时间内——直到我们的知识和社会的发展,以及我们的想象力,让我们走上一条新的轨道——发达国家将面临缺乏激发人类最大潜力的挑战。也许,正如额外的人口是解决人类问题的最终资源一样,缺乏适当的挑战可能将成为最终短缺。

当然,我并不是说现在的一切都很好。儿童仍然挨饿生病;一些人过着物质和智力贫困的生活,以及缺乏机会;战争或者一些新的污染可能会连累我们所有人。我所说的是,就我所审视过的大多数相关经济问题来说,其趋势都是积极而不是消极的。我怀疑,如果我对世界上的人们说事情越来越糟是有好处的将会造成麻烦,尽管它们确实越来越好了。虚假的末日预言会以各种方式攻击我们。

美好的未来万无一失了吗?当然不是。在存在冲突、政治失误和自然灾害的地方,也就是有人类生活的地方,总会有暂时的短缺和资源问题。但是,自然世界允许发达世界通过市场促进我们对人类需求和短缺做出应对,而应对方式中后退的1步将使我们向前迈进大约1.0001步。这足以让我们朝着维持生命的方向前进。

我们的愿景应该是什么?人口控制运动的末日论者提供了一个限制,日益减少的资源、零和博弈、节约的愿景,由于恶化、恐惧和冲突而呼吁政府更多地干预市场和家庭事务。或者说,我们的愿景应该是那些乐观地将人类视为资源而不是负担的人的愿景吗,即逐渐减少的限制,日益增加的资源可用性,一种人人都能获益的游戏,创造、制造兴奋,以及相信个人和企业在自发寻求个人福利方面只受公平游戏规则的制约,将生产足够的产品来维持和增进经济进步、促进自由吗?

我们的心情应该是怎样的?人口限制论者说,我们应该感到伤心和担忧。我和其他许多人都认为,种种趋势表明,我们的新发现值得我们感到喜悦并为之庆祝,因为它们增强了人类健康生活的能力,同时全世界的人能迅速地获得教育和机会。我认为,人口限制论者的焦虑观点将被引向绝望和听天由命。而我们的观点,将带来希望和进步,因为人们有理由期望人类今后的积极努力能在全世界增加人口数量,改善健康,增加财富和机会,就像过去一样。

总结一下:短期内,所有资源都是有限的。这种有限资源的一个例子就是你将投入到本书中的时间和注意力。然而,从长远来看,情况却大不一样。自有记录以来,生活水平随着世界人口的增加而增加。没有令人信服的经济理由可以说明,这些趋向于更好生活的趋势不应该无限期地持续下去。

核心的理论思想是：人口增加和生活水平提高导致实际和预期的短缺，从而导致价格上涨。较高的价格意味着机会，吸引有经济头脑的企业家和社会意识型发明家寻求新方法来弥补短缺。一些人失败了，并为此付出了代价。但是在一个自由的社会里，一些人总会成功，最终的结果是，我们最终将比问题出现之前更好。也就是说，我们需要我们的问题，但这并不意味着我们应该故意为自己找麻烦。

当然，进步并不是自动实现的。我要传达的信息当然不是自满，尽管任何预测资源稀缺程度将会下降的人，总是给自己贴上这个标签。在这一点上，我赞同末日论者——我们的世界，需要全人类最大的努力来改善我们的生活。但我与他们分道扬镳，因为他们认为我们会有一个坏结局，尽管我们作出了最大的努力；而我希望继续做出取得成功的努力。我相信，他们的信息是自我实现的，因为如果你认为你的努力会因为不可阻挡的自然限制而失败，那么你很可能会想要放弃，因此而真的失败。但是，如果你认识到成功的可能性——事实上是可能性——你将能够迸发出大量的精力和热情。增加更多的人会带来问题，但人也是解决这些问题的手段。加速我们进步的主要动力是我们的知识储备，而制动我们的是缺乏想象力。最终的资源是那些技术精湛、生气勃勃和满怀希望的人才，他们为了自己的利益而发挥自己的意志和想象力，而且最终他们不仅会造福自己，也必定会造福我们其他人。

后记1 "生而不幸"

生而不幸

时间：欧洲拿破仑时期，美国杰斐逊时期。

地点：一个外围边界，有时称为"黑暗和血腥的地方"。

确切日期：1809年2月12日。

脏乱村庄的一条泥泞道路上，

牛车缓慢呻吟，吱吱作响。

一位骑手欢呼并停下，

开口说道：

"听说了吗？今天。汤姆·林肯的妻子。

这些可怜人的倒霉运！

可怜的汤姆！可怜的南斯！

可怜的小家伙，生而不幸！

一个婴儿被上帝抛弃了，就在那个鬼地方，

比牛圈还糟糕的地方！

不过，难道不像牛？牛？喷！

牛肉、牛皮和牛油混合成的小怪物，可是

谁会瞧得上？

白垃圾！小蝼蚁！

他们唯一的本能就是繁殖！

他们很擅长这个，

所以，今天，上帝啊！又一个孩子！

又是一声惨叫，惨叫，笑脸涨得通红，有什么用?

为什么降临人世，只有上帝知道。

如果他是黑皮肤就更好了，

那样还算有衣蔽体，

然而，有些人

会为这个小鬼要求'平等'，

还有那个该死的民主派

今天就蹲在华盛顿曾经坐过的地方，

他肯定会说，这个林肯幼崽

与你我同样重要!

是的，杰斐逊，汤姆·杰斐逊，但他是谁?

他们甚至暗示黑人应该得到自由。

那个傻瓜也许会告诉你

这个婴儿说不定要当总统!

这个生来连破布都没有的小喇叭!

天啊，它令我作呕!

这个小畜生

过不了几年大家就会

视之如敝屣，但现在

比母猪崽还无助，

而且——哦!好吧!快让那些婆娘去照顾南斯。

可怜的小魔鬼!生而不幸!"

[埃德蒙·万斯·库克（Edmund Vance Cooke），唐纳德·毕晓普荐]

后记2　受缚的普罗米修斯

起初，人类有眼睛，但看不到目标；有耳朵，但听不到任何声音。如梦一般，他们在漫长的生命中徘徊，在迷惘和困惑中经历一切。不知道以砖砌房来遮挡阳光；不懂在丛林中谋生的技巧。他们像成群的蚂蚁一样生活在没有阳光的洞穴中。对他们来说，没有什么确切的标志可以告知冬天，或鲜花盛开的春天，或万物生长的夏天；他们所做的事，都毫无算计。直到我向他们指示星宿的数量，以及难以洞察的周遭。而且，接下来我教授他们计数，以及将字母组合起来，作为记忆万物的手段。是我，是我最先为他们给野兽上轭，并给这些野兽装上链条和驼鞍，使它们替人类完成最艰难的任务；我把马具套在马车上，使他们喜欢驯鹿、马和富人奢侈至高无上的骄傲。是我——没有其他人，发明了船只、帆布驱动的货车，在海洋的冲击下遨游。这就是我为人类发明的巧计——唉，对我来说！我自己却不知如何摆脱目前的痛苦。

合唱：

你所遭受的痛苦确实很可怕……
普罗米修斯

听完剩下的内容，您将更加惊叹于我所发现的工艺和资源。从前最重大的事情是：如果一个人生病，他完全没有抵抗的能力，也没医治的食物、饮料、药膏。但是，由于缺乏药物，人类日益消瘦，直到我向他们指示了温和的草药，帮助他们赶走了各种疾病。是我，是我安排了这所有……在地下，隐藏着给人类的祝福，铜、铁、银和金——难道有人会声称比我先发现了这些东西？不会，我非常确定，没有人会真诚地为此目的发声。一个简短的词就可以概述整个故事：人类拥有的所有艺术都来自普罗米修斯。

《希腊悲剧全集》（*The Complete Greek Tragedies*），第一卷，"普罗米修斯"，大卫·格林（David Grene）和里士满·拉铁摩尔（Richmand Lattimore），芝加哥大学出版社，1959年

结语　我与我的批评者

有人对这本书大声疾呼,这正好符合我对那些对善良的愿望感到绝望的人的公正、智慧、慈善和公平待遇的期望。它已由大陪审团提交,却遭到了数千名从未见过它的人的谴责。已经有人在我的市长大人面前公然反对了,每天都有一位神圣的牧师对我进行彻底的驳斥,他在广告中对我指名道姓,并威胁我在两个月内给他答复……(他)表现出了优秀的发明家的天赋,在无神论方面也表现出了极大的智慧。

伯纳德·曼德维尔,《蜜蜂的寓言》,1705年

一般来说,与普遍观点相反的意见,只能通过学习委婉的语言来获得听证,并且需要极度谨慎地避免不必要的冒犯,即使在轻微的程度上,它们也很难偏离而不失势;然而,站在主流观点一边进行的毫无节制的谩骂,确实会阻止人们发表相反的观点,同时阻止人们倾听那些发表这些观点的人。

约翰·斯图亚特·穆勒,《功利主义,自由和代议制政府》(*Utilitarianism, Liberty, and Representative Government*),1859年

大多数

在这方面,正如所有的一样,取得上风。

同意,你是理智的;

反对,你很危险,

套上枷锁。

艾米莉·狄金森(Emily Dickinson),《大量的疯狂是最神圣的感觉》(*Much madness is divinest sense*)

普林斯顿大学出版社的编辑杰克·雷普切克(Jack Repcheck)建议在本书第二版中加入对第一版批评意见的回复,这听起来似乎是一个有用而有趣的想法。这将是一个讨论对中心问题批评的好机会,从而要么加强本书的论点,要么说明哪些论点的批评是有效的,因此它们在本版中被弃用。

然而,在我开始撰写这篇文章时,我发现情况并非如我们所想象的那样。尽管本书受到了人们的高度关注,却没有多少经济学家给予严肃的批评。很大一部

分攻击来自生物学家,他们(如本杰明·富兰克林)在几十年甚至几个世纪以来,对人口增长表达了最强烈的恐惧。而且,他们所写的大部分内容都超出了经济学框架(这本书的主题是人口经济学),甚至不在普通科学论述之内,如下所示。

首先,我将解决实质性问题,然后再讨论人身攻击。最后,我将就批评的性质及其影响提供一些看法。

对这本书的理论和事实基础缺乏严肃批评的一个原因是,该书的核心论点大多不是新颖或激进的,尽管在非经济学家看来如此。事实上,在我涉足之前,这里所写的大部分内容已经成为既定事实。

粮食。粮食生产和消费的良性趋势已经为受人尊重的农业经济学家所知晓——本内特(M. K. Bennett)和西奥多·舒尔茨可能在20世纪50年代或60年代以来表现得最为卓越。从他们那里,我了解到这里所传达的有关农业的核心思想。即使那些在十年前或二十年前对农业持有疑义的人,现在也已经达成了这种共识,也许主要是因为持续积累的数据与末日论者的说法截然相反。例如,我们如今在报纸上看到:

> 世界银行……在一次为期两天的"战胜全球饥饿"会议前夕……试图驳斥马尔萨斯的论点,即世界最终将无法为不断扩大的人口供应足够的粮食。银行副行长伊斯梅尔·萨拉杰丁(Ismail Sirageldin)说,事实上,农产品价格"处于历史最低水平",世界粮食生产"上涨速度快于人口增长速度"。

对于自20世纪70年代以来一直关注世界银行言论的人来说,这一公开声明代表了一个惊人的转变。

即便在最不可能的地方,也可以找到关于趋势的共识。莱斯特·布朗一直是本书的严厉批评家之一,他和他的世界观察研究所继续警告即将出现的粮食短缺,几十年如一日(参见第5章至第5章,以及我1990年的著作)。1994年,他们警告说,(据报道)"经过40年来的粮食产量创纪录增长,人均产出'突然意外'地出现逆转"。换句话说,他们暗自承认,布朗早些时候的可怕警告是错误的,粮食形势已经改善,而并非如他所预测的那样恶化,这肯定了农业经济学家几十年来达成的共识。然而,与往常一样,布朗再一次读到趋势中不可避免的不规则性,认为长期模式中将出现变化。而媒体甚至在没有咨询主流农业经济学家的情况下就对其进行大肆宣传。

自然资源。同样，在哈罗德·巴奈特和钱德勒·莫尔斯1967年的《稀缺与增长》（这本伟大的著作是我的"导师"）的影响下，很多资源经济学家早就朝着本书在自然资源方面的立场前进了很远。诚然，与大多数相比，我将这些观点推得更远，但这不是理论上的差异；这里关于资源主题的主要新颖之处，在于我提供的广泛数据，以及关于非限制性的明确断言，这甚至可能隐含在某些前人的著作中。

污染。本世纪初，庇古（A. C. Pigou）提出了环境污染的基本经济理论，这些理论是我关于该主题的章节的支柱。本书中没有任何激进之处可供经济学家批评。

人口增长。关于人口增长本身的影响，整个经济学界不像我在第一版中或我以前的专业工作中那样认可它。但几个世纪以来，一直有重要的声音支持人口增长，包括威廉·配第，大卫·休谟和亚当·斯密。马尔萨斯本人在他的"论文"第二版中也转变了自己的立场。由于经济学家强调自发性经济调整对于变革的显著特性，所以即使是没有认同人口增长优势的经济学家也从未担心其后果。因此，研究人口效应经济学的专业经济学家在20世纪80年代转向他们现在所处的立场也不足为奇，正如1986年的美国国家科学院报告所述，该报告与本书的立场相差不远，尽管这一事实在大众媒体中没有得到体现。（少数几个将其工作称为"生态经济学"并对增长持有强烈负面立场的经济学家，与主流经济学格格不入。）

在开始正式讨论实质性批评和负面言论之前，应该指出的是，该书受到了相当多的关注，我所知晓的期刊、杂志和报纸上的评论竟达到了150篇，并且，自那时起，越来越多的评论出现在个人著作和个人书信中——上述这些都是积极的。对于这些有用的想法和积极的话语，我深表感激。在此，除了本章附加的哈耶克的两封信之外，将不再提及任何积极评论。

实质性问题

玛莎·坎贝尔（Martha Campbell）是一名政治学家，同时也是两大"人口活动"组织的创始人，她搜集并发表了对我的人口研究工作的主要实质性批评。她的目的是想提供一份反驳我的作品的汇编。值得赞扬的是，坎贝尔关注于可讨论的问题，并抛弃了那些留待稍后讨论的非实质性个人攻击。该汇编出现在《焦点》（Focus）上，该出版物隶属于承载能力网络（Carrying Capacity Network）——一个致力于降低人口增长率的组织。

我将讨论坎贝尔评论中的所有主要问题,以便读者明白我并不是在回避基本批评。(我不得不借助于这样的方式来向读者保证我是诚实的,这实在令我感到羞愧,但正如你将在下面看到的,那些不喜欢这里所包含的观点的人常常对我的科学品格提出质疑。)我将主要按坎贝尔给出的顺序来一一讨论,而某些困惑不清或微不足道的将不会提及。我将从她提出的第一个问题开始,逐一讨论名单里的内容;幸运的是,坎贝尔将最重要的问题放在了最前面。这个顺序程序也应该能使读者放心,我并没有回避困难的问题而选择无关痛痒的问题作答。此外,我主要针对她列举的批评者进行讨论,这也应该能够进一步证明,我并不是在精心挑选最容易处理的论点。(当然,这听起来辩护意味很浓;原因稍后便知。)

值得注意的是,虽然这本书处理的主要问题是经济方面的,但坎贝尔的批评中只有一小部分来自学术型经济学家;大多数来自社会学家和组织倡导者。

有限性

坎贝尔列出的第一个问题是有限性。的确,实质性批评的中心焦点是有限性概念。我的一般答复是在第3章和第4章的论点本身的背景下提出的。在坎贝尔的名单中,首先提到了这个问题(由赫尔曼·戴利和约翰·科布提出),它与我对数学中有限性概念的单纯语言解释以及几何线例子相联系,而在数学中其定义为可数性。我在第3章讨论了这个隐喻以及对其的批评。(我也许不该采用这种纯逻辑性的方式,这样就不会误导读者了。)

林赛·格兰特(Lindsey Grant)接着攻击说:

> 西蒙可能是从学术型经济学家那里获得的无限可替代性的信念。这个假设,不基于任何系统的理论基础,也没有任何证据支撑……生物学家和生态学家一直试图说服经济学家,这个假设在有限世界中是非常危险的,但是劝说无果。

我并没有说现在或将来的任何一个时刻可以实现"无限可替代性"。我所说的是,随着时间的推移,可替代性正在增强;随着时间的推移,各种原材料都出现了更多、更廉价的替代品。

有限性本身是不可检验的,只是到目前为止还没有人能够说明相关系统(我们的宇宙）的绝对大小，这表明字典意义上的有限性的缺失。但是，我们可以得到的相关证据——日益下降的价格和日益增强的可替代性——并不是人们期望可以从有限系统中产生的。（因此，批评者只能说，所有的历史证据都只是"暂时的"，并且在"某个时候"必然出现逆转，这是普通科学典范之外的一种表述。）

毫无疑问，我对非有限性的断言是反常识的，实际上，它是令人震惊的；令人遗憾的是（与格兰特和其他人的断言相反），它在标准经济学中并不突出，尽管它与普遍接受的标准经济学并不相悖。但是，批评者根本没有认识到，可用数据与有限性假设并不一致。

在同一方面，凯菲茨不同意其他批评家的看法，而是赞同我的观点："似乎存在足够数量的不可再生资源。"（尽管我不会这么说）然后，他辩称真正的问题是过度使用可再生资源。但可以猜想，只有当可再生资源的供应受到某些不可扩展（有限）资源的限制时才会如此。如果是这样，它只是上述有限资源讨论的另一种形式。

普雷斯顿（Samuel H. Preston）写道，在现阶段增加人口没有任何好处，因为唯一的问题是，给定的人口增长是现在的还是将来的某个时候。"可能的结果是，如果现在有更多的人口，将减少未来可能存活的人数——例如，如果我们增加了社会或环境灾难的风险。"（1982年）对此的一个合理解读是，在特定时期内争夺资源的人口更多，可能会造成不利影响，并且，在一个时期内使用更多的资源意味着后期可用的资源更少。但是，同样地，这取决于固定（有限）资源量的假设，这是我在第3章和第4章中已经介绍过（或者至少是提出质疑）的"常识"假设。这一批评也含蓄地假设，无论一个人是生活在哪一个时期，这个人对知识创造的贡献的现值是相同的，这是一个复杂的想法，需要一些论证才能变得可信。

我所写的任何内容都没有意图表明，在任何特定的时期，对任何资源都可能未过度使用，不论是可再生资源还是不可再生资源；事实上，我预计到将出现暂时性的过度使用（例如，各个世纪各国过度使用森林资源），正如我预计所有其他人类活动都有其繁荣和萧条的周期一样。但是，这是关乎处理和调整波动的管理和调整问题，而不是最终的有限性问题。

知识与人口

坎贝尔列表中的第二个问题，是关于人口数量增长的内生性。首先提到的批评家阿恩特（H. W. Arndt）说："认为技术进步是人口的功能，人口越多，创造性思维的数量就越多，这一概念让人难以相信。"在我看来，知识增加不是人口的功能这一观点令人难以相信；毕竟，除了人类的思想，知识从哪里来？但是轻信并不是检验；结论不应取决于某个人是否认为可信，而证据才应该是检验的主体。

阿恩特和其他人并没有提出证据来反对这个主张，而本书和我的其他著作（尤其是1992年的）提供了大量的证据，支持保持收入水平不变情况下人口与知识生产之间存在着密切联系的主张。

这是我在完成本书后发现的另外一些数据：根据普莱斯（Derek de Sola Price）的说法，每一位工作的科学家在其一生中将出版大约三篇专业论文，这一数字在数年以内一直保持不变。普莱斯也提供了许多时间序列，这些序列表明，随着人口的增加，在过去约四个世纪中，通过科学期刊、引文等数量衡量的新知识数量大幅增加。这与本书提供的所有其他证据相一致。

批评者通过将我的论点降低到一种低俗形式来攻击这些数据，但我并没有这样说——在不考虑其他变量的情况下（例如教育），新技术产生的数量应该是人口数量的功能。托马斯·梅里克（Thomas Merrick）说，"欠发达国家现在可以利用的技术进步，大多数都不是由欠发达国家创造的"。他甚至提出，"许多现代技术事实上加剧了欠发达国家的问题"。凯菲茨说："朱利安·西蒙认为（技术）是受人口驱动的；若果真如此，墨西哥城寮屋殖民地的居民或萨赫勒的饥饿牧民肯定创造力非凡。"这个问题在第26章讨论过，讨论到为什么当今的发展中国家不像西方国家那样可以产生大量的新技术，也不像西方国家那样富有。在关于我和洛夫所开发的各国科学数量的证据中，我们将各国的人均收入视为稳定不变，作为教育水平的替代指标；技术的生产则显然是教育的功能，也是人口数量的功能。

坎贝尔引用巴特莱特（A. Bartlett）的话，说我将"莫扎特和爱因斯坦看作单纯的统计事件，简单地说，出生率越高，莫扎特越多"（这个问题刚在上面讨论过）。但巴特莱特接着说："这一观点表明，我们应该按最大的生物学限度繁殖，我们应该谴责他所赞扬过的自然生长限制过程。"

我从来没有写过，我们应该"最大限度地繁殖"，巴特莱特先前的陈述（这也是对我的论点的低俗化）也不能暗示这一点；这是很多批评的典型特征，暗示我持有某种观点，然后批评这种观点是荒谬的。此外，除了产生新知识之外，拥有更多或更少的人口还有很多成本和收益，尽管这可能很重要。

坎贝尔在同一节引用了彼得·蒂默（Peter Timmer）的话："旨在解决西蒙无视短期问题的明智而敏感的政策，是大多数人面临的紧迫问题。"我根本没有"忽视"短期效应。但是，我确实坚持认为，长期影响也应该得到考虑，并且应该将随着时间推移所影响的整个范围汇集到一起进行现值计算；正是仅仅关注短期效应才严重误导了许多专家，因为长期效应往往与短期效应相反。事实上，对于所有投资都是如此；消耗一般发生得比较早，而收入一般发生得晚些。

萨拉杰丁和坎特纳（John F. Kantner）似乎并未掌握投资过程的这个基本方面。坎贝尔引用他们的话说："主要论点是……中等人口增长率虽然在短期内是有害的（蒂默在前面称被我"忽视"的），但从长远来看这是有益的……（这个论点）在逻辑上是不一致的。如果它在今天是对的，对于明天来说它不可能是对的……否则，有害的短期效应将永远存在……"相比描述成功投资的逆转时间路径，这个论点没有任何其他的不一致之处；早期现金流为负，但是后期现金流充足，可使投资获利。

戴利和科布简单地用这本书和这位作者的精心挖掘来解决这个问题："总而言之，所有关于知识和思想的讨论，将其作为一种终极资源（本书的标题），将抵消有限性、无序性和生态依赖带来的限制，都似乎反映出对称之为具有无限力量的器官的无能使用。"

最近经济学的一个重要发展是内生增长理论。这一理论与我在本书中的论点是一致的。[1]

人口与增长

坎贝尔首先引用普雷斯顿的话说："即使我们接受西蒙的观点，这也是死亡率驱动的人口增长，而不是生育率驱动的增长。"这要么是我无意中漏掉了我书中的某个地方，要么是普雷斯顿在阅读的时候大意了，因为除了认为过去两个世纪死亡率下降使得人口大幅度增加之外，我从未持有任何相关观点。因此，正如普雷

---

[1] 尽管最近的工作成果似乎独立于我的正式工作［很大部分与斯坦曼（Gunter Steinmann）一起］之外，但是也许在这方面我是先例，请参阅本人1977年的书（第6章）和1986年的书，它们是早先关于这一主题的文章的再现。——原注

斯顿认为我所主张的那样，不可能是生育率的增加使得自大约1750年以来世界范围内的生活水平首次出现持续增长。事实上，另一位批评家托马斯·韦伯恩（Thomas L. Wayburn）认为，他可以"一劳永逸地诋毁他（西蒙）。对一位发表了一篇包含一个严重错误的论文的学者，我们应该心存怀疑"。这个所谓的错误是什么？我的声明——这也是普雷斯顿对我的指责："正是死亡率的下降，导致现今世界人口规模比以前更大。"

因为生育控制而不是死亡率控制是人口政策的核心，所以本书主要关注生育问题。事实上，第一版中最令人痛心的图表之一，是美国国际开发署相对于生育计划而言对国外卫生计划投入资金的减少。

安斯利·寇尔（Ansley Coale）称（在坎贝尔的书中），我的论点是有缺陷的，因为"处于劳动力年龄的大部分人口（或许是不变的部分）仍然依赖于农业活动"，并且他以孟加拉国为例。如果贫穷国家的农业部门比例确实没有下降，其经济增长的确会受到阻碍。但是，到目前为止，有确凿证据表明，即使是那些遭到一些经济学家长期质疑的国家（如印度），也开始了世界其他地方出现的同一进程；更多大量数据，请参阅沙利文（Richard J. Sullivan）的著作。

人口与环境

托马斯·斯托尔（Thomas Stoel）是坎贝尔评论这一部分中提到的第一位："我的论点从根本上存在缺陷，因为提高预期寿命主要是获得医疗保健的功能（以及反映公共卫生进步，包括水过滤、卫生条件改善和更好的营养状况），而不是污染。"但正是由于更好的卫生条件，污染才得以减少，从而使得死亡率出现惊人的下降。问题在于，"污染"这个词的含义已经改变，而这仅仅是因为过去的霍乱、伤寒、白喉等重大死伤性疾病污染在发达国家已经被战胜；现在人们想到的污染是农药和各种致癌物等相对较小的危险（相对于过去）。这种意义上的转变在第16章中有所记述。当然，疫苗接种和其他公共卫生措施非常重要，正如营养状况的提高一样（这与斯托尔所称的"公共卫生进展"无关，而是私人进步）。但由于克服了过去的严重水源和空气污染，使得预期寿命增加是不可否认的。

粮食

"关于饥荒和粮食供应的三章，完全忽略了发展中国家粮食自给自足的问题。而且，并未提及几乎所有发展中国家都已经成为粮食净进口国这一事实。"〔坎贝尔著作（1993年）中收入的萨拉杰丁和坎特纳（1982年）的评论〕即使他们提到的"事实"是真实的，它也与任何政策决策无关。自给自足的目的，正是经济学最成功展现出的适得其反效果的谬误；这与几乎所有经济学家都认同的比较优势原理背道而驰。

家庭生育计划

坎贝尔自己写道："他（西蒙）不认为，政府应该支持家庭生育计划项目。"我不知道她是从何得知我对这个问题的看法的。但是，我的公开记录很清楚：我一次又一次地写道，我相信帮助一对夫妇获得其想要数量的孩子，是人类的伟大工作之一。就政府这样做的程度而言，我一般支持他们的活动。而只有当他们在"家庭生育计划"的虚假标签下进行强制性或宣传性的人口控制计划时，我才反对这类活动；因为这种做法是对人民自由的限制，而不是对其能力的扩展。

我对那些指责我的人的声望感到受宠若惊。例如，我1980年发表于《科学》杂志上的论文，受到美国国家科学院院长菲利普·汉德勒以及其他五位知名人士的批评——诺贝尔奖获得者、国际小麦玉米改良中心主任诺曼·博洛格，前美洲事务助理国务卿林肯·戈登（Lincoln Gordon），前国务院人口事务协调员马歇尔·格林（Marshall Green），前经济事务助理国务卿埃德温·马丁（Edwin M. Martin），以及国家奥杜邦协会主席罗素·彼得森（Russell W. Peterson）；他们以人口危机委员会的名义给《科学》杂志写了一封很长的信，信中主要对我的工作提出了批评，字里行间言辞激烈，如同从提交给总统的《全球2000年报告》中提取出来的一样。他们说（还有很多其他的），在接下来的二十年里，"按目前的速度，世界上约40％的雨林可能会消失"。出于玩笑，我写信给杰出的生物学家汉德勒，要求他给出"40％"断言的证据。以下截取自他的回答：

> 坦率地说，我并不相信，你所称的雨林"固体时间序列"可能存在于任何地方。正是出于这个原因，我们才在写给《科学》杂志的信以这种模棱两可的语言表述热带雨林转变的概念，说到"约40％"的部分"可能"消失……
>
> 我认为，在我们写给《科学》杂志的信中所用的"约40％"，很难以任何精确性为由来为之辩护；一部分人认为，按目前的趋势，实际上必定将彻底毁灭，而另

一些人则认为情况并不是那么严重。我想我们所说的是，转换率非常之快，而且在可预见的未来，很大一部分现存雨林将会消失。

与汉德勒"模棱两可的语言"相比，一种模棱两可程度较浅的语言是"含糊其辞"，意思是"不是纯粹的完整真相"。令我感到难过的是，像汉德勒这般有成就的人竟可以偏离他们所遵从的科学准则，而以这种方式呈现真相。但不知何故，我的工作在其他思想深刻和有责任感的人身上也引起了这样的反应。

辱骂和嘲笑

如上所述，相比个人攻击，实质性负面评论的数量很小。（友善的朋友给我提供了足够的例子。）现在，我将主要提出一些比较粗鄙的例子，这出于几个动机：（1）你可以从这些回应中推断出作品本身的影响；正如一位老律师所言："当你有法律支持的时候，抨击法律。当你掌握了事实的时候，抨击事实。如果你既没有法律支持也没有掌握事实，那就拍桌子。"——或者在这种情况下，抨击我，是一个好兆头。（2）我希望，它能引导你设想，如果有如此多的人以这种方式回应你的工作，你会受到怎样的影响。（3）我实在难以抗拒以其人之道还治其人之身的冲动。通过公开他们的粗鄙和嘲笑，我也许能够让嘲笑者显得可笑至极。除此之外，我没有其他的反击方式。

对个人品德的攻击

对我的其他指控往往与对欺骗的指控相结合。例如，1983年，在诺克斯学院的开学典礼上，一位杰出的植物学家花了些时间来谈论我的工作："如果他对生物现实的无知没有造成如此危险的潜在后果，那将是可笑的。在已知的事实面前，这实在令人难以置信……"我采用了"智力上的欺骗策略"，"如果事实清楚地告诉我们其他的事实，却假装一切都很好，这是不道德的"，而且我这样做是为了获得"短期的政治利益"。还有很多这种抨击我的个人品德和动机的言论。

看看这封我的一位同事收到的信，它来自前牛津大学动物学系主任、英国政府首席科学顾问和杰出动物学家罗伯特·梅（Robert May）：

从根本上来说，西蒙和韦斯塔夫斯基所做的，是从17世纪开始计算脊椎动物的已确认灭绝率（其本身的灭绝率绝对受到了低估），并将这些数字视为适用于所有一百万种或更多的已知动物物种，而不是已知的约四万种脊椎动物物种。然后，他们以这种最初的愚蠢为基础建立体系，并体现在一封措辞不适合严肃学术讨论的信中。

我很难想象，任何出于善意且严肃正直的人竟能够做出如此愚蠢的行为，将与脊椎动物有关的现有灭绝数字应用于所有后生动物。我还可以补充道，这些作者非常抗拒别人向他们指出这一点和其他事实错误。

可悲的是，我不得不得出这样的结论，我们在此所处理的不是对知识理解的真诚追求，而是某些其他目的（或者可能是因为极度的愚蠢，或者甚至是两者都有）。

事实上，我（个人或与韦斯塔夫斯基一起）从来没有对物种灭绝的总体速度做出任何估计，这可以在第31章中查明。但是，即使我真的像梅所描述的那样做，当然这种做法确实很愚蠢，这难道可以成为推断欺骗行为的基础？并且，我的"目的"是什么？我不代表任何组织，而且我也没有收取任何咨询或研究经费资助（在该领域确实有些能力卓越的人这样做），这使我成为一个尤其自由的人。

我给这位同事写信，说我将在这本书的护封上引用梅的话，并且还给梅寄去了这封信的副本（我承认是为了逗他）。然后，梅威胁我他将通过律师起诉我。正如我给他写的那样，"你想起诉我，不让我把你说的那些关于我的坏话印出来，这似乎确实有点可笑"。

托马斯·韦伯恩对梅所提到的"目的"的内容进行了猜测。"那些试图告诉我们地球足够庞大，可以容纳更多人口的人，可能有其自身的隐含目的。例如，他们可能希望确保为他们自己或他们所服务的人提供廉价且容易获得的劳动力供应，或者他们可能希望更多心怀不满的人能够更快地给予他们政治权力，因此他们希望通过让事情变得更糟来让事情变得更好……这些评论家之一，便是朱利安·西蒙。"

特殊的例子——保罗·埃利希

出于处理攻击性言论的经济性，我们把重点放在一位批评家身上——保罗·埃利希，他针对我发表了大量丰富多彩的言论［另见他在第15章后记中的评论，以及我与他的交流（西蒙，1990年）］。他有许多引人注目的精炼表达，这对于本章中批评我以及对我很重要的专家来说很有用，可以展现他是如何做到的；例如，他（和安妮·埃利希一起）赋予我"太空时代货物崇拜"的领导称号。

埃利希的主要手段之一，是将某些愚蠢和科学无知的结合归结到他反对的人身上。在1990年的地球日[1]，他在面对20万人（我不知道电视观众还有多少）发表讲话时提到了这本书的标题，他说，"永远不会耗尽资源（《The Ultimate Resource》）是低能儿的想法"；他经常使用"无知""疯狂""低能"和"鲁钝"等词。在一篇题为《简单的西蒙环境分析》（Simple Simon Environmental Analysis）的短文中（这是对我之前一篇短文的评论）[2]，埃利希两次提到"一些无知的人声称人口增长是有益的"，并说，"经济增长、人口增长和生活质量之间的联系比西蒙想象的要微妙、复杂得多"。"让经济学家理解生态学就像试图向蔓越莓解释税收表一样。就像朱利安·西蒙在说我们有一个地心说的宇宙，同时（美国）国家航空与航天局（NASA）说地球围绕太阳旋转一样。这两者之间没有调和的余地。当你启动一架航天飞机，你不会把地平论者赶去当评论员，因为他们不在讨论的话语权范围之内。在生态学领域，西蒙无异于一个地平论者。"（小议：我并不在"生态领域"。）

随后，其他人复制了埃利希的"精彩"言论。国际计划生育基金会的前任医疗主任马尔科姆·波茨（Malcolm Potts）写道："朱利安·西蒙和他的地平论者们一起，向华盛顿的决策者保证，受光辉的人口增殖所推动，企业家和诺贝尔奖获得者将从加尔各答的街道上源源不断地涌现。"

埃利希还指责我说："错误地定义问题，选择性地使用数据，在不恰当的时间间隔条件下分析时间序列，以及对最基本的科学原则的无知。事实上，这本书包含了太多幼稚的错误，恐怕需要同样长的篇幅来详细说明。"（保罗·埃利希与安妮·埃利希，1985年）

---

[1] 在街边举行的一次地球日会议上，我和我的同事向大约20名听众发表了讲话。哈丁和埃利希经常抱怨媒体和公众是如何被我们的言论所吸引的。当然，我们有时会比这次会议做得更好，但我们很难将末日论者赶出公众的视野。——原注

[2] 这是这所大学的环境阅读材料中唯一一篇这样的评论文章。当然，鉴于我的文章是唯一一末与环保主义者基调一致的，所以收入其中以求"平衡"。就像往常一样，编辑觉得有必要盯着我，以免我误导纯真的心灵。——原注

埃利希经常重复同样的言论："向某个人解释物质领域没有增长的必然性，或者……商品必然变得昂贵，就好比试图向蔓越莓解释单数日—偶数日的天然气分配。""西蒙的观点受到一部分公众的重视，尽管在科学家看来，这些观点与杰克·弗罗斯特（Jack Frost）对冷窗上的冰晶图案的想法无异。""西蒙显然不知道古老的原始森林（及其完整而关键的生物多样性）与林场之间的区别。"当被问及他对西蒙的看法时，他说，"这就像问一位核物理学家关于占星术的问题一样"。

埃利希和我从来没有面对面地辩论过。他说他拒绝与我当面辩论，因为我是一个"边缘人物"。我们只有过两次直接争论，而他都败下阵来。他和他的同事对我1980年在《科学》杂志上的文章（该文呈现了本书中的一些发现）的批评意见，来自于之后发现的印刷错误。如果我一直处于他们的立场，当这件事被发现时，我必然会感到懊恼和尴尬。但是埃利希回答说："哪位科学家会（像我一样）给标准信息源的作者打电话，以确保在一系列数字中并无该领域所有分析师都完全熟悉的总体趋势的拼写错误呢？"（这一定是专业人士曾写过的最奇怪的话之一，而其任务是寻求科学真理。）埃利希没有因为犯错而受到明显的损害，这在我看来的确不简单；我从来没有看到任何关于印刷事件的报道。

我们的另一场交锋，是书中提到的打赌，接着是1980年至1981年在《社会科学季刊》（*Social Science Quarterly*）上的交流（重印于我1990年的著作中）。很多人问过他打赌的结果，而我也听说了其中一些答案。他对一家大学报社说："这个打赌并不能代表什么。"在英国广播公司电视频道上，他说："这是一个很好的打赌，我们碰巧赌输了，即使赌输了这也是一个很好的打赌。"（事实上这完全正确。但是应该接着复述打赌的内容，埃利希拒绝这样做。）而在同一档节目中，他说："我争辩了很久，考虑是否让他参加打赌，这是一个错误的赌注。另一方面，我们很难向他解释合适的赌注。最后我们决定，如果我们打赌，我们将让他至少闭嘴十年。"面对一位读者，他说道："我们知道，如果我们押金属，很可能我们将落败。但是我们至少知道，如果我们打赌，至少可以让他保持沉默十年。但是这个下注微不足道；我们本来也可以对大气状况或生物多样性的丧失进行打赌……"而且，"这个打赌并没有什么实际意义，朱利安·西蒙就像是从帝国大厦跳下来的人，在他经过第十楼时仍然认为一切都很好……我毫不怀疑，在下一个世纪的某个时候，粮食将会稀缺，价格会上涨，美国也是如此。但是重复一遍，埃利希当然不会再次下注"。

埃利希（与史蒂芬·施奈德，1995年）还写道，他"曾犯过一个错误，就是受人唆使在边际环境重要性（金属价格）问题上与西蒙进行打赌"。他告诉记者说："我觉得难以置信……金属价格事实上跟环境质量没有太大关系。"但是，在1980年，埃利希和他的同事说，他们会"在其他贪婪的人抢先参与之前，接受西蒙的惊人赌注"。唆使？关于"边际环境重要性"和"难以置信"，请查看他对粮食和其他自然资源所预测的稀缺重要性的大量著作——当然，最好用价格来衡量稀缺性 [《旧金山纪事报》（*San Francisco Chronicle*）意见专栏，1995年5月18日]。

其他人也试图通过解释将打赌事件冲散。诺曼·迈尔斯写道："埃利希团队赌输了，但经历了20世纪80年代的不寻常情况，促使西蒙写作……'我很幸运，这个特定时期与我的论点正好吻合'。"迈尔斯的声明是虚假的；"不寻常的情况"并没有使我说"我很幸运"。相反，在任何打赌中，总会有一定的不确定性，如果运气不好，最合理的一方也可能赌输；这就是我的意思。事实上，我认为20世纪80年代的情况没有丝毫不寻常之处。

（如果迈尔斯先生本人认为情况不同寻常，为什么他不接受我提出的再次打赌——任何时期，任何商品，任他选择？在与他的一次辩论中，我反复挑战他，让他对某个或任何其他物质福利的趋势进行打赌，但是他只是忽略我的提议，就像埃利希和其他人无视我的第二次回合的提议一样——他们试图通过解释，将第一次的失败冲散。）

整整一篇文章都是关于"朱利安·西蒙如何赢得赌注却仍然错误"。其论点是："大多数经济学家可能从一开始就押在西蒙身上……但他们中的许多人也知道埃利希是对的。在这十年时间里，全球的生活质量确实恶化了。"（没有人说这个打赌是"生活质量"的指标。但无论如何，生活质量没有恶化，正如这本书呈现的一样。）

埃利希的手段之一，是提及"邮购营销专家朱利安·西蒙"，加略特·哈丁对此复制多次，如"市场营销专家朱利安·西蒙"。1963年，我结束了这长达两年的交易（我另外写了一本关于这个主题的书，在第五版时仍然很畅销，这令我感到欣慰）。不幸的是，在很多人看来，私营企业的理念与真理、荣誉或公共服务不相容，而埃利希显然在为他们表演。他可能也暗示，一位前商人不可能成为一个健全的学者。

有时候，埃利希应用这种手段时不直接提及我的名字，而是称"一位专门从事邮购营销的经济学家"。在这里，他实际上捏造了关于我现在的专业领域（以及过去三十年以来的），他还以另一种方式再次这样做，即在电视上没有指出名字而是将我称为"邮购营销学教授"。换作据理力争的人，很可能会起诉他。

政治化批评

与我的批评者进行合理讨论的困难之一，是许多人运用政治术语来构建他们的批评。

极左派和极右派的攻击

带有政治色彩的攻击同时来自两个政治阵营。据我所知，这些人当中，一些人位于极左，一些人则是极右。他们攻击我的原因，（大概）是认为我与他们正好相反。

我受到的攻击来自那些自称为"保守派"的人以及其他自由主义者。一篇题为《西蒙说：向非现实跨一大步》（Simon Says：Take One Giant Step to Unreality）的文章这样开始道："关于朱利安·西蒙，最重要的一点是他是受意识形态驱使的。作为一个自由主义者，他的焦点是个人，但并非所有个人，只是那些被视为受到'社会'压迫的人……了解西蒙的目的有助于理解他的论点。'证据'的大杂烩，大胆而不受支持的论断，以及不断把苹果和橘子搞混，这种种都源于他的研究不是旨在寻求真相……他的研究出于宣传目的。"

大概是因为极右派的说辞在学术界比较少见，所以指责我的攻击往往会出现在潦草的明信片上，没有签名。其中一位甚至向我发出死亡威胁，我感到受宠若惊，一位任职于情报部门的邻居认为应该让联邦调查局追踪来源。

那些左派人士认为我是受到宗教或其他传统观念的驱使，因此，许多人认为，我与政治保守主义有着明确的联系（这种说法与将我归为自由主义者一样，对我来说没有两样）。例如，杰出的人口统计学家内森·凯菲茨在写"相比对移民问题的意见，西蒙的其他观点从政治右派那里获得的掌声更多"时，似乎将我看作他们一伙的，尽管他确实是正确的，右派确实对我在移民方面的意见做出了批评。 这是对我1986年的书的评论，刊登在主要社会学评论媒介《当代社会学》（Contemporary Sociology）上：

从来没有一个保守的新古典经济学家试图如此彻底地捍卫马克思主义人口理论的最薄弱的论点。

很高兴对此作出回复，如下：

我急于为这句话澄清，以免我的家人认为我越过了"保守"的界限，一些同事对我转向"新古典主义"感到欣慰，而朋友们则对马克思主义感到恐慌。

评论者道格拉斯·安德顿（Douglas Anderton）回应道：

我将西蒙的核心论点描述为保守的、新古典主义的，与马克思主义人口理论相一致的，这些都是准确的。西蒙回应说，他个人并不认为自己是保守的。

安德顿回答中的不准确和不合逻辑很容易被人取笑。例如，该评论称我"保守"，但是当这种说法明显不能成立时——几乎不可能一本正经地说，如果一个人拒绝这样的标签，那么他就是保守的——这种回应转移到将我的论点视为保守的。而且，在我提出我的论点是随着马克思前两百年的古典经济学思想创始人一起产生的之后，我的论点便从"马克思主义人口理论的论点"转向了"符合"马克思主义思想。但是，这里的关键点不在于评论者的批评达到什么程度；关键在于评论者的政治思想以及他对我的政治思想的认识，有多少渗透到了他的评价当中。

至于安德顿评论的实质，可以归结到答复中的最后一句："我只是说，在本文中，西蒙忽略了熵值的基本物理现实。"换句话说，一位社会学家告诉我们，宇宙物理学——一个现在由于基本的思辨差异而活跃起来的学科（参见第3章）——体现在老生常谈的熵中，使得我对人口经济学的论述毫无价值。一切再次回到了我们的宇宙和我们的星球资源是"有限的"这一论断上。

许多来自政治领域两端的批评者似乎有共同之处，即相信政府对个人和社会的"理性"控制。热心的右翼和左翼都希望国家告诉人们该做什么，当然，他们自己是国家的领导人。他们双方在想要控制的东西方面有所不同——人们的个人生活或商业生活，尽管他们可能会在某些方面达成一致，例如要求当局规定，人们应该如何维护房屋前面的草坪。（我刚刚读到一则报道，称在南盐湖城，一对夫妇因"浇水不足而未能保持其景观"被告上法庭。）正是出于政府控制个人行为的原因，我个人的价值观才与出于政治原因批评本书的两个政治派别的人分道扬镳。

本书认为，无论是左派还是右派，其希望控制个人人口行为的理由，在经济上是无效的。极右派中的许多人想减少移民，并且他们还提出了这样做的所谓的经济理由；他们攻击我，是因为我的工作表明他们的理由并不健全。极右派中的一些人，也许还有极左派的一些人，也希望其他国家积极控制人口增长，因为他们希望防止非欧洲国家的人数增加，这要么是因为害怕军事上出现数量弱势（美国中央情报局几十年来不断推进的观点；请参阅美国国家安全委员会，1974年），要么是因为期望白人的比例不会比现在下降得更快。

对人身攻击的回应

对于人身攻击，实在无可辩驳。但是，可以试图对其做出解释。就攻击的目的而言，我认为这些攻击是一种边缘化、妖魔化的手段，从而使像我这样的人得不到考虑，所以不应该在意他们的想法。至于解释激起这种热情的原因，我们可以从相对论的历史中来学习。（更一般地说，参见第37章，关于这些讨论的思想和中心概念背后的本质——结论差异的中心原因。）

伯特兰·罗素说："相对论，在很大程度上依赖于摆脱对日常生活有用的观念。"在中世纪，接受地球应该被认为是圆的这一观点是为了天文学的目的，这要求人们克服日常生活中认为池塘表面是平的、球不会在桌子上滚动的想法。同样，理解能源等自然资源的经济学，也需要抛开日常的观念，即这些资源必然有一个"有限"的数量，从而使用一些便必然意味着剩下的更少，稀缺程度增加。正如罗素告诉我们的，在爱因斯坦的理论里，"对时间和空间的旧观念必须彻底改变"，以物理数量衡量的资源存量的日常概念，必须让位于以价格衡量的资源的经济概念。末日论者对这种反常识概念嗤之以鼻，就像哥白尼和伽利略的对手嘲笑他们对宇宙的看法一样，顺便说一句，这使得埃利希等人选择"地平论者"这个绰号来攻击我，显得颇为讽刺。（别急，我不是在将自己和那些伟人相提并论——我只是建议我们从他们的经验中学习。)

著名的科学作家艾萨克·阿西莫夫至少表达出了一个面对这种知识困境的人的困惑，而埃利希等人却没有。阿西莫夫得知了关于资源的打赌，然后写道：

自然地，我当时完全站在末日论者这边，当我发现他们落败时，我感到很惊讶。金属价格确实下跌；粮食变得更便宜；石油……更便宜；等等。

我实在惊诧不已。我在想，对我来说，显而易见的东西——人口稳步增长是致命的——是否可能是错误的？

是的，可能。我经常出错。

阿西莫夫允许自己感到困惑。"我弄不明白。"他写道。然后，他又谈到一般意义上的经济学："我无法理解，我也不相信其他人能够理解，人们可能会说他们理解，但我认为这全是假象。"

与阿西莫夫不同的是，末日论者拒绝让自己对事实感到糊涂。相反，他们只是拒绝事实，并嘲笑所有提供事实的人。加勒特·哈丁写道：

我们要真正理解（人口增长）这个问题的核心，就必须忽视统计学观点并选择常识方法。

作为逻辑学家……奎因曾说过："科学本身就是常识的延续。因此，这篇文章将避免统计数据。统计学观点的不透明性使分析人员很容易'摆脱谋杀'。"尽管十分有用的统计数据往往也可以作为思想的替代品……实证研究……可以通过精心选择和安排，以使其似乎支持永久增长的信念，这是商业社会中最有影响力的角色的信仰。

一方面，大批经济学家说，"为什么要担心？人口增加并不重要"；另一方面，一群环保主义者宣称短缺是真实存在的，并最终成为决定性因素。

在与丹尼斯·梅多斯的一次辩论中，每当有人问他是如何做到平衡他的马尔萨斯式理论与我所展现的数据时，他回答道："西蒙关注的是过去，而我着眼于未来。"毫无疑问，科学数据当然指的是过去。

在一篇关于那次打赌的文章中，专栏作家杰西卡·马修斯说我对"有限性"的看法是"明显的废话（Palpable Nonsense）"。"Palpable"一词意味着感觉到。毫无疑问，马修斯感觉，我要说到的东西是废话；这确实不是常识。但是，感觉并不是科学论证。而且，从感觉中得出的断言和政策结论（在这些事情中经常出现这种情况），可能会在与科学证据相悖时误导我们。

（马修斯往往试图通过将我的想法归为"极端"来使我边缘化。她指出，埃利希输了，我赢了，然后她断言真相显然在这两个极端之间的某个地方。因为她嘲笑我押错了赌注，所以我写信给她："你愿意为任何这些事物打赌吗？如果你能为全球污染提出一个或多个治理措施……我也很乐意对其打赌。"但她很谨慎，没有回应。）

为何如此激烈？

摘自玛格丽特·麦克西（Margaret Maxey）的一封信：

1994年2月25日

今年5月，我有幸受邀参加蒙特利尔的一个国际能源会议，与会者之一来自世界银行。对于我在小组的发言中赞扬过的有关《没有极限的增长》的尖刻评论，这位不知名的（世界银行代表）表示："朱利安·西蒙是个犯罪分子！"

1982年，美国人口协会主席的致辞中，大概有三分之一都用于攻击我的工作，称我是人口统计学专业的"耻辱"。那位显要人物（在后来的一篇书评中）称我1981年的著作"充满了不完整的分析、选择性的文献和错误的类比"，提到"西蒙主要论点的荒谬性"，并总结说："这是令人沮丧和气馁的，在经过三十多年的共同努力，力图使人们对这一重要的人类事务领域的分析有所认识之后，一本如此欠缺重要价值的书竟受到如此广泛的关注……这不是一个可以容忍轻浮方法的领域，也不是一个学者们可能会困惑地争论而不会对任何人造成巨大伤害的领域。这是一个需要根据对问题的理解有效调动公众意愿和承诺的领域。"

《科克斯报》（*The Cox News*）援引一位世界自然基金会官员对我的评论：

"这个人是恐怖分子。"以下是加勒特·哈丁独特的表述：

> 西蒙的结论对于逃避预算的人、汽车推销员、房地产经纪人、广告商、土地投机者和乐观主义者来说非常对味；而科学家对其感到震惊……（他）就像在乡村市集上的快速变脸的演员一样，用快速的修辞交流迷惑读者……花招百出。

在一个录音交流中，我问哈丁为什么以如此激烈的口气说话，用了这么多攻击性词汇，他回答说，我发表在《科学》杂志上的文章"使科学界的血压飙升了20个点"。

一位同事向"美国援助计划的草根说客"做了一个关于人口、资源和环境的演讲。在登台之前，他对主席说："真的，你们应该让朱利安·西蒙来，而不是我。"主席激动地回答道："哦，不，不能是他。（观众）会将他撕碎，我们承担不了巨额的安保费用。"

在加勒特·哈丁和我于1989年在威斯康星大学进行辩论之后，社会学家威廉·弗洛登堡（William Freudenburg）写道：

> 表示敬意和歉意……（因为他）对我们所有人共同向你和你的想法提供的"款待"感到震惊。
>
> 钦佩……部分原因是你对我认为完全幼稚的行为反应平静……我觉得很讽刺的是，那些自认为是"真正的"科学家的人，却为自己找借口不处理数据，诉诸人身攻击，并且普遍表现出对科学方法的蔑视，我以前认为这只能在焚书者身上看到。

"批评"的影响

这些攻击阻碍了这些想法的传播，正如攻击者所想要实现的那样；我很遗憾他们得到了满意的结果，但事实确实如此。《科学》杂志发表了我的第一篇关于这个主题的"公开"文章，这引来了不少非议。埃利希说："编辑是不是没有找人审阅西蒙的手稿？西蒙必须脱掉鞋子才能数到20？"他的一部分判断是，像我这样的观点，如同"地平论者"的观点，不应该发表，因为它们不属于公认的主流观点。"世界变得平坦的观念，并不该出现在新闻必须包含的各种观念之内，以求平衡。然而，很少有记者或编辑已经接受基础教育，有能力为环境问题提供类似的过滤。"[1]确实，当时《科学》杂志的编辑说，他"想要稍微审查一下这篇论文"。在我把他不知道的事情告诉他之后，世界上最重要的《科学》杂志撤回了让我写一篇文章的邀请。（受邀那天，他告诉我，他对发表有争议的材料感到自豪；第二天，在撤回邀请时，他称赞我很"诚实"，把以前的事件告诉他。）

或者看看世界上最负盛名的人口研究组——普林斯顿人口研究办公室，其长驻主任，也是该校校长的网球搭档，向校长抱怨说，普林斯顿大学出版社不应该出版我的书。这件事在我于该报的编辑和普林斯顿校长之间的通信纸上留有记录。在一篇关于这一事件的文章中，出于编辑职责，桑福德·撒切尔写道，"由于该书'对普林斯顿自身人口研究办公室发表的一些学术奖学金的直接挑战……各种各样的教职工在这本书出版后向大学管理层表达了他们的不满'"。

接下来，是梅隆基金会（Mellon Foundation）与严肃的美国科学促进会（AAAS）之间的通信。它的一个委员会负责为人口、资源和环境关系研究寻求资金。在其他潜在资金来源中，委员会转向梅隆基金会，并且获得了可行性补助金。这是从写给美国科学促进会的一封信做的摘录，主要讨论进一步的资助，签署人是上述基金会的副总裁兼秘书科勒姆·史密斯（J.Kellum Smith, Jr.）：

因为人口、资源和环境之间的联系是如此明显和强大……关于直面人口迅速增加带来的糟糕后果，我希望提出的替代名称（相比原来的名称）在你的小组中不会引起疑惑。如果存在这样的疑惑，那么我认为它可能会使计划瘫痪，因此倒不如立即停止相关措施。

有人提出，在处理"物博论者和马尔萨斯论者之间广泛分歧的观点"方面存在问题，我对此感到失望。如果"物博论者"指的是朱利安·西蒙和他的少数盟友，

---

[1]埃利希及其著作，1991年。埃利希经常感叹我不懂科学，而我是一部关于社会科学研究方法的著作的作者，这本书很成功，再版了三次（第一版在一段时间时间内是畅销书），这看起来似乎颇具讽刺意味；社会科学中的基本方法与其他科学的研究方法有很大的相似之处。埃利希还指责我缺乏对定量的理解——例如，这一尾注前面的引文"数到20"——而我可以光明正大地说自己是统计方法中重新采样方法（蒙特卡洛法）的主要发明者（包括引导指令方法的首次出版），它正在革新这一主题的方方面面；请参阅同一本书［西蒙，1969年；与布尔斯坦（P. Burstein）合著的第三版（1985年），以及其他可以提供的出版物］。——原注

我认为一个脚注便足以将他们处理妥当……

如果在这一点上有紧张情绪，最好立即采取行动。提议的人口增长问题是拟议计划的核心。

这些有趣的事件是为了让伊利诺伊大学解雇我，因为我写了这本书，更多有关这方面的内容，请参见我1990年的著作，第八部分。

在此我就不列举更多的例子了。

为避免读者对人类倾向于压制反对意见感到惊讶，请看看伟大的哲学家大卫·休谟的例子。他的《斯图尔特史》（*History of the Stewarts*）"毫无疑问，是近期来自苏格兰作家笔下最重要的作品，然而，在一家为了关注苏格兰作家作品而设立的期刊［《爱丁堡评论》（*The Edinburgh Review*）］中，他的这部作品却完全遭到忽视。为什么这种彻底的抵制来自休谟的自家人？（他与该期刊的工作人员是好朋友。）……对其著作的忽视，可以用强烈的憎恶来解释，这由休谟的名字引起，而且，如果这个新的期刊要获得正义，就迫切需要它从与他遭人厌恶的名字的所有联系中脱离出来"。

所有这些丑陋的反对意见，都使得其他人甚至在他们认为我的工作且结论正确的时候也避开了我——甚至是在他们将自己称为我的朋友，并且私下对我说好话的时候。这确实痛苦，也造成了伤害。但是，如果至少在这方面，我能够感觉像与大卫·休谟这般伟大的人同在一条船上，那就相当满意了。

来自哈耶克的两封信（节选）

为免留下这样的印象，即对本书和我关于人口的其他工作的反应完全是消极的，我在此附上20世纪伟大的经济学家、诺贝尔奖得主哈耶克的来信。

D-7800 弗莱堡（布赖斯高区）

乌拉赫街27号

1981年3月22日

亲爱的西蒙教授：

我以前从未给同行写过崇拜信，但是你在《人口增长经济学》（*Economics of Population Growth*）中提供的经验证据，证明了我耗费一生进行理论推测的结果，我觉得这实在是一段令人兴奋的经历，不得不想要与你分享。我的理论工作的结论是，那些传统行为规则（尤其是关乎几种财产的）使得实践它们的团体数量出现最大化的增加，也使得这些团体取代其他团体——不是由于"达尔文式"原则，而是基于学习规则的传播——一种比达尔文思想更古老的进化概念。我不敢肯定福利经济学到底给你提供了多少帮助，以得出正确的结论。同你一样，我认为，这样的人口增长是好的，只是它是选择指导我们个人行为的道德原因。当然，只要当地的人口增加是由于群体有能力养活更多的人口，那么我们对人口爆炸的担心是不合理的。但是，如果我们开始补贴来自于不能养活自身群体的增长，那么结果便可能变得非常尴尬。

弗里德里希·哈耶克
下田东急酒店
下田，1981年11月6日

亲爱的西蒙教授：

……我现在终于有时间阅读《没有极限的增长》，并且对其表达热烈的赞同。就实际效果而言，它应该比我过去读到的令人兴奋的理论著述更重要。它有力地支持了我过去几年所做工作的所有结论。我不记得我是否在我早些时候的信中解释过，也许《致命的自负》（去年夏天我在纸上写下第一稿）一书中的主要论点为，财产和诚实的基本道德创造了我们的文明和现代人类是选择性进化过程的结果。在这一过程中，这些做法总是占据上风，因为它使采取这种策略的群体得以更快速地繁殖（主要是在那些还没有完全接受它们便已经从中获利的人中间）。这是我对你的理论工作充满热情的原因。

对于你的新书，我希望它能产生实际效果。虽然在一开始你必将饱受非议，但我相信，智者很快就会认识到你的正确性。能够告诉他们的大多数同伴他们是怎样的傻瓜，这种乐趣应该能够让你得到媒体更活跃头脑的支持。如果你的出版商想引用我的话，欢迎他们说，我把它描述为一本一流的书，它非常重要，应该会对政策产生重大影响。

衷心的祝愿
此致
弗里德里希·哈耶克

让我们以约翰·斯图亚特·穆勒在《论自由》中的一段话作为结语：

  一场论战可能犯下的最严重的罪行，是诬蔑那些持有相反观点的人为坏人、不道德的人。对于这种诽谤，那些持有不受欢迎观点的人尤其容易暴露出来，因为他们数量很少，影响力小，除了他们自己以外，没有人愿意看到正义，并为他们伸张正义。但是从这种情况的性质来看，对那些攻击一种普遍观点的人来说，这种武器是不可接受的：他们既不能对自己安全地使用它，或者，如果可能的话，也只能在自己的事业上退缩。一般来说，与普遍观点相反的意见，只能通过学习委婉的语言来获得听证，并且需要极度谨慎地避免不必要的冒犯，即使在轻微的程度上，它们也很难偏离而不失势；然而，站在主流观点一边进行的毫无节制的漫骂，确实会阻止人们发表相反的观点，同时阻止人们倾听那些发表这些观点的人。

插图列表

图1-0　公众对"25～50年后可能出现的严重问题"的看法

资料来源：《盖洛普报道》：89-1。

图1-1　以相对于工资和消费者价格指数的价格来衡量铜的稀缺性

资料来源：美国矿业局年度刊物，美国内政部（DOI）矿物年鉴（The Minerals Yearbook），华盛顿特区；美国人口普查局，1976年，《美国历史统计》，2卷，华盛顿特区：政府印刷局；美国商务部，年度刊物，《美国统计摘要》，华盛顿特区，政府印刷局。

图1-2　水银的工程预测

资料来源：库克，1976年，第677-682页。

图1-3a　汞的储量（1950—1990年）

资料来源：同数据1-1所示。

图1-3b　汞的价格指数（1850—1990年）

资料来源：同数据1-1所示。

图1-4a　铜的世界年产量和世界已知储量（1880—1991年）

资料来源：同数据1-1所示。

图1-4b　铜的世界储量/世界年产量

资料来源：同数据1-1所示。

图2-1　部分自然资源已知世界储量（1950年、1970年、1990年）

资料来源：西蒙、魏里奇和摩尔，1994年。

图2-2　原材料供应的概念——由麦凯维盒子扩展而来

资料来源：布罗布斯特（Donald Brobst），1979年，第118页。

图2-3a　铝的价格和世界产量（1880—1990年）

资料来源：同数据1-1所示。

图2-3b　铝土矿的储量与产量的对比

资料来源：如数据1-1所示。

图3-1a　从一种技术过渡到另一种技术的"包络曲线"（能源机器）

资料来源：雷谢尔（N. Rescher），1978年，第177页。

图3–1b　从一种技术过渡到另一种技术的"包络曲线"（排版技术）

资料来源：坎贝尔（A. B. Cambel），1993年，第97页。

图5–1　世界人均粮食产量

资料来源：美国农业部经济研究局、《世界农业和粮食生产指数》（World Indices of Agricultural and Food Production，若干问题）；同上，《世界农业趋势和指标》（World Indices of Agriculture Trends and Indicators，若干问题）；联合国粮食与农业组织，《季度统计公报》（Quarterly Bulletin of Statistics，若干问题）；同上，《生产年鉴》（若干问题）。

图5–2　美国小麦价格相对于消费者价格指数和工资的比值

资料来源：美国人口普查局，1976年，《美国历史统计》，2卷，华盛顿特区，政府印刷局；美国商业部，年度刊物，《美国统计摘要》，华盛顿特区，政府印刷局。

图5–3a　关于粮食供应的典型误导性图表

资料来源：转自《商业周刊》，1975年6月16日，第65页。

图5–3b　关于粮食供应的典型误导性图表

资料来源：梅多斯以及其他人，1972年。

图6–1　一些亚洲国家（地区）目前的水稻产量（以日本历史上的水稻产量为参照）

资料来源：W. D. 霍珀（W. D. Hopper），《发展中国家农业的发展》（The Derelopment of Agriculture in Developing Countries），《科学美国人》第235期，1976年9月5日，第200页。

图6–2a　北美谷物产量（1490—1990年）

资料来源：格兰瑟姆（George E. Grantham），1995年。

图6–2b　美国玉米、小麦和棉花的农业劳动生产率（1800—1967年）

资料来源：格兰瑟姆，1995年。

图6–3a　在原始的食物生产体系下，每平方公里土地养活的人数

资料来源：克拉克，1967年，第131—133页，第157页；克拉克与哈斯维尔（Margaret Haswell），1967年，第47—48页。

图6–3b　多种食物生产体系下每平方公里土地供活的人数

资料来源：克拉克，1967年，第131—133页，第157页；克拉克与哈斯维尔，1967年，第47—48页。

图7–1　美国的农业劳动力

资料来源：沙利文，1995年；弗雷，1995年。

图7–2a　布朗的短期数据是如何误导人们的：世界大米价格（1960—1973年）

资料来源：转自莱斯特·布朗，1974年，第57—58页。

图7-2b　布朗的短期数据是如何误导人们的：世界小麦价格（1960—1973年）

资料来源：转自布朗，1974年，第57—58页。

图7-3　世界粮食储备量（1952—1990年）

资料来源：由哈德森（1995年）和西蒙（1995年）改编；《挑战》（Challenge），1982年11月—12月。

图8-1　农业用地占有形资产的百分比（1850—1978年）

资料来源：戈德史密斯（Raymond W. Goldsmith），1985年，表39与表40；伊顿（Jonathan Eaton），1988年。

图8-2　美国的耕地面积（48个州）

资料来源：美国农业部经济研究局，《美国经济评论》（AER）第291期，表2；弗雷，1995年。

图9-1　美国土地的主要用途

资料来源：多尔蒂（A. Daugherty），《美国土地的主要用途》（Major Uses of Land in the United States），1987年，美国农业部、美国经济研究局、农业报告编号643。

图9-2　美国土地的使用趋势

资料来源：弗雷，1995年。

图9-3　城市面积的官方评估（1958—1987年）

资料来源：维斯特比（M. Vesterby）以及其他人，《美国农村土地的城市化》（Urbanization of Rural Land in the United States），1991年，美国农业部、美国经济研究局，《经济研究服务》。

图9-4　美国土壤侵蚀趋势（1934—1990年）

资料来源：维斯特比以及其他人，《美国农村土地的城市化》，1991年，美国农业部、美国经济研究局。

图10-1a　计量用水与定额用水的比较

资料来源：直接在图中列出。

图10-1b　计量法对科罗拉多州博尔德每户居民用水总量的影响（1955—1968年）

资料来源：安德森（Terry L. Aaderson），1995年。

图10-2　按木材类型划分的美国森林木材量（1952—1992年）

资料来源：《美国森林数据》（Forest Statistics of the U. S. 1992年），华盛顿特区，美国农业部，表22与表23。

图10-3　美国森林覆盖率

资料来源：由道格·麦克李瑞（Doug MacLeery）在《常青》（Evergreen）专题《森林大辩论》（The Great Forest Debate）1993年版的第5页中绘制的三幅图组成。

插图列表　599

图10-4　美国植树量（1950—1990年）

资料来源：《常青》专题《森林大辩论》，1993年。

图10-5　木材种植量和砍伐量（1920—1991年）

资料来源：《美国森林数据》，1992年，美国农业部森林局落基山森林和山脉实验站，科罗拉多州柯林斯堡，邮政编码：80526，通用技术报告，RM-234，第16页。

图10-6a　欧洲森林蓄积量（1940—1990年）

资料来源：高皮（Pekka E. Kauppi）以及其他人，1992年。

图10-6b　法国的森林面积（从18世纪晚期开始）

资料来源：拉曼（Jan Laarman）与赛斗（Roger A. Sedjo），1992年，第64页。

图10-7　世界森林面积（1949—1988年）

资料来源：赛斗与克劳森（Marion Clawson），1995年。

图11-1　杰文斯对煤炭和英格兰未来的看法（1865年）

资料来源：杰文斯，1865年，卷首插画。

图11-2　美国煤炭价格相对于消费者价格指数和工资指数的关系图

资料来源：如数据1-1所示。

图11-3　美国石油价格相对于消费者价格指数和工资指数的关系图

资料来源：如数据1-1所示。

图11-4　美国电价相对于消费者价格指数和工资指数的关系图

资料来源：如数据1-1所示。

图11-5　美国和世界原油的已知储量/年产量

资料来源：由作者整理。

图11-6　"已探明储量"概念的混乱

资料来源：转自《新闻周刊》，1976年5月24日，第70页。

图11-7　更多混乱

资料来源：转自《新闻周刊》，1977年6月27日，第71页。

图11-8　另一种形式的混淆

资料来源：转自《新闻周刊》，1977年5月23日，第48页。

图11-9　能源长期利用情况（1830—1930年）

资料来源：莱博高特（Stanley Lebergott），1984年，第419页。

图12-1　能源成了"最重要的问题"

资料来源：兰琪（William Lunch）和罗斯曼（Stanley Rothman），盖洛普民意调查，由尼米（R. G. Niemi），米勒（J. Mueller）和史密斯（T. W. Smith）报道，《公众舆论趋势》（*Trends in Public Opinion*），康涅狄格州韦斯特波特：格林伍德出版社，1989年。

图12-2　实际汽油价格（1920—1994年）

资料来源：1995年阿德尔曼（Irma Adelman）；《华盛顿邮报》，1994年5月31日。

图12-3a　法国发电来源

资料来源：改编自《核能》（*Nuclear Energy*），1993年第一季度。

图12-3b　从法国电力集团排放的二氧化硫

资料来源：改编自《核能》，1993年第一季度。

图12-3c　从法国电力集团排放的二氧化碳和粉尘

资料来源：改编自《核能》，1993年第一季度。

图12-4　部分国家核能使用情况（1993年）

资料来源：改编自《核能》，1993年第一季度。

图13-1　核电站安全性能（紧急情况）

资料来源：改编自《核能》，1993年第一季度；《能源信息摘要》（112期），1994年6月；核电运行研究院（INPO），1994年3月。

图14-1　野生动物联合会对环境质量的评估

资料来源：《国家野生动物杂志》（*National Wildlife Magazine*），1989年（2—3月），第33页和第44页。

图14-2a　"现在"与"20年前"对风险的感知对比

资料来源：斯洛维克（Paul Slovic），《公众对风险认知的合法性》（*The Legitimacy of Public Perceptious of Risk*），《农药改革期刊》（*Journal of Pesticide Reform*），1990年春季刊，10（1），第13—15页。

图14-2b　人们认为在未来将带来更多风险的因子列表

资料来源：马什与麦克伦南，《复杂社会的风险》（*Risk in Complex Society*），1980年，第10页。

图14-2c　美国公众对过去和未来的风险感知

资料来源：马什与麦克伦南，《复杂社会的风险》，1980年。

图14-3　最突出的环境问题：空气和水污染与能源

资料来源：兰琪（William Lunch）和罗斯曼（Stanley Rothman），1995年。

插图列表　601

图14-4a　对国家环境与自身环境的担心

资料来源：盖洛普民意调查12/16，第2页和第3页。

图14-4b　对自己的生活、国家和经济的评级（1959—1989年）

资料来源：利普塞特（Seymour Martin Lipset）和施耐德（William Schneider），1983年，第142页和第143页；20世纪80年代的数据由剑桥国际报道提供。

图14-4c　对"国家环境状况"的评级（1959—1989年）

资料来源：利普塞特和施耐德，1983年，第142页和第143页；20世纪80年代的数据由剑桥国际报道提供。

图14-4d　对"你的生活"的评级（1959—1989年）

资料来源：利普塞特和施耐德，1983年，第142页和第143页；20世纪80年代的数据由剑桥国际报道提供。

图14-5　20世纪60年代末报纸和杂志对污染问题的报道

资料来源：埃尔瑟姆（Derek Elsom），1987年，第7页。

图16-1a　肺结核死亡率，标准化死亡率（1861—1964年）

资料来源：海恩斯（Michael Haines），1995年。

图16-1b　传染病死亡率（肺结核除外），非标准化死亡率（1861—1964年）

资料来源：海恩斯，1995年。

图16-2　美国主要死因趋势

资料来源：《美国历史统计：自殖民时代至1970年》（Historical Statistics, Colonial Times to 1970），系列B 149-166；美国卫生统计中心，美国年度重要统计资料。

图17-1　空气污染和支气管炎造成的死亡，曼彻斯特（1959—1960年间至1983—1984年间）。

资料来源：埃尔瑟姆，1995年。

图17-2　伦敦空气污染的长期趋势

资料来源：布林布尔科姆（Peter Brimblecombe）和罗德（Henning Rodhe），1988年；埃尔瑟姆，1995年。

图17-3a　匹兹堡市区的降尘量（1912、1913年间至1976年）

资料来源：戴维森（Liff I. Davidon），1979年。

图17-3b　匹兹堡的烟雾天数

资料来源：戴维森，1979年。

图17-4　英国二氧化硫、烟雾排放及烟尘浓度（1962—1988年）

资料来源：埃尔瑟姆，1993年。

图17-5　伦敦冬季的烟雾水平和平均日照时数

资料来源：布林布尔科姆和罗德，1988年，第291—308页；埃尔瑟姆，英国的大气污染趋势，1987年。

图17-6　美国主要空气污染物的排放

资料来源：环境质量委员会，1992年第二十二届年度报告，第23—31页。

图17-7　美国空气中的污染物（1960—1990年）

资料来源：环境质量委员会，1981年第十二届年度报告，第276页；同上，1992年第二十二届年度报告，第243页。硫黄，1964—1972年：美国环境保护署（1973年），站点32。

图17-8　主要城市空气质量趋势（超过污染物标准指数水平的天数）

资料来源：环境质量委员会，1992年第二十二届年度报告，第277页；1981年第十二届年度报告，第244页。

图17-9　美国城市空气质量趋势（污染物标准指数天数大于100）

资料来源：环境质量委员会，1992年第二十二届年度报告，第277页。

图17-10　美国国家野生动物联合会对水体情况与美国河流中可用于捕鱼和游泳的实际比例的判断（1970—1982年）

资料来源：《国家野生动物杂志》，1989年（2—3月），第33页和第44页；环境质量委员会，1984年第十五届年度报告，第83页。

图17-11　美国河流和小溪环境水质（1973—1990年）

资料来源：《美国统计摘要》（若干期刊）。

图17-12　美国享受污水处理系统服务功能的人口（1940—1990年）

资料来源：《美国统计摘要》（若干期刊）。

图17-13　人体脂肪组织和人乳中的农药残留水平——美国（1970—1983年）、英国（1963—1983年）、日本（1976—1985年）

资料来源：博斯坦姆，1995年。

图17-14　美国和世界水域的石油污染

资料来源：《美国统计摘要》（若干期刊）。

图22-1　美国国务院对世界人口增长的看法

资料来源：彼得罗夫（Phyllis Tilson Piotrow），第4页；最初来自美国国务院。

图22-2　迪维人口对数曲线

资料来源：迪维（Edward S.Deevey），1960，埃利希、霍尔德伦（John P. Holden）和霍尔姆（Richard W. Holm），1971年。

图22-3　世界人口（14—750年）

资料来源：弗里德曼（R.Freedman）与贝雷尔森（B. Berelson），1974。

图22-4　欧洲人口（14—1800年）

资料来源：克拉克，1967年。

图22-5　埃及人口（前664—1966年）

资料来源：克拉克，1967年。

图22-6　巴格达迪亚拉地区人口（前4000—1967年）

资料来源：亚当斯（R. M. Adams），1965年。

图22-7　墨西哥中部人口（1518—1608年）

资料来源：库克（Sherburne F. Cook）与博拉（Woodrow Borah），1971年。

图22-8　英国、法国和瑞典的预期寿命变化图（1541—1985年）

资料来源：普雷斯顿，1995年；李（W. R. Lee），1979年。

图22-9　世界各地的预期寿命（1950—1955年、1985—1990年）

资料来源：普雷斯顿，1995年。

图22-10　美国的意外死亡率（1906—1990年）

资料来源：霍伦（Arlene Hollen），1995年。

图22-11a　苏联男性死亡率

资料来源：卡尔森（Elwood Carlson）和博斯坦姆。

图22-11b　苏联女性死亡率

资料来源：卡尔森和博斯坦姆。

图22-12a　东欧死亡率（1850—1990年）

资料来源：帕里克（Zdenek Pavlik），1991年。

图22-12b　东欧婴儿死亡率（1950—1990年）

资料来源：麦斯力（France Mesle），1991年。

图22-13　美国黑人和白人的婴儿死亡率（1915—1990年）

资料来源：《历史年鉴》系列B，136—147；《美国统计摘要》等若干期刊。

图23-1　为瑞典人口所作的四个假设（1935年），以及实际人口（1979年）

资料来源：麦兜（A. Mydral），1941/1968，第82页［原本出自人口委员会，《人口调查》（*Report on Demographic Investigation*）与《人口指数报告》（*Population Index*）］。

图23-2　美国1931—1943年所作的人口预测，以及实际人口

资料来源：多恩（H. F. Dorn），1963年，第75页；美国商业部、美国商务部、美国人口普查局，《美国历史统计：自殖民时代至1970年》，华盛顿特区：政府印刷局1976年。

图23-3　1920年雷蒙德·佩尔如何做出错误的人口预测

资料来源：休哈特，1931年。

图23-4　1955年、1965年、1974年英国的人口预测是怎样走向错误的：对近期观察数据扩展的结果

资料来源：《经济学人》，1980年5月10日，第85页；英国人口普查办公室。

图23-5　美国的总出生人口、白人出生人口以及美国总人口（1910—1990年）

资料来源：美国商务部，《美国历史统计：自殖民时代至1970年》； 1976年美国人口普查局；《美国统计摘要》，若干期刊。

图23-6　发展中国家（地区）最近的人口出生率变化

资料来源：人口资料局，世界人口资料表。

图23-7　人口转型：瑞典的出生率和死亡率（1720—1993年）

资料来源：鲍格（D. Bogue），1969年，第59页；《美国统计摘要》，1993年。

图23-8　西欧生育率（1950—1990年）。

资料来源：佩雷斯（M. D. Perez）和利维巴茨（M. Livi-Baci），1992年，第163页。

图23-9　人口按年龄分组（1776—1987年）。

资料来源：萨维（A. Sauvy），1969年，第306页；J. C. 凯斯内（J. C. Chesnais），私人信函。

图23-10　瑞士和孟加拉国的年龄分布金字塔

资料来源：凯菲茨和福里格（W. Flieger）， 1990年，第210和279页。

图23-11　发达国家和美国的农村人口（1950—1990年）

资料来源：《世界资源，1990—1991》（*Word Resources*，1990—1991），第50页和第67页； 环境质量委员会，第十七届年度报告，第二十二届年度报告。

图24-1　瑞典的丰收指数和结婚率

资料来源：托马斯（D. S. Thowas）， 1941年。

图24-2　德国家庭政策的影响

资料来源：莫尼尔（A. Monnier），1990年；埃伯施塔特（N. Eberstodt），1994年；《美国统计摘要》，若干年。

图24-3　人均国内生产总值（GDP）与部分国家毛出生率的对比点状图

资料来源：《美国统计摘要》，1993年。

图24-4　美国青年和其他类型人群的生育率（1955—1989年）

资料来源：美国卫生和公众服务部（HHS），美国公共卫生署（PHS），美国疾病控制与预防中心，美国国家卫生统计中心（NCHS），1991年12月。

图25-1　公路密度和人口密度关系图

资料来源：格洛弗（D. Glover）和西蒙，1975年。

图25-2　电视点播千户成本（按电视市场规模从大到小计算）

资料来源：《媒体/范围》（*Media/Scope*），1964年8月。

图26-1a　人类地面运输的最高速度（1784—1967年）

资料来源：阿塔克（J. Atack），1995年。

图26-1b　人类航空运输（不包括太空飞行）的最大速度（1905—1965年）

资料来源：阿塔克，1995年。

图26-2a　马尔萨斯—埃利希—报纸—电视对人口与粮食前景的看法。

图26-2b　巴奈特-博塞鲁普-克拉克-舒尔茨-西蒙对人口与粮食前景的看法。

图26-3a　古希腊的人口与科学发现

资料来源：索罗金（P. Sorokin），1978年，第148页；克拉克，1967年；麦克迪维（Colin McEvedy）和琼斯，1978年。

图26-3b　古罗马的人口与科学发现

资料来源：索罗金，1978年，第148页；克拉克，1967年；麦克迪维和琼斯，1978年。

图26-4　科学活动与人口规模关系图

资料来源：洛夫和帕修特，1978年。

图27-1a　美国与英国的工业规模对生产率的影响比较

资料来源：克拉克，1967年，第265页。

图27-1b　加拿大与美国的工业规模对生产率的影响比较

资料来源：韦斯特（E. C. West），1971年。

图27-2　室内空调、干衣机和彩色电视机的价格变化。

资料来源：1978年和1994年巴斯（Keith C. Bass）的数据；1994年西尔斯（Tower Sears）的报价。

图29-1　一个波兰村庄的农场边界

资料来源：转自《斯泰斯》（*Stys*），1957年。

图29-2　按行业划分的劳动力份额

资料来源：《总统经济报告》（*Economic Report of the President*），1988年2月，华盛顿特区：政府印刷局。

图29-3　世界某些（国家）地区的人口密度

资料来源：《人口指数》，1980年春。西欧：联合国粮农组织，《生产年鉴》，1976年。其他国家：联合国粮农组织，《生产年鉴》，1978年。

图29-4　美国公共休闲用地（1900—1990年）

资料来源：尼尔森（R. H. Nelson），1995年。

图29-5　美国公共土地系统的休闲用途（1910—1988年）

资料来源：尼尔森，1995年。

图31-1　迈尔斯和洛夫乔伊对物种灭绝率的估计以及对2000年的外推

资料来源：迈尔斯，《下沉的方舟》，1979年，纽约：帕加马；美国环境质量委员会和国务部（1980年）；《全球2000年报告》，第二卷，华盛顿特区：政府印刷局。

图32-1　苏联按照性别划分的粗略死亡率（1958—1993年）

资料来源：博斯坦姆。

图33-1　1820—1979年人口增长率与生活水平增长率的历史非关联性

资料来源：麦迪逊（A. Ma-ddison），1982年，表3.1和表3.4，第44页和第49页；加拿大和澳大利亚，库兹涅茨，1971年，第11—14页。

图33-2　人口增长和经济增长模型。

图33-3　不同人口增长率下的人均产出。

图34-1　与欠发达国家人口密度相关的经济增长率

资料来源：西蒙与戈宾，1979年。

表格列表

表2-1　各种金属的开采潜力年限

表8-1　世界耕地和农业用地面积变化（1961—1965年至1989年）

表13-1　不同燃料循环对健康的影响及事故危害

表13-2　核废料的分类及寿命

表25-1　发展中国家的运输成本

表32-1　与区域疟疾流行率相关的锡兰（斯里兰卡）地区的人口、面积和人口密度

表39-1　通过影响的普遍性或选择性来降低美国生育率的拟议措施的例子